MySQL DBA

工作笔记

数据库管理、架构优化与运维开发

杨建荣 / 编著

中国铁道出版社有限公司

CHINA RAILWAY PUBLISHING HOUSE CO., LTD.

内 容 简 介

　　本书是来自一线 MySQL DBA 的技能进阶笔记，凝结了作者多年数据库管理心得。全书从运维管理、架构优化和运维开发三个层面娓娓道来，精心筛选了作者在实际工作中总结的技巧、对常见问题的处理方法以及对于运维体系的思考和实践；尤其是运维开发章节从 0 到 1 构建运维体系，能够对 DBA 已有知识体系和技能栈做到全新梳理。

　　"技能进阶推动思路转型"是本书的核心思想，让读者透彻理解本书中作者解决问题的思路才是本书的价值所在。本书旨在帮助有一定 MySQL 数据库管理经验的 DBA 掌握管理运维的实用技巧，并通过知识点深入浅出对理解数据库原理有一定的帮助。

图书在版编目（ＣＩＰ）数据

MySQL DBA 工作笔记：数据库管理、架构优化与运维开发/杨建荣编著. —北京：中国铁道出版社有限公司，2019.8（2023.4 重印）
ISBN 978-7-113-26034-7

Ⅰ.①M… Ⅱ.①杨… Ⅲ.①SQL 语言-程序设计 Ⅳ.①TP311.132.3

中国版本图书馆 CIP 数据核字(2019) 第 139907 号

书　　名：MySQL DBA 工作笔记——数据库管理、架构优化与运维开发
　　　　　MySQL DBA GONGZUOBIJI: SHUJUKU GUANLI、JIAGOU YOUHUA YU YUNWEI KAIFA
作　　者：杨建荣

责任编辑：荆　波　　　　编辑部电话：（010）51873026　　　　邮箱：the-tradeoff@qq.com
封面设计：MXK DESIGN STUDIO
责任印制：赵星辰

出版发行：中国铁道出版社有限公司（100054，北京市西城区右安门西街 8 号）
印　　刷：番茄云印刷（沧州）有限公司
版　　次：2019 年 8 月第 1 版　　2023 年 4 月第 4 次印刷
开　　本：787 mm×1 092 mm　1/16　印张：37.25　字数：872 千
书　　号：ISBN 978-7-113-26034-7
定　　价：99.00 元

推荐序一

锲而舍之，朽木不折；锲而不舍，金石可镂。

所谓天才人物，指的就是具有毅力的人、勤奋的人、入迷的人和忘我的人。

建荣是我的老朋友，也是 DBA 群体中的佼佼者，同时他可以称得上是周边朋友中最努力、最勤奋、最持之以恒的人。我已经不记得从何时开始，习惯性地看他每天发工作学习的笔记，只是觉得要是某一天缺席的话，才会觉得意外，他已经悄然无息的把这份坚持延续了 2000 多天。所以在得知建荣要出版《MySQL　DBA 工作笔记》这本书的时候，我一点也不意外，反而觉得顺理成章，并由衷的赞叹：MySQL 领域即将又要有一本好书问世了。

本书讲述了 MySQL 使用和运维过程中可能碰到的各种技术要点和知识细节，是系统学习和运维管理 MySQL 的一本不错的技术参考书籍。

同时本书还有几个非常明显的特点：

一曰：思考，本书在介绍基本的技术知识和实现原理的同时，还经常会加入作者本人对技术的思考，这不仅能让读者学习技术知识，也可以帮助读者学着如何分析问题和解决问题，有助于培养独立思考的能力。

二曰：实践，本书行文中有各种实践的讲解和步骤说明，手把手带领读者演练和实战，这非常有利于 MySQL 这种操作和运维为主的技术传授。

三曰：案例，本书在很多知识点中都穿插了大量的实例和运维场景，这让读者有身临其境的感觉，更有助于读者理解相关的知识点和技术原理。

另外，总览全书，很明显，作者对全书的结构和章节做了精心的编排，这种从管理到架构，从优化到运维的布局，更有助于初学者由浅入深，由全局到细节的步进之路。

MySQL 受热捧的程度不容置疑，位列全球最流行的开源数据库也当之无愧，它广泛应用的因由不仅是产品本身的优势，更重要的是有无数社区技术爱好者为其默默耕耘。这本长达 15 章的工作笔记凝聚了作者近年来刻苦学习的收获和辛勤实践的果实，相信它会给读者带来巨大的收获，也会助力 MySQL 的进一步发展。

感谢建荣为大家带来了一本好书。

周彦伟

极数云舟创始人兼 CEO

Oracle MySQL ACE Director

中国计算机行业协会开源数据库专委会会长

推荐序二

因为热爱所以优秀

想要学习 MySQL 其实不难，MySQL 是最流行的开源数据库之一，应用广泛且生态成熟，无论是 MySQL 社区，还是各种从入门到精通的书籍，相关学习资料非常丰富，这是 MySQL 的可贵之处，也是开发者的福利。

但我依然推荐一定要看一看杨建荣老师的这本书，理由有三点：

1. 因为热爱所以优秀

杨建荣老师长期活跃于数据库技术社区，是业界少有的专注实践、乐于分享且高产的数据库专家。他有维护自己的微信订阅号，将自己所学所悟，沉淀成订阅号上的文章，每日一篇，从不间断，已坚持了 2000 多天，用自己的实际行动表达了对数据库技术的热爱。正因在数据库技术领域的卓越贡献，杨老师被评为腾讯云最有价值专家（Tencent cloud Valuable Professional），这个荣誉是腾讯云颁给在特定技术领域有着丰富从业经验、在技术社区有着广泛影响力的技术专家，杨老师实至名归。

2. 循序渐进避免教条化

这本书是以工作笔记的形式，循序渐进地讲解 DBA 工作中的一些常见问题和处理方法，同时通过大量的实例来讲解其中涉及的数据库知识点。读这本书，就像跟一位朋友一起工作和学习一样，既包含了他在实践中碰到的各种问题，又包含了他解决问题的思考过程，以及深层次的想法和感悟。如果你是一位 DBA 或者希望成为一名 DBA 的开发者，这本书是一个很好的选择。你可以跟着作者的经历循序渐进地学习数据库的各个知识点，同时也是一本指导你排查和解决数据库问题的宝典。

3. 实践出真知

我们都知道技术相关的书籍，因为涉及很多复杂的原理和概念，要讲透彻不容易。这本书不但全面介绍了数据库的架构原理及相关的运维工作，还从一线从业人员的实践经历出发，讲解了 SQL 查询优化、并发控制及性能测试的相关内容。更难能可贵之处，在书籍的最后一篇，还讲解了从 0 到 1 建设运维开发体系的思路，可以说是 DBA 从业者的进阶学习手册。这在其他的 MySQL 相关书籍里是比较少见的，也和杨老师独特的工作背景和经验相关。

期待在后续能看到杨老师更多精彩的分享。同时也祝贺所有的数据库从业者能看到这样一本好书。

周 军

腾讯云开发者业务总监

腾讯云 TVP 组委会

2019 年 7 月

业内推荐

研究技术若烹小鲜，需要足够的细心和耐心。

本书集合了作者多年 MySQL 工作上的总结和想法，既有全面的数据库优化和架构介绍，又有丰富的思维导图和案例，还兼顾了数据库自动化管理平台建设；对于 DBA 和开发者都有很好的学习价值。

杨尚刚

某互联网公司资深 DBA

近几年 MySQL 发展迅速，各分支在性能与架构方面优化都有所突破与发展；与此同时，互联网应用业务也更加复杂，更具有挑战性。如何在应用中发挥 MySQL 的优势，深入理解 MySQL 新特性，做好数据库的容灾与数据保护，结合业务做好高可用架构等等，以应对更加复杂业务和更具挑战性的 DBA 工作，在本书中作者给出了自己富有经验和远见的思路，值得更多的 DBA 在日常工作中借鉴与学习。

贺春旸

凡普金科 DBA 团队负责人

《MySQL 管理之道：性能调优、高可用与监控》作者

老杨每天对技术思考与分享地坚持一直以来都让我佩服，同时也很荣幸能提前拜读老杨第二部技术著作。老杨的书一个突出的特点就是浅显易懂，他把多年工作积累的经验和案例与理论相结合，通俗易懂的同时，使读者可以更快地学习到更多的经验；同时，另一个特点是每个章节都使用思维导图先概述其核心内容，先有一个逻辑框架，然后再展开细讲，这样可以使读者更容易读懂并吸收书中的知识点。

此书即可以作为初学者学习理论知识的书籍，也可以作为有 MySQL 运维经验的工具书籍。

贾艳燕

畅游天下网络技术有限公司运维总监

我与作者相识多年，其笔耕不辍、勤于总结、厚积薄发、终有所成。近些年，其精力逐步转向开源及运维开发方向。MySQL 数据库作为开源软件的代表，随着其功能的日益完善和可靠性的不断提高，已经成为应用非常广泛的数据库软件，甚至说最为流行的数据库也不为过。

本书作者根据自己多年的工作经验及使用心得，从数据库管理、架构优化、运维开发三个角度，系统地阐述了 MySQL 数据库方方面面的知识。对一线数据库从业者颇具实践指导意义，具有很强的实战性和可操作性。

韩　锋

CCIA（中国计算机行业协会）常务理事

Oracle ACE

宜信科技中心主任工程师

这是一本源于企业真实业务的 MySQL 工作笔记，也是一本 MySQL 理论和实践紧密结合的典范，还是一本坚持 6 年多持续不断自我更新的数据库资深专家的心得汇集。

张海林

竞技世界网络技术有限公司 首席系统架构师

数据库运维的变革，经历从手工造到脚本化、系统化、平台化、智能化的转变，逐步实现 DBA 对数据库的规范化、自动化、自助化、可视化、智能化、服务化管理，从而保障数据库的安全、稳定、高效运行。MySQL 是目前最流行的关系型数据库，本书是根据作者自己多年工作历程，点滴积累，从理论到实践，从开发规范视角到运维基本操作，从业务需求到架构优化，全面阐述如何使用和运维好 MySQL 数据库，此书必将使你受益良多。

王 伟

Oracle ACE for MySQL

CCIA（中国计算机协会）理事

京东资深数据库架构师

时下 MySQL 依然是使用最广泛、最优秀的开源数据库产品；建荣根据自己多年在数据库领域的的工作和积累，围绕 MySQL 的运维、架构、优化以及管控平台建设等核心内容，融合了大量的实战案例，深入浅出，娓娓道来，此书无论是对于 MySQL 数据库的初学者还是进阶者都会有所收获。

卢 飞

某互联网公司资深 DBA

写作对我们技术人员来说，可能并不难，但十年如一日，孜孜不倦，我相信大部分同学很难做到，而建荣已经高产近 2000 篇文章，由此我们不难看出作者是一个善于总结、归纳、思考的人。

数据库这个行业这几年发生了很多深刻的变化，开源、NewSQL、云原生为代表的新方向给我们数据库从业人员带来了很多新的选择，也需要我们跟上时代，保持学习动力。本书系统地阐述了 MySQL 数据库知识体系，是作者多年的沉淀、思考结晶，理论加实践，相信定是一本经典之作，正所谓宝剑锋从磨砺出，梅花香自苦寒来。

房晓乐

PingCAP 用户生态负责人

首席互联网架构师

杨老师是一位笔耕不辍的 DBA，Blogger，一直坚持写作 2000 多篇，沉淀多年的数据库运维工作经验。本书深入浅出的介绍 MySQL 数据库基础知识、开发规范以及高可用实践，同时也弥补了 MySQL 技术理论知识到自动化运维实践之间的鸿沟。作者将实际工作中开发使用数据库服务平台的设计功能和搭建思路分享给大家，细细品读，必定受益良多。

杨奇龙

杭州有赞科技 DBA

公众号 yangyidba 作者

MySQL 是开源数据库方向的典型代表，它拥有成熟的生态体系，同时在可靠性、性能、易用性方面表现出色，它的发展历程见证了互联网的兴衰与成长。

在 DeveloperWeek 上曾发起一个调查，超过 3/5 的受访者使用 SQL，其中 MySQL 以 38.9% 的使用率高居榜首，其后依次是 MongoDB（24.6%）、PostgreSQL（17.4%）、Redis（8.4%）和 Cassandra（3.0%）。毫无疑问，以 MySQL 为主的开源技术生态正变得越来越流行。

随着客户要求不断变化，网络环境日趋可信和安全，企业不断释放出"倍增创新"能力，也就意味着数字化转型开始从 IT 时代进入 DT 时代。面对大量的数据和业务，更多的公司意识到了数据价值的重要性，如何管理和利用好数据已经变得越来越重要，MySQL 是其中的排头兵。

现如今云计算已经越来越普及，很多企业的业务都在逐步迁移到云端，对于 MySQL 来说是机遇也是挑战，同时国产化数据库开始成为一种趋势，MySQL 生态圈是其中重要一环。目前可以看到行业里 MySQL DBA 的市场缺口依然很大，优秀的 MySQL DBA 正在成为各个互联网公司的抢手人才。在工作内容方面，原来 DBA 需要花费大量精力去做的基础运维工作（安装部署、备份恢复等），现在比例在逐步减少，不是这些事情不重要，而是 DBA 也需要技能升级，其实在传统数据库运维工作之外，还有运维管理、运维架构和 SQL 优化工作，因为我们面对的可能是成百上千套数据库环境，我们更需要考虑工作效率和质量，Devops 这些年在数据库运维方向提供了很好的思路和实践，我们现在听到的更多是自动化平台、智能化平台。如果前几年是在喊口号，那么这几年已经落地开花，甚至看到一些产出了，所以对于 MySQL DBA 来说任重道远，不光对运维业务和技术要精深，而且必须要懂得运维开发技术。

写书的缘起

我是一个坚持写技术博客的人，内容不局限于技术，也包含一些生活感悟，从 2014 年 2 月的一天开始每天一篇博客，这一路竟然坚持了下来，在 2016 年 6 月，我完成《Oracle DBA 工作笔记》，汇聚了近 800 天的学习笔记，目前已经重印 8 次，而截止 2023 年 3 月，我已经写了 2400 多篇原创文章，当然我还会继续写下去，不忘初心。

从最开始的满腔热情，到融入成为生活的一部分，这其中的挑战还是很多的，尤其是近些年，发现对于体力的挑战更为明显，对我来说，用心完成博客就是一种记忆打卡。

随着博客的内容量越来越多，有些网友在博客和我的互动也越来越多，我发现原本是利己的事情慢慢变得利人了，当然这种状况很快会碰到另外一个瓶颈，那就是当博客内容达到一定数量的时候，你会发现如何有效地管理和梳理这些内容远比想象的要复杂，同时

DBA 方向也相比过去有了更高的要求和压力，为了保持竞争力和更好地完成工作，我需要不断的拥抱变化，学习新技能。正是和网友的互动互助中，让我对已有的知识体系产生了疑问，也决定开始行动，改进方法。

古人云："若起不得法，则杂乱浮泛"。虽然写书的想法是好的，但是如果没有花时间去梳理一个完整的知识体系，是很难把这些经验利用起来的，而这也是我 DBA 笔记系列的缘起。

另外，在内容的编排上，我选择了数据库管理、架构和 SQL 优化、运维开发这三个方面。一方面能够突出工作笔记的特色，避免写出过多重复经验的内容，另外一方面是目前市面上运维管理的书籍相对多一些，但是工作中对于架构和 SQL 优化的内容相对较少，而对于运维开发的内容就更少了，算是一个补充吧。

现在社会的焦虑比以往要多一些，简单来说，感觉到威胁、找不到突破口，内心空洞，这就是焦虑。我在前几年的焦虑达到了顶点，总是会不断地焦虑自己的未来，焦虑团队的未来等，而这些心路历程都在书中给出了一些解决思路。《一代宗师》中这样说道："从此只有眼前路，没有身后身，回头无岸"，我想技术之路也是如此，我们只有继续坚持走下去，才能找到答案。

本书适合的读者对象

- MySQL DBA 或者开发人员。
- 有一定的 SQL 基础，并且期望能够提升自我的读者。

给读者的一些建议

（1）要有一个清晰的规划；凡事预则立，不预则废，制定计划是给自己的一个心理暗示。给自己一个阶段性目标，然后把它做分解，拆分成为自己能够实现的一些任务。对于规划，要有长期规划和短期规划，长期规划就是几年内希望自己有什么样的成长，同时短期内希望达到什么目标，都可以做到统筹。一种行之有效的方法就是：拿着若干期望的目标，然后反推过程，应该怎么去落实，实践效果要好一些。

（2）建立技术连接的思维；我们很多同学就是专注在了技术线，对于某一个技术有较为深入的学习，但是对于其他方向的技术却有欠缺，这样很容易形成技术壁垒，思考问题的方式也会更局限于你所熟悉的方式和领域，对成长是不利的。我们不要钻牛角尖，不要什么都要用 MySQL 来实现，面对需求，永远没有最好的数据库，只有最适合的业务场景，一旦你开始更理性的思考，你才会更接近于问题的本质。

（3）充分利用碎片时间；有很多人说，我现在可忙了，没时间。其实细细观察，总是会有很多的碎片时间：早高峰、午饭后、晚高峰、晚饭后、睡觉前，这些都是碎片化相对集中的时间，可以充分利用起来做很多的事情。

（4）多参加社区、社群的活动和技术交流问答；对于参加社区、社群活动，自己也是深有感触，可能技术圈子的人性格相对比较内敛，在技术上态度还是开放的。多参加一些社区、社群的交流，可以让自己少走很多弯路，因为不是所有的坑都需要你完整地踩一遍，而在这个过程中你收获的不仅仅是知识，还可能是友情。

本书内容预览

本书会以工作笔记的形式循序渐进地讲解 DBA 工作中的一些常见问题和处理方法。

全书共分为三篇，共 15 章，全面介绍数据库管理、架构和 SQL 优化、运维开发相关的工作内容，在这些知识点中也穿插了大量实例。第一篇（第 1～5 章）详细介绍了 MySQL 的发展，技术选型和体系结构，以运维场景作为切入点，通过梳理 SQL 开发规范，总结运维管理实践来还原 DBA 的日常管理工作。

第二篇（第 6～10 章）包含 SQL 查询优化，并发控制内容和性能测试的一些相关内容，在这个基础上补充了 MySQL 高可用架构和集群相关内容，提供基于业务的架构设计思路。

第三篇（第 11～15 章）包含整个运维开发体系从 0 到 1 的建设思路，包含运维开发基础，架构设计和规划，运维管理模块设计，自助服务设计等几个部分，尤其适用于中小规模公司的数据库运维体系工作。

感谢

写书的过程还是比较漫长的，从策划到出稿，整个过程涉及很多的环节和细节，而且因为个人时间的原因导致进度多次受阻，也犯了很多低级错误和失误。最开始对笔记的梳理和整合，然后成为知识体系，这个难度比预想的大了许多，书中的技术术语是否得当、举例和比喻是否恰当等，在书的结构和内容的考量上，我和本书策划编辑荆波老师也反复进行了讨论和校正。在工作忙碌之余，坚持写技术博客，同时又花费不少时间来编排图书内容，着实是一件很辛苦的事情，但还是坚持了下来，想到读者能够在我的一些案例中得到一些启示和帮助，其实是一件很让人欣喜的事情。

当然书的内容质量也离不开朋友们的支持，感谢周彦伟、周军为本书作序，同时感谢杨奇龙、贺春旸、杨尚刚、卢飞、赵飞祥、陈晨、王伟、房晓乐、贾艳燕、张海林、韩锋对于部分书稿的审阅，他们是奋斗在一线的 DBA 或者技术管理者，在工作中积累了大量的实践经验，对本书给出了很多宝贵的建议，感谢 dbaplus 社群和腾讯云对于图书的支持工作，在此一并感谢。

完成本书也离不开家庭的大力支持，感谢妻子雪丽给予支持和理解，为此她承担了更多家庭事务，感谢父母默默地支持我的想法，虽然他们看不懂我写的内容，但是总是会问问写书的进度。还有我可爱的女儿珊珊，她已经是一个小大人了，每天会写一篇日记，在她身上我看到了比我更强的毅力。

感谢荆波老师对于本书的大力支持，在所有的环节都严格把关，有了之前的合作，这一次的合作多了一些默契，能够写成本书，与他的帮助是分不开的。

由于本人知识水平有限，书中难免存在着一些错误和不妥之处，敬请批评指正，如果您有更多的宝贵意见，也欢迎在我的微信公众号（jianrong-notes）讨论交流，大家一起学习交流，共同进步。

重印修订

　　图书在销售过程中收到了很多热心读者的有效反馈；本次重印之际，结合读者的反馈并通查了全书，在此基础上对图书做了细致地修订，弥补了很多细节性的不足；同时根据当前的技术发展，融入了一些实践性描述，以期让图书更加贴合实际需要。

杨建荣

2023 年 3 月

目　录

Contents

第 1 章　MySQL 发展和技术选型

第 5 章　MySQL 运维管理实践

第 6 章　MySQL 查询优化

第 7 章　MySQL 事务和锁

第 8 章　MySQL 集群和高可用设计

第 9 章　MySQL 性能测试

第 10 章　基于业务的数据库架构设计

第 11 章 运维开发基础

第 12 章 自动化运维架构设计和规划

第 13 章　MySQL 运维基础架构设计

第 14 章　MySQL 运维管理模块设计

第 15 章　运维自助化服务

第 1 章　MySQL 发展和技术选型

故立志者，为学之心也；为学者，立志之事也。——王阳明

1.1　如何看待 MySQL

世上只有两种工具：一种是被人骂但用着，另一种是没人骂但不用的。MySQL 流行的原因，可以归结为第一个，个中缘由，请听我慢慢道来，首先来说下 MySQL 的历史。

1.1.1　MySQL 始出

MySQL 是开源、多线程的关系型数据库，支持双重授权模式；最早由瑞典 MySQL AB 公司开发，该公司由 Monty 在 1995 年创立；MySQL 这个名字来源于 Monty 的大女儿 My。它的成功不仅仅因为免费，还因为它的可靠性、易用性和一些其他闪亮的特性。

1996 年，MySQL 1.0 版本发布。同年 10 月，MySQL 3.11.1 版本发布，只提供了 Solaris 下的二进制版本。一个月后，Linux 二进制包也发布；此时的 MySQL 还非常简陋，除了在一个表上做一些 Insert、Update、Delete 和 Select 操作，没有其他更多的功能。

之后 MySQL 多次易主，先被 SUN 收购，随后 SUN 被 Oracle 收购，所以目前 MySQL 属于 Oracle 旗下产品。

MySQL 5.x 系列已经延续了很多年，被 Oracle 收购之前就是 5.1 版本，在 5.7 版本之后，迎来了新的版本变化，不是 5.8 版本，而是 MySQL 8.0 版本。

1.1.2　MySQL 学习周期和难度

如果要说学习周期和难度，我们来对比下非常成熟的商业数据库 Oracle，如下表 1-1 所示。从技术栈上来说，MySQL 的入门周期相对要短，学习难度要更容易，但是要深入发展，因为开源和社区的原因，发展空间更大。当然除这个维度之外，MySQL DBA 的"钱途"从市面需求来说也要好一些。

表 1-1

数据库名称	Oracle	MySQL
数据库类型	商业闭源	开源
功能完善情况	非常齐全	比较齐全

续表

数据库名称	Oracle	MySQL
学习周期	长	较短
学习难度（入门）	难	容易
学习难度（深入）	难	更难
Oracle 到 MySQL	NA	相对容易
MySQL 到 Oracle	难	NA
深度进阶	内核，调试	源码定制，改造

1.1.3 解读 DB-Engines 的正确姿势

就如同行业里有很多排行榜，在数据库社区也有一个排行榜，这就是大名鼎鼎的 DB-Engines。下图 1-1 是一个 DB-Engines 的截图，它的更新频率很高，但是我们似乎对它存在着一些误解。

328 systems in ranking, July 2017

Rank			DBMS	Database Model	Score		
Jul 2017	Jun 2017	Jul 2016			Jul 2017	Jun 2017	Jul 2016
1.	1.	1.	Oracle ✚ 👑	Relational DBMS	1374.88	+23.11	-66.65
2.	2.	2.	MySQL ✚ 👑	Relational DBMS	1349.11	+3.80	-14.18
3.	3.	3.	Microsoft SQL Server ✚ 👑	Relational DBMS	1226.00	+27.03	+33.11
4.	4.	↑5.	PostgreSQL ✚ 👑	Relational DBMS	369.44	+0.89	+58.28
5.	5.	↓4.	MongoDB ✚ 👑	Document store	332.77	-2.23	+17.77
6.	6.	6.	DB2 ✚	Relational DBMS	191.25	+3.74	+6.17
7.	7.	↑8.	Microsoft Access	Relational DBMS	126.13	-0.42	+1.23
8.	8.	↓7.	Cassandra ✚	Wide column store	124.12	-0.00	-6.58
9.	9.	↑10.	Redis ✚	Key-value store	121.51	+2.63	+13.48
10.	↑11.	↑11.	Elasticsearch ✚	Search engine	115.98	+4.42	+27.36
11.	↓10.	↓9.	SQLite	Relational DBMS	113.86	-2.84	+5.33
12.	12.	12.	Teradata	Relational DBMS	78.37	+1.04	+4.43
13.	13.	13.	SAP Adaptive Server	Relational DBMS	66.91	-0.61	-3.82
14.	14.	14.	Solr	Search engine	66.02	+2.41	+1.33
15.	15.	15.	HBase	Wide column store	63.62	+1.75	+10.48
16.	16.	↑18.	Splunk	Search engine	60.30	+2.78	+13.65
17.	17.	↓16.	FileMaker	Relational DBMS	58.65	+1.57	+7.09
18.	18.	↑20.	MariaDB ✚	Relational DBMS	54.36	+1.47	+18.56

图 1-1

我们需要了解下 DB-Engines 排名的依据，它的数据主要来自 5 个不同的渠道：

（1）Google 以及 Bing 搜索引擎的关键字搜索数量。

（2）Google Trends 的搜索数量。

（3）Indeed 网站中的职位搜索量。

（4）LinkedIn 中提到关键字的个人资料数。

（5）StackOverFlow 上相关的问题和关注者数。

基于排行的信息和 DB-Engines 的规则，我们可以得到以下几个结论：

（1）DB-Engines 排名不是市场占有率，仅仅可以理解为一个流行度排名，对于学习和使用来说，流行度是一种风向标。

（2）前 5 名里有 4 个是关系型数据库；可以看出，基于事务模型设计的数据库需求是硬通货。

（3）无论是对于商业还是开源方案，国内环境和国际环境的使用情况其实不同，比如 DB2 的使用，Microsoft Access 的使用情况国内比例明显要低一些，反而 Redis 的比例要高很多。

（4）对于不同的数据库类型（如 RDBMS，NoSQL，NewSQL），单一的排名榜单会掩盖很多潜在的新型数据库方案，比如图数据库方向，因此尽管 Neo4j 排名相对靠前，但是在总榜单里是看不到它的。

（5）对于新型数据库和特定行业的数据库，发展初期时在产品策略和生态建设方面缺少一些"声音"，从排行榜单上也是看不到的，比如国产数据库，但是发展潜力是巨大的。

1.1.4　MySQL 主要的一些分支

MySQL 官方版本并不一定适合所有业务场景，于是就有了一些分支，比如 Percona、MariaDB 和 Drizzle 等，如下图 1-2 所示。

- Percona 分支是由 MySQL 咨询公司 Percona 发布。Percona Server 是一款独立的数据库产品，其可以与 MySQL 完全兼容，可以在不更改代码的情况了下将存储引擎更换成 XtraDB。

图 1-2

- MariaDB 名称来自 Michael (Monty) Widenius 的女儿 Maria 的名字，MariaDB 的目的是完全兼容 MySQL，包括 API 和命令行，使之能轻松成为 MySQL 的代替品。在存储引擎方面，10.0.9 版起使用 XtraDB（名称代号为 Aria）来代替 MySQL 的 InnoDB。
- Drizzle 是对 MySQL 引擎的重大修改版本，做了很多定制和改动，将很多代码重写，并对它们进行了优化，甚至将编程语言从 C 换成了 C++；但从使用场景来说，它与 MySQL 不兼容。

1.1.5　如何看待 MySQL 的技术发展

对于 MySQL 技术的发展，我们可以通过两个维度来了解：一个是 MySQL 被收购后开发团队成员去向；另外一个是 MySQL 的参数变化。

（1）开发团队成员去向

下图 1-3 是当初 MySQL 被收购后，开发团队成员的去向。

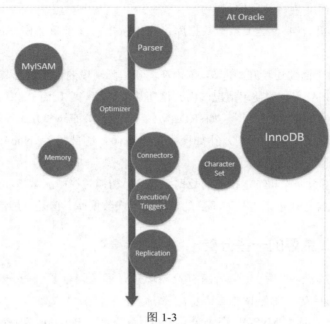

图 1-3

从上图中我们可以看到右侧的主要是 InnoDB 技术栈，还包括连接器，复制，解析器等。
而近 10 年后，如今的 MySQL 如何呢，可以看下现在的变化情况，如下图 1-4 所示。

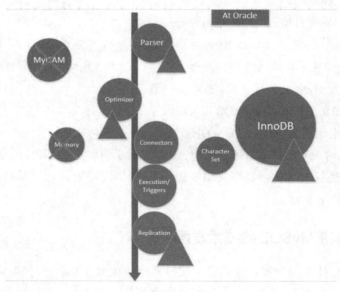

图 1-4

我们从上图的右侧可以很明显地看到，原来的 InnoDB 技术栈已经越来越成熟，同时在优化器，复制等方面都有了较大地改进，而左侧的 MyISAM 也有了重大的变化，MySQL 8.0 DMR 发布后，其中具有重大意义的是官方终于废弃了 MyISAM，而后续 Memory 引擎也将退出历史舞台。除此之外，在复制方面，MySQL 也做了很大的改进。

（2）MySQL 的参数变化

数据库参数可以理解为数据库的开关，增加了新功能，很可能会通过参数的方式来适配功能的状态和数值，所以参数的数量能够基本反映出数据库的功能变化情况。

我收集整理了近些年来 MySQL 版本中参数的变化情况，如下图 1-5 所示。

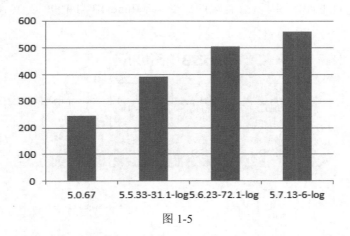

图 1-5

可以从上面的数据看出，MySQL 在 5.x 版本中的发展是很快的，从 5.0 到 5.7.13，参数已经翻了一倍，而且这个参数的变化从 MySQL 5.7.19 版本开始因为 MGR 相关特性的推出有了更快的迭代速度。

1.2　如何看待 MySQL 存储引擎

数据存储管理是 MySQL 要做的最本分的事情，这部分是在存储引擎层面来实现的，毫无疑问存储引擎是 MySQL 核心的组件之一，存储引擎在 MySQl 中是以插件的形式来提供的，这也是 MySQL 里的一大特色，在行业里 MySQL 的存储引擎可谓是百花齐放，如下表 1-2 所示。

表 1-2

存储引擎	简　　介
InnoDB	MySQL 里最流行的存储引擎，也是我们本书学习的重点
MyISAM	MySQL 早期的默认存储引擎，不支持事务
XtraDB	Percona 分支的默认存储引擎，可以理解为 InnoDB 的定制透明版本
MyRocks	基于 RocksDB 开发，在 Facebook 做了产品孵化，近些年流行的存储引擎，发展潜力巨大
Memory	MySQL 原生的存储引擎，数据都在内存生效，重启后丢失

续表

存储引擎	简　介
NDB	MySQL 集群方案 MySQL Cluster 专有的存储引擎，使用比例较低
Aria	MariaDB 分支中的存储引擎，可以理解为基于 MyISAM 的强化改进版本
TokuDB	适合密集型写入的存储引擎，压缩比高
Inforbright	支持列式存储的存储引擎，查询统计性能很好，适用于数据仓库场景

1.2.1　InnoDB 发展时间线

我们可以通过下面的图 1-6 来直观的感受一下 InnoDB 自 1990 至 2010 年的技术发展特点。

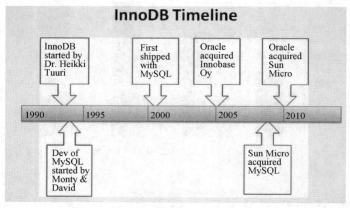

图 1-6

从上图可以看到 InnoDB 的规划时间是很早的了，发展历程竟然比 MySQL 还要早，时间上远远甩开了现在各种高大上的开发语言和技术。

不过 MySQL 的雏形开发时间可以追溯到 1979 年，那时关系型数据库的发展也是初期，Michael Widenius 在有限的资源情况下还是坚持了下来，一坚持就是近 20 年，直到 1996 年 MySQL 1.0 版本发布，后来逐渐迁移到 Linux 平台上，也从最初的 1.0 版本发展到了 3.0 版本，再到 1999 年左右，MySQL AB 公司在瑞典成立，这个过程中为了支持事务，他们开发了 Berkeley DB 引擎，所以可以想象当时 InnoDB 的推广还是蛮艰难的，大概在 2001 年左右 Heikki Tuuri 向 MySQL 提出建议，希望能集成 InnoDB，因为也是支持事务的。

Berkeley DB 的发展后来不知怎么样，不过现在能从官网看到它已经是 Oracle 产品线的一部分了，直到 2005 年 Oracle 收购了 InnoBase 公司，这个时候 Jim Starkey 坐不住了，为了应对 Oracle 收购 InnoBase 的情况，自己主导开发了 Falcon 这个存储引擎，这个过程持续了大概 2 年左右，最后出了 beta 版本，但是后来又是反复上线收购，MySQL 被 SUN 收购，SUN 被 Oracle 收购，不过从 MySQL 被 SUN 收购的那一年（2008 年），Jim Starkey

就选择了离开，这个时候 Falcon 的发展受到了致命打击，虽然说从设计上有很多的优势，但是问题也颇多，至今也没发展起来。我手头有 MySQL 5.6 版本的软件，这个时候查看存储引擎，发现 Falcon 已经从列表中去除了。InnoDB 也是拿过了 MyISAM 的交椅，成为了默认的存储引擎，如下图 1-7 所示。

```
mysql> show engines;

| Engine             | Support | Comment                                                         | Transactions | XA   |
| FEDERATED          | NO      | Federated MySQL storage engine                                 | NULL         | NULL |
| MRG_MYISAM         | YES     | Collection of identical MyISAM tables                          | NO           | NO   |
| MyISAM             | YES     | MyISAM storage engine                                          | NO           | NO   |
| BLACKHOLE          | YES     | /dev/null storage engine (anything you write to it disappears) | NO           | NO   |
| MEMORY             | YES     | Hash based, stored in memory, useful for temporary tables      | NO           | NO   |
| PERFORMANCE_SCHEMA | YES     | Performance Schema                                             | NO           | NO   |
| ARCHIVE            | YES     | Archive storage engine                                         | NO           | NO   |
| CSV                | YES     | CSV storage engine                                            | NO           | NO   |
| InnoDB             | DEFAULT | Supports transactions, row-level locking, and foreign keys     | YES          | YES  |
```

图 1-7

后来 Jim Starkey 创办了 NimbusDB，致力于设计和开发运行在云计算上面的关系/语义数据库，现在看来眼光还是很准的。

1.2.2　存储引擎之战

在 MySQL 的发展过程中，存储引擎 Falcon 算是一个被抛弃的角色了，而技术变更也是一场没有硝烟的战争，一旦失去了核心主导地位，一下子就没有了发展动力。而现在 InnoDB 毫无疑问算是 MySQL 阵营中绝对的王者了，技术的发展就在这样的竞争和创新中慢慢演进。另外值得一提的是，两大开放源码阵营 MySQL 和 Linux 都是出自芬兰人之手，按照采访 Monty 时它的说法，芬兰人的本性就是固执和讨厌放弃，截止现在 Torvalds 在 Linux 方面坚持了 30 多年，而 Monty 也坚持了 20 多年，他们的这种专注和坚持是值得我们学习的。

1.2.3　存储引擎矩阵图

聊完存储引擎的"江湖事儿"，我们来看看技术层面的解读。其实面对这么多存储引擎感觉有点懵，到底该怎么选择呢。其实原则很简单：原则一，根据技术成熟度来筛选，比如是否支持事务；原则二，根据适用的场景来取舍，不能眉毛胡子一把抓。

我们先来看第一个图 1-8，分别对 MyISAM，BDB，Memory，InnoDB，Archive，NDB 几个存储引擎做了对比。第一眼看过去有点难，我们回想刚刚说的原则一，可以从第 2 行里 "Transaction" 字样的行来得到一个整体的印象，只有 BDB 和 InnoDB 是支持事务的；我们再使用原则二来判断，BDB 使用场景其实相对比较少，管理起来没有 MySQL 方便，在分布式应用中同步也是一个问题，所以 InnoDB 完胜。有了这个维度，我们再来看下其他的属性，就可以有所取舍了。

Feature	MyISAM	BDB	Memory	InnoDB	Archive	NDB
Storage Limits	No	No	Yes	64TB	No	Yes
Transactions (commit, rollback, etc.)		✔		✔		
Locking granularity	Table	Page	Table	Row	Row	Row
MVCC/Snapshot Read				✔	✔	✔
Geospatial support	✔					
B-Tree indexes	✔		✔	✔		✔
Hash indexes			✔	✔		✔
Full text search index	✔					
Clustered index				✔		
Data Caches			✔	✔		✔
Index Caches	✔		✔	✔		✔
Compressed data	✔				✔	
Encrypted data (via function)	✔	✔		✔		
Storage cost (space used)	Low	Low	N/A	High	Very Low	Low
Memory cost	Low	Low	Medium	High	Low	High
Bulk Insert Speed	High	High	High	Low	Very High	High
Cluster database support						✔
Replication support	✔	✔	✔	✔	✔	✔
Foreign key support				✔		
Backup/Point-in-time recovery	✔	✔	✔	✔	✔	✔
Query cache support	✔	✔	✔	✔	✔	✔
Update Statistics for Data Dictionary	✔	✔	✔	✔	✔	✔

图 1-8

我们再来看一个表格（表 1-3），是对目前行业里使用比较普遍的存储引擎做对比。

这个表格的数据就更加清晰了，整体可以看到没有一个存储引擎能够解决所有的问题，功能和性能都是此消彼长的一个平衡。

表 1-3

存储引擎	Innodb	TokuDB	MyRocks	MyISAM
读性能	快	慢	慢	快
写性能	相对较慢	快	快	相对较慢
事务支持	支持	支持	支持	不支持
事务隔离级别	4	4	2	N/A
外键	支持	不支持	不支持	不支持
数据存储	大	根据应用场景	小	大
压缩	支持	支持	支持	支持
故障自动恢复	支持	支持	支持	不支持

1.3 MySQL 软件和版本选型

前面我们讲过，MySQL 在软件版本方面有以下三个版本可选：

- MySQL 官方版本
- Percona 分支
- MariaDB

下面我们对这三个版本的优劣与取舍进行一下分析。

1.3.1　选择官方版的原因

MySQL 官方版本还是很有号召力的，在社区建设和产品定义上具有权威性；目前官方版本主要分为社区版和企业版（此外还有标准版、经典版、集群版等），两者的差异主要在一些定制插件方面。

Oracle 的 MySQL 服务具有得天独厚的优势，可以直接接入 Oracle Cloud，拥有企业版的服务，而 Oracle 已和腾讯开展了战略合作，会落地 Oracle 云服务的实施细节。

MySQL 近些年产品开发的迭代速度极快，在 5.7 版本后推出了 8.0 版本，在功能补充和 bug 修复方面更新很快，截止 2023 年 3 月，最新版本为 8.0.32。

MySQL 社区发展成熟，社区担心 Oracle 官方会把 MySQL 闭源，因此创建了分支，目前主要有 Percona 和 MariaDB。分支可以在官方版本基础上做更多地扩充，有相对更丰富的特性、更好的性能和庞大的用户群，在行业内使用很普遍。

1.3.2　Percona 分支的优劣对比

Percona Server 是 MySQL 的一个分支，被称为最接近 Oracle 发布的官方 MySQL Enterprise 发行版的版本，其中 XtraDB 是 Percona 一款独立的存储引擎，下面我们来分析一下它们的优缺点。

优点：

（1）Percona XtraDB 是 InnoDB 存储引擎的增强版，使用是透明的。

（2）根据 Percona 发布的压测报告，性能优于官方，行业测试其性能差别在 10% 左右。

（3）后期做高可用的方案，比如 PXC、Galera，使用 Percona 分支是一个更好地选择。

（4）Percona 自身开发的一系列工具，比如 Percona-tookit，xtracbackup，sysbench 等，对于 Percona 分支的测试更加充分，兼容性更好一些。

（5）ToukuDB 存储引擎，适合 IO bound 的场景，已被 Percona 收购，对于 ToukuDB 的支持会更好，但是相对来说 ToukuDB 目前仅处于维护阶段。

（6）Percona 在社区拥有强大的技术影响力，很多技术压测和方案建议比较权威。

（7）很多互联网公司都在使用 Percona 分支，使用时间至少 5 年，比如阿里，搜狐等。

（8）Percona 公司在全力推行 myrocks 存储引擎，压缩比很高。

缺点：

（1）随着 MySQL 5.7 版和 8.0 测试版的发布，官方对于 MySQL 的掌控力更强，分支在功能、性能和稳定性方面的反应会逐步落后于官方版本。

（2）Percona Server 分支的维护由 Percona 自己管理代码，不接受外部开发人员的贡献。

（3）如果已经使用了官方社区版，和 Percona 分支糅合可能会有兼容性的问题，比如搭建主从（主为官方版本，从库为 Percona）。

（4）Percona 目前在同时进行多个版本分支的维护方面，比如 XtracDB，Myrocks，TokuDB 等，对于官方的支持会拉开差距。

1.3.3　选择 MariaDB 的原因

MariaDB 是 MySQL 方向一个强有力的分支，在功能和设计上属于另辟蹊径，下面我们来分析一下它的优缺点。

优点：

（1）MariaDB 是由 MySQL 创始人开发的分支，有较强的技术号召力。

（2）RedHat，wiki 已经全线使用 MariaDB，属于战略合作。

（3）MariaDB 大量的新特性是官方版本没有的，比如多源复制在 MariaDB 早期已经实现，官方版本在 5.7 版才实现。

（4）有独立的产品文档，相对于官方版本来说更加完善。

（5）2018 年 9 月底 MariaDB 与阿里云达成全球唯一战略合作，在阿里云上推出了 MariaDB 10.3 企业级数据库，开始在公共云上提供了 MariaDB 服务。

（6）2022 年 12 月 19 日，MariDB 公司宣布，它通过与 SPAC 公司 Angel Pond Holdings 合并，已正式在纽交所挂牌上市（NYSE:MRDB）。公司名称正式更改为"MariaDB plc"，成为新一代的云数据库公司

缺点：

（1）和官方版本不是完全兼容，因为功能的差异使用上有一些差别。

（2）MariaDB 10.x 目前集成的还是 5.6 InnoDB 存储引擎的版本，官宣 10.2 版本会支持，但这已经落后官方版本 1 年以上的时间。

（3）用户基数相比 MySQL 官方版本和 Percona 都要小一些。

1.3.4　MySQL 版本选型

做完软件选型，接下来的难事是做版本选型，就拿 MySQL 社区版为例，我们做一个简单的分析。

从数据库产品支持能力来看：

（1）MySQL 5.7 已发布超过 7 年，在大部分互联网公司内已落地，缓冲期较长；

（2）MySQL 8.0 无论在性能还是相关新增特性及功能上都要优于 5.7 版本；

（3）MySQL 8.0 版本已发布并持续更新 5 年，是官方推荐的主流版本。

从版本迭代情况来看，MySQL 5.5/5.6 已经属于过去时版本，无论从功能上还是性能

上，都与 MySQL 5.7/ 8.0 有着不小的差距，所以本书不会推荐。从落地性来看，MySQL 5.5/ 5.6 升级到 MySQL 8.0，建议分两个阶段进行，先升级到 MySQL 5.7 过渡验证一段时间，主要验证性能和 SQL；再升级到 MySQL 8.0，这一步主要验证的是驱动兼容性。

图 1-9 是 MySQL 官方发布的版本生命周期图，从中我们可以对各个版本的情况有一个直观的了解。

Oracle MySQL Releases

Release	GA Date	Premier Support Ends	Extended Support Ends	Sustaining Support Ends
MySQL Database 5.0	Oct 2005	Dec 2011	Not Available	Indefinite
MySQL Database 5.1	Dec 2008	Dec 2013	Not Available	Indefinite
MySQL Database 5.5	Dec 2010	Dec 2015	Dec 2018	Indefinite
MySQL Database 5.6	Feb 2013	Feb 2018	Feb 2021	Indefinite
MySQL Database 5.7	Oct 2015	Oct 2020	Oct 2023	Indefinite
MySQL Database 8.0	Apr 2018	Apr 2025	Apr 2026	Indefinite
MySQL Cluster 6.0	Aug 2007	Mar 2013	Not Available	Indefinite
MySQL Cluster 7.0	Apr 2009	Apr 2014	Not Available	Indefinite
MySQL Cluster 7.1	Apr 2010	Apr 2015	Not Available	Indefinite
MySQL Cluster 7.2	Feb 2012	Feb 2017	Feb 2020	Indefinite
MySQL Cluster 7.3	Jun 2013	Jun 2018	Jun 2021	Indefinite
MySQL Cluster 7.4	Feb 2015	Feb 2020	Feb 2023	Indefinite
MySQL Cluster 7.5	Oct 2016	Oct 2021	Oct 2024	Indefinite
MySQL Cluster 7.6	May 2018	May 2023	May 2026	Indefinite
MySQL Cluster 8.0	Jan 2020	Jan 2025	Jan 2028	Indefinite

图 1-9

根据调研，截止 2023 年 3 月，MySQL 5.7 依然是行业内使用比例最高的版本，但是限于具体服务规模和升级的动力差异，本书不再做深入分析。单纯从 MySQL 5.7 这个版本来看，在没有充分验证和测试的情况下，还是建议使用最新的社区版本作为过渡，或者小版本的升级，这样整体的风险度相对可控，故本书中的内容从部分篇幅来看还是会存在 MySQL 5.7 的痕迹。

从发展趋势来看，MySQL 8.0 是未来的大版本趋势，根据目前行业内实践情况，笔者的建议是使用 MySQL 8.0.28，和最新版本可以保持一定的差距和容错空间。

当然，升级到 MySQL 8.0 还需要考虑诸多因素，主要涉及应用服务驱动兼容和 SQL 兼容等，整体上有如下问题需要考虑。

（1）密码策略插件

自 8.0 版本开始，MySQL 将 caching_sha2_password 作为默认的身份验证插件。如果升级到 8.0 版本，会对应用程序驱动兼容性不太友好，因此让应用能够运行最快的方法是将默认的 caching_sha2_password 改为之前的 mysql_native_password。

比如：

```
ALTER USER 'root'@'localhost' IDENTIFIED WITH mysql_native_
password  BY 'password';
```

当然，我们也可以在参数中进行设置，修改 my.cnf 重启服务即可生效，具体如下：

```
default_authentication_plugin=mysql_native_password
```

（2）JDBC 驱动变更

如果读者的环境是 JDBC 连接数据库，那就需要升级驱动版本到 8.0，推荐使用最新的 JDBC 驱动程序。

对于 JDBC 的 URL，会从如下形式：

```
String Url="jdbc:mysql://xxxx:4306/testdb?useUnicode=true&amp;
characterEncoding=utf-8";
```

调整为：

```
String Url="jdbc:mysql://xxxx:4306/testdb?useUnicode=true&cha
racterEncoding=utf-8&useSSL=false&&serverTimezone=GMT+8";
zeroDateTimeBehavior=convertToNull
```

需要修改为如下形式：

```
zeroDateTimeBehavior=CONVERT_TO_NULL
```

对于时区设置，建议为：

```
serverTimezone=Asia/Shanghai
```

或者

```
serverTimezone=GMT+8
```

相应的加载驱动程序则需要从如下形式：

```
Class.forName("com.mysql.jdbc.Driver");
```

修改为：

```
Class.forName("com.mysql.cj.jdbc.Driver");
```

（3）表中需要包含主键

在 8.0 版本中会强制要求表中包含主键，这一点还请读者注意。

（4）timestamp 数据类型默认值

如果表结构中有 timestamp 类型字段，并且设置了默认值 DEFAULT CURRENT_TIMESTAMP，建议将参数设置为 OFF，如下：

```
explicit_defaults_for_timestamp=OFF(8.0 默认为 on)
```

否则有可能会出现如下错误：

```
Error:1048 - Column 'createTime' cannot be null
```

（5）执行计划变化

部分 SQL 会出现执行计划发生改变的情况，因此需要略微调整。

解决方案：跨版本升级中的 SQL 异常可以通过提前交付只读实例来预先验证，并且抓取原库的慢日志在 8.0 版本数据库中回放验证。

（6）字符集验证

自 MySQL 5.7.7 版本开始，MySQL 将其默认字符集更改为 utf8mb4，如果是 gbk 等字符集则需要调整并验证，同样在 MySQL 8.0 中字符集的兼容性差异会导致数据问题。

（7）MySQL 8.0 版本中新增的关键字需要应用侧做相应调整

MySQL8.0 中的关键字、保留字有所调整，比如新特性窗口函数引入了关键字 rank，对于部分应用来说，这个字段被 MySQL "征用"了，需要做逻辑调整和适配。

1.3.5　初步结论

（1）对现有业务考虑升级/迁移到 MySQL 8.0 版本，可以分两个阶段升级。

（2）根据业务需求和经验定制不同版本的参数模板，目前主要是 MySQL 5.7/8.0 版本，从使用率来看目前依然是 MySQL 5.7，从趋势来看应该选择 MySQL 8.0。

（3）可以根据业务使用情况和特点来选择 Percona 分支或社区版本。

（4）对于额外的需求，可以考虑 MyRocks。MyRocks 具有高压缩比和读写优势，在后期可以考虑用作预研，在部分业务中采用。

1.4　MySQL 常用工具选择和建议

技术规划的时候，一些事情需要提前做，比如说 MySQL 里面的工具；如果等到实际碰到了各色问题再来统一，就比较难了，会有沟通、人力、技术沉淀和持续交付等的成本和麻烦，因此最好提前和团队有一个基本地沟通，达成一个共识。内部统一了以后，和开发同学规范统一就有了一个基线。

大体来说，我考虑了以下 4 个方面的工具：

- 运维管理类工具：侧重于 DBA 使用的工具，包含备份恢复、审计等工具；
- 监控管理类工具：主要是侧重于系统层和数据库层的监控管理，也包含一些开源方案；
- 应用工具：主要包含客户端工具；
- 诊断和优化工具：侧重于性能诊断和优化，包含性能诊断、慢日志分析和性能测试工具；

这些工具要统一规划还是比较复杂的，我列举了这些工具类的一些基本信息，有两点需要注意：

（1）不是所有的工具都需要自己学习和安装一遍，这里列举出来主要是做一种信息完善，提供一个工具集，比如备份工具有几种可选项，完全可以根据公司的场景进行选型。

（2）工具只是解决问题的一种方式，是可以被绕过的，它不是最根本和核心的问题，要么因为简单而被替代，要么因为复杂而被"革命"掉。

（3）在工作中，我们需要尽可能全面地覆盖下面的这些方面，不能因为个人喜好或者兴趣而忽视一些工作短板。

相关工具选型整理了脑图，如下图 1-10 所示。

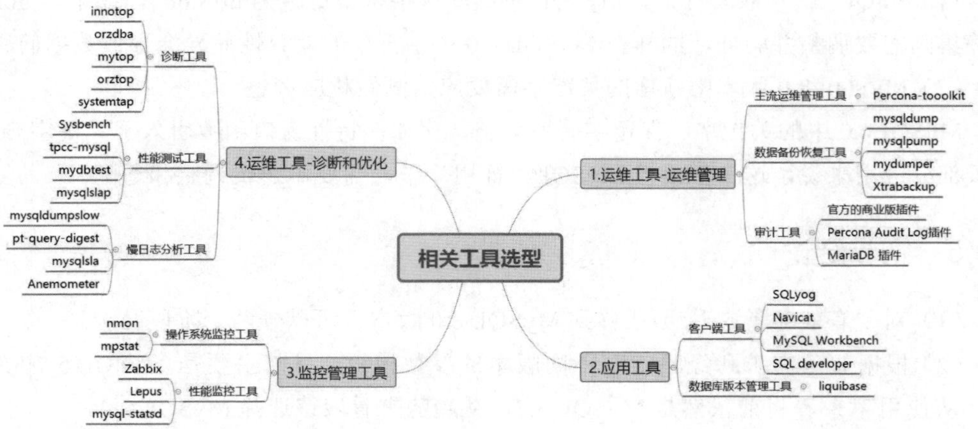

图 1-10

1.4.1　运维管理类工具

1. 主流运维管理工具

要说 MySQL 运维工具，Percona-toolkit 当仁不让，它应该是我们学习 MySQL 必须要熟练使用的一个运维工具。

Percona-tooolkit 通常简称为 pt 工具，它其实是工具 Maatkit 和 Aspersa 的组合，它们都出自同一个作者：Baron Schwartz；其中，Maatkit 工具更偏重于数据库层面，最开始就是 Perl 的基因。而 Aspersa 的范畴更倾向于系统层面，比如磁盘信息等。

在 2017 年开始进入了 3.0 时代，目前行业内线上使用的版本主要是 2.2（自 2013 年），也是和使用习惯与工具的成熟度相关。pt 工具被 Percona 收至麾下，有专门的项目维护。

2. 数据备份恢复工具

在数据备份和恢复方面，主要依据是逻辑备份和物理备份，行业里主要有以下的一些备份工具：

（1）mysqldump

MySQL 最经典的逻辑备份工具,也是 MySQL 工具集里默认的工具，适用于一些数据量不大的数据备份工作。值得一提的是 Facebook 的生产环境都是使用 mysqldump 进行逻辑备份。

（2）mysqlpump

MySQL 新版本推出的备份工具，但是效果没有想象的那么好，最大的一个痛点应该就是备份的 IO 问题没法大幅度扩展，因为都在最后备份出来的那个文件上，没有拆分。

（3）mydumper

这个工具还算比较流行，能够对原来的 mysqldump 做一个很好的补充。腾讯云就是定制了 mydumper 来做为默认的备份工具。

另外和 Mydumper 配套的工具是 myloader，作为数据的批量导入工具。

（4）xtrabackup

来自 Percona 的工具，擅长做物理备份，而且更倾向于全备+增备结合的方式。

3. MySQL 审计插件

数据库审计是数据安全方面的一个重要参考；一个数据库活动，对数据库操作进行细粒度审计的合规性管理，对数据库遭受到的风险行为进行告警，是借助于审核工具来感知的。

目前在 MySQL 审计方面主要存在以下几类审计插件：

（1）官方的商业版插件

（2）Percona Audit Log 插件

（3）MariaDB 插件

1.4.2　应用工具

1. 客户端工具

对于很多开发同学来说，使用客户端工具是一种很自然的工作习惯，但是很少关注是否付费，在此列举出一些常见的客户端工具，而且标识出它是否为商业产品，对于 DBA 指定工具规范来说尤其重要。

（1）SQLyog

SQLyog 是一个快速而简洁管理 MySQL 数据库的图形化工具，由业界著名的 Webyog 公司出品，属于付费产品。

（2）Navicat

Navicat 是一套快速、可靠并价格适中的数据库管理工具，专为简化数据库的管理及降低系统管理成本而设计，它的设计符合数据库管理员、开发人员及中小企业的需要，属于付费产品。

（3）MySQL Workbench

为 MySQL 设计的 ER/数据库建模工具，可以支持数据库管理、数据迁移、数据建模等功能，它同时有开源和商业化两个版本。

（4）SQL developer

这个工具是 Oracle 推出的一款免费的数据库管理工具，它主要支持 Oracle，如果要支持 MySQL，则需要额外下载一个驱动包。

2. 数据库版本管理工具

实践工作中所用到的数据库版本管理工具主要是 liquibase，它是一个数据库重构和迁移的开源工具，通过日志文件的形式记录数据库的变更，目前日志文件支持多种格式，如 XML、YAML、JSON、SQL 等。

1.4.3 监控管理类工具

1. 操作系统监控

操作系统监控属于基础监控，在这里主要是基于操作系统层面的监控，和 MySQL 的监控不是完全依赖。

（1）nmon

nmon 是由 IBM 提供、免费监控 AIX 系统与 Linux 系统资源的工具，在系统数据采集方面使用广泛。

（2）Mpstat

Multiprocessor Statistics 的缩写，是实时监控工具，Mpstat 最大的特点是可以查看多核心的 CPU 中每个 CPU 的统计数据。

2. 性能监控工具

性能监控工具在行业里已然非常成熟，因为有时候会碰到服务或者其他因素导致的性能变化，在此我们需要使用一些性能监控工具来完善。

（1）Zabbix

一个基于 Web 界面，提供分布式系统监视以及网络监视功能的企业级开源解决方案，集监控和报警于一身，在互联网行业使用比例很高。

（2）Lepus（天兔）

Lepus 由国内 DBA 开发，是基于 PHP 开发的开源数据库监控管理系统，可以对数据库的实时健康和各种性能指标进行全方位的监控，它可以支持 MySQL、Oracle、MongoDB、Redis 数据库，在慢日志的功能设计方面也很有亮点。

（3）mysql-statsd

一个收集 MySQL 信息的 Python 守护进程，并通过 StatsD 发送到 Graphite。

1.4.4 诊断和优化工具

1. 诊断工具

（1）innotop

这是一款用 Perl 所写的 MySQL 监控工具，可以通过命令行模式调用展示 MySQL 服务器和 InnoDB 的运行状况，下载地址为：https://github.com/innotop/innotop。

目前 Github 上提供了两种版本：一种是开发版（innotop-master），一种是稳定版（innotop-gtid），推荐使用稳定版，使用截图如下图 1-11 所示。

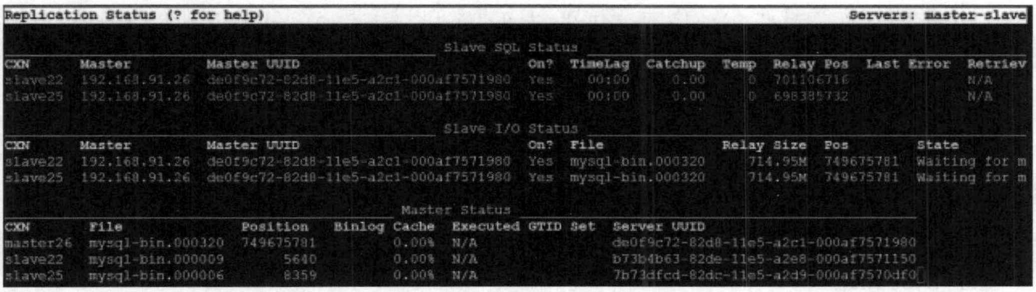

图 1-11

（2）orzdba

orzdba 是淘宝 DBA 团队开发出来的一个 Perl 监控脚本，可以监控 MySQL 数据库，也有一些磁盘和 CPU 的监控。使用截图如下图 1-12 所示。

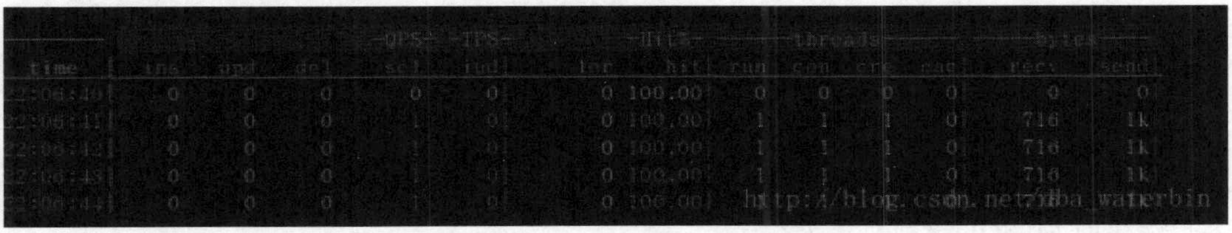

图 1-12

（3）mytop

这是一款类似 Linux 下的 top 命令风格的 MySQL 监控工具，可以监控当前的连接用户和正在执行的命令。

（4）orztop

这是一款可以查看 MySQL 数据库实时运行的 SQL 状况的工具，如果你习惯于用"show processlist/show full processlist"抓取 SQL，这款工具会是一个很好的补充，如图 1-13 所示。

图 1-13

（5）systemtap

这款工具是 Linux 下的动态跟踪工具，可以监控、跟踪运行中的程序或 Linux 内核操作，它带来的性能损耗很小，在一些特定的场景下可以编写 systemtap 脚本来调试一些性能问题。

2. 性能测试工具

业务上线，环境初始化需要做拷机测试；目的就是让服务器先吃点"苦头"，看能不能经受住考验。测试之后，我们可以得到压测的数据结果，作为后续上线的基准参考。

行业中性能测试工具主要有以下几类：

（1）Sysbench

一款主流的性能测试工具，本身是开源的，具备多线程压测能力，覆盖硬件和软件层面，产品隶属于 Percona。

（2）tpcc-mysql

该工具是 Percona 按照 TPC-C 开发的产品，主要用于 MySQL 的压测。

（3）Mydbtest

该工具由知名数据库专家楼方鑫先生开发，免安装，上手快，可以针对业务做定制化压测。

（4）mysqlslap

MySQL 自带的基准测试工具，自 MySQL 5.1.4 版开始推出，可以通过模拟多个并发客户端访问 MySQL 来执行压力测试。

3. 慢日志分析工具

（1）mysqldumpslow

这是 MySQL 产品包中的一个原生命令工具，它可以支持慢查询的统计分析，对 MySQL 查询语句的监控、分析、优化，是 MySQL 优化的一个初始版本。相对来说，功能支持比较少。

（2）pt-query-digest

经典的慢日志分析工具，属于 pt 工具的一个子集。它基于 Perl 开发，与 mysqldumpshow 工具相比，py-query_digest 工具的分析结果更具体，更完善。

（3）mysqlsla

该工具是 daniel-nichter 用 Perl 写的一个脚本，mysqlsla 与 pt-query-digest 的作者是同一个人，现在是主打 pt 系列工具，现在已经不再维护了。

（4）Anemometer

一个图形化显示 MySQL 慢日志的开源项目，基于 PHP 开发，充分结合了 pt-query-digest，Anemometer 可以很轻松地分析慢查询日志，找到哪些 SQL 需要优化。

1.4.5 初步结论

（1）运维管理工具主要考虑 Percona-toolkit，作为默认的初始化软件使用。

（2）数据备份恢复工具目前还是以现有的备份恢复体系为主，采用 xtrabackup 和

mysqldump 结合的方式。

- xtrabackup 通过物理备份，每日全备，保留 7 天备份集，版本建议为 2.4.8；
- mysqldump 备份数据字典库，比如 mysql，每日全备，保留 7 天备份集。

在这个基础上在每个机房再申请一台 binlog 备份机，通过 xtrabackup 每日全备，binlog 备份，保留 3 天，即可达到基本的数据恢复需求。

注：mydumper 和 myloader 的适用场景也比较广，可以作为一些备份恢复方案或者迁移的改进。

（3）MySQL 实时状态分析工具可使用 orzdba 和 orztop，其中 orzdba 的内容可以通过自行定制 mysqladmin 来满足需求，orztop 可以作为环境初始化的软件。

（4）操作系统监控工具使用 nmon 收集历史数据，mpstat 得到实时的系统监控数据，需要向系统部提需求定制。

（5）慢日志分析工具使用 pt-query-digest，可以参考 Lepus 中抽取出慢日志的逻辑能否复用，对于日志系统的部分可以考虑使用分布式存储和解析方案。

（6）客户端工具使用 workbench，推荐开发同学使用 workbench，需要内部整理出操作文档。

（7）性能测试工具主要使用 sysbench 在业务上线，环境初始化中做拷机测试，压测硬件（IO、CPU、MEM）等，压测 MySQL，历时至少一周。在这个基础上使用 tpcc-mysql，mydbtest 做辅助测试，主要目标是通过压测的部分得到一些关键的参考指标（IOPS、TPS、QPS）等。

（8）MySQL 审计工具建议选用 Percona 的审计插件 Audit Log 和 MariaDB 的 Server Audit，目前定位为 DDL 敏感、root 用户敏感；根据后期的测试，MariaDB 的 Server Audit 插件功能全面，优先选用。

1.5　MySQL 安装

MySQL 安装的工作相对简单快捷，在 Windows 下可以完全实现图形化管理。在 Linux 下的安装方式有所差别，但是从难度上来说，还是比较容易上手的。

本小节会从以下几个维度来解读安装：

（1）常见的三类安装方式

（2）MySQL 安装规范

（3）安装部署实践

（4）搭建 MySQL 从库

1.5.1　常见的三种安装方式

（1）rpm 安装：可以通过官网下载对应的 rpm 包，直接通过 yum 的方式来安装，这种方式实际中使用的比例不高，主要是因为 yum 安装的路径和配置难以定制化。

（2）二进制安装：官方可以下载编译软件包，有了这个软件包就不需要额外准备依赖的环境软件了。安装会变得更加轻量，软件包解压就可以基本实现，本小节会着重介绍该方式。

（3）源码安装：通过对指定的环境配置适用的软件环境，进行源码的编译安装，这种方法对环境的依赖较高，通过批量安装的方式耗时难以控制，作为环境调试比较适用。

1.5.2　MySQL 安装规范

MySQL 本身没有明确的安装规范，在工作中会碰到各种奇怪的环境问题，为了能够统一环境的配置，方便定位和管理 MySQL，我们需要对 MySQL 的安装做一下统一的规范。

简单来说，我们的规范会聚焦在软件安装目录和数据目录上，核心思想就是软件和数据要分离开，这样能够减少彼此之间的耦合，同时建议把数据目录、日志目录分不同分区存放，以提高性能。

MySQL 安装规范如下图 1-14 所示。

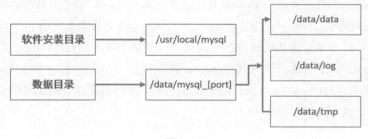

图 1-14

通常，我们会把 MySQL 软件目录放在/usr/local/mysql 下，对于数据目录是根据公司的规划制定一个根目录，比如/data，然后会根据端口的规范放在指定的目录下，比如/data/mysql_4306 就是端口为 4306 的 MySQL 实例所在的数据目录，在数据目录下，还可以按照文件的类型做一些目录的拆分，比如上图就把文件分为了三类：数据文件、日志文件和临时文件。

1.5.3　MySQL 安装部署实践与总结

首先就是安装路径和数据路径分离，这一点尤其重要，否则软件和数据混在一起会比较难以管理。二进制包是以.tar.gz 为后缀名的文件，可以自行下载，假设我们解压后放到了 mysql5.7 这个目录下，这是不规范的，我们应该把它放到/usr/local 下，这里才是大本营。

```
# mv /tmp/mysql5.7 /usr/local/mysql
```

然后根据需要创建相应的数据目录。

```
#mkdir -p /home/mysql
```

这里我们指定两个变量 basedir 指向安装目录，datadir 指向数据目录。

```
basedir=/usr/local/mysql
datadir=/home/mysql
```

初始化系统环境，比如创建用户，组之类的。

```
chattr -i /etc/shadow /etc/group /etc/gshadow /etc/passwd
/usr/sbin/groupadd mysql
/usr/sbin/useradd mysql -g mysql -d /home/mysql -s /sbin/nologin
chattr +i /etc/shadow /etc/group /etc/gshadow /etc/passwd
```

这个就是老套路了。

然后从 support-files 里面复制启动脚本，放到自启动设置中。

```
cp -rf $basedir/support-files/mysql.server /etc/init.d/mysql
```

而下面的设置就是创建一些软连接，是/usr/bin 中可以正常访问 mysql 的几个常用命令行工具。

```
chown -R mysql:mysql $basedir $datadir
ln -f -s /usr/local/mysql/bin/mysql /usr/bin/mysql
ln -f -s /usr/local/mysql/bin/mysqldump /usr/bin/mysqldump
ln -f -s /usr/local/mysql/bin/mysqladmin /usr/bin/mysqladmin
ln -f -s /usr/local/mysql/bin/mysqlshow /usr/bin/mysqlshow
ln -f -s /usr/local/mysql/bin/mysqld /usr/bin/mysqld
```

设置 MySQL 自启动。

```
/sbin/chkconfig --add mysql
/sbin/chkconfig --level 2345 mysql on
```

其实看看这些步骤，如果全是手动档，其实也可以，这样就是为了方便，统一管理。

然后我们来做几件事情，先来设置参数文件，可以从 support-files 里面复制一个模板，在这个基础上改进，或者基于现有项目的模板也可以。

```
cp $basedir/support-files/my.cnf.nor /etc/my.cnf
```

这个地方还是需要设置字符集，可以参考如下方式：

● 涉及客户端的字符集配置

```
[client]
loose-default-character-set = utf8
```

● 涉及服务器端的字符集配置

```
[mysqld]
character-set-server = utf8
```

完成之后先不要急着 service mysql start，肯定会有下面的问题：

```
# service mysql start
Starting MySQL (Percona Server)....... ERROR! The server quit without
updating PID file (/var/lib/mysql/teststd.cyou.com.pid).
```

而查看错误日志就会看到很明显的问题，这个时候 MySQL 的数据字典还不存在。

```
2016-11-09T14:15:01.952812+08:00 0 [ERROR] Fatal error:
Can't open and lock privilege tables: Table 'mysql.user' doesn't exist
2016-11-09T14:15:01.952883+08:00 0 [ERROR] Aborting
```

我们需要初始化数据字典。

在 5.5，5.6 中可以使用如下的方式：

```
mysql_install_db  --user=mysql  --basedir=/usr/local/mysql  --datadir=
/home/mysql
```

而在 5.7 和 8.0 中推荐的方式是使用 mysqld 的 initialize 选项：

```
mysqld  --initialize --user=mysql --basedir=/usr/local/mysql --datadir=
/home/mysql--explicit_defaults_for_timestamp
```

再次尝试就没有问题了。

```
[root@teststd bin]# service mysql start
Starting MySQL (Percona Server)...... SUCCESS!
```

而接下来的事情也需要格外注意，那就是 MySQL 5.7 版本中的密码设置，它基于安全的考虑，要求设置一个默认的密码，如果不需要设置密码，则可以使用--initialize-insecure 选项来初始化。

直接登录是会报错的。

```
[root@teststd bin]# mysql
Logging to file '/home/mysql/query.log'
ERROR 1045 (28000): Access denied for user 'root'@'localhost' (using
password: NO)
```

怎么查看默认密码呢，可以在启动的日志里面，我是在 error.log 里面看到的。

```
[root@teststd mysql]# grep password *.log
error.log:2016-11-09T14:28:51.344922+08:00 1 [Note] A temporary password
is generated for root@localhost: aUpmj1zs8M%p
error.log:2016-11-09T14:29:39.745255+08:00 2 [Note] Access denied for user
'root'@'localhost' (using password: NO)
query.log:ERROR 1045 (28000): Access denied for user 'root'@'localhost'
(using password: NO)
```

按照提示输入密码，就可以成功登录了。

```
[root@teststd mysql]# mysql -u root -p
Logging to file '/home/mysql/query.log'
Enter password:
Welcome to the MySQL monitor.  Commands end with ; or \g.
```

不过需要马上修改密码，要不什么命令都运行不了，会一直提示你修改密码。

```
> show databases;
ERROR 1820 (HY000): You must reset your password using ALTER USER statement
before executing this statement.
```

修改密码如下：

```
> set password=password('mysql');
Query OK, 0 rows affected, 1 warning (0.01 sec)
```

然后执行 flush privilegs 来刷新，整个过程就顺利完成了，后面想继续修改密码，有以下几种写法，大同小异。

```
update user set authentication_string=PASSWORD('mysql') where User='root';
```

1.5.4　搭建从库

接下来就是搭建从库了，不搭建从库的环境就是不完整的。

新版本的主库已经启用了 GTID。

```
> show master status\G
*************************** 1. row ***************************
             File: mysql-bin.000002
         Position: 646
     Binlog_Do_DB:
 Binlog_Ignore_DB:
Executed_Gtid_Set: c6d66211-a645-11e6-a2b6-782bcb472f63:1-135
1 row in set (0.00 sec)
```

开了 binlog，比如下表 1-4 所示的几个参数。

表 1-4

参数名称	参数值
log_bin	ON
log_bin_basename	/home/mysql/mysql-bin
log_bin_index	/home/mysql/mysql-bin.index
binlog_format	ROW

还有一个重要的设置就是 server-id。

```
[root@testdb2 ~]# mysqladmin var|grep server_id
| server_id                                                  | 20
```

这里简单提一下，server-id 的格式比较单一，不能有其他的字符，比如 "，" "_" "-" 这样的字符，否则启动的时候会有如下报错。

```
2016-11-09T06:48:16.918807Z 0 [ERROR] Unknown suffix '_' used for variable
'server_id' (value '130_58')
2016-11-09T06:48:16.918934Z 0 [ERROR] /usr/local/mysql/bin/mysqld: Error
while setting value '130_58' to 'server_id'
2016-11-09T06:48:16.918981Z 0 [ERROR] Aborting
```

不少大公司在这方面是有一些规范的。

我设置简单一些，按照 IP 末尾来设置 server-id。

```
# mysqladmin var|grep server_id
| server_id                                                  | 58
```

这里有个细节说一下，还是 server-id。

在参数文件/etc/my.cnf里面是：server-id =58，但是查看参数设置可以看到是 server_id，一个是横线，一个是下画线。

```
[root@teststd mysql]# mysqladmin var|grep server_id
| server_id                                          | 58
```

接下来，我们在主库全库导出。

主库操作如下：

```
[root@testdb2        ~]#        mysqldump      -f        -hlocalhost        -uroot
--default-character-set=utf8 --single-transaction -R --triggers -q --all-
                                            databases |gzip> master.dmp.gz
Warning: A partial dump from a server that has GTIDs will by default include
the GTIDs of all transactions, even those that changed suppressed parts of the
database. If you don't want to restore GTIDs, pass --set-gtid-purged=OFF. To
make a complete dump, pass --all-databases --triggers --routines --events.
```

从库应用可能会有如下这样的错误。

```
# mysql < master.dmp
Logging to file '/home/mysql/query.log'
ERROR 1840 (HY000) at line 24: @@GLOBAL.GTID_PURGED can only be set when
@@GLOBAL.GTID_EXECUTED is empty.
```

原因很简单，因为我们这是一个从库，show master 应该不会有 GTID 的信息。

```
> show master status\G
*************************** 1. row ***************************
            File: mysql-bin.000005
        Position: 194
    Binlog_Do_DB:
 Binlog_Ignore_DB:
Executed_Gtid_Set: c6d66211-a645-11e6-a2b6-782bcb472f63:1-135
1 row in set (0.00 sec)
```

在从库做一个 reset 操作即可。

```
> reset master;
Query OK, 0 rows affected (0.02 sec)
```

再次查看，从库上 show master 就没有 GTID 的干扰了。

```
> show master status\G
***************************     1.     row     ***************************
File: mysql-bin.000001
        Position: 154
    Binlog_Do_DB:
 Binlog_Ignore_DB:
Executed_Gtid_Set: 直接应用数据即可。
[root@teststd tmp]# mysql < master.dmp
Logging to file '/home/mysql/query.log'
```

主库配置一个同步用户：

```
GRANT REPLICATION SLAVE, REPLICATION CLIENT ON *.* TO 'repl'@'%' IDENTIFIED
                                                    BY 'repl12345';
```

从库使用 GTID 的方式自动应用。

```
CHANGE MASTER TO
    MASTER_HOST='10.127.128.99',
    MASTER_USER='repl',
    MASTER_PASSWORD='repl12345',
    MASTER_PORT=3306,
    MASTER_AUTO_POSITION = 1;
```

然后启动从库的日志应用即可。

```
> start slave;
Query OK, 0 rows affected (0.01 sec)
```

slave 就这样搭建好了，简单的验证就是使用 show slave status 了，如下：

```
> show slave status\G
*************************** 1. row ***************************
               Slave_IO_State: Waiting for master to send event
                  Master_Host: 10.127.128.99
                  Master_User: repl
                  Master_Port: 3306
                Connect_Retry: 60
              Master_Log_File: mysql-bin.000009
          Read_Master_Log_Pos: 142343798
               Relay_Log_File: teststd-relay-bin.000002
                Relay_Log_Pos: 717
        Relay_Master_Log_File: mysql-bin.000009
             Slave_IO_Running: Yes
            Slave_SQL_Running: Yes
            ...
          Exec_Master_Log_Pos: 142343798
              Relay_Log_Space: 926
                 ...
        Seconds_Behind_Master: 0
    ...
              Master_Server_Id: 20
                   Master_UUID: 8fc8d9ac-a62b-11e6-a3ee-a4badb1b4a00
              Master_Info_File: mysql.slave_master_info
                     SQL_Delay: 0
           SQL_Remaining_Delay: NULL
       Slave_SQL_Running_State: Slave has read all relay log; waiting for
more updates
            Master_Retry_Count: 86400
         ...
            Retrieved_Gtid_Set: 8fc8d9ac-a62b-11e6-a3ee-a4badb1b4a00:1090
             Executed_Gtid_Set:
8fc8d9ac-a62b-11e6-a3ee-a4badb1b4a00:1-1090
                 Auto_Position: 1
         Replicate_Rewrite_DB:
                  Channel_Name:
            Master_TLS_Version:
1 row in set (0.00 sec)
```

案例 1-1：MySQL 频繁停库的问题分析

最近碰到了一个蛮有意思的问题，是一个网友向我咨询，说他的 MySQL 服务总是启动一会儿就会自动停止，看看能不能给出一些建议。当我看到日志时，隐隐感觉这是一个 bug 的感觉。

详细的日志如下：

```
   2017-04-13 16:25:29 40180 [Note] Server socket created on IP: '::'.
   2017-04-13 16:25:29 40180 [Warning] Storing MySQL user name or password
information in the master info repository is not secure and is therefore not
recommended. Please consider using the USER and PASSWORD connection options
for START SLAVE; see the 'START SLAVE Syntax' in the MySQL Manual for more
information.
   2017-04-13 16:25:29 40180 [Note] Slave I/O thread: connected to master
'xx@xxxx:6606',replication started in log 'mysql-bin.000105' at position
732153962
   2017-04-13 16:25:29 40180 [Warning] Slave SQL: If a crash happens this
configuration does not guarantee that the relay log info will be consistent,
Error_code: 0
   2017-04-13 16:25:29 40180 [Note] Event Scheduler: Loaded 0 events
   2017-04-13 16:25:29 40180 [Note] /mysql_base/bin/mysqld: ready for
connections.
   Version: '5.6.20-log'  socket: '/tmp/mysql.sock'  port: 6607  Source
distribution
   2017-04-13 16:25:29 40180 [Note] Slave SQL thread initialized, starting
replication in log 'mysql-bin.000105' at position 634901970, relay log
'/mysql_log/relay-log.000339' position: 25153965
   2017-04-13 16:26:01 40180 [Note] /mysql_base/bin/mysqld: Normal shutdown
   2017-04-13 16:26:01 40180 [Note] Giving 2 client threads a chance to die
gracefully
   2017-04-13 16:26:01 40180 [Note] Event Scheduler: Purging the queue. 0
events
   2017-04-13 16:26:01 40180 [Note] Shutting down slave threads
   2017-04-13 16:26:01 40180 [Note] Slave SQL thread exiting, replication
stopped in log 'mysql-bin.000105' at position 637977115
   2017-04-13 16:26:01 40180 [Note] Slave I/O thread killed while reading event
   2017-04-13 16:26:01 40180 [Note] Slave I/O thread exiting, read up to log
'mysql-bin.000105', position 732432767
   2017-04-13 16:26:01 40180 [Note] Forcefully disconnecting 0 remaining
clients
   2017-04-13 16:26:01 40180 [Note] Binlog end
   2017-04-13 16:26:01 40180 [Note] Shutting down plugin 'partition'
   2017-04-13   16:26:01   40180   [Note]   Shutting   down   plugin
'INNODB_SYS_DATAFILES'
   2017-04-13   16:26:01   40180   [Note]   Shutting   down   plugin
'INNODB_SYS_TABLESPACES'
   2017-04-13   16:26:01   40180   [Note]   Shutting   down   plugin
'INNODB_SYS_FOREIGN_COLS'
```

仔细查看这个日志，会发现里面没有任何 Error 的字样，虽有几个 warning 的信息，但是觉得不应该是问题的根本原因。

通过上面的日志，我们会得到一些基本的信息：

（1）这是一个从库，可以从 relay 的信息看出。

（2）停库的时候看起来是一个顺序的过程，不像是掉电宕机或异常 crash 的特点。

加黑的那句：

```
Giving 2 client threads a chance to die gracefully
```

我觉得这句日志是查找问题的一个重点方向，怎么两个 thread 就可以优雅的 die 了呢？

所以我准备从几个角度来查看：

（1）是否是系统层面的异常

（2）是否是内核参数的设置问题

（3）是否是数据库参数的设置

（4）查找 bug

第一个角度，我查看了文件系统是 ext4，内存是 64G，剩余内存还很多，系统的配置和负载都不高。

第二个角度，我查看了内核参数的设置，主要的 shmmax 这些参数设置都没有问题，我看到里面还指定了很多细节的网络设置，我纠结是否是 swap 有影响，尽管目前 swap 使用率几乎为 0，还是带着试试看的心态调试了下，设置 swapniess=1，结果问题依旧。

第三个角度，数据库参数的设置，这个我看 buffer_pool_size 是 40G，其他的参数设置也蛮合理，也没有生疏的参数设置，所以这个地方也无从下手，不过还是试了试把 buffer_pool_size 从 40G 设置为 4G，结果问题依旧。

第四个角度，查找 bug，还真找到一个，bug 编号是 71104，但是这个问题很难解释的通，因为根据这位网友的反馈，这台服务器早上还好好的，下午就是这样了，所以说是 bug 有些牵强。

带着疑问，我尝试了启动加上 skip-slave-start，无济于事。

我觉得得换个思路，还有哪些盲点没有考虑到。

这时，我突然看到日志目录下有一个文件,这个文件一看就不是 MySQL 系统生成的,很像是手工指定生成的文件。查看里面的信息，发现是检测 MySQL 运行状态。由此我想是不是系统层面设置了什么任务之类的。

使用 crontab -l 查看，果然看到两个，第 2 个就是这个检查服务状态的任务脚本，而第一个是一个 check_mysql.sh 这样的脚本，内容如下：

```
#!/bin/bash
   datetime=`date +"%F %H:%M:%S"`
 /mysql_base/bin/mysql -uxx -pxx  -e "select version();" &>/dev/null
 if [ $? -eq 0 ]
     then
     #date +"%F %H:%M:%S"
         echo "$datetime mysql is running" >>/mysql_log/check_ mysql.log
     else
         pkill mysql;
     sleep 5;
         /mysql_base/bin/mysqld_safe --user=mysql >/dev/null 2>&1 &
     echo          "$datetime              ERROR:***************mysql
restarted*************** ****" >>/mysql_log/check_mysql.log
   fi
```

大家细细看看这个脚本有没有问题，基本的思路就是：连接到 MySQL，查看一下版本，如果得到的结果为 0，就会杀掉 MySQL 服务，然后等待 5 秒，重启服务。

这里的关键就是第一部分的内容了，如果连接失败，后面的步骤肯定会出问题，也就是会直接杀掉 MySQL。

和这位网友确认，他上午是修改了一个数据，这个用户的密码应该修改了，导致连接异常出了这个意料之外的问题。

明白了缘由，解决方案也很清晰了：

（1）注释掉这个 cron

（2）调整下密码

（3）脚本逻辑修改

这个问题的分析也给我好好上了一课，很多复杂的问题，原因其实很简单，但是查找问题的过程不简单。

第 2 章　理解 MySQL 体系结构

你做任何一件事都可以把它做得很漂亮，或是很丑陋。

　　　　　　　　　　——罗伯特·m·波西格《禅与摩托车维修艺术》

相信大家在很多场合都看到过下图 2-1 所示的 MySQL 体系结构图，但是说实话，通过这个图能够理解多少信息？这里需要打一个大大的问号。

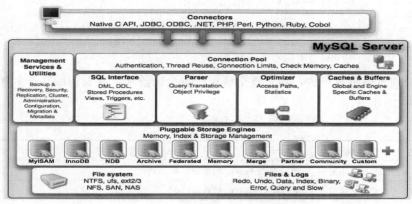

图 2-1

MySQL 体系结构图不是单纯画出来给我们看的，对我们来说，它不是空中楼阁，我们学习 MySQL 体系结构，重要的是透彻理解它的设计思路，而不是上来就翻看源码，一千个人心中就有一千个哈姆雷特，不同的人对体系结构的解读点也会有所差别，接下来会按照如下的思路来聊聊我眼中的 MySQL 体系结构：

（1）通过文件来了解 MySQL 体系结构。

（2）玩转 MySQL 数据字典。

（3）InnoDB 体系结构解读。

（4）MySQL 是如何保证数据不丢失的。

2.1　通过文件来了解 MySQL 体系结构

对于很多同学来说，学习一门技术如果有直观感受，对于一个事物的理解就会更加深刻。MySQL 对于我们来说，直观的感受就一个服务（内存结构）和一些物理文件。内存结构我们看不到，但是我们能够看到这些物理文件，所以我们先从这里开始。

下面是在一个测试环境中得到的文件列表，我们来简单解读一下。

```
-rw-r----- 1 mysql mysql       56 Jan  2  2018 auto.cnf
-rw-r----- 1 mysql mysql      860 Aug 26 22:49 dev01-slow.log
drwxr-x--- 2 mysql mysql    20480 Nov  9 23:55 devopsdb
-rw-r----- 1 mysql mysql     1053 Jan 20 15:44 ib_buffer_pool
-rw-r----- 1 mysql mysql 79691776 Jan 20 15:44 ibdata1
-rw-r----- 1 mysql mysql 50331648 Jan 20 15:46 ib_logfile0
-rw-r----- 1 mysql mysql 50331648 Jan 20 15:46 ib_logfile1
-rw-r----- 1 mysql mysql 12582912 Jan 20 15:46 ibtmp1
drwxr-x--- 2 mysql mysql     4096 Sep  5 22:33 kmp
-rw-r--r-- 1 mysql mysql      531 Jan 20 15:42 my.cnf
drwxr-x--- 2 mysql mysql     4096 Sep  5 22:33 mysql
-rw-r----- 1 mysql mysql      435 Jan 20 15:44 mysql-bin.000001
-rw-r----- 1 mysql mysql      169 Jan 20 15:44 mysql-bin.000002
-rw-r----- 1 mysql mysql      150 Jan 20 15:46 mysql-bin.000003
-rw-r----- 1 mysql mysql       57 Jan 20 15:46 mysql-bin.index
-rw-r----- 1 mysql mysql 16432283 Jan 20 15:46 mysqld.log
-rw-r----- 1 mysql mysql        6 Jan 20 15:46 mysqld.pid
drwxr-x--- 2 mysql mysql     4096 Jan  2  2018 performance_schema
drwxr-x--- 2 mysql mysql    12288 Jan  2  2018 sys
drwxr-x--- 2 mysql mysql     4096 Dec 22 17:52 testdb
```

上面的列表信息量很大，如果逐个解释一遍会很散乱，我们按照文件名和类型捋一下，如下表 2-1 所示。

表 2-1

文件名	文件类型	说　明
performance_schema	文件夹	数据库，MySQL 的数据字典
mysql	文件夹	数据库，MySQL 的数据字典
sys	文件夹	数据库，MySQL 的数据字典
testdb	文件夹	数据库，存放应用数据
kmp	文件夹	数据库，存放应用数据
devopsdb	文件夹	数据库，存放应用数据
my.cnf	文件	参数文件，默认是从/etc/my.cnf 中读取，也可以自定义
mysql-bin.000001	文件	二进制日志，即 binlog，数据变化都会在二进制日志里面记录；如果是在从库，还会有相应的 relay log
mysql-bin.000002	文件	二进制日志，即 binlog，数据变化都会在二进制日志里面记录；如果是在从库，还会有相应的 relay log
mysql-bin.000003	文件	二进制日志，即 binlog，数据变化都会在二进制日志里面记录；如果是在从库，还会有相应的 relay log
mysql-bin.index	文件	二进制日志序列文件，里面会记录相应的 binlog 名称
mysqld.pid	文件	MySQL 服务的进程号
mysqld.log	文件	错误日志，记录数据库启动的日志，服务端的一些日志，有的公司习惯用 error.log 命名
ibtmp1	文件	innodb 临时表的独立表空间
ibdata1	文件	系统表空间

续表

文件名	文件类型	说 明
ib_logfile1	文件	InnoDB 层特有的日志文件，redo 文件
ib_logfile0	文件	InnoDB 层特有的日志文件，redo 文件，默认是 2 组，可以设置为 3 组
dev01-slow.log	文件	慢日志，应用层面若出现了查询性能较差的 SQL，都会在慢日志里面记录下来
auto.cnf	文件	MySQL 启动时如果没有 UUID，就会生成这个文件
ib_buffer_pool	文件	5.7 版本新特性，关闭 MySQL 时，会把内存中的热数据保存在这个文件中，提高使用率和性能

如果我们查看文件夹中的文件，就会对 MySQL 数据存储有了一个直观的认识，比如数据库 testdb 中存在表 test 和 testdata，所在文件夹下的文件列表如下：

```
-rw-r----- 1 mysql mysql     61 Jun 26  2018 db.opt
-rw-r----- 1 mysql mysql   8586 Jun 26  2018 test.frm
-rw-r----- 1 mysql mysql 114688 Jun 26  2018 test.ibd
-rw-r----- 1 mysql mysql   8632 Sep  3 23:16 testdata.frm
-rw-r----- 1 mysql mysql  98304 Sep  3 23:49 testdata.ibd
```

这两个表都是 InnoDB 存储引擎存储，每个表会有两类文件：.frm 和.ibd，其中.frm 文件存放的是表结构信息，.ibd 文件存放的是表数据。

注：对于分区表，.ibd 文件将会有多个，不过互联网行业中对于分区表使用有限。

MySQL 里面的文件蛮有意思，大体有两个参数来做基本的控制：一个是 innodb_data_file_path，就是共享表空间，数据都往这一个文件里放（也就是 ibdata1），同时 undo 和数据字典数据也会放在这里。ibdata1 会持续增长，无法收缩。另外一个参数是 innodb_file_per_table，通俗一些就是每一个表都有独立的文件.frm 和.ibd，而且实际中使用独立表空间还是比较普遍的，在 MySQL 8.0 版本之后这种情况又有了变化。

到了这里，我们基本对 MySQL 文件有了一个直观的认识。我们简单总结一下，MySQL 的文件结构大体如下图 2-2 所示。

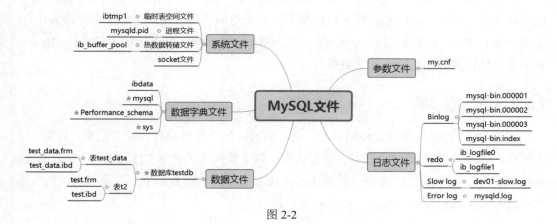

图 2-2

2.1.1　从例子来理解 MySQL 存储结构

通过上面的小结，可以对 MySQL 文件有一个整体的认识，但是还是比较粗粒度的，我们来细化一下，其实一个表中的数据不会像文本文件那样存储，表里的数据是以行为单位存储，每一行会分为多个更细粒度的单元（比如字段），存储最小单元是页，即 16k（当然也可以根据参数 innodb_page_size 调整为 4k、8k、32k 等），然后自成一套体系，如下图 2-3 所示。

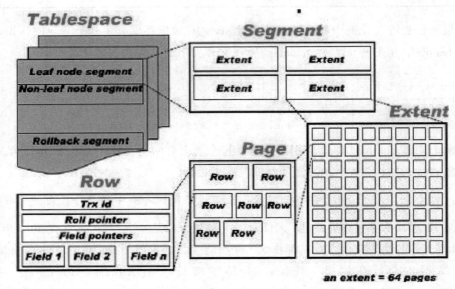

图 2-3

可以换一个角度来理解存储结构，不管数据逻辑的关系如何，它都需要映射到存储层面。比如一个居民小区，里面可能有好多栋大楼，这个居民小区就可以理解为一个表空间，而一栋居民楼就好比是一个段（segment）的角色，每一栋楼都分为很多层，每一层都好比是一个区（extent），每一层楼里有好几个房间，可以理解为一个页（Page)，对于每个房间来说，有主卧，次卧，客厅，卫生间等，这些房间就可以理解为一个行（Row)，每个房间里存放的才是真正的"数据"。

2.1.2　慢日志诊断

在 MySQL 中，对于性能问题诊断，最开始的时候总是感觉有些束手无策，如果一个人问你，MySQL 数据库响应慢了，该怎么办；如果数据库服务器 CPU 100%了该怎么办；或者数据库连接不上了，业务提示无法连接该怎么办；这些看起来好像没有太大的关系的问题，其实我们能够分析的一个入口就是日志。

在系统层面，其实所能做的工作实在有限，因为 MySQL 是单进程多线程的架构，我们看到的连接是在线程层面的。所以除了看到一个 mysqld 的进程 CPU 100%之外，我们能看到的 MySQL 层面的信息就很有限了，所以系统层面的日志只能告诉你 MySQL 层面有资源问题，但是无法告诉你更多信息。

那么来看 MySQL 的错误日志，这个错误日志的信息也是有限，如果出现了 SQL 性能问题的时候，错误日志的粒度是无法探测到根因的，我们通过日志看不到主要的错误，这是一种后知后觉的处理方式。

那么我们分析问题的一个必然之路就是 MySQL 层面提供的明细信息了，这个可以体现在通用日志或者慢日志层面。在极少数的情况下，我们才可能会去用通用日志，基本就是随用随开，用完即关，因为大多数情况下通用日志量都太大了。那么我们的选择其实就是慢日志了，你想想到了这个时候，你还能够参考什么呢。

在 Oracle 里面有一个性能诊断模型是 OWI，是基于等待事件所做的分析，里面有经典的 3A 工具（AWR、ASH、ADDM），看起来和 MySQL 不搭边，所幸的是 MySQL 的 sys schema 就是一个好的开始，等待事件也补充起来了。这让我看到了一个 Oracle 9i 版本迭代的过程，9i 想当年也是一个很经典的版本，也是风尘仆仆的迈过了 10g 和 11g，到了现在的 cloud(12c、18c、19c...)。

MySQL 在短时间内不会出现经典的 3A 工具，但是慢日志就是我们改善 DBA 现状的一把利器。慢日志层面分析好了，我们的工作现状就会大大改善。

我提两个问题大家思考一下：是不是开发同学很多时候都希望 DBA 提供慢日志供他们参考，或者 DBA 是否也希望做一些慢日志的分析（无论是在线还是离线）。这其实是两个维度的工作，但是都指向了同一个终点，那就是**性能优化**。看慢日志的最终目的无非就是解决存在的、潜在的性能问题，如果问题没有发生，那就是潜在问题，我们只能通过慢日志去查看，查看的标准就是 SQL 的执行性能差一些。这个维度看起来有些缺少理论支撑，只追求短平快，但是细细想来也是合理有效。SQL 性能问题无非体现在执行时间长、全表扫描、资源使用率高等几个维度，这几个维度，慢日志可以涵盖大多数，比如执行时间的问题，超过阈值就会记录；全表扫描的问题，如果没有走索引也会记录（有个参数 log_queries_not_using_indexes）。

慢日志的分析工具有多少呢，简单来说有以下几个：

（1）mysqldumpslow

（2）mysqlsla：基于 perl

（3）myprofi ：基于 php

（4）mysql-explain-slow-log：基于 perl

（5）mysql-log-filter：基于 python 和 php

（6）pt-query-digest：基于 perl

其中 mysqldumpslow 是原生的，其他的都是第三方的，还有第三方的平台，比如开源工具 Anemometer，github 链接是 https://github.com/box/Anemometer；一个项目如果 star 过千，已经能够说明其有一定的影响力了，如下图 2-4 所示。

图 2-4

当然还有很多基于 ES 的方案，不再一一讲述。

我们来简单看一下慢日志的一个演化方案。

我执行了 3 条 SQL：

- select *from test; 执行 2 次；
- select *from cmdb_server; 执行 1 次。

mysqlslowlog 得到的结果如下：

```
Reading mysql slow query log from /data/mysql/dev01-slow.log
Count: 1 Time=0.00s (0s) Lock=0.00s (0s) Rows=586.0 (586), root[root]@
localhost
  select *from cmdb_server
Count: 2 Time=0.00s (0s) Lock=0.00s (0s) Rows=3.0 (6), root[root]@localhost
  select *from test
```

其实是有些简陋的。

如果看下 pt-query-digest 的结果，就会看到专业的输出，如图 2-5 所示。

```
# 110ms user time, 0 system time, 24.14M rss, 202.48M vsz
# Current date: Sun Aug 26 23:55:21 2018
# Hostname: dev01
# Files: /data/mysql/dev01-slow.log
# Overall: 3 total, 2 unique, 0.01 QPS, 0.00x concurrency _____
# Time range: 2018-08-26T14:44:03 to 2018-08-26T14:49:34
# Attribute          total     min     max     avg     95%  stddev  median
# ============     ======= ======= ======= ======= ======= ======= =======
# Exec time            3ms   126us     3ms     1ms     3ms     1ms   131us
# Lock time          188us    60us    66us    62us    63us     2us    60us
# Rows sent            592       3     586  197.33  563.87  264.44    2.90
# Rows examine         592       3     586  197.33  563.87  264.44    2.90
# Query size            58      17      24   19.33   23.65    3.23   16.81

# Profile
# Rank Query ID           Response time Calls R/Call V/M   Item
# ==== ================== ============= ===== ====== ===== ==============
#    1 0xACA8CA20022CEDFE  0.0029 91.6%     1 0.0029  0.00 SELECT cmdb_server
#    2 0x0010752EA35A7657  0.0003  8.4%     2 0.0001  0.00 SELECT test

# Query 1: 0 QPS, 0x concurrency, ID 0xACA8CA20022CEDFE at byte 621 ____
# This item is included in the report because it matches --limit.
# Scores: V/M = 0.00
# Time range: all events occurred at 2018-08-26T14:49:34
# Attribute    pct   total     min     max     avg     95%  stddev  median
```

图 2-5

对于慢日志的报告解读，之前和开发同学做过一些沟通，发现大家对于慢日志的处理方式不够专业，导致很多时候没有把慢日志的效果发挥出来。对于慢日志的报告解读除了有合适的工具外，我们还需要了解 pt 工具解析的报告格式，整个报告里面有个很核心的概念就是 response time，里面的很多概念都会基于时间维度来进行统计，比如执行时间（Exec time），锁定时间（Lock time）等指标可以快速地得到整个慢日志的概览信息，快速定位问题方向。

而对于慢日志的 Profile 部分，我更愿意称它为排行榜，通过这个榜单我们可以快速的定位瓶颈 SQL，报告后面是每一条 SQL 的详细信息。

作为 DBA，我们不仅是要做这些信息的解析，还需要做更多的性能问题诊断，比如我们用哲学的方式来考虑：存在即合理，那么我们对于每一套 SQL 可以下钻出更多维度的信息，例如：

（1）在不同时间范围内的性能信息。

（2）考虑同比环比的信息，让 SQL 的信息更具有参考性。

案例 2-1：MySQL 日志故障的处理和分析

有一台预上线的服务器最近在做压力测试，引发了一系列的相关问题，排查思路可以提供给大家作参考。

问题的起因就是收到同事提醒，根据监控报警提示，磁盘空间满了。上面有一个 MySQL 服务已经写入不了数据了，如下：

```
>>create table test(id int);
ERROR 14 (HY000): Can't change size of file (Errcode: 28 - No space left on device)
```

碰到这类问题，首先想到的就是查看分区下最大的文件。

当我切换到日志目录的时候，我发现慢日志文件竟然有如下这么大，都是百 G 级别。

```
-rw-r----- 1 mysql mysql 302365433856 Nov  7 07:55 slowquery.log
```

当时也是为了尽快地释放慢日志文件的空间，所以先选择导出部分日志到本地，作为后续的分析所用，然后清理了这个日志文件。

系统层面是清理了文件，空间也可以通过 du 的方式看到是释放了，但是使用 df -h 的方式却不奏效，看起来是文件的句柄没有正确释放，在这种情况下，系统虽然释放了不少的空间，但是数据库层面还是写入不了数据。

这种情况该怎么做，释放句柄最好的一种方式就是重启，但是在当时而言，显然这不是一个好的方法，有些简单暴力，有没有更好的方案呢，我们再来看看慢日志相关的参数（图 2-6）。

```
>show variables like '%slow%';
+-----------------------------------+--------------------------------------+
| Variable_name                     | Value                                |
+-----------------------------------+--------------------------------------+
| log_slow_admin_statements         | OFF                                  |
| log_slow_filter                   |                                      |
| log_slow_rate_limit               | 1                                    |
| log_slow_rate_type                | session                              |
| log_slow_slave_statements         | OFF                                  |
| log_slow_sp_statements            | ON                                   |
| log_slow_verbosity                |                                      |
| max_slowlog_files                 | 0                                    |
| max_slowlog_size                  | 0                                    |
| slow_launch_time                  | 2                                    |
| slow_query_log                    | OFF                                  |
| slow_query_log_always_write_time  | 10.000000                            |
| slow_query_log_file               | /data/mysql_4350/log/slowquery.log   |
| slow_query_log_use_global_control |                                      |
+-----------------------------------+--------------------------------------+
```

图 2-6

这里我们可用的一个直接方式就是先关闭慢日志，达到释放句柄的目的，然后再次重新开启。

想明白了，操作就很简单了。

```
>set global slow_query_log=off;
Query OK, 0 rows affected (6.54 sec)

>set global slow_query_log=on;
Query OK, 0 rows affected (0.00 sec)
```

很明显，磁盘空间释放了不少；对于慢日志的问题进行分析，可以看到其中有一个数据字典表存在大量的查询请求，添加了索引之后，该问题得到了有效控制。

```
# df -h
Filesystem          Size  Used Avail Use% Mounted on
/dev/sda3            25G  5.5G   18G  24% /
tmpfs                31G   12K   31G   1% /dev/shm
/dev/sda1           190M   78M  103M  44% /boot
/dev/mapper/data-main
                    717G  400G  281G  59% /data
```

谁知好景不长，又收到报警说磁盘空间又满了，这次排除了慢日志的影响，发现是审计日志出了问题，如下：

```
$ df -h
Filesystem          Size  Used Avail Use% Mounted on
/dev/sda3            25G  5.5G   18G  24% /
tmpfs                31G   12K   31G   1% /dev/shm
/dev/sda1           190M   78M  103M  44% /boot
/dev/mapper/data-main
                    717G  609G   72G  90% /data
```

前面已经讲过，审计插件有几类比较流行的，这里用到的是 Percona audit plugin,其实从性价比来说，这个插件的控制粒度还算比较粗，如果从控制的粒度来说，MariaDB Audit plugin 要好很多，推荐使用。

　　审计日志有差不多 600G，在这种高压测试之下，量级还是很大的，为了缓解问题，我们删除了 600G 的审计日志文件。

　　打开审计日志的参数选项，如下：

```
>show variables like '%audit%';
+----------------------------+---------------+
| Variable_name              | Value         |
+----------------------------+---------------+
| audit_log_buffer_size      | 1048576       |
| audit_log_exclude_accounts |               |
| audit_log_exclude_commands |               |
| audit_log_exclude_databases|               |
| audit_log_file             | audit.log     |
| audit_log_flush            | OFF           |
| audit_log_format           | OLD           |
| audit_log_handler          | FILE          |
| audit_log_include_accounts |               |
| audit_log_include_commands |               |
| audit_log_include_databases|               |
| audit_log_policy           | ALL           |
| audit_log_rotate_on_size   | 0             |
| audit_log_rotations        | 0             |
| audit_log_strategy         | ASYNCHRONOUS  |
| audit_log_syslog_facility  | LOG_USER      |
| audit_log_syslog_ident     | percona-audit |
| audit_log_syslog_priority  | LOG_INFO      |
+----------------------------+---------------+
18 rows in set (0.01 sec)
```

　　这里可选的操作是修改审计日志的策略，比如从 ALL 修改为 NONE，但是这种方式没有生效，这时可供选择的方案就很少了，如果要释放句柄，我们可以简单先看看有哪些未释放的句柄，比如通过 lsof 来查看（图 2-7）。

```
# lsof|grep delete
mysqld 3218 mysql   5u REG 253,0 26946       85458954 /data/mysql_4350/tmp/ib6i5l8w (deleted)
mysqld 3218 mysql   6u REG 253,0 0           85458955 /data/mysql_4350/tmp/ibzgbLJz (deleted)
mysqld 3218 mysql   7u REG 253,0 0           85458956 /data/mysql_4350/tmp/ibUZDalC (deleted)
mysqld 3218 mysql   8u REG 253,0 0           85458960 /data/mysql_4350/tmp/ibhdSF1K (deleted)
mysqld 3218 mysql  12u REG 253,0 0           85458961 /data/mysql_4350/tmp/ibo46oDR (deleted)
mysqld 3218 mysql  41w REG 253,0 635612876075 85460307 /data/mysql_4350/data/audit.log (deleted)
```

图 2-7

　　很明显这个进程就是 MySQL 服务的进程号，如果直接 kill MySQL 实在是太暴力了，而且这个测试还在进行中，为了避免不必要的解释和麻烦，我们也是不能重启数据库的，如图 2-8。

```
# ps -ef|grep 3218
mysql    3218  2015  22 Oct31 ?        1-14:53:02 /usr/local/mysql/bin/mysqld --basedir=/usr/local/mysql -
root    87186 86999  0 15:20 pts/0     00:00:00 grep 3218
```

图 2-8

　　但是这里有一个参数引起了我的注意，那就是 audit_log_flush，有点类似于 MySQL

里面的 flush logs 的方式。通过触发这个参数就可以释放已有的句柄了。

```
>set global audit_log_flush=on;
Query OK, 0 rows affected (10.04 sec)
```

通过几轮问题分析和排查，日志类的问题总算得到了基本解决。

后续需要改进的就是对审计日志的管理，目前做压力测试其实是可以关闭这一类审计的。

对于慢日志的分析也是重中之重，如果在极高的压力下，差不多 1~2 分钟就会产生 1G 的慢日志，按照并发来看，这个值是很高的。所以在基本稳定了性能之后，慢日志的量级有了明显的变化。

2.2 玩转 MySQL 数据字典

MySQL 相关的数据字典主要在以下几个数据库里面：

（1）information_schema

（2）performance_schema

（3）mysql

（4）sys（在 5.7 开始出现）

在使用中有以下的一些命令/语句可以参考，如表 2-2 所示。

表 2-2

命令/语句	功能
show engines;	查看存储引擎
select database();	查看当前数据库
show databases;	查看数据库列表
show create database test;	查看数据库 test 的建库语句
show tables;	查看当前数据库下的表
show tables from test;	查看数据库 test 下的表
show create table xxx;	查看表 xxx 的建表语句
select user();	查看当前用户
show engine innodb status\G	查看 InnoDB 存储引擎的状态信息
show grants for 'xxx'@'xxx'	查看用户的权限信息
show create user 'xxx'@'xxx'	查看用户的属性信息
show columns from columns_priv like '%ab%';	查看含有 ab 字样的字段
show processlist;	查看 mysql 线程列表
show status;	查看 mysql 状态
show variables like '%xx%';	查看含有 xx 字样的参数
show global status;	查看 mysql 全局状态
select user,host from mysql.user;	查看用户列表信息
select *from information_schema.routines	查看存储过程列表

2.2.1　MySQL 巡检模块：Sys Schema 的设计

　　MySQL 的数据字典经历了几个阶段的演进，MySQL 4.1 版本提供了 information_schema 数据字典，一些基础元数据可以通过 SQL 查询得到。

　　MySQL 5.5 版本提供了 performance_schema 性能引擎，可以通过参数 performance_schema 来开启/关闭，说实话，使用起来还是有些难度的。

　　MySQL 5.7 版本提供了 sys Schema，这个新特性包含了一系列的存储过程、自定义函数以及视图来帮助我们快速地了解系统的元数据信息，当然自 MySQL 5.7.7 版本推出以来，让很多 MySQL DBA 不大适应，而我看到这个 sys 库的时候，第一感觉是越发和 Oracle 像了，不是里面的内容像，而是很多设计的方式越来越相似。所以按照这种方式，我感觉离 AWR 这样的工具推出也不远了。

　　对于实时全面的抓取性能信息，MySQL 依旧还在不断进步的路上。因为开源，所以有很多非常不错的工具和产品推出。myawr 算是其中的一个，现在看来当初的设计方式和现在 sys 库很有相似之处，感兴趣的可以自行搜索查看。

　　（1）sys Schema 的借鉴意义

　　对于 sys Schema，我觉得对 DBA 来说，有几个地方值得借鉴。

　　原本需要结合 information_schema，performance_schema 查询的方式，现在有了视图的方式，把一些优化和诊断信息通过视图的方式汇总起来，更加直观。

　　sys Schema 的有些功能在早期版本可能无从查起，或者很难查询，现在因为新版本的功能提炼都可以做出来了。

　　如果能好好掌握这些视图的内涵，可以随时查看表的关联关系，对于理解 MySQL 的运行原理和问题的分析会大有帮助，当然这个地方只能点到为止。

　　按照这种情况，没准以后会直接把 sys 完全独立出来，替代 information_schema，performance_schema，没准以后还会出更丰富的功能，类似 Oracle 中免费的 statspack、闭源的 AWR、实时性能数据抓取、自动性能分析和诊断、自动优化任务等，当然这些只是我的猜想，但是根据我的认知，在 Oracle 中也是这么走过来的。

　　对于 sys Schema 的学习，我是基于 5.7.13-6 这个版本，是用 Oracle 的眼光来学习的。

　　（2）化繁为简，sys 下的对象分布情况

　　sys 下的对象分布其实信息量很大，除了我们关心的视图和表以外，还有函数、存储过程和触发器。这些信息可以通过 sys 下的视图 schema_object_overview 来查看（如图 2-9 所示）。

```
> select * from schema_object_overview where db='sys';
+-----+---------------+--------+
| db  | object_type   | count  |
+-----+---------------+--------+
| sys | VIEW          |  100   |
| sys | BASE TABLE    |   1    |
| sys | INDEX (BTREE) |   1    |
| sys | TRIGGER       |   2    |
| sys | FUNCTION      |  21    |
| sys | PROCEDURE     |  26    |
+-----+---------------+--------+
6 rows in set (0.10 sec)
```

图 2-9

（3）sys 下唯一的表

如果你观察仔细，其实会发现里面的 table 只有一个，那就是 sys_config，使用命令 show tables 显示出来的除了这个表，其他的都是视图（如图 2-10 所示）。

这个表有什么特别之处呢？

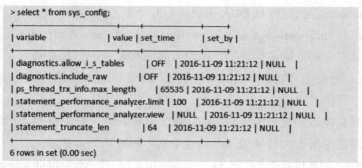

```
> select * from sys_config;
+-----------------------------------+-------+---------------------+--------+
| variable                          | value | set_time            | set_by |
+-----------------------------------+-------+---------------------+--------+
| diagnostics.allow_i_s_tables      | OFF   | 2016-11-09 11:21:12 | NULL   |
| diagnostics.include_raw           | OFF   | 2016-11-09 11:21:12 | NULL   |
| ps_thread_trx_info.max_length     | 65535 | 2016-11-09 11:21:12 | NULL   |
| statement_performance_analyzer.limit | 100 | 2016-11-09 11:21:12 | NULL   |
| statement_performance_analyzer.view | NULL | 2016-11-09 11:21:12 | NULL   |
| statement_truncate_len            | 64    | 2016-11-09 11:21:12 | NULL   |
+-----------------------------------+-------+---------------------+--------+
6 rows in set (0.00 sec)
```

图 2-10

可以看到里面是一个基础参数的设置，比如一些范围、基数的设置；而且值得一提的是这个表里设置了几个触发器，对这个表的 DML 操作都会触发里面的数据级联变化。

sys_config 的作用其实和 Oracle AWR 里面的设置非常相似，Oracle 中是使用 dba_hist_wr_control 来得到，如图 2-11 所示。

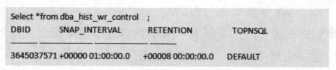

```
Select *from dba_hist_wr_control  ;
DBID          SNAP_INTERVAL      RETENTION          TOPNSQL
----------    ---------------    ---------------    -------
3645037571    +00000 01:00:00.0  +00008 00:00:00.0  DEFAULT
```

图 2-11

然后我们继续查看，还是使用 show tables 来看，会看到整个 sys 下的表/视图有 101 个，其中 x$开头的对象有 48 个，简单换算一下，里面的表/视图有 53 个。

（4）x$的视图

x$的视图是什么意思，通过 Oracle 的角度来看，就很容易理解，意思是相通的。在 Oracle 中，数据字典分为两种类型，一类是数据字典表，像 dba_tables 这样的，基表都是 tab$这种的表，数据是存放在系统表空间 system 下的，这些信息在 MySQL 中有些类似于 information_schema 下的数据字典。而另外一类数据字典是动态性能视图，Oracle 是以 v$ 开头的，比如 v$session，它的基表是 x$开头的"内存表"，在 MySQL sys 中也是类似的意思，只是这些信息 MySQL 都毫无保留的开放出来了。按照官方的说法，x$的信息是没有经过格式化的，比如下面的两个视图对比，图 2-12 是普通视图。

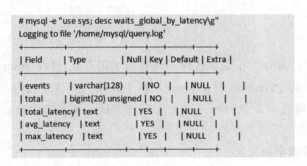

图 2-12

x$的视图的定义如下图 2-13 所示。

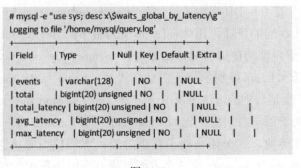

图 2-13

可以看到数据类型也有一些差别。如果是时间字段，在 x$视图中可能精度是 picosecond（皮秒，万亿分之一秒），而在普通视图中，就会格式化为秒。

（5）sys 下的 session 视图

我们抽取一个视图来看，就 session 吧，输出和 show processlist 命令如出一辙，我们来看看它的实现，存在着下图 2-14 所示的依赖关系。

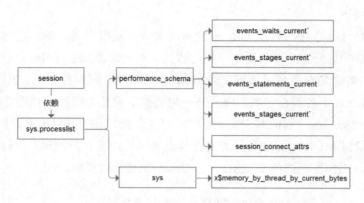

图 2-14

而在 Oracle 中，因为主要是多进程多线程的实现方式（Windows 平台是单进程多线程），所以会有独立的 v$session 和 v$process 两个视图，两者通过内存地址的方式映射，所以在专用服务器模式下，就可以通过进程找到会话，或者通过会话找到进程，对于排查性能问题大有裨益。

（6）sys 下的数据字典分类

sys 下的视图分了哪些层面呢。我简单来总结一下，大体分为以下几个层面：

- host_summary：这个是服务器层面的，比如里面的视图 host_summary_by_file_io；
- user_summary：这个是用户层级的，比如里面的视图 user_summary_by_file_io；
- InnoDB：这个是 InnoDB 层面的，比如 innodb_buffer_stats_by_schema；
- IO：这个是 I/O 层的统计，比如视图 io_global_by_file_by_bytes；
- memory：关于内存的使用情况，比如视图 memory_by_host_by_current_bytes；
- schema：关于 schema 级别的统计信息，比如 schema_table_lock_waits；
- session：关于会话级别的，这个视图少一些，只有 session 和 session_ssl_status 两个；
- statement：关于语句级别的，比如 statements_with_errors_or_warnings；
- wait：关于等待的，这个还是处于起步阶段，等待模型有待完善，目前只有基于 io/file，lock/table 和 io/table 这三个方面，提升空间还很大，如下图 2-15 所示。

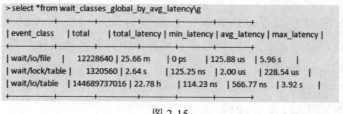

图 2-15

等待模型在 Oracle 中有一种流行的诊断方法论 OWI，也就是 Oracle Wait Interface。

OWI 的信息会让调优变得更理性，更符合应用的场景。关于等待事件，Oracle 的不同版本中也有着很显著的变化。

最初 Oracle 7.0 版本中有 104 个等待事件，8.0 版本中有 140 多个等待事件，Oracle 8i 中有 220 多个等待事件，9i 中有 400 多个等待事件，10g 中有 800 多个等待事件，11g 有 1 100 多个。随着等待事件的逐步完善，也能够反映出对于问题的诊断粒度越来越细化。

（7）sys 下的 InnoDB 视图

当然 sys 的使用其实还是比较灵活的，在 5.6 及以上版本都可以，是完全独立的。和 Oracle 里面的 statspack，AWR 非常相似。

里面 InnoDB，schema 和 statement 这三部分是格外需要关注的，我们先说一下 InnoDB 视图。

比如 InnoDB 部分的视图 innodb_lock_waits。

我们做个小测试来说明一下。我们开启两个会话。

会话 1：start transaction;　update test set id=100;

会话 2：update test set id=102;

这个时候如果没有 sys，我们需要查看 information_schema.innodb_locks 和 innodb_trx，有的时候还会查看 show engine innodb status 来得到一些佐证信息。

● 查看 innodb_locks，如图 2-16 所示。

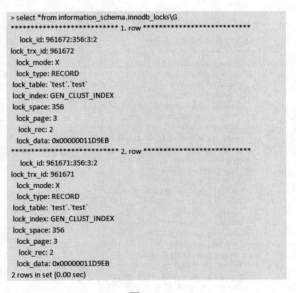

```
> select *from information_schema.innodb_locks\G
************************** 1. row **************************
    lock_id: 961672:356:3:2
lock_trx_id: 961672
  lock_mode: X
  lock_type: RECORD
 lock_table: `test`.`test`
 lock_index: GEN_CLUST_INDEX
 lock_space: 356
  lock_page: 3
   lock_rec: 2
  lock_data: 0x00000011D9EB
************************** 2. row **************************
    lock_id: 961671:356:3:2
lock_trx_id: 961671
  lock_mode: X
  lock_type: RECORD
 lock_table: `test`.`test`
 lock_index: GEN_CLUST_INDEX
 lock_space: 356
  lock_page: 3
   lock_rec: 2
  lock_data: 0x00000011D9EB
2 rows in set (0.00 sec)
```

图 2-16

● 查看 innodb_trx，如图 2-17 所示。

面对这些情况，该怎么处理，是否要杀掉会话，可能会有些模棱两可。

```
> select *from information_schema.innodb_trx\G
*************************** 1. row ***************************
             trx_id: 961671
          trx_state: RUNNING
        trx_started: 2016-12-26 22:25:52
trx_requested_lock_id: NULL
    trx_wait_started: NULL
         trx_weight: 3
 trx_mysql_thread_id: 1149233
          trx_query: NULL
trx_operation_state: NULL
  trx_tables_in_use: 0
   trx_tables_locked: 1
    trx_lock_structs: 2
trx_lock_memory_bytes: 1136
     trx_rows_locked: 1
    trx_rows_modified: 1
trx_concurrency_tickets: 0
  trx_isolation_level: READ COMMITTED
   trx_unique_checks: 1
  trx_foreign_key_checks: 1
trx_last_foreign_key_error: NULL
trx_adaptive_hash_latched: 0
trx_adaptive_hash_timeout: 0
     trx_is_read_only: 0
trx_autocommit_non_locking: 0
1 row in set (0.00 sec)
```

图 2-17

我们来看看使用 innodb_lock_waits 的结果。这个过程语句都给你提供好了，只有 1 行信息，就是告诉你产生了阻塞，现在可以使用 kill 的方式终止会话，kill 语句都给你提供好了，如图 2-18 所示。

```
> select * from innodb_lock_waits\G
*************************** 1. row ***************************
           wait_started: 2016-12-26 22:28:24
              wait_age: 00:01:38
          wait_age_secs: 98
          locked_table: `test`.`test`
          locked_index: GEN_CLUST_INDEX
           locked_type: RECORD
          waiting_trx_id: 961672
      waiting_trx_started: 2016-12-26 22:28:24
        waiting_trx_age: 00:01:38
   waiting_trx_rows_locked: 2
 waiting_trx_rows_modified: 0
            waiting_pid: 1149284
          waiting_query: update test set id=102
        waiting_lock_id: 961672:356:3:2
        waiting_lock_mode: X
         blocking_trx_id: 961671
           blocking_pid: 1149233
          blocking_query: NULL
        blocking_lock_id: 961671:356:3:2
        blocking_lock_mode: X
      blocking_trx_started: 2016-12-26 22:25:52
        blocking_trx_age: 00:04:10
  blocking_trx_rows_locked: 1
blocking_trx_rows_modified: 1
   sql_kill_blocking_query: KILL QUERY 1149233
sql_kill_blocking_connection: KILL 1149233
1 row in set (0.01 sec)
```

图 2-18

当然默认事务还是有一个超时的设置，可以看到确实是阻塞了。已经因为超时取消，如下：

```
> update test set id=102;
ERROR 1205 (HY000): Lock wait timeout exceeded; try restarting transaction
```

从上面可以看到，InnoDB 相关的视图不多，虽然只有 3 个，不过都蛮实用的。

（8）sys 下的 schema 视图

我们继续看看 schema 层面的视图，这部分内容就很实用了。

```
schema_auto_increment_columns
schema_index_statistics
schema_object_overview
schema_redundant_indexes
schema_table_lock_waits
schema_table_statistics
schema_table_statistics_with_buffer
schema_tables_with_full_table_scans
schema_unused_indexes
```

如果要查看一个列值溢出的情况，比如列的自增值是否会超出数据类型的限制，这个问题对很多 MySQL DBA 一直以来都是一个挑战，视图 schema_auto_increment_columns 就给你包装好了，直接用即可。下图 2-19 中输出略微做了调整。

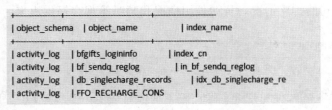

table_name	column_name	column_type	max_value	auto_increment
ta_newyear2_back	id	int(11)	2147483647	9945076
tb_activate_code	id	int(11)	2147483647	1851387
sys_oper_log	id	int(11)	2147483647	126867

图 2-19

如果一个表的索引没有使用到，以前用 pt 工具也可以做一些分析，现在查个视图就搞定了。当然索引的部分，和采样率也有关系，不是一个绝对的结果。查看 schema_unused_indexes 的结果如下图 2-20 所示。

object_schema	object_name	index_name
activity_log	bfgifts_logininfo	index_cn
activity_log	bf_sendq_reglog	in_bf_sendq_reglog
activity_log	db_singlecharge_records	idx_db_singlecharge_re
activity_log	FFO_RECHARGE_CONS	

图 2-20

如果要查看哪些表走了全表扫描以及性能情况，可以使用 schema_tables_with_full_table_scans，查询结果如下图 2-21；如果数据量本身很大，这个结果就会被放大，值得关注。

```
+----------------+--------------+-------------------+-----------+
| object_schema  | object_name  | rows_full_scanned | latency   |
+----------------+--------------+-------------------+-----------+
| mobile_billing | tb_activate_code |    133704990876 | 20.74 h   |
| mobile_billing | tb_appkey_config |        56067246 | 5.32 m    |
| mobile_billing | tb_goods     |          11323673 | 1.20 m    |
| mobile_billing | tb_app       |          11104405 | 28.86 s   |
```

图 2-21

如果查看一些冗余的索引，可以参考 schema_redundant_indexes，删除的 SQL 语句都给你提供好了，如下图 2-22 所示。

```
*************************** 9. row ***************************
            table_schema: zzb_test
              table_name: tes_activate_list
      redundant_index_name: INDEX_SMS_ID
   redundant_index_columns: SMS_ID
redundant_index_non_unique: 0
       dominant_index_name: PRIMARY
    dominant_index_columns: SMS_ID
 dominant_index_non_unique: 0
           subpart_exists: 0
           sql_drop_index: ALTER TABLE `zzb_test`.`sms_activate_list` DROP INDEX `INDEX_SMS_ID`
```

图 2-22

（9）sys 下的 statement 视图

statement 层面的视图大体有下面的一些：

```
 statement_analysis
statements_with_errors_or_warnings
statements_with_full_table_scans
statements_with_runtimes_in_95th_percentile
statements_with_sorting
statements_with_temp_tables
```

这部分内容对于分析语句的性能还是很有用的。

比如查看语句的排序情况、资源使用情况和延时等都会提供出来，如图 2-23。

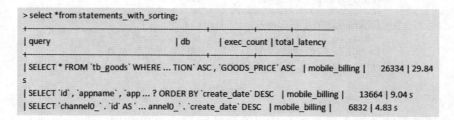

图 2-23

在这里 SQL 语句做了删减，不过语句的信息、执行次数和延时等都可以看到。

对于 SQL 语句中生成的临时表，可以查看 statements_with_temp_tables ，比如某一个语句生成的临时表情况，都做了统计。

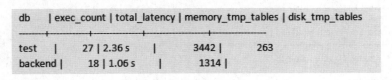

db	exec_count	total_latency	memory_tmp_tables	disk_tmp_tables
test	27	2.36 s	3442	263
backend	18	1.06 s	1314	

图 2-24

（10）sys 的备份和重建

如果查看 sys 的版本，可以使用视图 version 来得到，如图 2-25 所示；可见是把它当作一个独立的组件一样来维护的。

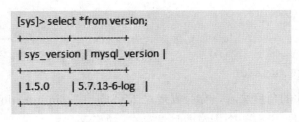

```
[sys]> select *from version;
+-------------+---------------+
| sys_version | mysql_version |
+-------------+---------------+
| 1.5.0       | 5.7.13-6-log  |
+-------------+---------------+
```

图 2-25

如果要导出，可以使用 mysqlpump sys > sys_dump.sql 或者 mysqldump --databases --routines sys > sys_dump.sql 来得到 sys 的创建语句，如果需要重建则更简单，使用 mysql<sys_dump.sql 即可。

2.2.2　解惑：MySQL 关于数据字典的一个疑问

有一次看着 MySQL 的数据字典，突然想到一个问题：为什么 MySQL 数据字典 information_schema 中的表名是大写，而 performance_schema 和其他库中的是小写？

带着这个问题，我开始了一些猜测和自我论证。

首先大小写的这个情况是相对不兼容的。

比如在 performance_schema 中，根据关键字 user 可以找到如下两个相关的表。

```
mysql> show tables  like 'user%';
+-------------------------------------+
| Tables_in_performance_schema (user%) |
+-------------------------------------+
| user_variables_by_thread            |
| users                               |
+-------------------------------------+
2 rows in set (0.00 sec)
```

但是如果我改为大写，是不能识别的，这在其他的数据库里也是类似的处理方式。

```
mysql> desc USERS;
ERROR 1146 (42S02): Table 'performance_schema.USERS' doesn't exist
mysql> select database();
+--------------------+
| database()         |
+--------------------+
| performance_schema |
+--------------------+
1 row in set (0.00 sec)
```

而在下面的 information_schema 中，则是相对兼容的。

```
mysql> select count(*)from tables; select count(*)from TABLES;
+----------+
| count(*) |
+----------+
|      383 |
+----------+
1 row in set (0.01 sec)
+----------+
| count(*) |
+----------+
|      383 |
+----------+
1 row in set (0.00 sec)
```

如果从物理文件的角度来看，你会发现在 MySQL 中，information_schema 这个数据库和其他数据库不同，没有一个指定的目录存在，如下：

```
[root@dev01 mysql]# ll
total 188796
-rw-r----- 1 mysql mysql       56 Jan  2 12:37 auto.cnf
-rw-r----- 1 mysql mysql        5 Mar 13 14:26 dev01.pid
drwxr-x--- 2 mysql mysql    12288 Mar  9 10:44 devopsdb
drwxr-x--- 2 mysql mysql     4096 Jan  2 12:38 dms_metadata
-rw-r----- 1 mysql mysql     1292 Jan 26 19:44 ib_buffer_pool
-rw-r----- 1 mysql mysql 79691776 Mar 13 23:27 ibdata1
-rw-r----- 1 mysql mysql 50331648 Mar 13 23:27 ib_logfile0
-rw-r----- 1 mysql mysql 50331648 Mar 13 23:27 ib_logfile1
-rw-r----- 1 mysql mysql 12582912 Mar 13 23:36 ibtmp1
drwxr-x--- 2 mysql mysql     4096 Jan 24 19:04 kmp
drwxr-x--- 2 mysql mysql     4096 Jan  2 12:37 mysql
-rw-r----- 1 mysql mysql   324407 Mar 13 21:54 mysqld.log
drwxr-x--- 2 mysql mysql     4096 Jan  2 12:37 performance_schema
drwxr-x--- 2 mysql mysql    12288 Jan  2 12:37 sys
drwxr-x--- 2 mysql mysql     4096 Mar 13 23:27 test
```

这个数据的存储就好比 Oracle 里面的系统表空间，所以 information_schema 是名副其实的数据字典库。

而 performance_schema 则是一个内存库，它的存储引擎是特别的一种，不是 InnoDB 也不是 MyISAM 和 Memory；而是 performance_schema，如图 2-26 所示。

```
mysql> show engines;
+--------------------+---------+----------------------------------------------------------------+--------------+----
| Engine             | Support | Comment                                                        | Transactions | XA
+--------------------+---------+----------------------------------------------------------------+--------------+----
| CSV                | YES     | CSV storage engine                                             | NO           | NO
| MRG_MYISAM         | YES     | Collection of identical MyISAM tables                          | NO           | NO
| MyISAM             | YES     | MyISAM storage engine                                          | NO           | NO
| BLACKHOLE          | YES     | /dev/null storage engine (anything you write to it disappears) | NO           | NO
| PERFORMANCE_SCHEMA | YES     | Performance Schema                                             | NO           | NO
| MEMORY             | YES     | Hash based, stored in memory, useful for temporary tables      | NO           | NO
| ARCHIVE            | YES     | Archive storage engine                                         | NO           | NO
| InnoDB             | DEFAULT | Supports transactions, row-level locking, and foreign keys     | YES          | YES
| FEDERATED          | NO      | Federated MySQL storage engine                                 | NULL         | NUL
+--------------------+---------+----------------------------------------------------------------+--------------+----
9 rows in set (0.00 sec)
```

图 2-26

带着疑问我继续切换到了 information_schema 中，可以很明显地发现 information_schema 中的数据字典大多是 Memory 存储引擎。

```
mysql> show create table tables \G
*************************** 1. row ***************************
       Table: TABLES
Create Table: CREATE TEMPORARY TABLE `TABLES` (
  `TABLE_CATALOG` varchar(512) NOT NULL DEFAULT '',
 ...
  `TABLE_COMMENT` varchar(2048) NOT NULL DEFAULT ''
) ENGINE=MEMORY DEFAULT CHARSET=utf8
1 row in set (0.00 sec)
```

还有一些数据字典是 InnoDB 存储引擎。

```
mysql>  show create table PLUGINS\G
*************************** 1. row ***************************
       Table: PLUGINS
Create Table: CREATE TEMPORARY TABLE `PLUGINS` (
  `PLUGIN_NAME` varchar(64) NOT NULL DEFAULT '',
  `PLUGIN_VERSION` varchar(20) NOT NULL DEFAULT '',
  `PLUGIN_STATUS` varchar(10) NOT NULL DEFAULT '',
...
  `LOAD_OPTION` varchar(64) NOT NULL DEFAULT ''
) ENGINE=InnoDB DEFAULT CHARSET=utf8
1 row in set (0.00 sec)
```

所以数据字典的结构其实还算是比较繁杂的，会涉及多个存储引擎，也会涉及多种规则和处理方式。

如果我们仔细查看上面的语句，就会发现，这些数据字典都是 temporary table。

明白了这一点，对我们分析问题就很有利了。我的初步设想就是通过这种命名方式能够标识出来它就是临时表，避免混淆。

怎么理解呢。

如果一个数据库中同时存在一个临时表和一个普通表，名字都是 tmp，可不可行？

不要猜行不行，而是快速验证一下。

```
mysql> create table tmp (id int,name varchar(30));
```

```
Query OK, 0 rows affected (0.09 sec)
mysql> create temporary table tmp(id int,name varchar(30));
Query OK, 0 rows affected (0.00 sec)
```

这个时候插入一条记录，显示成功，但是我们却没有办法判断到底是插入到了哪个表里。

```
mysql> insert into tmp values(1,'aa');
Query OK, 1 row affected (0.00 sec)
```

所以我们用排除的方式来验证，我们删掉 tmp，然后查看剩下的数据到底在哪里？

删除成功，但是这个时候我们还需要其他的信息来佐证。

```
mysql> drop table tmp ;
Query OK, 0 rows affected (0.00 sec)
```

查看 tmp 的定义信息，很明显 drop 的 tmp 是临时表。

```
mysql> show create table tmp ;
+-------+--------------------------------------------+
| Table | Create Table                               |
+-------+--------------------------------------------+
| tmp   | CREATE TABLE `tmp` (
  `id` int(11) DEFAULT NULL,
  `name` varchar(30) DEFAULT NULL
) ENGINE=InnoDB DEFAULT CHARSET=utf8 |
+-------+--------------------------------------------+
1 row in set (0.00 sec)
```

那么插入的数据到了哪里呢，一查便知，显示为 0，则很显然数据是插入到了临时表 tmp 中。

```
mysql> select count(*)from tmp ;
+----------+
| count(*) |
+----------+
|        0 |
+----------+
1 row in set (0.00 sec)
```

我们继续换个思路，定义两个表，一个是大写的 TABLES，一个是小写的 tables。

则默认情况下也是不会冲突的，尽管 tables 是在数据字典层面的一个表，但是在其他数据库中依旧可以正常处理，命名还是不会冲突。

```
mysql> create table TABLES  (id INT );
Query OK, 0 rows affected (0.12 sec)
mysql> create table tables  (id INT );
Query OK, 0 rows affected (0.11 sec)
```

所以这个问题的初步理解就是为了在数据字典层面作为一种清晰的标识，而如果想得到更多的信息，就需要翻翻代码实现了。

2.3　InnoDB 体系结构

InnoDB 自 MySQL 5.5.5 版本开始就是作为默认的存储引擎，而 MySQL 8.0 版本的一个亮点就是事务性数据字典，完全脱离 MyISAM 存储引擎，所以 InnoDB 宝刀不老，是我们学习 MySQL 重点需要了解的存储引擎。

关于 MySQL Server 和 InnoDB 的关系，可以举个通俗的例子，就好比是房东和房客，房东提供了基础的服务，其中包括房屋协议（类似 MySQL 协议），也可以支持多个房客居住，而房客的生活就是在基础的服务之上，显然目前 MySQL 的发展更偏重于 InnoDB，所以我们学习 MySQL 就更需要好好掌握 InnoDB 了。

InnoDB 的体系结构其实很大很杂，而如果要很快地掌握 InnoDB，推荐大家树立一个小目标：能够理解命令 show engine innodb status 的输出内容和基本含义。

这个小目标看起来很简单，如果我们梳理清楚了的话，后续学习 InnoDB 就是水到渠成的事情了。

2.3.1　InnoDB 体系结构图

我们先来看一下 InnoDB 的体系结构图，如图 2-27 所示。

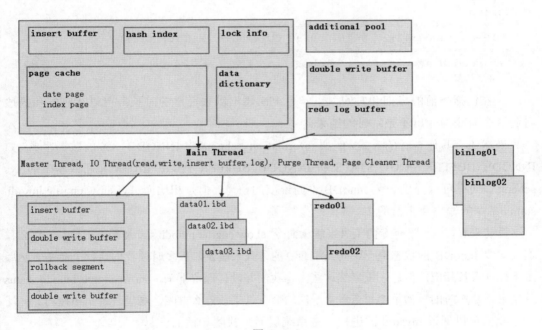

图 2-27

这个图分为三个部分，上面的是缓存层，中间是线程层，下面是系统文件层。在每个层里面又会不断地细分，在 MySQL 里面存储的单位是页，大小是 16k。

缓存层包含 buffer 和 cache，其中 buffer 对应缓存修改过的数据（比如 insert buffer），cache 对应缓存读取的数据（比如 page cache）。通过缓存可以提高 MySQL 读写数据的效率。

系统文件层是相应的数据字典、数据文件和日志文件，其中 binlog 是 MySQL Server 层的，放在这里是因为和 InnoDB 有密切的关系。

多线程设计是 InnoDB 的一大亮点，通过多线程的方式可以把缓存层与系统文件层的操作高效组织起来，使得 InnoDB 可以提供完整的数据服务。

学习 InnoDB 需要明确：**InnoDB 是基于表的存储引擎**，明白了这一点，我们后续对 InnoDB 状态的分析会有本质的差别。

2.3.2　查看 InnoDB 状态的小技巧

MySQL 中如果要查看 InnoDB 的状态，强烈推荐的方式就是使用命令 show engine innodb status。

对于这个命令，第一段是头部信息，如下：

```
mysql> show engine innodb status\G
*************************** 1. row ***************************
  Type: InnoDB
  Name:
Status:
=====================================
2019-02-16 09:42:27 0x7f20b0690700 INNODB MONITOR OUTPUT
=====================================
Per second averages calculated from the last 34 seconds
....
```

内容包括当前的日期和时间，以及自上次输出以来经过的时长；可以从时间和描述看到这个命令的输出不是实时的结果。

当然还有其他查看的方式，例如 information_schema 中 INNODB_XX 的数据字典（如 INNODB_BUFFER_POOL_STATS 和 INNODB_BUFFER_PAGE_LRU）和新版本中的 sys schema，同样可以提供一些 InnoDB 不同维度的信息，但是相比而言，show engine innodb status 命令的输出要丰富的多。

目前来看，似乎没有专门工具来解读命令 show engine innodb status 的输出信息，那么我们要读取 InnoDB 的状态毫无疑问是用命令的方式来触发，很多时候我们执行了命令，然后上下翻屏去找相应的信息，很显然这些内容我们并没有保留下来，show engine innodb status 的结果不是实时的，如果要想查看上一次的命令结果该怎么办呢，这里有一个小技巧。

我们可以通过 mysqld 的进程号在系统层面来找到句柄的信息。

首先查看 mysqld 的进程号。

```
# ps -ef|grep mysqld|grep -v grep
root       2122       1   0 19:54 ?                00:00:00 /bin/sh
/usr/local/mysql/bin/mysqld_safe              --datadir=/data/mysql
--pid-file=/data/mysql/dev01.pid
  mysql    2382  2122 0 19:54 ?          00:00:13 /usr/local/mysql/bin/mysqld
--basedir=/usr/local/mysql                    --datadir=/data/mysql
--plugin-dir=/usr/local/mysql/lib/plugin                  --user=mysql
```

```
--log-error=/data/mysql/mysqld.log           --pid-file=/data/mysql/dev01.pid
--socket=/tmp/mysql.sock
```

在这里就是找 mysqld 的进程号，即 2382。

在操作系统层面我们来看下句柄的信息，可以看到输出了如下一个列表。

```
# ll /proc/2382/fd|grep deleted
lrwx------ 1 root root 64 Sep 12 23:29 11 -> /tmp/ibq9KpG4 (deleted)
lrwx------ 1 root root 64 Sep 12 23:29 4 -> /tmp/ibuuKHaH (deleted)
lrwx------ 1 root root 64 Sep 12 23:29 5 -> /tmp/ibET4ZCa (deleted)
lrwx------ 1 root root 64 Sep 12 23:29 6 -> /tmp/ib4nyi5D (deleted)
lrwx------ 1 root root 64 Sep 12 23:29 7 -> /tmp/ib1XzG2A (deleted)
```

在这么多的文件里，我们看到文件都是序号，会映射到指定目录下面。

那么哪个文件才是我们要找的呢？可以通过 lsof 来间接印证。

可以看到会根据 lsof 的方式来输出句柄信息。

```
# lsof -c mysqld|grep deleted
mysqld     2382 mysql     4u    REG                       253,0        3942 1576539
/tmp/ibuuKHaH (deleted)
mysqld     2382 mysql     5u    REG                       253,0           0 1576540
/tmp/ibET4ZCa (deleted)
mysqld     2382 mysql     6u    REG                       253,0           0 1576541
/tmp/ib4nyi5D (deleted)
mysqld     2382 mysql     7u    REG                       253,0           0 1576542
/tmp/ib1XzG2A (deleted)
mysqld     2382 mysql     11u   REG                       253,0           0 1576543
/tmp/ibq9KpG4 (deleted)
```

需要注意第 7 列，这是唯一一个句柄内容非空的，在这个场景里就是 show engine innodb status 的输出结果，即文件/tmp/ibuuKHaH 映射到的 4 号文件。

```
# ll 4
lrwx------ 1 root root 64 Sep 12 23:29 4 -> /tmp/ibuuKHaH (deleted)
```

如果要查看命令的完整内容，需要查看的就是 4 号文件。

```
# cat 4
=====================================
2018-09-12 23:28:26 0x7f8e7bf74700 INNODB MONITOR OUTPUT
=====================================
Per second averages calculated from the last 22 seconds
-----------------
BACKGROUND THREAD
-----------------
srv_master_thread loops: 6 srv_active, 0 srv_shutdown, 12793 srv_idle
srv_master_thread log flush and writes: 12799
....
```

后续可以基于这些内容来做更多的定制和解析。

2.3.3 InnoDB 的多线程技术

前面说到了 InnoDB 是多线程设计的，那么多线程在报告中如何体现呢。

我们需要聊一下 InnoDB 的后台线程，可以使用如下图 2-28 所示的思维导图来解释。

图 2-28

InnoDB 的线程主要分为 4 类：Master Thread、IO Thread、Purge Thread 和 Page Cleaner Thread。

Master Thread 是 InnoDB 的核心线程，早期的很多事情都是由它来做的，算是一个全栈线程，后来逐步做了拆分，自 MySQL 5.5 版开始引入了 purge thread，将 purge 任务从 master 线程中独立出来，自 MySQL 5.6.2 版开始引入了 Page cleaner thread。

这些线程的作用和描述如下表 2-3 所示。

表 2-3

线程	功能描述	相关数据库参数
Master Thread	是核心的后台线程，主要负责异步刷新和数据一致性处理	
IO Thread	使用了异步 IO 模型 负责处理不同类型的 IO 请求回调	innodb_read_io_threads innodb_write_io_threads
Purge Thread	事务提交后回收已经使用并分配的 undo 页，线程数从 1 提高到 4，加快标记为废弃 undo 页的回收速度	innodb_purge_threads
Page Cleaner Thread	执行 buffer pool 里面脏页刷新操作，可以进行调整，默认为 1，最大为 64	innodb_page_cleaners

可能看到这里还不够清晰，我们可以记住我们的小目标：通过命令来匹配信息。

其中 Master Thread 的信息在命令输出中如下：

```
-----------------
BACKGROUND THREAD
-----------------
srv_master_thread loops: 21 srv_active, 0 srv_shutdown, 91981 srv_idle
srv_master_thread log flush and writes: 92002
```

这是一个测试环境的输出结果，没有什么负载，其中 srv_master_thread loops 是 Master 线程的循环次数，每次循环时会选择一种状态（active、shutdown、idle）执行，其中 Active

数量增加与数据变化有关，与查询无关，可以通过 srv_active 和 srv_idle 的差异看出；通过对比 active 和 idle 的值，来获得系统整体负载情况，如果 Active 的值越大，证明服务越繁忙。

一个相对比较繁忙的数据库的输出如下，可以看到 Active 的数据远远高于 idle：

```
------------------
BACKGROUND THREAD
------------------
srv_master_thread loops: 14921578 srv_active, 0 srv_shutdown, 277461
srv_idle
srv_master_thread log flush and writes: 15199037
```

IO thread 相对简单清晰一些，它们都是异步 IO 请求，在日志里面已经很清楚了，我们可以看到相关的 IO 线程和数量：FILE I/O

```
--------
I/O thread 0 state: waiting for completed aio requests (insert buffer thread)
I/O thread 1 state: waiting for completed aio requests (log thread)
I/O thread 2 state: waiting for completed aio requests (read thread)
I/O thread 3 state: waiting for completed aio requests (read thread)
I/O thread 4 state: waiting for completed aio requests (read thread)
I/O thread 5 state: waiting for completed aio requests (read thread)
I/O thread 6 state: waiting for completed aio requests (write thread)
I/O thread 7 state: waiting for completed aio requests (write thread)
I/O thread 8 state: waiting for completed aio requests (write thread)
I/O thread 9 state: waiting for completed aio requests (write thread)
```

其中 read thread 默认为 4 个，write thread 默认为 4 个，log thread 和 insert buffer thread 各 1 个，read 和 wrtie 线程都可以根据参数进行调整。

Purge thread 默认会开启 4 个线程，提高了回收效率，但是也会带来一些副作用，MySQL 对于空间重用机制和 Oracle 等数据库不同，如果执行了 truncate 和 drop 操作，因为开启了多个 purge thread 去回收空间，随着时间的推移会使得数据恢复的难度大大增加。

Page Cleaner thread 默认值为 1，如果在 MySQL 日志中看到如下的信息，说明我们的 Cleaner Thread 需要调整一下了。

```
2019-02-14T23:50:00.501209Z 0 [Note] InnoDB: page_cleaner: 1000ms intended
loop took 28469710ms. The settings might not be optimal. (flushed=0 and
evicted=0, during the time.)
```

2.3.4　InnoDB 的缓存池管理技术

在开始这部分内容之前，我们需要理清 buffer 和 cache 的差别，因为在数据库层面会有大量的 buffer 和 cache 的术语，在学习的时候非常容易混淆。

Buffer 的本意是缓冲，cache 是缓存，计算机术语里面有 buffer cache 和 page cache，同数据库里的含义是相似的。

计算机领域中处理磁盘 IO 读写的时候，基于 CPU、Memory 和 Disk 有如图 2-29 所示的示意图。

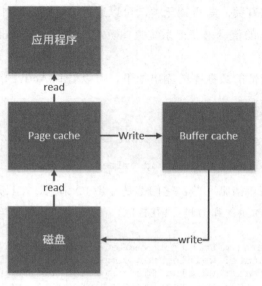

图 2-29

其中 page cache 是文件系统层面的缓存，数据库层面最直观的表现就是首次查询数据的时候会慢一些，之后就会快得多，整个过程是把磁盘里的数据加载到这个缓存里面。

另外一部分是 buffer cache，其实指的是磁盘等块设备的缓冲，比如内存里的数据要写入磁盘文件，是一个异步的过程，而且为了防止断电丢失数据库，会按照一定的策略把数据刷新落盘。如果结合最开始的 InnoDB 体系结构图，其实整体要表达的含义是类似的。

怎么理解 MySQL 里面的缓存池管理呢，我们可以先使用 show engine innodb status 看一下缓冲池和内存的输出内容，按照关键字"BUFFER POOL AND MEMORY"查看，输出如下：

```
----------------------
BUFFER POOL AND MEMORY
----------------------
Total large memory allocated 33533460480   #由 innodb 分配的总内存为 32G
Dictionary memory allocated 14596467
Buffer pool size   1965840    #缓冲池分配的页数
Free buffers        1633878       #缓冲池空闲页数
Database pages     326446    #LRU 列表中分配的数据页数，包含 young sublist 和 old
                                                                   sublist
Old database pages 120340  #LRU 中的 old sublist 部分页的数量
Modified db pages  0              #脏页的数量
Pending reads      0                    #挂起读的数量
Pending writes: LRU 0, flush list 0, single page 0 #挂起写的数量
Pages made young 9, not young 0  #LRU 列表中页移动到 LRU 首部的次数，因为该服务
    器在运行阶段改变没有达到 innodb old blocks time 阀值的值，因此 not young 为 0
0.00 youngs/s, 0.00 non-youngs/s  #表示每秒 young 和 non-youngs 这两类操作的次数
```

如果理解了上面的输入含义，也就基本理解了缓冲池的基本含义。

这里要隆重介绍下 InnoDB 里的 LRU 技术，也是在数据库缓存设计中都会使用的

算法。

　　LRU 本质是尽可能让数据页在缓存中长时间保留，提高访问效率，但是缓存是有限的，怎么能够减少重复的页加载频率呢，InnoDB 的 LRU 是一种定制化的算法，首先它会有一个列表，我们叫 LRU LIST，上面存放了一些数据页，这里就是 Database pages 326446，大约是 5G，除此之外可用的页为：Free buffers 1633878，大约是 25G，如果你比较细心，拿出笔算一下，会发现 Free buffers +Database pages 的值和 Buffer pool size 的大小是不相等的，其实还有一些其他缓冲池的页被分配利用，比如自适应哈希索引、Lock 信息等，它们的管理不是基于 LRU 的。

　　回到 LRU 算法，InnoDB 在 LRU 列表中加入了参考点，也叫 midpoint。传统的 LRU 算法中，当访问到的页不在缓冲区会直接将磁盘页数据调到缓冲区队列；而 InnoDB 并不是直接插入到缓冲区队列的队头，而是插入 LRU 列表的 midpoint 位置。这个算法称之为 midpoint insertion stategy。默认配置插入到列表长度的 5/8 处，和数学中的黄金分割（0.618）很接近，midpoint 由参数 innodb_old_blocks_pct 控制，我们来简单验算验证一下，可以看到是很接近的值。

```
mysql> select 5/8,1-120340/326446 ,100-@@innodb_old_blocks_pct;
+--------+-----------------+----------------------------+
| 5/8    | 1-120340/326446 | 100-@@innodb_old_blocks_pct |
+--------+-----------------+----------------------------+
| 0.6250 |          0.6314 |                         63 |
+--------+-----------------+----------------------------+
```

　　midpoint 之前的列表称之为 new 列表，也叫 young sublist 或者 sublist of new block 区域，里面的数据可以理解为热数据。

　　之后的列表称之为 old 列表，也叫 old sublist 或者 sublist of old block 区域，它们的关系可以参考如下图 2-30 所示。

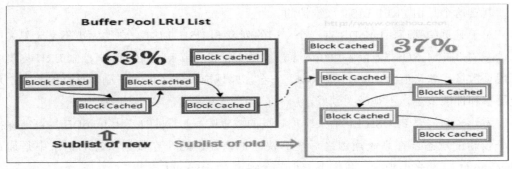

图 2-30

　　但是有了参照点后，怎么有效地管理呢，一些全表扫描的表如果进入 sublist of new block 区域，整个 LRU 就会是性能瓶颈了，而且 mid 位置的页也不是永久的，这种情况也叫缓存污染。为了解决这个问题，InnoDB 存储引擎引入了 innodb_old_blocks_time 来表示页读取到 mid 位置之后需要等待多久才会被加入到 LRU 列表的热端。可以通过设置该参数来保证热点数据不轻易被刷出，这个参数值默认为 1000（毫秒）。

所以这个时候反过来看"BUFFER POOL AND MEMORY"部分的输出就不难理解了，如果你在线上环境查看 InnoDB 的状态输出信息，会看到有多个 BUFFER POOL 的输出，BUFFER POOL 会从 0 开始，如下：

```
----------------------
INDIVIDUAL BUFFER POOL INFO
----------------------
---BUFFER POOL 0
Buffer pool size   245730
Buffer pool size, bytes 0
Free buffers       204625
Database pages     40414
Old database pages 14898
Modified db pages  0
Pending reads      0
```

这个是通过参数 innodb_buffer_pool_instances 开启了多个缓存池，把需要的数据页可以通过 hash 算法指向不同的缓存池里面，可以进行并行的内存读写，在高 IO 负载的情况下性能提升明显。

2.3.5　InnoDB 中的脏页管理

前面熟悉了 InnoDB 对于 LRU 的管理方式之后，有些同学可能有些迷茫，说还有 FLUSH LIST 和 FREE LIST，它们和 LRU LIST 是什么关系呢，很多同学从入门到放弃就是因为这样的一些关联关系没搞明白。

我们在 InnoDB status 里面输出的内容：

```
Free buffers       204625
```

其实这个是由 FREE LIST 来维护的。

对于脏页的管理，InnoDB 有一个专门的列表 FLUSH LIST，它的大小不是无限大或者动态的，在 MySQL 5.6 版本中引入了新参数 innodb_lru_scan_depth 来控制 LRU 列表中可用页数量，默认值为 1000，即 16M，它会影响现成 Page Cleaner 刷新脏页的数量，从使用率和性能来说，不是越大越好。

为什么会需要 FLUSH LIST 来维护脏页的数量呢，主要目的是让 InnoDB 尽可能保持一个较新的状态，在系统崩溃之后能够快速地恢复，这个在数据状态的记录中是通过 Checkpoint LSN 来维护的，我们下一小节会细说 Checkpoint 技术。

而对于脏页的刷新比例，是由参数 innodb_max_dirty_pages_pact 来控制的（默认是 75，而根据谷歌的压测推荐是 80）。

这几个 LIST 之间的关系类似于下图 2-31 这样的形式。

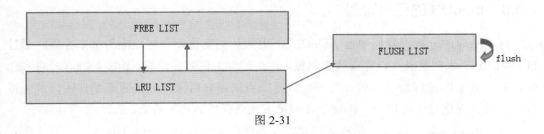

图 2-31

其中 buffer pool 中的最小单位是页，分为三种类型：

（1）free page：此 page 未被使用，此种类型 page 位于 FREE LIST 中。

（2）clean page：此 page 被使用，对应数据文件中的一个页面，但是页面没有被修改，此种类型 page 位于 LRU LIST 中。

（3）dirty page：此 page 被使用，对应数据文件中的一个页面，但是页面被修改过，此种类型 page 位于 LRU LIST 和 FLUSH LIST 中。

如果要查看 page 的一些状态数据，可以使用如下的命令：

```
mysql> show global status like '%buffer_pool_pages%';
+-----------------------------------+------------+
| Variable_name                     | Value      |
+-----------------------------------+------------+
| Innodb_buffer_pool_pages_data     | 254103     |
| Innodb_buffer_pool_pages_dirty    | 3340       |
| Innodb_buffer_pool_pages_flushed  | 270022533  |
| Innodb_buffer_pool_pages_free     | 7998       |
| Innodb_buffer_pool_pages_LRU_flushed | 0       |
| Innodb_buffer_pool_pages_made_not_young | 6324461464 |
| Innodb_buffer_pool_pages_made_young | 424446968 |
| Innodb_buffer_pool_pages_misc     | 11         |
| Innodb_buffer_pool_pages_old      | 93638      |
| Innodb_buffer_pool_pages_total    | 262112     |
+-----------------------------------+------------+
```

隔几秒钟再去查看，会发现页的数量有很明显地变化。

其中，脏页的比率计算可以参考如下图 2-32 所示的公式：

$$(100*Innodb\_buffer\_pool\_pages\_dirty)/(1+Innodb\_buffer\_pool\_pages\_data+Innodb\_buffer\_pool\_pages\_free)$$

图 2-32

缓存池中的页就是在这三种状态中变换和调整；总体来说，FLUSH LIST 是一种定量的管理方式，追求多快好省，而 FREE LIST 和 LRU LIST 是一种动态平衡的状态，大小要远远高于 FLUSH LIST。

2.3.6　InnoDB 的日志管理

通过上面的分析，我们知道 InnoDB 里面的数据变化都会有相应的页来存储，通过 FLUSH LIST 来刷新脏页以完成数据落盘，这个过程中还需要注意，为了提高吞吐量和性能，刷新脏页的过程是异步的，而一旦数据库崩溃，如何保证数据的完整性呢，首先得有记录数据变化过程的日志，也就是我们接下来要分析的两类日志。

（1）Redo 日志：Innodb 的事务日志，保存在日志文件 ib_logfile*里面。

（2）Undo log：存放在共享表空间里面的（ibdata*文件），从 MySQL 5.7 版本开始，undo 开始有了新的变化。

我们来看官方提供的一个 InnoDB 体系架构图（图 2-33）。

假设我们有如下一条 SQL 语句：

```
update test set tid=100;
```

在 InnoDB 处理的时候，会把相应的页加载到 Buffer Pool 里面，数据的变化会写入 redo log buffer，而事务提交的时候会通过 Redo Log Buffer 把数据变化写入 Redo Log 里面（假设有 3 组 redo 日志），如下图 2-34 所示。

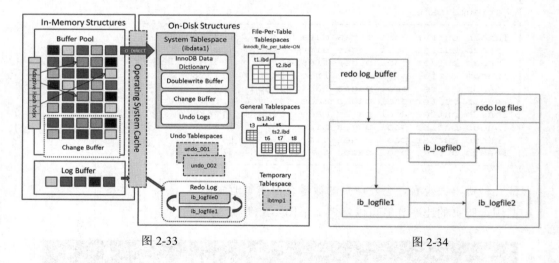

图 2-33　　　　　　　　　　　　　　　　　　　图 2-34

有的同学在这个时候会有一个问题：MySQL 也有 Binlog，为什么 Binlog 和 Redo 会并存？

首先，Redo 是 InnoDB 引擎范畴的，记录物理页的修改，做崩溃恢复时所用。

其次，Binlog 是 MySQL Server 范畴的，记录的是数据的变更操作，支持多种存储引擎，也就是说无论是 MyISAM 还是 InnoDB 等存储引擎，Binlog 都会记录，所以数据恢复和搭建 Slave 经常会用到，另外根据二阶段提交的场景，崩溃恢复也会用到 Binlog。

到了这里，相信很多同学还会冒出一个新的问题：一次数据变更，产生了 Binlog 和

Redo，它们是否需要同步？

这里我们就需要引出两个重量级参数 innodb_flush_log_at_trx_commit 和 sync_binlog，其中 innodb_flush_log_at_trx_commit 是将事务日志从 innodb log buffer 写入到 redo log 中，sync_binlog 是将二进制日志文件刷新到磁盘上，它们就是行业里著名的双"1"参数，其中以 innodb_flush_log_at_trx_commit 更为出名，甚至是 MySQL 面试必考题目，我们来简单总结，如下表 2-4 所示。

表 2-4

参数选项	日志写入模式	刷盘模式	小结	特点
0	延迟写日志		log buffer 每隔 1 秒写日志，数据刷盘	最快，存在数据丢失风险
1	实时写日志	实时刷盘	log buffer 实时写日志，数据刷盘	最大安全性
2	实时写日志	延迟刷盘	log buffer 实时写日志，每隔 1 秒刷盘	较快，存在数据丢失风险

注：在数据导入中，为了提高性能，可以考虑临时调整参数值 innodb_flush_log_at_trx_commit 为 0，数据导入后，恢复为 1。

当然我们可以对双 1 参数做一个更为细致地解读，可以看到一个较为完整的生命周期，如下图 2-35 所示。

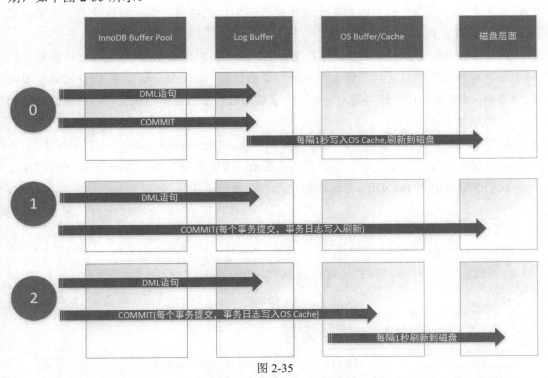

图 2-35

再来说下 undo Log，undo 记录了数据修改的前镜像。存放于 ibdata 中，它就好比是一个摄像机，记录了过去的美好时光。

很多设计不当的数据库会碰到一个比较尴尬的问题，即 ibdata 过于庞大，如果要清理是没有现成的办法的，想把它收缩，而唯一的办法就是重建或者重构数据。

MySQL 5.6 版中把 undo 做了剥离，可以指定单独的 undo 表空间，但是收缩阶段还是无能为力，不过这个也算是一个过渡的特性吧，到了 MySQL 5.7 版中，这个功能就可以说是上了正道了，我们可以截断，化被动为主动，这种方式就很好。

其中 undo 相关的参数 innodb_undo_tablespaces 可以指定需要匹配几个 undo 文件，参数 innodb_purge_rseg_truncate_frequency 可以做 undo 截断。

不过这个新特性还是有使用门槛的，需要重新初始化，对于新的环境来说，还是推荐使用的。

2.3.7　InnoDB 中的检查机制

在开始学习 InnoDB 的检查机制之前，可以先剧透下，其实 60%以上的 Checkpoint 内容在前面已经讲过了。

有的同学说，我怎么不知道，其实这些知识点就在我们身边，假设你是一个老师，在课堂上点名，直到你点名叫到某个学生并且你们目光相遇，你才知道他来上课了，其实他早就在那里了，道理是类似的。

回到 InnoDB 上面，如果数据库发生宕机，我们可以借助 redo 来完成崩溃恢复，如何使得恢复的过程高效可行，就需要考虑检查点机制（Checkpoint），检查点机制就跟我们使用 Word 编辑文件一样，我们是建议大家使用过程中边编辑边保存，否则电脑突然断电，一切都晚了。

对于 InnoDB 存储引擎而言，是通过 LSN（Log Sequence Number）来标记版本的。

LSN 是 8 字节的数字，每个页有 LSN，重做日志中也有 LSN，Checkpoint 也有 LSN。

我们来继续看下 InnoDB status 的输出内容，我做了注释：

```
---
LOG
---
Log sequence number 1337696546042    #LSN1，当前系统 LSN 最大值，新的事务日志
                                     LSN 将在此基础上生成（LSN1+新日志的大小）
Log flushed up to   1337696546024    #LSN2，当前已经写入日志文件的 LSN
Pages flushed up to 1337477208506    #LSN3，当前最旧的脏页数据对应的 LSN，写
                                     Checkpoint 的时候直接将此 LSN 写入到日志文件
Last checkpoint at  1337477208506    #LSN4，当前已经写入 Checkpoint 的 LSN;
Max checkpoint age     1738750649
Checkpoint age target 1684414692
Modified age           219337536
Checkpoint age         219337536     # 约等于 LSN2-LSN4
0 pending log flushes, 0 pending chkp writes
```

以上 4 个 LSN 是递减的，即： LSN1>=LSN2>=LSN3>=LSN4。

InnoDB 的检查点技术很丰富，主要分为 Sharp Checkpoint 和 Fuzzy Checkpoint 两类。

（1）Sharp Checkpoint 是全量检查点，在数据库关闭时将所有的脏页都刷新回磁盘，可以通过参数 innodb_fast_shutdown=1 来设置，有点类似 Oracle 中的 alter system checkpoint，这个代价是比较高的。

（2）Fuzzy Checkpoint 就丰富多了，总体来说是部分页刷新，刷新的场景会有一些复杂，包含如下 4 类 Checkpoint 策略：

- Master Thread Checkpoint
- FLUSH_LRU_LIST Checkpoint
- Async/Sync Flush Checkpoint
- Dirty Page too much Checkpoint

看它们名字很长，其实理解起来并不难，我们简单总结如下表 2-5 所示。

表 2-5

Fuzzy Checkpoint 策略	触发条件	描述	相关参数
Master Thread Checkpoint	主动周期性触发	每秒或每 10 秒的速度从缓冲池的脏页列表中刷新一定比例的页回磁盘	innodb_io_capacity
FLUSH_LRU_LIST Checkpoint	LRU 空闲页不足	Page Cleaner 线程中进行，用户可以通过参数 innodb_lru_scan_depth 控制 LRU 列表中可用页的数量	innodb_lru_scan_depth
Async/Sync Flush Checkpoint	重做日志不可用	重做日志文件不可用的情况，这时需要强制将一些页刷新回磁盘，而此时脏页是从 FLUSH LIST 中选取的	
Dirty Page too much	脏页数量太多	脏页的数量太多，导致 InnoDB 存储引擎强制进行 Checkpoint。其目的总的来说还是为了保证缓冲池中有足够可用的页	innodb_max_dirty_pages_pct

其中 Async/Sync Flush Checkpoint 会略微复杂一些，"sync" 的位置大约是 redo 日志的 7/8，"async" 位置大约是 redo 日志的 3/4 ，如下图 2-36 所示。

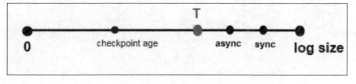

图 2-36

2.3.8 MySQL 是如何保证数据完整性的

有了上面的知识铺垫，其实对于 InnoDB 的体系结构算是有了一个基本的理解了。当然这里只是抛砖引玉，InnoDB 的体系结构非常庞大，需要我们花时间去深入学习。

InnoDB 有几个亮点特性值得我们关注：

（1）insert buffer

（2）double write

（3）自适应哈希

其中对于 double write 是我接下来要重点介绍的。

doublewrite buffer 就是一种缓冲缓存技术，主要目的是为了防止数据在系统断电或异常 crash 情况下丢失数据。里面有几个点需要注意，数据在 buffer pool 中修改后成了脏页，这个过程会产生 Binglog 记录和 redo 记录，当然缓存数据写入数据文件是一个异步的工作。如果细看，在共享表空间（system tablespace）中会存在一个 2M 的空间，分为 2 个单元，一共 128 个页，其中 120 个用于批量刷脏数据，另外 8 个用于 Single Page Flush，这里还需要引用下 InnoDB 的体系结构图，如下图 2-37 所示，Doublewrite Buffer 文件是在系统表空间，也就是 ibdata 里面，通过缓存 double write buffer 来刷新写入文件。

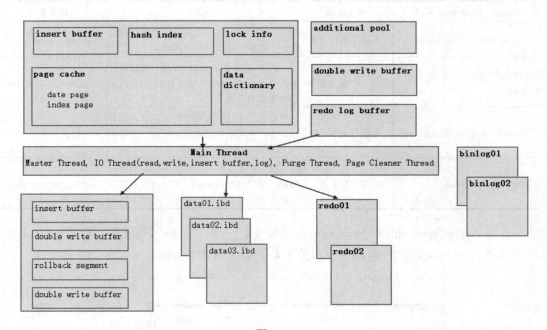

图 2-37

在数据的刷新过程中，是按照如下的步骤来进行的。

（1）使用 memcopy 把脏数据复制到内存中的 double write buffer，分两次写完，每次写 1MB 到共享表空间。

（2）调用 fsync 来同步到磁盘。

（3）刷新到共享表空间的过程，虽然是两次，由于是顺序写，所以开销不会很大，根据 Percona 的测试，也就是 5%左右的差别。

（4）后续会再写入对应的表空间文件中，这个过程就是随机写，性能开销就会大一些。

double write 其实还有一个特点，就是将数据从 double write buffer 写到真正的 segment 中时，系统会自动合并连接空间刷新的方式，这样一来，每次就可以刷新多个 pages，从而提高效率。

比如下面的环境，我们可以根据 show status 的结果来得到一个合并页的情况。

```
> show status like'%dbl%';
+----------------------------+----------+
|Variable_name               | Value    |
+----------------------------+----------+
| Innodb_dblwr_pages_written | 23196544 |
| Innodb_dblwr_writes        | 4639373  |
+----------------------------+----------+
```

通过 InnoDB_dblwr_pages_written/InnoDB_dblwr_writes 或者通过指标也可基本看明白，这个例子中比例是 5:1，证明数据变更频率很低。

当然对于 double write，在 Percona 中也在持续改进，在 Percona 5.7 版本中做了一个改进，你可以看到一个新参数 innodb_parallel_doublewrite_path。

```
|innodb_parallel_doublewrite_path | xb_doublewrite |
```

在系统层面，也会存在一个 30M 的文件与其对应。

```
-rw-r----- 1 mysql mysql 31457280 Mar28 17:54 xb_doublewrite
```

这就是并行 double write，实现了并行刷脏。从 Percona 的测试来看，会有一定地效率提升。

当然 MariaDB、Facebook、Aurora 在这方面也有一些自己的实现方式和考虑。MariaDB 是通过定制新的参数 innodb_use_atomic_writes 来控制原子写。当启动时若检查到支持 atomic write 时，即使开启了 innodb_doublewrite，也会关闭掉。

Facebook 则是提供了一个选项，写 page 之前，只将对应的 page number 写到 dblwr 中（不是写全 page），崩溃恢复时读出记录在 dblwr 中的 page 号，间接恢复。

Aurora 则是采用了存储和数据库服务器分离的方式来实现，无须开启 double write，有兴趣的同学可以看一看。

到此为止，MySQL 层面 double write 的解释就差不多了。但我们肯定有一些疑问，例如 partial write 的问题是很多数据库设计中都需要考虑到的一个临界点问题。MySQL 中的页是 16k，数据的校验是以此为单位进行的，而操作系统层面的数据单位肯定达不到 16k（比如是 4k），那么一旦发生断电时，只保留了部分写入，如果是 Oracle DBA 一般对此都会很淡定，说用 redo 来恢复嘛。但可能我们被屏蔽了一些细节，MySQL 在恢复的过程中一个基准是检查 page 的 checksum，也就是 page 的最后事务号，发生这种 partial page write 的问题时，因为 page 已经损坏，所以就无法定位到 page 中的事务号，这个时候 redo 就无法直接恢复。

2.4 换个角度看 MySQL

对于一个技术，我们不光需要了解它可以做什么，还需要明白它不能做什么，明确了边界问题，我们在架构设计中会刻意去扬长避短，使得架构更加灵活，而且对于既有业务的支持也可以更加容易的扩展。

2.4.1 MySQL 里的一些极限值

要想较为全面的了解 MySQL 中的极限值，或者叫做边界值，有很多需要考虑的点，我们有些可以做测试，有些就需要参考文档了。比如一个表里的列最多是 1017 个，注意这里是最多，如果是 varchar 型，那就达不到 1017，但是最大值 1017 的结论还是成立的。而如果要测试 MySQL InnoDB 存储引擎的表最大可以有多大，那么这类问题，我是完全没法通过程序和数据来模拟的，官方文档里有，我们可以参考。

1. 数据库的数量和表的数量

官方的链接在这里：

https://dev.mysql.com/doc/mysql-reslimits-excerpt/5.7/ en/database-count-limit.html

简单来说，就是 MySQL 说我随意。

当然个别的云厂商还是会做一些资源的限制。

2. 表空间的极限值

（1）最小的表空间大小：10M

（2）最大的表空间大小：基于存储引擎和页的大小

```
The minimum tablespace size is slightly larger than 10MB. The maximum
tablespace size depends on the InnoDB page size,
The maximum tablespace size is also the maximum size for a table.
```

默认页是 16k，那么表空间的最大值就是 64T；所以说，理论值可以那么大，但是我们绝对不会那么干。

3. 辅助索引的个数

```
A table can contain a maximum of 64 secondary indexes.
```

没错，最多的辅助索引个数是 64 个。

4. 复合索引的列

```
A maximum of 16 columns is permitted for multicolumn indexes. Exceeding
the limit returns an error.
```

复合索引的列最多是 16 个。

5. 索引键前缀长度

主要还是和参数 innodb_large_prefix 有关。默认是 767 字节，如果开启了参数，是

3072，这个地方在 5.6 版和 5.7 版的描述中会有一些细小的偏差。

6. 一些补充

- SHOW TABLE STATUS 的结果只是一个估算值，不是完全精确的值；
- 5.7.18 版本前的 select count(*)的处理机制已经不同了，虽然方向是改进，其实性能还略有下降，已有同学提交了相关的 bug；
- SELECT COUNT(*) 和 SELECT COUNT(1) 没有性能差别，Windows 下都是默认的小写，迁移到 Unix，Linux 也需要注意。

案例 2-2：关于 MySQL 中的一些极限值的初步验证纠错

看到一篇文章说，MySQL 有几个极限值，一个表的字段最多只有 1017 个，我看了以后表示怀疑。怎么快速验证呢，当然不能通过手工的方式来做，写个简单的脚本，能实现功能即可。

于是三下五除二，我写了下面的简单 shelll 脚本，跑一个循环，批量生成表结构信息。

首先我尝试的是 int 数据类型，脚本如下：

```
new=$1
echo 'drop table if exists test_new;' > aaa.sql
echo 'create table test_new(' >> aaa.sql
echo 'col1 int' >> aaa.sql
for ((i=2;i<=new;i++))
do
echo ,col_$i int
done >> aaa.sql
echo ');' >> aaa.sql

mysql  test <aaa.sql
mysql  test  -e "show tables"
```

调用的时候只需要输入最大值即可。比如，sh test.sh 1017 发现确实如此，如果有 1017 个 int 型字段是没有问题的，1018 会抛出下面的错误。

```
# sh test.sh 1018
ERROR 1117 (HY000) at line 2: Too many columns
+---------------+
| Tables_in_test |
+---------------+
| test          |
| test_data     |
+---------------+
```

可见正如文章中所说的 1017 个字段，对于 int 型确实如此。再进一步，我可以测试 varchar 类型，比如指定为 varchar(20)，脚本略作修改：

```
new=$1
echo 'drop table if exists test_new;' > aaa.sql
echo 'create table test_new(' >> aaa.sql
echo 'col1 varchar(20)' >> aaa.sql
for ((i=2;i<=new;i++))
do
echo ,col_$i varchar\(20\)
```

```
done  >> aaa.sql
echo ');' >> aaa.sql

mysql  test  <aaa.sql
mysql  test  -e "show tables"
```

结果发现，1017 个字段显然不行，怎么测试边界呢，我们可以使用二分法来快速迭代，比如 1017 不可以，我可以尝试 500，如果 500 可以就尝试 750，否则尝试 250，依此类推。

很快得到了边界值，如果是 varchar(20)，边界值是 383，如下：

```
[root@oel642 ~]# sh aa.sql 384
ERROR 1118 (42000) at line 2: Row size too large (> 8126). Changing some
columns to TEXT or BLOB may help. In current row format, BLOB prefix of 0 bytes
is stored inline.
+----------------+
| Tables_in_test |
+----------------+
| test           |
| test_data      |
+----------------+
```

显然可以充分印证上面的结论还是不够严谨的，而至于细节的原因我们可以继续深入，后续继续分析下。

同理我们可以 2 分钟内模拟下表名的最大长度，我们知道 MySQL 里指定的最大长度是 64，我们可以使用 lpad 来实现。

生成 64 位的表名，如下所示。

```
mysql>  select lpad('a',64,'a');
+----------------------------------------------------------------+
| lpad('a',64,'a')                                               |
+----------------------------------------------------------------+
| aaaaaaaaaaaaaaaaaaaaaaaaaaaaaaaaaaaaaaaaaaaaaaaaaaaaaaaaaaaaaaaa |
+----------------------------------------------------------------+
1    row    in    set    (0.00    sec)mysql>    create    table
aaaaaaaaaaaaaaaaaaaaaaaaaaaaaaaaaaaaaaaaaaaaaaaaaaaaaaaaaaaaaaaa (id int);
Query OK, 0 rows affected (0.09 sec)
```

都不用迭代，只需要补充一个 a 就可以了。

```
mysql>                       create                       table
aaaaaaaaaaaaaaaaaaaaaaaaaaaaaaaaaaaaaaaaaaaaaaaaaaaaaaaaaaaaaaaaa (id int);
ERROR    1059    (42000):    Identifier    name
'aaaaaaaaaaaaaaaaaaaaaaaaaaaaaaaaaaaaaaaaaaaaaaaaaaaaaaaaaaaaaaaaa' is too
long
```

2.4.2 mysql.service 启动脚本浅析

我们在搭建 MySQL 环境的时候，一般都会按照建议的标准规范来做，比如拷贝 mysql.server 到自启动目录下。

```
cp -rf $basedir/support-files/mysql.server /etc/init.d/mysql
```

　　然后设置 MySQL 自启动的服务，配置完成之后就可以运行命令 service mysql.server start 来启动 MySQL 了。

```
/sbin/chkconfig --add mysql
/sbin/chkconfig --level 2345 mysql on
```

　　当然这个是自动挡的操作，我们也可以手动档完成。我们来看看这个神奇的脚本在做些什么。脚本的内容较长，我就列出一部分内容来。

　　首先这个文件的名字没有直接的影响了，我们可以用 mysql mysql.server 等，在这个目录下注册都可以正常识别。

```
# service mysql status
 SUCCESS! MySQL (Percona Server) running (15924)在/etc/inid.d 这个目录下，
这个mysql 命名的脚本文件其实也不大，大概10K 的内容，不到 400 行的脚本量。   # ll mysql
-rwxr-xr-x 1 root root 11056 Aug 28  2013 mysql 我们取出重点的部分来解析。
```

　　首先这个脚本支持 start，stop，restart，reload（或者是 force-reload），status 这几个选项。

　　start 的部分核心部分即为：

```
# may be overwritten at next upgrade.
      $bindir/mysqld_safe                              --datadir="$datadir"
--pid-file="$mysqld_pid_file_path" $other_args >/dev/null 2>&1 &
      wait_for_pid created "$!" "$mysqld_pid_file_path"; return_value=$?
```

　　其实这个选项很容易理解了，就是 mysqld_safe 来启动，需要制定几个启动参数，有些参数虽然为空，但是会从/etc/my.cnf 中获取，也可以支持额外的扩展参数。

　　我们修改下脚本，把这几个参数值手工打印出来。

　　分别是$bindir、$datadir 、$mysqld_pid_file_path 和$other_args。

```
# service mysql  start
Starting MySQL (Percona Server)
/usr//bin
/U01/mysql
/U01/mysql/mysql.pid
...... SUCCESS!
```

　　datadir 会有一系列校验，但是也会以/etc/my.cnf 的优先。

```
# cat /etc/my.cnf|grep datadir
datadir = /U01/mysql
```

　　另外 basedir 也是类似，你看若 my.cnf 里设置的如果不够规范，在应用的时候就是/usr//bin 了。

```
# cat /etc/my.cnf|grep basedir
basedir = /usr/
```

　　接下来 mysqld_safe 的脚本下面会有较多的校验。

```
wait_for_pid created "$!" "$mysqld_pid_file_path"; return_value=$?
```

　　启动的过程中，会在/var/lock/subsys 下生成一个锁定文件，就是一个进程号的标记。

```
# ll /var/lock/subsys/mysql
-rw-r--r-- 1 root root 0 May  9 23:03 /var/lock/subsys/mysqlwait_for_pid
```

这个函数会调用 created（start 模式），removed（stop 模式）来处理 pid 文件。

而 stop 模式的实现相对更直接一些，它是使用 kill -0 的方式来检测进程是否存在，如果存在，则使用 kill 的命令来杀掉 mysqld 进程。

```
if test -s "$mysqld_pid_file_path"
  then
    mysqld_pid=`cat "$mysqld_pid_file_path"`
    if (kill -0 $mysqld_pid 2>/dev/null)
    then
      echo $echo_n "Shutting down MySQL (Percona Server)"
      kill $mysqld_pid
      # mysqld should remove the pid file when it exits, so wait for it.
      wait_for_pid removed "$mysqld_pid" "$mysqld_pid_file_path";
                                                     return_value=$?
    else
      log_failure_msg "MySQL (Percona Server) server process #$mysqld_pid
                                                    is not running!"
      rm "$mysqld_pid_file_path"
```

fi 这个过程中，后台日志会逐步输出，然后释放锁定文件。

reload 的过程使用的相对和缓，使用了 kill-HUP 的选项，如果想要更改配置而不需停止并重新启动服务，可以使用这个选项。

```
'reload'|'force-reload')
  if test -s "$mysqld_pid_file_path" ; then
    read mysqld_pid <  "$mysqld_pid_file_path"
    kill -HUP $mysqld_pid && log_success_msg "Reloading service MySQL
                                                    (Percona Server)"
    touch "$mysqld_pid_file_path"
  else
    log_failure_msg "MySQL (Percona Server) PID file could not be found!"
    exit 1
  fi
```

restart 的部分就是间接调用 stop 和 start 选项。

```
'restart')
  # Stop the service and regardless of whether it was
  # running or not, start it again.
  if $0 stop  $other_args; then
    $0 start $other_args
  else
    log_failure_msg "Failed to stop running server, so refusing to try
                                                    to start."
    exit 1
```

fistatus 的部分更简单，就是读取 pid 文件中的进程号信息。

不要小看这个脚本，里面涉及不少逻辑校验，也可以在这个基础上根据自己的需求来做一些改变。至少在这一点上，这个脚本是可以根据我们的需求来定制的。

2.4.3 MySQL 待改进的一些问题

对 MySQL 特性的一些小结和建议，我是希望通过一种开放的方式来讨论，同时也不是说 MySQL 欠缺的地方，就一定要参考其他数据库的。

待改进不意味着要添加，也需要做减法，我觉以下这些应该是明确不会大力支持的：

- event 的支持问题
- 存储过程，触发器
- 分区表

本意是希望能够在应用设计中做出合理的取舍，不要什么都在数据库层面来做。应用透明了，数据库层不透明，一动就会出问题。而且这些从 MySQL 的适用场景来说，本身就是一些硬性的限制和瓶颈。

其次我觉得下面的一些点是 MySQL 待改进的地方。

1. 网络服务不支持多端口

我们使用习惯了可能就不会有疑问了，但是如果跳出来看这个现象，就会发现其实这一块是比较薄弱的，能够支持多端口也就意味着我们的服务也可以做到不同粒度的访问控制了。

2. MySQL 的角色配置不明确

在 Oracle，Redis 里面，数据库会有一个明确的属性 Role，在 MySQL 里面可能和它的扩展性设计有关，是没有这样一个明确的定义，目前我们通过应用层把 MySQL 的角色定义为 Master，Slave，Relay，SingleDB；其中 Relay 和 Single 是 Master 和 Slave 之间的两种状态，如果能够支持 Master 或者 Slave，这一块的处理方式就会简单很多，使用 show processlist，show slave hosts，show slave status 的方式还是比较烦琐，因为信息监测通常都是单向的，如果能够通过属性或者配置的方式得到一个统一的信息是很不错的体验。

3. 主从数据延迟的改进空间

MySQL 在 Slave 端的从库延迟如果要完全参考 seconds_behind_master 是会出问题的，这一块 pt 是有另外一种设计思路，在这个参数的使用上，其实目前也是一种临界状态，可以和同步模式下的一些差异有所区别。

4. binlog 的状态信息不够丰富

如果使用 show binary logs 看待一些 binlog 的状态，其实会发现里面明显少了一类信息，那就是时间戳，有了时间戳的信息，其实是很容易鉴别出一些数据量的增长情况。目前来看，要筛选不同时间段的 binlog 信息，只能通过系统层面来看了。

5. 优化器比较薄弱

优化器的部分是 MySQL 近些年改进的一个重点，相比于原来确实改进了不少了。不过相比来说，还是比较脆弱的，新一些的版本有了一些新增的 hints。

6. server_id 太死板

MySQL 的 server_id 配置其实限制蛮大，需要指定格式，并在长度范围以内；如果能够支持类似域名的方式或者更具有系统属性的值对于 server_id 的管理会更加清晰，所以除非一些大厂会明确的定义 server_id 的算法，很多公司都是默认使用端口或者端口与 IP 的简单数据计算，通过结果要反推出原本的一些信息是很难的。

7．等待模型还处在初级阶段

MySQL 监控层一直想做的一个指标是类似 DB time 的一个东西，这个指标的含义是能够标识数据库服务的整体负载量，因为目前通过业务巡检的建设，发现通过 QPS、TPS、连接数、刷页频率等指标单一统计是很难以去界定负载整体情况的，而 Oracle 的设计思想是等待模型，在 MySQL 层面还在初步的建设阶段，我看好后期的 sys schema，是一个亮点部分。

8．执行计划信息比较粗

MySQL 的执行计划信息是比较简略的，相比于一些商业数据库的执行计划信息，少了很多的参考数据辅助，在分析问题的时候还是会有一些瓶颈。其实 5.6 版、5.7 版已经支持 optimize_trace，将优化器生成执行计划的格式以 JSON 输出。

9．直方图和统计信息粒度

方图是优化器生产执行计划时依赖的核心要素，有助于获取更准确地执行计划。MySQL 8.0 增加对直方图的支持，在统计信息的粒度上也可以持续发力。

10．数据增量刷新

如果要对 MySQL 表的数据做增量刷新，数据库层本身不提供这样一套平滑方案，当然有第三方的方案或者是使用触发器等方式实现。在这个地方，MySQL 的实现思路其实和 Oracle 不同，但是设计思路是类似的，都是以空间换时间。

11. MySQL 的 redo 用途改进

MySQL 的 redo 给很多同学感觉是比较低调，它从来不会"出差"，只负责底层的数据写入，保证异常恢复，redo 的使用在有些大公司有了明确的用途，对于数据复制大有帮助，物理的和逻辑的还是差别大了。

12．没有快照，问题诊断可参考信息太少

在性能优化的时候，总是会发现 MySQL 能够提供的原始信息比较少，如果监控信息不全面，我们是没法完全定位到一个指定时间段的负载明细的；行业也有第三方的一些实现，不过效果还是很受限。

2.5　MySQL 参数解析

数据库参数好比是数据库的一些开关，通过开启/关闭可以灵活的控制一些重要功能，

通过参数我们也可以一窥数据库的功能完善情况，对于 MySQL 来说，其参数可以较为系统地反映出它功能的变化，值得一提的是，MySQL 参数不具备兼容性，有些参数在版本的变化中已经退出了历史舞台。

2.5.1 MySQL 参数变化分析

查看的参数的情况主要是依据 show variables 的结果，这里我们分别统计 information_schema.session_variables 和 global_variables，MySQL 的变量其实是分为三类，如下图 2-38 所示。

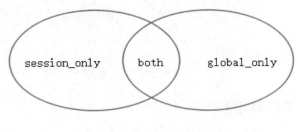

图 2-38

- session_only 是仅线程级别，比如 last_insert_id；
- global_only 是仅全局级别，比如 sync_master_info；
- both 则是同时有全局和线程两个状态。

统计了一下，得到的一个基本列表，如下表 2-6 所示，尤其需要注意的是 MySQL 5.0 的版本，因为 information_schema 下的视图着实有限，还没有 session_variables 和 global_variables，所以就暂时使用 show variables 的输出来代替。

表 2-6

数据库版本	Session_variables	Global_variables
5.0.67-percona-highperf-log	245*	245*
5.5.33-31.1-log	392	404
5.6.14-rel62.0-log	490	476
5.6.14-56-log	490	476
5.6.16-64.2-56-log	496	482
5.6.23-72.1-log	505	491
5.7.13-6-log	559	544

把上面的数据整理出一个统计图，如下图 2-39 所示。

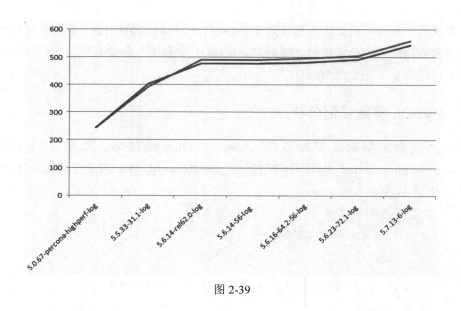

图 2-39

2.5.2　MySQL 5.7 参数解析

MySQL 5.7 已经推出多年了，很多公司针对不同版本也梳理了不同的参数模板。

在实践过程中，也发现了一些潜在的问题，有些参数开始的时候没有注意到，结果想开启的时候发现是只读变量，要生效只能等待下次重启，这种代价对于数据库高可用维护而言实在是太高了。所以需要提前规划和修正。

在此我不会把所有的参数都列出来，而是列出来最近碰到的一些。

（1）log_timestamps

如果发现有些日志的时间戳不大对劲，其实可以注意一下 log_timestamps 的参数设置，默认是 UTC，我们可以改为 SYSTEM，这样就是和系统同步的方式了。这个参数可以在线修改。

（2）extra_max_connections 和 extra_port

如果数据库运维的时候碰到 too many connections，但是你却发现自己也连不上数据库的时候，这种感觉就好比你是一个公交车司机，但是你却挤不上自己开的公交车。面对这种困境，通常的做法就是反复尝试重连或者直接重启，这对于已有的业务来说是很不友好的，所以我们迫切需要在数据库中预留少数连接来预防这类问题。

这个参数本身不是新参数，在 Percon 分支中 MySQL 5.6.14 引入，但是直到 MySQL 5.7 也是默认没有打开的。所以我们需要关注这两个参数。

这个参数是只读变量，要修改后重启数据库生效。

（3）secure_file_priv

这个参数和文件处理有关，在 5.7 中默认是 NULL，即没有开启，这样对于一些导出的 SQL 语句来说就不可用了。

比如：

```
select * from user into outfile '/tmp/user.csv'
```

这个参数如果设置为空串，就和 5.6 及以下版本兼容了。

```
secure_file_priv=''
```

（4）innodb_deadlock_detect

这个参数是我们在版本规划时的一个重点参考参数，这个参数是在 5.7.15 引进，有了这个参数，对于系统内的死锁灵活开关，很多数据库分支还专门定制了类似的功能；当然作为系统优化来说，关闭这个参数对于性能的提升比较明显，作为日常监测还是需要的。

（5）slave_parallel_type 和 slave_parallel_workers

MySQL 的并行复制在 5.7 才算是有了本质的改变，需要注意下从库的这两个参数设置，默认 slave_parallel_type 不是 LOGICAL_CLOCK，我们可以根据服务器的配置来开启相应的并行度。

（6）innodb_purge_threads 和 innodb_page_cleaners

这两个参数原来是 1，需要注意下已有的模板是不是做了固定，5.7 版中已经是 4 了，即开启了 4 个线程。

（7）innodb_buffer_pool_size

在线修改 buffer pool 大小，不建议随意使用，而是在负载比较低的情况下修改 innodb buffer pool size，否则可能会导致数据库 hang 住，影响业务访问 DB。

（8）在线开启 GTID

如果可以重启数据库开启，最好是重启开启，但是不建议反复启停该参数。

第 3 章　MySQL 基础运维面面观

决心不过是记忆的奴隶，它会根据你的记忆随意更改。——《哈姆雷特》

MySQL 基础运维的工作繁琐而复杂，涉及的操作步骤多，工作量大，耗时长，而且对于问题的排查需要快速定位，无论是个人还是团队，都会在工作中承担较大的压力。对于这些运维工作，我把它归类为基础运维工作，一方面是因为这些工作是最基础的运维需求，需要优先满足；另一方面，这部分工作虽然繁琐但是随着时间的推移，也能够熟能生巧。本小节我把基础运维的工作整理成了四个部分：环境部署，服务管理，备份恢复和安全审计，其中备份恢复的内容篇幅较大，是我们需要重点掌握的内容。

3.1　环境部署和构建

之前介绍了 MySQL 的二进制安装，作为一个 DBA，MySQL 源码安装还是要做的，虽然不推荐线上批量安装部署，但是作为自己了解 MySQL 的一个学习过程，还是值得的。

3.1.1　源码安装 MySQL

值得推荐的安装镜像对于 MySQL 的安装部署来说，总是存在各种子版本，其实整理起来非常繁杂，我们可以参考国内的一些站点，比如：https://mirrors.cloud.tencent.com/mysql/。

MySQL 的源码安装有两种方法可供参考。

1. 标准 MySQL 源构建

这种方法其实就是下载源码压缩包，然后通过 cmake 来构建部署。比如 5.6 版本的源码包，可以参考链接下载：

```
https://dev.mysql.com/get/Downloads/MySQL-5.6/mysql-5.6.35.tar.gz
```

安装说明和步骤可以参考：

```
http://dev.mysql.com/doc/refman/5.6/en/source-configuration-options.html
```

对于 MySQL 5.7 版，把对应版本号改一下就可以，差别不是很大。

或者到官网直接点击下载也可以，如下图 3-1 所示。

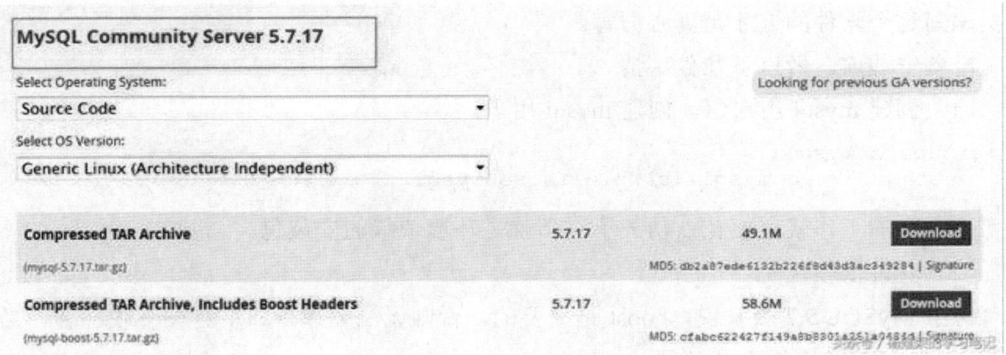

图 3-1

安装的详细步骤我们等下细说，目前网站上看到的绝大多数源码安装都是这种方式。

2．使用开发源码树来构建

这种方式是通过开发源码树的方式来编译部署。主要的方式就是基于 git；相对来说，感觉就是在参与开发一个项目一样，有着很完善的版本管理。

首先使用 git 来开启安装，会从 github 上来抓取。

```
# git clone https://github.com/mysql/mysql-server.git
```

这个过程会持续一些时间，完成之后目录变成了大概 1.5G，而源码压缩包大概就是几十 M，差别非常大。

```
# du -sh .
1.5G .
```

我们使用 git 来查看版本的情况，发现 MySQL 8.0 版的代码也可以抓取了，如果想尝尝鲜，掌握新版本新特性，这种方式还是比较高效的。

```
# git branch -r
origin/5.5
origin/5.6
origin/5.7
origin/8.0
origin/HEAD -> origin/5.7
origin/cluster-7.2
origin/cluster-7.3
origin/cluster-7.4
origin/cluster-7.5
```

比如我们选择 5.7 版本，如下：

```
# git checkout 5.7
Checking out files: 100% (21703/21703), done.
Switched to branch '5.7'
```

接下来的事情就和源码包安装差不多了。我们放在一起说。

先来了解下安装的几个命令，其实源码安装的步骤还是很常规，时间都在编译的过程中，你可以看到屏幕里满屏的日志输出，感觉好像你在做什么超级高深的事情一样。

其实编写这个软件的人才是真心厉害。

准备安装前，做以下几件事情。

（1）创建 mysql 用户组，创建 mysql 用户。

```
groupadd mysql
 useradd -r -g mysql -s /bin/false mysql
```

接下来的工作就需要花点功夫了，那就是环境依赖的安装包。

（2）安装依赖包

对于 MySQL 5.7 版来说，boost 是需要的，否则无法编译，如下这样下载部署。当然 boost 在 MySQL 5.6 版不是必须。

```
wget
https://sourceforge.net/projects/boost/files/boost/1.59.0/boost_1_59_0.tar
.gz
 tar -zxvf boost_1_59_0.tar.gz -C /usr/local/
```

还有一个字符终端处理库 ncurses 是一定要检查的，可以这样下载。

```
http://ftp.gnu.org/pub/gnu/ncurses/ncurses-5.8.tar.gz
```

下载后使用./configure,make,make install 即可安装。

安装后，可以使用如下的方式来检测是否安装成功。

```
# ll /usr/lib/libncurse*
-rw-r--r-- 1 root root 669034 Mar 23 13:31 /usr/lib/libncurses.a
-rw-r--r-- 1 root root 166630 Mar 23 13:31 /usr/lib/libncurses++.a
-rw-r--r-- 1 root root 3501680 Mar 23 13:31 /usr/lib/libncurses_g.a
```

如果饶有兴致，还可以写一小段代码来检测，如下。

```
#include <unistd.h>
 #include <stdlib.h>
 #include <curses.h>

 int main()
 {
 initscr();
 move( 5, 15 );
 printw( "%s", "Hello world" );
 refresh();
 sleep(2);
 endwin();
 exit(EXIT_SUCCESS);
 }
```

这么运行即可。

```
g++ a.c -lncurses && ./a.out
```

如果看到程序运行输出为：Hello world，则证明安装是没有问题的。

最重要的一点，那就是保证 cmake 是可用的，可以使用命令 yum install cmake 进行安装。

（3）使用 cmake 编译

值得一提的是，我是打算同一个服务器上安装多个版本，所以就在/usr 下指定了不同的安装目录，数据目录，如下。

```
cmake .
-DCMAKE_INSTALL_PREFIX=/usr/local/mysql_5.6
-DMYSQL_DATADIR=/home/mysql_5.6
-DDEFAULT_CHARSET=utf8
-DDEFAULT_COLLATION=utf8_general_ci
-DEXTRA_CHARSETS=all
-DENABLED_LOCAL_INFILE=1
```

若准备充分，这个过程就是分分钟的事情，如果 ncures 没安装，就可能抛出如下的依赖安装包的问题。

（4）make 构建

关于 make 操作，我们可以做点改进，那就是加快编译的速度，使用"-j"参数，根据 CPU 核数指定编译时的线程数，因为默认是 1 个线程编译，如果不知道该启用几个，可以换算一下。

```
make -j `grep processor /proc/cpuinfo | wc -l`
```

如下图 3-2 所示，满屏幕的编译日志，看起来很有成就感。

图 3-2

（5）使用 make install 安装

make 阶段的事情做完之后，就是 make install，这个过程会正式安装软件到指定的目录，也是我们的终极目标。

值得一提的是，如果因为空间问题异常退出，还是最好删除 CMakeCache.txt 文件，重新 cmake 一遍，然后使用命令 make& make install，即可完成安装。

（6）创建数据库

这个阶段的工作就很常规了，我们简化一下，两个命令初始化，启动数据库。

启用的参数模板类似于：

```
[mysqld]
# server configuration
datadir=/home/mysql_5.7
basedir=/usr/local/mysql_5.7

port=3308
socket=/home/mysql_5.7/mysql.sock
server_id=3308
gtid_mode=ON
enforce_gtid_consistency=ON
master_info_repository=TABLE
relay_log_info_repository=TABLE
binlog_checksum=NONE
log_slave_updates=ON
log_bin=binlog
binlog_format=ROW

innodb_log_file_size=1000M
max_prepared_stmt_count=150000
max_connections = 3000
innodb_buffer_pool_size = 24G
```

● MySQL 5.7 版本的操作如下：

初始化数据字典：

```
/usr/local/mysql_5.7/bin/mysqld        --initialize-insecure        --user=mysql
--basedir=/usr/local/mysql_5.7 --datadir=/home/mysql_5.7
```

启动数据库：

```
/usr/local/mysql_5.7/bin/mysqld_safe --defaults-file=/home/mysql_5.7/s.cnf &
```

● MySQL 5.6 版本的操作如下：

初始化数据字典：

```
/usr/local/mysql_5.6/scripts/mysql_install_db                        --user=mysql
--basedir=/usr/local/mysql_5.6 --datadir=/home/mysql_5.6
```

启动数据库：

```
/usr/local/mysql_5.6/bin/mysqld_safe --defaults-file=/home/mysql_5.6/s.cnf &
```

后面的事情你懂的，我们可以连接到源码版的数据库了。

```
# /usr/local/mysql_5.7/bin/mysql --socket=/home/mysql_5.7/mysql.sock --port=3308
Welcome to the MySQL monitor. Commands end with ; or g.
Your MySQL connection id is 7
Server version: 5.7.17-log Source distribution
Copyright (c) 2000, 2016, Oracle and/or its affiliates. All rights reserved.
```

3.1.2   在 eclipse 中配置 MySQL 源码环境

对我来说，源码安装的主要意义就在于学习和调试。这样做可以在看代码的时候有一些头绪，让这些开发技巧派上用场，不至于盲人摸象一般的拿着命令肉眼扫视。当然对于代码至于能不能啃下来，那是另外一回事了。

我来说说我的情况，Java 开发还有一点基础，所以以前的 eclipse 还算用得比较熟悉。大家知道 InnoDB 的源码是 C，MySQL Server 的是 C++，这样一套环境想调试好，如果没有这方面的平台开发经验其实还是有一点难度的；最后我还是决定使用 eclipse 来做，基于 Windows 平台。

里面趟了好几个坑，让我苦不堪言，慢慢道来。

先要做如下几件事情。

（1）下载 MySQL 源码

（2）下载开发 IDE eclipse

（3）编译环境调试

（4）配置代码调试方式

下面我们细细地说说这几件事。

1．下载 MySQL 源码

MySQL 源码的下载，直接到 www.mysql.com 上面，选择社区版，下载类型是 source code，就可以看到下面的选项了，如图 3-3 所示。

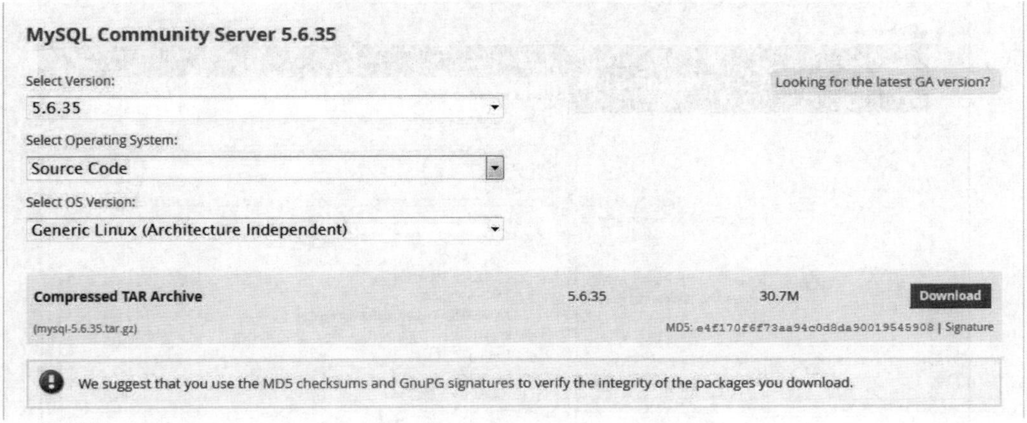

图 3-3

比如说我选择的是 5.6.35 这个版本。目前最新的是 5.7 版本的，再早一些的是 5.5 版本的，之前的还真不好找了，得通过其他渠道了。

2．下载 IDE eclipse

eclipse 是个开发通用平台的 IDE，不过这个说法现在受到了 IntelliJ IDEA 的挑战，目前来看挑战成功,其中有一部分原因和新版本的一些界面的改进有关，不过相对来说 eclipse 这个工具 Java 开发者用得多一些，那和 MySQL 源码环境有什么关系。难道在里面用 Java 编辑器看 C++代码，非也。因为 eclipse 还是有 C++版的插件的，可以在

www.eclipse.org 上面下载 C++ 版本专属的。

但是下载之后，启动 eclipse 失败，错误是 Failed to load the JNI shared library jvm.dll"，
这个错误的大多数说法是和 JDK 的位数有关，比如 32 位、64 位的兼容性有关，当前的
环境是 JDK6 的环境，版本相对比较旧了，可以下载一个较新的版本，比如 1.8 版本或以
上，否则会看到如下图 3-4 所示的错误提示。

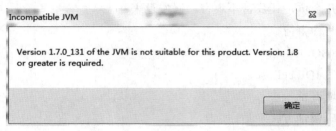

图 3-4

调整了 JDK 版本之后，eclipse 可以启动了，我创建了一个项目，我命名为 mysql_5_6_35，
如图 3-5 所示。

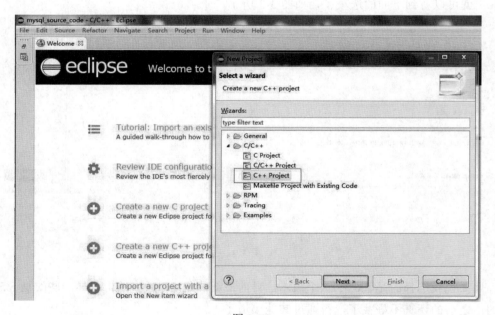

图 3-5

这个时候环境还是基本空白的，先创建好再说，如图 3-6 所示。

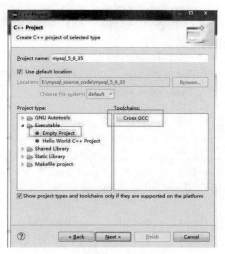

图 3-6

简单确认之后，就创建好了一个项目，新版本的 eclipse 就开始生成了工作目录。

3．编译环境调试

启动了 eclipse，创建了项目，我们可以从指定的目录下导入源码包里的代码。不出所料，打开代码之后，发现后台开始报出了下图 3-7 的错误，编译环境有问题。

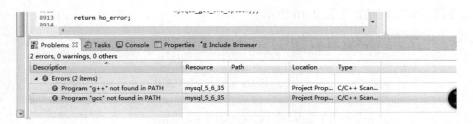

图 3-7

这个时候如果能配置好还是很有意思的，可以在 Windows 上来安装一下 GCC 和 g++的环境，可以参考 https://sourceforge.net/projects/mingw/这个网站，如图 3-8 所示，下载即可。

图 3-8

这个软件的风格蛮有意思，下载安装包的时候是下面的安装进度，需要安装哪些插件，也基本是下图 3-9 这样的形式。

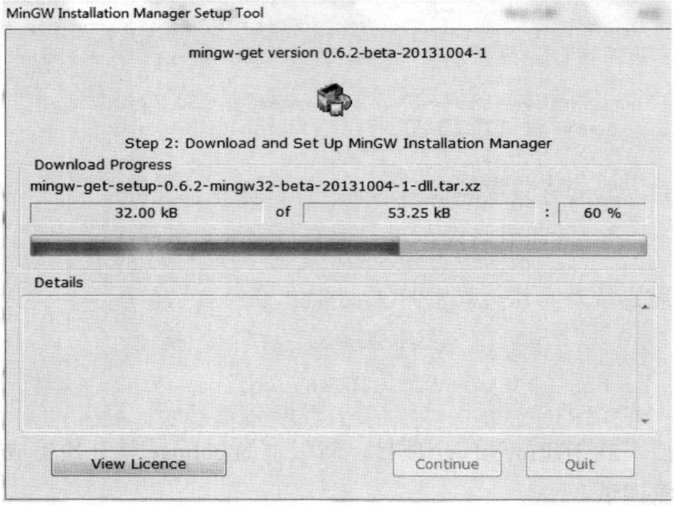

图 3-9

我们不光要 GCC 的，还要 g++，在安装好的软件基础上需要再下载新的包来安装。最后会提示安装成功，如图 3-10 所示。

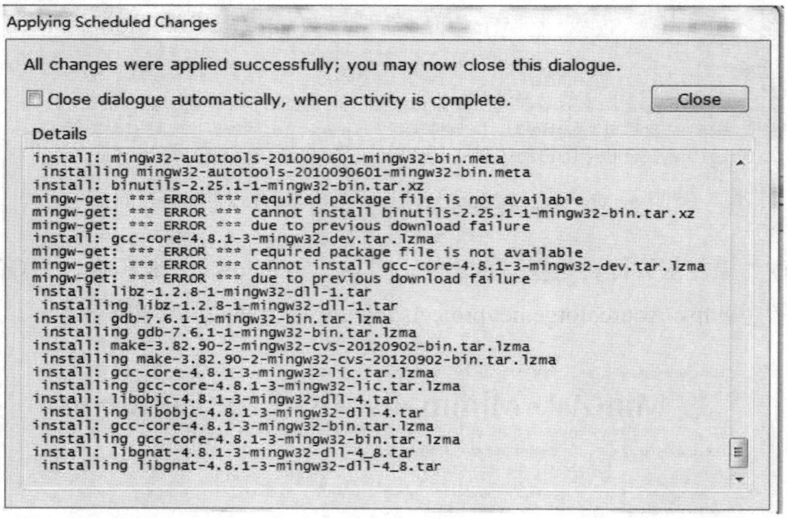

图 3-10

在 eclipse 里面还是需要做一些基本配置的。根据图 3-11 中的线框找到对应的菜单，修改右下角的路径，这个路径就是我们刚刚安装的软件所在的目录。

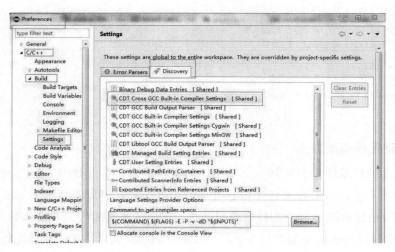

图 3-11

比如我安装在了 D 盘，就配置成下面线框中的路径，如图 3-12 所示。

图 3-12

这个时候有一个问题，提示 make 没有配置，这个问题让我有些摸不着头脑。GCC 都装了，make 检查了也是安装成功的，为什么提示配置里没有呢。其实我们需要把下面图 3-13 中线框中的文件改个名字，它就是 make。

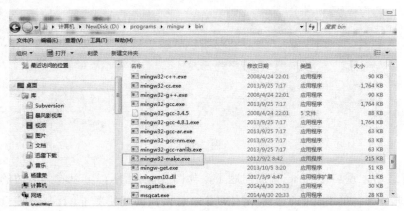

图 3-13

配置好环境，编译就大体没有问题了，如图 3-14 所示。

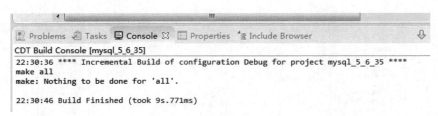

图 3-14

4．配置代码调试方式

其实上面的环境配置也算是一个辅助，如果我们只是看看代码，其实也能接受，不过有个功能用不了，查看代码就会困难重重：我单击到代码里的某一个方法，根据调用关系我能够很快定位到另一个文件的调用函数，如此一来查看逻辑就会清楚许多。

但是这个功能在 eclipse 竟然用不了，熟悉 Java 开发的同学应该都熟悉这个 outline 的功能，一个文件里面有哪些函数，哪些变量都可以一目了然，所以这种情况得改进，发现无法启用的原因是我打开的其中一个文件的代码行数超过了 5000 行。默认 eclipse 的配置，超过 5000 行就启用不了 outline 了，我们改一下线框中指示的配置即可，如图 3-15 所示。

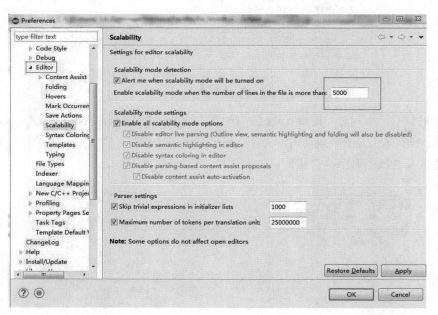

图 3-15

配置好之后，重启 eclipse 就没问题了，如图 3-16 所示，可以看到右边的 outline 信息，就会清晰很多，单击代码也会有定位功能，看代码就方便多了。比如我们查看 InnoDB 的代码，到 storage/Innobase/handler/ha_innodb.cc 这个文件，这是我学习 InnoDB 的一个关键接口文件。

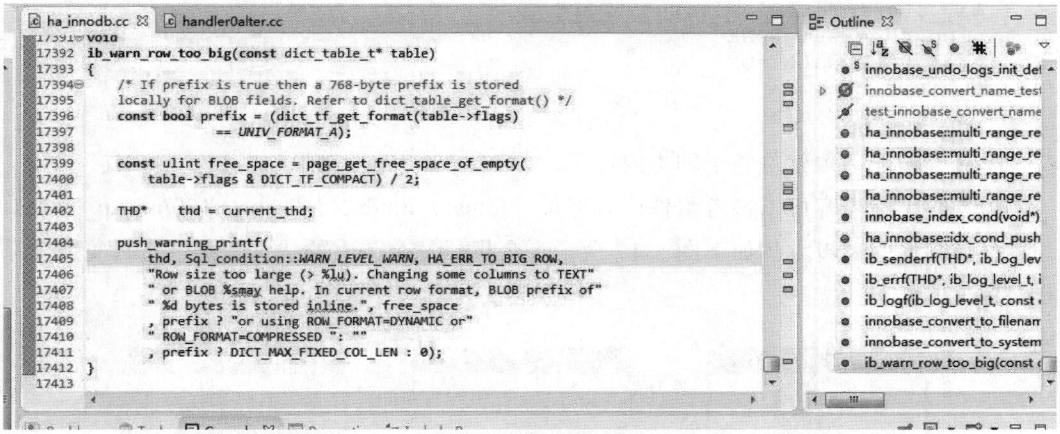

图 3-16

环境配置好了，只是开始，剩下的事情才是重点的内容。

3.1.3 分分钟搭建 MySQL 一主多从环境

如果我们在一台服务器上想搭建一主多从的测试环境，怎么能够分分钟搞定呢，一种快捷的方式就是使用工具 sandbox，其实稍花点时间写个脚本即可搞定，无非就是把哪些程式化的东西整合起来，化繁为简。能够提高效率才是好。

搭建主从的环境，我们还是准备一个配置文件 init2.lst，里面主要是端口和节点标示。

```
24801  s1  Y
24802  s2  N
24803  s3  N
```

比如上面的写法，就是我创建了 3 个节点，端口是第 1 列，第 2 列是节点的一个标示，生成的节点目录名就是参考这个，第 3 列是节点的角色，比如一主两从。主为 Y，从为 N。

它们配置了统一的参数文件，在参数文件中通过动态变量的方式注入来映射配置的差异，配置文件的模板如下，可以在这个基础上进行补充，同时部分参数已经是默认设置，所以也暂时略去了。

```
# cat s2.cnf
[mysqld]
# server configuration
datadir=${base_data_dir}/${node_name}
basedir=${base_dir}

port=${port}
socket=${base_data_dir}/${node_name}/${node_name}.sock
server_id=${port}
gtid_mode=ON
enforce_gtid_consistency=ON
master_info_repository=TABLE
```

```
relay_log_info_repository=TABLE
binlog_checksum=NONE
log_slave_updates=ON
log_bin=binlog
binlog_format=ROW
```

而这个功能主角就是整个脚本内容了。

脚本的完整内容可以参考附件或者网址：https://github.com/jeanron100/mysql_slaves。

整个脚本的逻辑大体如下图 3-17 所示，会根据每个节点的状态和角色进行复制关系的配置。

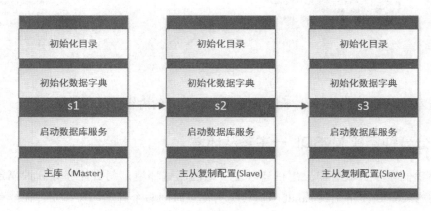

图 3-17

有了之前的模板和基础准备，单机部署多套测试环境就是分分钟搞定。

注：在 MySQL 配置的缓存一般来说需要考虑几个方面的因素：可以根据这个公式来进行权衡和计算：

缓存大小=innodb_buffer_pool_size + key_buffer_size+ max_connections*2MB

3.2　MySQL 服务管理

MySQL 提供的网络访问模式，主要有 socket 和 TCP/IP 两类，并且对于每个实例，只能对应一个端口。

注：在 Percona 和 MariaDB 分支中有一个新特性是对于连接数的额外支持，可以配置 extra_port 和 extra_max_connections，在连接数已经溢出的情况下连接到 MySQL。

3.2.1　Socket 连接

Socket 是一种特殊的文件，也叫做套接字，是应用层与 TCP/IP 协议族通信的中间软件抽象层。

Socket 连接可以理解为服务端的连接，MySQL 默认使用 Socket 方式连接，这个也是 DBA 在管理中，如果在服务端使用 mysql 命令即可连接到数据库的一个原因。mysql 服务启动的时候，会去 my.cnf 配置文件中查找 Socket 文件的路径，即 Socket 文件的生成目录在[mysqld]上指定，如果没有则默认是/tmp/mysql.sock，使用的默认端口为 3306。

或者也可以在 mysql 命令中指定 Socket 路径，比如：

```
mysql --socket=/data/mysql_3306/tmp/mysqld.sock -uroot -p[password] -P3306
```

3.2.2　TCP/IP 连接

TCP/IP 连接可以理解为客户端的通用连接方式，它是建立一个基于网络的连接请求，我们对于开发同学所开放的主要是基于 TCP/IP 方式的连接方式。

使用 mysql 命令的方式，可以参考：

```
mysql -h[host]  -u[username] -p[password] -P[port]
```

3.2.3　MySQL 访问模式的演进

MySQL 的访问模式在版本演进中也在逐步发生变化，通常来说，MySQL 的访问模式是基于用户+主机的方式，而真正的数据是在 database 里面，和 Oracle 里面的 user schema 是一个量级的，可以认为用户是权限的载体，而数据库是数据的宿主，用户和数据库关系如下图 3-18 所示。

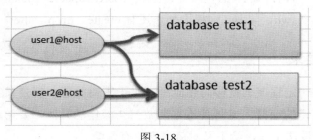

图 3-18

如果要对用户授权，一个通用的 MySQL 授权语句如下：

```
grant select on mytest.* to dev_user_ro@'192.168.6.%' identified by
                                                     'mypassword';
```

注：5.6 版本开始，标准授权语句修正为先创建用户然后再授权。

而在 MySQL 8.0 版本中，这种模式有了大的变化，即引入了角色（Role），角色是权限的集合，可以通过对角色赋权，实现更加快捷统一的管理模式，如图 3-19 所示。

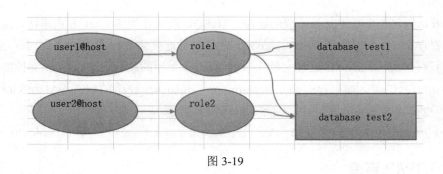

图 3-19

用户名，按照多级划分的方式，可以按照"环境_服务名_权限标示"的格式进行命名：

（1）环境

"环境"一般分为生产环境和测试环境，生产环境的用户名以"srv_"开头，测试环境的用户名以"dev_"开头。

（2）服务名

用以标示这个数据库用户所连接的服务。

（3）权限标示

用于进行用户权限类型的标示，可以分为三种权限：只读、基本读写和高级读写，分别用 ro，rwl 和 rwh 来表示，一般来说这三种权限的分类如下：

- 只读用户 ro，只有 select 权限；
- 基本读写用户 rwl，除 ro 的权限外，还有 insert，update，delete，exec 等权限；
- 高级读写用户 rwh，除 rwl 的权限外，还有 create，drop，alter 等权限。

3.2.4　无密码登录

无密码登录在一定程度上能够简化流程；对于密码敏感，但是又需要提供访问权限的情况下是一个不错的选择。尤其是乙方在做一些操作的时候，要密码和给密码是一个纠结的问题。不给没法工作，给了又对信息安全有影响。

在 Oracle 和 MySQL 中都有相应的解决方案，大道至简。在 Oracle 中可以通过设置 wallet 来实现，而在 MySQL 中自 5.6 版本开始可以使用--login-path 来实现。

如果要使用 login-path，需要通过 mysql_config_editor 来完成基础配置。

mysql_config_editor 的命令提示如下，可以看出可使用的选项还是相对比较简单的。

```
[mysql@oel1 ~]$ mysql_config_editor set --help
Usage: mysql_config_editor [program options] [set [command options]]
  -?, --help          Display this help and exit.
  -h, --host=name     Host name to be entered into the login file.
  -G, --login-path=name
                      Name of the login path to use in the login file. (Default
                      : client)
  -p, --password      Prompt for password to be entered into the login file.
```

```
 -u, --user=name     User name to be entered into the login file.
 -S, --socket=name   Socket path to be entered into login file.
 -P, --port=name     Port number to be entered into login file.
 -w, --warn          Warn and ask for confirmation if set command attempts to
                     overwrite an existing login path (enabled by default).
                     (Defaults to on; use --skip-warn to disable.)
```

我们直接可以通过一个命令来完成配置，制定这个无密码登录的别名为 fastlogin。

```
[mysql@oel1   ~]$   mysql_config_editor   set   --login-path=fastlogin
--user=root --host=localhost --password --socket=/u02/mysql/mysqld_mst.sock
Enter password:
```

配置完成之后，会在当前路径下生成一个隐藏文件 .mylogin.cnf。

```
[mysql@oel1 ~]$ ll -la .mylogin*
-rw------- 1 mysql dba 480 May 17 22:10 .mylogin.cnf
```

如果需要查看里面的明细信息，可以使用如下的命令，当然密码是不会显示出来的。

```
[mysql@oel1 ~]$ mysql_config_editor print --login-path=fastlogin
[fastlogin]
user = root
password = *****
host = localhost
socket = /u02/mysql/mysqld_mst.sock
```

大功告成，这个时候直接登录即可。

```
[mysql@oel1 ~]$ mysql --login-path=fastlogin
Welcome to the MySQL monitor.  Commands end with ; or \g.
Your MySQL connection id is 3
mysql>
```

如果需要禁用删除，可以如下这么做。

```
mysql_config_editor remove --login-path=fastlogin
```

这个时候再次查看就没有任何信息了。

```
[mysql@oel1 ~]$ mysql_config_editor print --login-path=fastlogin
```

但是默认的 login 文件还是存在的。

```
[mysql@oel1 ~]$ ls -la
total 1204364
drwxr-xr-x 2 mysql dba      4096 Apr 21 14:58 log
drwxr-xr-x 3 mysql dba      4096 Nov  4 2014 meb-3.11.1-linux-glibc2.5-x86-32bit
-rw------- 1 mysql dba       336 May 22 12:40 .mylogin.cnf
```

案例 3-1：通过 shell 脚本检测 MySQL 服务信息

改了一版脚本，对于 MySQL 的基本信息的获取有了一个相对比较清晰的收集方式。

我简单解释下脚本，整体是分为两部分。

（1）通过系统层面来解析 MySQL 的基本信息，方式是通过 ps -ef|grep mysql 得到的信息来解析。

（2）通过登录 MySQL 得到的信息，基本信息包括 server_id，log_bin 等。

脚本内容如下：

```
ps -ef|grep mysql |grep -w mysqld|grep -v grep |awk -F'--' '{for
(i=2;i<=NF;i++) {printf $i" "}printf " "}' > info_from_sys.tmp
function get_info_from_sys()
{
while read line
do
array=$line
port_str='port='
socket_str='socket='
for arr_tmp in ${array[*]}; do
if [[ $arr_tmp =~ $port_str ]];then
port_tmp=`echo $arr_tmp|sed 's/port=//g'`
fi
if [[ $arr_tmp =~ $socket_str ]];then
socket_tmp=`echo $arr_tmp|sed 's/socket=//g'`
fi
done
if [ -z "$port_tmp" ];then
port_tmp=3306
fi
echo $port_tmp $socket_tmp >> info_from_sys.lst
done < info_from_sys.tmp
}
function get_info_from_db()
{
while read line
do
port=`echo $line|awk '{print $1}'`
#echo $port
/usr/local/mysql/bin/mysql -udba_admin -p$dec_passwd -h127.0.0.1 -P${port} -N
-e "select @@port,@@log_bin,@@innodb_buffer_pool_size,@@gtid_mode,@@datadir,
@@character_set_server,@@server_id,version();" >> info_from_db.lst
# echo $port_tmp $socket_tmp
done < info_from_sys.lst
}
function decrypt_passwd
{
tmp_passwd=$1
dec_passwd=`echo $tmp_passwd|base64 -d`
}
##MAIN
get info from sys
sec_password='RHB6TEST1d1c5TTEzZGIwSgo='    --这个是数据库密码的 base64 加密串，
                                               可以根据需求来定制
dec_passwd=''
decrypt_passwd $sec_password
get_info_from_db
sort info_from_db.lst > info_from_db.tmp
sort info_from_sys.lst > info_from_sys.tmp
rm info_from_db.lst info_from_sys.lst
join -j 1 info_from_sys.tmp info_from_db.tmp
```

案例 3-2：MySQL 密码加密认证的简单脚本

我们设想一下，命令行的方式中，若输入明文密码，那还要密码干嘛，干脆我输入密码的时候你别看，但是 history 命令里面有啊。

所以这也算是一个风险点的入口，如果因为一些意外的情况登录，那么这种情况就很尴尬了。这是需求一。

还有一种场景，如果我们有大量的 MySQL 环境，每个环境的 DBA 账户密码是统一的，但是密码很复杂。我们不能输入明文，那么就输入密码格式，那就意味着交互和手动输入，你会发现这种操作真是原始，高级一点，用下 keypass 或者 keepass 等，这个还得依赖于本地的环境配置。所以需求二的特点就是手工维护密码啰嗦，手工输入密码太原始。

那我们写脚本，但是脚本里面的密码还是可见的，调用的明文密码问题解决了，但是内容中的密码还是可读的。

所以这种情况下，一个很自然的方法就是加密。

其中一种是对密码加密，比如我们得到一个密码加密后的串，在需要调用的时候做一下解密，得到真实的密码。这个过程是在脚本里的逻辑来实现，所以我们得到明文密码的概率要低一些。

另外一类就是对文件加密，比如对整个文件加密，加密之后文件就没法读了。所以加密后的密码又被加密了。对文件加密有 shell 的方式还有使用 Python 等语言。

如果要调用脚本的时候，其实就是先解密文件，然后调用解密逻辑，得到真正的密码，然后开启访问的请求。

比如我得到了一个加密后的密码串。调用的解密逻辑是 decrypt_passwd，当然这个是可读还可逆的，我们其实可以再加入一些复杂的因子来干扰。

脚本的初步内容如下：

```
sec_password='RHB6WUF1d1c5TTEzabadfo='
dec_passwd=''
sql_block=''
function decrypt_passwd
{
tmp_passwd=$1
dec_passwd=`echo $tmp_passwd|base64 -d`
}
decrypt_passwd $sec_password
instance_ip=$1
instance_port=$2
port=$1
if [ ! -n "$port" ]; then
echo '#########################################'
echo 'Please input correct MySQL Port and try again.'
echo '#########################################'
ps -ef|grep mysqld|grep -v grep |grep -v mysqld_safe
exit
fi
/usr/local/mysql/bin/mysql -udba_admin -p$dec_passwd -h127.0.0.1 -P$1
```

这样一个简单的文件，使用 gzexe 来加密即可，就是我们预期的效果了。

这个文件就类似一个二进制文件，我们拷贝到任何服务器端，指定入口，就可以方便的访问了。

案例 3-3：MySQL 中如何得到权限信息

数据库的权限是很基础的信息，对于业务来说非常敏感，如果在数据迁移中遗漏或者丢失，可以认为是一个大故障，对于权限的管理不求有功，但求无过，所以我们需要掌握几种得到权限信息的方法。

如果在 MySQL 5.5、5.6 的版本中，我可以直接导出 mysql.user 的数据即可。

如果使用脚本化完成，基本是下面这样的形式即可，本意其实就是 show grants for 'xxx'的组合形式，不断拼接解析。

```
mysql    -e    "SELECT    DISTINCT    CONCAT('show    grants    for
','''',user,'''@''',host,''','';') AS query FROM mysql.user where
user!='root'" | grep -v query >/tmp/showgrants.sql && mysql
</tmp/showgrants.sql | egrep -v 'Grants for|query'
```

运行后的语句大体是如下的形式：

```
GRANT ALL PRIVILEGES ON *.* TO 'adm'@'localhost' IDENTIFIED BY PASSWORD
'*3DCFB64FE0CB05D63B9AF64492B5CD6269D82EE8'
GRANT ALL PRIVILEGES ON `Cyou_DAS`.* TO 'adm'@'localhost'
GRANT USAGE ON *.* TO ''@'mysqlactivity'
```

这一招在 5.5、5.6 中都是可行的，但是如果数据库是 5.7 版本的，会有一个坑，那就是导出用户看起来都没有密码，只有权限，如果稀里糊涂这么做了，那么很可能是一个权限故障，使用 show grants 在 5.7 版本得到的结果如下：

```
GRANT USAGE ON *.* TO 'phplamp'@'localhost'
GRANT ALL PRIVILEGES ON `phplampDB`.* TO 'phplamp'@'localhost'
```

所以回到问题，如果现在要解决，大体有以下的三种方式来同步权限。

方法 1：重新导出导入整个数据库

不评论，我绝对不会这么做，只是看起来是一个完整的过程，但是无用功太多，很容易被鄙视。

方法 2：导出 mysql 的权限配置

在 MySQL 中的权限配置大体会涉及如下的几个数据字典表：

- mysql.user：存放用户账户信息以及全局级别（所有数据库）权限；
- mysql.db：存放数据库级别的权限信息；
- mysql.tables_priv：存放表级别的权限信息；
- mysql.columns_priv：存放列级别的权限；
- mysql.procs_priv：存放存储过程和函数级别的权限。

所以保险起见，我们是需要导出 MySQL 库的相关数据的。

方法 3：pt 工具导出

使用自定义脚本或者 pt 工具来导出权限信息。

当然解决方法很多，我就说说方法 2，方法 3。

我对比了 5.6 和 5.7 的表结构情况。不看不知道，一看差别还真不小。

- MySQL 5.7 的 mysql.user 表含有 45 个字段；
- MySQL 5.6 的 mysql.user 表含有 43 个字段。

这是表面现象，不是 5.7 多两个字段这么简单，我们看一下真实情况。

（1）MySQL 5.7 中多了下面的 3 个字段，字段和数据类型如下：

```
password_last_changed  | timestamp
password_lifetime      | smallint(5) unsigned
account_locked         | enum('N','Y')
```

（2）这么一看总数对不上，这是因为 MySQL 5.7 相比 5.6 少了 password 字段。

（3）有个细节可能被忽略，那就是 MySQL 5.7 的字段 user 相比 MySQL 5.6 长度从 16 字符增长到了 32 字符。

这就奇怪了，为什么没有了 password 字段呢，没有了 password 字段，这个功能该怎么补充呢？

MySQL 5.6 中查看 mysql.user 的数据结果如下：

```
> select user,password,authentication_string from mysql.user;
| user        | password                                   | authentication_string |
| app_live_im | *E96DB97255EF3ED52454A10EDA1AE7BABC8D3700 |     |
| mysqlmon    | *0571D080430BC7B60A3F4D41A8D71501E6B8FDAA |     |
```

而在 MySQL 5.7 中，结果却有所不同，如下：

```
+----------------+-------------------------------------------+
| user           | authentication_string                     |
+----------------+-------------------------------------------+
| gym            | *0CD6502815166F2C7E17B630C3248B900065FCEA |
| actv_test      | *82A4DC7B3F5E73E822529E9EF4DE8C042253445A |
```

一个重要差别就在于 mysql.user 表的字段值 plugin。

```
max_connections: 0
 max_user_connections: 0
              plugin: mysql_native_password
authentication_string:
    password_expired: N
password_last_changed: 2016-11-09 11:38:39
    password_lifetime: 0
```

基于这个安全策略，可以做很多的事情，5.7 默认就是这种模式。

看起来之前的那种 show grants 得到的信息很有限，那么我们来看看 pt 工具的效果，直接运行 ./pt-show-grants 即可。

```
-- Grants for 'webadmin'@'10.127.8.207'
CREATE USER IF NOT EXISTS 'webadmin'@'10.127.8.207';
ALTER      USER        'webadmin'@'10.127.8.207'           IDENTIFIED        WITH
```

```
'mysql_native_password'    AS    '*DA43F144DD67A3F00F086B0DA1288C1D5DA7251F'
REQUIRE NONE PASSWORD EXPIRE DEFAULT ACCOUNT UNLOCK;
    GRANT ALL PRIVILEGES ON *.* TO 'webadmin'@'10.127.xx.xx';
```

这样的语句相对来说就是完整的，使用 show grants 的结果少了很多，只包含基本的权限信息。

```
> show grants for 'webadmin'@'10.12.20.133';
| GRANT ALL PRIVILEGES ON *.* TO 'webadmin'@'10.12.xx.xxx' |
```

为什么使用 pt 工具能够得到更多，不是这个工具有多神奇，而是里面充分利用了新特性的东西。

pt-show-grants 里面是这样写的，对于 MySQL 5.7 的处理方式。

```
# If MySQL 5.7.6+ then we need to use SHOW CREATE USER
my @create_user;
if ( VersionCompare::cmp($version, '5.7.6') >= 0 ) {
  eval {
      @create_user = @{ $dbh->selectcol_arrayref("SHOW CREATE USER
                                                   $user_host") };
  };
  if ( $EVAL_ERROR ) {
    PTDEBUG && _d($EVAL_ERROR);
    $exit_status = 1;
  }
  PTDEBUG && _d('CreateUser:', Dumper(\@create_user));
  # make this replication safe converting the CREATE USER into
  # CREATE USER IF NOT EXISTS and then doing an ALTER USER
  my $create = $create_user[0];
  my $alter  = $create;
  $create =~ s{CREATE USER}{CREATE USER IF NOT EXISTS};
  $create =~ s{ IDENTIFIED .*}{};
  $alter =~ s{CREATE USER}{ALTER USER};
  @create_user = ( $create, $alter );
  PTDEBUG && _d('AdjustedCreateUser:', Dumper(\@create_user));
}
```

简化一下就是使用 show create user 这种方式，在这个基础上额外补充一下，使得这个语句更加健壮。

我们使用 show create user 'webadmin'@'10.12.20.133'得到的结果如下：

```
|    CREATE    USER    'webadmin'@'10.12.20.133'    IDENTIFIED    WITH
'mysql_native_password' AS '*DA43F144DD67A3F00F086B0DA1288C1D5DA7251F' REQUIRE
NONE PASSWORD EXPIRE DEFAULT ACCOUNT UNLOCK |
```

语句看起来丰满了很多，但是似乎还是少了些权限的信息。

这是因为 5.7 里面完整的信息是通过 show create user 和 show grants for 'xx'这两种方式完成的，而在 5.6 中只需要通过 show grants for 'xxx'即可。

明白了原委和解决方法，这个问题处理起来其实就很简单了。

另外，如果需要限制某个用户的连接数情况，可以使用如下的语句：

```
grant usage on *.* to cabinet@'gs_door%' identified by 'xxxxxxxx' with
max_user_connections 50;
```

3.3　MySQL 备份恢复

说到备份恢复，不管你对心理学是否感兴趣，建议你要理解下墨菲定律：如果事情有变坏的可能，不管这种可能性有多小，它总会发生。

所以一旦灾难发生，尤其是发生自然灾害，在不可抗因素的情况下，备份恢复往往是最后的救命稻草。

而数据库的备份恢复有多重要呢？来看一下下面的数据。

据美国德克萨斯州大学的调查显示，只有 6% 的公司可以在数据丢失后生存下来，43% 的公司会彻底关门，51% 的公司会在两年之内消失。

Gartner 公司的一项调查表明，在灾难之后，如果无法在 14 天内恢复信息作业，有 75% 的公司业务会完全停顿，43% 的公司再也无法重新开业，20% 的企业在两年之内被迫宣告破产。

在互联网业务高速的发展中，数据的价值和运营能力被极大地发挥出来，就好比一辆在偏远地区高速行驶的汽车，如果出现了爆胎，但是没有备胎，后果将是灾难性的。

所以作为 DBA，作为数据保障的最后一道防线，我们要完善备份恢复，在有限的时间内能够快速恢复数据，保障业务持续可用是我们始终恪守的服务底线。

本小节我们会着重介绍下常见的备份恢复工具，并总结一些备份恢复的小技巧，试图通过一些案例的方式来让备份恢复工作具有实践性。

3.3.1　数据安全警示录

在开始备份恢复之前，我们需要思考一个问题，为什么会有故障？

如果服务器发生了宕机，我们有条不紊的恢复，那么这种故障是可控的，毕竟硬件故障是不可避免的，我们需要在服务可持续方向多下功夫，尽可能减少业务层的影响。

而另外一类故障是系统层面的故障，它是不可控的，因为系统层的工作相对是底层的操作，一旦出现问题，影响范围就会无限放大。

如果发生了服务器宕机，会存在诸多的原因，如硬件、系统、软件层面等，当然也包括人为故障，通过行业内的故障分析数据，故障整体会有如下图 3-20 所示的比例显示（仅供参考）。

其中硬件故障占了大部分，基本是二八的比例分布，而硬件故障中主板故障造成的比例极高，接下来是内存故障，主板和内存都是一些不可控的硬件因素，从这个比例可以看出服务器发生硬件的概率还是很高的。

再来说下人为故障，根据数据中心性能研究机构纽约正常运行时间学会（UPTIMEINSTITUTE）提供的数据显示，他们分析了 4500 起数据中心事故，其中包含 400 次完全宕机事件，发现 70% 以上的数据中心故障都是人为失误导致。

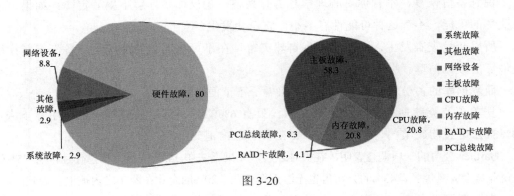

图 3-20

最后需要强调一下：备份重于一切，定期的恢复演练重于备份。如果数据恢复不了，备份就没有任何意义。

3.3.2 常规备份方案

工欲善其事，必先利其器，我们需要对备份恢复工具有一个较为清晰地认识，我整理了如下图 3-21 所示的一些工具和技巧总结，接下来的内容会通过三个维度来展开，分别是数据备份恢复（库级别），数据导入导出（表级别）和日志恢复（日志级别）。

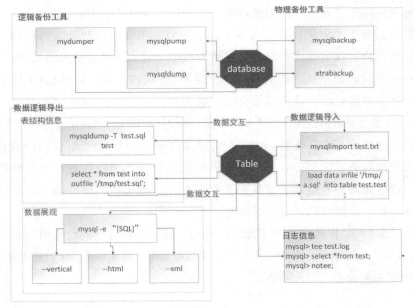

图 3-21

从备份类型来说，可以分为冷备份和热备份。

冷备份主要使用系统命令完成，是基于物理文件的复制，比如命令 cp，特点是快速、事务一致；但是重要的一点是需要停服务，适用的场景会相对较少。

而热备份可以理解为在线备份，不会中断已有的业务访问，我们绝大多数的场景涉及的都是热备份，而接下来所说的备份工具也都是基于热备份的前提下。

对于备份工具我整理了如下表 3-1 所示的表格，从各个层面来看没有最好的工具，从各个维度来看都是一种平衡。

表 3-1

备份工具	归属	备份类型	多线程备份	备份效率	恢复效率	是否支持增备	事务一致性	空间占用
mysqldump	官方	逻辑备份	不支持	较低	较低	不支持	不完全一致	适中
mydumper	第三方	逻辑备份	支持	高	较高	不支持	不完全一致	适中
xtrabackup	第三方	物理备份	支持	高	高	支持	支持	大

备份工具 1：mysqldump

对于备份工具 mysqldump，虽然看上去性能没有那么高，但是对于数据量较小的环境来说还是比较适用的，而在工作中，对于 mysqldump 的学习应该是我们的重点。

- single-transaction 选项

在备份时，是默认启用 --lock-all-tables 选项，所以要明确的一点是开启 single-transaction 选项，保证在一个事务中所有相同的查询读取到同样的数据，只在 dump 开始时短暂获取 global read lock，否则在备份中全程锁表。

如下命令是备份数据库 mobile_billing 生成转储文件 test.sql。

```
mysqldump --single-transaction --databases mobile_billing > test.sql
```

究其原因，我们可以使用 general log 看到开启 single-transaction 时会设置会话事务隔离级别为 RR（Repeatable read），同时会开启一个事务，设置为一致性快照，只在 dump 开始时短暂获取 global read lock，如下：

```
Query  SET SESSION TRANSACTION ISOLATION LEVEL REPEATABLE READ
Query  START TRANSACTION /*!40100 WITH CONSISTENT SNAPSHOT */
```

注：在备份过程中，要确保没有其他连接在使用 ALTER TABLE、CREATE TABLE、DROP TABLE、RENAME TABLE、TRUNCATE TABLE 等语句，否则会出现不正确的内容或者失败。

- master-data 选项

在备份时，如果要生成整个备份文件的检查点，可以使用 master-data 选项，在做主从复制时是一种有效地参考，通常会使用 1 和 2 这两个选项，它们的差异很简单，一个是执行（参数值 1），一个是不执行（参数值 2）。

如下是两个参数启用后在 dump 文件中的相关内容。

参数值为 2 生成的 dump 相关语句：

```
-- CHANGE MASTER TO MASTER_LOG_FILE='binlog.000033', MASTER_LOG_
POS=943935226;
```

参数值为 1 生成的 dump 相关语句：

```
CHANGE MASTER TO MASTER_LOG_FILE='binlog.000033', MASTER_LOG_
POS=943935226;
```

● add-drop-database 选项

在导入数据时，如果数据库存在，通常有两种策略，一种是使用 drop database if exists 选项，另一种是直接忽略该操作，对于这类操作，mysqldump 提供了丰富的选项，对于表的操作是默认开启了 drop table if exists 的处理方式，而对数据库是直接忽略此操作，我们可以设定这些已有的默认值，对于实际的工作环境进行选用。

```
Variables                         Value
--------------------------------- ----
all-databases                     FALSE
all-tablespaces                   FALSE
no-tablespaces                    FALSE
add-drop-database                 FALSE
add-drop-table                    TRUE
```

注：对于表数据的导入，在一些关键操作时，在导入前看一下是否启用了 drop 选项，如果是线上核心业务，假设表 test 有 100 条数据，dump 文件有 10 条，如果稀里糊涂导入，表里就只剩下 10 条数据了。

● triggers --routines –events 选项

在数据导出时默认是不会备份触发器和存储过程事件的，如果需要，我们启用即可。

此外 mysqldump 作为一款逻辑备份工具，也提供了丰富的定制功能。

● order-by-primary 选项

这个选项属于 MySQL 很有特色的一个功能，能够根据主键值来进行排序。

● skip-extended-insert 选项

默认是使用 insert into xxx values(xx)(xx)的形式。

如果要得到一行数据对应一条 insert 语句的形式，可以使用这个选项，生成的语句下面的形式：

```
INSERT INTO `test` VALUES (1,'1');
INSERT INTO `test` VALUES (2,'2');
```

● complete-insert 选项

如果对 insert 语句还不够满意，我们想生成完整的字段列表，可以使用该选项，生成语句类似下面的形式：

```
INSERT INTO `test` (`id`, `name`) VALUES (1,'aa'),(2,'bb');
```

或者结合 skip-extended-insert 生成多条语句：

```
INSERT INTO `test` (`id`, `name`) VALUES (1,'aa');
INSERT INTO `test` (`id`, `name`) VALUES (2,'bb');
```

- replace 选项

可以把 insert 转化为 replace 语句，或者结合 skip-extended-insert 来完成，这样一来就会生成若干条 replace 语句，可以实现操作的幂等性。

```
REPLACE INTO `test` VALUES (1,'aa');
REPLACE INTO `test` VALUES (2,'bb');
```

备份工具 2：xtrabackup 工具

xtrabackup 是 Percona 公司研发的一款开源、免费的 MySQL 热备份软件，具备增备功能，同时在大数据量的场景下具有明显的恢复优势，它主要包括 xtrabackup 和 innobackupex 两个命令工具，完整的工具大概在 60M 左右。

其中，xtrabackup 主要是用于热备份 innodb，或者是 xtradb 表中数据的工具，不能备份其他类型的表，也不能备份数据表结构；innobackupex 是将 xtrabackup 进行封装的 perl 脚本，可以备份和恢复 MyISAM 表以及数据表结构。

因为 innobackupex 的使用场景最为普遍，我们的演示也会基于这个命令行工具来展开。

注：在 2.3 版本 innobackupex 的功能全部集成到了 xtrabackup 里面，只保留了一个二进制入口，为了保证兼容性，innobackupex 是作为 xtrabackup 的一个软链接，在底层架构上有较大的改变。

对于 xtrabackup 来说，它本质上是一系列文件操作的组合，同时维护了数据库的检查点，我们来看看它的备份原理。

- 全量备份原理

在备份开始时，会启动一个 xtrabackup_log 后台检测的进程，一旦发现 redo 有新的日志写入，立刻将日志写入到日志文件 xtrabackup_log，然后开始物理文件的复制，对于 InnoDB 表和 MyISAM 表会有不同粒度的锁，直到复制完成，整体流程如下图 3-22 所示。

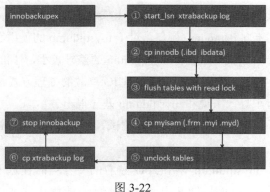

图 3-22

- 增备原理

增备的原理和全备类似，但是检查点 LSN 有所差异，增备是基于全备的，第一次增量备份是基于上一次全备，后续的增备都是上一次的增备，最终达到一致性，增备的过程主要是处理 InnoDB 中有变更的页（即页的 LSN），LSN 信息在 xtrabackup_checkpoints 中，如图 3-23 所示。

图 3-23

而恢复的过程是分为两个阶段：prepare 和 copyback，如图 3-24 所示。

图 3-24

prepare 阶段的主要作用是通过回滚未提交的事务及同步已经提交的事务，使得数据文件处于一致性状态。主要是通过 innobackupex 的 apply-log 选项实现的，最终会重构出相关的 redo，ibdata 文件等。

copyback 阶段会把所有的文件都复制到指定的目录下，启动服务。

备份工具 3：mysqlpump

mysqldump 和 xtrabackup 工具可以覆盖绝大多数的业务场景，所以对于 myduper 的部分没有展开，而在这些工具之外还有一款工具 mysqlpump 需要提一下，它是出自官方的产品，如果对 Oracle 技术方向比较熟悉，在 Oracle 中其实也有类似的产品 export 和 datapump，从官方的使用来说，会逐步向 datapump 倾斜，对于 mysqldump 的使用我觉得也是类似的方式，不过从目前的测试来看，mysqldump 和 mysqlpump 的差异较小，性价比不是很高，其中一个很大的原因是导出的文件没有替换变量%U 这种 IO 离散的处理方式，不管使用多少并行，最后的文件都是一个，对于导入来说和 mysqldump 差异很小。

下图 3-25 是我在一台 PC 服务做的导出测试，结合了 mysqldump 和 mysqlpump 相同数据的导出场景。

从测试可以看出，mysqldump 导出 26G 左右的文件耗时在近 9 分钟，而 mysqlpump 性能略高，在 7 分钟左右，而后续开启了并行之后，能优化到 4 分钟左右，而同时开启了在线压缩（gzip）方式之后，两者的差异都因为总备份时间而相差无几。同时 mysqlpump 对于系统配置和系统负载有一定的要求，如果配置不高的 PC 环境，使用会容易产生瓶颈。

	option	real	idle%	dump_size(byte)
mysqlpump	compress=false	6m52.232s	85.92	26199028017
	compress=false|gzip	43m12.574s	90.72	12571701197
	compress=true	19m24.541s	80.48	26199028017
	compress=true |gzip	43m12.515s	84.94	12571200219
	parallelism=4	5m30.005s	76.43	26199028017
	parallelism=4 |gzip	42m41.433s	90.51	12575331504
	parallelism=8	4m44.177s	66.73	26199028017
	parallelism=8 |gzip	42m50.417s	90.38	12574079375
	parallelism=16	5m19.060s	90.38	26199028017
	parallelism=16 |gzip	42m50.939s	89.65	12577618359
	parallelism=32	5m10.220s	89.23	26199028017
	parallelism=32 |gzip	45m47.022s	89.7	12577618359
mysqldump	compress=false	9m19.785s	87.33	26176062499
	compress=false |gzip	43m23.036s	90.97	12524413896
	compress=true	37m42.052s	90.1	26176062499
	compress=true |gzip	43m17.755s	85.89	12524413896
	compress=true	38m55.968s	90.22	26176062499
	compress=true |gzip	43m1.672s	85.77	12524413896

图 3-25

　　而恢复效率如何呢，如下表 3-2 是一个 26G 的数据文件使用 mysqldump 和 mysqlpump 导出和导入的效率对比表格，mysqldump 和 mysqlpump 的导入方式都是 SQL 文件的形式，相对比较单一。

表 3-2

mysqlpump	export　parallelism=4	7m
	import	85m4.574s
mysqldump	export	9m8.420s
	import	97m9.760s

　　对于 26G 的 dump 文件，两者导入的时间分别是 85 分钟和 97 分钟，而导出时间和导入时间的差异有数十倍之多。

　　如果通过可视化来展示，会看到逻辑导出和导出的差异是完全两个数量级，如图 3-26 所示。

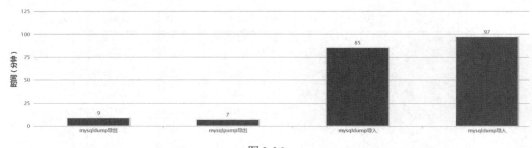

图 3-26

备份工具 4：mysqlbackup

对于物理备份而言，还有一款工具是官方企业版提供的 mysqlbackup，它是一款独立部署的命令工具，压缩文件大小在 5M 以内，可以根据自己的现状进行选择使用。

而它的使用方式和 xtrabackup 是类似的，也具有 copyback 和 apply-log 选项。

使用备份的命令使用方式如下：

```
./mysqlbackup       --socket=/U01/mysql_5.7/s1/s1.sock       --port=33081
--backup-dir=/root/backup backup
```

使用 apply-log 选项：

```
./mysqlbackup       --socket=/U01/mysql_5.7/s1/s1.sock       --port=33081
--backup-dir=/root/backup apply-log
```

使用 copy-back 选项：

```
./mysqlbackup       --socket=/U01/mysql_5.7/s1/s1.sock       --port=33081
--innodb_log_files_in_group=2                  --backup-dir=/root/backup
--datadir=/root/backup1 copy-back
```

对于它的性能，我们需要明确是因为逻辑和物理备份的差异，并不单单是这款工具本身的定制功能，如下图 3-27 所示是官方提供的一个恢复性能对比图，我们在评估一个技术方案的时候要把握边界，用一种更加全面的眼光来看待。

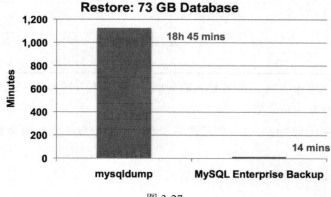

图 3-27

备份工具 5：binlog 备份工具

我们刚刚所说的备份工具大都是基于数据库和表的，还有一类备份是我们容易忽略的，那就是日志备份，MySQL 的 binlog 就像一个时光记录仪，里面包含了所有发生变化的明细，如果我们在一些场景下不启用全量的备份，而使用 binlog 来实现逆向操作，对于数据恢复的效率和意义更大。

备份 binlog 的工具可以使用官方的 mysqlbinlog 命令，它有一个选项 stop-never 可以实时的同步 binlog 数据到远程备份服务器，一个基本的备份命令如下：

```
mysqlbinlog  --read-from-remote-server  --raw  --host=xx.xxx  --port=3306
--user=repl --password=xxx --stop-never mysql-bin.000001
```

相信这几款备份恢复工具，让大家对备份恢复有了一个初步的认识，我们在这个基础上做下补充，除了库级别的备份，表级别的数据导出和导入需求更加丰富，如下的一些小技巧可供参考。

数据导出小技巧

方式 1：导出全表数据

使用 selct into outfile 导出方式是比较轻量的实现方式，可以灵活的实现语句级别的数据导出，如下：

```
select * from test into outfile '/u02/mysql/dump/a.sql';
```

注：在 5.7 版本中有参数 secure_file_priv 影响，很可能导出时提示没有权限。

方式 2：导出某个数据库下的表

如果导出数据库中的某些表，我们可以使用 mysqldump 来快速适配。

```
mysqldump -T /u02/mysql/dump -u root test
```

方式 3：导出自定义格式的文件

如果存在多表关联或者导出逻辑较为复杂的情况，可以使用 execute 选项来定制。

```
mysql -u root --execute="select *from test;" test > aa.sql
```

方式 4：输出垂直列结果文件

如果一个表的列有很多，查看的时候不大方便，可以使用 vertical 选项生成垂直列结果文件。

```
mysql -u root --vertical --execute="select *from test;" test > aa.sql
```

方式 5：导出 html 格式的文件

```
mysql -u root --html --execute="select *from test" test > aa.html
```

方式 6：导出 xml 格式的文件

```
mysql -u root --xml --execute="select *from test" test > aa.html
```

方式 7：生成操作日志

tee 选项是很容易忽略的一个功能，为了快速输出一些操作日志和导出数据，使用 tee 可以对操作过程进行全面的记录。

操作方式如下：

```
mysql> tee a.log
mysql> select *from test;
mysql> notee;
```

说完数据导出，我们来看看数据导入的一些小技巧。

数据导入小技巧

方式 1：使用 load data 加载文件

在大中型数据规模的迁移项目中，适合采用 load data 的加载方式，这种平面文件的加载速度极快，使用单机可以达到每秒 10-15 万左右的速率，而如果采用了中间件的分片设计方案，这种扩展性能成线性增长，达到 80 万每秒也是相对容易的。

使用 load data 的命令如下：

```
load data infile '/u02/mysql/dump/a.sql' into table test.test ;
```

如果文件的格式不是默认的分隔符，我们可以使用完整的语句，如把数据导入表 data_log,分隔符为"|"，可以使用如下的语句：

```
LOAD DATA LOCAL INFILE 'data.log' INTO TABLE data_log
    FIELDS   TERMINATED   BY   '|'   LINES   TERMINATED   BY   '\n'
(platform,package_id,cdate,event_id,uniq,num);
```

按照每秒钟 80 万的加载效率，数据量 4 亿的表加载需要大概 8 分钟，已经是飞一般的速度了。

方式 2：使用 mysqlimport 加载文件

```
mysqlimport -u root test '/u02/mysql/dump/test.txt'
```

我们也可以使用 time 来计算整个加载的效率，命令如下：

```
time mysqlimport  test '/tmp/test_users.txt' --ignore
test.test_users: Records: 1000000  Deleted: 0  Skipped: 10  Warnings: 0
```

3.3.3　MySQL 数据恢复

数据恢复在早期的 DBA 职业技能中属于最重要的，没有之一，在现在有了一些变化，主要是因为云计算提供的基础服务日臻完善，但是换句话说行业成熟并不意味着公司里的备份恢复方案是成熟的，行业已然规范也不意味着公司内数据是绝对安全的。

在我看来，数据恢复是 DBA 默认应该具备的技能和素养，我们假设几个场景。

（1）服务器崩溃，需要恢复数据，但是我们的备份却失败了。

（2）业务发生了逻辑问题，需要恢复业务数据，但是备份可用，却难以恢复。

（3）发生了误操作，数据恢复演练不足，导致数据越发难以恢复。

。。。

从这个思路来考虑，我可以列举出一系列的恢复"惨案"，不光大公司中招，中小公司的生死存亡也息息相关。本小节力求通过几个维度的思考来梳理一下常见的一些数据恢复方案，抛砖引玉来带给大家一些参考。

恢复方法 1：使用 xtrabackup 进行数据全量恢复

对于数据恢复，我们需要打好基础的就是 xtrabackup 的恢复，我们通过如下的案例来进行说明。

比如我需要做一个全备，在备份命令中加几个辅助选项，备份使用 socket 连接，备份目录在/home/databak/full/20170322 下。

```
innobackupex                                      --socket=/home/mysql/mysql.sock
/home/databak/full/20170322 --no-timestamp --no-lock --throttle=100
```

备份后查看对应的目录，备份的数据情况如下，整体看来和源库的目录结构一样。

```
# du -sh ./*
2.6G ./backend
4.0K ./backup-my.cnf
646M ./gm
1.0G ./ibdata1
99M ./mobile_activity
5.0G ./mobile_billing
1.1M ./mysql
2.0G ./oem_mon
212K ./performance_schema
112K ./test
4.0K ./xtrabackup_binary
4.0K ./xtrabackup_checkpoints
4.0K ./xtrabackup_logfile
```

对于上面生成的文件，我们简单看一下。

binary 结尾的文件是备份中用到的可执行文件，这个可以对应几个版本，比如xtrabackup_51，xtrabackup_55 等。

```
# more xtrabackup_binary
```

xtrabackup_55logfile 结尾的文件的内容无法直接查看，但是可以用 strings 来看。通过 strings 解析可以看到对应的二进制日志，当然事务的 Xid 也有的。

```
# strings xtrabackup_logfile
xtrabkup 170322 16:33:40
{ ';{
 ';{
MySQLXid
./mysql-bin.000009
 393102654
```

08360000000039DB 下面的这个文件就更特别了，这个是作为数据的备份恢复的关键，里面有着备份恢复所有的检查点 LSN，从下面的数据来看，这是一个全备，因为

from_lsn=0。

```
# cat xtrabackup_checkpoints
backup_type = full-backuped
from_lsn = 0
to_lsn = 30754980731
last_lsn = 30754980731
```

而在源库的目录结构下，我们稍作过滤，也会得到一个几乎和这个工具备份出来一样的目录结构来。

```
# du -sh ./*|grep -v mysql-bin|grep -v innodb|grep -v log
2.6G ./backend
646M ./gm
1.0G ./ibdata1
4.5M ./ib_lru_dump
99M ./mobile_activity
5.0G ./mobile_billing
1.1M ./mysql
4.0K ./mysql.pid
0 ./mysql.sock
2.0G ./oem_mon
212K ./performance_schema
112K ./test
```

所以 xtrabackup 这样一个热备工具，有点类似有文件级别的拷贝，但是不止于此，我们往下看。

我们来看如何做数据恢复，还是使用 innobackupex 这个工具，只是参数有些差别。

这里的数据恢复分为两个步骤：prepare 和还原恢复；prepare 的意义就在于，如果我们备份数据的时候，存在未提交的事务，但是数据却存在于备份中，这样就是一个数据不一致的状态，在启动数据库的时候需要走一个前滚，然后是一个回滚的操作。这个体现主要就在于 logfile 和 ibdata，是使用 apply-log 这个选项实现的。

我们使用如下的方式来做。

```
innobackupex    --defaults-file=/home/databak/full/20170322/backup-my.cnf
--user=root --apply-log /home/databak/full/20170322
```

这个过程其实就会隐式调用 xtrabackup_55 这个可执行文件，调用的命令类似于：

```
xtrabackup_55 --defaults-file="/home/databak/full/20170322/backup-my.cnf"
```

默认会使用 100M 的内存，也可以使用选项 use-memory 来调整，整个过程会重构 redo 日志文件和 ibdata。

这个步骤完成之后就是最关键的还原恢复了。这个过程是使用 copy-back 的选项实现的。

```
innobackupex    --defaults-file=/home/databak/full/20170322/backup-my.cnf
--user=root --copy-back /home/databak/full/20170322
```

整个过程就是大量的拷贝工作。

完成之后需要修改一下文件的属主，默认是 root，然后启动即可。

恢复方法 2：使用 xtrabackup 进行数据增量恢复

我们接下来看看增量备份和恢复，先来创建一些数据。我们在数据库 test 下创建一个表 test2，如下：

```
> create table test2 (id int);
Query OK, 0 rows affected (0.01 sec)
> insert into test2 values(1),(2);
Query OK, 2 rows affected (0.00 sec)
Records: 2 Duplicates: 0 Warnings: 0
```

因为刚刚已经做了全备，我们继续做一个增备。

使用的命令如下：

```
innobackupex            --defaults-file=/etc/my.cnf            --user=root
--incremental-basedir=/home/databak/incre/20170322            --incremental
/home/databak/incre/20170322
```

但是很不幸，执行失败了。这个错误带有典型的意义。

```
170322  18:05:34  innobackupex:  Starting  ibbackup  with  command:
xtrabackup_55  --defaults-file="/etc/my.cnf"  --backup  --suspend-at-end
--target-dir=/home/databak/incre/20170322/2017-03-22_18-05-32
--incremental-basedir='/home/databak/incre/20170322'
innobackupex: Waiting for ibbackup (pid=4079) to suspend
innobackupex:                 Suspend                 file
'/home/databak/incre/20170322/2017-03-22_18-05-32/xtrabackup_suspended'
...
xtrabackup:           Error:           cannot           open
/home/databak/incre/20170322/xtrabackup_checkpoints
xtrabackup:   error:   failed   to   read   metadata   from
/home/databak/incre/20170322/xtrabackup_checkpoints
innobackupex:  Error:  ibbackup  child  process  has  died  at
/usr/bin/innobackupex line 349.
```

原因就在于里面的一个关键文件 _checkpoints。

使用增备得有一个参考点，从哪里开始，即从哪个 LSN 开始，这个 LSN 在指定的参数 incremental-basedir=/home/databak/incre/20170322 下不存在，因为这个是一个新目录，所以需要指向全库备份的目录。

然后修复后备份就没问题了，因为有了这个参考点 LSN，所以需要要说明的是这个备份其实有累计增量和差异增量了。

这个怎么理解呢，比如周日做一个全备，周一做一个增备，周二做一个周日全备到周二的一个增备，这就是一个累计增量备份，而周三的时候做一个周二至周三数据变化的备份，就是一个差异增量备份。

下面的是一个累计增量备份。因为基准是上次的一个全备，备份后会自动生成一个目录，比如 2017-03-22_18-07-38。

```
innobackupex            --defaults-file=/etc/my.cnf            --user=root
--incremental-basedir=/home/databak/full/20170322            --incremental
/home/databak/incre/20170322
```

为了区别两次增量，我继续插入两行数据。

```
> insert into test2 values (3),(4);
Query OK, 2 rows affected (0.00 sec)
```

这样表 test2 就有 4 条数据了，每次插入 2 条。

下面的是一个差异增量备份。基于上一次的增备。

```
innobackupex                    --defaults-file=/etc/my.cnf                --user=root
--incremental-basedir=/home/databak/incre/20170322/2017-03-22_18-07-38
--incremental /home/databak/incre/20170322
```

整个恢复的过程是下面的形式，还是一个 prepare 的过程，首先是全备，如下：

```
innobackupex --defaults-file=/etc/my.cnf --user=root --apply-log --redo-only
/home/databak/full/20170322
```

然后是增备，注意这里加黑的参数。

```
innobackupex --defaults-file=/etc/my.cnf --user=root --apply-log --redo-only
/home/databak/full/20170322
--incremental-dir=/home/databak/incre/20170322/2017-03-22_18-07-38
```

这样做其实是一个 merge 的过程，对于增备来说，会生成如下的几个文件，都是.delta，.meta 之类的文件。

```
[test]# ll
total 132
-rw-r--r-- 1 mysql mysql 61 Mar 22 17:58 db.opt
-rw-rw---- 1 mysql mysql 8556 Mar 22 18:03 test2.frm
-rw-r--r-- 1 root root 81920 Mar 22 18:08 test2.ibd.delta
-rw-r--r-- 1 root root 18 Mar 22 18:08 test2.ibd.meta
```

增备目录下的 checkpoint 文件就有意思了，有一个很清晰的 LSN 的增量描述。

```
[ 2017-03-22_18-07-38]# cat *checkpoints
backup_type = incremental
from_lsn = 30754980731
to_lsn = 30754984465
last_lsn = 30754984465
```

而 prepare 之后的全备里面的 checkpoint 文件其实已经发生了变化，如下：

```
# cat *checkpoints
backup_type = full-prepared
from_lsn = 0
to_lsn = 30754984465
last_lsn = 30754984465
```

这个时候我们使用如下的方式来还原恢复。

```
#innobackupex      --defaults-file=/etc/my.cnf      --user=root      --copy-back
/home/databak/incre/20170322/2017-03-22_18-07-38
```

这个时候表 test2 里面的数据是几条？是 2 条。

这个过程我们相当于完成了一个全备加一个增备的数据恢复过程。

而我们在一个增备之后又插入了一些数据，这个怎么继续恢复呢，还是 prepare 的过程。这个路径需要注意，还是 merge 到全备中。

```
innobackupex --defaults-file=/etc/my.cnf --user=root --apply-log --redo-only
/home/databak/full/20170322
--incremental-dir=/home/databak/incre/20170322/2017-03-22_18-11-26
```

继续还原恢复。

```
innobackupex      --defaults-file=/etc/my.cnf      --user=root      --copy-back
/home/databak/full/20170322
```

再次查看数据，我们要恢复的 4 条数据都恢复回来了。

```
> select *from test2;
+------+
| id |
+------+
| 1 |
| 2 |
| 3 |
| 4 |
+------+
4 rows in set (0.06 sec)
```

备份中的选项补充 innobackupex 中的选项很多，有几个还是比较有特色的，比如 stream 选项，slave-info 选项能够方便搭建从库，生成偏移量的信息，比如并行 parallel 等，还可以根据 LSN 来备份，选项是 incremental-lsn。

对于 stream 选项，默认是打包，可以结合管道来实现压缩，比如：

```
innobackupex      --defaults-file=/etc/my.cnf      --user=root      --stream=tar
/home/databak/full/20170322_2              |              gzip              >
/home/databak/full/20170322_2/20170322_2.tar.gz
```

备份中的常用场景很多时候其实我不想备份整个库，我只想备份一个表，那么这个操作如何来实现呢。

```
innobackupex --defaults-file=/etc/my.cnf --user=root --include='test.test2'
/home/databak/full/20170322_2
```

这里有几点需要注意，工具还是会逐个去扫描，只是那些不符合的会被忽略掉，也就意味着备份出来的情况和全备的目录结构是一样的，但是指定的表会备份出 ibd，frm 文件。

```
[test]# ll
total 1036
-rw-r--r-- 1 mysql mysql 8556 Mar 22 18:34 test2.frm
-rw-r--r-- 1 root root 1048576 Mar 22 19:26 test2.ibd
[ test]# cd ../mysql
[ mysql]# ll
total 0
```

而且有一点值得吐槽一下的是，ibdata 也会完整备份出来，如果这个文件很大，那就相当不给力了。

不过也别对这种备份失去信心，有一个场景还是很实用的，那就是迁移表。

迁移表还是刚刚的这个场景，如果表 test2 需要拷贝到另外一套环境中，我们可以使用 Innobackupex 来做物理备份，然后还原导入，达到迁移的目的。

下面的命令会声明指定目录下的备份需要导出对象。 innobackupex --apply-log --export /home/databak/full/20170322_2/2017-03-22_19-26-46 这个过程的直接产物就是生成了一个.exp 文件，在 MySQL 原生版本中是.cfg 文件。

```
[ test]# ll
total 1052
-rw-r--r-- 1 root root 16384 Mar 22 19:29 test2.exp
-rw-r--r-- 1 mysql mysql 8556 Mar 22 18:34 test2.frm
-rw-r--r-- 1 root root 1048576 Mar 22 19:26 test2.ibd
```

对表 test2 做数据信息截断。

```
> alter table test2 discard tablespace;
Query OK, 0 rows affected (0.07 sec)
```

然后就是物理拷贝，复制.exp 文件和.ibd 文件到指定目录下，修改属主权限。

接下来使用 import 的方式即可完成导入。

```
> alter table test2 import tablespace;
Query OK, 0 rows affected (0.00 sec)
```

有另外一点值得说的是，这个.exp 文件是不是必须的呢，其实也不是。

我们只拷贝.ibd 文件也照样可以。可能在新版本中会有一些警告提示，我们重新来做一下。

```
[test]> alter table test2 discard tablespace;
Query OK, 0 rows affected (0.03 sec)
```

同时删除刚刚拷贝过来的.exp 文件。

然后拷贝 ibd 文件到指定目录，赋权限，导入表空间信息。

```
[test]> alter table test2 import tablespace;
 Query OK, 0 rows affected (0.00 sec)
```

查看数据的情况，发现数据还是回来了。

```
[test]> select *from test2;
+------+
| id |
+------+
| 1 |
| 2 |
| 3 |
| 4 |
+------+
4 rows in set (0.00 sec)
```

当然这个过程中还是有很多需要注意的地方，不可大意。

恢复方法 3：使用 mysqlbinlog 手工恢复

如果需要手工恢复数据，其实有两种思路，一种就是通过全备+binlog 的时间、偏移量来恢复；另外一类是通过解析 binlog 来恢复，前提条件是日志格式为 row。

我们来简单模拟解析 binlog 的恢复方式。

先看一看 binlog 的情况，可以看到当前的 binlog 是序号为 15 的日志文件。

```
> show binary logs;
+------------------+------------+
| Log_name         | File_size  |
+------------------+------------+
| mysql-bin.000014 | 1073742219 |
| mysql-bin.000015 |  998953054 |
+------------------+------------+
```

为了方便模拟，我们可以切换一下日志，flush logs 之后得到的日志情况如下：

```
> show binary logs;
+------------------+------------+
| Log_name         | File_size  |
+------------------+------------+
| mysql-bin.000015 | 999120424  |
| mysql-bin.000016 |      6722  |
+------------------+------------+
```

创建表 test。

```
create table test (id int not null  primary key,name varchar(20),memo
varchar(50)) ENGINE=InnoDB auto_increment=100 default charset=utf8;
```

再插入几条数据。

```
>  insert  into  test  values(1,'name1','memo1'),(2,'name2','memo2'),
(3,'name3','memo3'),(4,'name4','memo4'),(5,'name5','memo5');
```

查看一下数据的基本情况：

```
> select * from test;
+----+-------+-------+
| id | name  | memo  |
+----+-------+-------+
|  1 | name1 | memo1 |
|  2 | name2 | memo2 |
|  3 | name3 | memo3 |
|  4 | name4 | memo4 |
|  5 | name5 | memo5 |
+----+-------+-------+
```

为了测试方便，先标记一个时间戳。

```
> select current_timestamp();
+---------------------+
| current_timestamp() |
+---------------------+
| 2017-02-06 04:14:33 |
+---------------------+
```

我们开始模拟 DML 的操作。

```
> delete from test where id in (1,3);

> update test set memo='new' where id in(2,4);

> insert into test values(6,'name6','memo6');
```

做完上面三个 DML 操作之后，我们标记一下时间。

```
> select current_timestamp();
+---------------------+
| current_timestamp() |
+---------------------+
| 2017-02-06 04:15:44 |
+---------------------+
```

下面我们来解读一下 binlog，根据时间戳得到一个基本可读的日志，里面还有如下的这些数据变更，但是语句和执行的还是有一些出入，我们直接拷贝一份 binlog 到/tmp 目录下解析。

```
mysqlbinlog    --no-defaults   -v  --start-datetime="2017-02-06   04:14:33"
--stop-datetime="2017-02-06      04:15:44"            /tmp/mysql-bin.000016
--result-file=/tmp/result.sql
```

这些操作在 binlog 中都有了很详细的标记，数据的情况基本都是一目了然，update 的部分变化前后的数据都一览无余。其实 DML 中难度较大的就是 update,而 insert,delete 就是单向的加减法。

delete 操作对应 binlog 日志中的 SQL。

```
### DELETE FROM `test`.`test`
### WHERE
###   @1=1
###   @2='name1'
###   @3='memo1'
### DELETE FROM `test`.`test`
### WHERE
###   @1=3
###   @2='name3'
###   @3='memo3'
# at 998969666
```

update 操作对应 binlog 日志中的 SQL。

```
### UPDATE `test`.`test`
### WHERE
###   @1=2
###   @2='name2'
###   @3='memo2'
### SET
###   @1=2
###   @2='name2'
###   @3='new'
### UPDATE `test`.`test`
### WHERE
###   @1=4
###   @2='name4'
###   @3='memo4'
### SET
###   @1=4
###   @2='name4'
###   @3='new'
# at 998971422
```

insert 操作对应 binlog 日志中的 SQL。

```
### INSERT INTO `test`.`test`
### SET
###   @1=6
###   @2='name6'
###   @3='memo6'
# at 998973859
```

　　值得一提的是-v（--verbose）选项会将行事件重构成被注释掉的伪 SQL 语句，如果想看到更详细的信息可以使用-vv 选项，这样可以包含一些数据类型和元信息的注释内容。

　　比如：

　　-vv 的结果：

```
### DELETE FROM `test`.`test`
### WHERE
###   @1=1 /* INT meta=0 nullable=0 is_null=0 */
###   @2='name1' /* VARSTRING(60) meta=60 nullable=1 is_null=0 */
###   @3='memo1' /* VARSTRING(150) meta=150 nullable=1 is_null=0 */
```

　　回到数据恢复的问题，如果手工恢复就需要做几件事情，一个就是根据字段标示拼接出可运行的 SQL 语句，然后按照逆向的顺序执行即可。

恢复方法 4：使用开源工具恢复数据 binlog2sql

　　方法 3 在恢复数据量不大的情况使用手工方式解析是可行的，但是如果想把这个工作做得工具化一些，可以使用开源工具来完成，本方法使用 binlog2sql 来进行恢复演示，这个工具是 Python 开发，当然有一些依赖的库和环境需要配置，两个步骤即可完成。

　　（1）下载源码

```
git clone https://github.com/danfengcao/binlog2sql.git && cd binlog2sql
```

　　（2）使用 pip 安装，如下：

```
pip install -r requirements.txt
```

　　注：线上环境可能没有网络连接，我们可以统一下载需要的依赖包，可以统一部署或者通过中控的方式进行部署。

　　完成了环境的配置，工具使用起来和 mysqlbinlog 还是有一些相似之处，好的地方就是多了一些辅助功能。

　　我们创建一个用户 admin 来解析。

```
GRANT SELECT, REPLICATION SLAVE, REPLICATION CLIENT ON *.*  TO
'admin'@'127.0.0.1' IDENTIFIED BY 'admin';
```

　　比如我们使用如下的命令来解析 binlog 得到指定时间戳范围内的 SQL 情况，在此我们限定数据为 test。

```
python binlog2sql/binlog2sql.py -h127.0.0.1 -P3306 -uadmin -padmin  -dtest
--start-file='mysql-bin.000016'    --start-datetime='2017-02-06    04:14:33'
--stop-datetime='2017-02-06 04:15:44' > /tmp/tmp.log
```

　　得到的文件内容如下：

```
#cat /tmp/tmp.log
    DELETE    FROM    `test`.`test`    WHERE    `memo`='memo1'    AND    `id`=1    AND
`name`='name1' LIMIT 1; #start 11127 end 11321 time 2017-02-06 04:15:23
    DELETE    FROM    `test`.`test`    WHERE    `memo`='memo3'    AND    `id`=3    AND
`name`='name3' LIMIT 1; #start 11127 end 11321 time 2017-02-06 04:15:23
    UPDATE   `test`.`test`   SET   `memo`='new',   `id`=2,   `name`='name2'   WHERE
`memo`='memo2' AND `id`=2 AND `name`='name2' LIMIT 1; #start 11400 end 11625
time 2017-02-06 04:15:29
    UPDATE   `test`.`test`   SET   `memo`='new',   `id`=4,   `name`='name4'   WHERE
`memo`='memo4' AND `id`=4 AND `name`='name4' LIMIT 1; #start 11400 end 11625
time 2017-02-06 04:15:29
    INSERT   INTO   `test`.`test`(`memo`,   `id`,   `name`)   VALUES   ('memo6',   6,
'name6'); #start 12062 end 12239 time 2017-02-06 04:15:37
```

其实看起来还是很省事了。

如果希望得到闪回的语句，有一个 flashback 的选项，其实就是在原来的基础上进行了解析和顺序调整。

```
python binlog2sql/binlog2sql.py -h127.0.0.1 -P3306 -uadmin -padmin -dtest
--flashback    --start-file='mysql-bin.000016'    --start-datetime='2017-02-06
04:14:33' --stop-datetime='2017-02-06 04:15:44' > /tmp/tmp.log
```

得到的内容如下：

```
#cat /tmp/tmp.log
    DELETE    FROM    `test`.`test`    WHERE    `memo`='memo6'    AND    `id`=6    AND
`name`='name6' LIMIT 1; #start 12062 end 12239 time 2017-02-06 04:15:37
    UPDATE   `test`.`test`   SET   `memo`='memo4',   `id`=4,   `name`='name4'   WHERE
`memo`='new' AND `id`=4 AND `name`='name4' LIMIT 1; #start 11400 end 11625 time
2017-02-06 04:15:29
    UPDATE   `test`.`test`   SET   `memo`='memo2',   `id`=2,   `name`='name2'   WHERE
`memo`='new' AND `id`=2 AND `name`='name2' LIMIT 1; #start 11400 end 11625 time
2017-02-06 04:15:29
    INSERT   INTO   `test`.`test`(`memo`,   `id`,   `name`)   VALUES   ('memo3',   3,
'name3'); #start 11127 end 11321 time 2017-02-06 04:15:23
    INSERT   INTO   `test`.`test`(`memo`,   `id`,   `name`)   VALUES   ('memo1',   1,
'name1'); #start 11127 end 11321 time 2017-02-06 04:15:23
```

运行了如上的语句之后，再次查看数据，数据就恢复了正常。

```
> select *from test;
+----+-------+-------+
| id | name  | memo  |
+----+-------+-------+
|  1 | name1 | memo1 |
|  2 | name2 | memo2 |
|  3 | name3 | memo3 |
|  4 | name4 | memo4 |
|  5 | name5 | memo5 |
+----+-------+-------+
5 rows in set (0.00 sec)
```

当然在实际使用过程中肯定会碰到各种小问题，包括功能和性能，我们需要在充分测试的前提下，进行符合自己业务特点和需求的定制。

恢复方法 5：使用参数 innodb_force_recovery

innodb_force_recovery 可选的参数值为 0-6，默认情况下的值为 0，大的数字包含前面所有数字的影响。当设置参数值大于 0 后，可以对表进行 select，create，drop 操作，但 insert，update 或者 delete 这类操作是不允许的，如下表 3-3 所示。

表 3-3

参数值	编码	解释
1	SRV_FORCE_IGNORE_CORRUPT	忽略检查到的 corrupt 页
2	SRV_FORCE_NO_BACKGROUND	阻止主线程的运行，如主线程需要执行 full purge 操作，会导致 crash
3	SRV_FORCE_NO_TRX_UNDO	不执行事务回滚操作
4	SRV_FORCE_NO_IBUF_MERGE	不执行插入缓冲的合并操作
5	SRV_FORCE_NO_UNDO_LOG_SCAN	不查看重做日志，InnoDB 存储引擎会将未提交的事务视为已提交
6	SRV_FORCE_NO_LOG_REDO	不执行前滚的操作

恢复方法 6：基于逻辑的数据恢复

其实在很多时候，我们的数据恢复不能按部就班，而是需要根据恢复场景进行灵活调整，这样可以让恢复工作更加轻量可控。

我们假设存在如下的数据：

user_id	Status	update_date	value
10001	0	2019-03-27 11:00:00	100
10002	0	2019-03-27 10:00:01	200
10003	1	2019-03-27 10:00:02	100
10004	1	2019-03-27 10:00:03	100
10005	0	2019-03-27 10:00:04	100

比如业务流程触发了一条 DML 逻辑，在测试环境中，因为没有其他数据，影响范围等价于：

```
update t1 set status=1 where user_id=10001 and status=0;
```

我们假设两个异常场景，来分别做下恢复的说明。

（1）误操作语句有 where 过滤条件

假设 update 语句有 where 条件，检查不够认真，实际的语句是下面这样的：

```
update t1 set status=1 where status=0;
```

如此一来影响面就大了，user_id in（10002，10005）都会受到影响，因为不断有线上的业务数据写入，如果按照常规的恢复流程，需要中断业务，但是根据数量量，短则半小时，多则数小时才能恢复。如何快速恢复呢，在表结构设计中我们秉承的原则之一就是表中需要有两个字段：一个是创建时间，一个是修改时间。

我们可以根据修改时间来进行匹配，得到一个较小范围的数据集，将这个时间点的数据进行逆向操作，如下：

```
update t1 set status=0 where status=1 and last_update_time='2019-03-20
11:00:00';
```

因为条件是 status=0 和时间范围，所以这个操作的影响范围是可以量化的。

（2）误操作语句属于全量改动

如果属于全量改动，实际的语句类似于下面这样：

```
update t set status=1;
```

在这种情况下，影响范围就很大了，如果从表结构设计的角度来说，我们的所有操作是具有生命周期管理的，那么我们的数据变化可以通过历史信息来恢复。

这种情况下状态表的数据如下：

user_id	status	update_date	value
10001	1	2019-03-27 11:00:00	100
10002	1	2019-03-27 11:00:01	200
10003	1	2019-03-27 11:00:02	100
10004	1	2019-03-27 11:00:03	100
10005	1	2019-03-27 11:00:04	100

而历史表的数据如下：

user_id	status	update_date	value
10001	0	2019-03-27 11:00:00	100
10002	0	2019-03-27 10:00:01	200
10003	1	2019-03-27 10:00:02	100
10004	1	2019-03-27 10:00:03	100
10005	0	2019-03-27 10:00:04	100

通过历史表可以追溯数据的变化情况，及时进行 status 和 value 的逆向操作。

当然如上的方法在变更范围扩大的情况下会出现难以适配的情况，这种恢复更适合小数据量的恢复，是一种参考的思路。

恢复方法 7：基于冷热数据分离的恢复思路

对于绝大多数的业务来说，热数据始终是少数，但是相对较为重要，对于热数据用户而言，他们对业务中断是敏感的，而对于那些没有业务强依赖的用户来说，是否中断其实他们本身就不关注，这一点以游戏行业来打比方比较贴切，那些活跃玩家对于游戏不可玩是很敏感的，但是有些用户十天半月登录一次玩玩，他们对这种在线服务感知要差一些。

从数据恢复的性价比来说，我们为了快速恢复业务，花费了大量的时间在这些不够活跃的用户上面，性价比也是不高的，所以如果能够做好冷热数据分离，那么这样的收益就会很大，假设玩家总数是 100 万，但是活跃玩家是 20 万，那么我们的恢复代价就会大大降低，剩下的用户数据可以转为在线恢复，对于业务可持续性来说是一种折衷的改进。

同时对于表数据来说，状态型数据是关键所在，一般来说这种数据的量级不会太大，而流水型日志型数据的存储容量较高，恢复代价较高，我们可以在这一点上进行架构的优化设计，优先恢复状态数据，而日志流水数据可以转为异步任务恢复，提高业务的交付效率。

恢复方法 8：基于句柄的无备份恢复

常在河边走，哪有不湿鞋，如果我们在操作中不小心删除了一个物理文件，没有备份能不能恢复，在问题真正发生前，我们来简单模拟一下。

首先我们得到两个参数值，一个是刷脏页的指标结果如下：

```
mysql> show variables like '%pct%';
+-----------------------------------------+-----------+
| Variable_name                           | Value     |
+-----------------------------------------+-----------+
| innodb_buffer_pool_dump_pct             | 25        |
| innodb_compression_failure_threshold_pct | 5        |
| innodb_compression_pad_pct_max          | 50        |
| innodb_max_dirty_pages_pct              | 75.000000 |
| innodb_max_dirty_pages_pct_lwm          | 0.000000  |
| innodb_old_blocks_pct                   | 37        |
+-----------------------------------------+-----------+
6 rows in set (0.01 sec)
```

查看是数据文件的目录，输出如下：

```
mysql> show variables like 'datadir';
+---------------+---------------+
| Variable_name | Value         |
+---------------+---------------+
| datadir       | /home/data/s1/ |
+---------------+---------------+
1 row in set (0.00 sec)
```

这个时候的文件是下面的几个：

```
[root@grtest s1]# ll ib*
-rw-r----- 1 mysql mysql      413 Jun 20 14:01 ib_buffer_pool
-rw-r----- 1 mysql mysql 12582912 Jun 20 14:01 ibdata1
-rw-r----- 1 mysql mysql 50331648 Jun 20 14:01 ib_logfile0
-rw-r----- 1 mysql mysql 50331648 Jun 20 14:01 ib_logfile1
-rw-r----- 1 mysql mysql 12582912 Jun 20 14:02 ibtmp1
```

其中，**ib_buffer_pool** 是 5.7 的新特性，暂时没有用到，两个 redo 日志，一个临时文件。

我们可以测试一下破坏的情况，同时和事务结合起来。

```
mysql> create database test;
Query OK, 1 row affected (0.00 sec)
mysql> use test
Database changed
mysql> create table test(id int);
Query OK, 0 rows affected (0.01 sec)
```

手工开启一个事务，但是不提交。

```
mysql> start transaction;
Query OK, 0 rows affected (0.00 sec)
mysql> insert into test values(1000);
Query OK, 1 row affected (0.01 sec)
```

这个时候没有 commit，所以查看 binlog 里面目前是没有匹配记录的。

```
# mysqlbinlog -vv binlog.000001 |grep -i INSERT
```

而一旦提交之后，binlog 里面就会包含进去。

```
SQL>commit
Commit
```

之后再次查看 binlog 内容如下：

```
# mysqlbinlog -vv binlog.000001 |grep -i -a5 INSERT
BINLOG '
UZNjWRPhYAAAKwAAABIHAAAAANsAAAAAAAEABHRlc3QABHRlc3QAAQMAAQMAAAQMAAQ==
UZNjWR7hYAAAJAAAADYHAAAAANsAAAAAAAEAAgAB//7oAwAA
'/*!*/;
### INSERT INTO `test`.`test`
### SET
###   @1=1000 /* INT meta=0 nullable=1 is_null=0 */
# at 1846
#170710 22:47:11 server id 24801  end_log_pos 1873    Xid = 477
COMMIT/*!*/;
```

我们来验证一下这种破坏场景下的数据情况：插入一条记录，不提交，然后破坏文件，查看恢复的情况。

```
mysql> start transaction;
Query OK, 0 rows affected (0.00 sec)
mysql> insert into test values(2000);
Query OK, 1 row affected (0.00 sec)
```

我们就把这些 ib_ 字样的文件删除了。

查看 mysqld 的 pid，发现测试环境中有大量的同类服务。

```
# pidof mysqld
30518 29944 29698 29401 15307 10659
```

所以我们换一个姿势，通过指定的端口（在这里就是端口 24801）来定位到相关的进程 ID，从下面的输出我们可以很方便地定位到进程号是 29401。

```
# netstat -nltp|grep mysqld|grep 24801
 tcp        0        0 :::24801                      :::*
LISTEN     29401/mysqld
```

在系统目录下，按照规律会发现下面的文件。

```
# ll /proc/29401/fd|grep ib_*|grep delete
lrwx------ 1 root root 64 Jul 10 22:49 10 -> /home/data/s1/ib_logfile1
(deleted)
lrwx------ 1 root root 64 Jul 10 22:49 11 -> /home/data/s1/ibtmp1 (deleted)
lrwx------ 1 root root 64 Jul 10 22:49 12 -> /tmp/ibHcflkp (deleted)
lrwx------ 1 root root 64 Jul 10 22:49 4 -> /home/data/s1/ibdata1 (deleted)
```

```
lrwx------ 1 root root 64 Jul 10 22:49 5 -> /tmp/ibq7lvQK (deleted)
lrwx------ 1 root root 64 Jul 10 22:49 6 -> /tmp/ib59bGj5 (deleted)
lrwx------ 1 root root 64 Jul 10 22:49 7 -> /tmp/ibYubRMp (deleted)
lrwx------ 1 root root 64 Jul 10 22:49 8 -> /tmp/ib8LAUL4 (deleted)
lrwx------ 1 root root 64 Jul 10 22:49 9 -> /home/data/s1/ib_logfile0
(deleted)
```

我们做两件事情：先给当前的环境上锁，然后进行文件的拷贝。

```
[root@grtest s1]# chown mysql:mysql xxxx
[root@grtest s1]# mv 10 /home/data/s1/ib_logfile1
[root@grtest s1]# mv 11  /home/data/s1/ibtmp1
[root@grtest s1]# mv 9 /home/data/s1/ib_logfile0
[root@grtest s1]# mv 4 /home/data/s1/ibdata1
```

正常停库，启库。

这个时候验证数据就会发现，之前的那个事务已经做了回滚。

```
mysql> select *from test;
+------+
| id   |
+------+
| 1000 |
+------+
1 row in set (0.01 sec)
```

所以这一点上，句柄层级的恢复和之前自己在 oracle 下的句柄恢复情况很类似。

恢复方法 9：直接恢复物理文件

对于备份恢复而言，我们主要说到了全库和表级别的恢复，引用了逻辑恢复、物理恢复和日志恢复；在这些技能之外，我们还需要有一种技能，那就是能够单独恢复物理文件。

整体来说这个恢复的过程分为两个阶段：

（1）解析 .frm 文件，得到建表语句。

（2）解析 .ibd 文件，加载 .ibd 文件。

整个流程可以用下面的图 3-28 来表示。

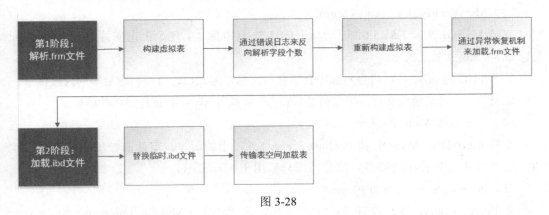

图 3-28

脚本的完整内容可以参考网址：https://github.com/jeanron100/mysql_devops。

3.4 MySQL 安全审计

随着业务的规模化发展，预防核心信息资产破坏和泄漏，同时掌握业务系统运行状况，保障稳定运行，数据库审计是一个需要及早摆上日程的事情，企业的发展壮大和可持续发展离不开审计的支撑。相比而言，数据库在 IT 系统服务中一般不会对外开放，遭受的攻击相对会少一些，但是应用层的压力会间接转嫁过来，或者说一些关键的操作需要追根溯源，审计插件就排上用场了，我们在本小节会讨论数据库方向的几个插件，通过一些对比来提供一些参考。

3.4.1 常用方法

在工作中，通常会有以下的几类方法来做数据库审计。

（1）init-connect+binlog

由于 MySQL 社区版中并未提供审计功能，但可以借助于 init-connect 和 binlog 实现变相审计。

每次客户端连接到 MySQL 时，通过 init-connect 参数记录连接 id、时间和账号信息到预先创建的审计表中。审计时通过 mysqlbinlog 命令解析 binlog 找到语句对应的连接 id，然后根据连接 id，查询审计表获得账号信息（用户名+IP）。

注意：该方法不能对 root 用户（有 super 超级权限的用户）进行审计，不能对查询进行审计，不能对失败的语句进行审计。

（2）MySQL Enterprise Audit Log Plugin

支持 MySQL 5.5、5.6 和 5.7 版本，但只在企业版中提供。

MySQL 5.5 和 5.6 版本中记录的内容很少，和 general log 差不多，不含用户名和 IP 信息。

MySQL 5.7 版本中使用了新的审计日志格式，记录了更多的内容。

（3）McAfee MySQL Audit Plugin

支持 MySQL 5.1、5.5、5.6 以及 MariaDB5.5、10.0 版本，理论上也支持 Percona Server 5.1、5.5、5.6 及以上版本。

基于 THD 的 offset，从内存对象中直接获取信息，因此日志可以获取更多的内核信息。

以 JSON 格式记录到文件，可以借助 MongoDB 或者 MySQL 进行日志的解析。

（4）MariaDB Audit Plugin

支持 MariaDB、MySQL 和 Percona Server 5.5 以上的版本。审计的粒度比较丰富，可以进行参数化定制和在线调整，部分功能只适用于 MariaDB。

（5）Percona Server Audit Plugin

从 Percona Server 5.5.37 和 5.6.17 版本开始提供。是对 MySQL Enterprise Audit Log 的替代，以 GPL 方式重新实现了审计插件。支持 4 种格式：XML(XML 属性/XML)、Tag、

JSON 和 CSV；审计的粒度过大，输出日志相对较多。

3.4.2　性能测试结果

使用审计后，性能测试结果见下表 3-4，单位是 TPS。

MySQL Base 表示没有开启 Audit 时的基准性能。

表 3-4

Concurrency	MySQL Base	McAfee Audit	MariaDB Audit
1	84.38	80.39	83.23
2	204.38	187.26	202.11
4	417.08	358.91	379.29
8	504.55	431.04	451.84
16	515.89	446.39	470.24

根据这台机器的配置，8 线程时基本已经接近吞吐量的上限了，所以更高的并发数并未测试。

3.4.3　测试小结

（1）在开启 McAfee Audit 后，性能最多下降了 15%。

（2）在开启 MariaDB Audit 后，性能最多下降了 11%。

（3）Plugin 对于 CPU 和 IO 都带来了一定的消耗，但都在可接受的范围内，对于正常负载的业务来说都不会带来显著影响，两者建议在生产环境中使用。

第 4 章　SQL 开发规范和基础

秩序是自由的第一条件。——黑格尔

俗话说，无规矩不成方圆。而规范的本质不是解决问题，而是有效杜绝一些潜在问题，所以规范的意义很明确，能够让彼此的工作都可以互利互惠。但是从工作实践来说，大家对于数据库开发规范还是存在一些误解，主要表现在以下三个方面：

（1）有了开发规范，但是规范粒度太粗，规范落实没有参考。

（2）制定了太过细致的开发规范，导致在工作落实中难以适应业务场景。

（3）有了开发规范，束之高阁了，没有一个持续的改进过程。

所以我们也要结合 MySQL 的特点给出一些具体可行的建议，这就需要我们对 MySQL 的基础内容有一个全面地梳理和总结。

4.1　数据库开发规范

对于开发规范，因为业务的差异很难统一，本小节会从几个维度来详细介绍一些规范的结构和内容，来尝试改进这些情况，如下图 4-1 所示。

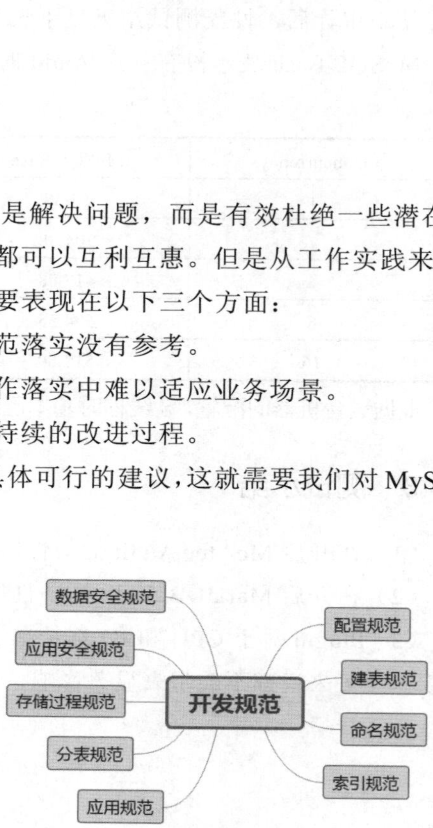

图 4-1

4.1.1　配置规范

（1）MySQL 数据库默认使用 InnoDB 存储引擎。

（2）保证字符集设置统一，MySQL 数据库相关系统、数据库、表的字符集使都用 UTF8，应用程序连接、展示等可以设置字符集的地方也都统一设置为 UTF8 字符集。

注：UTF8 格式是存储不了表情类数据，需要使用 UTF8MB4，可在 MySQL 字符集里面设置。在 8.0 中已经默认为 UTF8MB4，可以根据公司的业务情况进行统一或者定制化设置。

（3）MySQL 数据库的事务隔离级别默认为 RR（Repeatable-Read），建议初始化时统一设置为 RC（Read-Committed），对于 OLTP 业务更适合。

（4）数据库中的表要合理规划，控制单表数据量，对于 MySQL 数据库来说，建议单表记录数控制在 2000W 以内。

（5）MySQL 实例下，数据库、表数量尽可能少；数据库一般不超过 50 个，每个数

据库下，数据表数量一般不超过 500 个（包括分区表）。

4.1.2 建表规范

（1）InnoDB 禁止使用外键约束，可以通过程序层面保证。

（2）存储精确浮点数必须使用 DECIMAL 替代 FLOAT 和 DOUBLE。

（3）整型定义中无需定义显示宽度，比如：使用 INT，而不是 INT(4)。

（4）不建议使用 ENUM 类型，可使用 TINYINT 来代替。

（5）尽可能不使用 TEXT、BLOB 类型，如果必须使用，建议将过大字段或是不常用的描述型较大字段拆分到其他表中；另外，禁止用数据库存储图片或文件。

（6）存储年时使用 YEAR(4)，不使用 YEAR(2)。

（7）建议字段定义为 NOT NULL。

（8）建议 DBA 提供 SQL 审核工具，建表规范性需要通过审核工具审核后。

4.1.3 命名规范

（1）库、表、字段全部采用小写。

（2）库名、表名、字段名、索引名称均使用小写字母，并以"_"分隔。

（3）库名、表名、字段名建议不超过 12 个字符。（库名、表名、字段名支持最多 64 个字符，但为了统一规范、易于辨识以及减少传输量，统一不超过 12 字符）

（4）库名、表名、字段名见名知意，不需要添加注释。

对于对象命名规范的一个简要总结如下表 4-1 所示，供参考。

表 4-1

对象中文名称	对象英文全称	MySQL 对象简写
视图	view	view_
函数	function	func_
存储过程	procedure	proc_
触发器	trigger	trig_
普通索引	index	idx_
唯一索引	unique index	uniq_
主键索引	primary key	pk_

4.1.4 索引规范

（1）索引建议命名规则：idx_col1_col2[_colN]、uniq_col1_col2[_colN]（如果字段过

长建议采用缩写）。

（2）索引中的字段数建议不超过 5 个。

（3）单张表的索引个数控制在 5 个以内。

（4）InnoDB 表一般都建议有主键列，尤其在高可用集群方案中是作为必须项的。

（5）建立复合索引时，优先将选择性高的字段放在前面。

（6）UPDATE、DELETE 语句需要根据 WHERE 条件添加索引。

（7）不建议使用%前缀模糊查询，例如 LIKE "%weibo"，无法用到索引，会导致全表扫描。

（8）合理利用覆盖索引，例如：

SELECT email,uid FROM user_email WHERE uid=xx，如果 uid 不是主键，可以创建覆盖索引 idx_uid_email(uid,email)来提高查询效率。

（9）避免在索引字段上使用函数，否则会导致查询时索引失效。

（10）确认索引是否需要变更时要联系 DBA。

4.1.5　应用规范

（1）避免使用存储过程、触发器、自定义函数等，容易将业务逻辑和 DB 耦合在一起，后期做分布式方案时会成为瓶颈。

（2）考虑使用 UNION ALL，减少使用 UNION，因为 UNION ALL 不去重，而少了排序操作，速度相对比 UNION 要快，如果没有去重的需求，优先使用 UNION ALL。

（3）考虑使用 limit N，少用 limit M，N，特别是大表或 M 比较大的时候。

（4）减少或避免排序，如：group by 语句中如果不需要排序，可以增加 order by null。

（5）统计表中记录数时使用 COUNT(*)，而不是 COUNT(primary_key)和 COUNT(1)；InnoDB 表避免使用 COUNT(*)操作，计数统计实时要求较强可以使用 memcache 或者 redis，非实时统计可以使用单独统计表，定时更新。

（6）做字段变更操作（modify column/change column）的时候必须加上原有的注释属性，否则修改后，注释会丢失。

（7）使用 prepared statement 可以提高性能并且避免 SQL 注入。

（8）SQL 语句中 IN 包含的值不应过多。

（9）UPDATE、DELETE 语句一定要有明确的 WHERE 条件。

（10）WHERE 条件中的字段值需要符合该字段的数据类型，避免 MySQL 进行隐式类型转化。

（11）SELECT、INSERT 语句必须显式的指明字段名称，禁止使用 SELECT * 或是 INSERT INTO table_name values()。

（12）INSERT 语句使用 batch 提交（INSERT INTO table_name VALUES(),(),()……），

values 的个数不应过多。

4.1.6　分表规范

（1）不建议使用分区表来实现分表需求。

（2）可以结合使用 hash、range、lookup table 进行拆分。

（3）使用时间散表，表名后缀必须使用特定格式，比如：按日散表 user_20110209，按月散表 user_201102 等。

（4）分表的设定规范可以借助数据库中间件来完成。

（5）如果使用 MD5（或者类似的 HASH 算法）进行散表，表名后缀使用 16 进制，比如 user_ff。

（6）推荐使用 CRC32 求余（或者类似的算术算法）进行散表，表名后缀使用数字，数字必须从 0 开始并等宽，比如拆分后 100 张表，后缀建议为：00-99。

4.1.7　存储过程规范

存储过程规范很简单，核心就是一句话：尽量不要使用存储过程。

主要原因是存储过程不能实现业务逻辑层与数据存储层的分离，对于应用逻辑不透明，调试复杂，不便于优化。

存储过程定义语句，不要显式带 definer 和 invoker 指定特有的定义者和调用者。

4.1.8　安全规范

（1）杜绝 SQL 注入

SQL 注入是一种将 SQL 代码插入或添加到用户输入的参数中，之后将这些参数传递给后台的 SQL 服务器加以解析并执行的攻击。

举例：

```
select ipaddr from t1_ip where ipaddr= "?"
```

变量可以等于一个合法的字符也可以等于一个 SQL 语句。

```
select ipaddr from t1_ip where ipaddr= " ? " union select
group_concat(table_name) from information_schema.tables where table_schema
in (select database()) -- "
```

这种就是采用 SQL 拼接的方式进行的 SQL 注入攻击，而字段名和表名可以通过试错和查询数据库元信息检索出来。

解决方法：

前端验证：JS 中首先规范用户输入，规避用户输入不符合规范的变量，比如设置输入长度为 6 位。

数据库层面：采用 SQL 预处理模式，定义变量类型来提高变量的合法性，也可以后端做成 API 或者接口，并增加容错次数限制。

（2）异常捕获

程序抛异常尤其是与 MySQL 元信息相关的禁止直接抛到前台页面，不给攻击者试错的机会。

（3）权限回收

为了避免不必要的数据操作问题，需要对权限进行回收，申请权限时也需要应需申请，不可申请过大的权限，导致安全隐患。

4.1.9 数据安全规范

行业内，一般根据业务类型把数据分为三种：

（1）流水型数据

流水型数据是无状态的，多笔业务之间没有关联，每次业务过来的时候都会产生新的单据，比如交易流水、支付流水，只要能插入新单据就能完成业务，特点是后面的数据不依赖前面的数据，所有的数据按时间流水进入数据库。

（2）状态型数据

状态型数据是有状态的，多笔业务之间依赖于有状态的数据，而且要保证该数据的准确性，比如充值时必须要拿到原来的余额，才能支付成功。

（3）配置型数据

此类型数据数据量较小，而且结构简单，一般为静态数据，变化频率很低。

基于数据的业务类型，表设计中需要考虑数据周期管理，避免直接删除线上的关键数据，主要针对状态型数据。

1. 数据不删除原则

数据不删除原则主要是通过时间和状态标记避免误删数据，参考准则有：

（1）对于流水型数据，只有插入和查询权限，不应该存在数据删除的权限。

（2）对于配置数据，属于核心数据字典信息，只有查询的权限。

（3）对于状态型数据表，需要考虑安全规范，必须有一个状态标记位（比如有效 1，失效 0）和 2 个时间字段，通过标记位状态和时间字段结合来得到有效数据。

例如：删除状态数据，如图 4-2 所示。

Account_id	balance	effective_date	expire_date	status
100	100	20171004010100	20181104010200	1

图 4-2

可以改造为下图 4-3 的样子。

Account_id	balance	effective_date	expire_date	status
100	100	20171004010100	20181104010200	0

图 4-3

2．数据更新原则

在表设计中，对于状态型数据表必须有一个状态标记位（比如有效 1，失效 0）和 2 个时间字段，可以通过事务内拆分 update 或者结合历史表，通过标记位状态和时间字段结合来记录数据的变化过程。

（1）在事务内拆分 update 语句

可以把 update 语句在一个事务内拆分为一个 update 语句和 insert 语句。如果更新过于频繁，可以适度调整数据更新的范围（比如从原来的每分钟调整为 10 分钟）来减少更新的频率。

例如：更新状态数据，余额为 200，下图 4-4 所示。

Account_id	balance	effective_date	expire_date	status
100	100	20171004010100	20181104010200	1

图 4-4

可以改造为下图 4-5 所示的样子。

Account_id	balance	effective_date	expire_date	status	
100	100	20171004010100	20171104010200	0	update 语句
100	200	20171004010200	20181104010200	1	insert 语句

图 4-5

（2）通过历史表追溯数据生命周期

对于状态数据的管理，如果需要保留一定周期，建议创建相应的历史表，在应用逻辑中，不可直接删除，更新数据，而是通过 update 来更新数据状态，在同一个事务内把历史数据补入历史表，定期归档删除。

例如：更新状态数据，余额为 200。

Account 表如下图 4-6 所示。

Account_id	balance	effective_date	expire_date	status
100	100	20171004010100	20181104010200	1

图 4-6

可以改造为：

Account_Hist 表，如下图 4-7 所示。

Account_id	balance	effective_date	expire_date	status	
100	100	20171104010200	20181104010200	0	insert 语句
100	200	20171104010200	20181104010200	1	insert 语句

图 4-7

Account 表，如下图 4-8 所示。

Account_id	balance	effective_date	expire_date	status	
100	200	20171004010100	20181104010200	1	update 语句

图 4-8

3．数据更新频率原则

对于业务数据，比如积分类，相比于金额来说业务优先级略低的场景，如果数据的更新过于频繁，可以适度调整数据更新的范围（比如从原来的每分钟调整为 10 分钟）来减少更新的频率。

例如：更新状态数据，积分为 200，如下图 4-9 所示。

Account_id	score	effective_date	expire_date	status
100	100	20171004010100	20181104010200	1

图 4-9

可以改造为，如下图 4-10 所示。

Account_id	score	effective_date	expire_date	status	
100	100	20171004010100	20171104010200	0	update 语句
100	200	20171104010200	20181104010200	1	insert 语句

图 4-10

如果业务数据在短时间内更新过于频繁，比如 1 分钟更新 100 次，积分从 100 到 10000，则可以根据时间频率批量提交。

例如：更新状态数据，积分为 100，如下图 4-11 所示。

Account_id	score	effective_date	expire_date	status
100	100	20171004010100	20181104010200	1

图 4-11

无需生成 100 个事务（200 条 SQL 语句）可以改造为 2 条 SQL 语句，如下图 4-12 所示。

Account_id	score	effective_date	expire_date	status	
100	100	20171004010100	20171104010200	0	update 语句
100	1000	20171104010200	20181104010200	1	insert 语句

图 4-12

业务指标，比如更新频率细节信息，可以根据具体业务场景来讨论决定。

案例 4-1：MySQL 无法创建表的问题分析

帮同事处理了一个看起来很有意思的问题，虽然知道了问题的方向和大体的原因，但是当时因为时间原因还是没想到如何复现这个问题，晚上回到家，收拾收拾，打开电脑，反向推理、求证、测试、重现，于是才有了这个问题的完整解读。

问题背景：

问题的描述听起来很简单，就是在部署一个数据变更的时候抛出了错误，我带着好奇心凑了过去，看到了这个错误：

ERROR 1005 (HY000)：Can't create table 'xxx.QRTZ_JOB_DETAILS' (errno: 150)

这个 create table 的语句其实没什么特别的，没有用到什么新版本的特性和语法。如下所示：

```
DROP TABLE IF EXISTS `QRTZ_JOB_DETAILS`;
CREATE TABLE `QRTZ_JOB_DETAILS` (
`SCHED_NAME` varchar(120) NOT NULL,
`JOB_NAME` varchar(200) NOT NULL,
`JOB_GROUP` varchar(200) NOT NULL,
`DESCRIPTION` varchar(250) DEFAULT NULL,
`JOB_CLASS_NAME` varchar(250) NOT NULL,
`IS_DURABLE` varchar(1) NOT NULL,
`IS_NONCONCURRENT` varchar(1) NOT NULL,
`IS_UPDATE_DATA` varchar(1) NOT NULL,
`REQUESTS_RECOVERY` varchar(1) NOT NULL,
`JOB_DATA` blob,
PRIMARY KEY (`SCHED_NAME`,`JOB_NAME`,`JOB_GROUP`)
) ENGINE=InnoDB DEFAULT CHARSET=utf8
```

现在的问题是创建了 10 多个表，只有 2 个表创建失败了，单独创建就抛出了这个问题，听起来很尴尬啊。

对于这个问题的直觉就是 bug 或者是参数的设置超出了限制，但是这仅仅是直觉，处理问题一定要严谨，细细地查清楚，要么这就是一个无底洞，知其所以然不知其然。

问题初步分析：

看着这个 create 语句，脑子里像过筛子似的在进行各种的排除，表字段太多、主键字段太多、表属性格式设置、lob 字段影响、数据库的字段个数溢出等等，还有可能存在语法限制等。

我开始做下面的测试，这个测试让上面的猜测都没有了立足之地，因为我只是创建了一个字段而已，但是还是不行。

```
CREATE TABLE `QRTZ_JOB_DETAILS` (`SCHED_NAME` varchar(120) NOT NULL);
ERROR 1005 (HY000): Can't create table 'test.QRTZ_JOB_DETAILS' (errno: 150)
```

有的同学可能在想是不是大小写敏感导致的？

```
show variables like '%case%';
+------------------------+-------+
| Variable_name          | Value |
+------------------------+-------+
| lower_case_file_system | OFF   |
| lower_case_table_names | 0     |
+------------------------+-------+
```

可以看出，这个环境中是开启了大小写敏感的设置，但是这个不足以成为问题无法解决的原因。那是不是涉及了什么相关的语法灰色地带了，我在表名后面加了一个 S，如下所示：

```
> create table QRTZ_JOB_DETAILSS(id int);
Query OK, 0 rows affected (0.13 sec)
```

这说明这个表的限制和语法陷阱也没有关系，但是创建这个表就这么纠结。

```
> create table QRTZ_JOB_DETAILS(id int);
ERROR 1005 (HY000): Can't create table 'seal.QRTZ_JOB_DETAILS' (errno: 150)
```

而一个临时的解决方法就是创建一个小写的表，创建过程是没有问题的，但是开发同学那边是没法推进了，因为他们的应用程序端是第三方的 Quarz 调度项目，他们识别是按照大写的格式来的。

有的同学可能说，那可能是外键导致的，我查了一圈部署的脚本，里面连一个 REFERENCE 的影子都找不到，部署的脚本里压根就没有外键的字眼。

有的同学可能会想到看看日志怎么说，mysql 这一点上提供的信息极少，error log 里面的信息只有一行报出的错误，其他更具体的信息就没有了。

同时我也有些犹豫，我排查了数据库版本带来的影响，在 5.1、5.5 版本中都进行了对比测试，竟然没有发现问题，只是故障依旧存在。

和开发同学进一步沟通：

带着疑问，我和开发同学做了进一步沟通，他们引用的脚本是一个第三方的开源项目 Quarz，里面的脚本是使用 navicat 生成的，而这个变更在他们的测试环境是部署通过了的，测试环境是 5.1 版本，而线上环境是 5.5 版本，第三方提供的脚本涉及的表有很多，我拿到了一份脚本，部署在我自己的测试环境中，竟然也没有错误。

后来与开发同学做了进一步确认，把数据库中 QRTZ 字样的表都删除（前提是有备份），因为这是一个批次的变更，要么可用，要么回退，删除了这些表之后，再次尝试创建刚刚失败的表，这次竟然成功了。而这个过程中我也没有做什么特别的操作，开发同学最后无奈的说，是不是和人品有关系啊，如果同事听到，那不得吐血。

蛛丝马迹找到问题的突破口：

在技术问题上，很多确实可能是 bug 导致的，但是我们不能把所有看起来奇怪的问题都归类给 bug，而从我处理的很多问题来看，最后问题的根本原因很多还是和一些很基本的错误有关，这一关把好了，很多问题都会扼杀在摇篮之中。

这个问题怎么分析呢，mysql 的 query log 记录了所有操作的过程，这给我带来很大的便利，这样我就能看到每一步执行过程的一个基本情况了。当时做了什么尝试，之前做过什么变更都会一目了然。当然这个日志给了我一些很明确的信息，但是尚没有找到问题的原因所在。

在清理表结构之前，我下意识的做了一个基本的信息备份，这是清理之前的表的情况，如下所示。

```
> show tables like 'QRTZ%';
+-------------------------+
| Tables_in_seal (QRTZ%)  |
+-------------------------+
| QRTZ_BLOB_TRIGGERS      |
| QRTZ_CALENDARS          |
| QRTZ_CRON_TRIGGERS      |
| QRTZ_FIRED_TRIGGERS     |
| QRTZ_JOB_LISTENERS      |
| QRTZ_LOCKS              |
| QRTZ_PAUSED_TRIGGER_GRPS |
| QRTZ_SCHEDULER_STATE    |
| QRTZ_SIMPLE_TRIGGERS    |
| QRTZ_SIMPROP_TRIGGERS   |
| QRTZ_TRIGGER_LISTENERS  |
+-------------------------+
```

我打开部署的脚本开始认真看起来，脚本里面没有任何的外键信息，我能感觉到这个问题的隐蔽性。

当我看到日志里面无意检查到的信息时，不禁眼前一亮：创建失败的表是 **QRTZ_JOB_DETAILS**，而表名类似的只有 **QRTZ_JOB_LISTENERS**，这个表结构定义信息说得很清楚了，如下所示：

```
> show create table QRTZ_JOB_LISTENERS\G
*************************** 1. row ***************************
       Table: QRTZ_JOB_LISTENERS
Create Table: CREATE TABLE `QRTZ_JOB_LISTENERS` (
  `JOB_NAME` varchar(200) NOT NULL,
  `JOB_GROUP` varchar(200) NOT NULL,
  `JOB_LISTENER` varchar(200) NOT NULL,
```

```
   PRIMARY KEY (`JOB_NAME`,`JOB_GROUP`,`JOB_LISTENER`),
   KEY `JOB_NAME` (`JOB_NAME`,`JOB_GROUP`),
   CONSTRAINT   `QRTZ_JOB_LISTENERS_ibfk_1`   FOREIGN   KEY   (`JOB_NAME`,
`JOB_GROUP`) REFERENCES `QRTZ_JOB_DETAILS` (`JOB_NAME`, `JOB_GROUP`
) ENGINE=InnoDB DEFAULT CHARSET=utf8
```

可以看出，1 row in set (0.00 sec) QRTZ_JOB_LISTENERS 里是存在外键，是指向了
QRTZ_JOB_DETAILS，而实际上脚本里面没有任何外键的信息，那只有一个可能，那就
是 QRTZ_JOB_LISTENERS 不在这个脚本中，很可能在这次部署之外就已经创建好了。
这一点尤其重要，也是这个问题的突破口。

怎么验证之前的状态呢，我看了下这套环境的备份策略，惊喜的是每天会有一次备
份，我简单过滤了一下，问题的原因就开始清晰起来了。

```
# grep "CREATE TABLE \`QRTZ_" *33-7*.sql|sort|uniq
CREATE TABLE `QRTZ_BLOB_TRIGGERS` (
CREATE TABLE `QRTZ_CALENDARS` (
CREATE TABLE `QRTZ_CRON_TRIGGERS` (
CREATE TABLE `QRTZ_FIRED_TRIGGERS` (
CREATE TABLE `QRTZ_JOB_DETAILS` (
CREATE TABLE `QRTZ_JOB_LISTENERS` (
CREATE TABLE `QRTZ_LOCKS` (
CREATE TABLE `QRTZ_PAUSED_TRIGGER_GRPS` (
CREATE TABLE `QRTZ_SCHEDULER_STATE` (
CREATE TABLE `QRTZ_SIMPLE_TRIGGERS` (
CREATE TABLE `QRTZ_SIMPROP_TRIGGERS` (
CREATE TABLE `QRTZ_TRIGGER_LISTENERS` (
CREATE TABLE `QRTZ_TRIGGERS` (
```

而且这样看来问题比我们想象的还要复杂些，表 QRTZ_JOB_DETAILS 和 QRTZ_
JOB_LISTENERS 以前就存在，而这次的部署变更，开发同学只是提交了 QRTZ_
JOB_DETAILS 的变更。

模拟复现问题：

有了上面的分析，问题的原因就很清晰了，因为表 QRTZ_JOB_DETAILS 在以前就存
在，是 QRTZ_JOB_LISTENERS 的外键关联表，这次做变更只有 QRTZ_JOB_DETAILS，
因此先删除再创建的过程中就会因为外键依赖关系的原因而失败。

这里就不得不提到 navicat 这个工具的神助攻，因为正常来说删除一个表，如果存在
外键引用是肯定删不掉的，会有下面的错误。

```
> DROP TABLE IF EXISTS `QRTZ_JOB_DETAILS`;
ERROR 1217 (23000): Cannot delete or update a parent row: a foreign key
constraint fails
```

但是 navicat 偏偏做了这样一些工作，它会自动生成一些辅助脚本内容，在脚本执行
前会有下面的语句，这样一来，就可以删除这个表了。

```
> SET FOREIGN_KEY_CHECKS=0;
Query OK, 0 rows affected (0.00 sec)

> DROP TABLE IF EXISTS `QRTZ_JOB_DETAILS`;
```

```
Query OK, 0 rows affected (0.00 sec)
```

这样一来，问题就很容易复现了。

```
> CREATE TABLE `QRTZ_JOB_DETAILS` (`SCHED_NAME` varchar(120) NOT NULL);
ERROR 1005 (HY000): Can't create table 'test.QRTZ_JOB_DETAILS' (errno: 150)
```

补充：还可以用这个命令来看看 150 错误的含义。

```
# perror 150
MySQL error code 150: Foreign key constraint is incorrectly formed
```

4.2　解读 MySQL 数据类型

　　MySQL 的数据类型很丰富，从支持的范围和精度上都有相应的数据类型可以选择，所谓数据类型一应俱全，总有一款适合你。

　　但是数据类型丰富就势必带来另外一个问题，是不是所有的数据类型我们都需要考虑使用呢，其实不是的，这些数据类型是尽可能适应复杂的业务场景，而你所在的公司业务场景是相对收敛的状态，所以对于数据类型的选择不能追求丰富，而在于精，同时我们对于数据类型的选择不能完全依赖于数据存储层，有些其实是可以在应用层做好的，比如对于浮点数据的存储或者二进制数据的存储，虽然 MySQL 支持但是显然不是一个好的存储解决方案。

　　一个相对完整的数据类型结构如下图 4-13 所示。

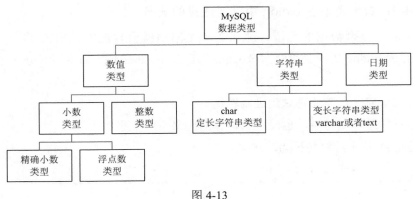

图 4-13

　　下面我们会从数值类型、字符类型和日期类型 3 个方面来展开介绍一下。

4.2.1　MySQL 整数类型

　　MySQL 的整数类型很丰富，根据支持范围有 5 种类型可以选择，可以通过如下图 4-14 所示的图来清晰的展现。

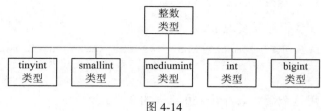

图 4-14

对于整数类型数据，是通过是区分有符号和无符号的，它们的数值范围如下表 4-2 所示。

表 4-2

类型名称	有符号数（signed）	无符号数(Unsigned)	存储空间
tinyint	-129~127	0~255	1 字节
smallint	-32768~32767	0~65535	2 字节
mediumint	-8388608~8388607	0~16777215	3 字节
int(integer)	-2147483648~2147483647	0~4294967295	4 字节
bigint	-9223372036854775808~9223372036854775807	0~18446744073709551615	8 字节

看到这个图可能大家没有一个清晰的认识，基本的感觉是了解了但难以付诸实践，下面我们通过一个案例来细化一下。

案例 4-2：数值类型在 binlog 中需要注意的细节

我们了解了整型数据的范围，那么有一个问题就会自然的抛出来了。

MySQL 的 binlog 里面是否会区分 signed 还是 unsigned 呢，如果不区分，这类问题该怎么应对？

要回答这个问题，需要考虑到进制转换。

如果你不熟悉进制转换，也没关系，我们先来看两个小例子。

下面是把–1 从十进制转换为二进制。

```
> select conv(-1,10,2);
+------------------------------------------------------------------+
|conv(-1,10,2)    |
+------------------------------------------------------------------+
| 1111111111111111111111111111111111111111111111111111111111111111 |
+------------------------------------------------------------------+
```

下面是把数字 18446744073709551615 转换为二进制。

```
> select conv(18446744073709551615,10,2);
+------------------------------------------------------------------+
| conv(18446744073709551615,10,2)    |
+------------------------------------------------------------------+
| 1111111111111111111111111111111111111111111111111111111111111111 |
+------------------------------------------------------------------+
```

从输出的结果来看，它们是相等的。

从进制转换的结果来看，两者是没有差别的，但是在实际的场景中，这可是天壤之别。

所以这就引出另外一层含义，那就是数据临界点，我们刚刚使用 conv 做了进制转换，其实还我们还可以反向验证。

```
> select conv(repeat(1,64),2,-10);
+-------------------------+
| conv(repeat(1,64),2,-10) |
+-------------------------+
| -1                      |
+-------------------------+

> select conv(repeat(1,64),2,10);
+-------------------------+
| conv(repeat(1,64),2,10) |
+-------------------------+
| 18446744073709551615    |
+-------------------------+
```

这么看来，让人有些担忧，如果达到这种数据的临界点，会发生什么意料之外的结果呢？

我们通过上手测试来验证一下。

需要创建一个表，指定两个字段，一个是有符号类型，一个是无符号类型，然后写入对应的数字，解析 binlog 里面的内容来看看结果。

步骤如下：
```
create table t1 (id int unsigned not null auto_increment primary key, col1
bigint unsigned, col2 bigint signed) engine=innodb;
```

接着我们切一下日志，查看一下 Master 端的状态，得到日志的偏移量和 binlog 名字。

```
> flush logs; show master status;
+---------------+----------+
| File          | Position |
+---------------+----------+
| binlog.000031 |      107 |
+---------------+----------+
```

这个时候我们插入两列值，一个无符号，一个有符号。

```
insert into t1 (col1, col2) values (18446744073709551615, -1);
flush logs;
```

然后使用 flush logs 再次切换日志。

查看数据的情况，可以从输出看出两者是有明显差别的。

```
> select * from t1;
+----+----------------------+------+
| id | col1                 | col2 |
+----+----------------------+------+
|  1 | 18446744073709551615 |   -1 |
+----+----------------------+------+
```

我们解析 binlog 来看一下：

```
mysqlbinlog -vv binlog.000031
```

输出的部分内容如下：

```
### INSERT INTO test.t1
### SET
###   @1=1 /* INT meta=0 nullable=0 is_null=0 */
###   @2=-1 (18446744073709551615) /* LONGINT meta=0 nullable=1 is_null=0 */
###   @3=-1 (18446744073709551615) /* LONGINT meta=0 nullable=1 is_null=0 */
# at 268
#170519 18:54:47 server id 13386  end_log_pos 295        Xid = 76
COMMIT/*!*/;
```

从如上加粗的部分来看，两个字段的输出是没有任何差别的，所以这样看来，binlog 中有符号数和无符号数都会按照无符号数来转换，而且通过 binlog 直接看数据类型是区分有符号和无符号的差别的。所以如果需要通过解析 binlog 来做数据同步就尤其需要注意这个细节；对此一种补充思路是查看 information_schema 中的列信息来做出更加明确的判断。

4.2.2 MySQL 小数类型

对于保证精度的数据，MySQL 也是有相应的小数类型的，对于小数类型的一个概览图如下图 4-15 所示。

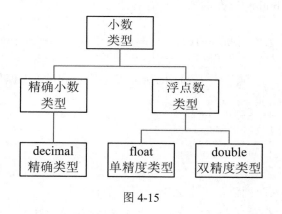

图 4-15

我们来简单说一下单精度和双精度，单精度浮点数有效数字为 8 位，双精度浮点数有效数字为 16 位。

我们举个例子来说明一下，如图 4-16 所示。

```
mysql--root@localhost:mytest 17:09:20>>show create table t1\G
*************************** 1. row ***************************
       Table: t1
Create Table: CREATE TABLE `t1` (
  `id1` float(10,2) DEFAULT NULL,
  `id2` double(10,2) DEFAULT NULL,
  `id3` decimal(10,2) DEFAULT NULL
) ENGINE=InnoDB DEFAULT CHARSET=utf8
1 row in set (0.00 sec)

mysql--root@localhost:mytest 17:09:34>>insert into t1 values (12345678.99,12345678.99,12345678.99);
Query OK, 1 row affected (0.00 sec)

mysql--root@localhost:mytest 17:09:45>>select * from t1;
+-------------+-------------+-------------+
| id1         | id2         | id3         |
+-------------+-------------+-------------+
| 12345679.00 | 12345678.99 | 12345678.99 |
+-------------+-------------+-------------+
1 row in set (0.00 sec)

mysql--root@localhost:mytest 17:09:52>>
```

图 4-16

对于小数类型，我对浮点数是持保守态度的，因为虽然可以支持精度，但是实际场景中对于它的使用总是和预期有所差别。

所以对于浮点数的使用有几个建议：

（1）浮点数存在数据误差。

（2）对货币等对精度敏感的数据，应该用定点数表示或存储，这里推荐就是 decimal。

（3）对于浮点数计算中存在的误差，数据计算和容错最好是程序来保证。

（4）要注意浮点数中一些特殊值的处理。

4.2.3　MySQL 字符串类型

字符串类型算是一种非常通用的数据类型，如下图 4-17 所示。小到一个名字，大到一篇文章都可以归类为字符串类型。其中，我们工作中碰到的大多数都是变长字符串类型。

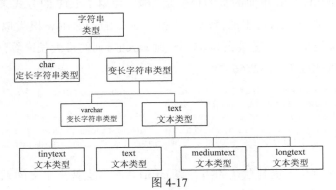

图 4-17

从上图我们可以看到字符串类型是很丰富的，如下表 4-3 所示。但是实际上我更推荐的是 varchar 类型，在个别场景下可能会有 text 类型的使用场景，除此之外对于字符串类型的学习要点是不要过多的使用这些文本类型，因为它们本不属于关系型数据，是关系型数据库（包括 MySQL）不擅长的，甚至你可以忽视这些类型。

表 4-3

类型	大小	用途
CHAR	0-255 字节	定长字符串
VARCHAR	0-255 字节	变长字符串
TINYBLOB	0-255 字节	不超过 255 个字符的二进制字符串
TINYTEXT	0-255 字节	短文本字符串
BLOB	0-65 535 字节	二进制形式的长文本数据
TEXT	0-65 535 字节	长文本数据
MEDIUMBLOB	0-16 777 215 字节	二进制形式的中等长度文本数据
MEDIUMTEXT	0-16 777 215 字节	中等长度文本数据
LOGNGBLOB	0-4 294 967 295 字节	二进制形式的极大文本数据
LONGTEXT	0-4 294 967 295 字节	极大文本数据

在此，我们可以回顾一下，介绍了数值类型和字符类型，一个表里的字段长度设置到底和数据类型的关系有多大呢，我们来看一个小的案例。

案例 4-3：MySQL 中需要注意的字段长度

在 MySQL 的表结构设计中，有两个点需要注意，一个是字符集，另一个就是数据类型。而字符集和数据类型结合起来，就引出一个蛮有意思的细节，那就是行长度的问题。

比如我们创建一个表使用了 varchar 的类型，如果指定为 gbk，表里含有一个字段，可以指定为 32766 字节，再长一些就不行了。

其中的计算方式就需要理解了，因为 varhcar 类型长度大于 255，所以需要 2 个字节存储值的长度，而 MySQL 里面的页的单位是 16k，使用了 IOT 的方式来存储。所以如果超过了这个长度，那就会有溢出的情况，这和 Oracle 的 overflow 很类似。

所以对于 gbk 类型，行长度最大为 65535，则 varchar 列的最大长度算法就是 (65535-2) /2 =32766.5，所以此处就是 32766 了。

```
> create table test_char(v varchar(32766)) charset=gbk;
Query OK, 0 rows affected (0.00 sec)
> create table test_char1(v varchar(32767)) charset=gbk;
ERROR 1118 (42000): Row size too large. The maximum row size for the used table type, not counting BLOBs, is 65535. You have to change some columns to TEXT or BLOBs
```

而另外一种字符集，也是默认的字符集 latin1，有些支持火星文的系统还是会喜欢用这种字符集。

它的长度就不一样了，对应是 1 字节，所以 varchar(32767)是没有任何问题的，而最大长度就是 65532 了。

```
> create table test_char1(v varchar(32767)) charset=latin1;
Query OK, 0 rows affected (0.01 sec)
> create table test_char2(v varchar(65535)) charset=latin1;
ERROR 1118 (42000): Row size too large. The maximum row size for the used table
type, not counting BLOBs, is 65535. You have to change some columns to
                                                           TEXT or BLOBs
```

而对于 utf8 还是有很大的差别，对应的是 3 个字节，所以需要除以 3，按照（65535-2）/3，最大值就是 21844 了。

```
> create table test_char2(v varchar(21844)) charset=utf8;
Query OK, 0 rows affected (0.00 sec)
> create table test_char3(v varchar(21845)) charset=utf8;
ERROR 1118 (42000): Row size too large. The maximum row size for the used
table type, not counting BLOBs, is 65535. You have to change some columns to
                                                           TEXT or BLOBs
```

上面的场景相对来说会有一些局限性，那么我们引入表结构的设计。

如果是 gbk 字符集，含有下面的几个字段，则 memo 字段的 varchar 类型最大长度是多少？

```
> create table test_char3(id int,name varchar(20),memo varchar(32766))
                                                           charset=gbk;
ERROR 1118 (42000): Row size too large. The maximum row size for the used
table type, not counting BLOBs, is 65535. You have to change some columns to
                                                           TEXT or BLOBs
```

如法炮制，这个问题还是应用之前的计算方式，数值型是 4 个字节，字符型乘以 2，含有字符型的长度小于 255，所以减去 1 即可，这样下来就是（65535-1-4-20*2-2）约等于 32743。

```
> create table test_char3(id int,name varchar(20),memo varchar(32744))
                                                           charset=gbk;
ERROR 1118 (42000): Row size too large. The maximum row size for the used
table type, not counting BLOBs, is 65535. You have to change some columns to
                                                           TEXT or BLOB
```

两种测试结果可以简单对比一下。

```
> create table test_char3(id int,name varchar(20),memo varchar(32743))
                                                           charset=gbk;
Query OK, 0 rows affected (0.01 sec)
select (65535-1-4-20*2-2)/2;
+---------------------+
| (65535-1-4-20*2-2)/2 |
+---------------------+
| 32744.0000 |
+---------------------+
1 row in set (0.00 sec)
```

整个过程还是需要考虑到这些点的，否则前期不够重视，在后面去做扩展的时候就会有很大的限制。

4.2.4　MySQL 日期类型

MySQL 的日期类型比较丰富，就好比是手机，有的可支持高配摄像头，有的只支持基础通话功能，它们的差别主要在精度和存储长度上。

MySQL 目前支持如下图 4-18 所示的 5 个日期类型。

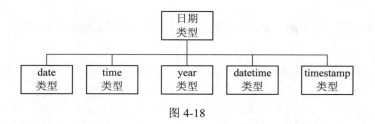

图 4-18

日期类型的长度、范围和格式如下表 4-4 所示。

表 4-4

类型	大小 （字节）	范围	格式	用途
DATE	3	1000-01-01/9999-12-31	YYYY-MM-DD	日期值
TIME	3	'-838:59:59'/'838:59:59'	HH:MM:SS	时间值或持续时间
YEAR	1	1901/2155	YYYY	年份值
DATETIME	8	1000-01-01 00:00:00/ 9999-12-31 23:59:59	YYYY-MM-DD HH:MM:SS	混合日期和时间值
TIMESTAMP	4	1970-01-01 00:00:00/2038 结束时间是第 2147483647 秒，北京时间 2038-1-19 11:14:07	YYYY-MM-DD HH:MM:SS	混合日期和时间值，时间戳

对于日期类型，我们该如何选用呢，首先我们需要区分一下常见的三个类型：date、datetime 和 timestamp。

我们创建一张表来模拟一下，然后插入一条数据。

```
mysql> create table test(date1 datetime,date2 timestamp,date3 date);
mysql>   insert   into   test   values(current_date,current_timestamp,
current_date);
mysql> select *from test;
+---------------------+---------------------+------------+
| date1               | date2               | date3      |
+---------------------+---------------------+------------+
| 2019-02-23 00:00:00 | 2019-02-23 23:21:35 | 2019-02-23 |
+---------------------+---------------------+------------+
```

可以看到 datetime 和 timestamp 其实是精确到秒，date 是精确到日。datetime 和 timestamp 的存储占用空间不同，datetime 占用 8 个字节，timestamp 占用 4 个字节，所以说 timestamp 支持的时间范围要窄一些。范围为：1970-01-01 08:00:01 到 2038-01-19

11:14:07；而 datetime 支持的时间范围则要大很多。范围为：1000-01-01 00:00:00 ～
9999-12-31 23:59:59。

明确了精度和存储大小之后，下面我们来看一个案例，对于 datetime 和 timestamp 的
实际使用可以有一个清晰地认识。

案例 4-4：MySQL 多版本的时间类型问题

某天在处理一个业务的时候，碰到开发同学提交的一个需求。他在线上环境（MySQL
5.5 版）中提交了一条 SQL 语句期望创建几张表，但是抛出了错误。

其中一张表的建表 SQL 语句类似于下面：

```
create table test(
xxxxx,
`create_time` datetime NOT NULL DEFAULT CURRENT_TIMESTAMP COMMENT '创建
                                                                 时间',
);
```

根据 MySQL 5.5 版的特性，datetime 还不支持动态默认值。所以他们斟酌再三，决
定改写为 timestamp 类型。

于是我看到另外一张表的建表 SQL 语句，如下：

```
create table test2(
xxxxx,
 `create_time` timestamp DEFAULT NULL COMMENT '创建时间',
xxxx
);
```

显然在 MySQL 5.5 版里面，timestamp 类型是不支持 default null 这种方式的。在这一点
上不存在额外的特性，就是 timestamp 的一个限制，在 5.5，5.7 版都不支持 default null。哪
怕我们改下需求，支持基于 timestamp 类型的动态默认值，下面的 SQL 语句也会抛出问题。

```
CREATE TABLE `qc apeal` (
 `id` int(11) NOT NULL AUTO_INCREMENT COMMENT '自增id',
 ···
 `create_time` timestamp NOT NULL DEFAULT CURRENT_TIMESTAMP COMMENT '
                                                         创建时间',
 `modify_time` timestamp DEFAULT current_timestamp  COMMENT '修改时间',
 ···
) ;
ERROR 1293 (HY000): Incorrect table definition; there can be only one
TIMESTAMP column with CURRENT_TIMESTAMP in DEFAULT or ON UPDATE clause
```

可以很清晰地看到，timestamp 可以支持动态默认值，但是不支持一个表中存在两个
这样的字段设置。

和开发同学聊了下，感觉其需求和 MySQL 支持的情况有些纠结。

开发同学的需求：

（1）时间类型，统一成一种类型。

（2）有些字段允许默认为当前时间；有些字段默认为空。

而按照目前能够支持的情况，因为是基于版本 5.5，所以简单的总结如下：

（1）datetime 在 5.5 版本不支持动态默认值，但是支持 default null 这种方式。

（2）timestamp 可以支持动态默认值，但是范围要窄一些。

（3）如果对 timestamp 设置动态默认值，表里只能有一个 timestamp 字段。

（4）timestamp 不支持 default null 的语法，5.5，5.7 版都不支持

所以在这种情况下，暂时没有更好的解决方案了，如果在应用端能够保证时间字段的值，那么这个问题就简单多了；或者说，情况允许的话，可以把 MySQL 5.5 版升级到 MySQL 5.7 版，那么这个需求就是可以完美支持的。

在学习完常见的数据类型之后，下一节我们来补充一个新的数据类型 JSON，这是在 MySQL 5.7 版本中引入，对于一些数据提取和分析有一定的辅助作用。

4.2.5　JSON 类型

在没有 JSON 数据类型之前我们主要是通过字符串的匹配方式去处理 JSON 数据，或者干脆在 MongoDB 中等数据库端去处理，在 5.7 版中推出了 JSON 类型，算是功能的完善。

我们来演示一下 JSON 数据类型的一些使用细则。

首先创建一张表 json_test，然后插入两行记录，如下：

```
create table json_test ( uid int auto_increment,data json,primary
                                           key(uid))engine=innodb;
insert into json_test values (NULL,'{"name":"jeanron","mobile":"1500010002",
"location":"beijing"}');
insert  into  json_test  values  (NULL,'{"name":"jianrong","mobile":
"15100020003","location":"gansu"}');
```

到了 JSON 发挥作用的时候了,如果要查询出数据,我们可以使用类似引用的语法"->"即可。所以我们可以把数据很方便的解析出来。

```
mysql>  select data->"$.name" as name,(data->"$.location") from json_test
                                              group by name;
+-----------+----------------------+
| name      | (data->"$.location") |
+-----------+----------------------+
| "jeanron" | "beijing"            |
| "jianrong"| "gansu"              |
+-----------+----------------------+
2 rows in set (0.00 sec)
```

在这种模式下，上面的第一个难题其实就完全可以使用这种方式来解决了。

在这个基础上我们更近一步，在 5.7 里面还有辅助的特性虚拟列和相关的索引，可以提高我们查询的效率。我们添加一个虚拟列 user_name，如下：

```
ALTER TABLE json_test  ADD user_name varchar(128) GENERATED ALWAYS
AS(json_extract(data,'$.name')) VIRTUAL;
```

使用 desc 查看，其实可以看到 user_name 的属性是相对特殊的，如下图 4-19 所示。

```
mysql> desc json_test;
+-----------+--------------+------+-----+---------+-------------------+
| Field     | Type         | Null | Key | Default | Extra             |
+-----------+--------------+------+-----+---------+-------------------+
| uid       | int(11)      | NO   | PRI | NULL    | auto_increment    |
| data      | json         | YES  |     | NULL    |                   |
| user_name | varchar(128) | YES  | MUL | NULL    | VIRTUAL GENERATED |
+-----------+--------------+------+-----+---------+-------------------+
```

图 4-19

然后在这个基础上添加一个索引。

```
alter table json_test add index idx_username(user_name);
```

使用 show create table 的方式查看建表 DDL，可以清晰地看到是有一个辅助索引。

```
CREATE TABLE `json_test` (
 `uid` int(11) NOT NULL AUTO_INCREMENT,
 `data` json DEFAULT NULL,
 `user_name` varchar(128) GENERATED ALWAYS AS (json_extract(`data`,
'$.name')) VIRTUAL,
 PRIMARY KEY (`uid`),
 KEY `idx_username` (`user_name`)
) ENGINE=InnoDB AUTO_INCREMENT=3 DEFAULT CHARSET=utf8 |
```

然后我们再次查询，注意这里的 user_name 使用了双引号单引号混合的方式。

```
mysql> select user_name,(data->"$.location") from json_test where user_name
                                                  = '"jianrong"';
+------------+----------------------+
| user_name  | (data->"$.location") |
+------------+----------------------+
| "jianrong" | "gansu"              |
+------------+----------------------+
1 row in set (0.00 sec)
```

我们只用单引号是否可以呢，答案会让你失望。

```
mysql> select user_name,(data->"$.location") from json_test where user_name
                                                  = 'jianrong';
Empty set (0.00 sec)
```

所以不是严格意义上 100% 的兼容性，至少在格式统一上我们还是有一些额外的工作要做。

然后来看下执行计划的情况，可以看到语句明显使用到了索引，对于后期的数据分析和处理还是大有帮助的，如下图 4-20 所示。

```
mysql> explain select user_name,(data->"$.location")from json_test where user_name = '"jeanron"';
+----+-------------+-----------+------------+------+---------------+--------------+---------+-------+------+--------+
| id | select_type | table     | partitions | type | possible_keys | key          | key_len | ref   | rows | filter |
+----+-------------+-----------+------------+------+---------------+--------------+---------+-------+------+--------+
| 1  | SIMPLE      | json_test | NULL       | ref  | idx_username  | idx_username | 387     | const | 1    | 100.(  |
+----+-------------+-----------+------------+------+---------------+--------------+---------+-------+------+--------+
1 row in set, 1 warning (0.00 sec)
```

图 4-20

在这个基础上如果做更多地分析，其实 explain format=json 也是一种改进方式，对于执行计划，我们可以得到属性值，通过解析的方式能够把执行计划做得更好。

JSON 的新特性对于 MySQL 来说确实是一个不错的利好，如果数据量巨大，还是需要考虑通过空间换时间的思路来改进。毕竟 JSON 是半结构化数据，不是关系型锁擅长的，所以 MySQL 实现算是一种辅助。

学习完数据类型之后，我们需要熟悉一下 MySQL 特有的 SQL，就好比中文一般指的是普通话，类似于通用的 SQL 标准，但是普通话之外还有粤语等方言，可以在特定的区域内适用，许多数据库也在标准之上定制了自己的一些特有语法，下一节我们就来扒一扒。

4.3 MySQL 特有的 SQL

关于 SQL，我们总是会有无穷无尽相关的话题，有时候碰到了一些不错的 SQL 功能会标记下来，回头来看，也收集了不少了。

我们可以化繁为简，把所有的 SQL 都按照增、删、改、查这 4 个维度来对待，只是有些语法的含义更广一些，比如增，创建表我们也算增的范畴；改，修改字段也算是改的范畴。

关于 SQL，有一张概览图，如下图 4-21 所示。

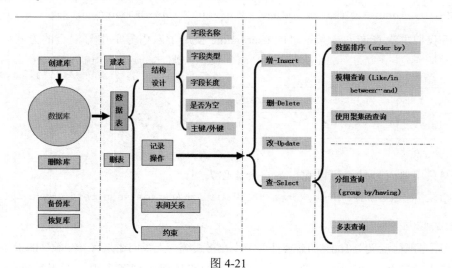

图 4-21

接下来我们会按增、删、改、查这 4 个维度来梳理一下特有的 SQL。

4.3.1 新增类

新增类我们涵盖 create、insert、alter、新增文件等 4 类。

1. create 语句

如果要复制表结构信息，下面的语句真是简洁有力，会把表 test1 的结构复制出来，我们可能常用的是这条语句：

```
Create table test as select *from test1 limit 0;
```

　　但是这条语句有一个局限性，那就是在开启了 GTID 模式的情况下是不可用的，会报出下面这样的错误：

```
ERROR 1786 (HY000): Statement violates GTID consistency: CREATE TABLE ... SELECT.
```

　　同时还有个缺点，那就是上面这种方式不会复制相关的索引信息。

　　其实这个操作我们可以使用 MySQL 特有的 SQL，来轻松复制表结构。

```
create table test like test1;
```

2. insert 语句

　　MySQL 支持的特有的 insert 语句，下面是 mysqldump 导出的语句格式，这种方式比较清晰，相比多条 SQL 语句效果要好太多。

```
INSERT INTO table (a, b, c) VALUES (1,2,3) ,(2,3,4);
```

　　下面的语句看起来比较特别，解析 MySQL binlog 会发现，里面的 insert 语句是这个样子的。

```
INSERT INTO table SET a=1, b=2, c=3;
```

3. insert 语句中的表达式

　　比如下面的动态值，设置表达式的方式，MySQL 就有自己的口味。

```
INSERT INTO tbl_name (col1,col2) VALUES(15,col1*2);
```

　　这种方式是可行的，但是如果字段顺序做下调整就不支持了，需要注意，如下的方式就是不支持的：

```
INSERT INTO tbl_name (col1,col2) VALUES(col2*2,15);
```

4. alter 语句

　　如果在 MySQL 中加入一个字段，指定位置，可以使用关键字 AFTER，如下：

```
ALTER TABLE table1 ADD COLUMN `col_a` varchar(30) AFTER `col_x`
```

5. select into 语句

　　MySQL 里原生的 select into 可以实现文件导出的功能，比如把表 emp 的数据根据字段值范围导出到 emp.lst 文件中，这个操作需要 file 的权限。

```
Select empno,ename  from emp limit 10 into outfile '/tmp/emp.lst' ;
```

4.3.2　删除类

1. drop 语句

　　MySQL 里面的 drop 语句还是蛮有特点，drop index 操作要和表关联起来。

　　如果你直接删除一个索引，就会抛出如下的错误。

```
•Drop index ind_account_id2;
•ERROR 1064 (42000):
```

可以使用如下的方式：

```
drop index ind_account_id2 on t_user_login_record;
Query OK, 0 rows affected (0.01 sec)
Records: 0  Duplicates: 0  Warnings: 0
```

或者是用比较经典的写法，如下：

```
alter table t_user_login_record drop index account;
```

2. 级联删除

MySQL 里面支持级联删除，下面的语句会级联删除数据，Oracle 目前还是不支持这种方式的，当然从数据安全的角度来说，是不建议这类操作的。

```
delete A, B from A, B where A.id = B.aid
```

4.3.3 修改类

级联操作对删除适用，对更新也是适用的。

1. 级联更新

```
update A, B set A.a = a1, B.b = b1 where A.id = B.aid
```

2. change 和 modify

Change 和 modify 用法有些相似，但是细究起来还是各有自己适合的使用场景，比如修改字段 b 的类型或者属性以及修改字段名称，Change 会比较适合；而修改数据类型，modify 更加直接一些。

```
ALTER TABLE t1 CHANGE b b BIGINT NOT NULL;
ALTER TABLE t1 MODIFY b BIGINT NOT NULL;
```

3. replace 语句

MySQL 里面的 replace 语句还是很有特色的，和 Oracle 里面的 merge into 类似，主要的作用就是动态逻辑，即如果匹配到数据则执行变更，如果没有则插入数据。它支持数据值和子查询两种方式，细节的部分可以参考下面的专题分析。

```
replace into x values(...)
```

或者

```
replace into x select * from y
```

4.rename 语句

这个功能很可能被大家忽略，但是实际上这个功能很实用，比如要把一个表清理，如果你把它归档到一个历史数据库中而暂时不清理数据，这种方式就很快捷。

```
rename table testsync.t_fund_info to test.t_user_login_record;
Query OK, 0 rows affected (0.05 sec)
```

专题 4-1：解读 Replace into 语句

在 Oracle 中有 merge into 的语法，可以达到一个语句同时完成修改和添加数据的功能，MySQL 里面没有 merge into 的语法，却有 replace into。我们来看看 replace into 的使用细则。

为了方便演示，我首先创建一个表 users，如下：

```
create table users(
user_id int(11) unsigned not null,
user_name varchar(64) default null,
primary key(user_id)
)engine=innodb default charset=UTF8;
```

插入 2 行数据，可能搞 Oracle 的同学就不适应了，SQL 怎么能这么写，不过用起来确实蛮有意思。

```
> insert into users (user_id,user_name) values(1,'aa'),(2,'bb');
Query OK, 2 rows affected (0.00 sec)
Records: 2  Duplicates: 0  Warnings: 0
```

数据情况如下：

```
> select * from users;
+---------+-----------+
| user_id | user_name |
+---------+-----------+
|       1 | aa        |
|       2 | bb        |
+---------+-----------+
2 rows in set (0.00 sec)
```

好了，我们来看看 replace into 的使用，如果向表里插入数据，而表里已经存在同样的数据，replace into 是直接更新还是删除，然后插入呢。

要搞明白这一点很重要，因为这个直接会影响到数据的准确性。

我们先看看 replace into 的使用。比如插入下面的一条记录。

```
> replace into users(user_id, user_name) values(1, 'cc');
Query OK, 2 rows affected (0.00 sec)
```

完成之后数据的情况如下：

```
> select * from users;
+---------+-----------+
| user_id | user_name |
+---------+-----------+
|       1 | cc        |
|       2 | bb        |
+---------+-----------+
2 rows in set (0.00 sec)
```

看起来数据像是被替换了，又好像是删除后，重新覆盖的。怎么验证呢。

我们可以先试试 trace 的方法，是否能够有所收获。

首先用 explain extended 的方式，这种方式会得到很多执行计划的细节信息，如图 4-22 所示。

```
> explain extended replace into users(user_id, user_name) values(1, 'dd');
+----+-------------+-------+------+---------------+------+---------+------+------+----------+---------------+
| id | select_type | table | type | possible_keys | key  | key_len | ref  | rows | filtered | Extra         |
+----+-------------+-------+------+---------------+------+---------+------+------+----------+---------------+
|  1 | SIMPLE      | NULL  | NULL | NULL          | NULL | NULL    | NULL | NULL |     NULL | No tables used |
+----+-------------+-------+------+---------------+------+---------+------+------+----------+---------------+
1 row in set (0.00 sec)
> show warnings;
Empty set (0.00 sec)
```

图 4-22

根据输出来看，这种方式得不到预期的数据结果。

我们换一个方式，在 5.6 以上版本使用 optimizer_trace，如下：

```
> set optimizer_trace="enabled=on";
Query OK, 0 rows affected (0.00 sec)

> replace into users(user_id, user_name) values(1, 'dd');
Query OK, 2 rows affected (0.01 sec)
```

输出结果如下图 4-23 所示，还是没有得到很详细的信息。

```
> select *from information_schema.optimizer_trace\G
*************************** 1. row ***************************
                            QUERY: replace into users(user_id, user_name) values(1, 'dd')
                            TRACE: {
  "steps": [
  ]
}
MISSING_BYTES_BEYOND_MAX_MEM_SIZE: 0
          INSUFFICIENT_PRIVILEGES: 0
1 row in set (0.03 sec)
```

图 4-23

这个时候不要气馁，要知道办法总比困难多。我们可以换一个新的思路来测试，而且还能顺带验证，何乐而不为。

我们重新创建一个表 users2，和 users 的唯一不同在于 user_id 使用了 auto_increment 的方式。

```
CREATE TABLE `users2` (
user_id int(11) unsigned not null AUTO_INCREMENT,
user_name varchar(64) default null,
primary key(user_id)
)engine=innodb default charset=UTF8;
```

插入 3 行数据，如下：

```
> INSERT INTO users2 (user_id,user_name) VALUES (1, 'aa'), (2, 'bb'), (3, 'cc');
Query OK, 3 rows affected (0.00 sec)
Records: 3  Duplicates: 0  Warnings: 0
```

这个时候查看建表的 DDL，如下：

```
> SHOW CREATE TABLE users2\G
*************************** 1. row ***************************
      Table: users2
Create Table: CREATE TABLE `users2` (
  `user_id` int(11) unsigned NOT NULL AUTO_INCREMENT,
  `user_name` varchar(64) DEFAULT NULL,
```

```
PRIMARY KEY (`user_id`)
) ENGINE=InnoDB AUTO_INCREMENT=4 DEFAULT CHARSET=utf8
1 row in set (0.01 sec)
```

数据情况如下：

```
> SELECT * FROM users2 ;
+---------+-----------+
| user_id | user_name |
+---------+-----------+
|       1 | aa        |
|       2 | bb        |
|       3 | cc        |
+---------+-----------+
3 rows in set (0.00 sec)
```

我们先做一个 replace into 的操作。

```
> REPLACE INTO users2 (user_id,user_name) VALUES (1, 'dd');
Query OK, 2 rows affected (0.00 sec)
```

数据情况如下，原来是 user_id 为 1 的数据做了变更。

```
> SELECT * FROM users2;
+---------+-----------+
| user_id | user_name |
+---------+-----------+
|       1 | dd        |
|       2 | bb        |
|       3 | cc        |
+---------+-----------+
3 rows in set (0.01 sec)
```

再次查看 auto_increment 的值还是 4，如下：

```
> SHOW CREATE TABLE users2\G
*************************** 1. row ***************************
       Table: users2
Create Table: CREATE TABLE `users2` (
  `user_id` int(11) unsigned NOT NULL AUTO_INCREMENT,
  `user_name` varchar(64) DEFAULT NULL,
  PRIMARY KEY (`user_id`)
) ENGINE=InnoDB AUTO_INCREMENT=4 DEFAULT CHARSET=utf8
1 row in set (0.00 sec)
```

这个时候还是很难得出一个结论，切记不要想当然。replace into 需要表中存在主键或者唯一性索引，user_id 存在主键，我们给 user_name 创建一个唯一性索引。

```
> alter table users2 add unique key users2_uq_name(user_name);
Query OK, 0 rows affected (0.06 sec)
Records: 0  Duplicates: 0  Warnings: 0
```

好了，重要的时刻到了，我们看看下面语句的效果。只在语句中提及 user_name，看看 user_id 是递增还是保留当前的值。

```
> REPLACE INTO users2 (user_name) VALUES ('dd');
Query OK, 2 rows affected (0.00 sec)
```

可以看到 user_id 做了递增，也就意味着这是一个全新的 insert 插入数据。

```
> select * from users2;
+---------+-----------+
| user_id | user_name |
+---------+-----------+
|       2 | bb        |
|       3 | cc        |
|       4 | dd        |
+---------+-----------+
3 rows in set (0.00 sec)
```

这个时候再次查看建表的 DDL，如下所示，可以看到 auto_increment 确实是递增了。

```
CREATE TABLE `users2` (
  `user_id` int(11) unsigned NOT NULL AUTO_INCREMENT,
  `user_name` varchar(64) DEFAULT NULL,
  PRIMARY KEY (`user_id`),
  UNIQUE KEY `users2_uq_name` (`user_name`)
) ENGINE=InnoDB AUTO_INCREMENT=5 DEFAULT CHARSET=utf8
```

所以通过上面的测试和推理我们知道，replace into 是先 delete 然后 insert 的操作，而非基于当前数据的 update。

如此一来我们使用 replace into 的时候就需要格外注意，可能有些操作非我们所愿，如果插入数据时存在重复的数据，而是更新当前记录的情况，该怎么办呢，这时可以使用 replace into 的姊妹篇语句 insert into on duplicate key，后面需要使用 update 选项。

比如我们还是基于上面的数据，插入 user_name 为'dd'的数据，如果存在则修改。

```
> INSERT INTO users2 (user_name) VALUES ('dd') ON DUPLICATE KEY UPDATE
user_name=VALUES(user_name);
Query OK, 0 rows affected (0.00 sec)
```

根据运行结果来看，没有修改数据，比我们期望的还要好一些。

所以任何语句和功能都不是万能的，还得看场景，脱离了使用场景就很难说得清了。

此外，补充 replace into 的另外一种使用方式，供参考，如下：

```
> replace into users2(user_id,user_name) select 2,'bbbb' ;
Query OK, 2 rows affected (0.01 sec)
Records: 1 Duplicates: 1 Warnings: 0

> select *from users2;
+---------+-----------+
| user_id | user_name |
+---------+-----------+
|       2 | bbbb      |
|       3 | cc        |
|       4 | dd        |
+---------+-----------+
3 rows in set (0.00 sec)
```

其实再次查看 replace into 的使用，发现日志中已经赫然提醒 "2 rows affected"，当然我们有过程有结论，也算是一种不错的尝试了。

最后我们来看一下查询类的特有 SQL。

4.3.4 查询类

limit 语法是 MySQL 特有的 SQL 语法。

select * from x limit 2 只返回前 2 条结果

如果要返回第 2 条到第 12 条的结果，其中下标是从 0 开始。

语句如下：

select * from x limit 1, 10

除此之外，MySQL 还支持一些 "偏门" 的 SQL，我们简单看看就行。

```
> select -count(*) from test_tab;
+-----------+
| -count(*) |
+-----------+
|   -548650 |
+-----------+
1 row in set (0.39 sec)

> select +count(*)from test_tab;
+-----------+
| +count(*) |
+-----------+
|    548650 |
+-----------+
1 row in set (0.39 sec)
```

如果要对一些字符做筛检，以下也是一种特殊的处理方式。

```
> select login_account from test_tab limit 2;
+-------------------------------+
| login_account                 |
+-------------------------------+
| 0000000180000000@test.com |
| 0000000111000@test.com      |
+-------------------------------+
2 rows in set (0.00 sec)

> select -login_account from test_tab limit 2;
+----------------+
| -login_account |
+----------------+
|     -180000000 |
|        -111000 |
+----------------+
2 rows in set, 2 warnings (0.00 sec)
```

4.4 MySQL 常用函数

MySQL 本身的功能是很丰富的，主要提供了以下的一系列函数。

（1）系统函数

（2）数学函数

（3）字符串函数

（4）数据类型转换函数

（5）条件控制函数

（6）系统信息函数

（7）日期和时间函数

（8）其他常用的 MySQL 函数

学习这部分内容的要点是明白 MySQL 可以做什么，在不影响性能的前提下，有些功能可能用函数就很容易实现了；在这个基础上，我们还需要明白 MySQL 不可以做什么，即不鼓励把复杂的计算任务放到 MySQL 层面来做。

4.4.1　数学函数

数学函数是常规功能，基本就是数值计算方向的。

1．三角函数

MySQL 提供了 pi()函数计算圆周率；radians(x)函数负责将角度 x 转换为弧度；degrees(x)函数负责将弧度 x 转换为角度。

MySQL 还提供了三角函数，包括正弦函数 sin(x)、余弦函数 cos(x)、tan(x)正切函数、余切函数 cot(x)、反正弦函数 asin(x)、反余弦函数 acos(x)以及反正切函数 atan(x)。 例如：

```
select pi();select radians(30);select degrees('0.5235987755982988');
```

2．指数函数

MySQL 中常用的指数函数有 sqrt()平方根函数、pow(x,y) 幂运算函数（计算 x 的 y 次方）以及 exp(x)函数（计算 e 的 x 次方），例如：

```
select pow(2,3);
```

说明：pow(x,y) 幂运算函数还有一个别名函数：power(x,y)，可实现相同的功能。

3．对数函数

MySQL 中常用的对数函数有 log(x)函数（计算 x 的自然对数）以及 log10(x)函数（计算以 10 为底的对数）。

4．求近似值函数

MySQL 提供的 round(x)函数负责计算离 x 最近的整数，round(x,y)函数负责计算离 x 最近的小数（小数点后保留 y 位）；truncate(x,y)函数负责返回小数点后保留 y 位的 x（舍弃多余小数位，不进行四舍五入）；

5．求近似值函数

format(x,y)函数负责返回小数点后保留 y 位的 x（进行四舍五入）；ceil(x)函数负责返回大于等于 x 的最小整数；floor(x)函数负责返回小于等于 x 的最大整数。

6．随机函数

MySQL 提供了 rand()函数负责返回随机数。

7．二进制、八进制、十六进制函数

bin(x)函数、oct(x)函数和 hex(x)函数分别返回 x 的二进制、八进制和十六进制数；ascii(c)函数返回字符 c 的 ASCII 码（ASCII 码介于 0～255）；char (c1,c2,c3,…) 函数将 c1、c2……的 ASCII 码转换为字符，然后返回这些字符组成的字符串；conv(x,code1,code2)函数将 code1 进制的 x 变为 code2 进制数。

当然学习这些内容，我们要让学习的目的和输出匹配起来，推荐一个心灵鸡汤 SQL，都说勤能补拙，坚持学习会有不小的收获，收获到底有多少呢，我们可以写个函数来体会下。

即每天进步一点点，要求不高，基数是 1，每天进步 0.01，看看一年后的进步有多大：

SQL 这么写：

```
select power((1+0.01),365)/power((1-0.01),365) as success;
```

结果是 37.8。

而反过来每天退步一点点，连续退步一年。

结果是 0.03。

真可谓：积硅步以致千里，积怠惰以致深渊。

"鼓动"完学习劲头，我们来一个实例来细化一下。

案例 4-5：MySQL 字符串中抽取数值的方法

假设我有如下的需求，比如邮箱注册账号，指定账号是以数字开头，内容如下：

- 1234@mail.com
- 012345@aa.mail.com
- 1234mm@mail.com
- 1234test@mail.com

如果需要把里面的数字提取出来，有什么好的办法呢。

如果使用字符串函数，一种方式就是使用正则，或者直接给定条件来做过滤。比如 replace(xxxx,right(xxx))；还有一种思路就是创建一个函数或者存储过程，通过结构化的方法来做转换。如上的几种方法其实都比较麻烦，还有其他更简洁的办法呢，我就举一反三，给出两个来。

解法一：

使用字符串的数据类型转换。比如：

```
mysql> select cast('123456@xx.com' as unsigned);
+-----------------------------------+
| cast('123456@xx.com' as unsigned) |
+-----------------------------------+
```

```
|                             123456 |
+------------------------------------+
1 row in set, 1 warning (0.00 sec)
```

我们可以很明显看到结果和一个警告。

```
mysql> show warnings;
+---------+------+----------------------------------------------------------+
| Level   | Code | Message                                                  |
+---------+------+----------------------------------------------------------+
| Warning | 1292 | Truncated incorrect INTEGER value: '123456@163.com'      |
+---------+------+----------------------------------------------------------+
1 row in set (0.00 sec)
```

解法二：

这个解法更简单，一个减号就可以把后面的数据默认按照数值型来处理，有种鬼斧神工的感觉。

```
mysql> select -(-'123456@163.com');
+----------------------+
| -(-'123456@163.com') |
+----------------------+
|               123456 |
+----------------------+
1 row in set, 1 warning (0.00 sec)
```

如果是前面含有冗余的数字，也是可以转换的，如下：

```
mysql> select -(-'012345@aa.mail.com');
+--------------------------+
| -(-'012345@aa.mail.com') |
+--------------------------+
|                    12345 |
+--------------------------+
1 row in set, 1 warning (0.00 sec)
```

其实有些功能是数学函数无法支持的，比如对于字符串的排序，计算机是无法像区分数值大小那样区分字符串的大小的，这个问题我们可以通过下面的例子做一个补充说明。

案例 4-6：order by 的妙用

在一些 SQL 查询中，我们经常会碰到一个比较纠结的问题，就是对一些字段排序的时候，系统的设置不够"智能"，比如我们的用户名为 aa1，aa2，aa10，aa11，如果在数据库中排序，就会是下面的顺序：aa1，aa10，aa11，aa2，看起来系统是按照数字的前缀来排序的，这个和我们的预期明显不符，输出的结果类似下面的形式：

```
select *from test order by name;
    +------+------+
    | id | name |
    +------+------+
    | 1 | aa1 |
    | 3 | aa10 |
    | 4 | aa11 |
    | 2 | aa2 |
```

```
+------+------+
```

如果要实现这样的一个需求，我们可以做点"小把戏"，即把字段 name 转换为数值型，字段值的数值部分就可以满足我们的排序需求了。

```
select *from test order by name+0;
+------+------+
| id | name |
+------+------+
| 1 | aa1 |
| 3 | aa2 |
| 4 | aa10 |
| 2 | aa11 |
+------+------+
```

4.4.2　字符串函数

字符串函数是我们学习函数的一个重点内容，在这个地方的篇幅也要多一些。MySQL 支持的字符串函数有以下的一些类型，我们逐个来说明下。

（1）字符串基本信息函数

（2）加密函数

（3）字符串连接函数

（4）修剪函数

（5）子字符串操作函数

（6）字符串复制函数

（7）字符串比较函数

（8）字符串逆序函数

1. 字符串基本信息函数

字符串基本信息函数包括获取字符串字符集的函数、获取字符串长度函数和获取字符串占用字节数的函数等。

（1）获取字符串字符集的函数

charset(x)函数返回 x 的字符集；collation(x)函数返回 x 的字符序。

（2）转换字符串字符集的函数

convert(x using charset)函数返回 x 的 charset 字符集数据（注意 x 的字符集没有变化）。

（3）获取字符串长度函数

char_length(x)函数用于获取字符串 x 的长度。

（4）获取字符串占用字节数函数

length(x)函数用于获取字符串 x 的占用的字节数。

2. 加密函数

加密函数包括不可逆加密函数和加密-解密函数。

（1）不可逆加密函数

password(x)函数用于对 x 进行加密，默认返回 41 位的加密字符串；md5(x)函数用于对 x 进行加密，默认返回 32 位的加密字符串。

注：值得一提的是，password()函数在 MySQL 8.0 版本里面已经被废弃。

（2）加密-解密函数

MySQL 提供了两对加密-解密函数，分别是：

- encode(x,key)函数与 decode(password, key)函数
- aes_encrypt(x,key) 函数与 aes_decrypt(password,key) 函数

其中 key 为加密密钥，需要牢记。aes_encrypt(x,key)函数使用密钥 key 对 x 进行加密，默认返回值是一个 128 位的二进制数；aes_decrypt(password, key)函数使用密钥 key 对密码 password 进行解密。

3. 字符串连接函数

concat(x1,x2,….)函数用于将 x1、x2 等若干个字符串连接成一个新字符串；concat_ws(x,x1,x2,….)函数使用 x 将 x1、x2 等若干个字符串连接成一个新字符串。

比如我们把字符串"My"和"SQL"用空格拼接起来：

```
mysql> select concat_ws(' ','My','SQL');
+---------------------------+
| concat_ws(' ','My','SQL') |
+---------------------------+
| My SQL |
+---------------------------+
```

4. 修剪函数

（1）字符串裁剪函数

left(x,n)函数以及 righ(x,n)函数也用于截取字符串。其中 left(x,n)函数返回字符串 x 的前 n 个字符；right(x,n)函数返回字符串 x 的后 n 个字符。

比如：

```
mysql> select left('liushui',3);
+-----------------------+
| left('liushui',3) |
+-----------------------+
| liu |
+-----------------------+
1 row in set (0.07 sec)
```

此外还有 ltrim、trim 和 rtrim 函数。

- ltrim(x)函数用于去掉字符串 x 开头的所有空格字符；
- rtrim(x)函数用于去掉字符串 x 结尾的所有空格字符；
- trim(x)函数用于去掉字符串 x 开头以及结尾的所有空格字符，其中 trim([leading | both | trailing] x1 from x2)函数用于从 x2 字符串的前缀或者（以及）后缀中去掉字

符串 x1。

（2）字符串大小写转换函数

upper(x)函数以及 ucase(x)函数将字符串 x 中的所有字母变成大写字母，字符串 x 并没有发生变化；lower(x)函数以及 lcase(x)函数将字符串 x 中的所有字母变成小写字母，字符串 x 并没有发生变化。

（3）填充字符串函数

lpad(x1,len,x2)函数将字符串 x2 填充到 x1 的开始处，使字符串 x1 的长度达到 lenght；rpad(x1,len,x2)函数将字符串 x2 填充到 x1 的结尾处，使字符串 x1 的长度达到 lenght。

5．子字符串操作函数

子字符串操作函数包括取出指定位置的子字符串函数、在字符串中查找指定子字符串的位置函数和子字符串替换函数等。

(1) 取出指定位置的子字符串函数

substring(x,start,length)函数与 mid(x,start,length)函数都是从字符串 x 的第 n 个位置开始获取 length 长度的字符串。

比如字符串"mysql"我们从第 3 位开始截取 3 个字符。

```
mysql> select mid('mysql',3,3);
+------------------+
| mid('mysql',3,3) |
+------------------+
| sql |
+------------------+
1 row in set (0.00 sec)
```

（2）在字符串中查找指定子字符串的位置函数

locate(x1,x2)函数、position(x1 in x2)函数以及 instr(x2,x1)函数都是用于从字符串 x2 中获取 x1 的开始位置。

find_in_set(x1,x2)函数也可以获取字符串 x2 中 x1 的开始位置（第几个逗号处的位置），不过该函数要求 x2 是一个用英文的逗号分隔的字符串。

（3）子字符串替换函数

MySQL 提供了两个子字符串替换函数 insert(x1,start,length,x2) 和 replace(x1,x2,x3)。insert(x1,start,length,x2)函数将字符串 x1 中从 start 位置开始、长度为 length 的子字符串替换为 x2。

replace(x1,x2,x3)函数用字符串 x3 替换 x1 中所有出现的字符串 x2，最后返回替换后的字符串，如下：

```
select insert('abcd',2,2,'xx');
select replace('abcd',substring('abcd',2,2),'xx');
```

6．字符串复制函数

字符串复制函数包括 repeat(x,n)函数和 space(n)函数。其中 repeat(x,n)函数产生一个新字符串，该字符串的内容是字符串 x 的 n 次复制；space(n)函数也产生一个新字符串，该字符串的内容是空格字符的 n 次复制。

```
select concat(repeat('a',10),space(20));
```

7．字符串比较函数

strcmp(x1,x2)函数用于比较两个字符串 x1 和 x2，如果 x1>x2，则函数返回值为 1；如果 x1=x2，则函数返回值为 0；如果 x1<x2，则函数返回值为-1。

```
select strcmp('a','b');
select strcmp(1,2);
```

8．字符串逆序函数

reverse(x)函数返回一个新字符串，该字符串为字符串 x 的逆序。

字符串函数是 MySQL 函数的精华，林林总总说了不少，下面我们看几个例子就明白了。

案例 4-7：MySQL 字符函数的压力测试

MySQL 中的字符串处理函数非常多，以至于我在整理的这部分内容的时候也眼前一亮，有一种进了大观园的感觉，哦，原来有这个函数；哦，竟然可以这样实现，以前怎么没想到等等。

比如字符串查找函数 instr、locate 和 position。这三个函数的功能都是很相似的。如果要实现一个功能，例如：从字符串 foobarbar 里面找到 bar 这个字符串的起始位置，使用 instr、locate 和 position 都可以实现。

```
SELECT INSTR('foobarbar', 'bar');
SELECT LOCATE('bar', 'foobarbar');
SELECT POSITION('bar' IN 'foobarbar');
```

主要语法的表现形式不同，当然参数设置上还是有一些差别。

对于上面的 3 个函数，我有些纠结，到底用哪一个呢？推荐是哪一个呢？我觉得可以通过两种测试方式来得到一个初步的结论：第一个是高并发下多线程调用的性能情况；第二个是单线程执行的性能情况。如果在对比测试中高出一筹，还有什么理由不去推荐呢。

要实现这两个功能，MySQL 确实提供了这样的工具集，第一个是并发执行的性能情况，可以使用 MySQL 自带的 mysqlslap 来测试；而第二个单线程的压测，则可以使用 MySQL 非常有特色的函数 benchmark 来实现。

如果使用 myslap 来压测，使用 mysqlslap 的语句类似下面的形式。

```
mysqlslap  --concurrency=50,100 --create-schema="test" --query="SELECT
POSITION('bar' in 'foobar');" --number-of-queries=50000
```

当然，这里我们加大难度，一个是拼接的字符串要复杂，我们可以使用字符串函数 repeat 得到一个很长的字符串，比如 concat(concat(repeat('abc',500),'foobarbar'), repeat('abc',500)) 就可以得到一个很长的字符串，比如我们拼装后的字符串类似下图 4-24 所示。

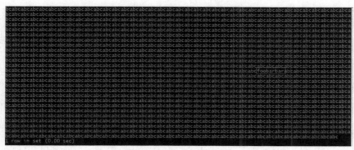

图 4-24

通过这种方式得到的测试结果相对来说更有意义一些。

我们调大调用的频次为 100 万，使用并发 50 和 100 来做测试。

position 函数的结果如下：

```
Benchmark
    Average number of seconds to run all queries: 34.789 seconds
    Minimum number of seconds to run all queries: 34.789 seconds
    Maximum number of seconds to run all queries: 34.789 seconds
    Number of clients running queries: 50
    Average number of queries per client: 20000
Benchmark
    Average number of seconds to run all queries: 35.312 seconds
    Minimum number of seconds to run all queries: 35.312 seconds
    Maximum number of seconds to run all queries: 35.312 seconds
    Number of clients running queries: 100
     Average number of queries per client: 10000
```

可以看出在并发 50 和 100 的情况下，100 的调用时间略长。

使用 locate 函数和 Instr 函数得到的结果相仿，都是 36 秒~37 秒之间。

从 100 万次的测试中我们可以得到一个初步的结论，那就是在这个场景中，position 函数的性能相对要好一些。

而单线程的压测情况如何呢，我们使用 benchmark 来模拟。比如压测 md5 的函数，就是如下这样的格式。

```
select benchmark( 500000000, md5( 'test' ) );
```

对于 position、locate 和 instr，只是需要调整一下函数就可以了，我们还是指定为 100 万次。

三个函数的性能结果如下：

```
1 row in set (8.23 sec)
1 row in set (8.21 sec)
1 row in set (8.23 sec)
```

可以看出来性能几乎是一样的，locate 函数略微高一点点。

从这个测试也可以看出明显的性能差别，单线程压测的时候是 8 秒多，但是并发的时候就是 36 秒左右，这个差别其实很大了。

案例 4-8：字符串动态匹配

之前做了一个简单的测试。里面用到了一些看起来复杂的字符串处理函数 find_in_set，substring_index 等，关于如何匹配，想和大家聊聊。

问题背景：

我们为一个表创建了两个列 col1 和 col2，然后插入一些属性值。即 col1 里面的属性值和 col2 里面的属性值是对应的。换句话来说，col1 里面存放的是 key，col2 存放的是 value，如下：

```
create table test1 ( col1 varchar(100),col2 varchar(100));
insert test1 select
'26,59,6', '1502.5,1690,2276.77' union all select
'59,33,6', '3502.1,1020,2276.77' union all select
'22,8,59', '1332.6,2900,1520.77';
```

写入数据之后，表里的数据分布是如下这样的：

```
mysql> select *from test1;
+--------+---------------------+
| col1   | col2                |
+--------+---------------------+
| 26,59,6 | 1502.5,1690,2276.77 |
| 59,33,6 | 3502.1,1020,2276.77 |
| 22,8,59 | 1332.6,2900,1520.77 |
+--------+---------------------+
3 rows in set (0.00 sec)
```

现在我们如果要做一个数据查询，把 key 是 59 的 value 值查出来，而且还需要 value 值小于 2000。如果使用 SQL，会是如下这样的解决方法。

```
mysql> select col1,col2
    -> from (select *,find_in_set('59',col1) as rn from test1) k
    ->  where  substring_index(concat(',',substring_index(col2,',',rn)),
',',-1)
    -> <'2000';
+--------+---------------------+
| col1   | col2                |
+--------+---------------------+
| 26,59,6 | 1502.5,1690,2276.77 |
| 22,8,59 | 1332.6,2900,1520.77 |
+--------+---------------------+
2 rows in set (0.00 sec)
```

注：这一类需求算是 MySQL 字符串函数的一个福利，但是不建议大家这么做表设计。

4.4.3 条件控制函数

1. if()函数

if(condition,v1,v2)函数中 condition 为条件表达式，当 condition 的值为 true 时，函数返回 v1 的值，否则返回 v2 的值。

2. ifnull()函数

ifnull(v1,v2)函数中，如果 v1 的值为 NULL，则该函数返回 v2 的值；如果 v1 的值不为 NULL，则该函数返回 v1 的值。

3. case 函数

case 函数的语法格式如下。

case 表达式 when 值 1 then 结果 1 [when 值 2 then 结果 2]… [else 其他值] end

（1）如果表达式的值等于 when 语句中某个"值 n"，则 case 函数返回值为"结果 n"。

（2）如果与所有的"值 n"都不相等，case 函数返回值为"其他值"。

示例如下：

```
select IF(1>2,2,3);
select IF(0.1<>0,1,0);
select IF(1!=2,2,3)

select IFNULL(1,0);
select IFNULL(null,'a');
select IFNULL('','a');
select IFNULL(1/0,'yes');

SELECT CASE 1 WHEN 1 THEN "one" WHEN 2 THEN "two" ELSE "more" END;
SELECT CASE WHEN 1>0 THEN "true" ELSE "false" END;
```

4.4.4　日期和时间函数

1. 获取 MySQL 服务器当前日期或时间函数

（1）如果要得到当前时间，MySQL 竟然有这么多的函数可以支持：

- curdate()
- current_date()
- curtime()
- current_time()
- now()
- current_timestamp()
- localtime()
- sysdate()

（2）获取 MySQL 服务器当前 UNIX 时间戳函数

- unix_timestamp()函数用于获取 MySQL 服务器当前 UNIX 时间戳；
- unix_timestamp(datetime)函数将日期时间 datetime 以 UNIX 时间戳返回。
- from_unixtime(timestamp)函数可以将 UNIX 时间戳以日期时间格式返回。

需要注意：这些函数的返回值与时区的设置有关。

在很多业务场景中，可能需要把日期转换为数值，也有可逆的操作，这方面 MySQL 的支持是比较好的。举个例子，把当前日期数值化。

```
select unix_timestamp('2019-01-25 18:17:14');
+-----------------------------------------+
| unix_timestamp('2019-01-25 18:17:14') |
+-----------------------------------------+
|                              1548411434 |
+-----------------------------------------+
1 row in set (0.00 sec)
```

然后反过来把得到的数值转换成日期，这是一个可逆的操作，如下：

```
>>select from_unixtime(1548411434);
+---------------------------+
| from_unixtime(1548411434) |
+---------------------------+
| 2019-01-25 18:17:14       |
+---------------------------+
1 row in set (0.00 sec)
```

（3）获取 MySQL 服务器当前 UTC 日期和时间函数

- utc_date()函数用于获取 UTC 日期；
- utc_time()函数用于获取 UTC 时间。

UTC 即世界标准时间，中国、新加坡、马来西亚、菲律宾的时间与 UTC 的时差均为 +8，也就是 UTC+8。注意，这些函数的返回值与时区的设置无关。

2．获取日期或时间的某一具体信息的函数

（1）获取年、月、日、时、分、秒、微秒等信息的函数

year(x)函数、month(x)函数、dayofmonth(x)函数、hour(x)函数、minute(x)函数、second(x) 函数以及 microsecond(x)函数分别用于获取日期时间 x 的年、月、日、时、分、秒、微秒等信息。

另外 MySQL 还提供了 extract(type from x)函数用于获取日期时间 x 的年、月、日、时、分、秒、微秒等信息，其中 type 可以分别指定为 year、month、day、hour、minute、second、microsecond。

（2）获取月份、星期等信息的函数

- monthname(x)函数用于获取日期时间 x 的月份信息；
- dayname(x)函数与 weekday(x) 函数用于获取日期时间 x 的星期信息；
- dayofweek(x) 函数用于获取日期时间 x 是本星期的第几天（星期日为第一天，以此类推）。

比如有好多同学想知道自己生日那天是星期几，可以用这个 SQL 秒出，示例如下：

```
select dayname(20170912);
```

（3）获取年度信息的函数

- quarter(x)函数用于获取日期时间 x 在本年是第几季度；
- week(x)函数与 weekofyear(x)函数用于获取日期时间 x 在本年是第几个星期；
- dayofyear(x)函数用于获取日期时间 x 在本年是第几天。

示例如下：

```
select week(20171014);
select dayofyear(20171014);
```

3. 时间和秒数之间的转换函数

time_to_sec(x)函数用于获取时间 x 在当天的秒数；sec_to_time(x)函数用于获取当天的秒数 x 对应的时间。

4. 日期间隔、时间间隔函数

- to_days(x)函数用于计算日期 x 距离 0000 年 1 月 1 日的天数；
- from_days(x)函数用于计算从 0000 年 1 月 1 日开始 n 天后的日期；
- datediff(x1,x2)函数用于计算日期 x1 与 x2 之间的相隔天数；
- adddate(d,n)函数返回起始日期 d 加上 n 天的日期；
- subdate(d,n)函数返回起始日期 d 减去 n 天的日期。

示例如下：

```
select benchmark(100, to_days(20110407) - to_days(now()) <1 );  执行时间大
                                                              概也是 0.0012 秒
select benchmark(10000, to_days(20110407) - to_days(now()) <1 );  执行时间
                                                              大概也是 0.0056 秒
select benchmark(1000000, to_days(20110407) - to_days(now()) <1 );  执行
                                                              时间大概也是 0.4454 秒
```

5. 日期和时间格式化函数

（1）时间格式化函数

time_format(t,f)函数按照表达式 f 的要求显示时间 t，表达式 f 中定义了时间的显示格式，显示格式以%开头。

（2）时间间隔函数

- addtime(t,n)函数返回起始时间 t 加上 n 秒的时间；
- subtime(t,n)函数返回起始时间 t 减去 n 秒的时间。

（3）计算指定日期指定间隔的日期函数

date_add(date,interval 间隔 间隔类型)函数返回指定日期 date 指定间隔的日期。

说明：interval 是时间间隔关键字，间隔可以为正数或者负数，相应的参数使用如下所示。

格式	说明
%H	小时(00……23)
%k	小时(0……23)
%h	小时(01……12)
%I	小时(01……12)
%1	小时(1……12)
%i	分钟, 数字(00……59)
%r	时间, 12小时(hh:mm:ss[AP]M)
%T	时间, 24小时(hh:mm:ss)
%S	秒(00……59)
%s	秒(00……59)
%p	AM或PM

（4）日期和时间格式化函数

date_format(d,f)函数按照表达式 f 的要求显示日期和时间 t，表达式 f 中定义了日期和时间的显示格式，显示格式以%开头。

```
DATE_FORMAT(NOW(),'%b %d %Y %h:%i %p')
```

格式化的列表信息如下所示。

格式	说明
%W	星期名字(Sunday……Saturday)
%D	有英语前缀的月份的日期(1st, 2nd, 3rd, 等等)
%Y	年, 数字, 4位
%y	年, 数字, 2位
%a	缩写的星期名字(Sun……Sat)
%d	月份中的天数, 数字(00……31)
%e	月份中的天数, 数字(0……31)
%m	月, 数字(01……12)
%c	月, 数字(1……12)
%b	缩写的月份名字(Jan……Dec)
%j	一年中的天数(001……366)
%w	一个星期中的天数(0=Sunday……6=Saturday)
%U	星期(0……52), 这里星期天是星期的第一天
%u	星期(0……52), 这里星期一是星期的第一天
%%	一个文字"%"。

案例 4-9：Now()和 sysdate()的差别

在做一个 SQL 优化的时候，注意到一个细节问题，那就是使用 sysdate 后无法启用索引，感觉是走了全表扫描，但是使用 now()就能秒出数据。对于这个问题，我看了下官方文档，这个描述就好像你打开了一个贝壳，惊奇的发现里面有一颗珍珠，如果你不尝试打开，仅仅把它当做一个黑盒子，很容易形成攻略型的经验，这个是不建议的。

问题背景：

有一个表 dic_history_20180823_0，数据量大概在 1500 万。modify_time 是有一个副主索

引的。如果使用如下的语句，可以得到近一个小时的数据情况。但是结果的差别却很大。

```
>>select count(fsm_id )       from `dic_history_20180823_0` where
modify_time between (sysdate()+interval(-1) hour) and sysdate();
+----------------+
| count(fsm_id ) |
+----------------+
|              0 |
+----------------+
1 row in set (47.87 sec)

>>select count(fsm_id )       from `dic_history_20180823_0` where modify_time
between (now()+interval(-1) hour) and now();
+----------------+
| count(fsm_id ) |
+----------------+
|              0 |
+----------------+
1 row in set (0.00 sec)
```

可以看到使用了 sysdate() 之后，性能极差，其实就是一个全表扫描。而使用了 now() 的方式之后，则数据秒出。这个是什么原因呢。

首先我们来看下 MySQL 里面的日期函数，如下图 4-25 所示，内容还是很丰富的。光要得到当前的日期信息，就有不少于 4 个函数。

Table 12.13 Date and Time Functions

Name	Description
ADDDATE()	Add time values (intervals) to a date value
ADDTIME()	Add time
CONVERT_TZ()	Convert from one time zone to another
CURDATE()	Return the current date
CURRENT_DATE(), CURRENT_DATE	Synonyms for CURDATE()
CURRENT_TIME(), CURRENT_TIME	Synonyms for CURTIME()
CURRENT_TIMESTAMP(), CURRENT_TIMESTAMP	Synonyms for NOW()
CURTIME()	Return the current time
DATE()	Extract the date part of a date or datetime expression
DATE_ADD()	Add time values (intervals) to a date value
DATE_FORMAT()	Format date as specified
DATE_SUB()	Subtract a time value (interval) from a date
DATEDIFF()	Subtract two dates
DAY()	Synonym for DAYOFMONTH()
DAYNAME()	Return the name of the weekday
DAYOFMONTH()	Return the day of the month (0-31)
DAYOFWEEK()	Return the weekday index of the argument
DAYOFYEAR()	Return the day of the year (1-366)
EXTRACT()	Extract part of a date
FROM_DAYS()	Convert a day number to a date
FROM_UNIXTIME()	Format Unix timestamp as a date
GET_FORMAT()	Return a date format string
HOUR()	Extract the hour
LAST_DAY	Return the last day of the month for the argument
LOCALTIME(), LOCALTIME	Synonym for NOW()
LOCALTIMESTAMP, LOCALTIMESTAMP()	Synonym for NOW()
MAKEDATE()	Create a date from the year and day of year
MAKETIME()	Create time from hour, minute, second
MICROSECOND()	Return the microseconds from argument

图 4-25

如果要模拟这个问题，可以使用对比的方式来做。中间可以通过 sleep(x)的方式把数据过程放大。

如果是 now()的方式，得到的是一个相对静态的值，哪怕在一个 SQL 里面做多项任务，而对于 sysdate()的方式，得到的始终是一个动态的值。如下：

```
>>SELECT NOW(), SLEEP(2), NOW();
+---------------------+----------+---------------------+
| NOW()               | SLEEP(2) | NOW()               |
+---------------------+----------+---------------------+
| 2018-08-24 17:13:54 |        0 | 2018-08-24 17:13:54 |
+---------------------+----------+---------------------+
1 row in set (2.00 sec)

>> SELECT SYSDATE(), SLEEP(2), SYSDATE();
+---------------------+----------+---------------------+
| SYSDATE()           | SLEEP(2) | SYSDATE()           |
+---------------------+----------+---------------------+
| 2018-08-24 17:14:43 |        0 | 2018-08-24 17:14:45 |
+---------------------+----------+---------------------+
1 row in set (2.00 sec)
```

进一步，对于 now()的数据，可以理解为是一个常量，而 sysdate()是一个变量。

再进一步，为什么会出现这种情况。其实本质就是在优化器层面的处理了，now()得到的是一个静态值，所以在查询中，优化器能够识别出对应的数据区间。而 sysdate()的方式在优化器中是没法直接识别到对应的值的，所以每次调用都会重新获取。

感兴趣的可以看下官方文档的解释：

```
NOW([fsp])
Returns the current date and time as a value in 'YYYY-MM-DD HH:MM:SS' or
YYYYMMDDHHMMSS format, depending on whether the function is used in a string or
numeric context. The value is expressed in the current time zone.
   If the fsp argument is given to specify a fractional seconds precision from
0 to 6, the return value includes a fractional seconds part of that many digits.
   mysql> SELECT NOW();
        -> '2007-12-15 23:50:26'
   mysql> SELECT NOW() + 0;
        -> 20071215235026.000000
NOW() returns a constant time that indicates the time at which the statement
began to execute. (Within a stored function or trigger, NOW() returns the time
at which the function or triggering statement began to execute.) This differs
from the behavior for SYSDATE(), which returns the exact time at which it
executes.
   mysql>          SELECT          NOW(),          SLEEP(2),          NOW();
+---------------------+----------+---------------------+
| NOW()               | SLEEP(2) | NOW()               |
+---------------------+----------+---------------------+
| 2006-04-12 13:47:36 |        0 | 2006-04-12 13:47:36 |
+---------------------+----------+---------------------+

   mysql>          SELECT          SYSDATE(),          SLEEP(2),          SYSDATE();
+---------------------+----------+---------------------+
| SYSDATE()           | SLEEP(2) | SYSDATE()           |
+---------------------+----------+---------------------+
```

```
| 2006-04-12 13:47:44 |        0 | 2006-04-12 13:47:46 |
+---------------------+----------+---------------------+
```
In addition, the SET TIMESTAMP statement affects the value returned by NOW() but not by SYSDATE(). This means that timestamp settings in the binary log have no effect on invocations of SYSDATE(). Setting the timestamp to a nonzero value causes each subsequent invocation of NOW() to return that value. Setting the timestamp to zero cancels this effect so that NOW() once again returns the current date and time.

See the description for SYSDATE() for additional information about the differences between the two functions.

4.4.5　系统信息函数

1. 关于 MySQL 服务实例的函数

version()函数用于获取当前 MySQL 服务实例使用的 MySQL 版本号，该函数的返回值与@@version 静态变量的值相同。

2. 关于 MySQL 服务器连接的函数

（1）有关 MySQL 服务器连接的函数

connection_id() 函数用于获取当前 MySQL 服务器的连接 ID，该函数的返回值与@@pseudo_thread_id 系统变量的值相同；database()函数与 schema()函数用于获取当前操作的数据库。

（2）获取数据库用户信息的函数

user()函数用于获取通过哪一台登录主机、使用什么账户名成功连接 MySQL 服务器，system_user()函数与 session_user()函数是 user()函数的别名。current_user()函数用于获取该账户名允许通过哪些登录主机连接 MySQL 服务器。

4.4.6　其他常用的 MySQL 函数

1. 获得当前 MySQL 会话最后一次自增字段值

（1）last_insert_id()函数返回当前 MySQL 会话最后一次 insert 或 update 语句设置的自增字段值。

（2）last_insert_id()函数的返回结果遵循一定的原则。

说明如下：

- last_insert_id()函数仅仅用于获取当前 MySQL 会话时 insert 或 update 语句设置的自增字段值，该函数的返回值与系统会话变量@@last_insert_id 的值一致；
- 自增字段值如果是数据库用户自己指定而不是自动生成，那么 last_insert_id()函数的返回值为 0；
- 假如使用一条 insert 语句插入多行记录，last_insert_id()函数只返回第一条记录的自增字段值。
- last_insert_id()函数与表无关。如果向表 A 插入数据后再向表 B 插入数据，last_insert_id()函数返回表 B 的自增字段值。

示例如下：

```
CREATE TABLE sequence (id INT NOT NULL);
INSERT INTO sequence VALUES (0);
UPDATE sequence SET id=LAST_INSERT_ID(id+1);
SELECT LAST_INSERT_ID();
```

注意：不同会话间不共享。

2. IP 地址与整数相互转换函数

inet_aton(ip)函数用于将 IP 地址（字符串数据）转换为整数；inet_ntoa(n)函数用于将整数转换为 IP 地址（字符串数据）。

3. 基准值函数

benchmark(n,expression)函数将表达式 expression 重复执行 n 次，返回结果为 0。

示例如下：

```
select BENCHMARK(1000000,encode("hello","goodbye"));
select benchmark( 500000000, md5( 'test' ) );
```

4. uuid()函数

uuid()函数可以生成一个 128 位的通用唯一识别码 UUID（Universally Unique Identifier）。

示例如下：

```
create table test_ip(ip int unsigned, name char(1));
insert into test_ip values(inet_aton('192.168.1.200'), 'A'), (inet_aton
('200.100.30.241'), 'B');
insert into test_ip values(inet_aton('24.89.35.27'), 'C'), (inet_aton
('100.200.30.22'), 'D');
select * from test_ip;
select * from test_ip where ip = inet_aton('192.168.1.200');
select inet_ntoa(ip) from test_ip;
select inet_ntoa(ip) from test_ip where ip between 3232235776 and
3232236031;
```

5.字符串匹配的可逆函数

对于字符串的匹配，可以使用 elt 和 field 函数组合来分析得到一些关键字的位置。

```
mysql> select elt(1,'yang,'jian','rong');
+----------------------------+
| elt(1,'yang','jian','rong') |
+----------------------------+
| yang |
+----------------------------+
```

field(str,str1,str2,str3,...) #返回 str 在所有字符元素中的索引，该函数是 elt 函数的反运算。

```
mysql> select field('yang','yang','jian','rong');
+----------------------------------+
| field('yang','yang','jian','rong') |
+----------------------------------+
| 1 |
+----------------------------------+
1 row in set (0.07 sec)
```

第 5 章　MySQL 运维管理实践

生活不可能像你想象的那么好，但也不会像你想象的那么糟。人的脆弱和坚强都超乎自己的想象。

——《羊脂球》

运维的路上，我们都是孤独行者，如人饮水冷暖自知，在大量的问题和故障面前，真正能够帮助你的，只能是自己。

对于很多初入职场的 DBA 来说，虽然初生牛犊不怕虎，但如果不够细心，很容易掉到坑里面，况且为了提高 DBA 的职业幸福度，我们没必要把所有的坑都踩一遍。

本章我们会把一些常见的运维场景梳理出来，包括脚本部署的策略，在线变更的使用方法和 MySQL 复制管理，如何理解和处理主从延迟问题等，让大家在基础运维之外找到运维管理工作的重心。

5.1　数据变更管理

很多人认为数据变更是一个很简单的工作，你给我脚本，我来执行，其实不然，对于数据库的变更操作在执行前至少 60%的工作都是检查和准备，为的就是上线时更从容一些。我们先来说一下数据变更里面的一些事情。

5.1.1　MySQL 脚本部署的四种策略

在线上环境中部署脚本，有一条行业潜规则：不要在周五前进行重要变更，否则你的周末很可能一直在上班。所以大大小小的案例总结下来，还是会发现一些有趣的地方，这些可以作为操作时的一些参考，仅供参考而已。

（1）第一类脚本是修复脚本，比如提供的数据修复功能，数据补丁等，这类脚本的特点是后续的数据变更很可能会依赖于之前的操作，环环相扣，如图 5-1 所示。所以一旦执行过程中出现问题，就需要保证这个操作可回退，否则雪上加霜。

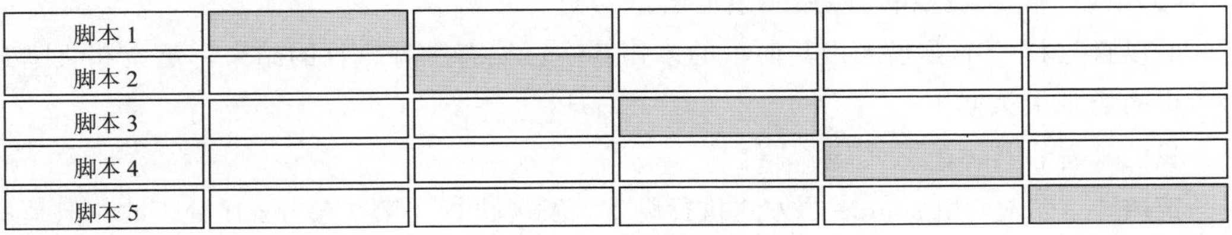

图 5-1

（2）第二类的脚本是彼此之间没有直接联系。哪怕是中间执行出一点问题也不会直接影响其他业务，如图 5-2 所示。

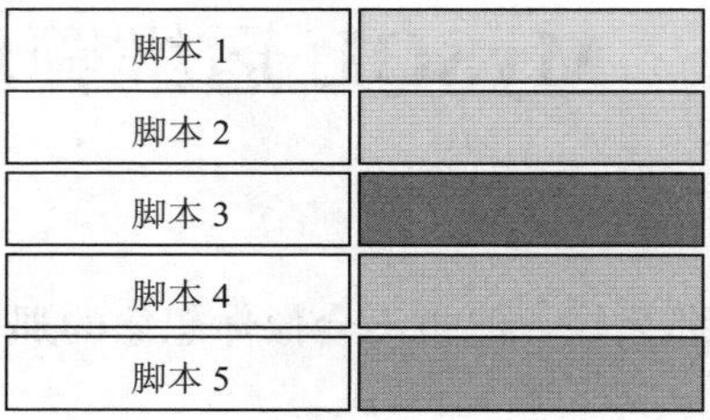

图 5-2

（3）第三类的脚本介于两者之间，有互相的依赖，也有彼此独立的部分，如 5-3 所示。

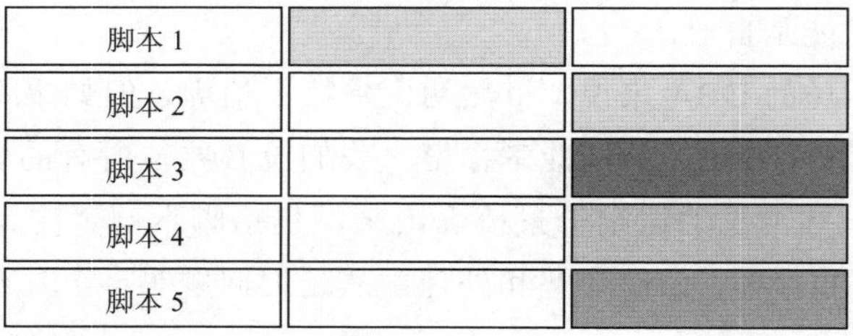

图 5-3

假设我们已经对上述三类需求很熟悉，很清楚自己在做什么。在 MySQL 的场景中是否可以都一一满足呢。

我们可以做一个简单的测试来说明。

案例 5-1：实战对比四种脚本部署策略的优劣

首先我们创建一个表 test_abc，然后插入 3 条数据，其中第 2 条是有问题的，插入可能会报错，脚本名为 test1.sql，内容如下：

```
create table test_abc (id int primary key,name varchar(20));
insert into test_abc values(1,'aa');
insert into test_abc values('aa','bb');
insert into test_abc values(3,'cc');
```

那现在就有如下几种实现方式：

（1）执行第 2 条报错，直接忽略，继续执行。

（2）执行第 2 条报错，直接在这里定格，然后退出。

（3）执行第 2 条报错，然后回滚退出。

所以说这样一个看起来极其简单的语句其实可能有三种执行的结果，这就和我刚开始所说的场景很类似了。

我们来看看具体怎么实现。

策略 1：首先使用 source 的方式执行脚本，发现执行在第 2 条 insert 处失败，但是从执行日志可以看出，是继续执行了，如下：

```
mysql> source test1.sql
Query OK, 0 rows affected (0.04 sec)
Query OK, 1 row affected (0.00 sec)
ERROR 1366 (HY000): Incorrect integer value: 'aa' for column 'id' at row 1
Query OK, 1 row affected (0.01 sec)
```

查看执行后的表数据，确实 id 为 1 和 3 的记录都插入了。

```
mysql> select *from test_abc;
+----+------+
| id | name |
+----+------+
| 1  | aa   |
| 3  | cc   |
+----+------+
2 rows in set (0.00 sec)
```

小结：使用 source 的方式会忽略其中的错误，如果数据具有依赖关系，是不建议使用 source 的方式部署的。

策略 2：通过重定向的方式来执行，可以从错误日志看出是执行到了第 2 条语句失败了。

```
# mysql  test < test1.sql
ERROR 1366 (HY000) at line 5: Incorrect integer value: 'aa' for column 'id' at row 1
```

查看数据的情况，会发现前面的执行是成功了，而后面都没执行，直接退出了。

```
mysql> select *from test_abc;
+----+------+
| id | name |
+----+------+
| 1  | aa   |
+----+------+
1 row in set (0.09 sec)
```

小结：这种处理方式会产生数据部署的断点，不会忽略错误，但是抛错之前的脚本内容已经部署，需要注意部署操作的幂等性。

策略 3：我们开启事务，看看能否达到我们的预期结果，可以顺利回滚。

```
mysql>begin;
mysql> source test1.sql
Query OK, 0 rows affected (0.03 sec)
Query OK, 1 row affected (0.00 sec)
ERROR 1366 (HY000): Incorrect integer value: 'aa' for column 'id' at row 1
Query OK, 1 row affected (0.01 sec)
```

这个时候查看数据结果，会发现 id 为 1 和 3 都已经插入了。

```
mysql> select*from test_abc;
+----+------+
| id | name |
+----+------+
| 1  | aa   |
| 3  | cc   |
+----+------+
```

```
2 rows in set (0.00 sec)
```

我们来尝试回滚。

```
mysql> rollback;
Query OK, 0 rows affected (0.00 sec)
```

很不幸，没有任何反应。

```
mysql> select*from test_abc;
+----+------+
| id | name |
+----+------+
| 1 | aa   |
| 3 | cc   |
+----+------+
2 rows in set (0.00 sec)
```

没有反应的主要原因是什么呢，其实是第一句是一个 create 语句，是 DDL 语句，会自动提交事务。所以后续的操作就直接无法回滚了。由此我们需要注意的就是在脚本中是否有 DDL，如果有还是需要特别注意的。

小结：在开启事务部署的方式中需要注意是否存在 DDL 语句，如果存在，尽管存在错误也会自动提交，如果是 DML 类操作还是具有回滚能力的。

策略 4：剔除脚本里面的 DDL，分开单独执行，脚本只保留了那 3 条 insert，然后我们手工开启事务。

```
mysql> begin;
Query OK, 0 rows affected (0.00 sec)
mysql> source test1.sql
Query OK, 1 row affected (0.00 sec)
ERROR 1366 (HY000): Incorrect integer value: 'aa' for column 'id' at row 1
Query OK, 1 row affected (0.01 sec)
```

这个时候查看数据，id 为 1 和 3 的结果都在。

```
mysql> select *from test_abc;
+----+------+
| id | name |
+----+------+
| 1 | aa   |
| 3 | cc   |
+----+------+
2 rows in set (0.00 sec)
```

果断回滚，会发现数据可以达到我们的预期了。

```
mysql> rollback;
Query OK, 0 rows affected (0.09 sec)
mysql> select *from test_abc;
Empty set (0.00 sec)
```

所以还是尽可能在事务里来控制吧，毕竟 MySQL 是默认自动提交的，后悔了都来不及。

对于事务的完整性，还有两点需要验证：第一个是事务正常退出，事务是回滚还是提交。另外一个则是杀掉执行的会话，事务会默认提交还是回滚。

我们一个一个来测试，先来看 kill 会话的部分，如下。

```
mysql> begin;
Query OK, 0 rows affected (0.00 sec)
mysql> insert into test_abc values(5,'ee');
Query OK, 1 row affected (0.00 sec)
```

然后打开另外一个窗口，kill 掉当前执行的会话。然后继续观察。

查询的时候，会发现原来的会话其实已经杀掉了，会自动开启一个新的会话。很明显，事务做了回滚。

```
mysql> select *from test_abc;
ERROR 2006 (HY000): MySQL server has gone away
No connection. Trying to reconnect...
Connection id:    639
Current database: test
+----+------+
| id | name |
+----+------+
| 1  | aa   |
+----+------+
1 row in set (0.09 sec)
```

另外一个则是正常退出情况下的，如下：

```
mysql> begin;
Query OK, 0 rows affected (0.00 sec)
mysql> insert into test_abc values(1,'ff');
Query OK, 1 row affected, 0 warning (0.00 sec)
mysql> select *from t1;
+------+------+
| col1 | col2 |
+------+------+
|   1  | ff|
+------+------+
1 row in set (0.00 sec)
mysql> exit
```

正常退出。

重新登录来验证，会发现事务已经回滚了。

```
mysql> select *from t1;
Empty set (0.00 sec)
```

小结：在部署脚本中只含有 DML 语句，推荐这种部署方式，相对来说可控。

通过上面的测试我们可以很清晰地知道这些可能的场景和具体的应对策略，假设变更的条目有几百个，如果明白了这些，在具体业务的操作中至少会长个心。

5.1.2　通过对比来了解 online DDL

数据库的 DDL 操作非常多，如添加索引，添加字段等等，我们都希望这个工作能够高效完成，但是 DDL 会锁表，影响业务流程；同时在变更过程中系统负载和空间都是一种潜在的挑战，所以对于 DBA 来说这是一种两难的状态，DBA 需要在在性能和稳定性方面不断权衡，online DDL 的方案就是一剂良药。

早期是 Facebook 来做的这件事情，后来 Percona 进行了改变，使用 Perl 实现，因为功能全面，支持的完善，现在基本上成了标准的行业工具，简称 pt-osc。

在 MySQL 5.6 版本开始推出的 online DDL 中，已经原生支持，在 5.7 版本中已经发展的很不错了，如此一来，pt-osc 的支持算是一种可选的方式。而由此也可以看出，技术上的重大突破会逐步降低维护的复杂度，所以水涨船高，各行各业都有相似之处。

我们先来看一下 online DDL 的一个案例，再来分析 pt-osc。

案例 5-2：MySQL 5.5 版本原生的 DDL 代价测试

为什么 MySQL 5.5 版本中很多 DDL 操作的代价很高呢。因为很多场景的处理都是在做数据的复制，而且这个过程中是全程阻塞的。

比如我们添加一个字段，添加默认值。

```
alter table newtest add column newcol varchar(10) default '';
```

MySQL 原生的操作就是创建一个临时的表，开始表数据的复制。

```
-rw-rw---- 1 mysql mysql       8840 Oct 13 17:04 newtest.frm
-rw-rw---- 1 mysql mysql 3162505216 Oct 13 17:09 newtest.ibd
-rw-rw---- 1 mysql mysql       8874 Dec  5 11:25 #sql-2931_4807af.frm
-rw-rw---- 1 mysql mysql   58720256 Dec  5 11:25 #sql-2931_4807af.ibd
```

在 MySQL 5.5 版本中，如果在 DDL 执行过程中，在另外一个窗口中做一个 insert 操作，不好意思，这类操作就会阻塞，持续时间会很长。

```
insert into newtest(game_type,login_time,login_account,cn_master, client_ip)
values(1,'2013-08-16 16:22:10','150581500032','572031626','183.128.143.113');
```

如果查看 show processlist 的结果，就会发现临时表复制的信息和锁的信息，如图 5-4。

State	Info
Waiting on empty queue	NULL
copy to tmp table	alter table newtest add column newcol varchar(10) default ''
Waiting for table metadata lock	insert into newtest(game_type,login_time,login_account,cn_mas
NULL	show processlist

图 5-4

如果查看 show engine innodb status\G 的结果，会发现一些很细致的锁信息。

当然这个阻塞的时长还是很不乐观的，可能几分钟，甚至数十分钟，这取决于表的大小。

```
> insert into newtest(game_type,login_time,login_account,cn_master, client_ip)
values(1,'2013-08-16 16:22:10','150581500032','572031626','183.128.143.113');
Query OK, 1 row affected (5 min 33.04 sec)
```

案例 5-3：MySQL 5.7 版本原生的 DDL 代价测试

在 MySQL 5.7 版本中差别就很大了。

一模一样的操作，在 MySQL 5.7 版本中还是创建一个临时数据表的数据复制。

```
-rw-r----- 1 mysql mysql       8874 Dec  5 16:47 newtest.frm
-rw-r----- 1 mysql mysql 3900702720 Dec  5 17:05 newtest.ibd
-rw-r----- 1 mysql mysql       8840 Dec  5 17:33 #sql-6273_9989e.frm
-rw-r----- 1 mysql mysql   46137344 Dec  5 17:33 #sql-ib276-3638407390.ibd
```

但是基于 online DDL 的处理策略，同样的 DML 语句全然没有压力。

```
> insert into newtest(game_type,login_time,login_account,cn_master,client_ip)
 values(1,'2013-08-16 16:22:10','150581500032','572031626','183.128.143. 113');
 Query OK, 1 row affected (0.01 sec)
```

以上测试的场景都是使用了默认的选项 copy 而非 inplace，我们接下来看一下 online DDL 的实现原理。

在 online DDL 中，是官方在内部自定义线程来实现的。主要原理是把整个过程分为了基线和增量两个部分。其中会开启一个线程来变更基线数据，同时将增量数据写入 row-log，在基线变更结束后，回放 row-log，实现增量同步。

在实现中是分成了三个阶段：prepare，ddl 和 commit。其中 prepare 阶段会获取快照，生成相应的.frm，.ibd 文件，同时持有 EXCLUSIVE-MDL 锁，禁止读写。在 DDL 阶段会降级 EXCLUSIVE-MDL 锁，这个时候允许读写，同时不断处理增量数据，使得数据尽可能保持同步。在 commit 阶段会升级为 EXCLUSIVE-MDL 锁，禁止读写，处理最新的增量数据，然后更新数据字典，使得 schema 配置生效。

5.1.3　Online DDL 的两种算法

ALTER TABLE 的补充语法如下：
```
ALGORITHM [=] {DEFAULT|INPLACE|COPY}
```

其实有一个很关键的点没提到，那就是 online DDL 的算法，目前有 3 个操作选项：copy、inplace 和 default 可选，3 个选项的含义如下：

（1）copy 表示执行 DDL 时会创建临时表。

（2）inplace 表示不需要创建临时表，对当前的数据文件进行修改。

（3）default 表示根据参数 old_alter_table 来判断是通过 inplace 还是 copy 的算法，old_alter_table 参数默认为 OFF，表示采用 inplace 的算法。

我们使用一个案例来说明下。

案例 5-4：对比测试 online DDL 的两种算法（copy 和 inplace）

假设我们有表 newtest，然后对这个表进行 DDL 操作，来通过不同的操作选项来对比实现的差异。

我们测试的数据有 2000 多万，数据量足够大，会把操作中的差异效果放大，便于对比。

```
> select count(*) from newtest;
+----------+
| count(*) |
+----------+
```

```
| 22681426 |
+----------+
1 row in set (45.76 sec)
```

表结构信息如下：

```
> show create table newtest\G
*************************** 1. row ***************************
       Table: newtest
Create Table: CREATE TABLE `newtest` (
  `id` bigint(20) NOT NULL AUTO_INCREMENT,
  `game_type` int(11) NOT NULL DEFAULT '-1' ,
  `login_time` datetime NOT NULL DEFAULT '1970-01-01 00:00:00',
  `login_account` varchar(100) DEFAULT NULL ,
  `cn_master` varchar(100) NOT NULL DEFAULT '' ,
  `client_ip` varchar(100) DEFAULT '' ,
  PRIMARY KEY (`id`),
  KEY `ind_tmp_account1` (`login_account`),
  KEY `ind_login_time_newtest` (`login_time`)
) ENGINE=InnoDB AUTO_INCREMENT=22681850 DEFAULT CHARSET=utf8
1 row in set (0.00 sec)
```

（1）默认的 copy 选项

比如我们运行下面的 SQL 语句，添加一个字段，默认情况下是使用 copy 的算法，即数据是平行复制一份。

```
alter table newtest add column newcol varchar(10) default '';
```

这个变更过程会生成两个临时的文件.frm 和.ibd。

```
-rw-r----- 1 mysql mysql       8840 Dec  5 18:13 newtest.frm
-rw-r----- 1 mysql mysql 4353687552 Dec  5 18:45 newtest.ibd
...
-rw-r----- 1 mysql mysql       8874 Feb 27 22:25 #sql-6273_2980ab.frm
-rw-r----- 1 mysql mysql   41943040 Feb 27 22:25 #sql-ib280-3638407428.ibd
...
```

在这个变更的过程中，是运行 DML 操作的，而且没有任何阻塞。

```
> insert into newtest(game_type,login_time,login_account,cn_master, client_ip)
values(1,'2017-02-27 16:22:10','150581500032','572031626','183.128.143.113');
Query OK, 1 row affected (0.05 sec)
```

因为使用了主键自增，所以我可以用同样的语句再插入一条记录，也是全然没有阻塞，如下：

```
> insert into newtest(game_type,login_time,login_account,cn_master, client_ip)
values(1,'2017-02-27 16:22:10','150581500032','572031626','183.128. 143.113');
Query OK, 1 row affected (0.00 sec)
```

这个时候查看 show processlist 的结果，相比就显得有些简单了，不像之前的版本中会有 table metadata lock 的字样。

```
+---------+----------------+----------------------------+------------
-----+-------------+---------+------------------------------+------------
|Id       | User           | Host                       | db          |
Command  | Time  | State
+---------+----------------+----------------------------+------------
```

```
-----+-------------+---------+------------------------------
| 2719915 | root        | localhost              | test       |
Query   |      75 | altering table
```

对比临时文件和现有配置文件，我们简单看看上面列举出来的配置文件.frm。

可以通过 strings 的方式看到一个基本的结构信息，newtest.frm 文件是原本的表结构信息，#sql-6273_2980ab.frm 是临时生成的表结构信息，我们使用如下表 5-1 所示的表格来对比它们的差异。

表 5-1

# strings newtest.frm	# strings "#sql-6273_2980ab.frm"
PRIMARY	PRIMARY
ind_tmp_account1	ind_tmp_account1
ind_login_time_newtest	ind_login_time_newtest
InnoDB	InnoDB
)	)
game_type	game_type
login_time	login_time
login_account	login_account
cn_master	cn_master
client_ip	client_ip
	newcol
game_type	game_type
login_time	login_time
login_account	login_account
cn_master	cn_master
client_ip	client_ip
	newcol

可以明显看到临时生成的表结构中有新字段 newcol，整个添加字段的操作持续时间为 10 分钟左右。

```
> alter table newtest add column newcol varchar(10) default '';
Query OK, 0 rows affected (10 min 31.64 sec)
Records: 0 Duplicates: 0 Warnings: 0
```

可以看到修改后的.ibd 文件大小相比要大了一些。

```
-rw-r----- 1 mysql mysql       8874 Feb 27 22:25 newtest.frm
-rw-r----- 1 mysql mysql 4047503360 Feb 27 22:34 newtest.ibd
```

我们换一个角度来看，例如我们删除一个字段，如下：

```
> alter table newtest drop column newcol , ALGORITHM=INPLACE;
Query OK, 0 rows affected (9 min 54.18 sec)
Records: 0 Duplicates: 0 Warnings: 0
```

我们可以看到 DML 操作依然畅通无阻。

```
> insert into newtest(game_type,login_time,login_account, cn_master,client_ip)
values(1,'2017-02-27 16:22:10','150581500032','572031626','183.128.143.113');
Query OK, 1 row affected (0.15 sec)
```

这个过程可以看到效果和启用 copy 算法是一样的，为什么呢。因为添加字段，删除字段是一个数据重组的过程，所以相比而言，这个操作的代价也是昂贵的。

（2）inplace 选项

接下来就是添加/删除索引；我们添加索引，启用 inplace 算法。

```
alter table newtest add index (client_ip) ,algorithm=inplace;
```

这个过程就特别了，依旧会创建.frm 的临时文件，但是数据文件不会复制，而是现改。

```
-rw-r----- 1 mysql mysql       8840 Feb 27 22:49 newtest.frm
-rw-r----- 1 mysql mysql 4018143232 Feb 27 23:06 newtest.ibd
...
-rw-r----- 1 mysql mysql       8840 Feb 27 23:06 #sql-6273_2980ab.frm
```

这个过程中，DML 依旧是畅通的。

```
> insert into newtest(game_type,login_time,login_account,cn_master, client_ip)
values(1,'2017-02-27 16:22:10','150581500032','572031626','183.128.143.113');
Query OK, 1 row affected (0.04 sec)
```

相比而言，整个添加过程的持续时间要短很多，大概是 3 分钟。

```
> alter table newtest add index (client_ip) ,algorithm=inplace;
Query OK, 0 rows affected (3 min 42.84 sec)
Records: 0  Duplicates: 0  Warnings: 0
```

而如果此时删除索引，这个过程就如同飞一般的感觉，不到一秒即可完成。

```
> alter table newtest drop index  client_ip ,algorithm=inplace;
Query OK, 0 rows affected (0.13 sec)
Records: 0  Duplicates: 0  Warnings: 0
```

整个过程中.frm 和.ibd 文件没有任何大小的变化。

```
-rw-r----- 1 mysql mysql       8840 Feb 27 23:13 newtest.frm
-rw-r----- 1 mysql mysql 4785700864 Feb 27 23:13 newtest.ibd
```

而如果我们为了对比同样的 inpalce 和 copy 操作场景下的代价，可以使用 copy 显示创建一个索引，即可得到一个基本的对比情况。

```
alter table newtest add index (client_ip) ,algorithm=copy;
```

整个过程中因为.ibd 文件较大，持续时间也会增加很多，这个环境中执行时间是 29 分钟，差别已然非常明显。

```
> alter table newtest add index (client_ip) ,algorithm=copy;
Query OK, 22681430 rows affected (29 min 13.80 sec)
Records: 22681430  Duplicates: 0  Warnings: 0
```

小结：Online DDL 还是存在着一些限定情况的，很多场景还没有完全测试到，需要结合具体的场景和需求来考量。

5.1.4　pt-osc 的原理和实现

Percona 的 pt-osc 工具算是 DBA 的一个福利工具，是隶属于 Percona-Toolkit 工具集的，Percona-toolkit 是一把"瑞士军刀"，功能丰富而且实用，如下图 5-5 所示。

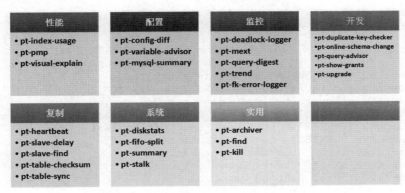

性能	配置	监控	开发
• pt-index-usage • pt-pmp • pt-visual-explain	• pt-config-diff • pt-variable-advisor • pt-mysql-summary	• pt-deadlock-logger • pt-mext • pt-query-digest • pt-trend • pt-fk-error-logger	• pt-duplicate-key-checker • pt-online-schema-change • pt-query-advisor • pt-show-grants • pt-upgrade
复制	系统	实用	
• pt-heartbeat • pt-slave-delay • pt-slave-find • pt-table-checksum • pt-table-sync	• pt-diskstats • pt-fifo-split • pt-summary • pt-stalk	• pt-archiver • pt-find • pt-kill	

图 5-5

我们来分析一下 pt-osc 这个工具的实现原理。想想一个数据量有些大的表，在上面做 DDL 操作真是一种煎熬，我们也基本理解这是一种以空间换时间的策略，尽可能保证一些准备和同步工作能够离线进行，而正式的切换是一个最小粒度的 rename 操作。

但是这样一个很柔性的操作，其实有一些问题还需要我们更深层次地分析和理解，否则我们使用 pt-osc 时就仅是一个执行者而已，还没有掌握这种思路的核心。

案例 5-5：源码分析 pt-osc 的实现原理

比如有一个表 newtest，我们需要给它加上一个索引，可以使用 pt-osc 的 dry-run 选项和 print 组合来得到执行的一些细节信息。

DDL 语句类似如下这样：

```
alter table newtest add index idx_newtest_name(name),
```

使用 pt-online-schema-change，命令如下：

```
[root@localhost bin]# ./pt-online-schema-change --host=127.0.0.1 -u
pt_osc -p xxxx -P3306 --alter='add index idx_newtest_name(name)' --print
                                D=test,t=newtest  --dry-run
Operation, tries, wait:
  analyze_table, 10, 1
  copy_rows, 10, 0.25
  create_triggers, 10, 1
  drop_triggers, 10, 1
  swap_tables, 10, 1
  update_foreign_keys, 10, 1
Starting a dry run.  `test`.`newtest` will not be altered. Specify
                    --execute instead of --dry-run to alter the table.
Creating new table...
CREATE TABLE `test`.`_newtest_new` (
  `id` int(11) NOT NULL,
```

```
  `name` varchar(30) DEFAULT NULL,
  PRIMARY KEY (`id`)
) ENGINE=InnoDB DEFAULT CHARSET=latin1
Created new table test._newtest_new OK.
Altering new table...
ALTER TABLE `test`.`_newtest_new` add index idx_newtest_name(name)
Altered `test`.`_newtest_new` OK.
Not creating triggers because this is a dry run.
Not copying rows because this is a dry run.
INSERT LOW_PRIORITY IGNORE INTO `test`.`_newtest_new` (`id`, `name`)
SELECT `id`, `name` FROM `test`.`newtest` LOCK IN SHARE MODE /*pt-online-
                                   schema-change 4358 copy table*/
Not swapping tables because this is a dry run.
Not dropping old table because this is a dry run.
Not dropping triggers because this is a dry run.
DROP TRIGGER IF EXISTS `test`.`pt_osc_test_newtest_del`
DROP TRIGGER IF EXISTS `test`.`pt_osc_test_newtest_upd`
DROP TRIGGER IF EXISTS `test`.`pt_osc_test_newtest_ins`
2018-06-24T23:30:52 Dropping new table...
DROP TABLE IF EXISTS `test`.`_newtest_new`;
2018-06-24T23:30:52 Dropped new table OK.
Dry run complete. `test`.`newtest` was not altered.
```

通过这种方式我们可以很清晰地看到一个变更的思路，是创建一个影子表_newtest_new，然后新的 DDL 变更部署在这个上面，因为这个时候表里还没有数据，所以这个过程很快。

接下来会在原表上添加三个触发器，然后开始数据的复制，基本原理就是 insert into _newtest_new select *from newtest 这种形式。

数据复制完成之后，开启 rename 模式，这个过程会把表 newtest 改名为一个别名 _newtest_old，同时把_newtest_new 修改为 newtest。

最后清理战场，删除原来的旧表和原来的触发器。

这个过程我相信做过 pt-osc 的同学，简单看下日志也能够明白这个原理和过程，但是显然上面的信息是很粗略的，而且有些信息是经不起推敲的。我们需要了解更深层次的细节来看看触发器的方式是否可行。

如果用触发器的方式可以直接变更，那么我们直接手工触发整个变更是否可行，有什么瓶颈？带着这个问题我们来逐个分析一下。

首先创建的三个触发器（delete、insert、update）是怎么把增量数据写入到新表中的。因为新表的数据复制是一个离线的过程，而要实现在线修改，我们的目标是操作过程中的 DML 操作不应该被阻塞，我们打开代码逐个来分析一下。

先来看一下 insert trigger，整个过程的思路就是 replace into，如果在数据复制期间，有 insert 请求进来，那么 replace into 就类似于 insert，如果复制流程已经完成，那么 insert 请求进来，就会是一个 replace into 实现的类似 update 的过程。

```
my $insert_trigger
  = "CREATE TRIGGER `${prefix}_ins` AFTER INSERT ON $orig_tbl->{name} "
  . "FOR EACH ROW "
  . "REPLACE INTO $new_tbl->{name} ($qcols) VALUES ($new_vals)";
```

　　而 update trigger 的作用和上面的类似，如果数据复制还没有完成，那么也会转换为一个 replace into 的 insert 操作；如果复制已经完成，那么就会是一个 update 操作。这里需要注意的一点是，复制还没有完成的时候，处理 update 请求，我们直接 insert，那么稍后表里就会生成两条记录，显然这是不合理的（实际上确实不可行），所以我们需要保证一个 delete 操作能够避免这种尴尬的数据冲突出现。

```
my $update_trigger
  = "CREATE TRIGGER `${prefix}_upd` AFTER UPDATE ON $orig_tbl->{name} "
  . "FOR EACH ROW "
  . "BEGIN "
  . "DELETE IGNORE FROM $new_tbl->{name} WHERE !($upd_index_cols) AND
                                          $del_index_cols;"
  . "REPLACE INTO $new_tbl->{name} ($qcols) VALUES ($new_vals);"
  . "END ";
```

　　然后就是 delete 操作，这个过程相比前面的过程会略微简单一些，使用了 delete ignore 的方式，基本能够杜绝潜在的性能问题。

```
my $delete_trigger
  = "CREATE TRIGGER `${prefix}_del` AFTER DELETE ON $orig_tbl->{name} "
  . "FOR EACH ROW "
  . "DELETE IGNORE FROM $new_tbl->{name} "
  . "WHERE $del_index_cols";
```

　　如此看来，触发器的过程是由一系列隐式的操作组成，但是实际上在这个表很大的情况下，这个操作的代价就很高了。如果存在 1000 万条数据，整个阻塞的过程会把这个时间无限拉长，显然也不合理，所以这里做到了小步快走的方式，把一个表的数据拆分成多份，也叫 chunk，然后逐个击破。这样一来数据做了切分，粒度小了，阻塞的影响也会大大降低。

　　所以 pt-osc 工具实现了一个切分的思路，这个是原本的触发器不可替代的。整个数据的复制中增量 DML 的 replace into 处理很巧妙，加上数据的粒度拆分，让这个事情变得可控可用。

　　当然实际的 pt-osc 工具的逻辑远比上面所讲要复杂，里面考虑了很多额外的因素，比如对于外键，或者是表中的约束的信息等。

　　最后来一个基本完整的变更日志。

```
[root@localhost bin]# ./pt-online-schema-change --host=127.0.0.1 -u
pt_osc -p pt_osc -P33091 --alter='add index idx_newtest_name(name)' --print
                                        D=test,t=newtest --execute
No slaves found. See --recursion-method if host localhost.localdomain has slaves.
Not checking slave lag because no slaves were found and --check-slave-lag
                                            was not specified.

Operation, tries, wait:
  analyze_table, 10, 1
  copy_rows, 10, 0.25
  create_triggers, 10, 1
  drop_triggers, 10, 1
  swap_tables, 10, 1
  update_foreign_keys, 10, 1
Altering `test`.`newtest`...
Creating new table...
CREATE TABLE `test`.`_newtest_new` (
```

```
  `id` int(11) NOT NULL,
  `name` varchar(30) DEFAULT NULL,
  PRIMARY KEY (`id`)
) ENGINE=InnoDB DEFAULT CHARSET=latin1
Created new table test._newtest_new OK.
Altering new table...
ALTER TABLE `test`.`_newtest_new` add index idx_newtest_name(name)
Altered `test`.`_newtest_new` OK.
2018-06-24T23:35:54 Creating triggers...
2018-06-24T23:35:54 Created triggers OK.
2018-06-24T23:35:54 Copying approximately 4 rows...
INSERT LOW_PRIORITY IGNORE INTO `test`.`_newtest_new` (`id`, `name`) SELECT
`id`, `name` FROM `test`.`newtest` LOCK IN SHARE MODE /*pt-online-schema-change
4424 copy table*/
2018-06-24T23:35:54 Copied rows OK.
2018-06-24T23:35:54 Analyzing new table...
2018-06-24T23:35:54 Swapping tables...
RENAME TABLE `test`.`newtest` TO `test`.`_newtest_old`, `test`.`_newtest_new`
TO `test`.`newtest`
2018-06-24T23:35:54 Swapped original and new tables OK.
2018-06-24T23:35:54 Dropping old table...
DROP TABLE IF EXISTS `test`.`_newtest_old`
2018-06-24T23:35:54 Dropped old table `test`.`_newtest_old` OK.
2018-06-24T23:35:54 Dropping triggers...
DROP TRIGGER IF EXISTS `test`.`pt_osc_test_newtest_del`
DROP TRIGGER IF EXISTS `test`.`pt_osc_test_newtest_upd`
DROP TRIGGER IF EXISTS `test`.`pt_osc_test_newtest_ins`
2018-06-24T23:35:54 Dropped triggers OK.
Successfully altered `test`.`newtest`.
```

案例 5-6：平滑删除数据的小技巧

有一天中午接到一位开发同学的数据操作需求，需求看似很简单，需要执行下面的 SQL 语句：

```
delete from test_track_log where log_time < '2019-01-07 00:00:00';
```

看需求描述是因为查询统计较差，希望删除一些历史数据。

带着疑问我看下了表结构，如下：

```
CREATE TABLE `test track log` (
  `id` int(11) unsigned NOT NULL AUTO INCREMENT COMMENT '自增主键',
  `uid` int(11) unsigned NOT NULL DEFAULT '0' COMMENT '用户ID',
  ...
  `log_time` datetime NOT NULL DEFAULT CURRENT TIMESTAMP ON UPDATE
                            CURRENT_TIMESTAMP COMMENT '记录时间',
  PRIMARY KEY (`id`),
  KEY `idx_uid_fsm_log` (`uid`,`fsm_id`,`log_time`)
) ENGINE=InnoDB AUTO_INCREMENT=125082604 DEFAULT CHARSET=utf8 COMMENT='
                            记录测试账号的任务轨迹'
```

看自增列的情况，这个表的数据量有近 1 亿条记录了，暂且不说数据量带来的额外影响，单说这个需求，你会发现这是一个"陨石坑"。

简单验证了下，数据量确实在亿级别。

```
select count(id) from  tgp_db.tgp_track_log
+-----------+
```

```
| 125082603 |
+-----------+
1 row in set (1 min 26.63 sec)
```

如果老老实实执行了，估计我下午就不用干别的了。

显然这个需求是一个模糊需求，业务方希望清理数据，但是实现方式却不合理。如果使用 truncate 的操作，目前是比较合适的。

在做数据清理的时候，势必要考虑备份数据，而和业务方确认，数据可以不用备份，但是从数据库层面来说，是需要的。

在操作前进行细致地沟通，发现业务方还是会希望参考近些天来的数据，尤其是当天的数据，所以这个操作还是需要谨慎。

这里有两个坑：

坑 1：业务方再三确认不需要备份，但是如果删除了数据之后，发生了意料之外的故障，需要恢复数据，而 DBA 没法恢复，那么这个锅我们背不住。

坑 2：业务方再三确认删除的逻辑是正确的，但是他们不负责数据操作的性能问题，我们如果不去审核而为了执行而执行，那么造成性能故障之后，很容易造成需求的分歧。

所以这件事情的本质很简单，第一是清理表中部分数据，第二是清理的操作对业务影响最小。

这种情况下单纯的 DML 语句是搞不定了，我们需要想一些办法，这里有一个技巧，也是我非常喜欢 MySQL 的一个亮点特性，即 MySQL 可以很轻松地把一个库的表迁移到另外一个数据库，这种操作的代价就好像把一个文件从文件夹 1 拷贝到文件夹 2。

整体的思路如下图 5-6 所示。

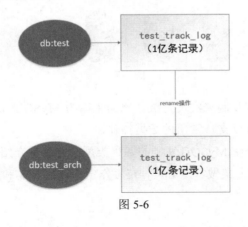

图 5-6

一个初步思路的实现如下：

```
create table test_db.test_track_log_tmp like test_db.test_track_log;
alter table test_db.test_track_log rename to test_db_arch.test_track_log;
alter table test_db.test_track_log_tmp rename to test_db.test_track_log;
```

这种操作看起来很简单，但是也存在一些问题，首先是在切换的过程中，如果写入数据是会丢失数据的，即数据已经入库，这里通过 rename 丢失数据。

其次是这个操作不够简洁。怎么改进呢，我们可以把 rename 的操作玩得更漂亮，如下：

```
mysql> create table test_db_arch.test_track_log like test.test_track_log;
mysql> RENAME TABLE test.test_track_log  TO test_db_arch.test_track_log_bak,
                test_db_arch.test_track_log  TO test.test_track_log,
             test_db_arch.test_track_log_bak TO test_db_arch.test_track_log;
Query OK, 0 rows affected (0.02 sec)
```

整个过程持续 0.02 秒，亿级数据的切换，整体来说效果还是很明显的，也推荐大家在工作中根据适合的场景来应用。

5.2　MySQL 复制管理

MySQL 复制是构建基于大规模、高性能应用的基础，也是我个人比较偏好的一个功能集合，比如通过 MySQL 可以很容易实现级联复制，对于跨数据中心，读写分离等需求能够很容易支撑，如下图 5-7 所示。

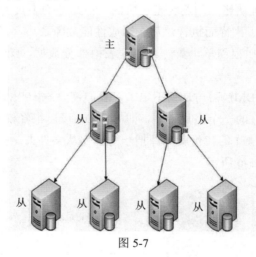

图 5-7

甚至可以通过跨版本复制来实现升级，比如主库为 MySQL 5.5 版本，从库为 5.7 版本，使用偏移量的方式可以支持常用的数据操作。

本小节我们先简单介绍 MySQL 复制的四种类型，并着重介绍其中的 MySQL 半同步复制；接下来对于 GTID 方案做一些解读，在工作中会碰到复制和延迟的一些问题，我们也会做一些讨论。

5.2.1　MySQL 复制的四种类型

关于 MySQL 的复制架构，大体有 4 种类型：异步复制、全同步复制、半同步复制和延迟复制。

（1）异步复制，是比较经典的主从复制，搭建主从默认的架构方式，就是属于异步的，相对来说性能要好一些，但是会有丢失数据的情况。

（2）全同步复制，追求强一致性，比如说 MySQL Cluster 这样的方式，是属于全同步复制的，实际上 MySQL Cluster 其实发展并不大顺利，更多时候是一个实验室产品，时间定格在 2016 年 12 月 12 日，MySQL 5.7.17 GA 的重大特性 group replication 插件推出，增强了 MySQL 原有的高可用方案（原有的 Replication 方案），提供了重要的特性：多写，保证组内高可用，确保数据最终一致性。有点类似 Oracle 里面的 RAC。

（3）在异步和全复制之间的一种方案，就是半同步复制（semi-sync replication）。自 MySQL 5.5 版本推出，是对异步和全复制的一种补充，确切的说，应该是对 MySQL Cluster 这种方案的补充。

（4）延迟复制是在异步复制的基础上，人为设定主库和从库的数据同步延迟时间，可以使用类似 CHANGE MASTER TO MASTER_DELAY = 600 这样的形式。

5.2.2　MySQL 半同步复制

要开启半同步复制，我们需要安装插件，基本的要求是在满足异步复制的情况下，版本在 5.5 以上，并且设置变量 have_dynamic_loading 为 YES，即判断是否支持动态插件。

1. 半同步插件部署

在 base 目录下，可以很容易找到所需的插件。当前的 base 目录为/usr，可以根据关键字找到插件。

```
# find . -name "semisync_master.so"
./lib64/mysql/plugin/semisync_master.so
./lib64/mysql/plugin/debug/semisync_master.so
```

要安装插件就是两个简单的命令。

```
> install plugin rpl_semi_sync_master soname 'semisync_master.so';
Query OK, 0 rows affected (0.11 sec)

> install plugin rpl_semi_sync_slave soname 'semisync_slave.so';
Query OK, 0 rows affected (0.00 sec)
```

安装后查看 mysql.plugin，看看插件记录是否存在，或者使用 show plugins 也可以。

```
> select * from mysql.plugin;
+----------------------+--------------------+
| name                 | dl                 |
+----------------------+--------------------+
| rpl_semi_sync_master | semisync_master.so |
| rpl_semi_sync_slave  | semisync_slave.so  |
+----------------------+--------------------+
2 rows in set (0.00 sec)
```

当然默认半同步的开关还没有打开。

```
> show variables like 'rpl_semi_sync_master%';
```

```
+--------------------------------------+-------+
| Variable_name                        | Value |
+--------------------------------------+-------+
| rpl_semi_sync_master_enabled         | OFF   |
| rpl_semi_sync_master_timeout         | 10000 |
| rpl_semi_sync_master_trace_level     | 32    |
| rpl_semi_sync_master_wait_no_slave   | ON    |
+--------------------------------------+-------+
4 rows in set (0.00 sec)
```

这里涉及到两个参数 rpl_semi_sync_master_enabled 和 rpl_semi_sync_slave_enabled，比较直观。打开即可。

```
set global rpl_semi_sync_master_enabled=1;
set global rpl_semi_sync_slave_enabled=1;
```

如果在 master 端简单验证，也可以使用 show status。

```
> show status like 'rpl_semi_sync_master_status';
+----------------------------+-------+
| Variable_name              | Value |
+----------------------------+-------+
| Rpl_semi_sync_master_status | ON   |
+----------------------------+-------+
```

当然在 slave 端也需要做同样的操作，然后在 slave 端重启 IO_Thread 即可。

```
> STOP SLAVE IO_THREAD;
Query OK, 0 rows affected (0.01 sec)
> START SLAVE IO_THREAD;
Query OK, 0 rows affected (0.01 sec)
```

Master 端检查，如下：

```
Rpl_semi_sync_master_status,
```

Slave 端检查，如下：

```
Rpl_semi_sync_slave_status
```

2. 半同步复制在 MySQL 5.6 和 5.7 的变化

MySQL 5.7 版本中新增了一个参数（AFTER_SYNC）来控制半同步模式下主库在返回给会话事务成功之前提交事务的方式，如下：

```
> show variables like 'rpl_semi_sync_master_wait_point';
+---------------------------------+------------+
| Variable_name                   | Value      |
+---------------------------------+------------+
| rpl_semi_sync_master_wait_point | AFTER_SYNC |
+---------------------------------+------------+
```

而在 MySQL 5.6 版本中是什么设置呢，是参数 AFTER_COMMIT。

两个版本中的两个参数该怎么理解，我们可以通过一个快递的例子来理解，早期我们购物后收到快递，很少会有人去客户端点击"确认收货"，在一段时间后才会显示为"已完成"，这个确认收货的动作就好比半同步里面的 IO_thread，通常是异步，会有延时，而现在改进比较明显，我们收货后会马上收到一条提醒信息，显示快递状态"已完成"。第一种模式就类似于 AFTER_COMMIT，而改进的状态则为 AFTER_SYNC，我们看一看下面的半同步流程图，这是 AFTER_COMMIT 模式，如下图 5-8 所示。

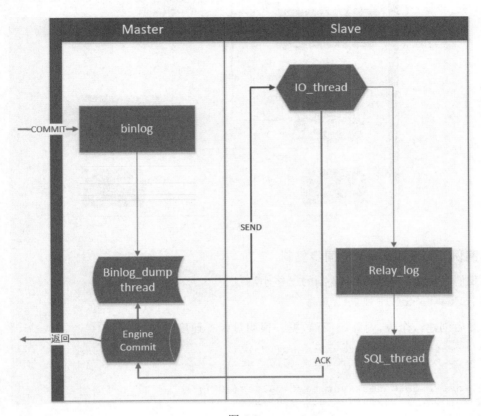

图 5-8

Master 的数据写入了 Binlog，Slave 刷新到磁盘（relay log），同时 Master 需要等待 Slave 反馈收到 Relay Log，只有收到 ACK 后 Master 才将 commit OK 结果反馈给客户端

而 MySQL 5.7 版本中的半同步复制，有个叫法是 Loss-Less 半同步复制。实现的方式有了一些差别，如图 5-9 所示。

这种模式（AFTER_SYNC），事务是在提交之前发送给 Slave，当 Slave 没有接收成功，并且如果发生 Master 宕机的场景，不会导致主从不一致，因为此时 Master 端还没有提交，所以主从都没有数据，这样就能够满足数据完整性和一致性了。

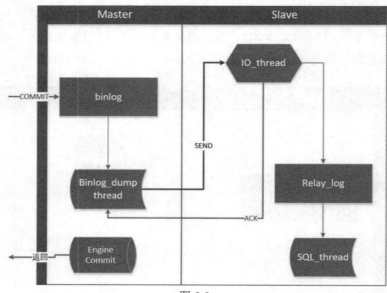

图 5-9

案例 5-7：简单测试半同步复制

我们来简单看看半同步复制的一些小测试。

```
create database testsync;
```

然后创建一个表，插入一行数据。很明显执行速度很快。

```
> create table testsync.test(id int);
Query OK, 0 rows affected (0.07 sec)

> insert into testsync.test values(100);
Query OK, 1 row affected (0.01 sec)
```

我们模拟网络延迟的情况，直接把 Slave 停掉。

```
stop slave;
```

这个时候在 Master 端插入数据就会很慢。这个过程持续了大概 10 秒。

```
> insert into testsync.test values(101);
Query OK, 1 row affected (10.00 sec)
```

这里为什么是 10 秒，和一个半同步复制的参数有关。单位是毫秒，所以换算下来就是 10 秒，如下。

```
> show variables like 'rpl_semi_sync_master_timeout';
+------------------------------+-------+
| Variable_name                | Value |
+------------------------------+-------+
| rpl_semi_sync_master_timeout | 10000 |
+------------------------------+-------+
```

我们看看半同步复制的开关。

```
> show status like 'Rpl_semi_sync_master_status';
+-----------------------------+-------+
| Variable_name               | Value |
+-----------------------------+-------+
| Rpl_semi_sync_master_status | OFF   |
+-----------------------------+-------+
```

Slave 端也是 OFF 的状态。

我们恢复状态，把 Slave 启动。然后在 Master 端继续插入一条记录，速度就很快了。

```
> insert into testsync.test values(102);
Query OK, 1 row affected (0.00 sec)
```

此时的开关是打开的。

```
> show status like 'Rpl_semi_sync_master_status';
+-----------------------------+-------+
| Variable_name               | Value |
+-----------------------------+-------+
| Rpl_semi_sync_master_status | ON    |
+-----------------------------+-------+
```

查看数据库日志，其实也能看到很明确的信息。

```
2017-02-04T23:37:44.551667+08:00 2145633 [Warning] Timeout waiting for
reply of binlog (file: mysql-bin.000017, pos: 1056976828), semi-sync up to file
                              mysql-bin.000017, position 1056976573.
  2017-02-04T23:37:44.551713+08:00 2145633 [Note] Semi-sync replication
                                                  switched OFF.
  2017-02-04T23:41:05.824146+08:00  2145900  [Note]  Start  binlog_dump  to
master_thread_id(2145900) slave_server(13058), pos(mysql-bin.000017, 1056976573)
  2017-02-04T23:41:05.824194+08:00  2145900  [Note]  Start  semi-sync
binlog_dump to slave (server_id: 13058), pos(mysql-bin.000017, 1056976573)
  2017-02-04T23:41:05.835505+08:00 0 [Note] Semi-sync replication switched
ON at (
```

5.2.3　GTID 的管理模式

从 MySQL 5.6.5 版本开始新增了一种基于 GTID 的复制方式。通过 GTID 保证了每个在主库上提交的事务在集群中有一个唯一的 ID，这种方式强化了数据库的主备一致性、故障恢复以及容错能力。

GTID（Global Transaction ID）是全局事务 ID，当在主库上提交事务或者被从库应用时，可以定位和追踪每一个事务，对 DBA 来说意义就很大了，我们可以适当的解放出来，不用手工去可以找偏移量的值了，而是通过 CHANGE MASTER TO MASTER_HOST='xxx', MASTER_AUTO_POSITION=1 即可方便的搭建从库，在故障修复中也可以采用 MASTER_AUTO_POSITION='X' 的方式。

可能大多数读者第一次听到 GTID 的时候会感觉有些突兀，但是从架构设计的角度，GTID 是一种很好的分布式 ID 实践方式；通常来说，分布式 ID 有两个基本要求：

● 全局唯一性

- 趋势递增

这个 ID 因为是全局唯一，所以在分布式环境中很容易识别，因为趋势递增，所以 ID 是具有相应的趋势规律，在必要的时候方便进行顺序提取，行业内适用较多的是基于 Twitter 的 ID 生成算法 snowflake，所以换一个角度来理解 GTID，其实是一种优雅的分布式设计。

1. 如何开启 GTID

如何开启 GTID 呢，我们先来说下基础的内容，然后逐步深入，通常来说，需要在 my.cnf 中配置如下的几个参数：

- log-bin=mysql-bin
- binlog_format=row
- log_slave_updates=1
- gtid_mode=ON
- enforce_gtid_consistency=ON

注：其中参数 log_slave_updates 在 5.7 版本中不是强制选项，其中最重要的原因在于 5.7 版本在 mysql 库下引入了新的表 gtid_executed。

在开始介绍 GTID 之前，我们换一种思路，通常我们都会说一种技术和特性能干什么，其实我们了解一个事物的时候更需要知道边界，那么 GTID 有什么限制呢，这些限制有什么解决方案呢，我们来看一下。

2. GTID 的限制和解决方案

如果说 GTID 在 5.6 版本试水，在 5.7 版本已经发展完善，但是还是有一些场景是受限的。比如下面的两个。

一个是 create table xxx as select 的模式；另外一个是临时表相关的，我们就来简单说说这两个场景。

（1）create 语句限制和解法

create table xxx as select 的语句，其实会被拆分为两部分：create 语句和 insert 语句，但是如果想一次搞定，MySQL 会抛出如下的错误。

```
mysql> create table test_new as select *from test;
ERROR 1786 (HY000): Statement violates GTID consistency: CREATE TABLE ... SELECT.
```

这种语句其实目标明确，复制表结构，复制数据，insert 的部分好解决，难点就在于 create table 的部分，如果一个表的列有 100 个，那么拼出这么一个语句来就是一个复杂工程了。

除了规规矩矩的拼出建表语句之外，还有一个方法是 MySQL 特有的用法 like。

create table xxx as select 的方式可以拆分成两部分，如下。

```
create table xxxx like data_mgr;
insert into xxxx select *from data_mgr;
```

（2）临时表的限制和建议

使用 GTID 复制模式时，不支持 create temporary table 和 drop temporary table。但是在 autocommit=1 的情况下可以创建临时表，Master 端创建临时表不产生 GTID 信息，所以不会同步到 Slave，但是在删除临时表的时候会产生 GTID 会导致，主从中断。

3．从三个视角看待 GTID

前面聊了不少 GTID 的内容，我们来看看 GTID 的一个体系内容，如下图 5-10 是我梳理的一个 GTID 的概览信息，分别从变量视图、表和文件视图、操作视图等三个维度来看待 GTID。

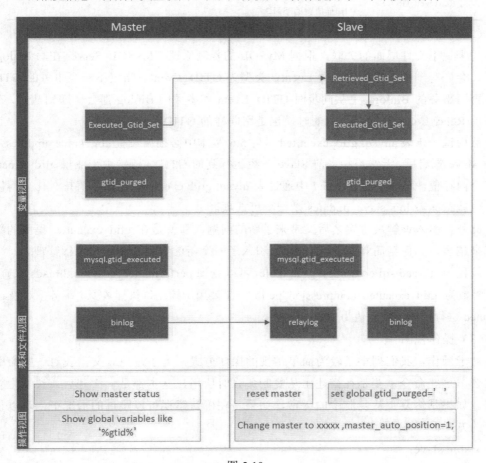

图 5-10

我们分别从每个视图来简单说一下。

（1）变量视图

我们来用下面的表格 5-2 来阐述常见的这几个变量。

表 5-2

GTID 变量	描　　述
Executed_Gtid_Set	在当前实例上执行过的 GTID 集合
gtid_purged	gtid_purged 用于记录已经被清除了的 binlog 事务集合，它是 gtid_executed 的子集
gtid_next	如何产生下一个 GTID，通常有 AUTOMATIC、ANONYMOUS 和显示 GTID 三种取值方式
Retrieved_Gtid_Set	Slave 会扫描最后一个 relay log 文件，Retrieved_Gtid_Set 显示的是当前扫描所得的 GTID

（2）表和文件视图

先来说下文件层面的关联，根据 MySQL 的复制原理，MySQL Server 在写 binlog 的时候，会先写一个特殊的 Binlog Event，类型为 GTID_Event，指定下一个事务的 GTID，然后再写事务的 Binlog，主从同步时 GTID_Event 和事务的 Binlog 都会传递到从库，在从库应用 Relay Log，从库在执行的时候也是用同样的 GTID 写 binlog。

然后说一下表 mysql.gtid_executed，在 5.6 版本中必须要设置 log_slave_updates，因为当 Slave 重启后，无法得知当前 Slave 已经运行到的 GTID 位置，由于变量 gtid_executed 是一个内存值，而这个问题在 5.7 中通过表 mysql.gtid_executed 把这个值持久化来得以解决，也就意味着 log_slave_updates 是一个可选项。

此外，引入该解决方案之后又带来了新的问题，那就是在 gtid_executed 里面的数据会越来越多，如何精简管理呢，MySQL 引入了一个新的线程和参数来进行管理。

线程为：thread/sql/compress_gtid_table，可以查询 performance_schema.threads 来查看。

参数为 gtid_executed_compression_period，主要用于控制每执行多少个事务，对表 gtid_executed 进行压缩，默认值为 1000。

（3）操作视图

对于操作，我们列举了较为简单常规的操作方式，为了避免歧义，我对一些命令做了取舍。这些命令主要是在搭建主从复制关系时所用，基本都是一次开启，长期生效的方式。如果是修复主从复制中的异常，如果是在确认错误可以跳过的情况下，可以使用如下的方式：

- stop slave；
- set gtid_next='xxxxxxx:N'；指定下一个事务执行的版本，即想要跳过的 GTID；
- begin；
- commit；注入一个空事物；
- set gtid_next='AUTOMATIC'自动的寻找 GTID 事务；
- start slave；开始同步。

当然也有一些略微复杂的场景，我们来看一个案例。

案例 5-8：修复 GTID 复制失败的分析

前几天碰到一个 MySQL 服务器掉电，重新启动之后，主从复制出现了异常。

show slave status 的报错信息如下：

```
Last_SQL_Error: Error '@@SESSION.GTID_NEXT cannot be set to ANONYMOUS when
@@GLOBAL.GTID_MODE = ON.' on query. Default database: ''. Query: 'CREATE TABLE
IF NOT EXISTS infra.chk_masterha (`key` tinyint NOT NULL primary key,`val`
int(10) unsigned NOT NULL DEFAULT '0') engine=MyISAM'
```

可以从日志明显的看出来，这是 MHA 的心跳检测机制，对于数据完整性来说，这个操作是可以弥补的。我们可以暂且忽略这一条。

于是使用如下的方法来跳过这个错误：

```
stop slave;
set session gtid_next='xxxxxxx';
begin;commit;
SET SESSION GTID_NEXT = AUTOMATIC;
start slave;
```

本来以为这是一个常规的修复，没想到复制状态出现了问题，为了尽快修复，我使用了 reset slave all 的方式，然后重新配置复制关系。

```
change master to MASTER_HOST='xx.124.67',MASTER_USER='dba_repl',MASTER_
PASSWORD='xx',MASTER_PORT=4306,master_auto_position=1;
```

没想到抛出了如下的错误。

```
Got fatal error 1236 from master when reading data from binary log: 'The
slave is connecting using CHANGE MASTER TO MASTER_AUTO_POSITION = 1, but the
master has purged binary logs containing GTIDs that the slave requires.
```

从这个错误信息可以看出，应该是日志的信息出了问题，但是查看主库中，最近也没做过 purge binary logs 操作，相关的日志都存在，为什么抛出这个错误呢。

经过测试，发现有一个折中方案，那就是先临时关闭 GTID 协议，使用偏移量的方式来重接复制，这个时候复制就正常了。

```
change master to MASTER_HOST='xx.124.67',MASTER_USER='dba_repl',MASTER_
PASSWORD='xxx',MASTER_PORT=4306,Master_Log_File='mysqlbin.000105',MAST
ER_LOG_POS=428492286,master_auto_position=0;
```

一旦想重新启用 GTID 协议，就又开始抛错了。

```
change master to master_auto_position=1;
```

对于这个问题也着实下了功夫，发现还是对于 GTID 的理解不够深入导致解决的时候困难重重。我们来理一下这个问题，看看这种情况下怎么修复。

为了能够快速复选问题，并且进行问题跟踪，我把这个数据库做了镜像备份，下图 5-11 是使用偏移量复制的状态。

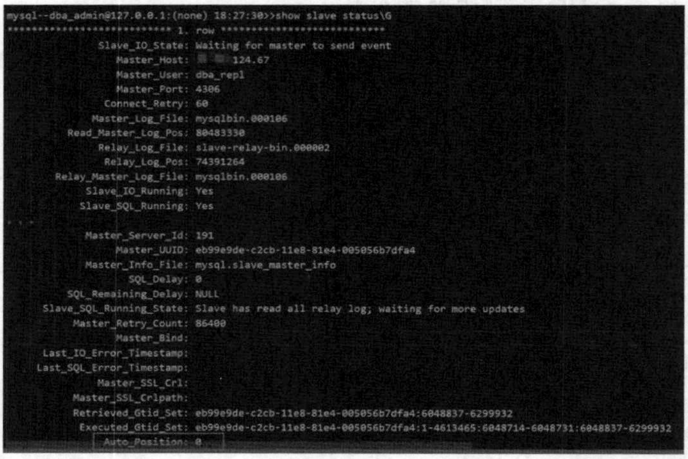

图 5-11

查看 GTID 的信息有些奇怪，这个内容代表什么意思呢。

```
zExecuted_Gtid_Set: eb99e9de-c2cb-11e8-81e4-005056b7dfa4:1-4613465:
6048714-6048731:6048837-6299932
```

从 GTID 的格式可以了解到，同一 source_id 的事务序号有多个范围区间，各组范围之间用冒号分隔，而这个时候查看 mysql.gtid_executed 的内容如下图 5-12 所示。

图 5-12

查看 GTID_purge 变量的内容如下图 5-13 所示。

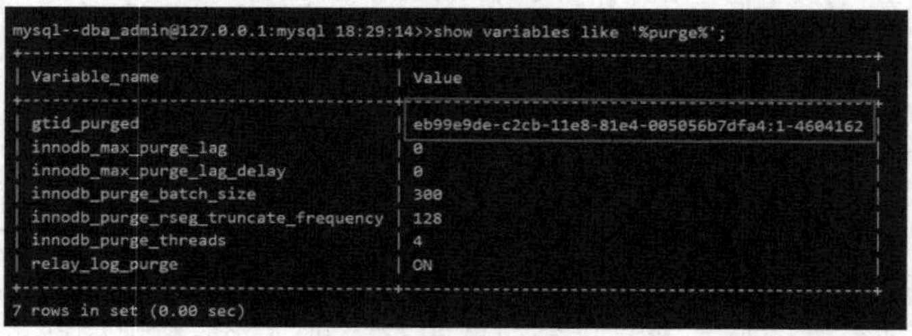

图 5-13

从库端的 Executed_GTID 状态如下图 5-14 所示。

图 5-14

通过这个内容我们可以看出，目前的 Executed_GTID_Set 已经是大于 6299932 了，但是在从库端的 GTID_Set 中却还是一个较大范围的区间。按照这种情况，开启 master_auto_position=1 时，还是会尝试去应用旧的事务数据，也就难怪会抛出错误了。

我们在主库端做下验证，看看主库端的 Executed_GTID_Set 是什么情况，是否也是保留了一个较大的范围区间，如图 5-15 所示。

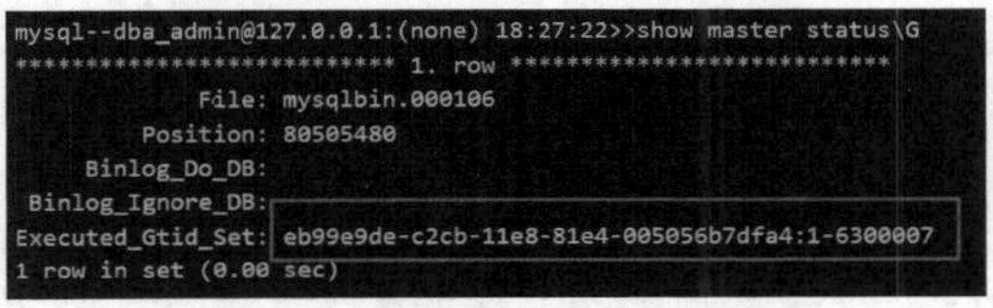

图 5-15

从以上的结果可以看出，主库端是很清晰的，目前的 GTID_Set 值已经超过了 6300007。

从现在起，我们就在从库端操作了。

首先，停止从库的复制进程。

```
>>stop slave;
```

这个时候 Executed_GTID_Set 是 6300028。如图 5-16 所示。

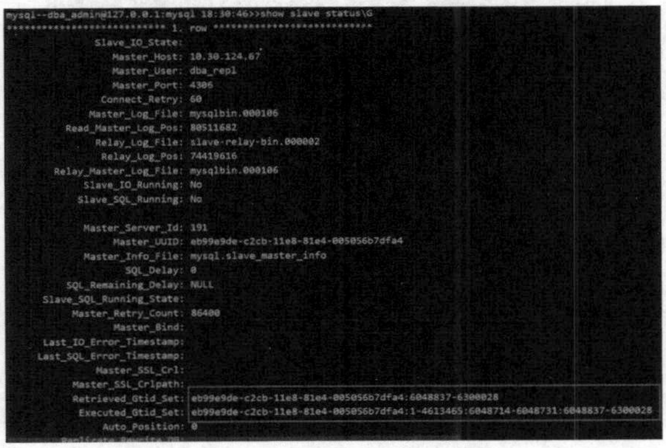

图 5-16

因为目前的 GTID 配置有些不一致，所以我们需要重置一下 GTID。

```
>>reset master;
```

重置结果如图 5-17 所示。

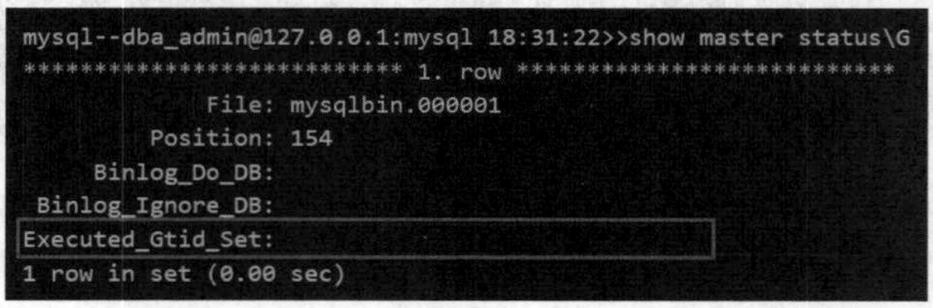

```
mysql--dba_admin@127.0.0.1:mysql 18:31:22>>show master status\G
*************************** 1. row ***************************
             File: mysqlbin.000001
         Position: 154
     Binlog_Do_DB:
 Binlog_Ignore_DB:
Executed_Gtid_Set:
1 row in set (0.00 sec)
```

图 5-17

这个时候查看 mysql.gtid_executed 是没有数据的。

```
>> select *from gtid_executed;
Empty set (0.00 sec)
```

我们初始化的时候，选择这个临界点 GTID 值：6300028。

```
>>SET       @@GLOBAL.GTID_PURGED='eb99e9de-c2cb-11e8-81e4-005056b7dfa4:1-
6300028';
Query OK, 0 rows affected (0.00 sec)
```

这样从库端的 GTID 设置就是和主库一样的配置方式了，如图 5-18 所示。

```
mysql--dba_admin@127.0.0.1:mysql 18:33:38>> select *from gtid_executed;
+--------------------------------------+----------------+--------------+
| source_uuid                          | interval_start | interval_end |
+--------------------------------------+----------------+--------------+
| eb99e9de-c2cb-11e8-81e4-005056b7dfa4 |              1 |      6300028 |
+--------------------------------------+----------------+--------------+
1 row in set (0.00 sec)
```

图 5-18

使用 show master status 可以看到，这个配置是生效了，如图 5-19 所示。

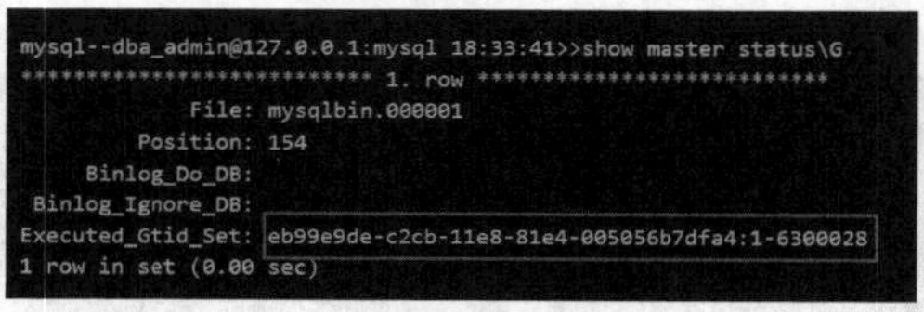

```
mysql--dba_admin@127.0.0.1:mysql 18:33:41>>show master status\G
*************************** 1. row ***************************
             File: mysqlbin.000001
         Position: 154
     Binlog_Do_DB:
 Binlog_Ignore_DB:
Executed_Gtid_Set: eb99e9de-c2cb-11e8-81e4-005056b7dfa4:1-6300028
1 row in set (0.00 sec)
```

图 5-19

接下来我们来配置下复制关系。

重置从库的复制配置。

```
>>reset slave all;
```

重新建立复制，使用 master_auto_position=1 来开启 GTID 协议复制。

```
>> CHANGE MASTER TO MASTER_HOST='xxx.124.67',MASTER_USER='dba_repl',
MASTER_PASSWORD='xxx',MASTER_PORT=4306,MASTER_AUTO_POSITION=1;
Query OK, 0 rows affected, 1 warning (0.01 sec)
```

启动从库。

```
mysql--dba_admin@127.0.0.1:mysql 18:35:40>>start slave;
Query OK, 0 rows affected (0.00 sec)
```

这个时候查看从库的状态，就达到了预期的效果了，如图 5-20 所示。

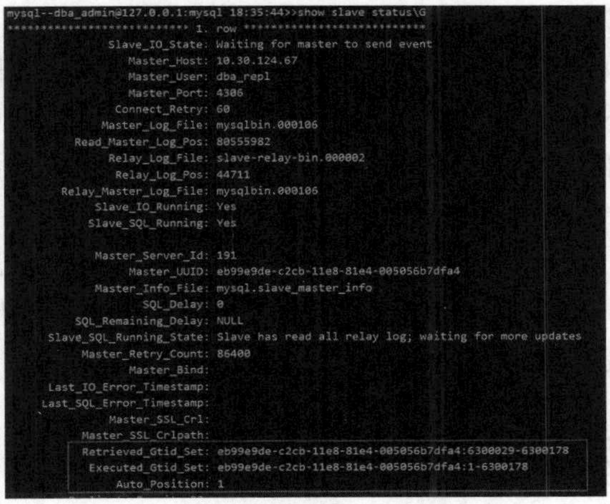

图 5-20

通过这个过程也着实对于 GTID 有了更进一步地了解，对于一些异常情况的测试也在模拟测试中基本都碰到了。

4．一些不规范的 GTID 使用场景

GTID 是一种很不错的复制解决方案，但是在使用中还是碰到一些问题，我梳理了如下的一些不规范的 GTID 使用场景，供大家参考。

（1）从库可写

如果在从库端写入了数据，GTID_Set 就包含两个源，在使用中可能会混淆，比较规范的方式是对从库开启只读模式，如果碰到数据修复的场景，我们可以使用 sql_log_bin=0 来临时修复。

（2）Purge binlog

GTID 复制错误中很常见的就属这个错误了：

```
the master has purged binary logs containing GTIDs that the slave requires
```

如果主库端对于 binary log 的保留时间过短，同时主从网络链路存在问题，都可能导致要应用的 GTID 事务已经在主库被清理。

（3）复制模式为 MASTER_AUTO_POSITION =0

如果我们开启了 GTID，还是建议使用 GTID 协议的数据复制方式，如果依旧使用偏移量的复制方式，在主从切换的时候很容易出问题。

同时，在一些特殊的数据修复场景中，我们使用 change master to xxx,master_auto_position=0; 配置复制关系时，语句不带 relay_log_file 和 relay_log_pos 选项都会导致 relay log 被清理，所以一组相对完整的语句为：

```
change master to master_user=[Master_user],master_port=[Master_port],
```

```
master_host=[Master_Host],master_port=[Master_port],master_log_file=[Re
lay_Master_Log_File],master_log_pos=[Exec_Master_Log_Pos],relay_log_file=[
Relay_Log_File],relay_log_pos=[Relay_Log_Pos],master_auto_position=0;
Change master master_auto_position=1;
```

（4）在线启停 GTID

官方明确说 GTID 是可以在线启停的，但是不建议这样做，一来是维稳，因为这种操作的频率是很低的，不排除有一些复杂的 bug；二来是对于配置 GTID 应该是统一的规划，反复变化说明管理是混乱的，一般建议在参数文件中配置后启动数据库。

（5）mysqldump 导出导入可能导致从库混乱

mysqldump 会默认开启 set-gtid-purged 选项，在导出的 dump 文件中会包含 set @@gtid_purge=xxx 的语句，如果在跨服务器环境中导入数据，可能导致操作失误而直接对主库做了 reset master 操作。

5.2.4 如何看待主从延迟

基于 MySQL 的复制架构，延迟问题是不可避免的，如何降低延迟是我们需要孜孜不倦努力的方向，本小节我们来讨论下检测主从延迟的工具和方法，并对基于并行复制的延迟情况做一个全面的测试。

1. 为什么 Seconds_behind_master 的值不够准确

如何查看延迟呢，有的同学可能会说，我们有 show slave status 里面的 Seconds_behind_master 的选项，但是那个可不能当做严格意义上的主从延迟标准，这句话该如何理解呢，或者可以换一个问题，为什么 SBM（Seconds_behind_master）仅供参考呢，我们来聊一下延迟的一些问题。

首先我们来看一个 MySQL 复制的流程图，如下图 5-21 所示。

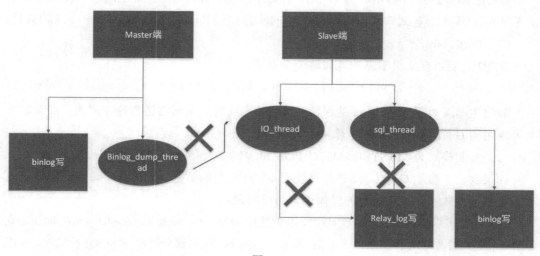

图 5-21

如果需要界定一个时间边界，那就是数据从 Master 端写入 binlog 开始到 Slave 端应用产生 binlog 为止，这个过程是相对完整的数据同步过程。所以如果要产生延迟，那么就存在诸多的可能性，比如上面画叉的一些环节。

SBM 的逻辑是对 sql_thread 执行的 event 的 timestamp 和 io_thread 复制好的 event 的 timestamp（简写为 ts）进行比较，而得到的这个时间差值。

源码中我们可以得到一些更加明确清晰的信息，如下图 5-22 的源码文件 sql/rpl_slave.cc 中。

```
if (mi->rli->slave_running)
{
    /*
      Check if SQL thread is at the end of relay log
      Checking should be done using two conditions
      condition1: compare the log positions and
      condition2: compare the file names (to handle rotation case)
    */
    if ((mi->get_master_log_pos() == mi->rli->get_group_master_log_pos()) &&
        (!strcmp(mi->get_master_log_name(), mi->rli->get_group_master_log_name())))
    {
        if (mi->slave_running == MYSQL_SLAVE_RUN_CONNECT)
            protocol->store(0LL);
        else
            protocol->store_null();
    }
    else
    {
        long time_diff= ((long)(time(0) - mi->rli->last_master_timestamp)
                         - mi->clock_diff_with_master);
```

图 5-22

从源码来看，有以下的三点需要注意：

（1）time(0)是从库当前系统时间戳，是系统函数。

（2）mi->rli.last_master_timestamp 是当前从库正在执行 SQL 的 event 时间戳。

（3）mi->clock_diff_with_master 是主从的时间差异值，可以理解是一个校准值。

看起来貌似正常，但是显然有一些问题，比如：

（1）如果 Master 和 Slave 端的网络情况不好，即 IO_thread 的同步是瓶颈，而从 Slave 端来看，sql_thread 能够很快的应用日志数据，SBM 值却是 0，这样就会造成一个幻觉，感觉没有延迟，但是实际上因为网络条件不佳，已经产生了很大的延迟，对于应用来说，这种差异感受是最直接的。

（2）如果 Master 和 Slave 端的时间不一致，那么推送过来的延迟是根据日志中的 event 时间来计算的，很明显这样的结果是不对的，不过从代码中我们可以看到是有 mi->clock_diff_with_master 来做这个校准的，所以这个问题可以忽略。

（3）当从库长时间未收到主库传来的数据，等待时间超过参数 slave_net_timeout 默认的 60 秒之后，Slave 的状态 Slave_IO_Running 的值会为变为 No，而在这个过程中，其实得到的就是比较尴尬的假象数据。

（4）如果从库存在大量的查询导致处理性能低下，也会造成延迟时间，而这个延迟时间其实是属于额外的资源消耗导致。

（5）如果一个数据库在 1 分钟内产生了大量的 binlog，如果按照日志中的 timestamp

来作为标记，这个延迟其实是很小的，比如延迟是 5 秒，但是差异的日志量是 2G，这种差异带来的负面影响是大的，或者说这种延迟会是一种毛刺。

所以延迟是一个比较难以衡量的指标，在理解方式上存在较大的差异，可以基于日志维度进行衡量，比如根据 binlog 的偏移量差异，或者是基于时间维度，通过时间戳差值来衡量延迟。

一种相对容易理解的延迟计算方式是基于心跳机制，周期性发送一个标志位，以这个标志位数据到达从库的时间为准，得到的这个值就是延迟，如果说要得到较为准确的延迟情况，可以使用 pt-heartbeat。这个工具使用起来也非常便捷，属于 pt 工具集的一部分。

2．使用 pt 工具检测主从延迟

使用 pt-heartbeat，我们需要创建一个用户 pt_checksum，这个统一的用户方便后续标准化管理。

```
GRANT SELECT, PROCESS, SUPER, REPLICATION SLAVE ON *.* TO 'pt_checksum'@'
                        10.127.%.%' IDENTIFIED BY 'pt_checksum';
```

然后我们给予这个用户访问 test 数据库的权限。

```
grant all privileges on test.* to pt_checksum@'10.127.%.%';
```

工具具体的参数可以参考 pt-heartbeat --help 来看到，在此我只给出要点。

我们来创建测试表，在后台启动这个心跳守护进程，其中的 create-table 就是创建测试表，interval 是间隔 1 秒钟，最小可以是 0.01 秒，update 是更新 test 库上的这个测试表，而 replace 则是更新替换表里的时间，无须考虑表里是否有数据，daemonize 是后台运行的标注。

```
pt-heartbeat h='10.127.128.99',u='pt_checksum',p='pt_checksum',P=3306
    -D test --create-table --interval=1 --update --replace --daemonize
```

使用 ps 命令可以看到如下的 heartbeat 进程，或者换个口味，用 pgrep -fl pt-heartbeat 也可以查看。

```
# ps -ef|grep heartbeat
root     19920     1  0 22:35 ?        00:00:00 perl /usr/local/bin/pt-
heartbeat h=10.127.128.99,u=pt_checksum,p=pt_checksum,P=3306 -D test
            --create-table --interval=1 --update --replace --daemonize
```

接下来的就是重点工作了，我们可以开启 monitor 选项来监控主从延迟的情况，有一点需要提一下，就是需要设置 server-id。

```
# pt-heartbeat h='10.127.xx.xx',u='pt_checksum',p='pt_checksum',P=3306
                        -D test --table=heartbeat -monitor
The --master-server-id option must be specified because the heartbeat table
`test`.`heartbeat` uses the server_id column for --update or --check but the
            server's master could not be automatically determined.
Please read the DESCRIPTION section of the pt-heartbeat POD.
```

主库上快速查看。

```
> show slave hosts;
+-----------+------+------+-----------+--------------------------------------+
| Server_id | Host | Port | Master_id | Slave_UUID                           |
+-----------+------+------+-----------+--------------------------------------+
|     13058 |      | 3306 |        20 | c6d66211-a645-11e6-a2b6-782bcb472f63 |
+-----------+------+------+-----------+--------------------------------------+
1 row in set (0.01 sec)
```

结果和 show variables like 'server%'结果是一致的，更快速高效。

我们查看延迟的情况。

```
# pt-heartbeat h='10.127.xx.xx',u='pt_checksum',p='pt_checksum',P=3306
             -D test --table=heartbeat --monitor --master-server-id=20
0.00s [  0.00s,  0.00s,  0.00s ]
0.00s [  0.00s,  0.00s,  0.00s ]
0.00s [  0.00s,  0.00s,  0.00s ]
0.00s [  0.00s,  0.00s,  0.00s ]
0.00s [  0.00s,  0.00s,  0.00s ]
0.00s [  0.00s,  0.00s,  0.00s ]
```

可以看到目前的环境中是没有任何延迟的，方括号里面的指标是什么意思，可以使用 frames 来定制，比如默认是 1m，5m，15m，我们可以定制，比如显示为 1m，2m，3m，4m 这样。

```
# pt-heartbeat h='10.127.xx.xx',u='pt_checksum',p='pt_checksum',P=3306
-D test --table=heartbeat --monitor --master-server-id=20 --frames=1m,
                                                            2m,3m,4m
0.00s [  0.00s,  0.00s,  0.00s,  0.00s ]
0.00s [  0.00s,  0.00s,  0.00s,  0.00s ]
0.00s [  0.00s,  0.00s,  0.00s,  0.00s ]
```

有的同学可能说，怎么都显示为 0，其实如果用 sysbench 压一下，就立马或有延迟的出现明显差异。我们会在后面整体对比测试一下。

如果想即查即看，就看一次，可以使用 check 选项，当然这个值就没有 frame 的时间范围了。

```
# pt-heartbeat h='10.127.128.99',u='pt_checksum',p='pt_checksum',P=3306
             -D test --table=heartbeat  --master-server-id=20  --check
0.00
```

当然有进有出，我们开启了后台守护进程，本质上是个 perl 脚本，如果要停止，也要规范一些，使用 stop 选项来做，会生成一个临时文件，注意下次重新启动的话，需要清理掉这个文件。

```
# pt-heartbeat h='10.127.xx.xx',u='pt_checksum',p='pt_checksum',P=3306
                                              -D test -stop
Successfully created file /tmp/pt-heartbeat-sentinel
```

案例 5-9：MySQL 5.6、5.7 版本并行复制测试

对于主从延迟，一直以来就是一个颇有争议的话题，在 MySQL 阵营中，如果容忍一定的延迟的场景，通过主从来达到读写分离是个很不错的方案，但是延迟率到底有多高可以接受，新版本中的并行复制效果怎么样，在不同的版本中是否有改变，我们能否找

到一些参考的数据来佐证，这一点上我们可以通过一些小测试来说明。

1. 并行复制配置

首先来为了基本按照同一个参考标准，我们就在同一台服务器上安装了 5.6、5.7 版本的 MySQL 服务，另外一台服务器上搭建了从库。

数据库版本为 5.6.23 Percona 分支，5.7.17 MySQL 官方版本。

服务器上安装了 pt 工具用来检测主从延迟，安装了新版本的 sysbench 来做加压测试。

```
主库：   10.127.128.227   RHEL6U3   32G   R710
从库：   10.127.128.78    RHEL6U3   32G   R710
```

为了基本能够达到同一个基准进行测试，我先启动 5.6 的数据库服务，测试完毕，再启动 5.7 的服务。避免多实例的并行干扰。

初始化数据采用了类似下面的脚本，5.6 和 5.7 版本中都差不多。

创建了 10 个表，然后插入了 500 万数据来测试。

```
sysbench /home/sysbench/sysbench-1.0.3/src/lua/oltp_read_write.lua --
mysql-user=root --mysql-port=3308 --mysql-socket=/home/mysql_5.7.17/ mysql.
sock --mysql-host=localhost --mysql-db=sysbenchtest --tables=10 --table-size=
5000000 --threads=50 prepare
```

加压测试使用如下的 sysbench 脚本，持续时间 300 秒。

```
sysbench /home/sysbench/sysbench-1.0.3/src/lua/oltp_read_write.lua --
mysql-user=root --mysql-port=3308 --mysql-socket=/home/mysql_5.7.17/mysql.
sock --mysql-host=localhost --mysql-db=sysbenchtest --tables=10 --table-
size=5000000 --threads=50 --report-interval=5 --time=300 run
```

查看主从延迟，使用 pt-heartbeat 来完成。

开启后台任务：

```
pt-heartbeat  h='10.127.128.78',u='pt_checksum',p='pt_checksum',P=3307
-D sysbenchtest --create-table --interval=1 --update --replace -daemonize
```

开启主从延迟检测：

```
pt-heartbeat  h='10.127.128.78',u='pt_checksum',p='pt_checksum',P=3308
-D sysbenchtest --table=heartbeat --monitor --master-server-id=3308
                                          --frames=5s --interval=5
```

因为主从复制在 5.6 和 5.7 还是存在一定的差别，我们就分别测试单线程和多线程复制的差别和改进点。

并行复制的基本配置 5.6 开启并行复制。

```
mysql>stop slave;
mysql>set global slave_parallel_workers=8;
mysql>start slave;
```

2. MySQL 5.7 版本开启并行复制

其中值得一提的是 5.7 版本做了一些改进，slave-parallel-type 有如下的两个可选值：

● DATABASE：基于库级别的并行复制，与 5.6 相同；

● LOGICAL_CLOCK：逻辑时钟，主库上怎么并行执行的，从库上也是怎么并行回放的。

所以我们开启了 logical_clock。

```
mysql> stop slave;
mysql> set global slave_parallel_type='LOGICAL_CLOCK';
mysql> set global slave_parallel_workers=8;
mysql> stop slave;
```

图 5-23 是得到的一个概览图，横轴是测试时间，纵轴是延迟时间。

总体来看，MySQL 5.6 版本中的并行复制效率提升不够明显，5.7 版本中的提升效果非常显著。

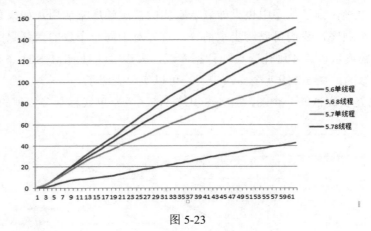

图 5-23

整个复制的流程中，看似存在多个节点会出现延迟的可能，而如果把这些工作都细化，那么就会有一个很本质的原因，那就是在主库端的更新是多线程，而从库端更新是单线程，如下图 5-24 所示。

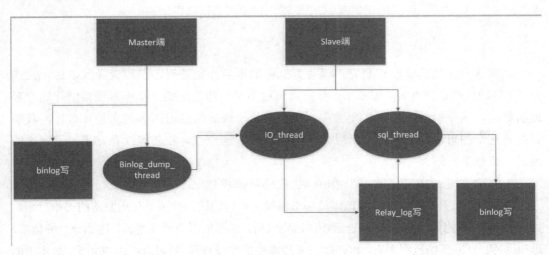

图 5-24

这样一个看似"存在即合理"方案在 MySQL 5.6 版本以前都是这么做的。最早的复制和 statement 格式做斗争，经过改进，有了 row 格式，也算是复制方向上的一大进步，而在 MySQL 5.6 版本中引入了并行复制，这一点能够缓和原本的复制瓶颈。

但是复制的效率提升不是严格意义上质的飞跃，只能算是一个开篇，因为支持的是数据库级别的，在这种模式下因为粒度太粗导致复制延迟问题的改进不是很明显。

多线程存在一些待解决的难题，其中之一就是语句的顺序无法保证，无论如何，日志都是需要顺序写，在源端是多线程并发操作，而映射到日志中，必然是一个顺序的记录方式，而这个操作到了从库中也只能老老实实的按照顺序来应用，如果采用多线程就得尤其注意这个顺序，我们可以逐步来细分，首先对于同一个表的更新只能按照顺序来同步，而这个粒度可以逐步细化，比如数据库级，表级等，目前 MySQL 5.6 版本中是按照数据库级来做的，在 5.7 版就全面改进了，可以实现表级了。

下图 5-25 是我测试的一个图，是 MySQL 5.6、5.7 版本单线程与多线程的延迟对比图。

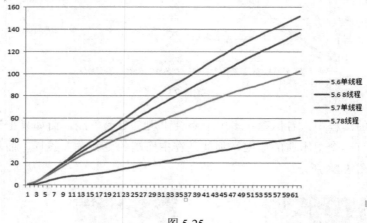

图 5-25

其实这个图我感觉没有画完，因为大批量的事务并发处理，必然会导致延迟，比如有 10 分钟的高强度并发，那么 10 分钟后延迟不是立即消失的，从库得慢慢消化这个延迟的数据，这个时间我们也需要关注，至于主从一致后的延迟回落到底是什么样，我想只是看这个图可能还看不出个所以然，所以想到了这一点，我就继续补充了一下测试的场景，调整了时间。

下面这个图 5-26 花了我不少的时间去收集数据和整理。

中间箭头就是在指定的时间范围的加压测试，而右边的部分则是延迟回落的一个过程，可以很清晰地看到，对于从库的延迟在加压完成后，延迟依旧会逐步增长，达到一个峰值后，迅速回落；从回落的过程来看，MySQL 5.6 版本中的单线程和多线程同 MySQL 5.7 版本中的测试情况大体相似，耗时情况和延迟回落的趋势，基本也是相似的，而 MySQL 5.7 版本的并行复制相比而言就是一个亮点，数据加压后的延迟回落极快，整个过程耗时要少很多。

当然这个图也反映出来一些问题，那就是 MySQL 5.6 版本的单线程和多线程的结果几乎一样，由此可以看出在这个测试场景中，并行复制没有派上用场；但是从另一角度来看，测试的场景还可以继续改进，可以更有针对性。

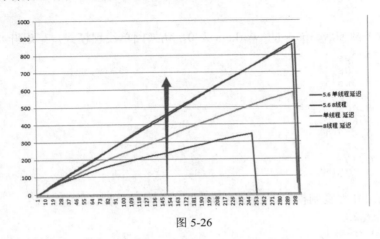

图 5-26

怎么改进呢，因为 5.6 版本中是数据库级的复制，所以我们可以建立多个数据库，然后通过在从库开启并行复制来改进，对比测试。

怎么能够快速看到效果呢。

我们继续开启 sysbench 的加压测试，使用 pt 工具同步检测延迟，花几分钟就可以看出差别来，比如我们首先建立 4 个数据库，每个数据库下创建 10 个表。

```
mysqladmin create sysbenchtest1
```

初始化一部分数据，对于 sysbenchtest1 如此，其他的几个数据库也是类似的操作。

```
sysbench /home/sysbench/sysbench-1.0.3/src/lua/oltp_read_write.lua --
mysql-user=root --mysql-port=3307 --mysql-socket=/home/mysql_5.6.23/mysql.
sock --mysql-host=localhost --mysql-db=sysbenchtest1 --tables=10 --table-
size=2000000 --threads=30 prepare
```

然后开启 sysbench 测试。

```
sysbench /home/sysbench/sysbench-1.0.3/src/lua/oltp_read_write.lua --
mysql-user=root --mysql-port=3307 --mysql-socket=/home/mysql_5.6.23/mysql.
sock --mysql-host=localhost --mysql-db=sysbenchtest1 --tables=10 --table-
size=2000000 --threads=30  --time=300 run
```

查看延迟的情况。

```
pt-heartbeat     h='10.127.128.78',u='pt_checksum',p='pt_checksum',P=3307
-D  sysbenchtest  --table=heartbeat  --monitor  --master-server-id=3307
--frames=5s --interval=5
```

几个简单的对比就可以说明。

开启并行复制模式时，延迟如下：

```
0.00s [  0.00s ]
0.00s [  0.00s ]
0.00s [  0.00s ]
0.00s [  0.00s ]
0.00s [  0.00s ]
0.00s [  0.00s ]
0.00s [  0.00s ]
0.00s [  0.00s ]
```

然后修改参数 slave_parallel_workers 为 0，切换回单线程模式，延迟开始加大。

```
1.00s [  0.20s ]
0.00s [  0.20s ]
2.00s [  0.60s ]
0.00s [  0.60s ]
1.00s [  0.80s ]
0.00s [  0.60s ]
0.00s [  0.60s ]
0.00s [  0.20s ]
0.00s [  0.20s ]
1.00s [  0.20s ]
```

再次切换回并行复制模式，延迟逐渐减低，并回复平稳。

```
0.00s [  0.40s ]
0.00s [  0.20s ]
0.00s [  0.00s ]
0.00s [  0.00s ]
0.00s [  0.00s ]
0.01s [  0.00s ]
0.00s [  0.00s ]
0.00s [  0.20s ]
0.00s [  0.20s ]
```

当然想看到更加细致的图形对比，也不是一件难的事情，但基本上我们通过上述的测试已经有了一个比较清晰的结果。

而在企业级环境中，在软件版本选型和业务上线前，需要做一些细致地压测，如下图 5-27 和图 5-28 就是一个线上环境对比并行复制的性能测试差异，仅供参考。

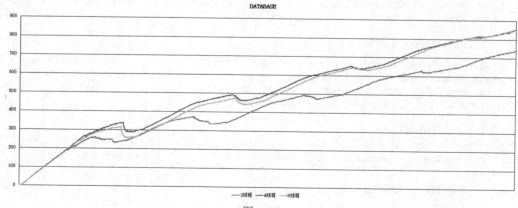

图 5-27

在 DATABASE 模式下，多线程的测试情况可以看到延时问题依旧存在，这是有一定幅度的差异改进。

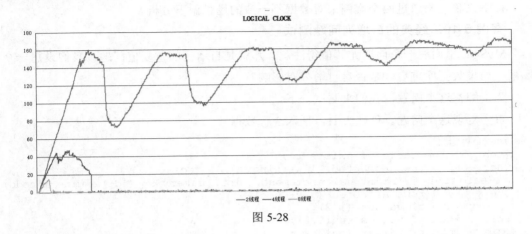

图 5-28

而在 LOGICAL_CLOCK 模式下，8 线程的延时几乎是触底的；而相对来说，2 线程的延时还是不够稳定。

刚刚我们讨论了数据延迟问题，在延迟问题之外，还有一类问题尤其关键，那就是数据完整性了，如果主从数据不一致，这比产生延迟的影响都要大，下一小节我们来讨论下数据不一致的问题。

5.2.5　主从数据不一致的分析

关于主从数据不一致，作为 DBA 不处理几次主从复制异常都不好意思了。那么我们处理了这么多的主从数据不一致的场景，有没有共性的原因呢，我梳理了下图 5-29。

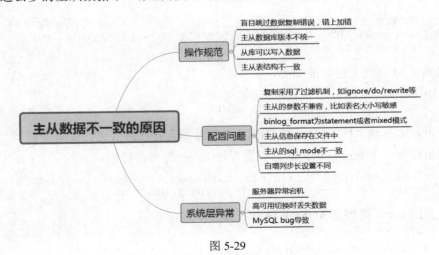

图 5-29

上图基本上包含了常见数据不一致的场景，面对这些问题，我们需要整理一些可行的改进措施。

接下来我们来通过两个案例来对数据不一致的场景做下分析。

案例 5-10：经典的自增列问题测试

MySQL 里面有一个问题尤其值得注意，那就是自增列的重复值问题。我们设想一个场景，如果数据库重启，是否对自增列有影响？

为了解答这个问题，我们来测试一下。

首先复现这个问题。创建表 t1，插入 3 行数据。

```
use test;
[test]> drop table if exists t1;
Query OK, 0 rows affected, 1 warning (0.01 sec)
> create table t1(id int auto_increment, a int, primary key (id)) engine=innodb;
Query OK, 0 rows affected (0.02 sec)
insert into t1 values (1,2);
insert into t1 values (null,2);
insert into t1 values (null,2);
[test]> select *from t1;
+----+------+
| id | a    |
+----+------+
| 1  |    2 |
| 2  |    2 |
| 3  |    2 |
+----+------+
```

因为存在 3 行数据，这个时候自增列的值是 4。

```
[test]> show create table t1\G
*************************** 1. row ***************************
       Table: t1
Create Table: CREATE TABLE `t1` (
  `id` int(11) NOT NULL AUTO_INCREMENT,
  `a` int(11) DEFAULT NULL,
  PRIMARY KEY (`id`)
) ENGINE=InnoDB AUTO_INCREMENT=4 DEFAULT CHARSET=latin1
1 row in set (0.00 sec)
```

我们删除 id 值最大的记录 id=3。

```
mysql> delete from t1 where id=3;
Query OK, 1 row affected (0.02 sec)
```

这个时候会发现 AUTO_INCREMENT=4 的值不会有任何变化。

我们来挖掘一下 binlog 的内容，就会发现 insert 语句很特别。

```
# /usr/local/mysql_5.7.17/bin/mysqlbinlog --socket=/home/data/s1/s1.
sock --port=24801 -vv  /home/data/s1/binlog.000001
```

可以看到 insert 语句是 MySQL 独有的语法形式。

```
### SET
###   @1=3 /* INT meta=0 nullable=0 is_null=0 */
###   @2=2 /* INT meta=0 nullable=1 is_null=0 */
```

```
# at 2271
```

delete 也会基于行级变更，定位到具体的记录方式来删除。

```
### DELETE FROM `test`.`t1`
### WHERE
###   @1=3 /* INT meta=0 nullable=0 is_null=0 */
###   @2=2 /* INT meta=0 nullable=1 is_null=0 */
# at 2509
```

我们重启一下数据库。

```
# mysqladmin --socket=/home/data/s1/s1.sock --port=24801 shutdown
# /bin/sh /usr/local/mysql_5.7.17/bin/mysqld_safe --defaults-file=/home/
                                                   data/s1/s1.cnf &
```

重启之后就会发现情况发生了变化，原来的自增值 4 现在变为了 3，这个也是基于
max(id)+1 的方式来计算的。

```
mysql> show create table t1\G
*************************** 1. row ***************************
       Table: t1
Create Table: CREATE TABLE `t1` (
  `id` int(11) NOT NULL AUTO_INCREMENT,
  `a` int(11) DEFAULT NULL,
  PRIMARY KEY (`id`)
) ENGINE=InnoDB AUTO_INCREMENT=3 DEFAULT CHARSET=latin1
1 row in set (0.00 sec)
```

这个时候我们来关注一下从库，从库的自增列值会变化吗？

```
mysql> show create table t1\G
*************************** 1. row ***************************
       Table: t1
Create Table: CREATE TABLE `t1` (
  `id` int(11) NOT NULL AUTO_INCREMENT,
  `a` int(11) DEFAULT NULL,
  PRIMARY KEY (`id`)
) ENGINE=InnoDB AUTO_INCREMENT=4 DEFAULT CHARSET=latin1
1 row in set (0.00 sec)
```

这个时候就会发现重启数据库以后，主从的自增列的值不同了。那么我们来进一步
测试，在主库插入一条记录，这样自增列的值就是 4。

```
mysql> insert into t1 values (null,2);
Query OK, 1 row affected (0.01 sec)
```

自增列的值为 4，而从库的自增列的值依旧没有任何变化。

继续插入一条记录，这个时候主库的自增列就会是 5。

```
mysql> insert into t1 values (null,2);
Query OK, 1 row affected (0.00 sec)
```

而从库呢，我们来验证一下，发现这个时候从库的自增列又开始生效了。

```
mysql> show create table t1\G
*************************** 1. row ***************************
       Table: t1
Create Table: CREATE TABLE `t1` (
```

```
`id` int(11) NOT NULL AUTO_INCREMENT,
`a` int(11) DEFAULT NULL,
PRIMARY KEY (`id`)
) ENGINE=InnoDB AUTO_INCREMENT=5 DEFAULT CHARSET=latin1
1 row in set (0.00 sec)
```

可见从库端会自动去同步主库的自增列，而数据库重启后，因为 InnoDB 层没有去存储这个信息，会按照 max(id)+1 的方式来得到后续的自增列值，实际上在多环境历史数据归档的情况下，如果主库重启，很可能会出现数据不一致的情况。

当然，InnoDB 在处理自增列问题上，有一点还是比较优雅的，我们来通过测试说明一下。假设此时表中的数据如下：

```
mysql> select * from t1;
+----+------+
| id | a    |
+----+------+
|  1 |    2 |
|  2 |    2 |
|  3 |    2 |
|  4 |    2 |
|  5 |    2 |
+----+------+
5 rows in set (0.00 sec)
```

为了方便测试，我们继续插入一条数据，这一次我指定了 id 值。

```
mysql> insert into t1 values(6,2);
Query OK, 1 row affected (0.00 sec)
```

令人感到欣慰的是，结果是符合预期的。

```
mysql> show create table t1\G
*************************** 1. row ***************************
       Table: t1
Create Table: CREATE TABLE `t1` (
  `id` int(11) NOT NULL AUTO_INCREMENT,
  `a` int(11) DEFAULT NULL,
  PRIMARY KEY (`id`)
) ENGINE=InnoDB AUTO_INCREMENT=7 DEFAULT CHARSET=latin1
1 row in set (0.00 sec)
```

自增列的问题在 MySQL 很久以前就有，5.7 版本依旧存在，什么时候会修复呢，根据官方的计划会在 8.0 中修复。

案例 5-11：主从不一致的修复过程

发现一个 5.7 版本的 MySQL 从库在应用日志的时候报出了错误。从库启用过了并行复制。Last Error 的内容为：

```
Last_Error: Coordinator stopped because there were error(s) in the
worker(s). The most recent failure being: Worker 0 failed executing transaction
'8fc8d9ac-a62b-11e6-a3ee-a4badb1b4a00:7649' at master log mysql-bin.000011,
end_log_pos 5290535. See error log and/or performance_schema.replication_
applier_status_by_worker table for more details about this failure or
                                                  others, if any.
```

对于这类问题看起来还是比较陌生，我们可以到 binlog 里面看到一些明细的信息。此处的 relay log 是 teststd-relay-bin.000013。

```
/usr/local/mysql/bin/mysqlbinlog --no-defaults --base64-output=DECODE-
ROWS --verbose teststd-relay-bin.000013 > /tmp/mysqlbin.log
```

而修复方式和常规的略有一些差别。

```
STOP SLAVE;
SET @@SESSION.GTID_NEXT = '8fc8d9ac-a62b-11e6-a3ee-a4badb1b4a00:7649';
BEGIN; COMMIT;
SET @@SESSION.GTID_NEXT = AUTOMATIC;
START SLAVE;
```

然后再次应用，不过我发现这次碰到的问题比想象的要麻烦一些。可以从错误日志看出是在更修改 backend 数据库的表 sys_user_audit 的时候抛出了错误。

```
2016-11-29T00:03:58.754386+08:00 161 [Note] Slave SQL thread for channel
'' initialized, starting replication in log 'mysql-bin.000011' at position
5290028, relay log './teststd-relay-bin.000013' position: 27175
2016-11-29T00:03:58.754987+08:00 162 [ERROR] Slave SQL for channel '':
Worker 0 failed executing transaction '8fc8d9ac-a62b-11e6-a3ee-a4badb1b4a00:
7649' at master log mysql-bin.000011, end_log_pos 5290535, Could not
execute Update_rows event on table backend.sys_user_audit; Can't find record
in 'sys_user_audit', Error_code: 1032; handler error HA_ERR_KEY_NOT_FOUND; the
event's master log FIRST, end_log_pos 5290535, Error_code: 1032
```

手工跳过了几次之后，发现总这样也不是事儿，如果这样的问题较多，可以直接修改参数 slave_exec_mode 来完成。

```
set global slave_exec_mode=IDEMPOTENT;
```

当然这种方式解决当前问题还是比较合适的，跟上了主库的变更，重新设置为原值。

```
set global slave_exec_mode=STRICT;
```

很快从库的状态就正常了，但是又一个新的问题又来了：主从数据库的数据怎么不一致了。于是我对这个表在主从做了对比，发现数据是不一致的，从库的数据比主库少了 9 条。如此一来，这个从库就是不合格的。

怎么修复数据呢，目前想到的有三种方案：

（1）重建从库，显然这不是一个很好的方案。

（2）使用 navicator 也是一个不错的方案，图形界面点点配配就可。

（3）使用 pt 工具进行修复。

最终决定选择方案 3，在主从库各创建一个临时作为同步的用户，先做 checksum，然后根据 checksum 的情况来修复数据，这样就涉及两个命令行工具 pt-table-checksum 和 pt-table-sync，当然这两个工具的选项很多，我只做一些基本的操作。

创建用户的方式如下，需要主从做 checksum 对比的数据库为 backend。

```
GRANT SELECT, PROCESS, SUPER, REPLICATION SLAVE ON *.* TO 'pt_checksum'@'
10.127.%.%' IDENTIFIED BY 'pt_checksum';
```

创建的临时数据库为 percona，也需要赋予相应的权限。

```
grant all on percona.* to  'pt_checksum'@'10.127.%.%' ;
```

checksum 的过程其实很复杂，大体有下图 5-30 所示的步骤，当然我们可以简化一下，达到目标然后深究。

1. Connect to master	14. Check if chunk is oversized
2. Find slaves	15. Execute checksum chunk
3. Check slaves for replication filters	16. SHOW WARNINGS
4. Check/create checksum table	17. SELECT checksum chunk
5. Get next table	18. UPDATE master checksum
6. Adjust –chunk-size	19. Adjust –chunk-size
7. Make checksum SQL	20. Wait for slaves to catch up
8. Determine how to chunk table	21. Wait for –max-load
9. Start checksumming table	22. Done checksumming table
10. DELETE old checksums for table	23. Wait for checksums to replicate
11. USE the "correct" db	24. Find and print checksum diffs
12. Get next chunk boundaries	25. Repeat from #5 while tables
13. EXPLAIN checksum chunk	26. Exit 0=no warn/err/diffs, else 1

图 5-30

我们使用如下命令开启 checksum 的检查：

```
[root@testdb2 bin]# pt-table-checksum h='10.127.128.99',u='pt_checksum',p=
'pt_checksum',P=3306 -d backend --nocheck-replication-filters --replicate=
percona.checksums  --no-check-binlog-format
               TS ERRORS  DIFFS     ROWS CHUNKS SKIPPED     TIME TABLE
   11-29T17:45:34       0       0      105      1       0    0.017
backend.sys_resource
   11-29T17:45:34       0       0       17      1       0    0.015
backend.sys_role
   11-29T17:45:34       0       1       99      1       0    0.017
backend.sys_user
   11-29T17:45:34       0       1      172      1       0    0.017
backend.sys_user_audit
```

完成之后，在 percona 数据库下会就生成一个表，里面的数据就是一些对比的元数据，如果存在差别则会有 diffs 字段进行标示。

如果确认无误，可以开始修复数据，借助 pt-table-sync 先把 SQL 输出不执行，把主库和从库的信息都正确输入。

```
pt-table-sync --print --replicate=percona.checksums h=10.127.128.99,u=pt_
checksum,p=pt_checksum,P=3306 h=10.127.130.58,u=pt_checksum,p=pt_checksum, P=3306
```

而这个操作的原理其实就是 replace into。如果数据存在则会忽略，使得数据修复操作具有幂等性。

切记要注意权限，对于这个同步数据的用户要开通操作目标数据库的权限。

```
grant insert,delete,update,select on backend.* to 'pt_checksum'@'10.127
                                                         .%.%' ;
```

这个过程持续的时间不长，很快就能够执行完毕，修复之后再次做 checksum 就完全正常了。

第 6 章　MySQL 查询优化

历史孕育了真理，他与时间抗衡，保存了人们的实践；他是往昔的见证，当今的教训，未来的借鉴。

——《堂吉诃德》

关系数据库发展到今天，并且随着云计算的普及，对于基础运维的需求有了显著的减少；相反，对于应用性能的优化却成为了重中之重。根据统计，80%的响应时间问题都应用性能差的 SQL 造成的。

关于 SQL 优化，有一个很经典的公式：

$$T = S / V$$

T 表示执行的时间，S 表示需要的资源情况，V 表示单位时间内的资源使用量。

这个公式的目标很明确；就是要减少 T，所以可以通过减少 S 或者增加 V 来解决。

减少 S 是作为大部分调优的重中之重，也就是减少 I/O；而增加 V，也就是提高单位时间内的资源使用量，可以充分利用现有的软硬件资源，。

这个公式的最终产出就是 SQL 优化的一个本质：缩短响应时间，提高资源利用率，提高系统负载能力。

我们本小节会从优化基础、SQL 查询优化、优化技巧和优化器高级特性这几个方面进行解读，基本架构如下图 6-1 所示。

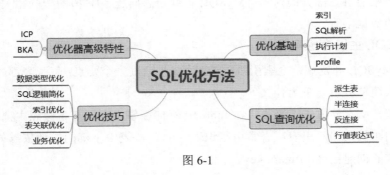

图 6-1

6.1　MySQL 优化基础

MySQL 优化是一门手艺活，而查询优化是其中的重头戏，如果做优化的时候比较茫然，不知道该如何下手，或者给出的优化建议比较片面，那么我们可以先停下来夯实基础，这些基础其实就是对于 SQL 的理解，SQL 的执行效率必然离不开索引的辅助，我们需要了解索引的基本原理，熟悉 SQL 的解析过程，能够读懂执行计划，熟悉优化器层面在做哪些工作，并能够定位基本的性能问题，熟悉了 SQL 之后，我们处理 SQL 优化问题才能够知己知彼，我们接下来会按照索引、SQL 解析、执行计划、SQL Profile 这几个知识点展开。

6.1.1　MySQL 索引解析

对于索引的分类，主要从两个维度来进行区分：主键索引和辅助索引，具体分类如下图 6-2 所示。

从右图我们可以看到，主键和辅助索引是两个体系的，主键的性能相对来说最好的；而对于 SQL 查询优化，其实很多都是在辅助索引方面做一些改进和补充。

在这个基本分类之上，我们可以引申出一些额外的索引，比如全文索引，函数索引等，在此，我们不会花大篇幅的内容去讲每种索引的不同。本小节主要想表述的内容是：对于

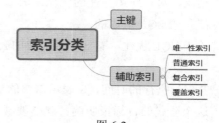

图 6-2

SQL 优化，其实索引是一种催化剂；或者更确切一些说，索引仅仅是一种优化工具，我们除了要掌握索引的一些基础原理，还需要理解索引设计的本质，那就是以空间换时间。

在这方面，Oracle 19c 已经走在了优化的前沿，它们推出了新特性：自动化索引，而且还高调的把索引名字命名为从 AI 开头的名字，其实对于 MySQL 来说也不遥远了。

我们接下来会讲三部分的内容：MySQL 主键隐患问题、B+树的一些相关基础和唯一性索引潜在的数据陷阱。

1．MySQL 主键隐患问题

在学习 MySQL 开发规范之索引规范的时候，强调过一个要点：每张表都建议有主键。我们在这里来简单分析一下为什么？

除了规范，从存储方式上来说，在 InnoDB 存储引擎中，表都是按照主键的顺序进行存放的，我们叫做聚簇索引表或者索引组织表（IOT），表中主键的参考依据如下：

（1）显式的创建主键 Primary key。

（2）判断表中是否有非空唯一索引，如果有，则为主键。

（3）如果都不符合上述条件，则会生成 UUID 的一个隐式主键（6 字节大）。

从以上可以看到，MySQL 对于主键有一套维护机制，而一些常见的索引也会产生相应的影响，比如唯一性索引、非唯一性索引、覆盖索引等都是辅助索引（secondary index，也叫二级索引），从存储的角度来说，二级索引列中默认包含主键列，如果主键太长，也

会使得二级索引很占空间。

这就引出行业里非常普遍的主键性能问题，这不是一个单一的问题，需要 MySQL 方向持续改造的一个过程，将技术价值和业务价值结合起来。我看到很多业务中设置了自增列，但是大多数情况下，这种自增列却没有实际的业务含义，尽管是主键列保证了 ID 的唯一性，但是业务开发无法直接根据主键自增列来进行查询，于是他们需要寻找新的业务属性，添加一系列的唯一性索引，非唯一性索引等等，这样一来我们坚持的规范和业务使用的方式就存在了偏差。

从另外一个维度来说，我们对于主键的理解是有偏差的，我们不能单一的认为主键就一定是从 1 开始的整数类型，我们需要结合业务场景来看待，比如我们的身份证其实就是一个不错的例子，把身份证号分成了几个区段，偏于检索和维护；或者是外出就餐时得到的流水单号，它都有一定的业务属性在里面，对于我们去理解业务的使用是一种不错的借鉴。

刚刚说了下主键的一些基本观点，本质上我们还是需要了解一下索引的基本原理，我们从 B+树开始吧，这是索引存储设计的切入点。

2. 了解一下 B+树

对于数据库的设计来说，如何高效地查询数据是关键，所以我们需要熟悉索引的存储结构。

对于数据库和文件系统中，大量使用了平衡二叉树（B 树）来实现索引，而对于 MySQL 来说，是使用 B+树的方式，我们对两种存储方式做下分析。

如下图 6-3 是 B 树的存储方式。

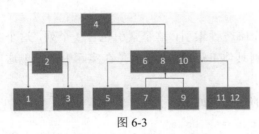

图 6-3

如下图 6-4 是 B+树的存储方式。

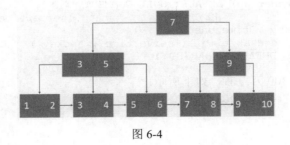

图 6-4

我们来做下对比和分析：

（1）B 树的键值不会出现多次，而 B+树却不同，键值对应的具体数据都在叶子节点上。这个可以通过生活中的例子来类比，比如某公司里面有一个开发小组，组长管理着一些程序员，他平时也会参与一些关键任务的开发工作，虽然从组织架构上他属于管理层，但是也做一些具体事务。

（2）B 树查询效率与在 B 树的存储位置有关，而 B+树是相对稳定的。同样可以用一个例子来解释，现在很多公司提倡扁平化管理，彼此之间都是平行的，开展工作也会方便一些，B+树的管理方式也是类似。

（3）B+树的叶子节点是跟后续节点连接的，形成了一个链表，我们查询数据的时候，不一定只查出一条，如果是多条，因为数据都在叶子节点，而且是有序的，处理起来会容易的多，而对于 B 树来说，就需要做局部的中序遍历，可能会跨层访问。同样可以举一个例子，有些公司为了提高工作效率，弱化"部门墙"问题，会有一些产品研发的虚拟小组，组员可能是来自于多个部门抽调。虚拟小组之间可以自由沟通，不会存在太多的部门规约的限制。

（4）从存储的角度来考虑，因为 B+树的键不只在叶子节点，还可能在非叶子节点中重复出现，所以从存储空间上，B+树相比 B 树会有额外的空间开销，但相比于性能来说，这种消耗也是可以平衡的。

3．数据陷阱：唯一性索引产生的冗余数据

对于很多业务同学来说，认为建立唯一性索引和主键没有什么差别，除了我们知道的一些基础概念之外，其实这很容易陷入一个索引陷阱：产生大量的冗余数据，我们来举一个例子说明下。

有一个表里存在一个唯一性索引，这个索引包含 3 个列，这个唯一性索引的意义就是通过这 3 个列能够定位到具体 1 行的数据，但是在实际中却发现这个唯一性索引还是有一个地方可能被大家忽略了。

我们先来看看数据的情况，如下。

```
CREATE TABLE `test base data` (
 `servertime` datetime DEFAULT NULL COMMENT '时间',
 `appkey` varchar(64) DEFAULT NULL,
 ...
 `timezone` varchar(50) DEFAULT NULL COMMENT '时区',
  UNIQUE                   KEY                   `servertime_appkey_timezone`
(`servertime`,`appkey`,`timezone`),
  KEY `idx_ccb_r_b_d_ak_time` (`servertime`,`appkey`)
) ENGINE=InnoDB DEFAULT CHARSET=utf8
```

表里的数据量在 300 万左右，如下所示：

```
> select count(*)from test_base_data;
+----------+
| count(*) |
+----------+
| 3818630  |
```

```
+----------+
```

我在分析时候，和业务方进行确认，这个唯一性索引其实是可以重建为主键的。

于是我尝试删除已有的唯一性索引，转而创建主键，操作过程中竟然抛出了数据冲突的错误，如下。

```
> alter table test_base_data add primary key `servertime_appkey_timezone`
(`servertime`,`appkey`,`timezone`);
 ERROR 1062 (23000): Duplicate entry '2017-05-09 13:15:00-1461048746259-'
for key 'PRIMARY'
```

数据按照 appkey 1461048746259 来过滤，得到的一个基本情况，如下：

```
> select servertime,appkey,timezone from ccb_realtime_base_data limit 5;
+---------------------+----------------+----------+
| servertime          | appkey         | timezone |
+---------------------+----------------+----------+
| 2017-05-09 20:25:00 | 1461048746259  | NULL     |
| 2017-05-09 13:15:00 | 1461048746259  | NULL     |
| 2017-05-09 19:00:00 | 1461048746259  | NULL     |
| 2017-05-09 17:00:00 | 1461048746259  | NULL     |
| 2017-05-09 20:30:00 | 1461048746259  | NULL     |
+---------------------+----------------+----------+
```

单纯这样看，看不出什么问题来，但是当我通过 count 来得到重复数据的时候，着实让我惊呆了。

```
> select count(1) from ccb_realtime_base_data where servertime ='2017-05-09
13:15:00' and appkey='1461048746259';
+----------+
| count(1) |
+----------+
|      709 |
+----------+
```

这一行记录，在这个表里竟然有重复数据 700 多条，也就意味着表里存在大量的冗余数据，为什么唯一性索引就查不出来呢。

我们来做一个测试来进行说明。

首先，我创建一个简单的表 unique_test。

```
create table unique_test(id int,name varchar(30))
```

添加唯一性约束。

```
alter table unique_test add unique key(id);
```

插入 1 行数据。

```
insert into unique_test values(1,'aa');
```

再插入 1 行数据，毫无疑问会抛出如下错误。

```
 insert into unique_test values(1,'aa');
ERROR 1062 (23000): Duplicate entry '1' for key 'id'
```

我们删除原来的索引，创建一个新的唯一性索引，基于列（id，name）。

```
alter table unique_test drop index id;
alter table unique_test add unique key (id,name);
```

插入新的数据。

```
> insert into unique_test values(1,'aa');
ERROR 1062 (23000): Duplicate entry '1-aa' for key 'id'
```

可见，唯一性约束生效了，然后我们做进一步测试：

```
> insert into unique_test values(1,null);
```

这个时候竟然校验不出来了，数据分布如下：

```
> select *from unique_test;
+------+------+
| id   | name |
+------+------+
|    1 | NULL |
|    1 | aa   |
+------+------+
```

问题在哪里呢？其实就在那个 null 的地方上，这是问题的症结，进一步来说，这个是唯一性索引和主键的一个差别，就是主键约束相较于唯一性约束来说，还有一个默认的属性，那就是 not null。

而我们继续测试，下面的语句依旧可以成功。

```
> insert into unique_test values(1,null);
```

这个时候查看数据，发现已经存在了冗余数据。

```
mysql> select *from unique_test;
+------+------+
| id   | name |
+------+------+
|    1 | NULL |
|    1 | NULL |
|    1 | aa   |
```

而这也就是 MySQL 中产生冗余数据的罪魁祸首。

而 null 带给我们的疑惑还远不止于此，我列举如下三个方面：

（1）null 和空串的处理方式差异

不同数据库中对于 null 和空串的处理方式也有所不同，在 MySQL 中 null 和空串是两个完全对立的对象，尽管表现形式看上去相似，都是没有数据。

（2）count 处理的差异

比如下面的两条 SQL 的输出就会截然不同。

```
mysql> select count(*)from unique_test where id=1;
+----------+
| count(*) |
+----------+
|        3 |
+----------+
1 row in set (0.00 sec)
```

而根据 name 列进行条数统计，会发现 count 无情地拒绝了 null。

```
mysql> select count(name)from unique_test where id=1;
+-------------+
| count(name) |
+-------------+
|           1 |
+-------------+
1 row in set (0.00 sec)
```

（3）含有 null 值的组合索引

同样都是 null 的差别，在 MySQL 和 Oracle 里面的处理方式截然不同。

比如上面所说的数据冗余问题在 Oracle 中是不会发生的，所以一些应用层的使用习惯会给数据库迁移带来一系列潜在的隐患。

而对于上述问题的解决之道是尽可能避免使用 null 约束，能创建主键就不要使用唯一性约束；一定要使用时也可退而求其次，能设置属性为 not null 就不要使用 null。

6.1.2　推理 SQL 的解析过程

抛出一个问题，你是如何理解 MySQL 解析器的，它和其他数据库的解析器有什么差别？相信大多数同学都会比较迷茫，因为这个问题很难验证，或者看源码，或者就是查看书上是怎么说的，其实这两种方法对我们去理解这个问题来说不是很合适，如果能够通过简单的测试就能说明问题就好了。

我们可以对问题做一下细化，整体上来说，一条简单的 SQL 语句的解析流程如下图 6-5 所示。

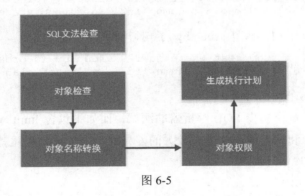

图 6-5

整个流程上，我们做一些相关解释：

- 对 SQL 的文法检查：查看是否有文法错误，比如 from、select 拼写错误等；
- 对象检查：在数据字典里校验 SQL 涉及的对象是否存在；
- 将对象进行名称转换：比如同义词转义成对应的对象或者 select * from test t，其中 t 是一个同义词指向 hr.test；
- 对象权限：检查语句的用户是否具有访问对象的权限；

● 生成执行计划：这个无需解释了。

如何通过测试来验证呢，我们可以试一下以毒攻毒的方法，即用错误的的 SQL 来推理 SQL 的解析过程，我们先来看一下在 MySQL 侧的解析情况。

1. MySQL 解析器简单测试

如何在 MySQL 中进行验证呢， 我们可以在 MySQL 中创建表 test。

使用如下的语句：

```
Create table test (id int,name varchar(30));
```

如果我们提交一个语法错误的 SQL，在解析方面 MySQL 提供的信息会非常有限。

```
mysql> select1 id3 from2 test1 where3 id2='aaa' group by4 id1 order by5 id0;
ERROR 1064 (42000): You have an error in your SQL syntax; check the manual that
corresponds to your MySQL server version for the right syntax to use near 'select1
id3 from2 test1 where3 id2='aaa' group by4 id1 order by5 id0' at line 1
```

这种错误没有下标，也没有明确的错误提示，是难以去理解语法解析的过程的，在对象和权限的解析方面，MySQL 的解析方式也相对比较单一，即从左到右。

比如我们需要验证 select 子句、group by 子句和 order by 子句的解析顺序。

可以使用下面的语句：

```
mysql> select id1 from test where id=100 group by id2 order by id3;
ERROR 1054 (42S22): Unknown column 'id1' in 'field list'
```

错误在 select 子句，修复 select 子句，继续测试。

```
mysql> select id from test where id=100 group by id2 order by id3;
ERROR 1054 (42S22): Unknown column 'id2' in 'group statement'
```

错误在 group by 子句，修复 group by 子句，继续测试。

```
mysql> select id from test where id=100 group by id order by id3;
ERROR 1054 (42S22): Unknown column 'id3' in 'order clause'
```

可以看到，错误在 order by 子句。

至此我们完成了一个初步 SQL 解析器的测试，而如果包含 limit 子句，整个 SQL 中按如下顺序来执行，和解析的方式是有较大的差异的，限于篇幅在此就不再展开了。

（1）FROM 子句

（2）WHERE 子句

（3）GROUP BY 子句

（4）HAVING 子句

（5）ORDER BY 子句

（6）SELECT 子句

（7）LIMIT 子句

（8）最终结果

　　为什么解析顺序和执行顺序差别很大呢，归根结底，就两种方式的差异总结来说，解析是在做 SQL 文本的解析，而运行则是在解析的基础上做数据的提取，一个是 WHAT（是什么）的思维，一个是 HOW（怎么做）的思维。

　　如果想要做一些较为完整的测试，该怎么办呢，我们可以借鉴 Oracle 的实现方式，有的同学可能会想，测试 Oracle 部署环境还是比较麻烦的，其实可以走快捷通道，即 Oracle 官方提供的在线测试入口：https://livesql.oracle.com，所有的测试和操作都可以在线完成，完全不需要部署环境了，我们以 Oracle 19c 的在线环境做测试，来验证下 Oracle 的解析器实现，加深我们对于 SQL 解析过程的理解。

2．Oracle 解析器简单测试

　　首先准备一个测试表，如下。

```
create table test (id number,name varchar2(30));
```

　　开始测试。重申一下，思路是用有问题的语句来测试和推理。

　　下面的语句存在很多的问题，来看看 Oracle 的反应。

```
select1 id3 from2 test1 where3 id2='aaa' group by4 id1 order by5 id0;
ORA-20001: Query must begin with SELECT or WITH
```

　　解析发现 select 的语句错误，其实后面的 from、where、group by、order by 都有错误。但是首先发现的是 select 的部分，可见解析还是从左至右的方向来做文法解析。

　　开始修复 select 的文法错误。

```
select id1 from2 test1 where3 id1='aaa' group by4 id1 order  by5 id1;
ORA-00923: FROM keyword not found where expected
```

　　这个时候错误指向了 FROM，进一步论证解析的顺序，我们修复 from 的错误，开始继续验证。

```
select id3 from test1 where3 id2='aaa' group by4 id1 order by5 id0;
ORA-00933: SQL command not properly ended
```

　　这个时候错误指向了 where3，原因在于解析器把 where3 当作了表 test1 的别名，修复 where 的文法错误如下。

```
select id3 from test1 where id2='aaa' group by4 id1 order by5 id0;
ORA-00924: missing BY keyword
```

　　而这次又直接指向了 group by 的部分。通过这三次错误指向，更能断定文法解析是从左至右。对于是否存在表，是否字段存在问题都不会解析。

　　如下，修复了 group by、order by 的文法错误。

```
select id3 from test1 where id2='aaa' group by id1 order by id0;
ORA-00942: table or view does not exist
```

　　这时发现错误指向了 test1，提示没有这个表。可见在文法解析之后只是开始校验是否存在这个表，还没有开始校验字段的情况。

修复了表名的错误，看看报错信息。

```
select id3 from test where id2='aaa' group by id1 order by id0;
ORA-00904: "ID0": invalid identifier
```

发现是在解析 order by 的字段名，对于 select、where、group by 中的字段名先不解析。

注：对于不同的 Oracle 版本，这里的输出结果是不一样的，在 11g 中是 group by，order by 的解析顺序，这里仅供参考。

我们修复 order by 中的错误，继续查看。

```
select id3 from test where id2='aaa' group by id1 order by id;
ORA-00904: "ID1": invalid identifier
```

这个时候解析到了 group by 子句中的字段值。但是 select，where 中的字段还没有开始解析。

修复 group by 子句中的问题，继续测试。

```
select id3 from test where id2='aaa' group by id order by id;
ORA-00904: "ID2": invalid identifier
```

错误指向了 where 子句，这个时候就剩下了 select 的部分了，修复 where 的部分。

```
select id3 from test where id='aaa' group by id order by id;
ORA-00904: "ID3": invalid identifier
```

通过上面的错误测试，基本能够得到语句解析中的处理顺序，但是这里需要明确的是 SQL 的解析顺序和 SQL 数据处理的顺序是不一样的，仅仅作为一种参考的思路，我们来间接验证一下。

我们更进一步，查看如果字段 ID 为 number，赋予 varchar2 的数据，是否会在解析的时候校验出来。

```
select id from test where id='aaa' group by id order  by id;
no rows selected
```

从错误来看，目前还没有到执行阶段，是没有办法做出判断的。

而如果我们对表写入数据，再来看看效果。

```
select id from test where id='aaa' group by id order  by id;
ORA-01722: invalid number
```

此时会发现错误已经在校验字段的数据类型了。

当然在这些场景之外，我们还可以测试索引、统计信息的一些场景，限于篇幅就不扩展了，大家可以自行测试。

案例 6-1：group by 问题浅析

有一天统计备份数据的时候，写了一条 SQL，当看到执行结果时才发现 SQL 语句没有写完整，在完成统计工作之后，我准备分析下这条 SQL 语句。

```
mysql> select  backup_date ,count(*) piece_no  from redis_backup_result;
+-------------+----------+
| backup_date | piece_no |
```

```
+-------------+----------+
| 2018-08-14  |    40906 |
+-------------+----------+
1 row in set (0.03 sec)
```

一天之内肯定没有这么多的记录，明显不对，到底是哪里出了问题呢。

自己仔细看了下 SQL，发现是没有加 group by，我们随机查出 10 条数据。

```
mysql> select backup_date from redis_backup_result limit 10;
+-------------+
| backup_date |
+-------------+
| 2018-08-14  |
| 2018-08-14  |
| 2018-08-14  |
| 2018-08-15  |
| 2018-08-15  |
| 2018-08-15  |
| 2018-08-15  |
| 2018-08-15  |
| 2018-08-15  |
| 2018-08-15  |
+-------------+
10 rows in set (0.00 sec)
```

在早期的版本中数据库参数 sql_mode 默认为空，不会校验这个部分，从语法角度来说，是允许的；但是到了高版本，比如 5.7 版本之后是不支持的，所以解决方案很简单，在添加 group by 之后，结果就符合预期了。

```
mysql> select backup_date ,count(*) piece_no  from redis_backup_result
group by backup_date;
+-------------+----------+
| backup_date | piece_no |
+-------------+----------+
| 2018-08-14  |        3 |
| 2018-08-15  |      121 |
| 2018-08-16  |      184 |
| 2018-08-17  |     3284 |
| 2018-08-18  |     7272 |
| 2018-08-19  |     7272 |
| 2018-08-20  |     7272 |
| 2018-08-21  |     7272 |
| 2018-08-22  |     8226 |
+-------------+----------+
9 rows in set (0.06 sec)
```

但是比较好奇这个解析的逻辑，看起来是 SQL 解析了第一行，然后输出了 count(*) 的操作，显然这是从执行计划中无法得到的信息。

我们换个思路，可以看到这个表有 4 万多条的记录。

```
mysql> select count(*)from redis_backup_result;
+----------+
| count(*) |
+----------+
|    40944 |
+----------+
```

```
1 row in set (0.01 sec)
```

为了验证，我们可以使用_rowid 的方式来做初步的验证。

InnoDB 表中在没有默认主键的情况下会生成一个 6 字节空间的自动增长主键，可以用 select _rowid from table 来查询，如下：

```
mysql> select _rowid from redis_backup_result limit 5;
+--------+
| _rowid |
+--------+
|    117 |
|    118 |
|    119 |
|    120 |
|    121 |
+--------+
5 rows in set (0.00 sec)
```

接着可以实现一个初步的思路。

```
mysql> select _rowid,count(*)from redis_backup_result;
+--------+----------+
| _rowid | count(*) |
+--------+----------+
|    117 |    41036 |
+--------+----------+
1 row in set (0.03 sec)
```

然后借助 rownum 来实现。

```
mysql> SELECT @rowno:=@rowno+1 as rowno,r._rowid from redis_backup_result
                              r ,(select @rowno:=0) t limit 20;
+-------+--------+
| rowno | _rowid |
+-------+--------+
|     1 |    117 |
|     2 |    118 |
|     3 |    119 |
|     4 |    120 |
|     5 |    121 |
|     6 |    122 |
|     7 |    123 |
|     8 |    124 |
|     9 |    125 |
|    10 |    126 |
|    11 |    127 |
|    12 |    128 |
|    13 |    129 |
|    14 |    130 |
|    15 |    131 |
|    16 |    132 |
|    17 |    133 |
|    18 |    134 |
|    19 |    135 |
|    20 |    136 |
+-------+--------+
20 rows in set (0.00 sec)
```

写一个完整的语句，如下：

```
mysql> SELECT @rowno:=@rowno+1 as rowno,r._rowid ,backup_date,count(*)
                   from redis_backup_result r ,(select @rowno:=0) t ;
+-------+--------+-------------+----------+
| rowno | _rowid | backup_date | count(*) |
+-------+--------+-------------+----------+
|   1 |   117 | 2018-08-14 |   41061 |
+-------+--------+-------------+----------+
1 row in set (0.02 sec)
```

很明显是第 1 行的记录，然后做了 count(*)的操作。

6.1.3　读懂执行计划

MySQL 里的执行计划内容还是很丰富的，值得好好挖掘，比如我们查看执行计划可以使用 explain 的方式，但对于执行计划的输出如何理解呢，我们可以举一个小例子，假设 SQL 语句为 select *from article，则可以按照如下的方式得到执行计划。

```
mysql> explain select *from article;
```

如下表 6-1 是执行计划的输出结果，由于只有一行，我就用表格的形式整理出来了；如果较为复杂，是有多行的，我对于输出列的含义也做了标识。

表 6-1

执行计划列	列值	解释
id	1	MySQL 选定的执行计划中查询的序列号
select_type	SIMPLE	语句所使用的查询类型，SIMPLE 表示除子查询或 UNION 之外的查询
table	article	数据库中的表和表的别名
partitions	NULL	查询将访问的分区（如果查询是基于分区表）
type:	index	表的访问方式，INDEX 表示全索引扫描，只扫描索引树，比 ALL 快一些
possible_keys:	NULL	在搜索表记录时可能使用哪个索引，此处表示没有任何索引可使用
key:	idx_u	查询优化器从 possible keys 中锁选择使用的索引
key_len: 9	9	被选中索引的索引键长度，MySQL 使用索引的长度
ref:	NULL	通过变量还是通过某个表的字段过滤的
rows:	9982824	查询优化器通过系统收集的统计信息估算出的结果集记录条数
filtered:	100	针对表里符合某个条件（where 或者连接）的记录数的百分比做的悲观估算
Extra:	Using index	查询中 MySQL 的附加信息

如果整体上对于执行计划有一定地了解了，我们开始做一些小的对比测试，主要会分为 3 个部分：

（1）对比 DML 执行计划的版本差异

（2）得到执行计划的新特性

（3）深入理解 key_len 的意义

1. 对比 DML 的执行计划的版本差异

为了进一步的验证，我们选择 3 个版本，5.5、5.6 和 5.7 来测试。

首先是初始化数据，这个是通用的初始化方式。

```
> create table test(id int primary key,name varchar(20));
> insert into test values(1,'aa'),(2,'bb');
```

（1）MySQL 5.5 版本

来看看 DML 语句的执行计划情况，发现是不支持的。

```
> explain insert into test values(3,'cc');
ERROR 1064 (42000): You have an error in your SQL syntax; check the manual
that corresponds to your MySQL server version for the right syntax to use near
'insert into test values(3,'cc')' at line 1
```

换一个 DML，比如 update，也是不支持的。

```
> explain update test set name='cc' where id=2;
```

我们再看看 5.6 和 5.7 版本的结果。

（2）MySQL 5.6 版本

从 5.6 版本中的结果来看，是支持的；那么最关心的问题，数据会不会变更呢。

```
> explain insert into test values(3,'cc');
+----+-------------+-------+------+---------------+------+---------+-----
-+------+----------------+
| id | select_type | table | type | possible_keys | key  | key_len | ref |
rows | Extra          |
+----+-------------+-------+------+---------------+------+---------+-----
-+------+----------------+
|  1 | SIMPLE      | NULL  | NULL | NULL          | NULL | NULL    | NULL | NULL
| No tables used |
+----+-------------+-------+------+---------------+------+---------+-----
-+------+----------------+
1 row in set (0.00 sec)
```

查一下数据一目了然。

```
> select *from test;
+------+------+
| id   | name |
+------+------+
|    1 | aa   |
|    2 | bb   |
+------+------+
2 rows in set (0.00 sec)
```

而换一个 DML，比如 update，也是类似的效果，也不会直接修改数据。

（3）MySQL 5.7 版本

在 5.7 版本中又做了一些改变，那就是对于 DML 的支持更加完善了，你可以通过语句的执行计划很清晰地看到是哪一种类型的 DML（insert，update，delete），当然 insert 的执行计划有些鸡肋，因为实在没什么好处理的了。

```
> explain insert into test values(3,'cc');
```

```
+----+-------------+-------+------------+------+---------------+------+--
-------+------+------+----------+-------+
| id | select_type | table | partitions | type | possible_keys | key | key_len
| ref | rows | filtered | Extra |
+----+-------------+-------+------------+------+---------------+------+--
-------+------+------+----------+-------+
| 1 | INSERT      | test  | NULL       | ALL  | NULL          | NULL | NULL  |
NULL | NULL |   NULL | NULL   |
+----+-------------+-------+------------+------+---------------+------+--
-------+------+------+----------+-------+
```

而对于 update 的执行计划，显示的内容会更为全面一些，如下是一个 update 语句的执行计划输出，从输出列信息可以看到这条 update 语句的 where 子句走了主键索引扫描。

```
mysql> explain update test set name='cc' where id=2\G
*************************** 1. row ***************************
           id: 1
  select_type: UPDATE
        table: test
   partitions: NULL
         type: range
possible_keys: PRIMARY
          key: PRIMARY
      key_len: 4
          ref: const
         rows: 1
     filtered: 100.00
        Extra: Using where
1 row in set (0.00 sec)
```

所以从执行计划的输出对比来看，也是强烈建议升级到 5.7 及以上版本，毕竟要提供更好的服务，配套条件也要齐全。

此外，可以补充两点关于执行计划的功能。

（1）查看执行计划还有一种看起来不太主流的方式，那就是 desc 命令，命令如下：

```
mysql> desc update test set name='cc' where id=2\G
```

（2）查看执行计划的时候，如果对于执行的格式存在不同的场景需求，可以使用 format 选项，目前可以支持 JSON 类型，使用的命令类似下面这样：

```
explain format=json select * from test;
```

在此我们可以使用一些命令得到执行计划的信息，如果想得到更细粒度的信息，我们可以使用两种小技巧。

2．得到执行计划详细信息的两种方法

有的时候，看起来简单的 SQL 语句，执行计划却相对复杂，如何定位查询优化器在这个过程中的处理呢，我们可以通过两种技巧，一种是 explain extended 的方式；一种是使用优化器 trace 的方式。

（1）explain extended 的方式

在执行 SQL 的语句前加上 explain extended，使用 show warnings 即可得到执行计划的明细信息，比如下面的 SQL 语句，先得到执行计划：

```
[test]>explain extended select count(u.userid) from users u where
u.user name in (select t.user_name from users t where t.userid<2000);
····
3 rows in set, 1 warning (0.00 sec)
```

然后 show warnings 就会看到详细的信息。

```
[test]>show warnings;
| Note  | 1003 | /* select#1 */ select count(`test`.`u`.`userid`) AS
`count(u.userid)` from `test`.`users` `u` semi join (`test`.`users` `t`) where
((`test`.`u`.`user_name` = `<subquery2>`.`user_name`) and (`test`.`t`.`userid`
< 2000)) |
1 row in set (0.00 sec)
```

（2）使用 optimizer_trace（在 MySQL 5.6 以上版本中可用）

使用优化器的跟踪特性可以定位到更丰富的明细信息。

```
set optimizer_trace="enabled=on";
```

运行语句后，然后通过下面的查询得到 trace 信息。

```
select *from information_schema.optimizer_trace\G
```

当然在 5.7 版本还有关于执行计划的新特性 explain for connection，我们来看一下。

3. 得到执行计划的新特性

explain for connection 特性是基于数据库连接的执行计划解析。

我们假设一个场景，有一个 SQL 语句执行效率很差，我们通过 show processlist 可以看到，但是语句的效率为什么这么差呢，一个行之有效的分析问题的方法就是查看执行计划，好了，回到问题的核心，那就是怎么得到语句的执行计划，如果我们按照现有问题的处理方式，那就是查看慢日志，然后再解析。或者使用第三方的工具，来得到效果更好一些的报告。

这里出现了比较纠结的一种情况，如果使用上面的方法，一个过程下来少说也有几分钟，等你快解析出来的时候，发现语句已经返回了，所以实时抓取数据是提升 DBA 幸福度的一大利器。那我们就模拟一个性能较差的 SQL，比如下面的反连接语句，执行效率很差。我们来试着抓取一下执行计划。

```
> select account
  from t_fund_info
where money >= 300
  and account not in (select distinct (account)
                      from t_user_login_record
                        where add_time >= '2016-06-01');
```

我们通过 mysqladmin pro 的方式抓取会话的情况，类似于 show processlist 的结果，可以很明显看到第一列就是 connection id 6346185，我们解析一下这个 connection。

```
# mysqladmin pro|grep t_fund_info
| 6346185 | root | localhost | test | Query | 8 | Sending data
| select account  from t_fund_info  where money >= 300  and account not in
(select distinct (account) | 0| 0 |
```

查看执行计划的情况如下：

```
> explain for connection 6346185;
+----+-------------+---------------------+------------+------+
| id | select_type | table               | partitions | type |
+----+-------------+---------------------+------------+------+
|  1 | PRIMARY     | t_fund_info         | NULL       | ALL  |
|  2 | SUBQUERY    | t_user_login_record | NULL       | ALL  |
+----+-------------+---------------------+------------+------+
+---------------+------+---------+------+---------+----------+
| possible_keys | key  | key_len | ref  | rows    | filtered |
+---------------+------+---------+------+---------+----------+
| NULL          | NULL | NULL    | NULL | 1826980 | 100.00   |
| NULL          | NULL | NULL    | NULL | 1740589 |  33.33   |
+---------------+------+---------+------+---------+----------
```

这样一来就可以得到一个基本的执行计划了，对于分析问题来说还是有一定的效率提升。

不过到目前为止，我们对于执行计划的一些细节还没有开始分析，其中一个重要的指标就是 key_len，我们接下来看一下这个指标的含义，如何去更好地理解。

4．理解 key_len 的意义

查看 MySQL 的执行计划，有时候会有些疑惑，那就是对于复合索引，多列值的情况下，到底启用了那些索引列，这个时候索引的使用情况就很值得琢磨琢磨了，我们可以根据执行计划里面的 key_len 做一个重要的参考。

key_len 大小的计算规则如下：

- 一般地，key_len 等于索引列类型字节长度，例如 int 类型为 4-bytes，bigint 为 8-bytes；
- 如果是字符串类型，还需要同时考虑字符集因素，例如：CHAR(30) UTF8 则 key_len 至少是 90-bytes；
- 若该列类型定义时允许 NULL，其 key_len 还需要再加 1-bytes；
- 若该列类型为变长类型，例如 VARCHAR（TEXT\BLOB 不允许整列创建索引，如果创建部分索引，也被视为动态列类型），其 key_len 还需要再加 2-bytes。

我们做一个简单的测试来说明。

```
CREATE TABLE `department` (
`DepartmentID` int(11) DEFAULT NULL,
`DepartmentName` varchar(20) DEFAULT NULL,
KEY `IND_D` (`DepartmentID`),
KEY `IND_DN` (`DepartmentName`)
) ENGINE=InnoDB DEFAULT CHARSET=gbk;
```

运行语句为：

```
explain select count(*)from department\G
```

对于这个语句，key_len 到底是多少呢？

```
mysql> explain select count(*)from department\G
        id: 1
 select_type: SIMPLE
      table: department
```

```
        type: index
possible_keys: NULL
          key: IND_D
      key_len: 5
          ref: NULL
         rows: 1
        Extra: Using index
1 row in set (0.00 sec)
```

在这个例子里面，possible_keys，key，Extra 你看了可能有些晕，我们看到 key_len 的值为 5，这个值是怎么算出来的呢，首先表有两个字段，第一个字段的类型为数值，int 的长度为 4，因为字段可为 null，所以需要一个字节来存储，这样下来就是 4+1=5 了。由此我们可以看到这个语句是启用了索引 ind_d。

那我们举一反三，把语句修改一下，看看 key_len 的变化。

```
mysql> explain select departmentName from department b where departmentName='TEST'\G
          id: 1
  select_type: SIMPLE
        table: b
         type: ref
possible_keys: IND_DN
          key: IND_DN
      key_len: 43
          ref: const
         rows: 1
        Extra: Using where; Using index
1 row in set (0.09 sec)
```

从上面代码中可以看到，key_len 为 43，这个值是怎么算出来的呢，我们来计算一下，字段 DepartmentName 为字符型，长度 20，因为是 GBK 字符集，所以需要乘以 2，因为允许字段为 NULL，则需要一个字节，对于变长的类型（在此就是 VARCHAR），key_len 还要加 2 字节。这样下来就是 20*2+1+2=43。

到了这里仅仅是个开始，我们还要看看略微复杂的情况，就需要复合索引了。我们就换一个表 test_keylen2，如下：

```
create table test_keylen2 (c1 int not null,c2 int not null,c3 int not null);
alter table test_keylen2 add key idx1(c1, c2, c3);
```

下面的语句就很实际了。

```
explain    SELECT *from test_keylen2 WHERE c1=1 AND c2=1 ORDER BY c1\G
```

这个语句中，keylen 到底是应该为 4 或者 8 还是 12 呢？我们就需要验证一下了。

```
mysql> explain    SELECT *from test_keylen2 WHERE c1=1 AND c2=1 ORDER BY c1\G
          id: 1
  select_type: SIMPLE
        table: test_keylen2
         type: ref
possible_keys: idx1
          key: idx1
      key_len: 8
          ref: const,const
         rows: 1
        Extra: Using index
```

1 row in set (0.07 sec)

显然 key_len 只计算了 where 中涉及的列，因为是数值类型，所以就是 4+4=8。

那下面的这个语句呢。

```
explain  SELECT *from test_keylen2 WHERE c1>=1 and c2=2 \G
```

我们添加一个范围，看看这个语句该如何拆分。

```
mysql> explain  SELECT *from test_keylen2 WHERE c1>=1 and c2=2 \G
*************************** 1. row ***************************
          id: 1
 select_type: SIMPLE
       table: test_keylen2
        type: index
possible_keys: idx1
         key: idx1
     key_len: 12
         ref: NULL
        rows: 1
       Extra: Using where; Using index
1 row in set (0.07 sec)
```

在这里就不只是计算 where 中的列了，而是因为大于 1 的条件直接选择了 3 个列来计算。

对于 date 类型的处理，有一个很细小的差别。我们再换一个表，含有事件类型的字段，如下所示：

```
CREATE TABLE `tmp_users` (
`id` int(11) NOT NULL
AUTO_INCREMENT,
`uid` int(11) NOT NULL,
`l_date` datetime NOT NULL,
`data` varchar(32) DEFAULT NULL,
PRIMARY KEY (`id`),
KEY `ind_uidldate` (`uid`,`l_date`)
) ENGINE=InnoDB DEFAULT CHARSET=gbk;
```

下面的语句中 key_len 值该如何计算呢。

```
explain select * from tmp_users where uid = 9527 and l_date >= '2012-12-10
                                                          10:13:17'\G
```

这一点出乎我的意料，按照 datetime 的印象是 8 个字节，所以应该是 8+4=12，但是这里却偏偏是 9，这个数字怎么计算的。

```
          id: 1
 select_type: SIMPLE
       table: tmp_users
        type: range
possible_keys: ind_uidldate
         key: ind_uidldate
     key_len: 9
         ref: NULL
        rows: 1
       Extra: Using index condition
1 row in set (0.07 sec)
```

这里就涉及到一个技术细节，是在 MySQL 5.6 版本中的 datetime 的存储差别。在 5.6.4

版本以前是 8 个字节，之后是 5 个字节，可以参考如下 6-2 所示的表格。

表 6-2

数据类型	MySQL 5.6.4 以前存储需求	自 MySQL 5.6.4 起的存储需求
YEAR	1 byte	1 byte
DATE	3 bytes	3 bytes
TIME	3 bytes	3 bytes + fractional seconds storage
DATETIME	8 bytes	5 bytes + fractional seconds storage
TIMESTAMP	4 bytes	4 bytes + fractional seconds storage

所以按照这个算法，这条 SQL 语句中的 key_len 值在 5.7 版本就是 4+5=9。

到目前为止，我们分析了执行计划的一些内容，可以开始尝试做一些优化方面的工作了，很可能你的实际情况会比我上面罗列的要复杂的多，比如一条 SQL 执行效率走了索引，平时都会快，突然有一天慢了，如何排查呢，或者说有一些看起来难以定位性能瓶颈的 SQL，我们需要引入 MySQL Profile 来进行优化。

6.1.4　使用 MySQL Profile 定位性能瓶颈

MySQL Profile 对于分析执行计划的开销来说，还是有一定的帮助，至少在分析一些性能问题的时候有很多的参考依据。

我们使用两种方式来进行解读。第一种方式是使用传统的 show profile 命令，第二种是使用 performance_schema 来关联。

（1）使用 show profile 方式解读

通常情况下，使用 Profile 都是使用 show profile 这样的命令方式，这个功能默认是关闭的，执行时也会提示已经过期了，新的功能是在 performance_schema 中开放。

Profile 相关的一个参数是 profiling，默认 profileing 选项为 OFF，默认值为 0；have_profiling 用于控制是否开启或者禁用 profiling；profiling_history_size 是保留 Profiling 的数目。当然本质上，Profile 的内容还是来自于 information_schema.profiling。

我们开启 profiling，如下：

```
mysql> set profiling=1;
```

查看所有的 profiles，如下：

```
mysql> show profiles;
+----------+------------+----------------+
| Query_ID | Duration   | Query          |
+----------+------------+----------------+
|        1 | 0.00018200 | show warnings  |
+----------+------------+----------------+
1 row in set, 1 warning (0.00 sec)
```

我们运行一条 SQL，如下：

```
mysql> select count(*)from information_schema.columns;
+----------+
| count(*) |
+----------+
|     3077 |
+----------+
1 row in set (0.07 sec)
```

然后再次查看，就会看到 query_ID 会得到刚刚运行的语句。

```
mysql> show profiles;
+----------+------------+-------------------------------------------------------+
| Query_ID | Duration   | Query                                                 |
+----------+------------+-------------------------------------------------------+
|        1 | 0.00018200 | show warnings                                         |
|        2 | 0.06627200 | select count(*)from information_schema.columns        |
+----------+------------+-------------------------------------------------------+
2 rows in set, 1 warning (0.00 sec)
```

可以使用如下的方式来查看 profile 的信息，比如涉及 CPU 的明细信息。

```
mysql> show profile cpu for query 2;
+----------------------+----------+----------+------------+
| Status               | Duration | CPU_user | CPU_system |
+----------------------+----------+----------+------------+
| checking permissions | 0.000004 | 0.000000 |   0.000000 |
| checking permissions | 0.000053 | 0.000999 |   0.000000 |
| checking permissions | 0.000014 | 0.000000 |   0.000000 |
| checking permissions | 0.000006 | 0.000000 |   0.000000 |
......
| closing tables       | 0.000005 | 0.000000 |   0.000000 |
| freeing items        | 0.000052 | 0.000000 |   0.000000 |
| cleaning up          | 0.000023 | 0.000000 |   0.000000 |
+----------------------+----------+----------+------------+
100 rows in set, 1 warning (0.00 sec)
```

除此之外，还有哪些选项呢，如下表 6-3 所示，可以自由选用。

表 6-3

选项	解释
ALL	显示所有的开销信息
BLOCK IO	显示块操作数的相关开销信息
CONTEXT SWITCHS	上下文切换相关开销信息
CPU	显示 CPU 相关开销信息
IPC	显示发送和接收相关开销信息
MEMORY	显示内存相关开销信息
PAGE FAULTS	显示页面错误相关开销信息
SOURCE	显示和 Source_function，Source_file，Source_line 相关的开销信息
SWAPS	显示交换次数相关的开销信息

从使用来说，也是建议按照官方的提示循序渐进，可以使用 performace_schema 相关

的数据字典。

（2）使用 performance_schema 方式

我们使用 profile 涉及几个表：setup_actors，setup_instruments 和 setup_consumers 。
默认表 setup_actors 的内容如下：

```
mysql> SELECT * FROM setup_actors;
+------+------+------+---------+---------+
| HOST | USER | ROLE | ENABLED | HISTORY |
+------+------+------+---------+---------+
| %    | %    | %    | YES     | YES     |
+------+------+------+---------+---------+
1 row in set (0.00 sec)
```

按照官方的建议，默认是启用，可以根据需求禁用。

```
UPDATE performance_schema.setup_actors SET ENABLED = 'NO', HISTORY = 'NO'
    WHERE HOST = '%' AND USER = '%';
```

禁用后的内容如下：

```
mysql> select * from setup_actors;
+------+------+------+---------+---------+
| HOST | USER | ROLE | ENABLED | HISTORY |
+------+------+------+---------+---------+
| %    | %    | %    | NO      | NO      |
+------+------+------+---------+---------+
1 row in set (0.00 sec)
```

然后加入指定的用户，如下：

```
INSERT INTO performance_schema.setup_actors (HOST,USER,ROLE,ENABLED, HISTORY)
    VALUES('localhost','root','%','YES','YES');
```

成功加入后的数据内容如下：

```
mysql> select * from setup_actors;
+-----------+------+------+---------+---------+
| HOST      | USER | ROLE | ENABLED | HISTORY |
+-----------+------+------+---------+---------+
| %         | %    | %    | NO      | NO      |
| localhost | root | %    | YES     | YES     |
+-----------+------+------+---------+---------+
2 rows in set (0.00 sec)
```

好了，setup_actors 的配置就这样，另外两个表的内容修改也是大同小异。

表 setup_consumers 描述各种事件，setup_instruments 描述这个数据库下的表名以及
是否开启监控；我统计了一下，两个表的默认数据还不少。

```
setup_instruments 1006 rows
setup_consumers    15   rows
```

我们按照官方的建议来修改，可以看到修改的不是一行，而是相关的很多行。

```
mysql> UPDATE performance_schema.setup_instruments SET ENABLED = 'YES',
                                                        TIMED = 'YES'
    ->        WHERE NAME LIKE '%statement/%';
Query OK, 0 rows affected (0.00 sec)
```

```
Rows matched: 192  Changed: 0  Warnings: 0

mysql> UPDATE performance_schema.setup_instruments SET ENABLED = 'YES',
                                                          TIMED = 'YES'
    ->        WHERE NAME LIKE '%stage/%';
Query OK, 119 rows affected (0.00 sec)
Rows matched: 128  Changed: 119  Warnings: 0

mysql> UPDATE performance_schema.setup_consumers SET ENABLED = 'YES'
    ->        WHERE NAME LIKE '%events_statements_%';
Query OK, 1 row affected (0.01 sec)
Rows matched: 3  Changed: 1  Warnings: 0

mysql> UPDATE performance_schema.setup_consumers SET ENABLED = 'YES'
    ->        WHERE NAME LIKE '%events_stages_%';
Query OK, 3 rows affected (0.00 sec)
Rows matched: 3  Changed: 3  Warnings: 0
```

好了配置完成，下面我们来简单测试一下怎么用。

（3）模拟测试 profile 的使用

首先创建一个 test 数据库。

```
mysql> create database test;
Query OK, 1 row affected (0.00 sec)
```

创建一个测试表 test_profile，插入几行数据。

```
mysql> create table test_profile as select * from information_schema. columns
                                                             limit 1,5;
Query OK, 5 rows affected (0.10 sec)
Records: 5  Duplicates: 0  Warnings: 0
```

运行一下，我们根据这个语句来得到一些详细地统计信息。

```
mysql> select * from test.test_profile limit 1,2;
```

根据下面的语句查询一个历史表，从表名可以看出是和事件相关的。

```
mysql> SELECT EVENT_ID, TRUNCATE(TIMER_WAIT/1000000000000,6) as Duration,
                                                          SQL_TEXT
    ->        FROM performance_schema.events_statements_history_long WHERE
SQL_TEXT like '%limit 1,2%';
+----------+----------+------------------------------------------+
| EVENT_ID | Duration | SQL_TEXT                                 |
+----------+----------+------------------------------------------+
|     4187 | 0.000424 | select * from test.test_profile limit 1,2 |
+----------+----------+------------------------------------------+
1 row in set (0.00 sec)
```

我们通过上面的语句可以得到一个概览，包括对应的事件和执行时间。

然后到 stage 相关的历史表中查看事件的详细信息，这就是我们期望的性能数据了。如此一来应该就明白上面的配置表中所要做的工作是什么意思了。

```
mysql> SELECT event_name AS Stage, TRUNCATE(TIMER_WAIT/1000000000000,6) AS
                                                          Duration
    ->        FROM performance_schema.events_stages_history_long WHERE
NESTING_EVENT_ID=4187;
+----------------------------------+----------+
```

```
| Stage                         | Duration |
+-------------------------------+----------+
| stage/sql/starting            | 0.000113 |
| stage/sql/checking permissions | 0.000008 |
| stage/sql/Opening tables      | 0.000025 |
| stage/sql/init                | 0.000062 |
| stage/sql/System lock         | 0.000013 |
…
| stage/sql/freeing items       | 0.000031 |
| stage/sql/cleaning up         | 0.000002 |
+-------------------------------+----------+
15 rows in set (0.01 sec)
```

整体来看，新特性的功能也是在逐步完善中，而目前两种方式可以互作补充，对于我们分析一些 SQL 问题的性能瓶颈还是很有帮助的。

案例 6-2：合理评估新特性的使用

近期收到慢日志监控报警，通过慢日志平台查看，主要瓶颈在于几条创建临时表的 SQL 语句，占用了大量的临时空间，需要优化。

SQL 语句为：

```
create temporary table `tem_expireClassID`
 (
 select distinct class id
 from dic fsm map relation
 where game id = 1
  and state = 0
  and class id not in (
   SELECT distinct json_extract(fsm_info,'$.FSM.ClassID')
    FROM dic fsm info
    where state = 0
     and json_extract(fsm_info,'$.FSM.ETime') > unix_timestamp(now())
 )
  order by class_id;
```

两个表的数据量都在几千条，其实不算多，但是执行时间却差很多。执行时间为 150 秒左右。

执行计划为：

```
+----+-------------------+----------------------+------------+------+
| id | select type       | table                | partitions | type |
+----+-------------------+----------------------+------------+------+
| 1  | PRIMARY           | dic fsm map relation | NULL       | ALL  |
| 2  | DEPENDENT SUBQUERY | dic fsm info         | NULL       | ALL  |
+----+-------------------+----------------------+------------+------+

+---------------+------+---------+------+------+----------+
| possible keys | key  | key len | ref  | rows | filtered |
+---------------+------+---------+------+------+----------+
| plat id       | NULL | NULL    | NULL | 2403 | 1.00     |
| NULL          | NULL | NULL    | NULL | 1316 | 10.00    |
+---------------+------+---------+------+------+----------+

+-----------------------------+
| Extra                       |
+-----------------------------+
| Using where; Using temporary |
| Using where                 |
+-----------------------------+
2 rows in set, 1 warning (0.00 sec)
```

1. 系统层优化

系统临时表空间占用 150G 左右。

```
[root@hb30-dba-mysql-tgp-124-34 data]# ll
total 157854040
-rw-r----- 1 mysql mysql          362 Apr 26  2018 ib_buffer_pool
-rw-r----- 1 mysql mysql   2818572288 May 13 14:41 ibdata1
-rw-r----- 1 mysql mysql 158792155136 May 13 14:40 ibtmp1
drwxr-x--- 2 mysql mysql         4096 Apr 18  2018 infra
drwxr-x--- 2 mysql mysql         4096 Apr 18  2018 mysql
```

经过系统优化并和业务协调，需要做 MySQL 实例重启，已重置为初始大小，设置阈值为 10G。

2. SQL 层优化

SQL 语句的优化分析发现，基于 JSON 类型的解析差异和字符类型存在较大的性能差异，建议对 JSON 的子查询创建临时表。

测试步骤如下：

```
create table dic_fsm_info3 (classid varchar(30),etime varchar(30));   --
                                                      可以根据业务特点创建索引
mysql> insert into dic_fsm_info3 select  distinct json_extract(fsm_info,
'$.FSM.ClassID') ,json_extract(fsm_info,'$.FSM.ETime') from tgp_db.dic_fsm_info
where state=0;
Query OK, 334 rows affected (0.12 sec)
Records: 334  Duplicates: 0  Warnings: 0
```

重新执行语句，执行时长优化为 0.2 秒左右。

```
select distinct class_id from tgp_db.dic_fsm_map_relation
where game_id = 1
and state = 0
and class_id not in (
    SELECT distinct classid
    FROM dic_fsm_info3
    where etime > unix_timestamp(now())
)

|    2704 |
|    2705 |
|    2707 |
|    2715 |
+---------+
73 rows in set (0.23 sec)
```

JSON 类型的解析效率可以通过 profile 的对比方式来分析：

```
mysql> show profile cpu for query 1;
+-------------------+----------+----------+------------+
| Status            | Duration | CPU_user | CPU_system |
+-------------------+----------+----------+------------+
| Sending data      | 0.047225 | NULL     | NULL       |
| executing         | 0.000002 | NULL     | NULL       |
| Sending data      | 0.047196 | NULL     | NULL       |
| executing         | 0.000004 | NULL     | NULL       |
```

而根据字符类型匹配，效率要高两个数量级。

```
+-------------------+----------+----------+------------+
| Status            | Duration | CPU_user | CPU_system |
+-------------------+----------+----------+------------+
| Sending data      | 0.000128 |   NULL   |    NULL    |
| executing         | 0.000001 |   NULL   |    NULL    |
| Sending data      | 0.000126 |   NULL   |    NULL    |
| executing         | 0.000001 |   NULL   |    NULL    |
```

后续对 JSON 类型的使用也需要注意一下。

6.2　SQL 查询优化

中国人民大学信息学院教授，博士生导师王珊曾经说过：数据库查询优化技术一直是 DBMS 实现技术中的精华，也是难点和重点，由此可见查询优化在数据库技术领域的重要性。

对于 MySQL 的查询优化来说，可谓任重道远，虽然和商业数据库的查询优化器相比还是有一定的距离，但是因为 MySQL 强大的社区红利，在强调整体分布式支撑能力的背景下，对于性能方面还是游刃有余，在架构优化的前提下，了解 MySQL 方面的优化原理依然重要；讲解完原理之后，本小节接下来主要会讲派生表、半连接、反连接和行值表达式的相关内容，也是希望通过这样的串联方式一窥查询优化的真面目。

6.2.1　MySQL 中的派生表

初识 MySQL 中的派生表（derived table）还是在一个偶然的问题场景中。

有一次，有一个朋友反馈下面的语句在执行的时候抛出了错误，想让我看看有什么办法可以解决一下。

```
UPDATE payment_data rr
  SET rr.penalty_date = '2017-4-12'
where rr.id =
      (SELECT min(r.id)
        FROM payment_data r
      where data_no =
            (SELECT data_no
              FROM user_debt
              WHERE out_trade_no = 'bestpay_order_no1491812746329'));
ERROR 1093 (HY000): You can't specify target table 'rr' for update in FROM
clause
```

如果你对 MySQL 查询优化器有一定了解就会明白，其实以上方式是 MySQL 不支持的语法形式，比如要变更表 payment_dat，而子查询又是从 payment_data 里提取的数据，有没有变通方法呢，我们可以以间接地突破查询优化器的这个限制，引入派生表（derived table）。

所以上面的语句使用如下的方式就可以破解。

```
UPDATE payment_data rr
  SET rr.penalty_date = '2017-4-12'
where rr.id =
```

```
(SELECT min(t.id)
  FROM (select id,data_no from payment_data r) t
 where t.data_no =
      (SELECT data_no
        FROM user_debt
         WHERE out_trade_no = 'bestpay_order_no1491812746329'));
```

整个变更其实就是给表 payment_data 起了一个别名。

我们回到刚刚提到的派生表，在官方文档中是如下这么说的。

Derived tables is the internal name for subqueries in the   FROM clause.

为了充分说明派生表的一些特点，我还是以一张大表 t_fund_info 为例，这张表有近千万条数据。首先查看两条数据，作为我们测试的基础数据，id 是主键列。

```
> select id from t_fund_info limit 1,2;
+---------+
| id      |
+---------+
|  138031 |
| 1754906 |
+---------+
```

如果按照 id 列来查询，就会发现效率极高。

```
> select * from t_fund_info where id=138031;
°°°
1 row in set (0.01 sec)
```

查看执行计划，就会发现是基于主键的扫描方式。

```
> explain select * from t_fund_info where id=138031;
+----+-------------+-------------+-------+--------------+
| id | select_type | table       | type  | possible_keys |
+----+-------------+-------------+-------+--------------+
| 1  | SIMPLE      | t_fund_info | const | PRIMARY       |
+----+-------------+-------------+-------+--------------+
```

```
+---------+---------+-------+------+-------+
| key     | key_len | ref   | rows | Extra |
+---------+---------+-------+------+-------+
| PRIMARY | 8       | const | 1    |       |
+---------+---------+-------+------+-------+
1 row in set (0.01 sec)
```

我们继续换一种思路，使用两种不同的 derived table。

首先看第一种方式，如下：

```
> select * from (select id from t_fund_info) t where t.id=138031;
1 row in set (1.12 sec)
```

这个时候查看执行计划，就会看到 derived table 的字样。

```
> explain select * from (select id from t_fund_info) t where t.id=138031;
+----+-------------+-------------+-------+----------------+---------+
| id | select type | table       | type  | possible keys  | key     |
+----+-------------+-------------+-------+----------------+---------+
| 1  | PRIMARY     | <derived2>  | ALL   | NULL           | NULL    |
| 2  | DERIVED     | t fund info | index | NULL           | account |
+----+-------------+-------------+-------+----------------+---------+
```

```
+---------+------+---------+-------------+
| key len | ref  | rows    | Extra       |
+---------+------+---------+-------------+
| NULL    | NULL | 1998067 | Using where |
| 182     | NULL | 2127101 | Using index |
+---------+------+---------+-------------+
2 rows in set (0.90 sec)
```

看起来是 1 秒左右的执行速度，差别还不是很大，我们换第二种方式。

```
> select * from (select * from t_fund_info) t where t.id=138031;
ERROR 126 (HY000): Incorrect key file for table '/tmp/#sql_3e34_0.MYI'; try
                                                               to repair it
```

这个时候就会发现这么一个看似简单的查询竟然抛出了错误。

查看错误里的信息，是指向了一个 MYI 的文件，显然是使用了临时表的方式，典型的一个 MyISAM 表。

为了验证这个过程，我尽可能完整地收集了/tmp 目录下的文件使用情况，可以看到查询的过程中，占用了 2G 多的空间，最后发现是由于磁盘空间不足而退出。

```
# df -h|grep \/tmp
/dev/shm          6.0G  4.1G  1.6G   73% /tmp
/dev/shm          6.0G  4.5G  1.2G   79% /tmp
/dev/shm          6.0G  4.8G  903M   85% /tmp
/dev/shm          6.0G  4.9G  739M   88% /tmp
/dev/shm          6.0G  5.0G  625M   90% /tmp
/dev/shm          6.0G  5.2G  498M   92% /tmp
/dev/shm          6.0G  5.3G  386M   94% /tmp
/dev/shm          6.0G  5.4G  250M   96% /tmp
/dev/shm          6.0G  5.5G  110M   99% /tmp
/dev/shm          6.0G  5.7G  4.0K  100% /tmp
/dev/shm          6.0G  3.7G  2.0G   66% /tmp
/dev/shm          6.0G  3.7G  2.0G   66% /tmp
```

这里有一个疑问，那就是这个表 t_fund_info 是个 InnoDB 表，占用空间是 400M 左右，但是 derived table 使用率竟然达到了 2G 以上。

```
-rw-rw---- 1 mysql mysql      9545 Oct 20  2016 t_fund_info.frm
-rw-rw---- 1 mysql mysql 482344960 Oct 20  2016 t_fund_info.ibd
```

通过上面的分析看出还是有潜在的性能问题，我测试了同样数据量的 MyISAM 表，空间大概是 270M，空间占用更少一些。

我们可以回溯下这个失败的查询流程：

（1）执行子查询，select id from t_fund_info。

（2）把子查询的结果写到临时表 T 表。

（3）回读，应用上层 SELECT 的 WHERE 条件 t.id=138031。

梳理了流程，对于整个问题的瓶颈也好定位了，因为扫描表 t_fund_info 时没有使用外层的过滤条件 where t.id=138031。

以上的问题在 5.5 版本中是可以复现的，如果在 5.7 版本测试，可能这种情况就难以复现了，因为从 MySQL 5.7 版本开始，优化器引入优化器参数 derived_merge，可以理解为子查询展开，由优化器参数 optimizer_switch='derived_merge=ON' 来控制，默认为打开，这个参数带来的影响在一些 MySQL 跨版本升级场景中出现的频率比较高，可能有些 SQL 语句在 5.5 版本中执行效率还比较高，但是到了 5.7 版本就差了，这种问题发生的概率不高，但是需要引起我们的重视。

而除了优化器参数之外，还有没有其他的改进空间呢，我们试试视图吧。

```
> create view test_view as select * from t_fund_info;
Query OK, 0 rows affected (0.00 sec)
```

然后使用如下的方式来进行验证：

```
> select *from test_view where id=138031;
…
1 row in set (0.01 sec)
```

除了执行效率大大改进之外，还发现执行计划和主键的执行计划是一模一样的。

通过这些知识点的贯穿，其实对于派生表是一种比较纠结的态度，它能够解决一些问题，同时它也会带来一些问题，可以得出一个初步的结论：

（1）派生表会生成临时文件，系统层需要格外关注空间变化。

（2）派生表存在潜在的性能隐患，要尽量避免。

（3）自 5.7 版本开始有优化器参数 derived_merge，默认为打开，可以缓解派生表的一些性能问题。

（4）使用视图可以完整对接派生表逻辑，性能改进也比较明显。

最后浓缩为一句话：尽量避免使用派生表。

6.2.2　MySQL 中的半连接

第一次听到半连接会感觉很高大上，其实它是我们普遍使用的一种形式，比如 select *from test where id in (select id from test2 where xxxxx)这种形式的 SQL 就用到了半连接，其实整个 SQL 的逻辑是 test 和 test2 的连接。

常见的半连接形式有：

● in 半连接

```
select dname from dept where deptno in (select deptno from emp);
```

● exists 半连接

```
select dname from dept dept where exists (select null from emp emp where
                                           emp.deptno=dept.deptno);
select dept.dname from dept dept,emp emp where dept.deptno=emp.deptno;
```

此外，还有两类逻辑相同的实现方式：

```
select dept.dname from dept dept where deptno=any(select deptno from emp emp);

select distinct dept.deptno from dept dept,emp emp
```

```
where dept.deptno=emp.deptno;
```

需要补充的是，在通用 SQL 中，从集合运算的角度来看，半连接可以使用如下的方式来实现。

```
select dept.dname from dept dept,
(select deptno from dept
intersect
select deptno from emp emp)b
where dept.deptno=b.deptno ;
```

限于 MySQL intersect 和 minus 暂不支持，所以这仅仅是一种实现的思路而已，供参考。

明白了半连接的概念，是否感觉已经学会了，其实不然，这个时候我们还没有理解半连接的一些潜在问题，我们来模拟一个问题来复现一下。

首先创建下面的表。

```
create table users(
userid int(11) unsigned not null,
user_name varchar(64) default null,
primary key(userid)
)engine=innodb default charset=UTF8;
```

如果要插入数据，可以使用存储过程的方式。比如先插入 20000 条定制数据。

```
delimiter $$
drop procedure if exists proc_auto_insertdata$$
create procedure proc_auto_insertdata()
begin
   declare
   init_data integer default 1;
   while init_data<=20000 do
   insert into users values(init_data,concat('user'   ,init_data));
   set init_data=init_data+1;
   end while;
end$$
delimiter;
call proc_auto_insertdata();
```

初始化的过程会很快，最后一步（插入数据）花费了近 6 秒的时间。

```
[test]>source insert_proc.sql
```

然后我们使用如下的半连接查询数据，实际上执行了 6 秒左右。

```
select u.userid,u.user_name from users u where u.user_name in (select
t.user_name from users t where t.userid<2000);
1999 rows in set (6.36 sec)
```

为了简化测试条件和查询结果，我们使用 count 的方式来完成对比测试。

```
[test]>select count(u.userid) from users u where u.user_name in (select
t.user_name from users t where t.userid<2000);
+----------------+
| count(u.userid) |
+----------------+
|           1999 |
+----------------+
```

```
1 row in set (6.38 sec)
```

　　然后使用如下的方式来查看，当然看起来这种结构似乎有些多余，因为 userid<-1 的数据是不存在的。

```
select count(u.userid) from users u
where (u.user name in (select t.user name from users t where t.userid<2000)
or u.user_name in (select t.user_name from users t where userid<-1) );
+-----------------+
| count(u.userid) |
+-----------------+
|            1999 |
+-----------------+
1 row in set (0.06 sec)
```

　　但是效果却好很多。

　　如果想得到更多的执行效率对比情况，可以使用 show status 的方式。

　　首先 flush status，如下：

```
[test]>flush status;
```

　　然后执行语句如下：

```
[test]>select count(u.userid) from users u where u.user_name in (select
t.user_name from users t where t.userid<2000);
+-----------------+
| count(u.userid) |
+-----------------+
|            1999 |
+-----------------+
1 row in set (6.22 sec)
```

　　查看状态信息，关键词是 Handler_read，如下：

```
[test]>show status like 'Handler_read%';
+----------------------+-------+
| Variable_name        | Value |
+----------------------+-------+
| Handler_read_first   | 2     |
| Handler_read_key     | 2     |
| Handler_read_last    | 0     |
| Handler_read_next    | 1999  |
| Handler_read_prev    | 0     |
| Handler_read_rnd     | 0     |
| Handler_read_rnd_next | 22001 |
+----------------------+-------+
7 rows in set (0.04 sec
```

上述代码中各参数的解释如下：

- Handler_read_key：通过 index 获取数据的次数。如果较高，说明查询和表的索引正确。
- Handler_read_next：通过索引读取下一条数据的次数。如果用范围约束或执行索引扫描来查询索引列，该值会增加。
- Handler_read_rnd_next：从数据节点读取下一条数据的次数。如果正进行大量的表扫描，该值较高。通常说明表索引不正确或写入的查询没有利用索引。

由于这是一个 count 的操作，所以 Handler_read_rnd_next 的指标较高，这是一个范围查询，所以 Handler_read_next 的值也是一个范围值。

然后运行另外一个子查询，可以看到 show status 的结果如下：

```
[test]>show status like 'Handler_read%';
+----------------------+-------+
| Variable_name        | Value |
+----------------------+-------+
| Handler_read_first   | 2     |
| Handler_read_key     | 20002 |
| Handler_read_last    | 0     |
| Handler_read_next    | 1999  |
| Handler_read_prev    | 0     |
| Handler_read_rnd     | 0     |
| Handler_read_rnd_next| 20001 |
+----------------------+-------+
7 rows in set (0.00 sec)
```

可以和明显看到 Handler_read_key 这个值很高，根据参数的解释，说明查询和表的索引使用正确。

当然也可以通过 explain extended 的方式可以得到两条 SQL 语句的解析信息。

不管我们怎么去做诊断和分析，一个初步印象已经形成了，这就说明 MySQL 的半连接还是存在一些性能隐患的，能不能选择性的关闭呢，可以通过优化器开关 optimizer_switch 进行调整。关闭半连接的设置如下，会在全局生效。

```
>set optimizer_switch="semijoin=off";
Query OK, 0 rows affected (0.00 sec)
```

再次运行原本执行时间近 6 秒的 SQL，会发现执行时间大大降低。

```
[test]> select count(u.userid) from users u where u.user_name in (select
t.user_name from users t where t.userid<2000);
+----------------+
| count(u.userid) |
+----------------+
|           1999 |
+----------------+
1 row in set (0.05 sec)
```

执行第二个语句，情况如下：

```
[test]>select count(u.userid) from users u where (u.user_name in (select
t.user_name from users t where t.userid<2000) or u.user_name in (select
t.user_name from users t where userid<-1) );
+----------------+
| count(u.userid) |
+----------------+
|           1999 |
+----------------+
1 row in set (0.07 sec)
```

至此，我们通过模拟测试对半连接的基本原理有了一个整体的认识。

　　注：in 和 exists 在 MySQL 不同版本有着不同的解析方式，在 5.6 版本后，exists 的解析会有明确的 semi join 字样。

6.2.3　MySQL 反连接

　　如果大家了解了半连接的基本原理，对于反连接可以算是手到擒来，因为表现形式很简单，就是 not in，not exists 子句的形式，但和半连接相比，反连接带来的问题会更多一些。

　　我们来通过一个案例来了解下反连接的一些相关信息，看看如何做一些优化。

　　有一天同事发现一条语句执行时间很长，感到非常奇怪，我们一起看了下这个问题，经过分析和定位，发现了相关的 SQL 语句，已经记录在慢日志中，慢日志信息如下：

```
# Time: 161013  9:51:45
# User@Host: root[root] @ localhost []
# Thread_id: 24630498  Schema: test Last_errno: 1160  Killed: 0
# Query_time: 61213.561106 Lock_time: 0.000082 Rows_sent: 7551 Rows_examined:
201945890920 Rows_affected: 0 Rows_read: 7551
# Bytes_sent: 0 Tmp_tables: 1 Tmp_disk_tables: 0 Tmp_table_sizes: 0
# InnoDB_trx_id: 2F8E5A82
SET timestamp=1476323505;
select account from t_fund_info
where money >=300 and account not in
(select distinct(login_account) from t_user_login_record where login_time
                                                          >='2016-06-01')
into outfile '/tmp/data.txt';
```

　　从慢日志来看，执行时间达 61213 秒，相当惊人了，也就意味着这个语句跑了近一整天（17 个小时），这引起了我的好奇。

　　这条 SQL 涉及的表的信息如下：

　　（1）表 t_fund_info：数据量近 200 万，存在一个主键在 id 列，唯一性索引在 account 上。

```
CREATE TABLE `t_fund_info`
...
PRIMARY KEY (`id`),
 UNIQUE KEY `account` (`account`)
) ENGINE=InnoDB AUTO_INCREMENT=1998416 DEFAULT CHARSET=utf8
```

　　（2）表 t_user_login_record：数据量 2 千多万，存在一个主键在 id 列。

```
CREATE TABLE `t_user_login_record`
...
PRIMARY KEY (`id`)
) ENGINE=InnoDB AUTO_INCREMENT=22676193 DEFAULT CHARSET=utf8
```

　　从语句可以看出，这条 SQL 是在做一个批量查询，目标是把查询结果导出成一个文本文件。所以我选择了各个击破的方式，即把一条 SQL 按照自己的理解根据业务逻辑拆分成多个部分，测试每部分的性能和数据情况，逐步组合优化，我把整个 SQL 拆成了如下的几部分。

第 1 部分

```
select count(*)from t_fund_info where money >=300;
```

第 2 部分

```
select distinct(login_account) from t_user_login_record where login_time
                                                        >='2016-06-01';
```

第 3 部分

```
select account from t_fund_info
where money >=300 and account not in
(select distinct(login_account) from t_user_login_record where login_time
                                                        >='2016-06-01')
```

在第 1 部分中，从 t_fund_info 这个表中，根据一个过滤条件能过滤掉绝大多数的数据，得到 1 万条多数据，还是比较理想的，耗时不到 1 秒。

```
> select count(*)from t_fund_info where money >=300;
+----------+
| count(*) |
+----------+
|   13528  |
+----------+
1 row in set (0.99 sec)
```

那问题的瓶颈很可能在后面的子查询中了，执行第 2 部分。

```
select distinct(login_account) from t_user_login_record where login_time
                                                        >='2016-06-01';
```

从查询的结果来看，过滤后的数据有 50 万条左右，从时长来看，大概耗时 1 分钟。

综合这两个部分来看，一个耗时 1 秒，一个是 1 分钟，与实际执行 17 个小时相比简直匪夷所思。

我们来进入第 3 个部分，这里我们不会执行 SQL 了，而是需要解析 SQL 的执行明细，看看里面的 Not in 的条件是怎么实现的，使用 explain extended 的方式，语句如下：

```
explain extended select account from t_fund_info
where money >=300 and account not in
(select distinct(login_account) from t_user_login_record where login_time
                                                        >='2016-06-01');
```

可以看到整个解析的过程非常复杂，如图 6-6 所示，原本简单的一个语句，经过解析，竟然变得如此复杂。

```
select test.t_fund_info.account AS account
  from test.t_fund_info
 where (
          (test.t_fund_info.money >= 300)
          and
     (not  (
             (test.t_fund_info.account,
                       (select distinct 1
                from test.t_user_login_record
               where ((test.t_user_login_record.login_time >= '2016-06-01') and
                       (
                        ((test.t_fund_info.account) = test.t_user_login_record.login_account)
                       or
                       isnull(test.t_user_login_record.login_account)
                       )
                       )
                 having(test.t_user_login_record.login_account))
               )
          )
        )
      )
```

图 6-6

我来画一个图（图 6-7）来解释一下，把两个表的关联关系和条件都列出来。

t_fund_info 对应的结果集是 200 万条数据中的一万条左右，而 t_user_login_record 对应的是 2000 万，在 login_time 的过滤条件下得到的是 50 万条数据。

所以之前的独立查询 1 秒和 1 分钟，实在是组合不出来十几个小时，那么真相只有一个，那就是 t_user_login_record 的数据不是先走 login_time 的条件过滤，这样一来整个流程就能说得通了，我们来梳理一下这个性能问题的流程瓶颈。

首先这个查询的数据是以 t_fund_info 的过滤条件为准，从 200 万条数据中过滤得到 1 万条数据，然后两个字段通过 account=login_account 的条件关联（此处

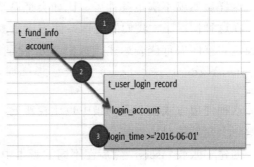

图 6-7

login_account 没有索引，所以是全表扫描），同时关联子查询的过滤条件 login_time，然后根据 not in 的逻辑来取舍数据，从这个角度来看，子查询里面因为关联的字段没有索引，始终是在做全表扫描，即按照 1→2→3 的序号顺序执行。当然实际上，在保持不变的情况下，按照 1→3→2 的顺序效率是最佳的。

到目前为止问题已经基本定位了，反连接的查询时，在这个问题场景中，需要对子查询的表添加一个索引基于 login_account，这样就可以和外层的查询字段映射，提高查询效率。

当然在一个数据量庞大、业务相对繁忙的系统中，添加一个临时需求的索引是否是值得推荐的方案呢，为了验证，我复制了数据，在测试环境进行了模拟。

```
> create index ind_tmp_account1 on t_user_login_record(login_account);
Query OK, 0 rows affected (4 min 45.48 sec)
Records: 0  Duplicates: 0  Warnings: 0
```

　　添加索引的过程持续了 4 分钟左右，而改进后的性能如何呢。

```
select account from t_fund_info where money >=300 and account not in  (select
distinct(login_account) from t_user_login_record where);
+------------------------------+
11364 rows in set (2.52 sec)
```

　　只要 2.52 秒，与之前的 61213 秒相比，性能简直就是天壤之别。

　　不过话说回来，跑批查询可以在从库上执行，从库上创建一个这样的索引，用完再删掉也是不错的选择，或者是创建一个临时表，在临时表上添加索引来完成跑批任务，这种空间换时间的操作还是值得的。

6.2.4　行值表达式优化

　　行值表达式听起来很抽象，我举一个通俗点的例子就容易理解了，比如我们需要找到一个公司的三个同事，名字分别为张三（系统部），李四（开发部）和王五（运营部）。注意，其他部门也可能有重名的同事，如果我们写 SQL 语句的话,where 子句是这样的形式：

```
Where dept in( '系统部' ,' 开发部' ,' 运营部' ) and username in ( '张三' ,' 李
                                                                四' ,' 王五' )
```

　　这样显然就不满足条件了，比如会把系统部的李四也查找出来。

　　在这种情况下，我们的查询条件应该是多维的，我们需要一种表达式来统一条件，这种表达式就叫做行值表达式，写为 SQL 就是类似下面这样的形式：

```
Where (dept,username) in (( '系统部' ,'张三'),( '开发部' ,'李四),( '运营部' ,'
                                                                王五' ))
```

　　这种使用方式在业务场景中也比较普遍，但在 MySQL 不同版本中有较大的差别，我们做一个简单的对比测试。

　　创建一张表 users，然后在不同的版本中执行同样的行值表达式语句看看执行计划的差别。

```
create table users(
userid int(11) unsigned not null,
username varchar(64) default null,
primary key(userid),
key(username)
)engine=innodb default charset=UTF8;
```

　　为了能够突出对比效果，我们再补充一个复合索引。

```
create index idx_users on users(userid,username);
```

　　可以写个存储过程插入 20 万条数据，逻辑可以参考半连接中的内容。

　　在 MySQL 5.6 版本中，执行如下的语句，可以从 key_len 看到，只应用到了 username 字段，而索引 idx_users 没有启用。

```
>explain select userid,username from users where (userid,username) in
                                      ((1,'user1'),(2,'user2'))\G
```

```
*************************** 1. row ***************************
          id: 1
 select_type: SIMPLE
       table: users
        type: index
possible_keys: NULL
         key: username
     key_len: 195
         ref: NULL
        rows: 19762
       Extra: Using where; Using index
```

MySQL 5.7 版本中，我们执行同样的 SQL 语句，执行计划如下：

```
> explain select userid,username from users where (userid,username) in
                                     ((1,'user1'),(2,'user2'))\G
*************************** 1. row ***************************
          id: 1
 select_type: SIMPLE
       table: users
  partitions: NULL
        type: range
possible_keys: PRIMARY,username,idx_users
         key: username
     key_len: 199
         ref: NULL
        rows: 2
    filtered: 100.00
       Extra: Using where; Using index
```

可以看到 key_len 为 199（64*3+4+2+1），即字段 userid 和 usename 都在 SQL 中充分
利用了，体现了在 MySQL 5.7 版本优化器中的细微改进。

6.3　MySQL 优化技巧

作为 DBA，掌握一些优化的基本技巧非常有必要。很多优化技巧都是从实践中总结
而来，对于改进和提高 SQL 性能非常有帮助。

有句话说得好，复杂的事情简单做，简单的事情重复做，重复的事情用心做。对于
SQL 优化来说，道理是相通的。

为了能够言简意赅的表述一些优化技巧而不是具体的技术，本小节的讲解中，我会主
要侧重于以下两个技巧：

（1）MySQL 分页逻辑的优化。

（2）数据隐式转换的性能隐患。

最后，通过一个真实的"血案"来复现整个优化的过程。

6.3.1　MySQL 分页逻辑优化

分页语句的优化应该是 DBA 普遍碰到的一个优化场景了，对这种场景通常建议使用
时间字段来进行过滤，通过逻辑层的改造来完成分页逻辑的灵活性。

而下面这个案例使用的是另外一种优化思路：优化表连接顺序。

问题 SQL 语句如下：

```
SELECT p.*, m.uid, m.username, m.groupid, ....m.email, m.gender, m.showemail,
                                                            m.invisible
FROM cdb_posts p
LEFT JOIN cdb_members m ON m.uid=p.authorid
LEFT JOIN cdb_memberfields mf ON mf.uid=m.uid
WHERE p.tid='xxxxx' AND p.invisible='0' ORDER BY first DESC,dateline DESC
                                                            LIMIT 13250, 50
```

根据监控，这条语句的执行平均时间为 9 秒，高的时候可达数分钟，我们暂且按照 9 秒来估算时间成本吧。

cdb_posts 表的数据有 3000 多万条，另外两个表 cdb_members 和 cdb_memberfields 的数据量也不小，量级在七百万。

其中索引分布在如下的字段中：

- 索引字段 cdb_posts（authorid,tid）数据量：3000 多万条；
- 索引字段 cdb_members（uid）数据量：700 多万条；
- 索引字段 cdb_memberfields（uid）数据量：3000 多万条。

对于这样一个 SQL，按照目前的执行情况，基于 LEFT JOIN，肯定是有一个表要"全量"了。所以整个 SQL 的关注目标首先在于 where 子句。

```
p.tid='xxxxx' AND p.invisible='0'
```

根据测试，这个数据量也相对小一些：

```
>>SELECT count(*)
-> FROM cdb_posts p
-> LEFT JOIN discuz.cdb_members m ON m.uid=p.authorid
-> WHERE p.tid='xxxx' AND p.invisible='0' ;
+----------+
| count(*) |
+----------+
| 29625 |
+----------+
1 row in set (7.27 sec)
```

所以我们后续的测试会以这个数据作为基础，整个 SQL 的执行计划如下：

```
*************************** 1. row ***************************
id: 1
select_type: SIMPLE
table: p
type: ref
possible_keys: displayorder,idx_tid_fir_authorid,idx_invisible
key: displayorder
key_len: 4
ref: const,const
rows: 59148
Extra: Using where; Using filesort
*************************** 2. row ***************************
id: 1
```

```
select_type: SIMPLE
table: m
type: eq_ref
possible_keys: PRIMARY
key: PRIMARY
key_len: 4
ref: test.p.authorid
rows: 1
Extra:
*************************** 3. row ***************************
id: 1
select_type: SIMPLE
table: mf
type: eq_ref
possible_keys: PRIMARY
key: PRIMARY
key_len: 4
ref: test.m.uid
rows: 1
Extra:
3 rows in set (0.00 sec)
```

整个 SQL 的执行路径类似于下图 6-8 的形式。

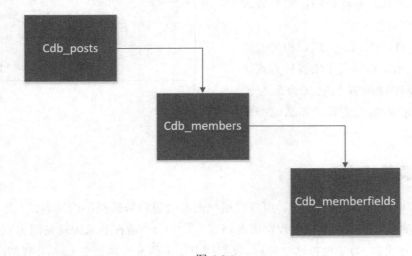

图 6-8

从如上的执行顺序可以看出，cdb_posts 的部分是整个查询的瓶颈点，对于这个部分的评估，主要是做了索引的评估，发现改进力度很有限，而且对于业务具有侵入性，影响其他的相关 SQL，所以我的注意力放在了逻辑部分，其中 cdb_posts 是最全面的信息，后续的信息都是以它为准，既然优化器看不到这个边界，我们可以间接告诉它。

改造方案是把 cdb_posts 缩小为一个派生表：

select * from cdb_posts where tid='xxxx' AND invisible='0' LIMIT 11625, 50,

可以在这个基础上加上一些原有的排序逻辑，比如增加排序逻辑：ORDER BY dateline

DESC,first asc。

这样的话数据量绝对可控，而且符合逻辑。

改造后的语句如下：

```
SELECT SQL_NO_CACHE p.*, m.uid, m.username, …m.email, m.gender, m.showemail,
m.invisible…
FROM (
select * from cdb_posts where tid='xxxx' AND invisible='0' ORDER BY dateline
                                        DESC,first asc LIMIT 11625, 50
)p
LEFT JOIN cdb_members m ON m.uid=p.authorid
LEFT JOIN cdb_memberfields mf ON mf.uid=m.uid;
```

改造后，执行时间为 0.14 秒，相比之前的方式快了许多。

在这里需要明确的就是对于表连接顺序的优化，我们尽可能把小的结果集放在前面，MySQL 的优化器还不够健壮，而且本身对于多表关联，实现方式本身会有很多。

比如表 t1，t2，t3 关联，相关的关联方案就有如图 6-9 所示的多种方式，而优化器要选择的就是它认为最合理的，如果是更多的表关联，那么这个复杂度会更高。

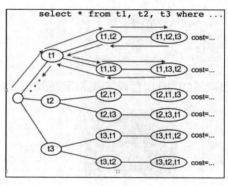

图 6-9

6.3.2 数据隐式转换

在系统集成和对接的过程中，很多时候我们都会忽略数据类型的兼容性，导致在系统运转起来的时候，原本正常的流程会容易堵塞，其中一个潜在的原因就是因为数据隐式转换带来的额外代价，为了模拟这个问题,我们使用如下的方式创建表 test,分别指定列 name 为 varchar 和 int 类型，来对比查看隐式转换带来的性能问题。

初始化语句如下：

```
create table test(id int primary key,name varchar(20),key idx_name(name));
insert into test values(1,'10'),(2,'20');
```

然后我们使用如下的两条语句进行执行计划的对比测试。

- explain select * from test where id=20;
- explain select * from test where id='20';

在 name 列为字符类型时，得到的执行计划列表如下表 6-4 所示。

表 6-4

执行计划列	Where 条件：name=20	where 条件：name='20'
id:	1	1
select_type:	SIMPLE	SIMPLE
table:	test	test
partitions:	NULL	NULL
type:	index	ref
possible_keys:	idx_name	idx_name
key:	idx_name	idx_name
key_len:	63	63
ref:	NULL	const
rows:	2	1
filtered:	50	100
Extra:	Using where; Using index	Using index
	3 warnings (0.00 sec)	1 warning (0.00 sec)

可以很明显地看到，在 name 为字符串类型时，如果 where 条件为 name=20，则走执行全索引扫描，查看 warning 信息会明确提示：

```
Message: Cannot use range access on index 'idx_name' due to type or collation
                          conversion on field 'name'
```

而如果 name 列为 int 类型，使用同样的数据和方式，执行计划列表如下表 6-5 所示。

表 6-5

执行计划列	where 条件：　name=20	where 条件：　name='20'
id:	1	1
select_type:	SIMPLE	SIMPLE
table:	test	test
partitions:	NULL	NULL
type:	ref	ref
possible_keys:	idx_name	idx_name
key:	idx_name	idx_name
key_len:	5	5
ref:	const	const
rows:	1	1
filtered:	100	100
Extra:	Using index	Using index
	1 warning (0.00 sec)	1 warning (0.00 sec)

通过上面的测试可以看到，两种 where 条件的执行计划是一致的，从效率上来说，都是不错的。

对这种场景小结一下：对于数值类型的兼容性，需要尽可能保持一致，如果要反向转换为字符类型，是不建议的。

我们接下来看一个案例，这个案例带给我们的教训会更加深刻。

案例 6-3：一条 update 语句引发的"血案"

有一次得到应用同学的反馈，有一个前端应用登录很慢，已经开始影响业务登录了。稍后 DBA 介入，发现是由于 CPU 使用率过高导致，为了能够缓解问题和进一步分析，做了一些改进措施，问题得以临时解决，但是对于问题的深层次原因也是后续经过不断对比和测试进行定位。

问题查看

查看慢日志的概览情况如下。

```
# Profile
# Rank Query ID                   Response time    Calls R/Call  V/M    Item
# ==== ==================== ================ ===== ======= ===== ============
#    1 0x26EEFEA86049462C 7667.3733 44.3%       189 40.5681  6.88 CALL p_register_check_1021e
#    2 0x6D5C3CEFC40B5E28 7518.4182 43.5%       189 39.7800  6.10 UPDATE push_list_s
```

两个查询的统计信息如下，平均执行时间竟然都在 40s 左右。

涉及的 SQL 语句如下，这个也是当时从慢日志中得到的。

```
# EXPLAIN /*!50100 PARTITIONS*/
select  APNS_PUSH_ID = `ID` from push_list_s where  APNS_PUSH_ID
=  NAME_CONST('i_apnsPushId',_utf8'eb43f3f09940de7228a780f69d05eab0a9df98083c701e23d11c7494a
980b351' COLLATE 'utf8_general_ci')\G
```

相关的表只有一个，表结构如下。

```
    Create Table: CREATE TABLE `push_list_s` (
     `ID` int(10) NOT NULL AUTO_INCREMENT,
     `SN_LIST_ID` int(10) NOT NULL DEFAULT '0',
     。。。
     `APNS_PUSH_ID` varchar(64) CHARACTER SET latin1 NOT NULL DEFAULT '""',
     。。。
     PRIMARY KEY (`ID`),
     UNIQUE KEY `INDEX_SN_LIST_ID` (`SN_LIST_ID`),
     UNIQUE KEY `APNS_PUSH_ID` (`APNS_PUSH_ID`),
     KEY `INDEX_CABLE_PUSH_ID` (`CABLE_PUSH_ID`)
    ) ENGINE=InnoDB AUTO_INCREMENT=2181938 DEFAULT CHARSET=utf8
```

整个调用过程的要点是一个 update 操作，where 条件中相关的字段 APNS_PUSH_ID 为 varchar。

逻辑类似下面的形式：

```
IF (LENGTH(i_apnsPushId)=64) THEN
        UPDATE push_list_s SET APNS_PUSH_ID = `ID` WHERE APNS_PUSH_ID = i_apnsPushId;
END IF;
```

这样一个 update 语句竟然很慢，着实感到很奇怪，因为单独执行，查看执行计划是没有问题的。

对于这个问题的疑问如下：

（1）用字符型字段作为索引，目前来看没有很直接的证据表明字符型索引和数字型索引存在巨大的差别。而从后来我单独得到的执行计划和后来复现情况来看，也没有发现二者存在很巨大的差别。

（2）对于从慢日志中得到的语句，可以看到内部已经做了转换。而对于这种转换，可能关注点都在 NAME_CONST 这个部分，在查看了一些资料之后，发现在其他版本和环境中，主要是和字符集转换有关，但是单独执行上面的转换语句，查看执行计划没有任何问题。

（3）在 5.1 版本中发现了相应的 bug 描述，但是目前的环境是 5.6 版本，所以问题应该已经得到修复。

我希望得到一些确切的信息，能够复现，能够找到一些相关的 bug 或者相关的解决方案。

问题的对比测试

我找了一套环境尝试复现这个问题，我把表里的数据复制到一个测试环境，然后写了下面的存储过程来复现和对比。

```
delimiter //
DROP PROCEDURE IF EXISTS `test_proc` //
CREATE PROCEDURE test_proc(IN push_id CHAR(64))
begin
                        UPDATE push_list_s SET APNS_PUSH_ID = `ID` WHERE APNS_PUSH_ID
=push_id;
    end
//
delimiter ;
```

测试前，要保证 Handler 是初始化状态，如下：

```
(root:localhost:Tue May   3 08:46:45 2016)[test]>show session status like '%handler%';
+----------------------------+-------+
| Variable_name              | Value |
+----------------------------+-------+
| Handler_commit             | 1     |
| Handler_delete             | 0     |
| Handler_discover           | 0     |
| Handler_external_lock      | 4     |
。。。 |
| Handler_read_rnd           | 0     |
| Handler_read_rnd_next      | 0     |
。。。
+----------------------------+-------+
18 rows in set (0.00 sec)
```

然后运行存储过程，其实这个过程就是当时问题发生时的一个调用环节。

查看 Handler 的状态，可以看到 Handler_read_next 的值极高，其实这是一个全表扫描。

```
(root:localhost:Tue May   3 08:52:17 2016)[test]>show session status like '%handler%';
+----------------------------+---------+
| Variable_name              | Value   |
+----------------------------+---------+
| Handler_commit             | 2       |
| Handler_delete             | 0       |
| Handler_discover           | 0       |
| Handler_external_lock      | 4       |
。。。
| Handler_read_next          | 1714495 |
| Handler_read_prev          | 0       |
| Handler_read_rnd           | 1       |
。。。
+----------------------------+---------+
18 rows in set (0.00 sec)
```

而如果单独执行同样的 SQL 语句，如下。

```
>UPDATE push_list_s SET APNS_PUSH_ID = `ID` WHERE APNS_PUSH_ID =
'9e9abc28fefdce2dad4186d49990033ca1ac10580839d33e7f6f681bbd1152d8';
Query OK, 1 row affected (0.01 sec)
Rows matched: 1   Changed: 1   Warnings: 0
```

再来查看 Handler 的情况，发现 Handler_read_rnd_next 为 0，很显然是一个索引扫描。

```
(root:localhost:Tue May   3 08:54:43 2016)[test]>show session status like '%handler%';
+----------------------------+--------+
| Variable_name              | Value  |
+----------------------------+--------+
| Handler_commit             | 2      |
| Handler_delete             | 0      |
| Handler_discover           | 0      |
| Handler_external_lock      | 2      |
。。。
| Handler_read_rnd_next      | 0      |
| Handler_rollback           | 0      |
。。。
+----------------------------+--------+
18 rows in set (0.00 sec)
```

如果查看单独 update 语句的执行计划，是看不到太多的明细信息的，如下。

```
+----+-------------+-------------+--------+---------------+---------------+
| id | select_type | table       | type   | possible_keys | key           |
+----+-------------+-------------+--------+---------------+---------------+
| 1  | SIMPLE      | push_list_s | range  | APNS_PUSH_ID  | APNS_PUSH_ID  |
+----+-------------+-------------+--------+---------------+---------------+

+---------+-------+-------+------------+
| key_len | ref   | rows  | Extra      |
+---------+-------+-------+------------+
| 66      | const | 1     | Using where|
+---------+-------+-------+------------+
```

我们可以打开 trace，MySQL 5.6 版本以后有一个特性，可以试试。

在 trace 中可以看到内部做了字符集的转换，而转换的过程其实可以理解为 convert(`push_list_s`.`APNS_PUSH_ID` using utf8)这个操作是把全表的 APNS_PUSH_ID 先做转换和 push_id 做匹配，这也就无形中导致了全表扫描，如下。

```
>select * from information_schema.optimizer_trace\G
*************************** 1. row ***************************
                                       QUERY: UPDATE push_list_s SET
APNS_PUSH_ID = `ID` WHERE APNS_PUSH_ID =
NAME_CONST('push_id',_utf8'6f8540d3a35a1bf47adbbdc8eae8ed4c91f5b882637ad4acc3daedd51e6f1649'
COLLATE 'utf8_general_ci')
                                       TRACE: {

    "steps": [
        {
            "condition_processing": {
                "condition": "WHERE",
                "original_condition": "(convert(`push_list_s`.`APNS_PUSH_ID` using utf8) =
push_id@0)",
                "steps": [
                    {
                        "transformation": "equality_propagation",
                        "resulting_condition": "(convert(`push_list_s`.`APNS_PUSH_ID` using
utf8) = push_id@0)"
                    },
                    {
                        "transformation": "constant_propagation",
                        "resulting_condition": "(convert(`push_list_s`.`APNS_PUSH_ID` using
utf8) = push_id@0)"
                    },
                    {
```

```
                            "transformation": "trivial_condition_removal",
                            "resulting_condition": "(convert(`push_list_s`.`APNS_PUSH_ID` using
utf8) = push_id@0)"
                        }
                    ]
                }
            },
            {
                "table": "`push_list_s`",
                "range_analysis": {
                    "table_scan": {
                        "rows": 1575175,
                        "cost": 326472
                    },
                    ...
>flush status;
Query OK, 0 rows affected (0.00 sec)
```

执行单个语句，查看 trace 的情况。

```
>UPDATE push_list_s SET APNS_PUSH_ID = `ID` WHERE APNS_PUSH_ID =
'9e9abc28fefdce2dad4186d49990033ca1ac10580839d33e7f6f681bbd1152d8';
Query OK, 0 rows affected (0.00 sec)
```

可以看到解析的时候是在做键值的匹配，如下。

```
>select * from information_schema.optimizer_trace\G
*************************** 1. row ***************************
                                        QUERY: UPDATE push_list_s SET
APNS_PUSH_ID = `ID` WHERE APNS_PUSH_ID =
'9e9abc28fefdce2dad4186d49990033ca1ac10580839d33e7f6f681bbd1152d8'
                                        TRACE: {
  "steps": [
    {
      "condition_processing": {
        "condition": "WHERE",
        "original_condition": "(`push_list_s`.`APNS_PUSH_ID` =
'9e9abc28fefdce2dad4186d49990033ca1ac10580839d33e7f6f681bbd1152d8')",
        "steps": [
          {
            "transformation": "equality_propagation",
            "resulting_condition": "multiple
equal('9e9abc28fefdce2dad4186d49990033ca1ac10580839d33e7f6f681bbd1152d8',
`push_list_s`.`APNS_PUSH_ID`)"
          },
          {
            "transformation": "constant_propagation",
            "resulting_condition": "multiple
equal('9e9abc28fefdce2dad4186d49990033ca1ac10580839d33e7f6f681bbd1152d8',
`push_list_s`.`APNS_PUSH_ID`)"
          },
          {
            "transformation": "trivial_condition_removal",
            "resulting_condition": "multiple
equal('9e9abc28fefdce2dad4186d49990033ca1ac10580839d33e7f6f681bbd1152d8',
`push_list_s`.`APNS_PUSH_ID`)"
          }
        ]
      }
    },
```

```
{
    "table": " push_list_s ",
    "range_analysis": {
        "table_scan": {
            "rows": 1575175,
            "cost": 326472
        },
        。。。
        "analyzing_range_alternatives": {
            "range_scan_alternatives": [
                {
                    "index": "APNS_PUSH_ID",
                    "ranges": [
                        "9e9abc28fefdce2dad4186d49990033ca1ac10580839d33e7f6f681bbd11
52d8 <= APNS_PUSH_ID <= 9e9abc28fefdce2dad4186d49990033ca1ac10580839d33e7f6f681bbd1152d8"
                    ],
                },
            "rows_for_plan": 1,
            "cost_for_plan": 2.21,
            "chosen": true
关闭 trace.
>set optimizer_trace = "enabled=off";
Query OK, 0 rows affected (0.00 sec)
```

对于这个问题，经过这样的分析测试，会发现在存储过程中和单独执行的场景中还是存在差别的，而问题的关键就在于字段 APNS_PUSH_ID 的字符集，MySQL 对于字符集的支持非常灵活，数据库级、表级和字段级别都可以定制，而对于这个问题的直接修复，就是统一字段"APNS_PUSH_ID"的字符集为表级的 UTF8。

问题的验证步骤

统一字符集之后，再次执行，就会发现效率就会大大提高。

```
>call test_proc('6f8540d3a35a1bf47adbbdc8eae8ed4c91f5b882637ad4acc3daedd51e6f1649');
Query OK, 0 rows affected (0.00 sec)
>show session status like '%handler%';
+----------------------------+-------+
| Variable_name              | Value |
+----------------------------+-------+
| Handler_commit             | 1     |
| Handler_delete             | 0     |
| Handler_discover           | 0     |
| Handler_external_lock      | 2     |
...
| Handler_read_rnd_next      | 0     |
...
Trace 的信息如下：
>select * from information_schema.optimizer_trace\G
*************************** 1. row ***************************
                              QUERY: UPDATE push_list_s SET
```

```
APNS_PUSH_ID = 'ID' WHERE APNS_PUSH_ID =
NAME_CONST('push_id',_utf8'6f8540d3a35a1bf47adbbdc8eae8ed4c91f5b882637ad4acc3daedd51e6f1649'
COLLATE 'utf8_general_ci')
                                                    TRACE: {
    。。。
            "analyzing_range_alternatives": {
                "range_scan_alternatives": [
                    {
                        "index": "APNS_PUSH_ID",
                        "ranges": [
                            "6f8540d3a35a1bf47adbbdc8eae8ed4c91f5b882637ad4acc3daedd51e6
f1649 <= APNS_PUSH_ID <= 6f8540d3a35a1bf47adbbdc8eae8ed4c91f5b882637ad4acc3daedd51e6f1649"
                        ],
    。。。
```

MySQL 的回复如下：

Problem is that the stored routine does not explicitly declare the charset of the parameter that is passed to the stored routine. It must match the column's charset to which you're comparing it to.

问题小结

其实对于问题还是需要刨根问底，找到了问题的症结，就会让我们在处理问题的时候更加坦然。我自己也尝试从和 Oracle 的对比中得到一些解决问题的思路，但是 Oracle 对于字符集的支持是统一管理方式的，所以也是无果而终，不过这种对比方式给了我一些思路。对于字符集的设定，虽然灵活方便，但是也要使用统一得当。

第 7 章　MySQL 事务和锁

也许幸福是一种只能让我们不断追寻的东西，而却无法真正拥有。——《当幸福来敲门》

　　随着业务的快速发展，对于业务吞吐量和负载会有越来越高的要求，而 MySQL 的事务和锁就是保证高并发下业务稳定可靠的保障，本章我们会从并发控制开始聊起，会涉及整个并发控制体系和 MVCC 技术，然后以这些为基础，逐步深入事务隔离级别，重点分析 RR 隔离级别下的一些常见数据问题和锁机制，通过几个典型的死锁案例来加深理解，最后会提出事务降维的概念，并给出一些可行的策略。

7.1　MySQL 并发控制

　　毫无疑问，并发控制是我们学习的重点和难点，因为在一段时间的学习之后，通常会有一些挫败感和似懂非懂的感觉，主要的原因细究起来理解为：使用并发时需要解决的问题有多个，而要实现并发的方案有多种，它们两者之间没有明显的映射关系，如下图 7-1 所示。

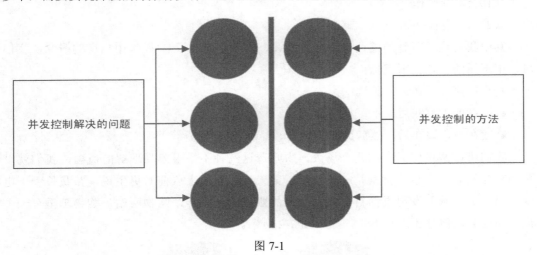

图 7-1

　　接下来我们来聊一下对于并发控制的理解，首先需要明确一个问题，那就是为什么需要事务。

7.1.1　为什么需要事务

　　为什么需要事务，听起来是个多余的问题，究其原因，事务处理机制，要保证用户的数据操作对数据是"安全"的，比如我们要守护的银行卡余额，我们希望对它的操作是稳定准确，而且绝对是安全的。

那么什么样的操作才是安全的呢，这就引出了事务的 ACID 特性，ACID 的解释和说明如下表 7-1 所示。

表 7-1

ACID 特性	解　释
原子性（atomicity）	一个事务要么全部执行，要么完全不执行
一致性（consistency）	事务在开始和结束时，应该始终满足一致性约束
隔离性（isolation）	在事务操作时，其他事务的操作不能影响到当前的事务操作
持久性（durability）	事务操作的结果是具有持久性的

这个理解起来就相对简单了，比如我去 ATM 机取款，要么成功，要么提示余额不足（原子性），我取了 1000 元，那么从 ATM 里面取出的也应该是 1000 元，不多不少（一致性），我取款的时候有人给我转账，我不应该拒绝这样的操作（隔离性），取款完毕，我们可以打一张回执单，上面会有我们的余额（持久化），之后查多少次都不会变。

顺着这个思路来看，我们把查询余额看做是读操作，存钱、取款看做是写操作，这样很多读写操作的并发就相对容易理解了。

对于这样的操作我们分为读和写，它有如下两种组合：

（1）读-读操作

（2）读-写操作

其中我们经常听到的脏读、不可重复读、幻读都是在读-写操作中出现的概念，我们可以用下面的三句话来概括：

- 写在前，读在后：脏读；
- 读在前，写在后：不可重复读；
- 读在前，写在后，然后又读：幻读。

我们可以假设生活中的几个场景，来吃透这三种不是很容易理解的概念，我们就以购物车为例吧，故事的背景是一对情侣，某天早上女生上班前对男生说，帮我关一下电脑，男生关电脑时发现桌面首页显示女生的账号登录了一个购物网站，购物车里有一个化妆品套装，但是还没有下单，如下图 7-2 所示。

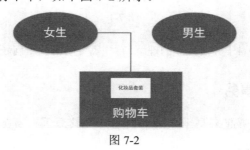

图 7-2

（1）男生看了下购物车，于是就默默下单提交了，在这种情况下，女生相关的购物信息通过这种方式被男生知晓，如果在一些信息敏感的事务处理是会产生数据问题的，这种情况就是脏读，即事务 B 读到了事务 A 未提交的数据状态。

（2）男生想，多大点事，一套不够，再买一套，于是点击添加了一套，结果女生下班后，带着期待的心情打开购物车，发现化妆品没变，但是数量是 2 套，这就是不可重复读，重点在于修改，一个事务前后两次读取的结果值并不一致，导致了不可重复读，面对的是相同的查询数据，类似 product_code='化妆品套装'。

（3）男生查看了女生浏览的其他几款化妆品，把它们都加入了购物车，结果女生下班后，查看购物车，发现除了之前的那款化妆品，一下子又多了好几款其他的化妆品套装，明明只中意其中一款啊，这种情况就是幻读，幻读面对的是一类数据，在这里就是以购物车里的所有商品作为参考。

我们简单总结下，不可重复读和幻读有些类似：一个事务多次读取某条数据，发现读取的数据不完全相同，两者的不同点在于不可重复读是针对数据的修改造成的读不一致，而幻读是针对数据的插入和删除造成的读不一致，如同发生幻觉一样。

7.1.2　MySQL 并发控制技术方案

数据库的一个核心方向就是并发控制了，并发是对临界资源进行操作，通过并发控制技术来确保整个过程中对于数据的操作是"安全"的。

总体来说，有以下的两类并发控制技术方案：锁机制（Locking）和多版本并发控制（MVCC）。

（1）锁机制（Locking）

通过锁机制可以保证数据一致性，整体的场景感觉无非是读-读、读-写、写-写这几类并发，看起来容易，但是融合到业务场景中是千差万别，相对是比较复杂的。

（2）多版本并发控制（MVCC）

MVCC（Multiversion Concurrency Control）是侧重于读写并发的改善机制，它可以避免写操作堵塞读操作的并发问题，通过使用数据的多个版本保证并发读写不冲突的一种机制，它只是一种标准，并不是规定了明细的实现细节，所以在数据库方向上大体会有一些 MVCC 的不同实现。

写-写的场景其实相对容易理解，为了保证在同一时间完成数据的一致性操作，我们需要通过锁的方式来控制，为了方便理解，整个过程可以理解为是串行的，有一些改进的细节我们在后面会说。

这里要先引出一个概念，就是 2PL（Two-Phase Locking ，二阶段锁），这个二阶段锁的过程我们举个例子就很容易理解了。加锁阶段只加锁，解锁阶段只放锁，就好像我们呼吸一样，吸气，呼气，一张一弛，但是不会彼此交叉。把这个过程细化到一个数据并发中的场景：

（1）操作数据前，加锁，互相排斥，不允许其他并发任务操作。

（2）操作数据后，解锁，其他任务可以继续执行。

这种锁定的方式相对比较单一而且粒度太粗，这样会导致在并发时读任务都会阻塞，对于并发的性能影响是很大的，所以 InnoDB 实现了以下两种类型的行锁。

- 共享锁（S）：允许一个事务去读一行，阻止其他事务获得相同数据集的排他锁。
- 排他锁（X）：允许获得排他锁的事务更新数据，但是阻止其他事务获得相同数据集的共享锁和排他锁。

简单小结为：

- 共享锁（S）之间不互斥，读读操作可以并行；
- 排它锁（X）是互斥关系，读写，写写操作不可以并行。

一些常见的共享锁的使用方式有：

共享锁：

```
select * from table_name where .....lock in share mode
```

排他锁：

```
select * from table_name where .....for update
```

通过这一层的改进，可以对于读-读并发的场景有了较好地支撑，但是写入的过程中，读任务还是会被阻塞，对于读写的操作还是存在瓶颈，所以在这个层面上引入了 MVCC，在详细展开之前，我们需要了解下 MVCC 并发控制中的两类读操作，快照读（Snapshot Read）和当前读（Current Read），其中快照读-读取的是数据的可见版本，是数据的历史镜像，这个过程是不加锁的，而当前读-读取的是最新的版本，会加上锁，保证其他事务不会再修改这条记录。

比如我们触发了一条 select 操作：select * from test where id=100; id 为主键，这条语句对应的操作就是快照读，而我们上面刚刚列举的共享锁和排他锁的 SQL，还有常见的 DML 都属于当前读，操作过程中会读取当前最新的版本，保证其他事务不能修改当前记录。

我们通过思维导图的形式简单对并发控制技术做个总结，如下图 7-3 所示。

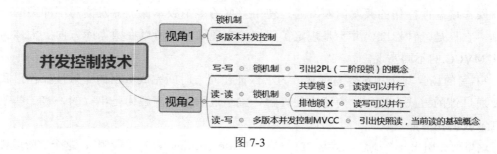

图 7-3

7.1.3　MySQL 中的 MVCC

对于 MVCC，想必大家也看到了不少源码层的解读，最大特点就是分析得比较深入了，但是却不大好理解，最后有种不明觉厉的感觉，以至于在面试中经常翻船。

　　我们换个角度来解读一下，在表设计中，我们有一种策略，那就是尽可能保留数据变化的历史，比如在数据发生变化时我们不会直接删除数据，而是把它转换为两类操作。

　　比如修改一个账户的余额，这是敏感信息，属于状态型数据，在更新时需要保留完整的数据变化历史，那么把余额从 100 变化为 200 的过程，会转化为 1 条 update 语句，1 条 insert 语句。下图 7-4 所示的操作是我们预期的结果。

Account_id	balance	effective_date	expire_date	status
100	100	20171004010100	20181104010200	1

图 7-4

可以把这个过程改造为下图 7-5 这样。

Account_id	balance	effective_date	expire_date	status	
100	100	20171004010100	20171104010200	0	update 语句
100	200	20171004010200	20181104010200	1	insert 语句

图 7-5

　　有的同学说，这个和 MVCC 有什么关系呢，其实 MVCC 的实现原理也是类似的方式，我们就以这种方式作为例子来解释，在这种情况下，第 1 行 update 语句对应的数据可以理解为是之前的数据镜像，而第 2 行则是数据处理后的结果。

　　如果存在大量的并发读写，我们可以把读的压力分担出来，即数据的查询可以指向镜像，而数据的修改指向当前的变化数据，这样两者是一个互补的关系。

　　这种情况类似下图 7-6 所示的方式，比如 T1，T2，T3 三个顺序时间里发生了三次请求，分别是一次写请求和两次读请求。那么在 MySQL 中会先在 T1 时间生成一个快照，比如数据标识是 90，然后在这个基础上进行数据修改，数据标识为 100，但是事务未提交。

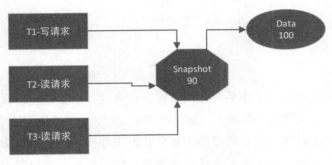

图 7-6

在 T1 写数据的事务内，T2 时间的读请求会读取 T1 时间生成的快照数据，读取的数据标识依旧是 90，T3 时间的读请求也是类似。

所以 MVCC 本身还是比较接地气的，只是我们理解的方式有些高大上，消化不了了。我们小结一下：

（1）表设计中数据生命周期的管理是一种体系化的管理方式，原理和思路是通用的。

（2）数据生命周期管理有两个重要的标识，一个是标识数据变化的，一个是标识数据可用状态的。

明白了这些，理解 InnoDB 的 MVCC 就很简单了，我们使用类似的思路来做下解读，假设在每行记录后面存在两个隐藏的列，这两个列分别保存了这个行的创建时间，一个保存的是行的删除时间。这里存储的是系统版本号，会自动递增，我们按照 DML 的几个维度进行阐述。

（1）Insert 操作，事务 id 假设是 1，如下图 7-7 所示。

id	name	create version	delete version
1	test	1	

图 7-7

（2）Update 操作，会先把当前记录标识为已删除，然后新增一列数据，写入相应的版本号，在这里就是 2，和上一条的 delete_version 是一致的，比如把字段 name 修改为 new_test，如图 7-8 所示。

id	name	create version	delete version
1	test	1	2
1	new_test	2	

图 7-8

（3）delete 操作，就是把当前记录标识为已删除，如图 7-9 所示。

id	name	create version	delete version
1	new_value	2	3

图 7-9

上面的实现方式中，如果事务发生回滚该如何处理，这个是我们需要重点考虑的，也是对数据周期管理流程的一个补充，这里我们就要引出 InnoDB 层的实现 undo。

我们来设想一个问题，原有的多版本数据在表中存放显然比较复杂的，而且在存储上也是一笔不小的开销，需要有后台进程去做清理的，而事务发生回滚时需要具备完善的日志，这个回滚相关日志的地方就是 undo 日志里面，一旦出现了事务回滚，我们可以把已有的数据状态通过逆向应用保证事务的 ACID 特性。

要实现该细粒度的操作，在 InnoDB 设计中，实际上所有行数据会增加以下三个内部属性列：

（1）DB_TRX_ID：6 字节，记录每一行最近一次修改它的事务 ID。

（2）DB_ROLL_PTR：7 字节，记录指向回滚段 undo 日志的指针。

（3）DB_ROW_ID：当写入数据时，自动维护的自增列。

把这三个列组合起来，就可以标记数据的周期性，并定位到相应的事务，在需要的时候进行回滚。

比如一张表 test（id，name）主键为 id 列。

- insert 的数据在 redo 中顺序记录 insert 操作，同时生成 undo 记录，为逆操作 delete；
- delete 的数据在 redo 中顺序记录 delete 操作，同时生成 undo 记录，为逆操作 insert；
- update 的数据在 redo 中顺序记录 update 操作，同时生成 undo 记录，为逆操作 update，比如原来是从 id=1 变成 id=3，则逆操作为 id =3，变成 id=1。

对于 InnoDB 来说，无论是更新还是删除，都只是设置行记录上的 deleted BIT 标记位，而不是真正的删除记录，后续这些记录的清理，是通过 Purge 后台进程实现的。

此外，需要说明的是，只有在隔离级别 Read-Committed 和 Repeatable-Read 才能使用 MVCC。Read-Uncommited 由于是读到未提交的，所以不存在版本的问题；而 Serializable 则会对所有读取的行加锁。

7.2　事务隔离级别

为什么需要事务隔离级别，这是我们学习的一个切入点；简单来说，如果事务之间不是互相隔离的，可能将会出现以下问题：脏读、不可重复读、幻读；在开篇已经介绍过了，隔离级别定义了事务之间按照什么规则进行隔离，将事务隔离到什么程度，下表 7-2 是不同事务隔离级别和并发问题的矩阵关系。

表 7-2

事务隔离级别	脏读	不可重复读	幻读
读未提交（Read-Uncommitted）	Y	Y	Y
不可重复读（Read-Committed）	N	Y	Y
可重复读（Repeatable-Read）	N	N	Y
串行化（Serializable）	N	N	N

其中，串行化隔离级别解决了上面的所有数据问题，但是同时带来了并发的性能问题。而读未提交这种方式违背了基础的事务安全处理要求，所以行业里普遍是在不可重复读和可重复读这两种隔离级别中作选择，其中 MySQL 的默认隔离级别是 Repeatable-Read（RR），如果要查看，可以使用如下三种方式。

- SELECT @@global.tx_isolation；
- SELECT @@session.tx_isolation；
- SELECT @@tx_isolation。

隔离级别的修改支持会话级别和全局参数级别。

而我们熟知的很多数据库，比如 Oracle，SQL Server，PostgreSQL 等，都是默认使用了 read-committed（RC），当然我们不能孤立的用一个标尺来衡量所有实现方式的好坏，接下来我们来看一下隔离级别的明细内容。

7.2.1　MySQL 中的隔离级别 RR 和 RC

在 MySQL 中都有这两种事务隔离级别的设置，默认的 RR（Repeatable-Read）和常见的 RC（Read-Committed）。两者区别是什么，怎么正确理解，我们通过一些简单的测试来说明。

首先创建一个测试表 test，插入一些数据。

```
create table test( id int primary key,name varchar(30),memo varchar(30));
insert into test values(1,'name1','aaaa'),(2,'name2','aaaa'),(3,'name3',
                        'aaaa'),(4,'name4','aaaa'),(5,'name5','aaaa');
```

我们打开两个窗口，来对比关联测试。

1．RC 模式下的测试 1

（1）窗口 1

```
>begin;  --开启事务
>select *from test;  --查看数据
+----+-------+------+
| id | name  | memo |
+----+-------+------+
| 1  | name1 | aaaa |
| 2  | name2 | aaaa |
| 3  | name3 | aaaa |
| 4  | name4 | aaaa |
| 5  | name5 | aaaa |
+----+-------+------+
5 rows in set (0.00 sec)
```

（2）窗口 2

```
begin;   --开启事务
>update test set name='aaaaa' where id=2;  --修改一条记录
Query OK, 1 row affected (0.06 sec)
Rows matched: 1  Changed: 1  Warnings: 0
>commit;  --提交事务
Query OK, 0 rows affected (0.01 sec)
```

（3）窗口 1

查看窗口 1 中的数据，就会发现原来窗口的数据发生了变化，id=2 的数据列 name 变为了"aaaaa"，这是不可重复读的一个典型例子。

```
>select *from test;
+----+-------+------+
| id | name  | memo |
+----+-------+------+
| 1  | name1 | aaaa |
| 2  | aaaaa | aaaa |
| 3  | name3 | aaaa |
| 4  | name4 | aaaa |
| 5  | name5 | aaaa |
+----+-------+------+
5 rows in set (0.00 sec)
```

2. RR 模式下的测试

再来看看 RR 这个隔离级别。我们首先修改隔离级别为 RR。

```
>set global transaction isolation level repeatable read;
Query OK, 0 rows affected (0.00 sec)
```

然后重新打开窗口，进行如下的测试。

（1）窗口 1

```
>begin;   --开启事务
>select *from test;   --查看表 test 的数据。
+----+-------+------+
| id | name  | memo |
+----+-------+------+
| 1  | name1 | aaaa |
| 2  | aaaaa | aaaa |
| 3  | name3 | aaaa |
| 4  | name4 | aaaa |
| 5  | name5 | aaaa |
+----+-------+------+
5 rows in set (0.00 sec)
```

（2）窗口 2

```
>begin;  --开启事务
>update test set name='RR_test';  --修改表 test 的数据，所有记录都发生变化。
Query OK, 5 rows affected (0.01 sec)
Rows matched: 5  Changed: 5  Warnings: 0
>commit;  --提交事务
Query OK, 0 rows affected (0.00 sec)
```

（3）窗口 1

这是 RR 隔离级别的要点，虽然事务 2 已经提交，但是窗口 1 中的事务因为还没有提交，所以看到的还是原来的数据。

```
>select *from test;
+----+-------+------+
| id | name  | memo |
+----+-------+------+
| 1  | name1 | aaaa |
| 2  | aaaaa | aaaa |
| 3  | name3 | aaaa |
| 4  | name4 | aaaa |
| 5  | name5 | aaaa |
+----+-------+------+
```

```
5 rows in set (0.00 sec)
>commit;  --我们提交窗口 1 的事务
Query OK, 0 rows affected (0.00 sec)
>select *from test;  --提交后，再次查看数据就发生了变化，实际上窗口 1 中没有任何的
                                                          DML 操作。

+----+---------+------+
| id | name    | memo |
+----+---------+------+
|  1 | RR_test | aaaa |
|  2 | RR_test | aaaa |
|  3 | RR_test | aaaa |
|  4 | RR_test | aaaa |
|  5 | RR_test | aaaa |
+----+---------+------+
5 rows in set (0.00 sec)
```

我们小结一下：

通过上面的测试我们可以明确，对于 RC 隔离级别，它在事务中是可以读取已经提交的事务数据，而对于 RR 隔离级别来说，它会保证在一个事务内的数据多次查询结果是不变的，尽管其他事务已经并发修改提交了事务，此时允许幻读，但不允许不可重复读和脏读。

用一个通俗的例子来说明，比如升职加薪，领导叫你去谈话，然后给你升职，RC 的情况就是立即生效；而 RR 的情况是，领导叫你去谈话加薪了，因为需要走一些审批环节，结果过了一个月你看到工资还是没变，到了第 2 个月，把前一个月加薪的部分也补给你了，大概就是这样的意思。

相信通过上面的学习过程，会开始感觉到一些吃力了，没关系，我们才刚刚开始，我们接下来会来深入学习 RR 隔离级别下的两种特殊问题：一类是 unique 失效问题，一类是更新冲突问题。我们先来看第一个问题。

7.2.2 RR 隔离级别下的 unique 失效

问题的背景是在 MySQL 隔离级别为 RR（Repeatable-Read)时，唯一性约束没有失效，多并发的场景下能够复现出下面的问题。

这样一个看起来不可能的事情，能否复现呢？

为了模拟这个问题，我们打开两个会话窗口，来模拟一下这个问题。

```
mysql> create table test3(id1 int primary key,id2 int unique,id3 int);
Query OK, 0 rows affected (0.01 sec)
```

我们可以采用如下表 7-3 所示的步骤和方式来进行复现。

表 7-3

发起时间	会话 1	会话 2
T1	>set autocommit=0; >insert into test3 values(1,20170831,1); >commit;	
T2		>select *from test3; +-----+----------+------+ | id1 | id2　　　 | id3　 | +-----+----------+------+ |　　1 | 20170831 |　　 1 | +-----+----------+------+ 1 row in set (0.00 sec)
T3		会话 1 插入了一条数据，在会话 2 中删除。 >delete from test3 where id1=1; >commit; Query OK, 0 rows affected (0.00 sec) 提交之后，会话 2 中就修改完毕了。
T4	这个时候根据 MVCC 的特点，会话 2 中已经删除了 id1=1 的记录。所以主键列相关数据是插入不了了，那么唯一性索引呢。根据 MVCC 的特点，能够保证重复读的特点，读到的数据还是不变。 > select *from test3; +-----+----------+------+ | id1 | id2　　　 | id3　 | +-----+----------+------+ |　　1 | 20170831 |　　 1 | +-----+----------+------+ 1 row in set (0.00 sec)	
T5	现在的关键就来了，我们插入一条数据，主键不冲突，唯一性索引冲突，看看是否能够插入成功。 > insert into test3 values (2,20170831,2); Query OK, 1 row affected (0.00 sec) 魔性的一幕上演了。 > select *from test3; +-----+----------+------+ | id1 | id2　　　 | id3　 | +-----+----------+------+ |　　1 | 20170831 |　　 1 | |　　2 | 20170831 |　　 2 | +-----+----------+------+ 2 rows in set (0.00 sec)	

这个问题可以作为理解 RR 隔离级别的配菜，它只是事务处理过程中的一个瞬间状态，本质还是 RR 隔离级别会去构建当前事务所需的数据集，在事务提交之后，是不会出现冲突的。

进行略微烧脑的分析之后，我们开始第二个问题。

7.2.3　RR 隔离级别下的更新冲突

首先是初始化基础数据，我们开启两个窗口，创建一个测试表，插入两条记录。

```
create table t (id int not null, name varchar(10) ) engine=innodb ;
insert into t values(1,'name1'),(3,'name3');
```

整个过程虽然是两个窗口，但是操作是一个串行的过程，如下表 7-4 所示。

表 7-4

发起时间	会话 1	会话 2
T1	> begin; Query OK, 0 rows affected (0.00 sec) 　开启事务后，查询当前的数据情况。 > select *from t; +----+------+ | id | name　 | +----+------+ |　 1 | name1 | |　 3 | name3 | +----+------+ 2 rows in set (0.00 sec)	
T2		会话 2 插入一条记录，默认提交。 > insert into t values(4,'name4'); Query OK, 1 row affected (0.00 sec) 这个过程中，如果在会话 1 中查看数据，应该还是 2 条。
T3	这个时候查看，数据结果还是没变，还是 id 为 1 和 3 的数据，新增的数据 id=4 还不在查询结果中。 > select *from t; +----+------+ | id | name　 | +----+------+ |　 1 | name1 | |　 3 | name3 | +----+------+	
T4	我们继续做一个 update，id=4 的记录是刚刚在会话 2 中插入的，在此处变更，从结果来看还是产生了一行数据的变化，这是一个"诡异"的地方。 > Update t set name= 'name_test' where id = 4; Query OK, 1 row affected (0.00 sec) Rows matched: 1　 Changed: 1　 Warnings: 0	

续表

发起时间	会话 1	会话 2
T5	而接下来的地方就是问题的关键了，我们再次查询就输出了 3 行记录，原来 id=4,name='name4'的记录在会话 1 里面被修改成了 id=4,name='name_test'。	

T5	`> select *from t;`
	`+----+----------+`
	`| id | name     |`
	`+----+----------+`
	`|  1 | name1    |`
	`|  3 | name3    |`
	`|  4 | name_test |`
	`+----+----------+`
	这个时候如果查看会话 2 的数据情况，得到的结果还是相对合理的。	

T6		而在会话 2 中查看，数据结果还是没有发生变化。
		`mysql> select *from t;`
		`+----+-------+`
		`| id | name  |`
		`+----+-------+`
		`|  1 | name1 |`
		`|  3 | name3 |`
		`|  4 | name4 |`
		`+----+-------+`
		`3 rows in set (0.00 sec)`

　　通过上面的测试，可以看到在 RR 隔离级别下的实现是会产生"诡异"的数据更新冲突。而按照我们预期的要求，在会话 1 的事务内应该是对会话 2 的变更是不可见的。

　　当然在此只是抛砖引玉，希望通过这样两个细小的地方能够加深我们对于隔离级别实现的理解，而对于这种方式处理的复杂性和合理性，也是见仁见智了。

7.3　MySQL 锁机制

　　锁是计算机协调多个进程或线程并发访问某一资源的机制，在整个学习的过程中，相信你已经无数次想放弃，而这对于你的学习过程来说就是一把锁，我还是希望你能够再坚持一下，通过锁机制的学习来解锁你的学习能力。

　　我们接下来会先聊一下 MySQL 锁的类型，然后讲一下索引加锁过程的处理差异，最后会给出一个死锁分析的案例。

7.3.1　MySQL 锁的类型

　　我们前面讲过，InnoDB 的锁，实现了两种类型的行锁。

- 共享锁（S）：允许一个事务去读一行，阻止其他事务获得相同的数据集的排他锁。

```
select * from table_name where .....lock in share mode
```

- 排他锁（X）：允许获得排他锁的事务更新数据，但是阻止其他事务获得相同数据集的共享锁和排他锁。

```
select * from table_name where .....for update
```

在此我们可以设想一个场景：有两个事务 A 和 B，事务 A 锁住了表中的一行，加了行锁 S，即这一行只能读不能写。之后事务 B 申请整个表的写锁，在（MySQL Server 层可以使用 lock table xxxx write 的方式锁表），那么理论上它就能修改表中的任意一行，包括共享锁 S 锁定的那一行，这种情况下和事务 A 持有的行锁是冲突的，就需要有一种机制来判断，避免这个冲突，比如我们需要先判断表是否被其他事务用表锁锁定，然后判断表中的每一行是否被行锁锁住，显然这种方案是不可接受的，因为需要遍历整个表，随着数据量的增加，这个代价就会无限放大；在这种情况下，意向锁就是来做这个冲突协调者的。

所以一个正常的流程就会变为：

（1）事务 A 必须先申请表的意向共享锁，成功后申请一行的行锁；

（2）事务 B 申请排它锁，但是发现表上已经有意向共享锁，说明表中的某些行已经被共享锁锁定了，事务 B 申请写锁的操作会被阻塞。

而这也是为什么需要表级意向锁的主要原因，InnoDB 有两个表级意向锁：

- 意向共享锁（IS）：表示事务准备给数据行加入共享锁，也就是说一个数据行加共享锁前必须先取得该表的 IS 锁。
- 意向排他锁（IX）：类似上面，表示事务准备给数据行加入排他锁，说明事务在一个数据行加排他锁前必须先取得该表的 IX 锁。

整个表级意向锁的加锁过程是自动完成的，我们可以举个例子来说明下，比如我们生活中的红绿灯，一般路灯红绿灯切换是不会马上切换的，而是会转为黄色，转为黄色后，会有几秒钟的缓冲时间，而这些就是留给了行人和司机的准备时间，表级意向锁的角色和这个是类似的。

说完表级意向锁，我们继续来说行锁。

InnoDB 行锁是通过给索引项加锁实现的，如果没有索引，InnoDB 会通过隐藏的聚簇索引来对记录加锁。

如果不通过索引条件检索数据，那么 InnoDB 将对表中所有数据加锁，实际效果跟表锁一样。

InnoDB 支持如下的三种行锁定方式：

- 行锁（Record Lock）：对索引项加锁，即锁定一条记录；
- 间隙锁（Gap Lock）：对索引项之间的间隙、对第一条记录前的间隙或最后一条记录后的间隙加锁，即锁定一个范围的记录，不包含记录本身；

● Next-key Lock：锁定一个范围的记录并包含记录本身。

Next-key Lock 是行锁与间隙锁的组合，当 InnoDB 扫描索引记录的时候，会首先对选中的索引记录加上行锁（Record Lock），再对索引记录两边的间隙加上间隙锁（Gap Lock）。如果一个间隙被事务加了锁，其他事务是不能在这个间隙插入记录的。

到目前为止，我们也说了几种锁了，这些锁之间是什么样的兼容关系，可能有的同学会有些迷糊，MySQL 里的锁兼容列表大体是图 7-10 这样的关系，我们需要明确：意向锁之间是互相兼容的，这句话很重要。按照这个思路里面一半的内容就明确了。而另外一部分则是 S 和 X 的兼容性。带着 S 锁和 X 锁的组合都是互相排斥，而 S 锁之间是互相兼容的。按照这个思路几乎不用记就能基本理解了。

	X　（排他锁）	S　（共享锁）	IX (意向排他锁)	IS(意向共享锁)
X	冲突	冲突	冲突	冲突
S	冲突	兼容	冲突	兼容
IX	冲突	冲突	兼容	兼容
IS	冲突	兼容	兼容	兼容

图 7-10

此外就是死锁，如果锁不兼容的情况下，通常会产生阻塞，如图 7-11 所示，这是一种经典的死锁检测机制：wait-for graph 算法。

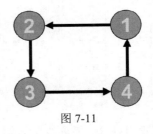

图 7-11

我们来看一个死锁的小例子，在两个会话并发的场景下，死锁的步骤如下：

首先创建一张表 dt1，语句如下：

```
create table dt1 (id int unique);
```

然后按照下表 7-5 的方式来操作。

表 7-5

时间	会话	会话
T1	begin; select *from dt1 lock in share mode;	
T2		begin; select *from dt1 lock in share mode;
T3	insert into dt1 values(1);　--阻塞	
T4		insert into dt1 values(2); 产生死锁

所以上面的语句特点很明显，插入的数据分别是 1 和 2 产生了死锁，我们可能很少看到直接声明 share mode 的方式，但是有很多时候会由其他的场景触发，比如对于

duplicate 数据的检查会开启 S 锁。这是比较特别的一点，需要注意。

7.3.2 索引加锁过程的差异

对于唯一性索引和主键，在加锁过程中也存在着较大的差别，在不同的隔离级别下锁也会有相应的变化，我们在这里来梳理一下，总结一些要点。

本小节中部分内容的思路参考了何登成的一篇博文，链接是：http://hedengcheng.com/?p=771 在此表示感谢。

比如一张表 test，我们分别创建唯一性索引和主键，表结构信息为：

```
Create table test(id int unique key,name varchar(30) primary key);
```

插入测试数据：

```
Insert into test values(1,'aa'),(2,'bb'),(3,'cc'),(4,'gg'),(5,'ff'),
(6,'ee'),(7,'dd');
```

数据情况如下：

```
mysql> select * from test;
+------+------+
| id   | name |
+------+------+
|    1 | aa   |
|    2 | bb   |
|    3 | cc   |
|    4 | gg   |
|    5 | ff   |
|    6 | ee   |
|    7 | dd   |
+------+------+
7 rows in set (0.00 sec)
```

我们以 RC 隔离级别为例开始，首先触发一条 SQL（select * from test where id=6 for update）；加锁的情况如下图 7-12 所示。

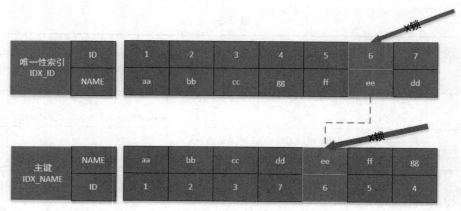

图 7-12

　　在这种情况下，select 语句会根据 where 条件将唯一性索引 id=6 的记录加上 X 锁，同时根据得到的 name 列，在主键聚簇索引中将 name='ee' 对应的主键索引项加 X 锁。

　　我们可能会有些疑问，id=6 和 name='ee' 是指向同样的记录，要不要分这么清楚，其实我们可以设想这样一个场景，如图 7-13 所示。

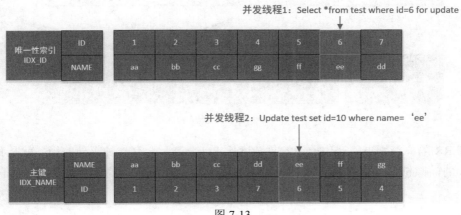

图 7-13

　　如果两个并发线程，线程 1 通过唯一性索引锁定，线程 2 通过主键索引来更新，如果线程 1 没有将主键索引上的记录加锁，那么并发线程 2 的 update 语句就会感知不到线程 1 的存在，会造成更新的冲突。所以我们可以继续做下总结：对于唯一性索引来说，加锁会有 2 个 X 锁，一个位于唯一性索引的键值记录，另外一个对应聚簇索引的键值。

　　按照这个思路，对于非唯一性索引，也会关联锁定相应的主键聚簇索引项，如图 7-14 所示。

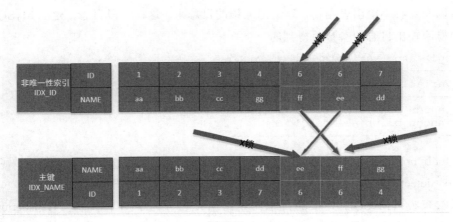

图 7-14

　　这种场景略微复杂的一些的是基于 RR 隔离级别，并且是在非唯一性索引的情况下，如下图 7-15 所示。

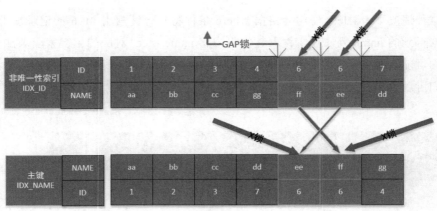

图 7-15

在 RR 隔离级别下，产生的锁的复杂度比 RC 要高，会有一种额外的锁，就是我们前面讲到的间隙锁，从这个执行代价来看，我们是强烈建议表中的索引设计不能太随意和任性。

7.3.3　这样分析一个死锁问题

怎么来分析一个死锁问题呢，我一直在琢磨这个问题，自己也总结了不少出现的场景，但是总感觉还是有一些欠缺或者不完善的地方。那么我们就换一个思路来分析死锁问题：通过日志来反推死锁产生的可能场景，然后依次深入，扩展，这样一来，这个问题的分析就可以通过很多不确定性分析判断，得到确定性的结果，然后分析和预期一致，这个问题就算基本搞明白了。

所以在此我不给出表结构，只给出死锁的日志来。这样一段日志，是在 MySQL 设置了死锁检测输出日志的参数后得到的。

```
mysql> show variables like '%dead%';
+----------------------------+-------+
| Variable_name              | Value |
+----------------------------+-------+
| innodb_deadlock_detect     | ON    |
| innodb_print_all_deadlocks | ON    |
+----------------------------+-------+
```

innodb_print_all_deadlocks 是打印死锁日志到错误日志中，而另一个参数 innodb_deadlock_detect 是在 MySQL 5.7.15 版本之后增加，默认是打开的。

通常来说，MySQL 死锁的日志比较简略：它分为了两个事务，Transaction 1 和 Transaction 2；这里需要指出，这其实是发生死锁的临界状态的事务信息，就好似一个印章。我们看到的是最后得到的一个状态信息（类似盖上印章的一瞬间），而完整的过程是没法通过日志体现出来的；还有一点，如果仔细看上面的日志就会发现，事务 1 的日志还是不够完整，只打印出了等待的锁，而没有持有的锁，有很多业内朋友是通过修改内核代码来把这个信息补充完整的。

但是发生死锁的时候是有两个事务互相阻塞，循环形成死锁，所以我们要分析死锁日志，其实得到的是不够完整的信息，需要我们不断推导和梳理，有点类似于做完形填空。

我们就依次来分析两个事务的日志信息。

事务 1 的日志信息如下，

```
*** (1) TRANSACTION:
TRANSACTION 2844, ACTIVE 46 sec starting index read
mysql tables in use 1, locked 1
LOCK WAIT 2 lock struct(s), heap size 1136, 1 row lock(s)
MySQL thread id 5, OS thread handle 140582228653824, query id 55 localhost
                                                              root updating
delete from dtest1 where num=10
2017-09-11T10:07:08.103195Z 6 [Note] InnoDB: *** (1) WAITING FOR THIS LOCK
                                                            TO BE GRANTED:

RECORD LOCKS space id 34 page no 4 n bits 72 index num of table `test`.`dtest1`
                                     trx id 2844 lock_mode X waiting
Record lock, heap no 3 PHYSICAL RECORD: n_fields 2; compact format; info
                                                                  bits 32
 0: len 4; hex 8000000a; asc     ;;
 1: len 4; hex 8000000a; asc     ;;
```

我们可以看到整个事务持续（阻塞）了 46 秒钟，很快就会达到触发超时的阈值，涉及的表有 1 个（tables in use 1），有 2 个锁（一个表级意向锁，一个行锁），语句为：delete from dtest1 where num=10，加锁的对象是索引 num，这个唯一的行锁处于等待状态（WAITING FOR THIS LOCK TO BE GRANTED），相关的锁等待为（lock_mode X waiting，Next-key 锁）。

再来看看第二个事务，内容略长一些。

```
2017-09-11T10:07:08.103243Z 6 [Note] InnoDB: *** (2) TRANSACTION:
TRANSACTION 2843, ACTIVE 92 sec inserting
mysql tables in use 1, locked 1
4 lock struct(s), heap size 1136, 3 row lock(s), undo log entries 2
MySQL thread id 6, OS thread handle 140582228387584, query id 58 localhost
                                                              root update
insert into dtest1 values(11,10)
2017-09-11T10:07:08.103260Z 6 [Note] InnoDB: *** (2) HOLDS THE LOCK(S):
RECORD LOCKS space id 34 page no 4 n bits 72 index num of table `test`.`dtest1`
                              trx id 2843 lock_mode X locks rec but not gap
Record lock, heap no 3 PHYSICAL RECORD: n_fields 2; compact format; info
                                                                  bits 32
 0: len 4; hex 8000000a; asc     ;;
 1: len 4; hex 8000000a; asc     ;;
2017-09-11T10:07:08.103301Z 6 [Note] InnoDB: *** (2) WAITING FOR THIS LOCK
                                                            TO BE GRANTED:
RECORD LOCKS space id 34 page no 4 n bits 72 index num of table `test`.`dtest1`
                                     trx id 2843 lock mode S waiting
Record lock, heap no 3 PHYSICAL RECORD: n_fields 2; compact format; info
                                                                  bits 32
 0: len 4; hex 8000000a; asc     ;;
 1: len 4; hex 8000000a; asc     ;;
2017-09-11T10:07:08.103348Z 6 [Note] InnoDB: *** WE ROLL BACK TRANSACTION
(1)
```

可以看到分为两部分内容，一部分是持有的锁（HOLDS THE LOCK），锁模式为（lock_mode X locks rec but not gap，no gap lock）；另一部分是等待的锁，锁模式为（lock mode S waiting）。

大体我们得到了这样的信息：一个事务等待的行锁模式为 Next-key Lock，另外一个事务持有 Record Lock，等待的锁为 S 锁。出现 S 锁看来是一个突破口，我们就需要明白为什么会是 S 锁，事务 2 中相关的 SQL 是 insert 语句，如果需要进行唯一性冲突检查的时候，是需要先加一个 S 锁的，所以由此我们可以进一步推理出这个 Num 对应的索引可能是一个唯一性索引。

由此我们可以进一步分析，何时得到的这个 S 锁呢，肯定是在另外一个事务（也可能是其他的事务，不一定是事务 1）中会去触发，在事务 2 中才会持有一个 S 锁，所以这样一来 insert 之前是有一个事务在做一个和唯一性索引相关的操作，我们梳理一下。

- 事务 1 相关的 SQL：delete from dtest1 where num=10；
- 事务 2 相关的 SQL：insert into dtest1 values(11,10)。

根据持有的 S 锁我们可以猜测可能是在事务 2 之前有一个 DML 操作阻塞了唯一性索引，我们假设为 insert 或者 delete 操作（限定下范围），进一步限定是两个会话中的事务，下面的分析就很重要了。

事务 2 中的持有的 S 锁，我们可以从下往上去推理，事务 1 上面肯定是一个 delete 操作，也就是日志中的第一部分显示。

按照这个方向往下去想，整个死锁的场景应该是下面这样的。

（1）事务 2：insert/delete 操作待分析

（2）事务 1：delete from dtest1 where num=10

（3）事务 2：insert into dtest1 values(11,10)

如果在事务 2 中先做的是一个 insert 操作，显然在事务 2 中会直接抛出 duplicate 的报错，所以此处只能是 delete 的操作，

最后我们给出整个死锁的过程完整过程，如下：

（1）事务 2：delete from dtest1 where num=10；   --record lock。

（2）事务 1：delete from dtest1 where num=10；   --申请 X 锁，进入锁请求队列。

（3）事务 2：insert into dtest1 values(11,10)；   --申请 S 锁，产生了循环等待。

建表语句为：

```
create table dtest1 (id int primary key,num int unique);
```

由上可知，我们能够通过有限的信息来补足死锁的场景；对于我们学习而言，我们可以通过一个案例举一反三，发掘出更多的潜在信息。这个过程也是抛砖引玉，希望通过这样一个分析能为大家提供一种思路。

7.4　经典的死锁案例集

我有个学习的习惯，有时候也不知道好还是不好，那就是喜欢直接上手练习，然后反过来学习理论。这种方式有一个劣势，那就是基础的概念理解不透而导致学习目标不清，虽然能够模拟出一些场景来，但是总是有一种隔靴搔痒的感觉，而好处则是可以通过快速的模拟让自己熟悉场景。所以方法各有千秋，我们需要通过学习重构自己的知识体系，锁的学习也是如此，可能我们了解了原理，但是不能指望在实际工作中把一些死锁的坑都踩一遍，所以在此我整理了一些自己碰到过的死锁案例，整理出来，也方便大家进行对比查阅。

接下来我会通过六个场景的案例来复现一下死锁的过程，如无特别说明，对于 RC 和 RR 隔离级别都是适用的，也希望大家在学习的过程中也不断总结完善。

场景 1：3 条 insert 语句导致的死锁问题

这个案例的场景听起来比较蹊跷，按理说 insert 应该是影响最小的 DML 语句了，怎么 3 条 insert 会出现死锁呢，我们来模拟下这个场景。

首先创建一张表 test，建表语句如下：

```
create table test(
id int not null ,
name int ,
primary key(id),
unique key(name)
) engine=innodb;
```

模拟的步骤如下表 7-6 所示。

表 7-6

发起时间	会话 1	会话 2
T1	begin; insert into test values(2017,827);	
T2		begin; insert into test values(2016,827);　--阻塞
T3	insert into test values(2018,826);	
T4		产生死锁

如下是死锁日志，并对部分死锁日志做了下解释：

```
2017-08-31T15:19:51.632123Z 4 [Note] InnoDB: Transactions deadlock
detected, dumping detailed information.
2017-08-31T15:19:51.632166Z 4 [Note] InnoDB:
*** (1) TRANSACTION:
TRANSACTION 3858, ACTIVE 11 sec inserting
mysql tables in use 1, locked 1
LOCK WAIT 2 lock struct(s), heap size 1136, 1 row lock(s), undo log entries 1
MySQL thread id 3, OS thread handle 140513877485312, query id 31 localhost
```

```
root update
insert into test values(2016,827)
2017-08-31T15:19:51.632216Z 4 [Note] InnoDB: *** (1) WAITING FOR THIS LOCK
  TO BE GRANTED:
RECORD LOCKS space id 32 page no 4 n bits 72 index name of table `test`.`test`
trx id 3858 lock mode S waiting (备注：Insert 通常会申请 x 锁，但是这里字段对应的是
一个唯一性索引，再做 insert 前需要做一个 duplicate 检查，需要申请 s 锁防止其他事务修改)
  Record lock, heap no 2 PHYSICAL RECORD: n_fields 2; compact format; info bits 0
   0: len 4; hex 8000033b; asc    ;;;
   1: len 4; hex 800007e1; asc    ;;
  2017-08-31T15:19:51.632274Z 4 [Note] InnoDB: *** (2) TRANSACTION:
TRANSACTION 3857, ACTIVE 34 sec inserting
mysql tables in use 1, locked 1
3 lock struct(s), heap size 1136, 2 row lock(s), undo log entries 2
MySQL thread id 4, OS thread handle 140513877219072, query id 32 localhost
root update
insert into test values(2018,826)
2017-08-31T15:19:51.632292Z 4 [Note] InnoDB: *** (2) HOLDS THE LOCK(S):
RECORD LOCKS space id 32 page no 4 n bits 72 index name of table `test`.`test`
trx id 3857 lock mode X locks rec but not gap (备注：事务 2 持有字段对应索引的 x
锁，至于具体的信息，这里看不到。从该语句我们可以得知是 insert (2017,827)持有的 x 锁)
  Record lock, heap no 2 PHYSICAL RECORD: n_fields 2; compact format; info bits 0
   0: len 4; hex 8000033b; asc    ;;;
   1: len 4; hex 800007e1; asc    ;;
  2017-08-31T15:19:51.632332Z 4 [Note] InnoDB: *** (2) WAITING FOR THIS LOCK
  TO BE GRANTED:
RECORD LOCKS space id 32 page no 4 n bits 72 index name of table `test`.`test`
trx id 3857 lock mode X locks gap before rec insert intention waiting (备注：
这里的 S 锁升级为 x 锁，类型是 insert intention,而事务 2 已经申请了一个 x 锁，于是 x 锁进
入队列等待，产生循环)
  Record lock, heap no 2 PHYSICAL RECORD: n_fields 2; compact format; info bits 0
   0: len 4; hex 8000033b; asc    ;;;
   1: len 4; hex 800007e1; asc    ;;
  2017-08-31T15:19:51.632374Z 4 [Note] InnoDB: *** WE ROLL BACK TRANSACTION (1)
```

我们把整个过程和死锁日志结合起来，如下表 7-7 所示。

表 7-7

发起时间	会话 1	会话 2
T1	begin; insert into test values(2017,827); 持有 X 锁，record_lock	
T2		begin; insert into test values(2016,827);　--阻塞 insert 写入做 duplicate 冲突检测，持有 S 锁，等待会话 2 释放相关锁
T3	insert into test values(2018,826); 申请 X 锁，类型是 insert intention，因为 已经持有 X 锁，所以进入队列等待	
T4	两方都在互相等待，陷入僵持	产生死锁

因为是我们模拟的死锁场景，所以我们可以得到更为全面的信息，而在真实的环境

中，我们通过死锁日志得到的结果可能是下表 7-8 这样的。

表 7-8

发起时间	会话 2	会话 1
T2		begin; insert into test values(2016,827);　持有 S 锁
T3	insert into test values(2018,826); 申请 X 锁，类型是 insert intention	
T4		产生死锁

　　在这种情况下，我们就需要联系上下文来构建整个死锁的场景，这个难度比我们模拟场景是要高一些的，也可以通过这样的一个过程来举一反三，加深对于锁机制的理解。

场景 2：事务回滚导致的死锁

　　为了模拟这个死锁过程，我们需要开启三个会话，建表语句如下：

```
CREATE TABLE `test2` (
 `a` int(11) NOT NULL DEFAULT '0',
 `b` int(11) DEFAULT NULL,
 `c` int(11) DEFAULT NULL,
 `d` int(11) DEFAULT NULL,
 PRIMARY KEY (`a`),
 UNIQUE KEY `uk_bc` (`b`,`c`)
) ENGINE=InnoDB DEFAULT CHARSET=gbk
```

　　我们准备下数据：

```
insert into test2 values(100202,213 ,213 ,312),( 100212,214,214,
312 ),(10001 ,21,21 ,32);
```

　　整个死锁的模拟过程如下表 7-9 所示。

表 7-9

发起时间	会话 1	会话 2	会话 3
T1	begin; insert into test2 values (100213,215,215,312);		
T2		insert into test2 values (100214,215,215,312);	
T3			insert into test2 values (100215,215,215,312);
T4	rollback;		产生死锁

　　死锁相关的日志如下：

```
2017-08-31T16:15:05.277236Z  6 [Note] InnoDB: Transactions deadlock
detected, dumping detailed information.
2017-08-31T16:15:05.277268Z 6 [Note] InnoDB:
*** (1) TRANSACTION:
```

```
    TRANSACTION 3880, ACTIVE 19 sec inserting
    mysql tables in use 1, locked 1
    LOCK WAIT 4 lock struct(s), heap size 1136, 2 row lock(s), undo log entries 1
    MySQL thread id 5, OS thread handle 140513877485312, query id 82 localhost
root update
    insert into test2 values(100214,215,215,312)
    2017-08-31T16:15:05.277307Z 6 [Note] InnoDB: *** (1) WAITING FOR THIS LOCK
TO BE GRANTED:
    RECORD LOCKS space id 33 page no 4 n bits 72 index uk bc of table
`test`.`test2` trx id 3880 lock_mode X insert intention waiting--S 锁升级为 X
锁，类型为 insert intention
    Record lock, heap no 1 PHYSICAL RECORD: n_fields 1; compact format; info
bits 0
     0: len 8; hex 73757072656d756d; asc supremum;;
    2017-08-31T16:15:05.277440Z 6 [Note] InnoDB: *** (2) TRANSACTION:
    TRANSACTION 3881, ACTIVE 8 sec inserting
    mysql tables in use 1, locked 1
    4 lock struct(s), heap size 1136, 2 row lock(s), undo log entries 1
    MySQL thread id 6, OS thread handle 140513876952832, query id 84 localhost
root update
    insert into test2 values(100215,215,215,312)
    2017-08-31T16:15:05.277460Z 6 [Note] InnoDB: *** (2) HOLDS THE LOCK(S):
    RECORD LOCKS space id 33 page no 4 n bits 72 index uk bc of table
`test`.`test2` trx id 3881 lock mode S--nsert 做 duplicate 检查，持有 s 锁
    Record lock, heap no 1 PHYSICAL RECORD: n_fields 1; compact format; info
bits 0
     0: len 8; hex 73757072656d756d; asc supremum;;

    2017-08-31T16:15:05.277496Z 6 [Note] InnoDB: *** (2) WAITING FOR THIS LOCK
TO BE GRANTED:

    RECORD LOCKS space id 33 page no 4 n bits 72 index uk bc of table
`test`.`test2` trx id 3881 lock mode X insert intention waiting  --锁升级由 s
锁升级为 x 锁，类型为 insert intention
    Record lock, heap no 1 PHYSICAL RECORD: n_fields 1; compact format; info
bits 0
     0: len 8; hex 73757072656d756d; asc supremum;;
    2017-08-31T16:15:05.277534Z 6 [Note] InnoDB: *** WE ROLL BACK TRANSACTION (2)
```

我们把过程和死锁日志结合起来，就是下表 7-10 这样一个过程。

表 7-10

发起时间	会话 3	会话 1	会话 2

T1	begin;
	insert into test2
	values(100213,215,215,312);
	持有 X 锁，record_lock		

T2		insert into test2 values(100214,215,215,312); 申请获得 S 锁，duplicate 检查	

续表

发起时间	会话 3	会话 1	会话 2
T3			insert into test2 values(100215,215,215,312); 申请获得 S 锁，duplicate 检查
T4	rollback;		
T5		获得 S 锁，申请 X 锁，类型是 insert intention，等待会话 2	获得 S 锁，等待 X 锁，类型为 insert intention，等待会话 1
T6			产生死锁，失败，回滚

通过这样的过程我们可以看到如果单单从日志去推理还是比较复杂的，整个死锁的瞬间其实是在 T2→T5 的一个状态。顺着整个过程下来，还是比较容易理解的。

场景 3：自增列导致的死锁

首先我们创建一张表 t8，整个过程相对比较简单，开启两个会话即可。

```
create table t8
(c1 int auto_increment,
 c2 int default null,
primary key(c1),
unique key (c2)
)ENGINE=InnoDB ;
```

模拟过程如下表 7-11 所示。

表 7-11

发起时间	会话 1	会话 2
T1	begin; insert into t8 values(null,10);	
T2		insert into t8 values(null,10);
T3	insert into t8 values(null,9);	
T4		产生死锁

日志如下：

```
2017-09-07T16:45:56.652535Z 18 [Note] InnoDB: Transactions deadlock
detected, dumping detailed information.
2017-09-07T16:45:56.652549Z 18 [Note] InnoDB:
*** (1) TRANSACTION:

TRANSACTION 1888, ACTIVE 35 sec inserting
mysql tables in use 1, locked 1
LOCK WAIT 2 lock struct(s), heap size 1136, 1 row lock(s), undo log entries 1
MySQL thread id 20, OS thread handle 140195657336576, query id 239 localhost
root update
insert into t8 values(null,10)
2017-09-07T16:45:56.652608Z 18 [Note] InnoDB: *** (1) WAITING FOR THIS LOCK
TO BE GRANTED:
```

```
RECORD LOCKS space id 28 page no 4 n bits 72 index c2 of table `test`.`t8`
trx id 1888 lock mode S waiting
  Record lock, heap no 2 PHYSICAL RECORD: n_fields 2; compact format; info bits 0
   0: len 4; hex 8000000a; asc     ;;
   1: len 4; hex 80000001; asc     ;;

2017-09-07T16:45:56.652747Z 18 [Note] InnoDB: *** (2) TRANSACTION:

TRANSACTION 1886, ACTIVE 46 sec inserting
mysql tables in use 1, locked 1
3 lock struct(s), heap size 1136, 2 row lock(s), undo log entries 2
MySQL thread id 18, OS thread handle 140195657602816, query id 240 localhost
root update
insert into t8 values(null,9)
2017-09-07T16:45:56.652764Z 18 [Note] InnoDB: *** (2) HOLDS THE LOCK(S):

RECORD LOCKS space id 28 page no 4 n bits 72 index c2 of table `test`.`t8`
                        trx id 1886 lock_mode X locks rec but not gap
 Record lock, heap no 2 PHYSICAL RECORD: n_fields 2; compact format; info bits 0
   0: len 4; hex 8000000a; asc     ;;
   1: len 4; hex 80000001; asc     ;;

2017-09-07T16:45:56.652798Z 18 [Note] InnoDB: *** (2) WAITING FOR THIS LOCK
TO BE GRANTED:

RECORD LOCKS space id 28 page no 4 n bits 72 index c2 of table `test`.`t8`
trx id 1886 lock_mode X locks gap before rec insert intention waiting
  Record lock, heap no 2 PHYSICAL RECORD: n_fields 2; compact format; info bits 0
   0: len 4; hex 8000000a; asc     ;;
   1: len 4; hex 80000001; asc     ;;

2017-09-07T16:45:56.652833Z 18 [Note] InnoDB: *** WE ROLL BACK TRANSACTION (1)
```

我们把死锁日志和过程结合起来，得到下表 7-12 这样的一个过程说明。

表 7-12

发起时间	会话 2	会话 1

T1	begin;
	insert into t8 values(null,10);
	持有 X 锁，record lock	

T2		insert into t8 values(null,10); 申请 S 锁
T3	insert into t8 values(null,9); 申请等待插入意向锁（insert intention），进行冲突检测， 等待会话 1 释放锁	
T4		仍在等待会话 2 释放列 c2 上的锁
T5		死锁

整个过程和场景 1 有些类似，但是这里使用到了自增列相关的信息，实现细节上有所不同。

场景 4：事务提交导致的死锁问题

我们先构建表结构信息，这里需要使用三个会话。

```
CREATE TABLE `d` (
 `i` int(11) NOT NULL DEFAULT '0',
 PRIMARY KEY (`i`)
) ENGINE=InnoDB DEFAULT CHARSET=utf8mb4;
```

我们写入一条数据

```
insert into d values(1);
```

整个模拟的过程如下表 7-13 所示。

表 7-13

发起时间	会话 1	会话 2	会话 3
T1	begin; delete from d where id=1;		
T2		begin; insert into d select 1;	
T3			begin; insert into d select 1;
T4	commit;		

死锁日志如下:

```
2017-09-07T12:14:18.422466Z 8 [Note] InnoDB: Transactions deadlock
                            detected, dumping detailed information.
2017-09-07T12:14:18.422485Z 8 [Note] InnoDB:
*** (1) TRANSACTION:

TRANSACTION 1816, ACTIVE 13 sec inserting
mysql tables in use 1, locked 1
LOCK WAIT 3 lock struct(s), heap size 1136, 2 row lock(s)
MySQL thread id 9, OS thread handle 140195657602816, query id 102 localhost
root executing
insert into d select 1
2017-09-07T12:14:18.422512Z 8 [Note] InnoDB: *** (1) WAITING FOR THIS LOCK
TO BE GRANTED:

RECORD LOCKS space id 24 page no 3 n bits 72 index PRIMARY of table `test`.`d`
                trx id 1816 lock_mode X locks rec but not gap waiting
Record lock, heap no 2 PHYSICAL RECORD: n_fields 3; compact format; info
bits 32
 0: len 4; hex 80000001; asc     ;;
 1: len 6; hex 000000000717; asc        ;;
 2: len 7; hex 320000013f0110; asc 2   ? ;;

2017-09-07T12:14:18.422575Z 8 [Note] InnoDB: *** (2) TRANSACTION:

TRANSACTION 1817, ACTIVE 6 sec inserting
mysql tables in use 1, locked 1
3 lock struct(s), heap size 1136, 2 row lock(s)
MySQL thread id 8, OS thread handle 140195657869056, query id 104 localhost
root executing
insert into d select 1
2017-09-07T12:14:18.422589Z 8 [Note] InnoDB: *** (2) HOLDS THE LOCK(S):
```

```
RECORD LOCKS space id 24 page no 3 n bits 72 index PRIMARY of table `test`.`d`
trx id 1817 lock mode S
Record lock, heap no 2 PHYSICAL RECORD: n_fields 3; compact format; info
bits 32
 0: len 4; hex 80000001; asc     ;;
 1: len 6; hex 000000000717; asc       ;;
 2: len 7; hex 320000013f0110; asc 2   ?  ;;

2017-09-07T12:14:18.422644Z 8 [Note] InnoDB: *** (2) WAITING FOR THIS LOCK
TO BE GRANTED:

RECORD LOCKS space id 24 page no 3 n bits 72 index PRIMARY of table `test`.`d`
                 trx id 1817 lock_mode X locks rec but not gap waiting
Record lock, heap no 2 PHYSICAL RECORD: n_fields 3; compact format; info
bits 32
 0: len 4; hex 80000001; asc     ;;
 1: len 6; hex 000000000717; asc       ;;
 2: len 7; hex 320000013f0110; asc 2   ?  ;;

2017-09-07T12:14:18.422700Z 8 [Note] InnoDB: *** WE ROLL BACK TRANSACTION
(2)

mysql> insert into d select 1;
ERROR 1062 (23000): Duplicate entry '1' for key 'PRIMARY'
mysql> insert into d select 2;
Query OK, 1 row affected (0.00 sec)
Records: 1 Duplicates: 0 Warnings: 0
```

我们把死锁日志和过程结合起来，得到下表 7-14 所示的一个过程说明。

表 7-14

发起时间	会话 3	会话 1	会话 2
T1	begin; delete from d where id=1; 持有 X 锁，record lock		
T2		begin; insert into d select 1; 申请 S 锁，等待中	
T3			begin; insert into d select 1; 申请 S 锁，等待中
T4	commit;		
T5		成功获得 S 锁，请求 X 锁，record lock，等待会话 2 释放锁	成功获得 S 锁，请求 X 锁，record lock，等待会话 1 释放锁
T6			产生死锁，回滚

这个过程和场景 2 是有些类似的，一个提交，一个回滚，都是在多会话并发中因为事务状态的变化导致产生了连锁反应。

场景 5：delete 和 insert 混合的死锁

还是先构建表结构信息，这里需要使用两个会话。

```
CREATE TABLE `test` (
  `id` int(11) unsigned NOT NULL AUTO_INCREMENT,
  `a` int(11) unsigned DEFAULT NULL,
  PRIMARY KEY (`id`),
  UNIQUE KEY `a` (`a`)
) ENGINE=InnoDB AUTO_INCREMENT=100 DEFAULT CHARSET=utf8;
```

我们插入 3 条数据。

```
insert into test values(1,1),(2,2),(4,4);
```

数据情况如下：

```
mysql> select * from test;
+----+------+
| id | a    |
+----+------+
| 1  | 1    |
| 2  | 2    |
| 4  | 4    |
+----+------+
3 rows in set (0.00 sec)
```

整个死锁的模拟过程如下表 7-15 所示。

表 7-15

发起时间	会话 1	会话 2
T1	begin; delete from test where a = 2;	
T2		begin; delete from test where a = 2;
T3	insert into test (id, a) values (10,2);	
T4		产生死锁

相关的死锁日志如下：

```
2017-09-07T16:26:30.055935Z 14 [Note] InnoDB: Transactions deadlock
detected, dumping detailed information.
2017-09-07T16:26:30.055951Z 14 [Note] InnoDB:
*** (1) TRANSACTION:
TRANSACTION 1857, ACTIVE 26 sec starting index read
mysql tables in use 1, locked 1
LOCK WAIT 2 lock struct(s), heap size 1136, 1 row lock(s)
MySQL thread id 16, OS thread handle 140195657602816, query id 176 localhost
root updating
delete from test where a = 2
2017-09-07T16:26:30.055973Z 14 [Note] InnoDB: *** (1) WAITING FOR THIS LOCK
TO BE GRANTED:

RECORD LOCKS space id 26 page no 4 n bits 72 index a of table `test`.`test`
trx id 1857 lock_mode X waiting
```

```
Record lock, heap no 3 PHYSICAL RECORD: n_fields 2; compact format; info
bits 32
 0: len 4; hex 00000002; asc     ;;
 1: len 4; hex 00000002; asc     ;;

2017-09-07T16:26:30.056021Z 14 [Note] InnoDB: *** (2) TRANSACTION:

TRANSACTION 1856, ACTIVE 44 sec inserting
mysql tables in use 1, locked 1
4 lock struct(s), heap size 1136, 3 row lock(s), undo log entries 2
MySQL thread id 14, OS thread handle 140195657336576, query id 177 localhost
root update
insert into test (id, a) values
(10,2)
2017-09-07T16:26:30.056038Z 14 [Note] InnoDB: *** (2) HOLDS THE LOCK(S):

RECORD LOCKS space id 26 page no 4 n bits 72 index a of table `test`.`test`
                         trx id 1856 lock_mode X locks rec but not gap
Record lock, heap no 3 PHYSICAL RECORD: n_fields 2; compact format; info
bits 32
 0: len 4; hex 00000002; asc     ;;
 1: len 4; hex 00000002; asc     ;;

2017-09-07T16:26:30.056079Z 14 [Note] InnoDB: *** (2) WAITING FOR THIS LOCK
TO BE GRANTED:

RECORD LOCKS space id 26 page no 4 n bits 72 index a of table `test`.`test`
                         trx id 1856 lock mode S waiting
Record lock, heap no 3 PHYSICAL RECORD: n_fields 2; compact format; info
bits 32
 0: len 4; hex 00000002; asc     ;;
 1: len 4; hex 00000002; asc     ;;

2017-09-07T16:26:30.056171Z 14 [Note] InnoDB: *** WE ROLL BACK TRANSACTION (1)
```

根据死锁日志和上述的步骤我们可以还原一下死锁的过程，如下表 7-16 所示。

表 7-16

发起时间	会话 2	会话 1
T1	begin; delete from test where a = 2; X 锁，record lock	
T2		begin; delete from test where a = 2; 等待 X 锁，record lock
T3	insert into test (id, a) values (10,2); 申请 S 锁，进入等待队列	
T4		产生死锁，回滚

在这个场景中，其实是 DML 之间的相互影响，前面介绍的都是单一的单向 insert 和单向 delete，其实从这个角度我们也可以构建出 update 死锁的场景。

到了这里，我们看到死锁的触发条件至少需要 3 条以上的 DML 语句，那么 2 条 DML 是否可行呢，我们再来看下面的场景。

场景 6：2 条 delete 语句导致的死锁问题

模拟这个过程，我们创建如下的表结构：

```
CREATE TABLE `d` (
  `i` int(11) NOT NULL DEFAULT '0',
  PRIMARY KEY (`i`)
) ENGINE=InnoDB DEFAULT CHARSET=utf8mb4;
```

插入一条数据：

```
insert into d values(1);
```

完整模拟整个死锁的过程如下表 7-17 所示。

表 7-17

发起时间	会话 1	会话 2
T1	begin; select *from d where i=1 lock in share mode;	
T2		begin; select *from d where i=1 lock in share mode;
T3	delete from d where i=1;	
T4		delete from d where i=1; 产生死锁

死锁日志如下：

```
2017-09-08 00:02:34 7f7fa3f87700InnoDB: transactions deadlock detected,
dumping detailed information.
2017-09-08 00:02:34 7f7fa3f87700
*** (1) TRANSACTION:
TRANSACTION 2644, ACTIVE 29 sec starting index read
mysql tables in use 1, locked 1
LOCK WAIT 4 lock struct(s), heap size 1248, 2 row lock(s)
MySQL thread id 9, OS thread handle 0x7f7fa3f46700, query id 253 localhost
root updating
*** (1) WAITING FOR THIS LOCK TO BE GRANTED:
RECORD LOCKS space id 8 page no 3 n bits 72 index `PRIMARY` of table `test`.`d`
trx id 2644 lock_mode X locks rec but not gap waiting
*** (2) TRANSACTION:
TRANSACTION 2645, ACTIVE 19 sec starting index read
mysql tables in use 1, locked 1
4 lock struct(s), heap size 1248, 2 row lock(s)
MySQL thread id 11, OS thread handle 0x7f7fa3f87700, query id 254 localhost
root updating
delete from d where i=1
*** (2) HOLDS THE LOCK(S):
RECORD LOCKS space id 8 page no 3 n bits 72 index `PRIMARY` of table `test`.`d`
trx id 2645 lock mode S locks rec but not gap
*** (2) WAITING FOR THIS LOCK TO BE GRANTED:
RECORD LOCKS space id 8 page no 3 n bits 72 index `PRIMARY` of table `test`.`d`
trx id 2645 lock_mode X locks rec but not gap waiting
```

```
*** WE ROLL BACK TRANSACTION (2)
```

根据死锁日志和上述的步骤我们可以还原一下死锁的过程，如下表 7-18 所示。

表 7-18

发起时间	会话 2	会话 1
T1	begin; select *from d where i=1 lock in share mode; 获得 S 锁	
T2		begin; select *from d where i=1 lock in share mode; 获得 S 锁
T3	delete from d where i=1; 申请 X 锁，record lock，等待会话 1 释放	
T4		delete from d where i=1; 申请 X 锁，record lock，等待会话 2 释放
T5		产生死锁

这个过程其实是一个相对容易忽略的死锁场景，有很多业务同学总是习惯使用这种方式做一些并发操作，殊不知这种操作的代价也是比较高的。

所以我们小结一下，死锁离我们其实很近，我们如何避免死锁问题呢？

（1）事务的粒度尽可能小，直接减小死锁发生的概率。

（2）降低事务的隔离级别，在 RR 隔离级别下产生死锁的概率相比 RC 要高一些，RC 方式可以降低锁粒度，对于并发操作的数据处理方式也更加统一。

（3）对于死锁的检测，在线上可以关闭 innodb_deadlock_detect 选项。

（4）对于唯一性索引的使用要规范，唯一性索引导致的死锁场景相对是比较多的，能建立主键就不要用唯一性索引。

（5）尽量避免 SQL 中的全表扫描操作，这类操作的加锁代价较高，很容易产生死锁。

（6）应用端不及时提交事务导致的死锁，建议设置为自动提交模式。

对于事务的理解，我们接下来说一下事务降维，那就是如何尽可能避免一些无谓的事务操作。

7.5　事务降维

我们在工作中很容易陷入一个"漩涡"，那就是因为并发事务选择了关系型数据库，因为关系型选择了 MySQL，因为 MySQL 的业务特点而选择了对事务降维。

这在大多数场景下算是一件好事，说明我们对于事务的理解算是理性的；除此之外，我认为我们传统理解上的业务类型就不是非常合理，很多基于 OLTP 和 OLAP 的需求，其实业务场景是很受限的，比如一个论坛业务，你说对事务的要求高吗，对于一些日志型、监控型数据的写入，使用事务也不大有用，而且它们也不属于 OLAP 的业务场景。

简而言之，不是所有的业务场景需要事务支持，需要根据场景进行方案选择。

我总结了下面的一些降维策略，供大家参考。

降维策略 1：存储过程调用转换为透明的 SQL 调用

对于新业务而言，使用存储过程显然不是一个好主意，MySQL 的存储过程和其他商业数据库相比，功能和性能都有待验证，而且在目前轻量化的业务处理中，存储过程的处理方式太"重"了。

有些应用架构看起来是按照分布式部署的，但在数据库层的调用方式是基于存储过程，因为存储过程封装了大量的逻辑，难以调试，而且移植性不高，这样业务逻辑和性能压力都在数据库层面了，使得数据库层很容易成为瓶颈，而且难以实现真正的分布式。

所以有一个明确的改进方向就是对于存储过程的改造，把它改造为 SQL 调用的方式，可以极大地提高业务的处理效率，在数据库的接口调用上足够简单而且清晰可控。

降维策略 2：Drop 操作转换为可逆的 DDL 操作

Drop 操作是默认提交的，而且是不可逆的，在数据库操作中都是跑路的代名词，MySQL 层面目前没有相应的 Drop 操作恢复功能，除非通过备份来恢复，但是我们可以考虑将 Drop 操作转换为一种可逆的 DDL 操作。

MySQL 中默认每个表有一个对应的 ibd 文件，其实可以把 Drop 操作转换为一个 rename 操作，即把文件从 testdb 迁移到 testdb_arch 下面；从权限上来说，testdb_arch 是业务不可见的，rename 操作可以平滑的实现这个删除功能，如果在一定时间后确认可以清理，则数据清理对于已有的业务流程是不可见的，如下图 7-16 所示。

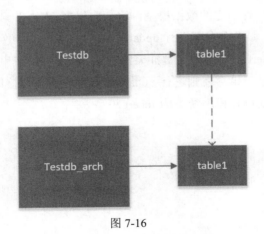

图 7-16

降维策略 3：Truncate 操作转换为安全的 DDL 操作

Truncate 操作的危害比 Drop 还要大，我们在策略 2 的基础上可以把 truncate 操作转换为一种较为安全的操作，思路也是通过 rename 的方式来实现，唯一的差别是这种方式需要额外处理表结构信息。

降维策略 4：DDL 操作转换为 DML 操作

有些业务经常会有一种紧急需求，总是需要给一个表添加字段，搞得 DBA 和业务同学都挺累，可以想象一个表有上百个字段，而且基本都是 name1，name2……name100，这种设计本身就是有问题的，更不用考虑性能了。究其原因，是因为业务的需求动态变化，比如一个游戏装备有 20 个属性，可能过了一个月之后就增加到了 40 个属性，这样一来，所有的装备都有 40 个属性，不管用没用到，而且这种方式也存在诸多的冗余。

我们在设计规范里面也提到了一些设计的基本要素，在这些基础上需要补充的是，保持有限的字段，如果要实现这些功能的扩展，其实完全可以通过配置化的方式来实现，比如把一些动态添加的字段转换为一些配置信息。配置信息可以通过 DML 的方式进行修改和补充，对于数据入口也可以更加动态、易扩展。

降维策略 5：Delete 操作转换为高效操作

有些业务需要定期来清理一些周期性数据，比如表里的数据只保留一个月，那么超出时间范围的数据就要清理掉了，而如果表的量级比较大的情况下，这种 Delete 操作的代价实在太高，我们可以有两类解决方案来把 Delete 操作转换为更为高效的方式。

第一种是根据业务建立周期表，比如按照月表、周表、日表等维度来设计，这样数据的清理就是一个相对可控而且高效的方式了。

第二种方案是使用策略 2 的思路，比如一张 2 千万的大表要清理 99%的数据，那么需要保留的 1%的数据我们可以很快根据条件过滤补录，实现"移形换位"。

降维策略 6：Update 操作转换为 Insert 操作

有些业务中会有一种固定的数据模型，比如先根据 id 查看记录是否存在，如果不存在则进行 insert 操作，如果存在则进行 update 操作。如果不加事务，在高并发的情况下很可能会因为重复的 insert 操作导致主键冲突的错误，我们可以使用 insert on duplicate 的方式来平滑地过渡，如果记录存在则进行 update 操作，但是语句接口都是 insert，这样就可以把 insert 和 update 的操作模型统一为 insert 模型。

第 8 章　MySQL 集群和高可用设计

可以做设计，切不可沉湎于设计。——贝聿铭

高可用是整个业务建设中的核心和持续改进的地方；对于高可用来说，没有银弹，也没有终极方案，只有最适合的方案，无论系统的功能如何丰富，性能如何优良，对于高可用都不能掉以轻心；若高可用受到影响，那么我们常说的运维价值就会黯然失色。

在高可用方向，我们会以经典的 MySQL 高可用方案 MHA 作为切入点，然后对 MySQL 官方的高可用方案 InnoDB Cluster 做一些解读，最后引入 consul 的域名服务来对升级已有的高可用方案。

8.1　MySQL 高可用方案

在高可用方向上，行业里也有一个基本标准和明确的衡量方式，下表 8-1 是一个基本的高可用性指标列表。

表 8-1

高可用性指标	业务不可用时长
99%	3.65 days
99.50%	1.83 days
99.90%	8.76 hours
99.99%	52.56 minutes
99.999%	5.25 minutes
99.9999%	31.5 seconds

其实计算方法也比较简单，比如高可用性为 99%，则不可用时长则为：1%*365=3.65 天，依此类推，可以得到更为精确的高可用影响时长，下表 8-2 为 MySQL 高可用方案及其对应的高可用率。

表 8-2

高可用率	MySQL 高可用方案
98-99.9%	原生复制
0.99	双主模式
99.5-99.9%	SAN
99.9%	DRBD，MHA
99.999%	NDB Cluster, Galera Cluster

在此基础上，我们来梳理一下 MySQL 方向的高可用方案。

8.1.1　MySQL 高可用方案概览

数据库的高可用架构应该具备如下特征：

- 数据库对前端业务透明，业务不会因为数据库故障产生中断；
- 非主节点的数据应该和主节点的数据实时或者最终保持一致；
- 当业务因高可用机制发生数据库切换时，切换前后的数据库内容应当一致，不会因为数据缺失或者数据不一致而影响业务。

目前 MySQL 高可用方案有很多，如图 8-1 所示。几种典型的高可用架构选型有：

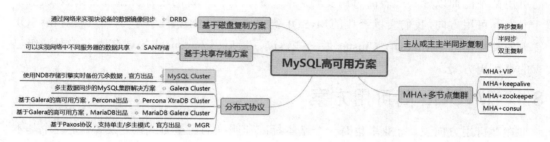

图 8-1

（1）主从或主主半同步复制：通过依赖 MySQL 本身的复制，Master 制作一个或多个热副本，在 Master 故障时，将服务切换到热副本从而达到高可用的效果。

（2）MHA+多节点集群：基于 MHA 的集群方案，通常和第三方方案组合实现。

（3）分布式协议：基于分布式协议的高可用方案，常见的有 Galera Cluster，PXC 和 MGR。

（4）基于共享存储方案：如 SAN 存储，这种方案可以实现网络中不同服务器的数据共享，共享存储能够为数据库服务器和存储解耦。

（5）基于磁盘复制方案：如 DRDB，DRDB 是一个以 linux 内核模块方式实现的块级别同步复制技术。它通过网卡将主服务器的每个块复制到另外一个服务器块设备上，并在主设备提交块之前记录下来，类似共享存储解决方案。

8.1.2　MySQL 高可用方案的建议

对于高可用方案的建议，我们需要明确以下的一些设计原则。

（1）行业内多活的设计目标不是多写，需要先实现跨机房的高可用容灾和计划内的机房间数据切换。

（2）引入 consul 的域名管理，解决 VIP 方案带来的一些潜在瓶颈（域名的业务属性，实现单机多实例，读写分离的域名配置）。

（3）对于 consul 的整体定位不局限于集群环境，在单实例、集群、分布式中间件方向都可以采用，consul 作为一种通用的基础域名服务。

（4）同机房高可用方案的落地，需要和应用方对接程序端对域名的支持情况，在不同语言的客户端侧会有一些配置的差异。

（5）在已有高可用方案 MHA 基础上平滑过渡和改进，在后续新业务尝试引入 MGR 的方案。

（6）consul 业务 API 的开发，对数据库层面的业务可持续性访问（服务注销，服务发现）做一些补充和定制，保证 consul 服务的技术可控。

（7）异机房高可用实现应用无缝切换；计划内切换，会有业务中断/延时，保证可控的基础上，应用端无须修改连接配置，需要测试 DNS 的域名转发等策略。计划外切换，需要做确认才可完成。

（8）对已有的分布式方案，可以采用 MGR+中间件+consul 的组合方案，实现读写分布式扩展。

8.1.3　MySQL 高可用的迭代方案思考

MySQL 方向的高可用有什么迭代的思路呢，我来说说自己的理解。

最原始的终极方案就是不需要高可用，完全单机，而且无备份裸奔状态，这种状态是万恶的根源，但是这种现象却似乎普遍存在，究其原因就是成本，当然在节省成本的时候我们最好还是得考虑下备份成本，否则恢复成本和这些成本相比不是一个数量级的。

当然好歹得有个一主一从或者根据业务需要有个一主多从，这基本是大多数 MySQL 数据完整性的一个初步方案吧，在这里还说不上是高可用，因为主库宕机，从库完全没有结果，高可用是业务的延续，而这里还没有正式启用。

在早期的版本里面是会大量使用 MHA 的，MHA 有几个版本，在后期的版本中主要是做了 binlog server 的改进。早期的版本中是主要使用偏移量的方式来完成数据的补齐和复制关系的重建，而 GTID 让整个切换过程更加高效，集群状态的检查效率都大大提高了。MHA 尽管早就已经不维护，但是因为经历了广泛的实践考验，尽管是用 Perl 写的，维护成本高，但是在行业里的认可度还是很高。当然基于这个工具我们是可以改写的，可以用 Python 或者 go 语句，主要的问题来了，就是这个重写的代价相对较高，一提到业务价值就会让这个工作的推动力大打折扣。

从 MHA 的实现原理来说，它只能保证数据完整性，对于应用来说，还不能够实现业务的可持续访问，因为主库宕机，从库接管，随之带来的就是 IP 的改动，在这个层面上，有多种实现方案，一种是使用 VIP，相对便捷一些，根据 IP 漂移来实现业务可持续访问，在 MHA 层面是可以支持这种模式的，当然还有其他的模式，比如使用 keepalive 等。我们暂且把这个阶段成为第一期吧，这个阶段实现了从无到有的过程。

第二阶段就是跨机房的容灾了，这种情况下使用 DNS 就是一种好的方式，因为域名相比 IP 可读性更强，而且在网络层容易控制管理，在这个基础上配合使用服务发现就是一种不错的解决方案，比如 zookeeper 或者是使用 consul，都是一种行之有效的解决方法，比较常见的是可以解决单机多实例的潜在瓶颈。

MySQL 社区关于分布式协议 Raft 和 Paxos 非常火，社区也推出了基于 Paxos 的 MGR 版本的 MySQL，通过 Paxos 将一致性和切换过程下推到数据库内部，使得对外访问更加透明。在数据库方向使用 MGR 或者 InnoDB Cluster 就是一个趋势了，在 MGR 方向上还是值得投入一定的时间精力去做好高可用方案的，因为有了 MGR，就可以不用 MHA 了，而且 MGR 是一种数据一致性的解决方案，相对来说是具有权威性和方向引导力的。

在服务发现方面，做好了以后其实很多事情就可以做的更加平滑了，比如我们对外暴露的是 DNS，而且可以支持跨机房的切换，那么我们都可以在业务低峰期在线完成跨机房切换或者平滑升级等操作，这样对业务的影响最低，也是几乎无感知的，数据库层面的价值就能够大大发挥出来 。

而以上的描述是一种相对传统的高可用方案，要让高可用走得更远，是需要自上而下贯穿起来的，也就意味着数据库的高可用只是其中的一个重要环节，基于故障理念的设计，会让你在高可用设计和系统设计初期就明确服务或者服务器是不可靠的，那就需要从架构设计上做好应对策略，从这个角度来看，基于分布式架构的高可用是一种很自然的技术趋势。

现在的高可用已经不局限于同机房内了，同城甚至两地三中心的高可用方案设计都是百花齐放，这些也是我们需要重点关注，并且投入到实践中的。

8.2　MySQL 高可用方案之 MHA

MySQL 的高可用方案很多，MHA（Master High Availability）算是其中流行的方案之一，它在一主多从的架构设计下尤其有用，可以在 0~30 秒内平滑的完成数据故障的自动切换，并在一主多从的环境中实现数据补录和复制关系重建，在一主一从的环境下也是适用的，不过从 MHA 设计的初衷来说，一主一从的架构对于数据完整性会有一些缺失的隐患。

MHA 是基于 Perl 语言开发，目前最新的版本是 0.57，它从设计上划分为两部分，一部分是 Manager；另外一部分是 Node。

8.2.1　MHA 原理和架构

MHA 整体的架构设计如下图 8-2 所示。

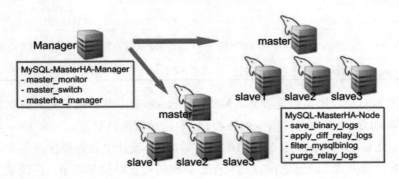

图 8-2　MHA 整体架构设计

可以看到 Manager 节点和 Node 节点是一对多，Manager 节点是一个核心的调度器，有了它可以调度多套环境，当然它自身也有单点，所以会考虑两套 MHA Manager 节点来做冗余，实际上是做交叉互备，比如有 100 套环境，两个 MHA Manager 节点，可以每个 Manager 节点分管 50 个节点，如果 Manager 节点出现故障，可以很顺利的交接给另外的 Manager 节点来接管。

Node 节点是客户端节点，在需要管理的 MySQL 环境中都需要统一部署。可能有的同学会有个疑问，既然已经是 Manager 节点，为什么还要 Node 节点？

我们可以从上面的图来简单分析一下，Manager 节点和 Node 节点从架构设计上是服务端-客户端模式，那它们都有什么职责呢。

我们来简单看下面的两个表格。

服务端 Manager 节点相关的脚本如下表 8-3 所示。

表 8-3

相关脚本/函数	作用
masterha_check_ssh	检查 MHA 的 SSH 配置状况
masterha_check_repl	检查 MySQL 复制状况
masterha_manger	启动 MHA
masterha_check_status	检测当前 MHA 运行状态
masterha_master_monitor	检测 master 是否宕机
masterha_master_switch	控制故障转移（自动或者手动）

客户端 Node 节点相关的脚本如下表 8-4 所示。

表 8-4

相关脚本/函数	作用
save_binary_logs	转储和复制 master 的二进制日志
apply_diff_relay_logs	识别差异的中继日志事件并将其差异的事件应用于其他的 Slave
purge_relay_logs	清除中继日志（不会阻塞 SQL 线程）

通过以上信息可以很清晰地看到，MHA 的 Node 节点是承接了差异数据的转储和补录，而这也是 MHA 保证数据一致性的核心。差异化的数据转储即是上面 save_binary_logs 要做的事情，之后怎么补录到其他节点呢，其实 MHA 设计中会需要保证各个节点之间是免密码的 ssh 登录方式，通过这种方式来保证数据的差异转储和补录，也就是上面 apply_diff_relay_logs 要做的事情。

明白了这些之后，其实我们脑洞一下，其实把 Node 节点的逻辑放到 Manager 节点上来做，那样的话就不需要部署 Node 节点，也不需要配置 ssh 免密码登录了。

理解了 MHA 设计的原理，我们来看看相关的架构方式。

MHA 其实只是负责数据层面的高可用，所以通常需要和其他方案组合起来，目前行业里有不少的方案来选择，常见的组合方式有：

- MHA+VIP
- MHA+KeepAlive
- MHA+Zookeeper

一套两节点的 MHA 架构设计图如下图 8-3 所示。

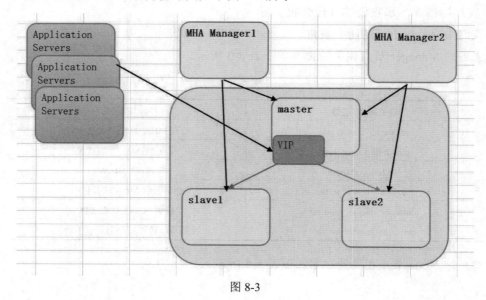

图 8-3

随着 consul 技术的推广，MHA 和 consul 的组合也擦出了一些火花，我们在后面会详细展开讲述。

　　当然 MHA+VIP 是一种相对成熟和经典的方案了，架构简单，容易落地，而近些年来，一般来说都有以下类似的架构方式，假设架构模式为一主两从。对于应用访问来说，就是统一通过 VIP 的方式来访问。VIP 可以根据节点的数据状态在不同节点间漂移，达到无缝切换的高可用，如果是在这个基础上考虑中间件的方案，则数据访问的策略会更加复杂一些。

8.2.2　如何系统的测试 MHA

　　对于 MHA 方案，如果从多个维度来下钻会发现有很多需要注意的地方，所以问题无处不在，可喜的是在 MHA 中几乎都考虑到了。如果说得简单点，主要有下图 8-4 所示的一些场景需要考虑。

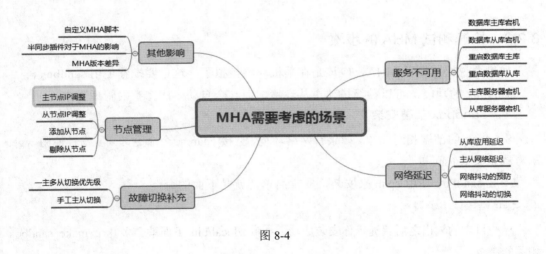

图 8-4

　　所以上面的方案多多少少都需要考虑，如果用下面的图 8-5 来表示，就会大体有图中所示的一些警告。所以各个层面都会有可能存在问题和异常，如何尽可能不影响业务，保持业务持续访问是重中之重。

　　举一个比较纠结的问题，如果 MHA Manager 节点到数据库主库的网络发生抖动，导致短时间不可访问，我们希望这个过程是不会做灾难切换的，但是如果时间过长了，有 2 分钟或者 3 分钟都不可访问，这个时候是切还是不切呢。这个时候信息还是相对较少，如果我们能加入应用服务器这个角色，而且应用服务器是可访问的，那么就不切；如果应用访问受到影响，那还是切吧。而且根据我们的测试，在 MHA 0.56 和 0.57 里面还是有一些差别。测试了多套环境，测试了多个特性，结合起来才会发现对于 MHA 的考虑会更加全面，而换句话说，了解了原委，才能更好地掌握 MHA，也才能看到更多的问题，来尝试定制它，使得它更加满足于当前的业务需求。

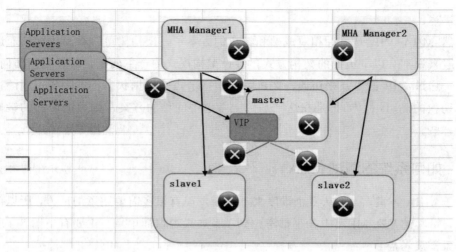

图 8-5

8.2.3　快速测试 MHA 的步骤

如果要说快速测试 MHA，应该是在单机环境模拟了，这里要推荐使用 sandbox。
sandbox 的功能，可以秒级搭建主从环境，而且会自动生成完整的管理脚本。

1. Sandbox 部署安装

Sandbox 的部署相对简单，如果有网络环境，直接 cpan 一个命令即可。或者使用 wget 的方式来安装也可以。

安装 sandbox 使用 cpan 来安装，非常简单，就是下面的命令：

```
cpan MySQL::Sandbox
```

一些日志的输出之后就提示你安装成功，在/usr/local/bin 下面就会多几个 make_sandbox 相关的命令。

```
[root@grtest bin]# ll make*
-r-xr-xr-x 1 root root  8681 Apr 12 16:16 make_multiple_custom_sandbox
-r-xr-xr-x 1 root root 13862 Apr 12 16:16 make_multiple_sandbox
-r-xr-xr-x 1 root root 22260 Apr 12 16:16 make_replication_sandbox
-r-xr-xr-x 1 root root 11454 Apr 12 16:16 make_sandbox
-r-xr-xr-x 1 root root  4970 Apr 12 16:16 make_sandbox_from_installed
-r-xr-xr-x 1 root root  7643 Apr 12 16:16 make_sandbox_from_source
-r-xr-xr-x 1 root root  5772 Apr 12 16:16 make_sandbox_from_url
```

另外一种方式是通过安装包的方式，可以通过编译安装完成。

可以使用 wget 下载安装包如下：

```
#    wget    https://launchpad.net/mysql-sandbox/mysql-sandbox-3/mysql-sandbox-3/
+download/MySQL-Sandbox-3.0.25.tar.gz
```

然后使用 make，make install 的方式即可安装。

比如我要部署一个 MySQL 数据库环境，我们给定一个二进制安装包，直接 make_sandbox 即可。

```
# make_sandbox mysql-5.7.17-linux-glibc2.5-x86_64.tar.gz
```

这个命令有一点需要说明，就是考虑到安全，默认使用 root 是敏感的，会抛出下面的警告。主要就是向你确认是否确实要这么做，如果是一个线上环境，操作的风险很高，所以就特别提示，需要你设定一个变量值，确认之后才可以。

```
# make_sandbox percona-server-5.6.25-73.1.tar.gz
 MySQL Sandbox should not run as root

If you know what you are doing and want to
 run as root nonetheless, please set the environment
variable 'SANDBOX_AS_ROOT' to a nonzero value
```

我们就给这个变量赋一个值，比如 go，如下：

```
export SANDBOX_AS_ROOT=go
```

一套数据库环境就自动部署出来了，难得的是会自动生成对应的快捷脚本，如果下次做一些批量管理类的任务，就非常快捷方便，这里的数据库安装目录是 msb_5_7_17，数据文件都在这个目录下面。

```
[root@grtest sandboxes]# ll
total 48
-rwxr-xr-x 1 root root   54 Apr 12 16:35 clear_all
drwxr-xr-x 4 root root 4096 Apr 12 16:35 msb_5_7_17
-rw-r--r-- 1 root root 3621 Apr 12 16:35 plugin.conf
-rwxr-xr-x 1 root root   56 Apr 12 16:35 restart_all
-rwxr-xr-x 1 root root 2145 Apr 12 16:35 sandbox_action
-rwxr-xr-x 1 root root   58 Apr 12 16:35 send_kill_all
-rwxr-xr-x 1 root root   54 Apr 12 16:35 start_all
-rwxr-xr-x 1 root root   55 Apr 12 16:35 status_all
-rwxr-xr-x 1 root root   53 Apr 12 16:35 stop_all
-rwxr-xr-x 1 root root 4514 Apr 12 16:35 test_replication
-rwxr-xr-x 1 root root   52 Apr 12 16:35 use_all
```

连接数据库，只需要一个 use 命令即可。

```
 ./use
Welcome to the MySQL monitor.  Commands end with ; or \g.
Your MySQL connection id is 6
Server version: 5.7.17 MySQL Community Server (GPL)
Copyright (c) 2000, 2016, Oracle and/or its affiliates. All rights reserved.
Oracle is a registered trademark of Oracle Corporation and/or its
affiliates. Other names may be trademarks of their respective
owners.
Type 'help;' or '\h' for help. Type '\c' to clear the current input statement.
mysql [localhost] {msandbox} ((none)) >
```

其他的启停命令也是如此，非常快捷方便。

而要搭建主从环境，操作步骤简单，输出日志也很简单，比如我指定一个已经解压的二进制目录 5.7.17，就会默认创建一主两从的环境，如下：

```
# export SANDBOX_AS_ROOT=go
```

```
# make_replication_sandbox 5.7.17
installing and starting master
installing slave 1
installing slave 2
starting slave 1
.. sandbox server started
starting slave 2
. sandbox server started
initializing slave 1
initializing slave 2
replication directory installed in $HOME/sandboxes/rsandbox_5_7_17
```

查看主从的状态，使用 status_all 即可。

```
# ./status_all
 REPLICATION rsandbox_5_7_17
master on
port: 20192
node1 on
port: 20193
node2 on
port: 20194
```

2. 快速测试

当然上面的工作可以使用 sandbox 来做，也可以使用自定义（手工）脚本来做，各有好处，相对来说，手工脚本的方式最起码自己更清楚一些。

动态搭建一主多从，我的一个设想就是快速模拟 MHA 的环境。

我们先创建一个数据库用户 mha_test，作为配置中的连接用户。

```
GRANT ALL PRIVILEGES ON *.* TO 'mha_test'@'%' identified by 'mha_test' ;
```

然后指定一个配置文件，内容如下：

```
# cat /home/mha/conf/app1.cnf
[server default]
manager_workdir=/home/mha/manager
manager_log=/home/mha/manager/app1/manager.log
port=24801
user=mha_test
password=mha_test
repl_user=rpl_user
repl_password=rpl_pass

[server1]
hostname=127.0.0.1
port=24801
candidate_master=1

[server2]
hostname=127.0.0.1
candidate_master=1
port=24802

[server3]
hostname=127.0.0.1
candidate_master=1
```

```
port=24803
```

因为是同一台服务器，所以能够快速模拟 MHA 的容灾切换和快速恢复。

使用如下的脚本来检测 SSH 的情况。

```
# masterha_check_ssh --conf=/home/mha/conf/app1.cnf
```

基本就是如下的 ssh 连接，请检查。

```
Wed  Apr  12  18:35:52  2017  -  [debug]    Connecting  via  SSH  from
root@127.0.0.1(127.0.0.1:22) to root@127.0.0.1(127.0.0.1:22)..
  Wed Apr 12 18:35:52 2017 - [debug]  ok.
  Wed  Apr  12  18:35:52  2017  -  [debug]    Connecting  via  SSH  from
root@127.0.0.1(127.0.0.1:22) to root@127.0.0.1(127.0.0.1:22)..
  Wed Apr 12 18:35:52 2017 - [debug]  ok.
  Wed  Apr  12  18:35:52  2017  -  [info] All  SSH  connection  tests  passed
successfully.
```

检查主从的复制情况，可以使用如下的命令。

```
masterha_check_repl --conf=/home/mha/conf/app1.cnf
```

输出日志部分如下，主从关系和复制检测都可以清晰看到。

```
Wed Apr 12 18:35:29 2017 - [info]
 127.0.0.1(127.0.0.1:24801) (current master)
 +--127.0.0.1(127.0.0.1:24802)
 +--127.0.0.1(127.0.0.1:24803)

 Wed Apr 12 18:35:29 2017 - [info] Checking replication health on 127.0.0.1..
 Wed Apr 12 18:35:29 2017 - [info]  ok.
 Wed Apr 12 18:35:29 2017 - [info] Checking replication health on 127.0.0.1..
 Wed Apr 12 18:35:29 2017 - [info]  ok.
 Wed Apr 12 18:35:29 2017 - [warning] master_ip_failover_script is not
defined.
 Wed Apr 12 18:35:29 2017 - [warning] shutdown_script is not defined.
 Wed Apr 12 18:35:29 2017 - [info] Got exit code 0 (Not master dead).

MySQL Replication Health is OK.
```

接着我们启动 MHA-manager，如下：

```
nohup masterha_manager --conf=/home/mha/conf/app1.cnf > /tmp/mha_manager.log 2>&1 &
```

如果检查目前 MHA 的状态，可以使用如下的命令：

```
# masterha_check_status --conf=/home/mha/conf/app1.cnf
app1 (pid:11701) is running(0:PING_OK), master:127.0.0.1
```

这个时候我们来破坏一下，可以手工 Kill 掉 24081 端口的 mysqld_safe 和 mysqld 服务。

这个就会从日志中发现 MHA 开始工作了。

```
tail -f /home/mha/manager/app1/manager.log
Wed Apr 12 22:54:53 2017 - [info] Resetting slave info on the new master..
Wed Apr 12 22:54:53 2017 - [info]  127.0.0.1: Resetting slave info succeeded.
 Wed  Apr  12  22:54:53  2017  -  [info]  Master  failover  to  127.0.0.1
(127.0.0.1:24802) completed successfully.
 Wed Apr 12 22:54:53 2017 - [info]
----- Failover Report -----
```

```
    app1:    MySQL    Master    failover    127.0.0.1(127.0.0.1:24801)    to
127.0.0.1(127.0.0.1:24802) succeeded
    Master 127.0.0.1(127.0.0.1:24801) is down!
    Check MHA Manager logs at grtest:/home/mha/manager/app1/manager.log for details.
    Started automated(non-interactive) failover.
    Selected 127.0.0.1(127.0.0.1:24802) as a new master.
    127.0.0.1(127.0.0.1:24802): OK: Applying all logs succeeded
    127.0.0.1(127.0.0.1:24803): OK: Slave started, replicating from
                                          127.0.0.1(127.0.0.1:24802)
    127.0.0.1(127.0.0.1:24802): Resetting slave info succeeded.
    Master failover to 127.0.0.1(127.0.0.1:24802) completed successfully.
```

这样一来 24802 端口的 mysql 服务会自动接管，由从库变为主库。而 24803 端口的从库会自动从 24802 端口的服务接受数据变更。

整个过程有条不紊，可以基于这个测试环境快速熟悉 MHA，而线上环境的部署，其实从步骤上来说大同小异。

8.2.4   从代码关系图理清 MHA 的脉络

了解学习一个开源项目，阅读源码是一个很不错的开始，所以 MHA 就成为了我学习的一个重点内容。我们先从 manager 开始，当然因为这个开源项目是基于 perl 开发，磨刀不误砍柴工，我们可以在开发 IDE 里面查看，这样效率更高一些，比如使用 eclipse，下载插件即可。

整个工程的情况如下图 8-6 所示，bin 目录下是可执行的 perl 脚本，引用的包体逻辑在 lib 下面的.pm 文件中。

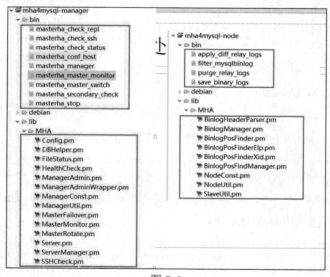

图 8-6

对于 Node 节点来说，也是类似的方式，只是 Node 节点的逻辑内容少了很多，主要集中在对于 binlog 的处理上。

整个代码关系图的大体逻辑如下图 8-7 所示。

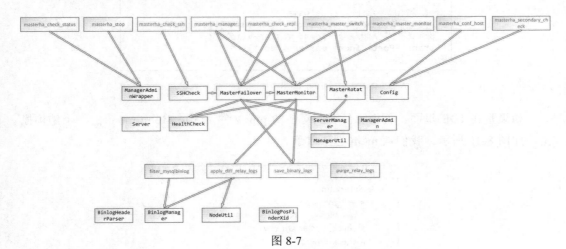

图 8-7

使用 MHA，启停 Manager 是一个基本的入口，所以我们可以在 masterha_manager 里查看。会发现脚本主要分为两部分：masterMonitor 和 MasterFailover。如下图 8-8 所示，我们通过 main 方法来逐步了解。

```perl
49  my @ORIG_ARGV = @ARGV;
50  my ( $exit_code, $dead_master, $ssh_reachable ) =
51    MHA::MasterMonitor::main( "--interactive=0", @ARGV );
52
53  if ( $exit_code && $exit_code != $MHA::ManagerConst::MASTER_DEAD_RC ) {
54    exit $exit_code;
55  }
56  if ( !$dead_master->{hostname}
57    || !$dead_master->{ip}
58    || !$dead_master->{port}
59    || !defined($ssh_reachable) )
60  {
61    exit 1;
62  }
63
64  @ARGV      = @ORIG_ARGV;
65  $exit_code = MHA::MasterFailover::main(
66    "--master_state=dead",
67    "--interactive=0",
68    "--dead_master_host=$dead_master->{hostname}",
69    "--dead_master_ip=$dead_master->{ip}",
70    "--dead_master_port=$dead_master->{port}",
71    "--ssh_reachable=$ssh_reachable",
72    @ARGV
73  );
74
```

图 8-8

我们切换到 MasterMonitor 中，查看 main 方法的内容，如图 8-9 所示。

```
my ( $exit_code, $dead_master, $ssh_reachable ) =
  MHA::MasterMonitor::main( "--monitor_only", @ARGV );

if ( $dead_master->{hostname} ) {
  print "Master $dead_master->{hostname} is dead!\n";
  print "IP Address: $dead_master->{ip} ";
  print "Port: $dead_master->{port}\n";
}
```

图 8-9

如果是在 IDE 里面，就很容易看到对应的.pm 文件 MasterMonitor.pm 的一个结构概览，如图 8-10 所示，我们从 main 方法入手。

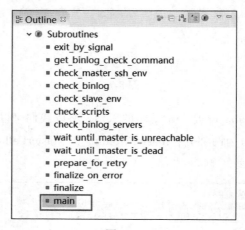

图 8-10

整个 Monitor 的核心逻辑就是下面图 8-11 的方法了。这个逻辑是一个循环中进行心跳的检测机制。其中 wait_until_master_is_dead 就是一个重要方法了。可以顺着这个方向继续往里面看。

```
while (1) {
  my ( $exit_code, $dead_master, $ssh_reachable ) =
    wait_until_master_is_dead();
  my $msg = sprintf( "Got exit code %d (%s).",
    $exit_code,
    $exit_code == $MHA::ManagerConst::MASTER_DEAD_RC
    ? "Master dead"
    : "Not master dead" );
  $log->info($msg) if ($log);
  if ($g_check_only) {
    finalize();
    return $exit_code;
  }
  if ( $exit_code && $exit_code == $RETRY ) {
    prepare_for_retry();
  }
  else {
    if ( $exit_code && $exit_code != $MHA::ManagerConst::MASTER_DEAD_RC ) {
      finalize_on_error();
    }
    elsif ($g_monitor_only) {
      finalize();
    }
    return ( $exit_code, $dead_master, $ssh_reachable );
  }
}
1;
```

图 8-11

另外一个重要的脚本就是 masterha_master_switch 了，主要是完成切换的内容，如果查看脚本的基本结构会发现，通过检测主节点的状态，会分别调用 MasterFailover 和 MasterRotate 来处理，如图 8-12 所示。

```
53  if ( $master_state eq "dead" ) {
54    $exit_code = MHA::MasterFailover::main(@ARGV);
55  }
56  elsif ( $master_state eq "alive" ) {
57    $exit_code = MHA::MasterRotate::main(@ARGV);
58  }
```

图 8-12

failover 的逻辑如图 8-13 所示，我们可以查看对应的 pm 文件 MasterFailover.pm 来查看逻辑。整体的逻辑如图 8-14 所示，会分为几个阶段。每个阶段会有一个整体的校验步骤。

```
sub do_master_failover {
  my $error_code = 1;
  my ( $dead_master, $new_master );

  eval {
    my ( $servers_config_ref, $binlog_server_ref ) = init_config();
    $log->info("Starting master failover.");
    $log->info();
    $log->info("* Phase 1: Configuration Check Phase..\n");
    $log->info();
    MHA::ServerManager::init_binlog_server( $binlog_server_ref, $log );
    $dead_master = check_settings($servers_config_ref);
    if ( $_server_manager->is_gtid_auto_pos_enabled() ) {
      $log->info("Starting GTID based failover.");
    }
    else {
      $_server_manager->force_disable_log_bin_if_auto_pos_disabled();
      $log->info("Starting Non-GTID based failover.");
    }
    $log->info();
    $log->info("** Phase 1: Configuration Check Phase completed.\n");
    $log->info();
    $log->info("* Phase 2: Dead Master Shutdown Phase..\n");
    $log->info();
    force_shutdown($dead_master);

    $log->info("* Phase 2: Dead Master Shutdown Phase completed.\n");
    $log->info();
    $log->info("* Phase 3: Master Recovery Phase..\n");
    $log->info();

    $log->info("* Phase 3.1: Getting Latest Slaves Phase..\n");
    $log->info();
    check_set_latest_slaves();
```

图 8-13

通过上面的部分可以看到，整个切换过程中，后台会进行一系列的逻辑检查，比如查到当前最新的 Slave 节点，如何补齐日志信息（本质上就是通过 mysqlbinlog 基于时间戳来处理）等。

```
2108    if ( !$_server_manager->is_gtid_auto_pos_enabled() ) {
2109      $log->info();
2110      $log->info("* Phase 3.2: Saving Dead Master's Binlog Phase..\n");
2111      $log->info();
2112      save_master_binlog($dead_master);
2113    }
2114
2115    $log->info();
2116    $log->info("* Phase 3.3: Determining New Master Phase..\n");
2117    $log->info();
2118
2119    my $latest_base_slave;
2120    if ( $_server_manager->is_gtid_auto_pos_enabled() ) {
2121      $latest_base_slave = $_server_manager->get_most_advanced_latest_slave();
2122    }
2123    else {
2124      $latest_base_slave = find_latest_base_slave($dead_master);
2125    }
2126    $new_master = select_new_master( $dead_master, $latest_base_slave );
2127    my ( $master_log_file, $master_log_pos, $exec_gtid_set ) =
2128      recover_master( $dead_master, $new_master, $latest_base_slave,
2129      $binlog_server_ref );
2130    $new_master->{activated} = 1;
2131
2132    $log->info("* Phase 3: Master Recovery Phase completed.\n");
2133    $log->info();
2134    $log->info("* Phase 4: Slaves Recovery Phase..\n");
2135    $log->info();
2136    $error_code = recover_slaves(
2137      $dead_master,      $new_master,      $latest_base_slave,
2138      $master_log_file, $master_log_pos, $exec_gtid_set
2139    );
2140
2141    if ( $g_remove_dead_master_conf && $error_code == 0 ) {
2142      MHA::Config::delete_block_and_save( $g_config_file, $dead_master->{id},
2143      $log );
```

图 8-14

8.2.5　我们可能不知道的 MHA 逻辑

通过源码我们可以看到很多不曾注意的细节，我们来简单罗列一下。

（1）Failover 如果在 8 个小时内再次切换，是会直接抛错的，如图 8-15 所示。

```
# If the last failover was done within 8 hours, we don't do failover
# to avoid ping-pong
if ( -f $_failover_complete_file ) {
  my $lastts    = ( stat($_failover_complete_file) )[9];
  my $current_time = time();
  if ( $current_time - $lastts < $g_last_failover_minute * 60 ) {
    my ( $sec, $min, $hh, $dd, $mm, $yy, $week, $yday, $opt ) =
      localtime($lastts);
    my $t = sprintf( "%04d/%02d/%02d %02d:%02d:%02d",
      $yy + 1900, $mm + 1, $dd, $hh, $mm, $sec );
    my $msg =
      "Last failover was done at $t."
      . " Current time is too early to do failover again. If you want to "
      . "do failover, manually remove $_failover_complete_file "
      . "and run this script again.";
    $log->error($msg);
    croak;
  }
  else {
    MHA::NodeUtil::drop_file_if($_failover_complete_file);
  }
}
$_server_manager->get_failover_advisory_locks();
$_server_manager->start_sql_threads_if();
return $dead_master;
}
```

图 8-15

（2）主从复制的检查阈值

主从复制检查的阈值是基于 seconds_behind_master，默认是 30 秒，也就是说 30 秒以上的延迟是无法启动 MHA 的。

```
my $g_seconds_behind_master = 30;
```

健康检查的部分是参数 ping_type，它有 3 个可选值：ping insert、ping select 和 ping connect，一般建议设置为 ping insert。

它的逻辑如下图 8-16 所示，其实就是在一个指定的表中写入一条记录，以此来验证 MHA 的可用性。

```
sub ping_insert($) {
  my $self = shift;
  my $log  = $self->{logger};
  my $dbh  = $self->{dbh};
  my ( $query, $sth, $href );
  eval {
    $dbh->{RaiseError} = 1;
    $dbh->do("CREATE DATABASE IF NOT EXISTS infra");
    $dbh->do(
"CREATE TABLE IF NOT EXISTS infra.chk_masterha (`key` tinyint NOT NULL primary key,`val` int(10) unsigned
    );
    $dbh->do(
"INSERT INTO infra.chk_masterha values (1,unix_timestamp()) ON DUPLICATE KEY UPDATE val=unix_timestamp()
    );
  };
```

图 8-16

（3）数据延迟的阈值

而对于数据的延迟，我们通过代码可以看到这个逻辑是可以根据需求来定制的，通过下面的代码可以看到，延迟不是根据时间来判断，而是根据 relay 的大小，大小差异在 100000000（将近 100 M）。

```
if (
  ( $latest->{Master_Log_File} gt $target->{Relay_Master_Log_File} )
  || ( $latest->{Read_Master_Log_Pos} >
    $target->{Exec_Master_Log_Pos} + 100000000 )
  )
```

当然在代码中也看到了一些不完善的地方，比如 master_ip_failover 的实现，逻辑部分很简陋，而且在日志中会有明文密码的情况，这是潜在的隐患，还有参数 secondary_check 的设置，从我们的测试和代码实现来看，和目前的实现需求还有一些差距，在充分测试 MHA 的基础上，我们也对于切换逻辑的一些阈值做了调整，大家可以根据自己的系统情况进行定制和改进。

8.2.6　MHA 的缺点和局限性

MHA 本身也存在一些潜在的缺点和局限性，我们来简单罗列一下：

（1）需要在各个节点间打通 ssh 信任关系，这有一定的安全隐患，默认端口是 22，有些公司是禁用 22 端口的，需要做下调整。

（2）无法保证强一致，MHA 是基于 MySQL 原生态的复制机制，主从之间数据有可能产生不一致，在 5.6 版本中开始引入了 Binlog Server 的角色，但是实际上在架构复杂性和业界的落地情况下参差不齐。

（3）中心化管理，当中心节点宕机则无法保障高可用。

（4）定制难度大，MHA 是基于 Perl 开发，语言相对小众，如果要做定制，则需要熟悉 Perl、MHA 逻辑和其他开发技能；综合下来，要改造为 Python 或者其他实现方式是存在一些壁垒的。

（5）项目活跃度，MHA 在近些年来鲜有项目更新，对于持续化的维护存在潜在问题。

8.2.7　MHA 的补充和改进

MHA 是一个成熟的技术，但不是一个完美的技术方案，我们需要在此基础上进行大量的补充工作，主要包括 MHA 参数定制和 MHA 平台化管理。

1．参数定制

- 定制超时时间，默认为 4 秒，可以根据业务优先级调整，比如改为 6~10 秒；
- 修改 ssh 端口为定制端口，默认为 22，比如设置端口为 20022；
- 修改日志的格式，目前有些日志输出是不统一的，可以根据需求来定制内容。

2．平台化管理

对于 MHA 的管理，主要梳理了如下的逻辑和功能，把管理维护操作融入了平台化管理，可以提高效率和准确性。

（1）部署脚本

- 根据配置文件生成节点信任关系：主要目标是让信任关系的创建更便捷一些；
- 根据配置文件生成部署脚本：根据配置关系生成统一的部署脚本，避免过多的差异化配置；
- 根据切换情况更新部署脚本配置：如果集群发生了切换，可以重置集群的一些配置，让集群可以快速恢复使用。

（2）主从切换

- switchover 逻辑脚本化：目前 MHA 在这部分的逻辑比较少，需要深入定制；
- 报告内容定制：如果发生了集群切换，应该有相关的报告提示和信息提示。

（3）MHA 管理

- 查看主从延迟：可以及时跟进主从延迟，在发生故障前避免因为延迟导致的不可切换；
- 查看节点通信情况：周期性检查节点间的通信情况，属于巡检任务；
- MHA 集群状态检测：周期性检查集群的整体状态，过滤错误日志；

- 健康检查脚本：定制健康检查脚本，如果有几十甚至上百套集群，可以统一发送日报；
- 平台化启停 MHA：启停 MHA 操作都可以实现平台化管理，快捷方便。

MHA 健康检查日报的内容可以参考下图 8-17。

应用描述		应用编号	MHA状态	SSH状态	同步状态	主库IP	从库IP	VIP	应用序
		app13	RUNNING	OK	OK		0.12	06	13
		app34	RUNNING	OK	OK	10.	10.	10. 17	34
		app16	RUNNING	OK	OK	10			16
		app3036	RUNNING	OK	OK	10	10 24		3036
	MySQL库	app2	RUNNING	OK	OK	2	10 .12		2
		app3	RUNNING	OK	OK	10	10 3.13		3
		app5	RUNNING	OK	OK	10	14	10 9	5
		app6	RUNNING	OK	OK	10	0.1	10 97	6
		app7	RUNNING	OK	OK	10	0.12	10 198	7
	服务	app8	RUNNING	OK	OK	10	0.12	10	8
	库	app9	RUNNING	OK	OK	10		10	9
	库	app14	RUNNING	OK	OK	10. .31	10	10 211	14

MHA状态检测报告: 20190425_093001

图 8-17

如果从一个整体的规划来说，我们希望 MHA 覆盖如下图 8-18 所示的维度，能够把已有的功能完善的更好。

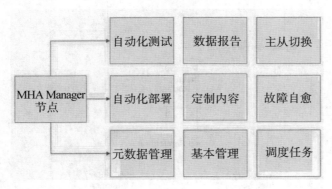

图 8-18

我赞同那句话：没有最好，只有更好。MHA 只是我们高可用历程中的一个站点，我们需要向更高的要求和标准迈进，在我看来，这一站便是 InnoDB Cluster，我们将在接下来的小节中细讲。

8.3　MySQL 高可用方案之 InnoDB Cluster

从 MySQL 原生的异步复制过渡到插件式的半同步复制，再到 Group Replication；相信很多 DBA 都会记住 5.7.17 版这个具有重要里程碑意义的版本，高可用方案随着这个技术的成熟想必也会逐渐成为一种趋势，从 Galera 到后面 Percona 包装的 PXC，从 Group replication 的角度再回头来看，竟然发现是如此相似。Galera 的作者都是一批有着 20 多年实战经验的老手，在技术成熟度方面完全不逊于官方。所以选择哪一个或者哪一个更成熟，到时候会是摆在 MySQL DBA 面前的一个艰难选择。

8.3.1　InnoDB Cluster 三大件

InnoDB Cluster 推出以来，很多人都想尝尝鲜，但是也可能会想，MGR 还没玩好，就学 InnoDB Cluster 是不是合适，我们需要了解一下 InnoDB Cluster 的三大件 MySQL Shell、MySQL Router 和 MGR（MySQL Group Replication），其中 MGR 是 InnoDB Cluster 方案中的一个重要组件，如下图 8-19 所示。

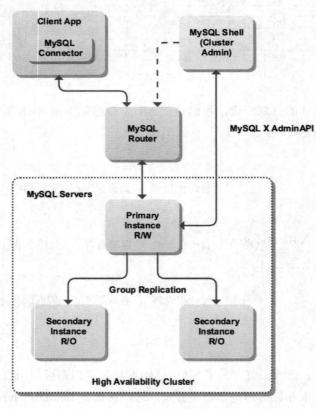

图 8-19

MySQL 的这个高可用方案是一个 share nothing 的架构，这样也就使得整个架构是一个强一致性的设计方式，自然会用到组播的方式。

从长远来看，我看好 InnoDB Cluster 的发展，毕竟这是 MySQL 欠下来的债，后面的大版本更新都会逐渐补上以前一些遗留的问题。

8.3.2　快速入手 InnoDB Cluster 的建议

其实在学习一门新技术时，大家经常会犯一个错误，那就是对于一门新技术的学习，80%的时间花在安装部署上，而对于之后深入学习投入的时间和精力很少，这样对于学习收益来说是不高的，建议通过实践学习来快速掌握，而不是刚开始就琢磨高大上的概念。

如果想快速入手 InnoDB Cluster 有什么好的方法吗，我的建议是通过图形化的方式来快速安装，快速迭代，让你先投入足够的时间和精力去了解它，然后再反过来投入一些精力来完成安装部署的工作，所以图形化，本机快速测试，学习周期很缩短，而且过程清晰。

InnoDB Cluster 图形化安装是 Windows 版本自带的功能，基于 sandbox 来做的，目前是先行测试，对于集群架构一目了然，如图 8-20 所示。

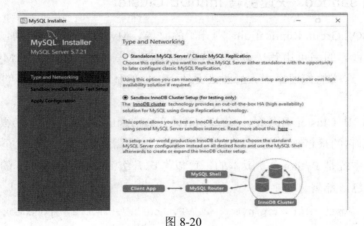

图 8-20

下面有个 Check 的按钮，可以在线检查，实时输出状态，如图 8-21 所示。

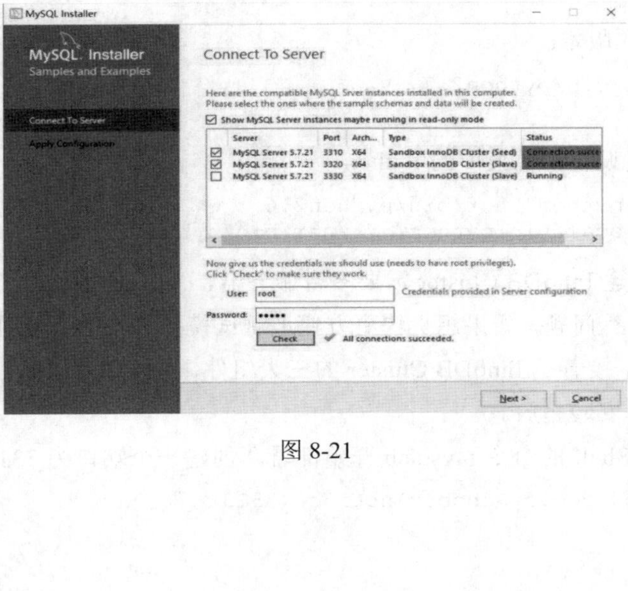

图 8-21

图形化安装还是比较清晰的，安装完成后，我们可以很方便地进行检查，如下图 8-22 所示。

```
mysql> select *from  replication_group_members;
+---------------------------+--------------------------------------+-------------+-------------+--------------+
| CHANNEL_NAME              | MEMBER_ID                            | MEMBER_HOST | MEMBER_PORT | MEMBER_STATE |
+---------------------------+--------------------------------------+-------------+-------------+--------------+
| group_replication_applier | 661bac33-2807-11e8-9997-d89ef30824ac |             |        3310 | ONLINE       |
| group_replication_applier | 6b5818da-2807-11e8-8ce0-d89ef30824ac |             |        3320 | ONLINE       |
| group_replication_applier | 70b4184d-2807-11e8-a754-d89ef30824ac |             |        3330 | ONLINE       |
+---------------------------+--------------------------------------+-------------+-------------+--------------+
3 rows in set (0.00 sec)
```

图 8-22

对于 InnoDB Cluster 的学习也算是一个启蒙吧。

8.3.3 使用 sandbox 快速部署 InnoDB Cluster

记得 MySQL Group Replicatioin 刚开始的时候，MySQL 界很是轰动，等待了多年，终于有了这个官方的高可用解决方案。你要说还有一些方案补充，比如 MySQL Cluster，MySQL Proxy，这些的使用率个人感觉还是不高，也就是经受的考验还不够，原因有很多，就不赘述了。

安装 InnoDB Cluster 环境的一个基本要求就是 Python，我看了下，很多默认的系统版本是 2.6，而它的最低要求是 2.7 及以上，所以还是需要提前准备下这个部分。

如果你的系统是 Python 2.6 版本的，可以考虑升级到 2.7，参考如下的方法。

下载安装包，部署。

```
wget http://python.org/ftp/python/2.7/Python-2.7.tar.bz2 --no-check-certificate
./configure
make all
make install
make clean
make distclean
```

查看 Python 的版本。

```
# /usr/local/bin/python2.7 -V
Python 2.7
```

做基本的环境设置，替换旧的 Python。

```
mv /usr/bin/python /usr/bin/python2.6
ln -s /usr/local/bin/python2.7 /usr/bin/pythonsandbox 安装部署 ter
```

显而易见，搭建 InnoDB Cluster 需要多台服务器，而如果只是在一台服务器上做练习测试，也是全然没有问题，如果想更快更方便地测试模拟，还可以使用 sandbox 来做，首先你得有 sandbox，接着是 InnoDB Cluster 的三大组件，所以你可以从官网直接下载下来。

然后我们开启安装之旅。

使用 MySQL Shell 的命令 mysqlsh 开始部署，创建一个端口为 3310 的实例。

```
mysql-js> dba.deploySandboxInstance(3310)
```

```
A new MySQL sandbox instance will be created on this host in
/root/mysql-sandboxes/3310
```

输入密码之后，一个 3310 端口的 MySQL 服务就启动了。

```
Please enter a MySQL root password for the new instance:
Deploying new MySQL instance...
Instance localhost:3310 successfully deployed and started.
Use shell.connect('root@localhost:3310'); to connect to the instance.
```

接着创建另外两个节点 3320 和 3330。

```
dba.deploySandboxInstance(3320)
dba.deploySandboxInstance(3330)
```

我们切换到 3310 的 MySQL 实例，准备开始创建 Cluster。

```
mysql-js> \connect root@localhost:3310
Creating a Session to 'root@localhost:3310'
Enter password:
Closing old connection...
Classic Session successfully established. No default schema selected.
```

定义一个 Cluster 变量，节点 1 就开启了 Cluster 创建之旅，可以从下面的信息看出，至少需要 3 个节点。

```
mysql-js> var cluster = dba.createCluster('testCluster')
A new InnoDB cluster will be created on instance 'root@localhost:3310'.
Creating InnoDB cluster 'testCluster' on 'root@localhost:3310'...
Adding Seed Instance...
Cluster successfully created. Use Cluster.addInstance() to add MySQL instances.
At least 3 instances are needed for the cluster to be able to withstand
up to  one server failure.
```

接着把另外两个节点加入进来，先加入端口为 3320 的节点。

```
mysql-js> cluster.addInstance('root@localhost:3320')
A new instance will be added to the InnoDB cluster. Depending on the amount of
data on the cluster this might take from a few seconds to several hours.
Please provide the password for 'root@localhost:3320':
Adding instance to the cluster ...
```

再加入端口为 3330 的节点，日志和节点 2 相似。

```
mysql-js> cluster.addInstance('root@localhost:3330')
```

这个时候 Cluster 就创建好了。

接下来，我们再配置一下 MySQL Router，创建个软链接，保证能够正常调用。

```
# ln -s /home/innodb_cluster/mysql-router-2.1.3-linux-glibc2.12-x86-64bit/
bin/mysqlrouter  /usr/bin/mysqlroute
# which mysqlroute
/usr/bin/mysqlroute
```

配置 MySQL Router 的启动节点为端口 3310 的实例。

```
# mysqlrouter --bootstrap root@localhost:3310 --user=mysql
```

这个时候还是要输入密码，成功之后，这个绑定就打通了。

```
Please enter MySQL password for root:
Bootstrapping system MySQL Router instance...
MySQL Router  has now been configured for the InnoDB cluster 'testCluster'.
The following connection information can be used to connect to the cluster.
Classic MySQL protocol connections to cluster 'testCluster':
- Read/Write Connections: localhost:6446
- Read/Only Connections: localhost:6447
X protocol connections to cluster 'testCluster':
- Read/Write Connections: localhost:64460
- Read/Only Connections: localhost:64470
```

可以从上面的日志看出来，分配的读写端口是 6446，只读端口是 6447，还有 x 协议连接的端口为 64460 和 64470。

启动 MySQL Router。

```
# mysqlrouter &
[1] 2913
```

如果对 MySQL Router 还有些疑问，可以看看安装目录下，会生成下面的配置文件，我们就看里面的.conf 文件，里面的一部分内容如下：

```
[routing:testCluster_default_rw]
bind_address=0.0.0.0
bind_port=6446
destinations=metadata-cache://testCluster/default?role=PRIMARY
mode=read-write
protocol=classic
```

我们尝试使用 6446 端口来连接登录，这个时候就通过 MySQL Shell 开启了连接入口，MySQL Router 做了转接，连接到了里面的读写节点 3310。

```
# mysqlsh --uri root@localhost:6446
Creating a Session to 'root@localhost:6446'
Enter password:
Classic Session successfully established. No default schema selected.
Welcome to MySQL Shell 1.0.9
```

切换到 sql 模式，查看端口就知道是哪个节点了。

```
mysql-js> \sql
Switching to SQL mode... Commands end with ;
mysql-sql> select @@port;
+--------+
| @@port |
+--------+
|   3310 |
+--------+
1 row in set (0.00 sec)
```

如果切换为脚本模式查看实例的状态，可以使用里面定义的 API 来做，输出都是 JSON 串。

```
mysql-js> dba.configureLocalInstance('root@127.0.0.1:3310')
Please provide the password for 'root@127.0.0.1:3310':
Detected as sandbox instance.
Validating MySQL configuration file at: /root/mysql-sandboxes/3310/my.cnf
Validating instance...
The instance '127.0.0.1:3310' is valid for Cluster usage
```

```
You can now use it in an InnoDB Cluster.
{
    "status": "ok"
}
```

如果查看 Cluster 的信息，可以看到下面的读写节点和只读节点的状态信息。

```
mysql-js> dba.getCluster()
<Cluster:testCluster>

var cluster = dba.getCluster()
```

得到 Cluster 的信息，如下：

```
mysql-js> cluster.status()
{
    "clusterName": "testCluster",
    "defaultReplicaSet": {
        "name": "default",
        "primary": "localhost:3310",
        "status": "OK",
        "statusText": "Cluster is ONLINE and can tolerate up to ONE failure.",
        "topology": {
            "localhost:3310": {
                "address": "localhost:3310",
                "mode": "R/W",
                "readReplicas": {},
                "role": "HA",
                "status": "ONLINE"
            },
            "localhost:3320": {
                "address": "localhost:3320",
                "mode": "R/O",
                "readReplicas": {},
                "role": "HA",
                "status": "ONLINE"
            },
            "localhost:3330": {
                "address": "localhost:3330",
                "mode": "R/O",
                "readReplicas": {},
                "role": "HA",
                "status": "ONLINE"
            }
        }
    }
}
```

也可以使用 describe 得到一些基本的信息，如下：

```
mysql-js> cluster.describe();
{
    "clusterName": "testCluster",
    "defaultReplicaSet": {
        "instances": [
            {
                "host": "localhost:3310",
                "label": "localhost:3310",
                "role": "HA"
```

```
        },
        {
            "host": "localhost:3320",
            "label": "localhost:3320",
            "role": "HA"
        },
        {
            "host": "localhost:3330",
            "label": "localhost:3330",
            "role": "HA"
        }
    ],
    "name": "default"
  }
}
```

当然只看不练还是假把式，我们切换一下，看看好使不？

模拟一个节点出现问题，可以使用 killSandboxInstance 方法。

```
mysql-js> dba.killSandboxInstance(3310)
The MySQL sandbox instance on this host in
/root/mysql-sandboxes/3310 will be killed
Killing MySQL instance...
Instance localhost:3310 successfully killed.
```

节点被清理了，没有任何进程存在。

```
# ps -ef|grep mysql|grep 3310
#
```

我们还是使用 6446 端口来统一连接，这个时候就切换到了端口 3320 的 MySQL 服务。

```
# mysqlsh --uri root@localhost:6446
Creating a Session to 'root@localhost:6446'
Enter password:
Classic Session successfully established. No default schema selected.
Welcome to MySQL Shell 1.0.9
mysql-js> \sql
Switching to SQL mode... Commands end with ;
mysql-sql> select @@port;
+--------+
| @@port |
+--------+
|   3320 |
+--------+
1 row in set (0.00 sec)
```

所以切换的部分没有问题，我们再次把"迷失"的节点启动起来。

```
# mysqlsh --uri root@localhost:6446
mysql-js> dba.startSandboxInstance(3310)
The MySQL sandbox instance on this host in
/root/mysql-sandboxes/3310 will be started
Starting MySQL instance...
Instance localhost:3310 successfully started.
```

这个时候再次查看 Cluster 的状态，3320 就是主了，3310 就是只读节点了。

```
mysql-js> dba.getCluster()
```

```
<Cluster:testCluster>
```

把节点 2 纳入到 Cluster 中。

```
mysql-js> cluster.rejoinInstance('root@localhost:3310')
Rejoining the instance to the InnoDB cluster. Depending on the original
problem that made the instance unavailable, the rejoin operation might not be
successful and further manual steps will be needed to fix the underlying
problem.
Please monitor the output of the rejoin operation and take necessary action if
the instance cannot rejoin.
Please provide the password for 'root@localhost:3310':
Rejoining instance to the cluster ...
The instance 'root@localhost:3310' was successfully rejoined on the cluster.
The instance 'localhost:3310' was successfully added to the MySQL Cluster.
mysql-js>
```

可以想象如果是一个生产系统，这么多的日志，这个过程真是让人纠结。

最后来一个切换后的 Cluster 状态。

```
mysql-js> cluster.status()
{
    "clusterName": "testCluster",
    "defaultReplicaSet": {
        "name": "default",
        "primary": "localhost:3320",
        "status": "OK",
        "statusText": "Cluster is ONLINE and can tolerate up to ONE failure.",
        "topology": {
            "localhost:3310": {
                "address": "localhost:3310",
                "mode": "R/O",
                "readReplicas": {},
                "role": "HA",
                "status": "ONLINE"
            },
            "localhost:3320": {
                "address": "localhost:3320",
                "mode": "R/W",
                "readReplicas": {},
                "role": "HA",
                "status": "ONLINE"
            },
            "localhost:3330": {
                "address": "localhost:3330",
                "mode": "R/O",
                "readReplicas": {},
                "role": "HA",
                "status": "ONLINE"
            }
        }
    }
}
```

8.3.4　InnoDb Cluster 核心组件：MGR

作为 InnoDB Cluster 的核心组件，我们需要投入较多的精力来了解 MGR，首先它是一个 MySQL 插件，架构如下图 8-23 所示。

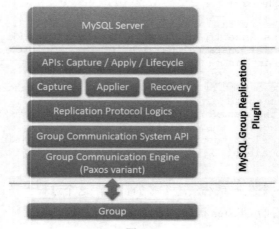

图 8-23

我们来取上图中几个重要的组件说明一下：

- API 层：负责完成和 MySQL Server 的交互，得到 server 的状态，完成事务的管理。
- 组件层：主要有 3 个特定组件，Capture 负责收集事务执行相关信息；Applier 负责应用集群事务到本地；Recovery 负责节点的数据恢复。
- 复制层：负责冲突验证，接收和应用集群事务。
- 集群通信层：基于 Paxos 协议的集群通信引擎以及和上层组件的交互接口。

整体来看，MGR 是一个标准的分布式架构设计，基于 Paxos 协议的组件也让 MGR 的架构设计充满了一些神秘色彩。

在此我们不着重介绍 MGR 的基础原理，而是先从上手使用开始，逐步分析 MGR 的一些实践经验。

8.3.5 部署 MGR 的几种姿势

方法 1：分分钟搭建 MGR 单主/多主测试环境

最近看了下 MySQL 5.7 版中的闪亮特性 Group Replication，也花了不少时间做了些测试，发现有些方面的表现确实不赖。当然要模拟这么一套环境还是需要花不少功夫的，一般来说都是 3 个节点的环境，实际中要找这样的环境也不是很容易。我们怎么快速模拟呢。一种方式就是在一台服务器上搭建多实例。

具体脚本可以参考 https://github.com/jeanron100/mysql_mgr_test。

运行这个脚本只需要 sh init.sh 即可，这个过程会自动读取文件 init.lst 的配置，然后初始化，搭建出多主的环境来，整个过程也就分分钟即可搞定。

整个脚本会执行两大部分的内容，一个是函数 init_node；一个是 reset_node。init_node

会初始化，搭建传统的单主 MGR 环境，而 reset_node 是在单主模式的基础上的设置，把单主改变为多主。

搭建多主模式可以在单主模式的基础上进行切换，也可以直接搭建完成。

方法 2：线上环境规范部署

MGR 配置中还是存在一些潜在的坑，还有一些相关的高可用实践，我们简单总结一下。

如果要完整的复现一下整个过程，除了参数部分，整个过程我整理出来了，供大家参考。

假设数据目录如下：

```
/data/mysql_4308
```

安装软件的目录为：

```
/usr/local/mysql-5.7.25-linux-glibc2.12-x86_64
```

具体步骤如下：

（1）创建如下的目录结构

```
mkdir -p /data/mysql_4308/{data,log,innodblog,tmp}
sudo chown -R mysql.mysql  /data/mysql_4308
```

（2）修改参数 my.cnf，把 MGR 相关的参数都屏蔽一下，安装后再开启。

（3）数据字典初始化

这个过程和之前最大的不同就是指定了文件的目录，比较奇怪的是，MySQL 的这个安装有些太死板，有些参数顺序不一样都会出错。

```
/usr/local/mysql-5.7.25-linux-glibc2.12-x86_64/bin/mysqld
--defaults-file=/data/mysql_4308/my.cnf                --datadir=/data/mysql_4308/data
--basedir=/usr/local/mysql-5.7.25-linux-glibc2.12-x86_64 --initialize-insecure
```

（4）启动 MySQL

```
/usr/local/mysql-5.7.25-linux-glibc2.12-x86_64/bin/mysqld_safe
--defaults-file=/data/mysql_4308/my.cnf &
```

两个节点都做如下的配置。

（5）创建复制账户

```
create user rpl_user@'%' identified by 'rpl_pass';
grant replication slave on *.* to rpl_user@'%' ;
```

（6）安装插件

```
INSTALL PLUGIN group_replication SONAME 'group_replication.so';
show plugins;
```

（7）停止数据库

```
mysqladmin shutdown --socket=/data/mysql_4308/tmp/mysql.sock --port=4308
```

（8）然后修改参数，开启 group replication 参数后重新启动

```
/usr/local/mysql-5.7.25-linux-glibc2.12-x86_64/bin/mysqld_safe
--defaults-file=/data/mysql_4308/my.cnf &
```

（9）开启一个通道

```
change master to master_user='rpl_user',master_password='rpl_pass' for channel
'group_replication_recovery';
```

但对于节点 1 来说，操作有些不同：

```
SET GLOBAL group_replication_bootstrap_group = ON;
set global slave_preserve_commit_order=on;
START GROUP_REPLICATION;
```

查看成员状态，这个时候 MGR 里面应该显示有一个 online 的成员。

```
SELECT * FROM performance_schema.replication_group_members;
```

对于节点 2，可以参考如下的操作：

```
set global slave_preserve_commit_order=on;
START GROUP_REPLICATION;
SELECT * FROM performance_schema.replication_group_members;
```

对于 MGR 搭建来说，节点 2 的 START GROUP_REPLICATION 是关键，我搭建失败 90%的问题都卡在了这里。

平均下来，我做的配置节点 2 生效大概是 6 秒，不会太长，如果几十秒基本就说明有问题了。

```
>>START GROUP_REPLICATION;
Query OK, 0 rows affected (5.79 sec)
```

如果节点 1 出现了宕机操作或者服务不可用，节点 2 会自动接管吗，答案是显然的。当然这也牵扯出一个问题，对于主库的重启还是要谨慎。

```
Primary: shutdown
```

Secondary 只能看到一个 online 的节点，已有的 Primary 节点会退出，节点 2 会切换为主节点，如下。

```
    2019-01-26T06:01:13.675603Z   0  [Warning]  Plugin  group_replication
reported: 'Members removed from the group: mysqlt-9-208:4308'
    2019-01-26T06:01:13.675670Z 0 [Note] Plugin group_replication reported:
'Primary server with address mysqlt-9-208:4308 left the group. Electing new
Primary.'
    2019-01-26T06:01:13.675811Z 0 [Note] Plugin group_replication reported:
'A new primary with address mysqlt-119-221:4308 was elected, enabling conflict
detection until the new primary applies all relay logs.'
    2019-01-26T06:01:13.675910Z 35 [Note] Plugin group_replication reported:
'This server is working as primary member.'
    2019-01-26T06:01:13.675968Z 0 [Note] Plugin group_replication reported: 'Group
membership changed to mysqlt-119-221:4308 on view 15484796752622311:3.'
```

如果稍后把节点 1 启动，可以做一个类似 Failback 的操作，这点就充分显示出 GTID 模式下的好处了。

（10）Failback 的场景测试

Old Primary 通过如下的方式启动：

```
>>set global slave_preserve_commit_order=on;
Query OK, 0 rows affected (0.00 sec)

>>START GROUP_REPLICATION;
Query OK, 0 rows affected (4.48 sec)
```

Old Secondary(new Primary)可以看到日志的细节：

```
2019-01-26T06:03:56.567538Z 38 [Note] Start binlog_dump to master_thread_id(38)
slave_server(7238), pos(, 4)
2019-01-26T06:03:56.861092Z 0 [Note] Plugin group_replication reported:
'The member with address mysqlt-9-208 was declared online within the
replication group'
```

如果要把集群主节点的关系恢复回来，可以把节点 2 停掉，让关系能够轮询过来。至少目前来看 MGR 的节点选择是自动的过程，还没有一个类似优先级的方式。

可以模拟一个 Swithover 的场景，即把节点 2 停掉。

```
Old Secondary(new Primary): shutdown
```

大概有 1~2 秒的时间差，主库的数据写入就能够重新感知到。

```
Primary:
>>create database test;
ERROR 1007 (HY000): Can't create database 'test'; database exists
```

此外还有一些经验，如果我们使用 mysqldump 导出一个文件，在导出的文件中默认会有 GTID 的设置，这个可以作为我们搭建从库的时候所用：

```
SET @@SESSION.GTID_NEXT= '1bb1b861-f776-11e6-be42-782bcb377193:3084'
```

但是在 MGR 里面是不可行的，因为 reset master 操作是不允许的，在已有数据的场景下我们要搭建级联环境是不可行的。

```
>>reset master;
ERROR 3190 (HY000): RESET MASTER is not allowed because Group Replication
                                                            is running.
```

在环境部署后，我们可以通过业务对接的方式试运行一下，看看还有哪些潜在的问题。

8.3.6　常见的 MGR 问题

我们来总结下 MySQL 5.7 版中的一些常见 MGR 问题的处理。搭建的过程我就不用多说了，前面已经可以看到一个基本的方式，在测试环境很容易模拟，如果在多台物理机环境中搭建是不是也一样呢，答案是肯定的，我自己都一一试过了。

因为搭建的环境官方建议也是 single_primary 的方式，即一主写入，其他做读，也就是读写分离，当然支持 multi_primary 理论上也是可行的，但是还是会有些小问题，为稳妥起见，我们就以 single_primary 来举例。

问题 1：单主模式加入节点失败

读节点加入组的时候，start group_replication 抛出了下面的错误。基本碰到这个错误，你离搭建成功就不远了。

```
2017-02-20T07:56:30.064580Z 0 [ERROR] Plugin group_replication reported:
'The member contains transactions not present in the group. The member will
                                                    now exit the group.'
    2017-02-20T07:56:30.064587Z 0 [Note] Plugin group_replication reported: 'To force
this member into the group you can use the group_replication_allow_local_
disjoint_gtids_join option'
```

可以很明显看到日志中已经提示了，需要设置参数，也就是兼容加入组。group_replication_
allow_local_disjoint_gtids_join 设置完成后运行 start group_replication 即可。

问题 2：模式配置错误导致无法启动集群

MGR 有单主（single-primary）和多主（multi-primary）模式，如果碰到下面这个错误，也不用太担心，可以从日志看到是因为参数的不兼容性导致的。比如主写设置为 multi-primary，读节点设置为 single-primary，统一一下即可。

```
    2017-02-21T10:20:56.324890+08:00  0 [ERROR] Plugin group_replication
reported: 'This member has more executed transactions than those present in
the group. Local transactions: 87b9c8fe-f352-11e6-bb33-0026b935eb76:1-5,
    b79d42f4-f351-11e6-9891-0026b935eb76:1,
    f7c7b9f8-f352-11e6-b1de-a4badb1b524e:1 > Group transactions: 87b9c8fe-f352-11e6-
bb33-0026b935eb76:1-5,
    b79d42f4-f351-11e6-9891-0026b935eb76:1'
    2017-02-21T10:20:56.324971+08:00 0 [ERROR] Plugin group_replication reported: 'The
member configuration is not compatible with the group configuration. Variables
such as single_primary_mode or enforce_update_everywhere_checks must have the same
value on every server in the group. (member configuration option: [], group configuration
option: [group_replication_single_primary_mode]).'
```

问题 3：节点配置不统一导致集群无法启动

这个问题困扰了我很久，其实本质上就是节点的设置，里面有一个 group_name，这个名字不能设置为每个节点的 uuid，比如节点 1，2，3 这几个节点 group_replication_group_name 是需要一致的。之前每次失败都会认认真真拷贝 uuid，发现适得其反。

```
    2017-02-22T14:46:35.819072Z 0 [Warning] Plugin group_replication reported:
'read failed'
    2017-02-22T14:46:35.851829Z 0 [ERROR] Plugin group_replication reported: '[GCS] The
member was unable to join the group. Local port: 24902'
    2017-02-22T14:47:05.814080Z 30 [ERROR] Plugin group_replication reported: 'Timeout
on wait for view after joining group'
    2017-02-22T14:47:05.814183Z  30  [Note]  Plugin  group_replication  reported:
'Requesting to leave the group despite of not being a member'
    2017-02-22T14:47:05.814213Z 30 [ERROR] Plugin group_replication reported: '[GCS] The
member is leaving a group without being on one.'
    2017-02-22T14:47:05.814567Z  30  [Note]  Plugin  group_replication  reported:
'auto_increment_increment is reset to 1'
    2017-02-22T14:47:05.814583Z  30  [Note]  Plugin  group_replication  reported:
```

```
'auto_increment_offset is reset to 1'
   2017-02-22T14:47:05.814859Z 36 [Note] Error reading relay log event for channel
'group_replication_applier': slave SQL thread was killed
   2017-02-22T14:47:05.815720Z 33 [Note] Plugin group_replication reported:
'The group replication applier thread was killed'
```

统一之后，启动的过程其实很快。

```
mysql> start group_replication;
Query OK, 0 rows affected (1.52 sec)
```

基本上搭建过程中就这几类问题，还有主机名类的问题，这方面还有一些小的 bug，如果需要特别设置，还可以指定 report_host 来完成。

问题 4：数据写入失败修复

环境搭建好之后，我们来创建一个普通的表，有时候好的习惯和规范在这种时候尤其重要。

创建表 test_tab，如下：

```
create table test_tab (id int,name varchar(30));
```

然后插入一条数据，看起来这是一个再正常不过的操作，但是在 MGR 里面就会有如下错误，因为一个基本要求就是表中要含有主键。

```
mysql> insert into test_tab values(1,'a');
ERROR 3098 (HY000): The table does not comply with the requirements by an
external plugin.
```

修复的方式就是添加主键，如下：

```
mysql> alter table test_tab add primary key(id);
Query OK, 0 rows affected (0.01 sec)
Records: 0  Duplicates: 0  Warnings: 0
```

问题 5：模拟灾难

我们目前搭建的是 single-primary 的模式。如果主写节点发生故障，整个 group 该怎么处理呢，就会优先把第二个节点 S2 升级为主写，如图 8-24 所示。

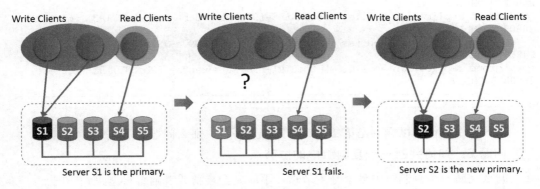

图 8-24

要测试的话还是很简单的。我们把节点 1 的服务直接 kill 掉。看看主节点会漂移到哪里。

首先是组复制的基本情况，目前存在 5 个节点，我们直接 kill 节点 1，即端口为 24801 的节点。

```
+-------------------------+--------------------------------------+------------
-----------+------------+--------------+
| CHANNEL_NAME            | MEMBER_ID                            | MEMBER_HOST | MEMBER_PORT
| MEMBER_STATE |
+-------------------------+--------------------------------------+------------
-+------------+--------------+
| group_replication_applier | 52d26194-f90a-11e6-a247-782bcb377193 | grtest      |
24801 | ONLINE        |
| group_replication_applier | 5abaaf89-f90a-11e6-b4de-782bcb377193 | grtest      |
24802 | ONLINE        |
| group_replication_applier | 655248b9-f90a-11e6-86b4-782bcb377193 | grtest      |
24803 | ONLINE        |
| group_replication_applier | 6defc92c-f90a-11e6-990c-782bcb377193 | grtest      |
24804 | ONLINE        |
| group_replication_applier | 76bc07a1-f90a-11e6-ab0a-782bcb377193 | grtest      |
24805 | ONLINE        |
+-------------------------+--------------------------------------+------------
-----------+------------+--------------+
```

节点 2 会输出下面的日志，意味着这个节点正式上岗了。

```
 2017-02-22T14:59:45.157989Z 0 [Note] Plugin group_replication reported:
'getstart group_id 98e4de29'
 2017-02-22T14:59:45.434062Z 0 [Note] Plugin group_replication reported: 'Unsetting
super_read_only.'
 2017-02-22T14:59:45.434130Z 40 [Note] Plugin group_replication reported: 'A new
primary was elected, enabled conflict detection until the new primary applies all relay
logs'
```

然后就会看到组复制的情况成了下面的局面，毫无疑问，第一个节点被剔除了。

```
+-------------------------+--------------------------------------+------------
-----------+------------+--------------+
| CHANNEL_NAME            | MEMBER_ID                            | MEMBER_HOST | MEMBER_PORT
| MEMBER_STATE |
+-------------------------+--------------------------------------+------------
-+------------+--------------+
| group_replication_applier | 5abaaf89-f90a-11e6-b4de-782bcb377193 | grtest      |
24802 | ONLINE        |
| group_replication_applier | 655248b9-f90a-11e6-86b4-782bcb377193 | grtest      |
24803 | ONLINE        |
| group_replication_applier | 6defc92c-f90a-11e6-990c-782bcb377193 | grtest      |
24804 | ONLINE        |
| group_replication_applier | 76bc07a1-f90a-11e6-ab0a-782bcb377193 | grtest      |
24805 | ONLINE        |
+-------------------------+--------------------------------------+------------
-----------+------------+--------------+
```

从日志中我们可以看到是第 2 个节点升为主写了，那么问题来了。

问题 6：如何判断一个复制组中的主节点

怎么判断一个复制组中哪个是主节点，不能完全靠猜或者翻看日志来判断吧。

我们用下面的语句来过滤得到。

```
mysql> select *from  performance_schema.replication_group_members where
```

```
member_id =(select variable_value from performance_schema.global_status
WHERE VARIABLE_NAME= 'group_replication_primary_member');
    +------------------------+--------------------------------+------------
-+-----------+-------------+
    | CHANNEL_NAME           | MEMBER_ID                      | MEMBER_HOST | MEMBER_PORT
| MEMBER_STATE |
    +------------------------+--------------------------------+------------
-+-----------+-------------+
    | group_replication_applier | 5abaaf89-f90a-11e6-b4de-782bcb377193 | grtest      |
24802 | ONLINE    |
    +------------------------+--------------------------------+------------
-+-----------+-------------+
    1 row in set (0.00 sec)
```

8.3.7　迁移到 MGR 需要思考的问题

如果线上已经存在一套环境，我们怎么能够适配新的 MGR 架构？这就说到迁移的问题。

如果平滑的从业务过度到新 MGR 架构，有一些前置的配置需要考虑。

（1）主库需要是 GTID 模式，这里的差别就是 GTID 会对应一些更加标准规范的使用习惯，如果已有的业务中使用了 GTID，那么切换到 MGR 的犯错成本就会小一些。 比如 create table xxxx as select *from xxxx;这种语法在 GTID 模式下是不可行的。

（2）表需要主键，这一点是硬性规定，也是作为 MySQL 方向集群的潜规则。MGR 在这方面的提示有些太委婉了，建表无主键可以成功，但是无法写入数据，其实可以更加直接一些。

（3）对于已有的业务，自增列的使用是否有连续性的要求，在 MGR 里面，自增列的部分是一个中和的设计。

在单机版本中，自增列的参数如下：

```
>>show variables like '%increment%';
+------------------------------+-------+
| Variable_name                | Value |
+------------------------------+-------+
| auto_increment_increment     | 1     |
| auto_increment_offset        | 1     |
| div_precision_increment      | 4     |
| innodb_autoextend_increment  | 64    |
```

在 MGR 环境中的自增列情况如下：

```
>show variables like '%increment%';
+------------------------------------------+-------+
| Variable_name                 |Value    |
+------------------------------------------+-------+
| auto_increment_increment      | 7       |
| auto_increment_offset         | 7239    |
| div_precision_increment       | 4       |
| group_replication_auto_increment_increment | 7 |
| innodb_autoextend_increment   | 64      |
```

如果对于自增列的连续性有强业务依赖，那么 MGR 方案的实现会有一些出入，也就是你原本的自增列值为 1，结果下一次就可能是 8 了。我们可以设置的小一些，因为 MGR

最多支持 9 个节点，而绝大多数的环境中节点 7 个就很多了，在设计的时候也是做了这样的一个中和，我们可以把这个参数设置的小一些。

通过环境的配置发现，MGR 节点的 server-id 相同的情况下依然可以搭建成功，需要设置 server-id 为不同的值，避免后续环境对接中出现问题。

此外 MGR 的方案你是打算怎么用或者有一个长远的规划。

比如集群的架构设计，是否考虑了跨机房？是否考虑双写模式？在网络存在较大延迟的情况下，如何对 MGR 的数据一致性做充分的测试？

MGR 方案也可以是一个比较轻量的方案，不一定非要 3 台以上，2 台就可以搭建一套简单的集群环境，如何平滑地实现 switchover 等操作？

问题：什么是流控，怎么去衡量这个指标？

MGR 集群中如果节点落后其他成员太多，就会发起让其他节点等待的控制流程，叫好比是一个团队爬山，如果有一个成员落后太多，整体的行进速度就会慢下来，需要做好平衡。

如果你在做一个 DML 操作的时候发生了如下的错误，很可能就是流控导致。

```
update auth_user set last_login='2019-03-19 09:15:38' where username='root';
ERROR 3101 (HY000): Plugin instructed the server to rollback the current transaction.
```

关于流控，可以参考如下的参数配置。

```
>>show variables like '%group_replication_flow_control_mode%';
+------------------------------------+-------+
| Variable_name                      | Value |
+------------------------------------+-------+
| group_replication_flow_control_mode | QUOTA |
+------------------------------------+-------+
1 row in set (0.00 sec)
```

如果为 QUOTA 则表明是启用了流控，流控的细节主要是由两个参数来控制的，它们的值都是 25000，即 25000 个 GTID 时，整个集群会阻塞写操作。

```
group_replication_flow_control_applier_threshold | 25000
group_replication_flow_control_certifier_threshold | 25000
```

对于多 IDC 的 MGR 集群是建议关闭流控的，关闭设置为 DISABLED 即可，如下：

```
>>set global group_replication_flow_control_mode='DISABLED';
Query OK, 0 rows affected (0.00 sec)
```

案例 8-1：切换到 MGR 的参考步骤

有一次对运维系统的 MySQL 架构做了下升级，从单点实例升级到了 MGR 跨机房集群。

升级的动力主要是运维系统建设也有一些日子了，已经支撑了不少线上的业务，所以从原来的测试版本逐步过渡到了一个正式的线上版本，系统优先级提高了，系统的高可用就是一个需要重点考虑的问题，如果说元数据的信息丢失了，我们无法恢复，那么这个修复的代价就非常高了。

当前系统的状态如下图 8-25 所示。

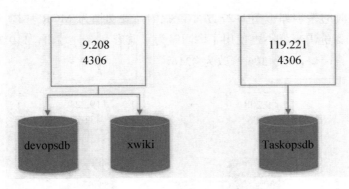

图 8-25

目前在两个机房存在两台服务器，彼此是独立的，分别负责了 3 个独立的业务方向。

现在需要对 9.208 所在的机房数据库做架构升级，改造为 MGR，但有一个硬性要求就是表需要有主键。对于 xwiki 业务的表因为是采用的一个开源版本，基于 hibernate 实现，我们无法保证这个数据库的业务逻辑中对于自增列的使用场景和 hibernate 的完全匹配，基本上这个业务就是最小化运维，拿来能用即可，所以就不打算投入太多精力去调研这方面的需求匹配，因此经过权衡，在不影响已有的权限和业务的情况下，把 xwiki 业务分离出去，使得运维系统 devopsdb 的业务能够直接升级到 MGR 架构环境下。

为了避免升级的时候，我们手忙脚乱的开始部署 MGR 环境，我们需要预先搭建一套 MGR 环境，到时候需要导出线上数据，导入 MGR 环境。

准备的环境如下图 8-26 所示，尤其需要注意图中的端口，这是我们为了保持业务连接和权限不变，对于业务使用来说能够透明一些。

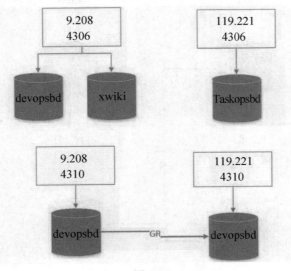

图 8-26

线上环境升级时的架构如下图 8-27 所示，我们需要切换为 MGR 环境，原来环境的 devopsdb 数据可以备份出来就不再使用了，同时为了兼容和统一端口，119.221 服务器上面的数据库需要调整端口，从 4306 修改为 4316。

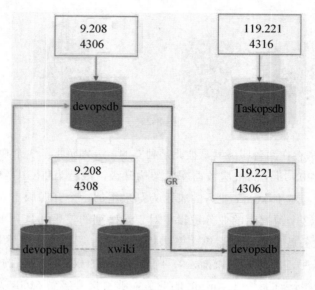

图 8-27

调整后的的改进架构如下图 8-28 所示。

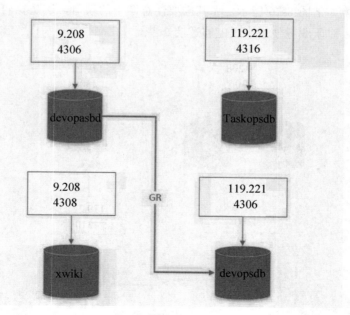

图 8-28

看起来简单的需求，为了保证兼容和统一，需要做不少的工作来承接这个相对平滑的过程，目前采用的是单主的模式，在经过了反复测试之后，和同事一起做了下升级的完整过程，算是一个好的开始。

我们把整个过程分成了 19 个步骤，每个步骤都做了下时间统计，供参考。

（1）MGR-4310 修改 increment_offset 为 3。

（2）检查 xwiki 的数据库配置和服务配置（tomcat）。

（3）从 mysql-4306 导出 devopsdb 数据导入 MGR-4310，评估导入时间，查看是否有导入错误。

（4）MGR-4310 切换测试。

（5）Shutdown mysql_9.208-4310，预期切换到 119.221-4310，测试写入数据。

（6）Startup mysql_9.208-4310，加入集群。

（7）Shutdown mysql_119.221-4310，预期切换到 mysql_9.208-4310。

（8）MGR-4310 端口切换测试，修改端口为 4301 11:30 确认是否可行。

（9）梳理字典表用户，生成 sql。

（10）正式切换。

（11）停止 opsmange,xwiki 服务。

（12）Mysql_9.208-4306 备份，使用 mysqldump 备份 devopsdb。

（13）xwiki 备份。

（14）关闭 Mysql-9.208-4306。

（15）修改 mysql-9.208-4306 为 mysql-9.208-4308，降低 buffer_pool 配置。

（16）修改 xwiki 的数据库配置为 4308，启动 xwiki。

（17）切换 MGR-4301 为 MGR-4306，修改 buffer_pool 配置，两个节点都修改。

（18）启动 MGR-4306，恢复 devopsdb 的数据。

（19）测试工单流程和 cmdb 的数据情况，验证升级的有效性。

整个过程还是比较紧凑的，中间碰到了不少的实战问题，在有限的时间内推动完成还是挺不容易的。第一个问题是 MGR 是否在技术上可控，第二个是考虑如何尽可能平滑的切换过来。

技术可控方面，我也做了大量的部署测试，也总结了一些初步的实践总结。

首先原本的 MGR 部署我们在测试中是一种迭代的部署方式，需要安装插件，安装后在线修改参数，这些变更都是内存级别生效，但是如果这个实例重启了，还能不能启动起来，原先的配置是不是还能够生效，从实际的使用情况来说，不规范的操作，MGR 是肯定起不来的。

所以部署的过程需要循序渐进的配置，如下：

（1）安装数据库

（2）配置插件

（3）配置新增参数

另外就是一个比较明显的问题，原本的文件管理是一种混乱的状态，所有的文件都在一个目录下面，尤其是 MGR 里面新增了额外的日志，这些日志和 binlog 都放在一起，会感觉目录非常混乱。从正式使用来说，我们需要对 MySQL 的目录做一个整体的规划和设计。比如 innodblog 里面放 redo、binlog 和 applylog；log 目录里面放慢日志、错误日志；tmp 目录放 socket 文件等。

案例 8-2：大事务导致的运维系统无法访问

突然发现我们的运维系统不可访问了，最开始以为是网络的问题，查看后端没有报错，依然有业务输出日志。怀疑是网络的访问导致，重启了应用服务，依然访问失败，接着查看数据库端，让人担心的事情还是发生了，数据库里面有大量的线程，还是大多数都处于阻塞状态，如图 8-29 所示。

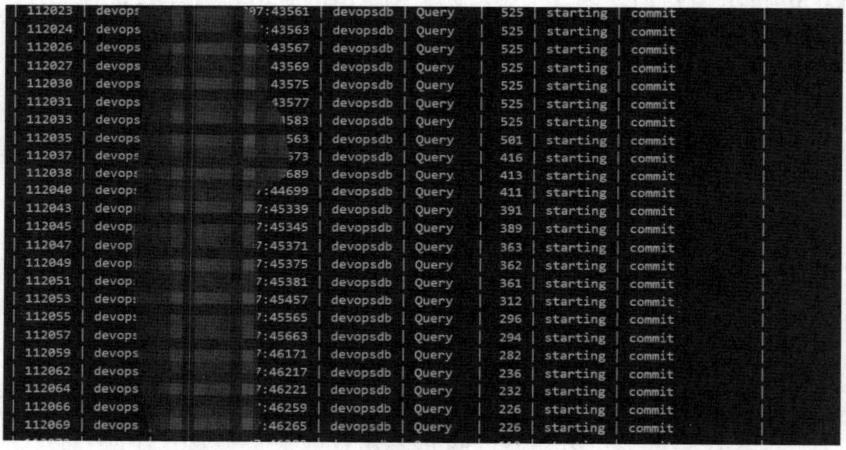

图 8-29

这是一套基于 MGR 的多主环境，目前存在两个节点，都是可写的。初步分析这个问题，是由于事务的阻塞导致的，而且应该属于连锁反应。

那么看起来只要 kill 掉阻塞线程即可，但是查看已有的线程都是清一色的 commit，所以为了尽快恢复业务，我们选择先 kill 掉这些线程，先选择 kill 了一小部分，没想到马上得到了应用的回复，连接数直线上升，原来还是 400 多个，现在成了 600 多个，马上数据库就无法连接了，应用端完全阻塞，而另外一个节点却没有丝毫的变化，线程数都正常。

情况类似下图 8-30 所示。

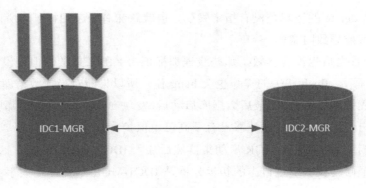

图 8-30

　　显然问题升级了，这个时候查看当前的锁情况，通过 sys schema 得到了一些线索，如下：

```
>select *from innodb_lock_waits G
*************************** 1. row ***************************
wait_started: 2019-03-07 20:12:22
wait_age: 00:00:20
wait_age_secs: 20
locked_table: `devopsdb`.`xxxx_backup_rs`
locked_index: PRIMARY
locked_type: RECORD
waiting_trx_id: 2295941
waiting_trx_started: 2019-03-07 20:12:22
waiting_trx_age: 00:00:20
waiting_trx_rows_locked: 1
waiting_trx_rows_modified: 0
waiting_pid: 113071
waiting_query: insert into `xxxx_backup_ ... name`=values(`physeevicename`)
waiting_lock_id: 2295941:587:59498:85
waiting_lock_mode: X
blocking_trx_id: 2295230
blocking_pid: 111437
blocking_query: commit
blocking_lock_id: 2295230:587:59498:85
blocking_lock_mode: X
blocking_trx_started: 2019-03-07 19:06:29
blocking_trx_age: 01:06:13
blocking_trx_rows_locked: 3
blocking_trx_rows_modified: 3
sql_kill_blocking_query: KILL QUERY 111437
sql_kill_blocking_connection: KILL 111437
1 row in set, 3 warnings (0.01 sec)
```

　　可以看到是在 2019-03-07 19:06:29 的一个事务，相关 SQL 是 insert 语句，在 commit 的时候突然阻塞了，这个阻塞导致了后续的操作都产生了堆积。

　　那么 111437 是哪个线程呢，我们简单定位发现是另外一个服务器发起的数据请求。

```
| 111437 | dev_trans_rwl | xxxx:63077 | devopsdb | Query | 2837 | starting | commit
```

　　简单来看 insert 是无辜的，因为它的逻辑很简单，一定是碰到了其他的因素，而经过一番排查发现，这个原因就是 delete，这个操作的瓶颈就在于 delete 语句，其中表数据有

500 万，但是 delete 的逻辑是没有指定索引，也就意味着全表扫描了，所以这种情况下在事务中是很可能导致阻塞的。

kill 了线程之后也没有奏效，那些线程都标识为 KILLED 的，但是没有释放。

这种情况下，flush 相关的操作也会 hang 住，所以果断对当前数据库做重启恢复。

整个过程持续了几分钟，最后数据库启动后，发现一个奇怪的问题，那就是 IDC2-MGR 的节点也退出了集群，这就意味着没有了高可用保护。

最后我们重新在 IDC1-MGR 启动集群然后加入 IDC2-MGR 节点。

对于这个问题我们通过日志的初步分析是 IDC1-MGR 节点存在大事务阻塞，没有提交导致数据变更没有同步到 IDC2-MGR，这样超过一定阈值之后，IDC1-MGR 节点停止退出集群后，IDC2-MGR 为了保证集群的稳定，也停止了 GR 复制，听起来好像不是很顺。主要还是基于数据的完整性保护，我们后续做了测试，对运行平稳，写入正常的环境重启 IDC2-MGR，多主环境是正常的，可以提供持续性访问。

对于 2 个 MGR 节点如此，其实从分布式的角度来说，对于 3 个节点也是类似的。如下图 8-31 所示。

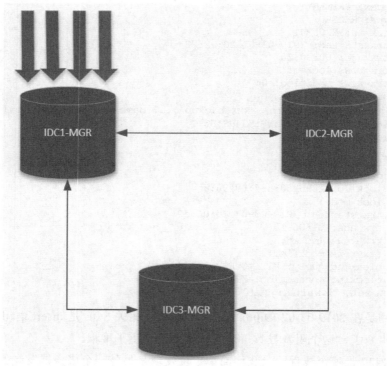

图 8-31

如果数据变更的压力都是 IDC1-MGR，如果数据变化都难以同步到 IDC2-MGR 和 IDC3-MGR，那么这个过程中从分布式协议的算法来说，这是属于异常情况，而为了保持集群的稳定，是需要剔除 IDC1-MGR 的。

8.4　基于 consul 的高可用扩展方案

consul 是近些年来比较流行的服务发现工具，主要有三个应用场景：服务发现，服务隔离和服务配置。其中在服务发现场景中，consul 可以作为注册中心，服务地址注册到 consul 之后，consul 可以提供 DNS 服务，通过 http 接口查询，同时也提供了健康检查的方式，这是一种相对轻量的处理方式，可以对于域名的基础服务管理更加可控，容易扩展。

同时每个被注册到 consul 的节点，都需要部署一个 consul agent，通过对本地的服务进行监控检查来和 consul Server 同步状态，以达到集群管理的目的。

8.4.1　基于 consul 服务的高可用方案

其实初步的高可用建设到位之后，我们能够实现基本的高可用，就会有更高的要求提出来。

在 VIP 的基础上，如果要实现跨机房的方案，其实有蛮多的改进之处，方向上的改进是去除硬 IP 的绑定方式，而采用域名来平滑应用连接，consul 本身是面向服务发现，同时它提供了域名管理服务，在近些年的发展火爆很大原因也是与此相关。

假设我们要连接到一个数据库，如果我们采用如下的方式，相对来说会更加轻量，而且更加易于理解，比如这个配置里面，我们可以定义业务的维度，定义实例的角色（读还是写），还可以定义服务的范围（比如 domain 等），这样一来，整个服务比 IP 的方式要更加具有业务意义。

```
# mysql -uxxx -p -htest4306-mysql_r.service.test -P4306
```

当然有读的业务域名，我们还可以定义其他的，比如混合访问、读写分离等。比如中间件要实现的读写分离，我们做好了域名转发，甚至都可以不用配置中间件即可完成这种需求。

在这里还有一个重要的概念就是服务发现，我们提供的域名其实真正对应的是一种服务，这种服务如何被识别和注册等，这些都是需要我们来指定相应的规则的。整体来说，相比较 zookeeper、consul、etcd、Eureka 等，从我的角度来说，建议选择 consul 和 zookeeper。consul 相对来说会更加完整，很多功能和接口都是打包好的，和 Python 里面的 Django 有点类似，而且对于 consul 来说，有一个优点是对于域名的支持很好。

一般来说，我们要配置域名，一种是本地域名，我们可能需要在/etc/hosts 里配置，或者配置域名服务器来完成，这种情况下这种域名配置一来资源是定量的，你没法直接扩展，二来你要同步配置改动，一般来说这列操作是比较笨重的。轻量一层的方法就是基于分布式协议来完成，zookeeper 可以，consul 也可以。

这样一来我们的域名服务就可以通过 consul server 来完成了，而后续的域名转发或者域名的外部服务则可以通过网络层面的域名服务器来实现定向转发或者配置识别。

我们可以基于 consul 设计几类高可用方案。

（1）第一种是基于传统 MHA 层的设计，对于 DNS 服务层来说，我们可以直接通过 consul server 来完成，也可以间接通过 DNS 层的域名转发来完成。

（2）第二种是基于双主的方案，当然这种方案看起来架构简单，但是缺点也很明显。在网络不好的情况下，很容易出现问题，可以作为一种备选方案，但是不推荐首选。

（3）第三种是基于 MGR 的方案，这种方案相对来说会轻量一些，不需要 MHA 层，本身 MGR 层面通过 Paxos 分布式协议设计来保证数据强一致。默认情况下是推荐单主模式的，对于多主模式目前可以认为是提供了一种可行方案，但是暂不推荐在异机多活的场景中。

8.4.2　基于 MHA+Consul 的 MySQL 高可用设计

基于 MHA 的高可用方案算是一种相对保守的使用，一方面也是为了兼顾低版本的历史问题，而另外一方面是 MGR 还有一些路和坑要走完，所以在快和慢之间，在数据一致性之外的高可用访问也是一个值得关注的地方。

传统的 MHA+VIP 是一种相对稳定的架构，可以申请一个 VIP，然后对于应用来说是透明的访问方式，当然 VIP 的使用方式也存在一些瓶颈，比如：

- 对于单机多实例的支持有限；
- VIP 本身没有业务含义；
- 对于跨机房容灾来说，VIP 存在切换瓶颈。

当然在一些特定的场景下还会触发"双主"的情况，所以对于高可用使用来说，总是有一大堆的改进要做。

基于 MHA+Consul 的方案算是对原来问题的一个补充，也算是 MHA 2.0 版本的一个基本思想，那就是支持域名的高可用访问；对于业务来说，是更加透明地访问模式。基于 Consul 的支持相对来说更加柔性，可以把 Consul Server 当做我们理解中的 DNS 服务器。我想这也是近些年来 Consul 很火的一个重要原因吧。

我们在落地实践的过程中，也在逐步积累经验，当然总体的思想就是整个方案要比原来的更加稳定，可扩展，而且侵入性要小。我画了一个相对完整的设计图，如图 8-32。在整个体系的建设中，有 MHA Manager、Consul Server，当然还有 CMDB。

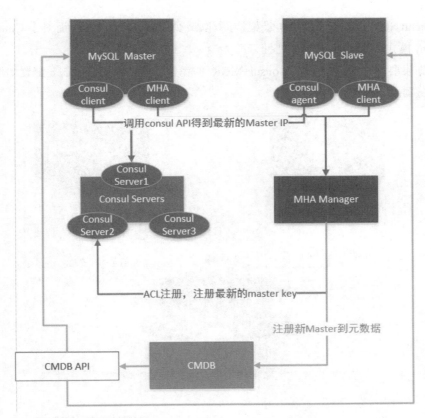

图 8-32

有的同学可能会存在疑问，CMDB 凑什么热闹？

你的主从复制关系，MHA 集群管理信息是在哪里存储，如果要找一个统一的存储入口，那就是 CMDB，所以意味着切换的时候，不光 MHA Manager 要告诉 Consul Server，还要告诉 CMDB，这样一个流程化的操作，会带来一系列的联动变更，这样一来，整个流程是完整的链条。

在 Consul API 之外，CMDB 除了要维护元数据一致性，还可以提供有意义的数据查询服务，比如我们开发了一个 API，可以推送任何维度的一个 IP（比如实例 IP，VIP，多网卡 IP 等）来得到真正的 Master IP。

当然，从 MHA+VIP 的方式到 MHA+Consul 的方案是一个逐步过渡的过程，对于已有的 MHA 管理也是很有必要的，比如我们可以通过完全实现平台化的操作来得到 MHA 的管理信息，也可以基于任务调度来完成 MHA 的检查工作。

8.4.3　MySQL 高可用方案：MGR+consul 组合测试

首先要部署的就是 Consul 服务，Consul 服务其实可以分 Consul Server 和 Consul

Agent；Consul Server 的部署是分布式架构，所以最少需要 3 台服务器，而对于 Consul Agent 基于 Agent 模式，部署起来也很便捷。

所以如果要完整的模拟一套 Consul+MGR 的完整环境，我们可能需要配置如下图 8-33 所示的服务器。

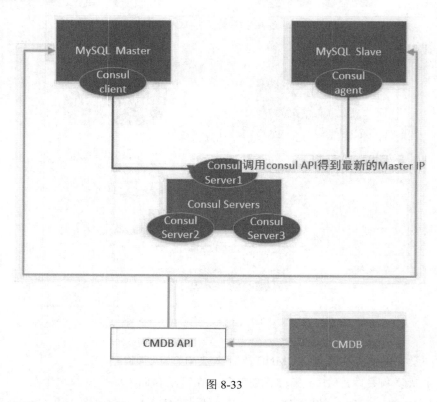

图 8-33

6 台服务器，其中 3 台作为 Consul Server，另外 3 台作为 MySQL 服务器，单主模式，3 个数据库实例节点的方式。其中 Consul Server 的 3 台服务器不是 MGR 集群独有，可以对接更多的业务，所以属于全局的需求，不是为了一套 MGR 环境特意定制，整个 Consul 环境和 MGR 的组合架构方式。

我们使用 Consul 的初步目标是通过域名的形式来访问 MGR 节点，比如我们通过 Consul 的域名服务配置了域名：

```
test24801-mysql_w.service.tk
```

可以在连接时解析得到节点的 IP：

```
ping test24801-mysql_w.service.tk
PING test24801-mysql_w.service.tk (192.168.56.7) 56(84) bytes of data.
 64 bytes from MySQL7 (192.168.56.7): icmp_seq=1 ttl=64 time=0.299 ms
```

而对于读节点来说，可以通过负载均衡来对接两个读节点。

我们可以使用这种方式来解析对应的 DNS。

```
[root@MySQL8 consul]# ping test24801-mysql_r.service.tk
PING test24801-mysql_r.service.tk (192.168.56.6) 56(84) bytes of data.
64 bytes from MySQL6 (192.168.56.6): icmp_seq=1 ttl=64 time=0.281 ms
```

所以如果我们需要做读写分离，也是需要自定义多个域名来实现的，这些配置信息都是 consul 来托管的。

如何通过 consul 服务来完善已有的高可用架构，我们可以分为三个阶段来完成：

第一阶段　consul 服务部署

Consul 服务的配置主要关注两个文件 server.json 和 client.json，服务端需要配置 domain，比如这里我们设置为 tk，也就是我们所属的一个域，通过域的方式来提供访问，比如域名 test24801-mysql_r.service.tk 中末尾的 tk 就是这样来的。

第二阶段　MySQL 集群 MGR 服务部署

比如我们预期的架构是三个节点，单主模式。

MGR 的版本相对来说是越新越好，我们选择的是 MySQL 5.7.25 版，部署的步骤可以参考 8.3.5 小节　部署 MGR 的几种姿势。

第三阶段　MySQL 集群 MGR 和 consul 结合

MGR 集群在可用的前提下，接入 consul 实现平滑的切换是本次测试的重中之重。根据 consul 的机制，我们需要提供相应的健康检查脚本。

脚本没有统一的模板，我们在 MGR 组合方案中可以参考 performance_schema 提供的数据字典来顺利完成 MGR 的健康检查。

（1）得到主节点的 uuid

```
select variable_value from performance_schema.global_status WHERE VARIABLE_NAME=
                                      'group_replication_primary_member'
```

（2）通过 uuid 判断节点是否存活

```
select variable_value from performance_schema.global_variables where
                                      VARIABLE_NAME='server_uuid';
```

（3）通过 uuid 得到节点的状态

```
select MEMBER_STATE from performance_schema.replication_group_members where
                                      MEMBER_ID='$server_uuid'"
```

到了这个阶段，基本的任务就完成了。我们可以基于这个方案完成元数据的回调同步，包括后续的补充测试和切换，而这些也需要我们根据实践来细化和完善。

第 9 章　MySQL 性能测试

放弃时间的人，时间也放弃他。——莎士比亚

对于很多线上业务而言，如果有新服务器，新的环境，新的业务，那么资源和预期的承载压力是否匹配，这个得用数据说话，或是通过严谨的论证来阐述。

比如一台新的服务器，一般都需要经过压力测试，我们也叫拷机测试。一般都会从多个维度来进行加压（比如 CPU，内存，IO 等等），看看服务器是否依旧坚挺，虽然这一点上如果产生了懈怠或者懒惰还是会被轻视，但是从身边的例子来看，还是会测试出一些问题来，如果发现了问题，就避免了后续的很多被动。

9.1　sysbench 压测 MySQL

Sysbench 是一款经典的压测工具，功能非常全面。它是一个标准模块化、多线程的基准测试工具，也是我们本节要重点讨论的内容。

9.1.1　压测 MySQL——环境部署和硬件压测

新版本的 sysbench 和早期版本的差别还不小，确实有不少有趣的地方。

如果大家看过《高性能 MySQL》这本书，就会发现里面对于基准测试的描述非常全面和专业，里面的测试场景都是基于早期版本，这个版本有一个不太方便的地方就是无法抓取到更细节的数据，只有平均值，所以或者需要定制脚本，或者需要更多地测试场景和时间来得到一个报告。

sysbench 目前较新的版本是 1.0.3，里面的 interval 参数确实很赞，也是驱动我尝试的最大动力，因为能够得到一个相对实时的数据变化。

1．sysbench 的作者

在 MySQL 这个圈子里，Alexey Kopytov 很多人都知道，他是 sysbench 的作者，而且同时他就职于 Percona，曾经在 Oracle 参与 MySQL 的研发工作。所以 sysbench 原生支持 MySQL 也就显得顺理成章，一个好的工具离不开那些低调的技术牛人。

2．安装 sysbench 新版本的坑

安装 sysbench 的步骤常规就是以下两步。

（1）运行 autogent.sh 脚本

```
./configure
make
make install
```

但是这样一个常规的工作在新版本中有一些需要注意的地方，否则可能会导致你安装失败，比如 autoconf 的版本需要在 2.63 以上，而 RedHat 5 的版本中默认是 2.59，满足不了，而且最重要的是如果你使用的版本低于 RedHat 6，很可能遇到下面的这种错误信息：

```
lj_ir.c:64: error: 'exp2' undeclared here (not in a function)
lj_ir.c:64: error: 'log2' undeclared here (not in a function)
```

make[3]: *** [lj_ir.o] Error 1 如果 C 语言功底很扎实，可以 trace 一把。

所以安装新版还是直接在 RedHat 6 及以上的版本使用为佳。

如果你使用 sysbench 抛出了 MySQL 链接库的问题，这个处理相对要常规一些。

```
# sysbench --test=oltp help
sysbench: error while loading shared libraries: libmysqlclient.so.20:
          cannot open shared object file: No such file or directory
```

我们可以添加一个软链接，如下：

```
ln -s /usr/local/mysql/lib/libmysqlclient.so.20 /usr/lib/
```

如果没有生效，可以在 ld.so.conf 中配置。

添加路径至/etc/ld.so.conf，然后执行命令 ldconfig 即可生效。

（2）Lua 的安装

Lua 脚本是 sysbench 新版本中的标配，所以你得熟悉基本的安装，而且 Lua 语言相对比较简洁，源代码几百 KB，用 C 语言开发，非常适合作为学习一门语言的捷径，总体看了下感觉很不错。

```
wget -c http://www.lua.org/ftp/lua-5.2.0.tar.gz
```

解压后切换到目录下。

```
make linux
make install
```

至此，sysbench 的安装已经完成，可以使用 sysbench 命令来进行验证。

这个工具能够测试哪些方面呢，我们用命令来说明。

```
 sysbench --help
。。。
Compiled-in tests:
  fileio - File I/O test
  cpu - CPU performance test
  memory - Memory functions speed test
  threads - Threads subsystem performance test
  mutex - Mutex performance test
  oltp - OLTP test
```

简单来说就是下面的一些方面。

（1）磁盘 IO 性能

（2）CPU 运算性能

（3）调度程序性能

（4）内存分配及传输速度

（5）POSIX 线程性能

（6）数据库性能（OLTP 基准测试）

比如测试 CPU，如果让我们自己测试还真没有什么好的思路，看看 sysbench 是怎么做的，可以使用命令 sysbench --test=cpu help 得到如下的结果：

```
cpu options:
  --cpu-max-prime=N       upper limit for primes generator [10000]
```

可以看到重要的关键字 prime，即质数，比如查找小于一千万的最大质数，这个问题还是蛮烧脑的，就让 CPU 来烧吧，这样运行即可。会启用 10 个并发线程，最大请求数是 100。

```
/usr/local/bin/sysbench --num-threads=10 --max-requests=100 --test=cpu
--debug --cpu-max-prime=10000000 run
```

有了 CPU 压测的基本概念，其他的几种解释起来就相对容易一些了。比如测试内存，可以指定测试范围，如 32G、64G，根据自己需要来。

下面我们测试 32G 内存，并发线程数是 10 个，最大请求数是 100，分别从读和写两种测试来做。

- 内存读测试

```
/usr/local/bin/sysbench        --num-threads=10        --max-requests=100
--test=memory        --memory-block-size=8k        --memory-total-size=32G
--memory-oper=read run
```

- 内存写测试

```
/usr/local/bin/sysbench        --num-threads=10        --max-requests=100
--test=memory        --memory-block-size=8k        --memory-total-size=32G
--memory-oper=write run
```

可以根据业务场景对不同内存块大小进行对比测试，如上是按照 8k 的大小进行测试的，默认是 1k。

而对于 IO 测试而言，还是有些区别的，因为会有准备数据（比如写一个临时文件），所以会分成几个阶段：准备阶段、运行阶段和清理阶段。

下面就是一个相对简单的场景，20 个文件，每个 10GB，随机读写，文件大小总量在200G。

```
/usr/local/bin/sysbench  --file-num=20  --num-threads=20  --test=fileio
--file-total-size=200G    --max-requests=1000000    --file-test-mode=rndrw
prepare
/usr/local/bin/sysbench  --file-num=20  --num-threads=20  --test=fileio
--file-total-size=200G --max-requests=1000000 --file-test-mode=rndrw run
```

```
/usr/local/bin/sysbench  --file-num=20  --num-threads=20  --test=fileio
--file-total-size=200G    --max-requests=1000000    --file-test-mode=rndrw
cleanup
```

如上这 3 个命令分别代表了准备阶段（prepare）、运行阶段（run）和清理阶段
（clean）。

硬件类的测试，基本一次测试就能够得到一个基线数据，不需要反反复复测试了。
而无论对于 DBA 还是开发同学而言，应更加关注于业务层面，我们会从很多可能的角度
和场景去分析权衡，这些 sysbench 也是支持的，就是 oltp 选项。

当然 sysbench 对于 MySQL 的支持是原生的，而对于其他的数据库，如 Oracle，PostgreSQL
等，需要单独配置。

因为应用测试会产生基础数据，所以也是分为多阶段的。比如准备基础数据，进行
压力测试，最后的统计结果和后期的清理。这里值得说的是，对于较低版本的 sysbench
而言，还不支持多表参数--oltp_tables_count，准备好基础数据，后面就会开启多线程模式
进行模拟压力的测试。

比如下面的命令，测试模式 complex，并发线程数 30，最大请求数 5000000，表的数
据量在一亿左右。先创建一个测试库 sysbenchtest，测试完成之后删除即可。

```
mysql -uroot -e "create database if not exists sysbenchtest"
    /usr/local/bin/sysbench             --mysql-user=root             --test=oltp
--mysql-host=localhost --oltp-test-mode=complex --mysql-table-engine=innodb
--oltp-table-size=100000000                          --mysql-db=sysbenchtest
--oltp-table-name=innodb_test    --num-threads=30    --max-requests=5000000
prepare
    /usr/local/bin/sysbench             --mysql-user=root             --test=oltp
--mysql-host=localhost --oltp-test-mode=complex --mysql-table-engine=innodb
--oltp-table-size=100000000                          --mysql-db=sysbenchtest
--oltp-table-name=innodb_test --num-threads=30 --max-requests=5000000 run
    mysql -uroot -e "drop table if exists sysbenchtest.innodb_test; drop
database if exists sysbenchtest"
```

在一台服务器上我进行了测试，发现 1 亿左右的数据，数据文件在 24G 左右，如下。

```
-rw-r----- 1 mysql mysql          61 Mar 10 11:20 db.opt
-rw-r----- 1 mysql mysql        8632 Mar 10 11:20 innodb_test.frm
-rw-r----- 1 mysql mysql 24419237888 Mar 10 13:29 innodb_test.ibd
```

得到的报告如下图 9-1 所示，可以看到整个过程持续了近 3 个小时，TPS 在 455 左右，
其实还是不高的。

对于压力测试，其实还有一个蛮不错的想法，就是我指定压测的策略，然后让它在
后台运行，这样一来，我可以在瞬间创建出多个节点，然后测试很多复杂的压力场景。
到时候我就直接查看数据，得到一个报告，想想都很有意思。

```
OLTP test statistics:
    queries performed:
        read:                                70005250
        write:                               25001754
        other:                               10000709
        total:                               105007713
    transactions:                            5000334 (455.78 per sec.)
    deadlocks:                               41    (0.00 per sec.)
    read/write requests:                     95007004 (8659.80 per sec.)
    other operations:                        10000709 (911.56 per sec.)

Test execution summary:
    total time:                              10971.0410s
    total number of events:                  5000334
    total time taken by event execution: 329045.7621
    per-request statistics:
        min:                                 0.0039s
        avg:                                 0.0658s
        max:                                 0.5363s
        approx.  95 percentile:              0.1688s
```

图 9-1

9.1.2 压测 MySQL 起步

我们接下来模拟一个测试环境的 MySQL 压测过程，我会在下面的参数基础上进行性能优化，从实践的过程来看，性能的提升有数十倍，可能大家在测试的过程中得到的 TPS，QPS 指标有很大差异，没有关系，我们期望是通过完整模拟整个优化的过程带给大家启示和思考。

```
port=3306
socket=/home/mysql/s1/s1.sock
server_id=3306
gtid_mode=ON
enforce_gtid_consistency=ON
master_info_repository=TABLE
relay_log_info_repository=TABLE
binlog_checksum=NONE
log_slave_updates=ON
#log_bin=binlog
binlog_format=ROW
```

开始测试 sysbench 的时候，发现 sysbench 中原来的 test 选项已经失效。

```
# sysbench --test=oltp help
WARNING: the --test option is deprecated. You can pass a name or path on
                         the command line without any options.
```

我们开启 sysbench 的测试，可以使用如下的命令生成数据。

```
sysbench         /home/sysbench/sysbench-1.0.3/src/lua/oltp_read_write.lua
--mysql-user=root  --mysql-port=3306  --mysql-socket=/home/mysql/s1/s1.sock
--mysql-host=localhost           --mysql-db=sysbenchtest           --tables=10
--table-size=5000000             --threads=30              --events=5000000
--report-interval=5prepare
```

这里有几个地方要注意一下，首先新版的 sysbench 需要指定一个 Lua 模板，在 sysbench

安装目录下自带了一批模板，src/lua 目录的文件如下，我们选择读写的 oltp 模板。

- bulk_insert.lua
- internal
- Makefile
- Makefile.am
- Makefile.in
- oltp_common.lua
- oltp_delete.lua
- oltp_insert.lua
- oltp_point_select.lua
- oltp_read_only.lua
- oltp_read_write.lua
- oltp_update_index.lua
- oltp_update_non_index.lua
- oltp_write_only.lua
- select_random_points.lua
- select_random_ranges.lua

原本的参数，如下：

- oltp-test-mode=complex，已经失效；
- mysql-table-engine=innodb，选项也不存在，替代参数为：mysql_storage_engine；
- oltp-num-tables=10，需要改为--tables=10；
- oltp-table-size=5000000，需要改为--table-size=5000000。

测试场景对比 1

数据库是否开启 binlog，开启前后对于数据库本身的性能影响到底有多大，这个我一直没有一个相对清晰的感受，决定逐步来测试一下，我首先设置了 30、50、100、150 等几个线程数为样本进行测试。

开启 30 个线程的测试。对于 50，100 个只需要调整--threads 即可，使用的 sysbench 命令如下，供参考：

```
sysbench        /home/sysbench/sysbench-1.0.3/src/lua/oltp_read_write.lua
--mysql-user=root  --mysql-port=3306  --mysql-socket=/home/mysql/s1/s1.sock
--mysql-host=localhost        --mysql-db=sysbenchtest        --tables=10
--table-size=5000000 --threads=30--report-interval=5 --time=300 run
```

得到的结果类似下面的输出，每 5 秒钟输出一次，TPS，QPS 指标一目了然。

```
[ 5s ] thds: 150 tps: 506.41 qps: 10562.75 (r/w/o: 7471.57/2048.41/1042.78) l
[ 10s ] thds: 150 tps: 648.23 qps: 12965.46 (r/w/o: 9075.26/2593.73/1296.47)
[ 15s ] thds: 150 tps: 705.59 qps: 14151.67 (r/w/o: 9909.51/2830.57/1411.59)
[ 20s ] thds: 150 tps: 680.41 qps: 13503.73 (r/w/o: 9429.89/2712.83/1361.01)
[ 25s ] thds: 150 tps: 666.99 qps: 13434.27 (r/w/o: 9416.31/2683.97/1333.99)
```

我的测试持续了不到 3 分钟（说实话时间有点短）。但是还能看出一些效果。对于线程 30、线程 50 等的场景测试还好，但可以看到在线程 100~150 之间测试结果的数据结果有些不稳定，逐步呈现下降趋势，如下图 9-2 所示。

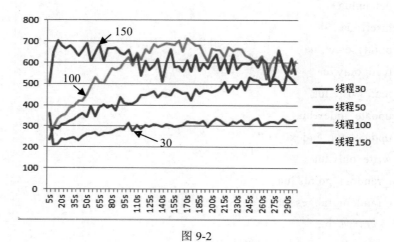

图 9-2

然后我测试了开启 binlog 之后的数据，如下图 9-3 所示。

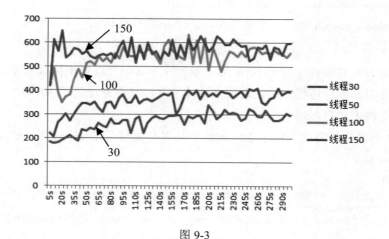

图 9-3

这个数据可以基本看出线程 100 和线程 150 的 TPS 差别不大。

通过上面的测试我们可以看到一些性能瓶颈，而且在后期加压的时候，发现加不上去了，一个主要原因就在于支持的最大连接数不够了。我对此做了一个简单的优化，那就是调整 innodb_buffer_pool_size，默认竟然是 100 多 M，支持的连接数是 151 个。

测试场景对比 2

调整 innodb_buffer_pool_size 为 24G，支持的连接数为 3000 个，我们继续测试。

其他条件不变的情况下，TPS 可以翻一倍，达到 1200~1500，QPS 为 20000 左右，如下图 9-4 所示。

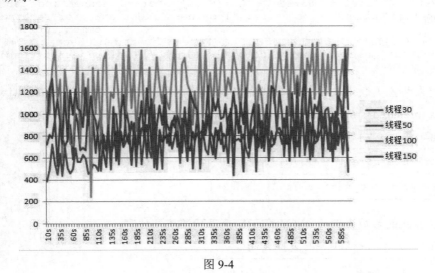

图 9-4

当然按照这种加压方式，当加压测试到线程数 300 就又扛不住了，所以通过这些测试能够马上发现很多潜在的问题。

```
FATAL: mysql_stmt_prepare() failed
FATAL: MySQL error: 1461 "Can't create more than max_prepared_stmt_count
                                 statements (current value: 16382)"
FATAL: `thread_init' function failed: /usr/local/share/sysbench/oltp_common.
                                        lua:282: SQL API error
FATAL: mysql_stmt_prepare() failed
```

通过以上测试，我们应该对 sysbench 压测 MySQL 有了一个初步的印象，也对 MySQL 中开启 binlog 后对于性能的影响有了更加细化的了解指标，但是离性能压测的目标还有距离，接下来会通过提高吞吐量来完成一个压测的小目标。

9.1.3　压测 MySQL——提高吞吐量测试

我接下来做 sysbench 压测的主要思路是根据现有的配置作出调整，能够通过持续性的优化和压力测试达到目的，而不是简单的去对比连接数在不同数量级会有多大的差别，所以你会在里面看到一些问题的排查，一些问题的解决，可能有些又不是压测相关的。

上面说到压测连接数 300 跑不上去了，这个问题具有典型性。sysbench 抛出的错误如下：

```
FATAL: mysql_stmt_prepare() failed
FATAL: MySQL error: 1461 "Can't create more than max_prepared_stmt_count
                                 statements (current value: 16382)"
FATAL: `thread_init' function failed: /usr/local/share/sysbench/oltp_common.
                                              lua:282: SQL API error
```

MySQL 的错误日志信息如下：

```
2017-03-14T15:01:57.839154Z 348 [Note] Aborted connection 348 to db:
'sysbenchtest' user: 'root' host: 'localhost' (Got an error reading
                                 communication packets)
2017-03-14T15:01:57.839185Z 346 [Note] Aborted connection 346 to db:
'sysbenchtest' user: 'root' host: 'localhost' (Got an error reading
                                 communication packets)
```

看起来两者关联不大，所以有些信息就会有一些误导了。根据错误的信息，当前的参数 max_prepared_stmt_count 设置值为 16382，是安装后的默认值。

```
mysql> show variables like 'max_prepared_stmt_count';
+-------------------------+-------+
| Variable_name           | Value |
+-------------------------+-------+
| max_prepared_stmt_count | 16382 |
+-------------------------+-------+
```

而 packet 的参数设置为 4M 的样子，也是默认值，如下：

```
mysql> show variables like '%pack%';
+-------------------------+------------+
| Variable_name           | Value      |
+-------------------------+------------+
| max_allowed_packet      | 4194304    |
| slave_max_allowed_packet | 1073741824 |
+-------------------------+------------+
```

到底是不是参数 max_allowed_packet 引起的呢，我们可以简单模拟一下。

```
set global max_allowed_packet=33554432;
```

然后继续运行 sysbench 脚本，如下：

```
sysbench       /home/sysbench/sysbench-1.0.3/src/lua/oltp_read_write.lua
--mysql-user=root   --mysql-port=3306 --mysql-socket=/home/mysql/s1/s1.sock
--mysql-host=localhost            --mysql-db=sysbenchtest          --tables=10
--table-size=5000000 --threads=200 --report-interval=5 --time=10 run
```

结果抛出了同样的错误，这也就间接证明了问题和该参数无关，所以我恢复了原来的设置。然后我们继续调整这个参数 max_prepared_stmt_count，把值从 16382 调整到 30000。

```
set global max_prepared_stmt_count=30000;
```

然后再次运行 200 个线程，就可以看到没问题了，运行过程中我们可以使用 show global status 的方式来查看这个值的变化，这个参数的主要含义是应对瞬间新建的大量 prepared statements，通过 max_prepared_stmt_count 变量来控制，这个值是怎么算出来的，还需要细细地挖一挖。

```
mysql> show global status like 'Prepared_stmt_count';
+----------------------------+----------+
| Variable_name              | Value    |
+----------------------------+----------+
| Prepared_stmt_count        | 18200    |
+----------------------------+----------+
```

执行完 200 个线程后，继续提升到 300 个，打算依此类推，一直到 1000 个线程。

执行 300 个线程的时候，抓取了一下这个参数值，发现已经快溢出了。

```
mysql> show global status like '%stmt%';
+----------------------------+----------+
| Variable_name              | Value    |
+----------------------------+----------+
| Prepared_stmt_count        | 27300    |
+----------------------------+----------+
```

所以自己简单做了个计算：

- 200 个线程参数值为 18200；
- 300 个线程参数值为 27300。

通过简单的计算可以看出 100 个线程对应参数值 9100，按照这个参数设置，我要运行 500 个线程，30000 这个参数值是肯定不够的。很快就验证了我的这个想法，抛出错误了。所以我调整了参数值为 100000，在 900 个线程时都没有任何问题。

下图 9-5 分别对应 50、300、500 个线程时候的 TPS 测试结果，QPS 基本是 TPS 的 20 倍。

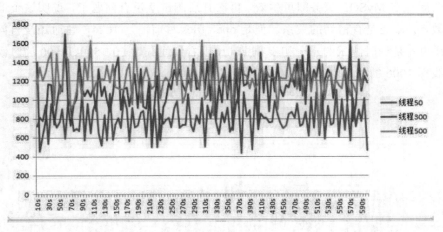

图 9-5

然后我继续测试 1000 个线程的时候，发现跑不上去了，抛出了下面的错误。

```
FATAL: unable to connect to MySQL server on socket '/home/mysql/s1/s1.sock',
                                                                   aborting...
FATAL: error 1135: Can't create a new thread (errno 11); if you are not out
of available memory, you can consult the manual for a possible OS-dependent bug
```

这个时候查看资源的使用情况如下：

```
# ulimit -a
。。。
open files                      (-n) 1024
pipe size            (512 bytes, -p) 8
max user processes              (-u) 1024
virtual memory       (kbytes, -v) unlimited
file locks                      (-x) unlimited
```

值得一提的是在 RedHat 6 中，在/etc/security/limits.conf 中设置用户为"*"的时候，完全不会生效，需要制定具体的用户。

比如下面的配置就不会生效，需要指定为 root。

```
*            soft    nproc          65535
*            hard    nproc          65535
```

再次可以引申出两点：第一点是修改了资源设置之后，已有的 MySQL 服务就需要重启，因为资源设置还是旧的值，如何查看呢。可以使用 pidof 来查看/proc 下的设置。

```
# cat /proc/`pidof mysqld`/limits | egrep "(processes|files)"
Max processes           1024            256589          processes
 Max open files         15000           15000           files
```

第二点就是在 RedHat 6 中，我们其实需要设置另外一个参数文件/etc/security/limits.d/90-nproc.conf，对这个文件中做如下的配置，对所有用户生效。

```
*            soft    nproc    65535
```

修改后重启 MySQL 服务即可生效，再次开启测试就没有问题了，说明这个地方的错误和参数 nproc 还是有密切的关系，但是 open files 目前还是 1024，暂时还没有问题。

下图 9-6 是当时测试的一个初步结果。可以看到线程数 50、500、1000 的时候的 TPS 情况，线程 1000 的指标似乎没有什么提升。

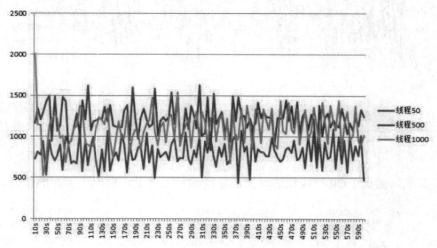

图 9-6

　　线程数达到了 1000，我们的基准测试也有了一个阶段性的成果，那就是最起码支持线程数 1000 的连接是没有问题了，但是测试结果还是让人不大满意，至少从数字上来看还是有很大的瓶颈。

　　问题出在哪里了呢，首先机器的配置较差，这是个不争的事实，所以你看到的结果和很多网上高大上的结果有较大地出入。另外一点是默认参数层面的优化，我们使用的是 Lua 模板，读写兼有。压力测试的过程中生成了大量的 binlog，而对于 InnoDB 而言，我们需要明确在 IO 上的几点可能：一个是刷数据的效率，一个是 redo 的大小，还有一些已有的优化方式改进。我们来简单说一下。

　　MySQL 里有类似 Oracle 中 LGWR 的一个线程，在 5.7 版本中默认是 16M，在早先版本中是 8M，因为刷新频率很高，所以这个参数一般不需要调整。

```
mysql> show variables like 'innodb_log_buffer_size';
+----------------------------+----------+
| Variable_name              | Value    |
+----------------------------+----------+
| innodb_log_buffer_size     | 16777216 |
```

　　对于 redo 的大小，目前是 50M，还有个 group 的参数 innodb_log_files_in_group，默认是 2，即两组，可以理解为 Oracle 中的两组 redo 日志。

```
mysql> show variables like 'innodb_log%';
+-----------------------------+----------+
| Variable_name               | Value    |
+-----------------------------+----------+
| innodb_log_buffer_size      | 16777216 |
| innodb_log_checksums        | ON       |
| innodb_log_compressed_pages | ON       |
| innodb_log_file_size        | 50331648 |
| innodb_log_files_in_group   | 2        |
| innodb_log_group_home_dir   | ./       |
| innodb_log_write_ahead_size | 8192     |
+-----------------------------+----------+
```

　　在这个压力测试中，频繁的写入 binlog 势必会造成对 redo 的刷新频率极高。

　　我们抓取一个测试中的 InnoDB 的状态：

```
mysql -e "show engine innodb status\G"|grep -A12 "Log sequence"
Log sequence number 39640783274
Log flushed up to   39640782426
Pages flushed up to 39564300915
Last checkpoint at  39562272220
0 pending log flushes, 0 pending chkp writes
93807 log i/o's done, 198.50 log i/o's/second
--------------------
BUFFER POOL AND MEMORY
--------------------
Total large memory allocated 26386366464
Dictionary memory allocated 555380
Buffer pool size   1572768
Free buffers       1048599
```

简单来做个计算，可以看到 Log sequence number 的值减去 Last checkpoint at 的值，大概是 70M 左右。

```
mysql> select 39640783274-39562272220;
+--------------------------+
| 39640783274-39562272220 |
+--------------------------+
|                 78511054 |
+--------------------------+
```

redo 文件设置为多大呢，其实没有一个绝对的概念，Percona 建议在压力测试中可以设置为 1G 或者 2G，最大可设置为 4G，因为本身会直接影响到恢复的效率。

调整 redo 的大小还是尤其需要注意，在这一点上 MySQL 没准以后会有所改进，Oracle 中的 redo 修改还是值得借鉴的。像 5.7 版本中的 undo 已经可以截断，逐步地剥离出来，都是一点点地改进。

怎么修改 redo 的大小呢，要正常停库，然后删除默认的两个 redo 文件，保险起见，你可以先备份出来也行，然后修改参数文件的 redo 文件参数，启动 MySQL，当然开始时识别不到 redo 文件，会自动创建两个新的。

下图 9-7 的结果很有代表性，是暂时修改 redo 为 100M 时的 TPS 指标情况。左下角蓝色的部分是原来 10 分钟内的 TPS 情况，红色的部分是 2 个多小时里的 TPS 指标情况，可以看到基本是稳定的，而且远高于原来同样线程数的 TPS 指标。

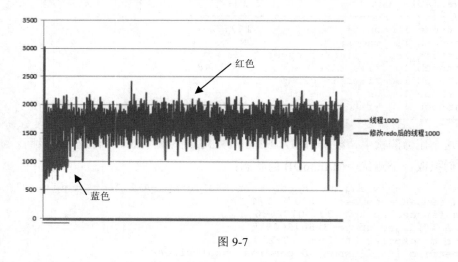

图 9-7

9.1.4 压测 MySQL——定位压测瓶颈

通过上面的测试，我们可以看到性能有了一个明显的提升，但是还存在一些隐患，是否能够支撑高并发的压测，现在还需要打一个问号，我们在本小节进行测试验证。

1．先突破 1000 连接资源设置的瓶颈

在上一次的基础上，我们保证了能够满足短时间内 1000 个连接的冲击，从各个方面做了调整，其中的一个重点逐渐落到了 IO 的吞吐率上，redo 日志的大小设置一下子成了焦点和重中之重。

当然这次的测试中，我的思路还是保持性能持续的增长，边调整，边优化。

首先一点是我们能够突破 1000 连接的大关，先用下面的脚本来进行一个初步的测试，测试时长 10 秒钟，看看能否初始化 1500 个连接。

```
sysbench          /home/sysbench/sysbench-1.0.3/src/lua/oltp_read_write.lua
--mysql-user=root  --mysql-port=3306  --mysql-socket=/home/mysql/s1/s1.sock
--mysql-host=localhost          --mysql-db=sysbenchtest          --tables=10
--table-size=5000000 --threads=1500 --report-interval=5 --time=10 run
```

没想到就跟约好似的，抛出了如下的错误。注意这里的错误根据关键字 "Too many open files" 来看已经不是数据库层面了，而是系统配置参数。

```
FATAL: unable to connect to MySQL server on socket '/home/mysql/s1/s1.sock',
aborting...
FATAL: error 2001: Can't create UNIX socket (24)
PANIC:  unprotected  error  in  call  to  Lua  API  (cannot  open
/home/sysbench/sysbench-1.0.3/src/lua/oltp_read_write.lua: Too many open files)
PANIC:  unprotected  error  in  call  to  Lua  API  (cannot  open
/home/sysbench/sysbench-1.0.3/src/lua/oltp_read_write.lua: Too many open files)
```

是不是支持的 socket 数的限制呢，我们已经调整了 process 的值。上面的命令我们可以换个姿势来写，那就是从 socket 连接改为常用的 TCP/IP 方式的连接.

```
sysbench          /home/sysbench/sysbench-1.0.3/src/lua/oltp_read_write.lua
--mysql-user=perf_test      --mysql-port=3306      --mysql-host=10.127.128.78
--mysql-password=perf_test         --mysql-db=sysbenchtest         --tables=10
--table-size=5000000  --threads=1500  --report-interval=5 --time=10 run
```

可以看到错误就显示不同了，但是已经能够看出意思来了。

```
FATAL: unable to connect to MySQL server on host '10.127.128.78', port 3306,
aborting...
FATAL: error 2004: Can't create TCP/IP socket (24)
PANIC:  unprotected  error  in  call  to  Lua  API  (cannot  open
/home/sysbench/sysbench-1.0.3/src/lua/oltp_read_write.lua: Too many open files)
PANIC:  unprotected  error  in  call  to  Lua  API  (cannot  open
/home/sysbench/sysbench-1.0.3/src/lua/oltp_read_write.lua: Too many open files)
```

很明确了，那就是内核资源设置 nofile 调整一下。修改/etc/security/limits.d/90-nproc.conf 文件，添加如下的部分即可。

```
*       soft    nproc      65535
*       soft    nofile      65535
*       hard    nofile     65535
```

重启 MySQL 后可以看到设置生效了。

```
# cat /proc/`pidof mysqld`/limits | egrep "(processes|files)"
```

```
Max processes                  65535              256589            processes
Max open files                 65535              65535             files
```

2. 调整 prepare 参数

我们继续开启压测模式，马上错误就变了样。这是我们熟悉的一个错误，最开始就碰到了。

```
FATAL: `thread_init' function failed: /usr/local/share/sysbench/oltp_common.
                                        lua:273: SQL API error
(last message repeated 1 times)
FATAL: mysql_stmt_prepare() failed
FATAL: MySQL error: 1461 "Can't create more than max_prepared_stmt_count
                               statements (current value: 100000)"
FATAL: `thread_init' function failed: /usr/local/share/sysbench/oltp_common.
                                        lua:273: SQL API error
```

这里得简单说说几个相关的参数。

- Com_stmt_close   prepare 语句关闭的次数；
- Com_stmt_execute   prepare 语句执行的次数；
- Com_stmt_prepare   prepare 语句创建的次数。

通常应用层主要是使用连接池实现的长连接，不会有大量的连接瞬间涌入，瞬间退出，这种模式下参数 max_prepared_stmt_count 其实也不一定需要设置非常大。

比如我手头一个环境连接数有近 500，但是 max_prepared_stmt_count 还是默认值 16382，也稳定运行了很长时间了。

```
# mysqladmin pro|wc -l
424
# mysqladmin var|grep max_prepared_stmt_count
| max_prepared_stmt_count  | 16382
```

我们的这个压测场景中，会短时间内创建大量的连接，而考虑到性能和安全，会使用 prepare 的方式，我们以 10 秒内的 sysbench 连接测试威力，看看 prepare statement 的数量变化。

使用 show global status like '%stmt%'能够得到一个基本的数据变化。

```
mysql> show global status like '%stmt%';
+----------------------------+--------+
| Variable_name              | Value  |
+----------------------------+--------+
| Com_stmt_execute           | 477403 |
| Com_stmt_close             | 91000  |
| Com_stmt_fetch             | 0      |
| Com_stmt_prepare           | 298844 |
| Com_stmt_reset             | 0      |
| Com_stmt_send_long_data    | 0      |
| Com_stmt_reprepare         | 0      |
| Prepared_stmt_count        | 0      |
+----------------------------+--------+
```

过几秒查看，可以看到 Prepared_stmt_count 已经接近阈值。

```
mysql> show global status like '%stmt%';
+----------------------------+--------+
| Variable_name              | Value  |
+----------------------------+--------+
| Binlog_stmt_cache_disk_use | 0      |
| Binlog_stmt_cache_use      | 0      |
| Com_stmt_execute           | 477403 |
| Com_stmt_close             | 91000  |
| Com_stmt_fetch             | 0      |
| Com_stmt_prepare           | 398045 |
| Com_stmt_reset             | 0      |
| Com_stmt_send_long_data    | 0      |
| Com_stmt_reprepare         | 0      |
| Prepared_stmt_count        | 98091  |
+----------------------------+--------+
```

　　按照目前的一个基本情况，我们需要设置为 91*1500=136500，还要留有一定的富余，所以我们可以设置为 150000。然后继续测试，就会看到这个参数逐步的飞升。

```
mysql> show global status like '%stmt%';
+----------------------------+--------+
| Variable_name              | Value  |
+----------------------------+--------+
| Binlog_stmt_cache_disk_use | 0      |
| Binlog_stmt_cache_use      | 0      |
| Com_stmt_execute           | 624184 |
| Com_stmt_close             | 91000  |
| Com_stmt_fetch             | 0      |
| Com_stmt_prepare           | 537982 |
| Com_stmt_reset             | 0      |
| Com_stmt_send_long_data    | 0      |
| Com_stmt_reprepare         | 0      |
| Prepared_stmt_count        | 136500 |
+----------------------------+--------+
```

　　整个加压的过程中，可以通过 top 看到负载还是有一定的潜力,离性能榨干还有距离。

```
PID USER       PR NI VIRT  RES SHR S %CPU %MEM   TIME+  COMMAND
13417 mysql    20  0 34.8g 11g 12m S 1324.2 35.2 19:18.71 /usr/local/
                              mysql/bin/mysqld --defaults-file=/home
23108 root     20  0 8924m 1.6g 2148 S 212.3  5.0  1:32.73 sysbench /home/
                              sysbench/sysbench-1.0.3/src/lua/olt
```

　　下图 9-8 是我使用 100M、200M、500M、1G 的 redo 得到的 TPS 图。

　　通过这个图也能过看出一个基本的负载情况，在 1G 的时候，TPS 相对比较平稳，但是 redo 切换还是多多少少都会有一定的抖动，因此 redo 不是越大越好，5.5 版本中的设置是小于 4G，5.6 版本以后是小于 512G。

　　至此，我们的优化也告一段落，从开始的指标 200 多提升到 3500 左右，整个过程没有太多的尖端技术，都是一些常规的测试思路，希望大家在压测的过程中也可以参考，目标是以迭代的思路来进行对比压测，而不是一股脑儿火力全开。

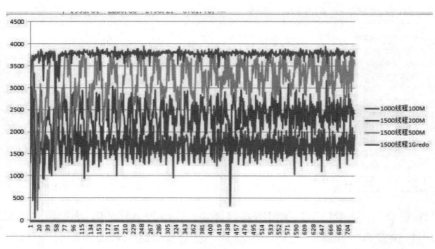

图 9-8

9.1.5 定制 sysbench 的 Lua 模板

对于 sysbench 的定制，起初给自己定了一个小目标，但是实践的时候发现，难度比想象的要大很多。都说 Lua 很简单，性能很不错，但是定制 sysbench 的模板的时候，越是深入去看，越觉得少了一些东西。

这个时候我想起了学习的周期和复杂度的一个说法，如果想快速学习一门技术，一种方式是通过代码来理解它的实现，来反推它的逻辑，这种方式的难度极大，而我尝试的就是这种；但是如果能够沉下心来，看代码看到一定程度之后，有了感觉相信就会融会贯通了。

还有一种方式，算是捷径，就是去听听作者怎么说，通过他的分享来从整体上对一个项目有一个基本的认识和了解，就好比你去拜访一个朋友，他热情的把你领进门，带着你走走客厅，走走卧室，给你介绍房子的装修风格，里面的家具和电器，为什么要这么设计，很快你就能够对这一切熟悉起来。这种方式很好，而且最省事，但是可遇不可求。

对于 sysbench 的学习如果有这样的方式也是极好的，所以我们就可以想办法找找 sysbench 作者的心路历程。自从 0.5 版本之后，有相当长的一段时间就没有深入维护了，如下图 9-9。

而从 2016 年开始，重启了这个计划，如图 9-10。

所以 sysbench 依然是我们 MySQL 压力测试的老朋友，这么多年，一直是主流的测试工具，自有他流行的道理。

回到定制 Lua 模板的部分，如果我们反推 Lua 的逻辑，和 sysbench 联系起来，我们可能要花上几倍的代价，不如听听 sysbench 作者怎么说，也许会有更好的思路。

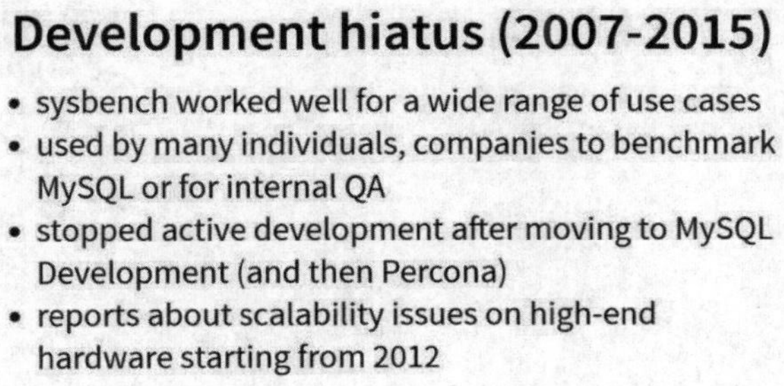

Development hiatus (2007-2015)

- sysbench worked well for a wide range of use cases
- used by many individuals, companies to benchmark MySQL or for internal QA
- stopped active development after moving to MySQL Development (and then Percona)
- reports about scalability issues on high-end hardware starting from 2012

图 9-9

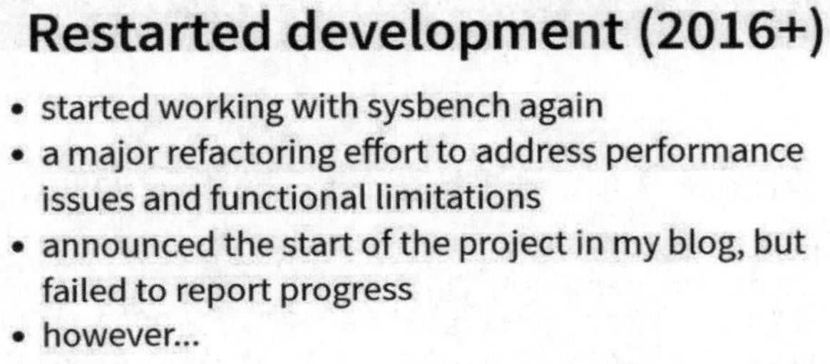

Restarted development (2016+)

- started working with sysbench again
- a major refactoring effort to address performance issues and functional limitations
- announced the start of the project in my blog, but failed to report progress
- however...

图 9-10

压力测试前，我们配置一下环境，创建一个用户和数据库。

```
mysql> create user sysbench_test identified by 'mysql';
Query OK, 0 rows affected (0.08 sec)

mysql> create database sysbench_db character set utf8;
Query OK, 1 row affected (0.08 sec)

mysql> grant all on sysbench_db.* to sysbench_test@'%';
Query OK, 0 rows affected (0.00 sec)
```

然后配置一个最简单的 Lua 模板，内容如下：

```
#!/usr/bin/env sysbench
function event()
  db_query(
"SELECT 1"
)
end
```

运行的时候，配置执行权限，chmod +x test1.lua，然后执行。

./test1.lua **--mysql-user=sysbench_test --mysql-password=mysql --mysql-host=127.0.0.1 --mysql-port=65535** --mysql-db=sysbench_db run

其中加黑部分参数是为了连接，如果你是使用 3306 端口的默认配置命令就更简单了，输出如下图 9-11 所示。

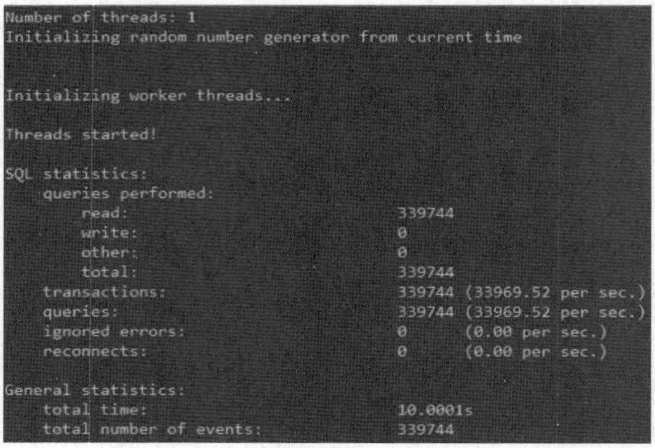

```
Number of threads: 1
Initializing random number generator from current time


Initializing worker threads...

Threads started!

SQL statistics:
    queries performed:
        read:                            339744
        write:                           0
        other:                           0
        total:                           339744
    transactions:                        339744 (33969.52 per sec.)
    queries:                             339744 (33969.52 per sec.)
    ignored errors:                      0      (0.00 per sec.)
    reconnects:                          0      (0.00 per sec.)

General statistics:
    total time:                          10.0001s
    total number of events:              339744
```

图 9-11

此外我们还可以验证命令选项，推出第 2 个 Lua 模板 test2.lua，如下：

```
sysbench.cmdline.options = {
  tables = {"Number of tables", 1},
  table_size = {"Number of rows per table", 10000},
  create_secondary = {"Create a secondary key", true}
}
```

如果命令选项不对，会检查出来。

```
sysbench       --tbales=8       test2.lua       --mysql-user=sysbench_test
--mysql-password=mysql      --mysql-host=127.0.0.1       --mysql-port=65535
--mysql-db=sysbench_db run
invalid option: --tbales=8
```

如果没有问题，则可以使用 help 来得到初始化后的选项值。

```
#  sysbench test2.lua help
sysbench 1.0.3 (using bundled LuaJIT 2.1.0-beta2)
test2.lua options:
  --table_size=N             Number of rows per table [10000]
  --tables=N                 Number of tables [1]
  --create_secondary[=on|off] Create a secondary key [on]
```

接下来就是重点了，关于 SQL API 的定制，其实是有规则可循的。

我们来看看第 3 个 Lua 模板 test3.lua，如下：

```
function thread_init()
  drv = sysbench.sql.driver()
  con = drv:connect()
end

function event()
  con:query("SELECT 1"
)
end

function thread_done()
  con:disconnect()
```

```
end
```

使用命令即可完成测试。

```
sysbench    test3.lua  --mysql-user=sysbench_test  --mysql-password=mysql
--mysql-host=127.0.0.1 --mysql-port=65535 --mysql-db=sysbench_db run
```

至此，一个初版的 lua 模板就完成了，当然实际的压测过程远比这个复杂，我们可以读一些 sysbench 的代码，继续补充更多的 Lua 模板。

9.2　批量初始化数据性能测试

一直以来对于 MySQL 数据初始化颇有微词，有时候想做一个百万级数据量的测试，初始化要十多分钟，如果是多个表关联模拟性能问题，时间的"浪费"就更心疼了，对于性能模拟测试的进度和质量影响很大，我相信对于很多 DBA 来说，快速地模拟环境和数据是一种能力的体现，但是很多时候我们却力不从心，所以为了改善这种窘境，我决定做一些对比测试。

9.2.1　批量初始化数据初步想法

初始化测试我会以 100 万条数据为基准，初始化性能的提升目标是把时间会从近 8 分钟缩短到 10 多秒钟。

我自己尝试了以下几种方案。

（1）存储过程批量导入。

（2）存储过程批量导入内存表，内存表导入目标表。

（3）使用 shell 脚本生成数据，使用 load data 的方式导入数据。

（4）使用 shell 脚本生成数据，使用 load data 的方式导入内存表，内存表数据导入目标表。

9.2.2　批量初始化数据的方案

在测试的过程中，根据测试问题进行改进，又补充了几个方法，最终是 8 个方案。

方案 1：存储过程导入

我们测试使用的表为 users，InnoDB 存储引擎，计划初始化数据为 100 万条。

```
create table users(
userid int(11) unsigned not null,
user_name varchar(64) default null,
primary key(userid)
)engine=innodb default charset=UTF8;
```

初始化数据使用存储过程的方式，如下。

```
delimiter $$
drop procedure if exists proc_auto_insertdata$$
```

```
create procedure proc_auto_insertdata()
begin
    declare
    init_data integer default 1;
    while init_data<=100000 do
    insert into users values(init_data,concat('user'   ,init_data));
    set init_data=init_data+1;
    end while;
end$$
delimiter ;
call proc_auto_insertdata();
```

因为我对这个过程还是信心不足，所以先抓取了 10 万条数据，测试的结果是执行了 47 秒钟左右，按照这个比例量大概需要 8 分钟。

```
> source create_proc.sql
Query OK, 0 rows affected, 1 warning (0.04 sec)
Query OK, 0 rows affected (0.02 sec)
Query OK, 1 row affected (47.41 sec)
```

所以这个过程虽然是一步到位，但是性能还是差强人意，我们来看看第二个方案。

方案 2：使用内存表

我们尝试使用内存表来优化，这样一来我们就需要创建一个内存表，比如名叫 users_memory，如下。

```
create table users_memory(
userid int(11) unsigned not null,
user_name varchar(64) default null,
primary key(userid)
)engine=memory default charset=UTF8;
```

然后使用如下的存储过程来导入数据，其实逻辑和第一个存储过程几乎一样，只是表名不一样而已，这个里面数据是导入到内存表中。

```
delimiter $$
drop procedure if exists proc_auto_insertdata$$
create procedure proc_auto_insertdata()
begin
    declare
    init_data integer default 1;
    while init_data<=1000000 do
  insert into users_memory values(init_data,concat('user'   ,init_data));
    set init_data=init_data+1;
    end while;
end$$
delimiter ;
call proc_auto_insertdata ;
```

这个过程可能会抛出 table is full 相关的信息，我们可以适当调整参数 tmpdir（修改需要重启）和 max_heap_table_size（在线修改），然后重试基本就可以了。

```
> source create_proc_mem.sql
Query OK, 0 rows affected (0.00 sec)
Query OK, 0 rows affected (0.00 sec)
Query OK, 1 row affected (4 min 40.23 sec)
```

这个过程用时近 5 分钟, 接下来内存表数据导入 InnoDB 表很快了, 几秒钟即可搞定。

```
> insert into users select *from users_memory;
```

整个过程下来不到 5 分钟, 和方案 1 的 8 分钟相比快了很多。

方案 3: 使用程序/脚本生成数据, 批量导入

方案 3 只是抛砖引玉, 你对哪种语言脚本熟悉, 就可以用哪种语言来写, 只要实现需求即可。比如我使用 shell, 也没有使用什么特别的技巧。

shell 脚本内容如下:

```
for i in {1..1000000}
do
 echo $i,user_$i
done > a.lst
```

脚本写得很简单, 生成数据的过程大概耗时 8 秒钟, 文件有 18M 左右。

```
# time sh a.sh
 real    0m8.366s
user   0m6.312s
sys    0m2.039s
```

然后使用 load data 来导入数据, 整个过程花费 8 秒钟左右, 所以整个过程的时间在 16 秒左右。

```
> load data infile '/U01/testdata/a.lst'  into table users fields
terminated by ',' ;
Query OK, 1000000 rows affected (8.05 sec)
Records: 1000000 Deleted: 0 Skipped: 0 Warnings: 0
```

所以从方案 1 的 8 分钟到方案 2 的 5 分钟再到现在的近 20 秒, 已经是巨大的进步了。

方案 4: 使用内存表和外部文件导入混合

方案 4 结合了以上几种方案的一些特点, 当然还不能说它就是最好的。

首先使用脚本生成数据, 还是和方案 3 一样, 估算为 9 秒钟, 导入数据到内存表 users_memory 里面。

```
> load data infile '/U01/testdata/a.lst'  into table users_memory fields
terminated by ',' ;
Query OK, 1000000 rows affected (1.91 sec)
Records: 1000000 Deleted: 0 Skipped: 0 Warnings: 0
```

然后把内存表的数据导入目标表 users。

```
> insert into users select *from users_memory;
Query OK, 1000000 rows affected (7.48 sec)
Records: 1000000 Duplicates: 0 Warnings: 0
```

整个过程耗时 18 秒左右, 和方案 3 很相似, 但看起来略微复杂或者啰嗦了一些。

方案 5: 存储过程显式事务提交

在方案 1 的基础上, 其实我们可以更进一步, 由于 MySQL 是默认提交的方式, 如果我们把这个隐式提交变为显式提交, 则事务会变得大很多, 但是上下文切换带来的影响

会大大降低，对此我做了补充测试。

我们还是拿 10 万条数据做了对比测试。

未开启事务的结果，耗时在近 50 秒左右，如下：

```
> call proc_auto_insertdata;
Query OK, 1 row affected (49.08 sec)
```

开启事务之后，代码不做任何改变，耗时在 5 秒左右，提升了近 10 倍，如下。

```
begin
> call proc_auto_insertdata();
Query OK, 1 row affected (4.42 sec)
commit;
```

在这个基础上，我们用 100 万条数据使用存储过程方式，开启事务做了测试。

```
> begin;
Query OK, 0 rows affected (0.00 sec)
> call proc_auto_insertdata;
Query OK, 1 row affected (45.66 sec)
> commit;
Query OK, 0 rows affected (0.27 sec)
```

整个耗时在 50 秒以内，相比原有方案的 8 分钟，提升的效率是很明显的。

方案 6：批量生成 insert 语句使用管道导入

在方案 3 的基础上，我们使用 shell 脚本生成完整的 insert 语句，然后数据不落盘通过管道的方式来导入，听起来蛮有新意，我们试一下这种方案的效果。

大体的脚本内容如下：

```
for i in {1..1000000}
do
echo "insert into users values(" $i ",'user_" $i"');"
done|mysql test
```

我们先不使用管道，生成数据（insert 语句），然后导入测试下效果。

单纯生成 insert 语句，耗时在 30 秒左右。按照这个进度，每条语句都会隐式提交，整体的进度明显会比方案 3 要长得多。初步的测试 3 分钟导入了 30 万左右数据，所以按照这应该是目前最差的方案了。

方案 7：批量生成 insert 语句显式事务提交

我们生成批量的 insert 语句，然后开启事务导入数据，这样虽然事务粒度会大一些，但是相对来说性能会提升不少，初步的测试结果显示，整个过程耗时在 2 分钟左右。

```
# time mysql test < b.lst
real    1m48.088s
user    0m13.928s
sys     0m18.676s
```

方案 8：sysbench 工具生成

如果不想写代码和脚本，可以通过 sysbench 指定参数来批量生成数据。

这种方案目前不具有完全对等的可比性，主要是 sysbench 的方案对于表结构是统一的设置，除非你自己再定义一个 lua 模板，否则额外的属性都是不可定制的。

很明显这不是一种灵活可扩展的方案，在功能测试中是不推荐大家使用的。

方案 9：Oracle 的极简方案

前面林林总总测试了 8 种方案，结果如下表 9-1 所示。除此之外，我们看下 Oracle 处理此类方案的 SQL，以作为方案 9，供大家参考借鉴。

```
SQL> create table users as select level userid,'user_'||level username from
dual connect by level<=1000000
Table created.
```

这是一种极简方案，不同环境的对比测试基本在 2 秒以内。

表 9-1

测试方案	时长	推荐指数
存储过程批量导入	8 分钟	*
存储过程批量导入内存表，内存表导入目标表	5 分钟	*
使用 shell 脚本生成数据，使用 load data 的方式导入数据	少于 20 秒	***
使用 shell 脚本生成数据，load data 的方式导入内存表，然后导入目标表	少于 18 秒	**
存储过程开启事务	50 秒	***
批量生成 insert 语句使用管道导入	10 分钟+	不推荐
批量生成 insert 语句显式事务提交	2 分钟左右	*
使用 sysbench	未知	*

我对测试的情况也进行了一些推荐补充，也希望在这个方向上大家也能够集思广益，目标是让 DBA 做更少的事情完成更高的交付质量。

第 10 章　基于业务的数据库架构设计

在你往上爬的时候，一定要保持梯子的整洁，否则你下来时可能会滑倒。——蓝斯登原则

对于 DBA 来说，基于业务的数据库架构设计属于我们进阶的必备之路；简而言之：没有最好的方案，只有最合适的方案。

面对互联网业务的快速发展，业务需求也会层出不穷，我们怎么能够在支撑现有需求的基础上，更灵活地支撑更多需求，对于 DBA 来说，在架构设计上就需要理论联系实践。本章我们会从 MySQL 中间件开始，对行业里的中间件方案进行分析和梳理，让我们对分库分表和读写分离有一个整体的认识，并对行业里的基于不同业务场景的架构方案进行阐述，最后我们会对迁移到 MySQL 的方案进行一个完整案例的回放，让大家对于如何迁移到 MySQL 的历程有一些经验可以借鉴。

10.1　MySQL 中间件方案

数据库技术发展的基础还是在业务推动的背景下，能够实现相关的技术保障。业务需求的提升必然会在数据量、访问量等方面有更高的要求，而映射到数据库层面就不是简单的扩容和添加资源了，我们有时候更需要弹性，需要快速实现，需要更高的性能。这些都是摆在我们面前的问题，这个"我们"也不仅仅是 DBA 团队。

所以早期的很多数据库，从一主一从，一主多从的架构，逐步演变到了读写分离，分库分表，然后就是分布式。而同时从很多层面来说，行业内的方案真是百花齐放，记得之前和同事聊，说如果对比一下 Oracle 和 MySQL，让我怎么评价，我说单纯评估单机的性能和功能，MySQL 要落后很多，但是从成本、技术把控、定制层面来看，MySQL 的简单反而成了它的一个优势；在这个基础上，它有非常多的开源方案，这些让 MySQL 的应用变得非常丰富起来，你说 MySQL 能不能做企业级方案，你看看 BAT 的使用场景，还是能够经受住考验的，注意我在此处说的的使用场景，没有一刀切的场景。

回到正题，MySQL 的中间件其实有很多，包括官方的和开源的。先来说说 MySQL 中间件能够做什么？要回答这个问题，我们可以反向问一个问题，随着业务需求的变化，数据库会有哪些瓶颈，比如：

（1）单台服务器无法承载已有的压力。

（2）数据库单表容量越来越大。

（3）大量的读写需求无法平衡。

（4）资源如果扩容，应用改动较大。

（5）资源的负载没法拆分，或者不易拆分。

带着这些瓶颈问题我们接下来开始中间件方案之旅，旅程结束时，相信你能明白的，不仅仅是 MySQL 中间件能够做什么，还有更多。

10.1.1　MySQL 中间件方案盘点

市面上的很多数据库中间件主要是分担了以上瓶颈问题的大部分或者一部分的功能点。我们基本上会讨论下面的几个中间件，还有一些会额外补充说明。

1．MySQL Fabric、MySQL Router 和 MySQL Proxy

Fabric 能提供 MySQL 的 HA 和 Sharding 方案，MySQL Router 是一个轻量级的中间件，用来实现高可用和扩展性。MySQL Fabric 在驱动层面可以实现高可用和扩展功能，需要应用端来适配改造，而 MySQL Router 中间件的访问协议与 MySQL 一致，应用端不需要做任何的修改，在 MySQL 官方近期推出的 InnoDB Cluster 中 MySQL Router 是作为"三驾马车"来使用的。而落寞的是 MySQL proxy，目前已经无法下载了，自从推出以来主要就是测试版本，所以在很多功能上多多少少还是有些问题的。

2．360 Atlas

这是国内 360 公司推出的一个中间件方案，github 地址为：https://github.com/Qihoo360/Atlas；从 github 的情况来看，星级蛮高，维护也很及时。它的设计是在 mysql-proxy 0.8.2 版本的基础上，对其进行了优化，增加了一些新的功能特性。

3．Mycat

Mycat 也是国内的一个中间件方案，业内比较火，基于阿里开源的 Cobar 产品而研发，官方链接是：http://www.mycat.io/。

根据我的了解，Mycat 主要是支持 MySQL，也支持 Oracle、SQLServer 等其他数据库，也是一波好友一起来做得这个事情。

我比较喜欢它的一个原因是开源，而且源代码是 Java。

4．DRDS

阿里分布式关系型数据库服务（Distribute Relational Database Service，简称 DRDS）是一种水平拆分、可平滑扩缩容、读写分离的在线分布式数据库服务。前身为淘宝 TDDL，再之前还有 Cobar，已经不维护了。

5．Vitess

YouTube 开发的数据库中间件，集群基于 ZooKeeper 管理，通过 RPC 方式进行数据处理；官方网站很简洁：http://vitess.io/ 。

6. Maxscale

MaxScale 是 Mariadb 研发的，目前版本不支持分库分表，但在其他几个方面都很不错。github 链接为：https://github.com/mariadb-corporation/MaxScale。

10.1.2 分片设计思路

对一套集群环境进行了分布式改造，通过分片规则对原来的大表进行了多粒度的拆分。对此我整理了如下图 10-1 所示的简单图表。

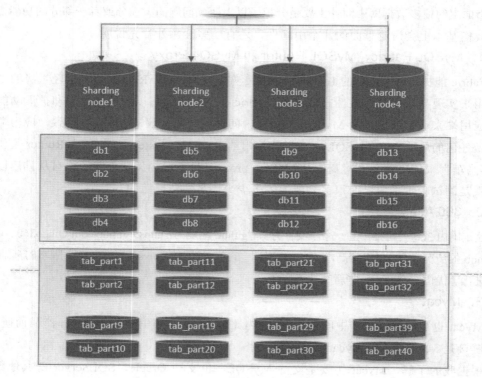

图 10-1

其实对分片的规则设置，基本就是两种思路来拆分，一种是基于数据库，一种是基于表，其中基于数据库的拆分是偏系统层面的，需要明确系统的边界和支撑能力，而对于表的设计是偏重于业务层面的，需要根据业务场景进行拆分设计。

基于数据库层级的拆分，假设目前环境中存在的表有两类，一类是固定表，即表的数据量是相对稳定的，数据操作是覆盖型写入的，这类表随着业务的增长会有用户量的提升，比如从 2000 万增长到 3000 万，但是相对来说增长幅度不大，从改造为分布式方案的思路来说，就是基于表的粒度来拆分的，比如把一张表拆分为 40 份，在分布式架构中很可能就需要配置 40 个数据库来对应，扩展力度上相对有限，比如一个表有 4 亿的数据量，拆分为 400 份，单表的数据量是在 100 万，如果是 4 个物理分片节点，那么每个节点对应 100 个数据库。

在 Mycat 中会是这样的设计方式，其中 datanode 就是上述的数据库，它们是一种逻辑映射关系，如下图 10-2 是把表 table1 和 table2 拆成了 4 个分片，而 datahost 则是基于实例维度，即 IP 端口的组合方式

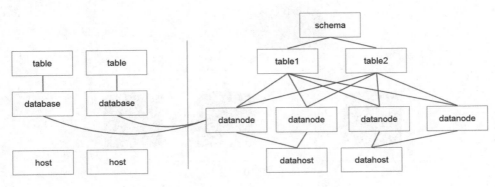

图 10-2

如果琢磨一下就会发现这种方式也存在瓶颈，那就是分表层面的代价有些高，如果把一个表分成 100 份，就需要 100 个数据库，这个层面其实也可以做更细粒度的定制优化。

另外一类表是具有时间属性的，也叫做周期表，目前主要是年、季、月、周、日这 5 个时间维度的表，其中日表是最为常见的，也是目前在分布式改造中使用频率最高的。它的扩展能力是极强的，比如一个日表的划分，每天一个日表，拆分成 16 份，那么一年下来累计是 16*365=5840 张表，几乎没有满足不了的场景了。

对于这两类表，在表名的设计上也有一定的技巧。

对于固定表来说，相对简单，比如：

- dbo_test_score
- dbo_test_credit

对于周期表来说，有一些策略和命名规则，比如：

- tda_test_20190321 --日
- tma_test_201903 --月
- twa_test_201901 --周
- tya_test_2019 --年
- tqa_test_201901 --季度

按照这样的配置策略，原来的方式下表里会有近万张表，而用现在的方式只有几十张，全年也就 400 张左右。

10.1.3 Mycat 读写分离配置

早些年 MySQL 架构在主从复制的基础上使用比较广泛的场景就是读写分离。对于读多写少的业务，读写分离可以极大地提高查询效率，减轻主库的负担，通常有一主一从或者一主多从的架构模式。

早期的主从分离架构是下图 10-3 这样的。

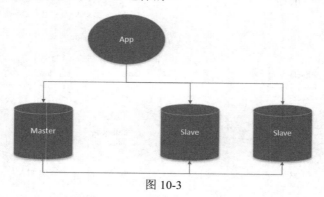

图 10-3

但是这样明显存在一个缺点，即读请求的扩展对于应用层是不友好的，对于应用来说，面对的不是一个集群而是多套单一的环境。

采用代理的模式，能够明显改进这种状况，对应用也是透明的，对于读节点来说，如果做水平扩展，也是可以应需而动，如图 10-4 所示。

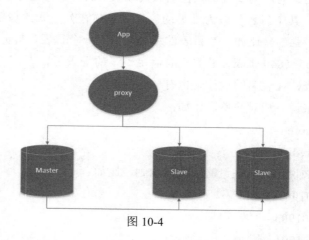

图 10-4

接下来我们以 Mycat 为例，看一下在读写分离中的一些配置和使用。

1．安装部署

先从官方下载相应的安装包即可，大概是 15M 左右。

```
wget http://dl.mycat.io/1.6-RELEASE/Mycat-server-1.6-RELEASE-20161028204710-
linux.tar.gz
```

　　解压后的安装包有 60M 左右。安装 Mycat 很简单，只需要保证 Java 已经正确安装，如果系统自带，版本不低也可以的。

```
# java -version
java version "1.7.0_45"
OpenJDK Runtime Environment (rhel-2.4.3.3.0.1.el6-x86_64 u45-b15)
OpenJDK 64-Bit Server VM (build 24.45-b08, mixed mode)
```

　　相应的 Java 的基础配置也需要在 profile 文件里对应调整一下。

　　比如修改.bash_profile 文件。

```
export JAVA_HOME=/usr/lib/jvm/jre-1.7.0-openjdk.x86_64
export PATH=$PATH:$JAVA_HOME/bin
export CLASSPATH=.:$JAVA_HO.ME/lib/dt.jar:$JAVA_HOME/lib/tools.jar
```

　　创建系统级的组和用户，如下：

```
useradd mycat
```

　　对于安装来说，几乎不需要调整，直接把解压后的 mycat 目录拷贝到/usr/local 下即可，然后修改权限。

```
mv mycat/ /usr/local/
chown mycat:mycat /usr/local/mycat
```

2．配置数据库环境

　　我们需要配置的数据库环境假设是一主三从，可以在一台服务器上搭建模拟，一主三从的快速搭建部署可以参考 github 上我写的一个小脚本，https://github.com/jeanron100/mysql_slaves，分分钟搞定。

　　假设环境的情况如下：

```
master:   端口 33091
slave1:   端口 33092
slave2:   端口 33093
slave3:   端口 33093
```

　　Mycat 可以实现很多功能，在此先实现一个需求，比如现在有一套环境读多写少，需要提供大量的数据量连接访问。我们就可以创建两个用户，mycat_user 负责 DML，mycat_read 负责查询。

```
create user mycat_user identified by 'mycat';
create user mycat_read identified by 'mycat';
```

　　比如有多个数据库，我们就模拟创建 3 个数据库。

```
create database db1;
create database db2;
create database db3;
```

　　分配权限的部分如下：

```
grant select on db1.* to mycat_read;
grant select,insert,delete,update on db1.* to mycat_user;
```

```
grant select on db2.* to mycat_read;
grant select,insert,delete,update on db2.* to mycat_user;

grant select on db3.* to mycat_read;
grant select,insert,delete,update on db3.* to mycat_user;
```

赋予从库状态查询的权限，在后面需要用。

```
mysql> grant replication client on *.* to 'mycat_read'@'%' ;
mysql> grant replication client on *.* to 'mycat_user'@'%' ;
```

3．初始化数据

初始化数据库，我还是选用一个经典的表 travelrecord，然后插入两行记录。在 3 个数据库 db1，db2，db3 中创建。

```
mysql> create table travelrecord
(id bigint not null primary key,user_id varchar(100),traveldate DATE, fee
                                                   decimal,days int);

mysql>  insert into travelrecord(id,user_id,traveldate,fee,days)  values
                                    (1,@@hostname,20160101,100,10);

mysql>  insert into travelrecord(id,user_id,traveldate,fee,days)  values
                                    (5000001,@@hostname,20160102,100,10);
```

4．Mycat 配置

上面的工作做好之后，系统层面和数据库层面的工作就完成了。启动 Mycat 的命令很简单，比如 mycat start，停止 Mycat 的命令是 mycat stop 等等。

在 mycat/conf 目录下有两个文件需要重点关注，一个是 server.xml，一个是 schema.xml，这是配置读写分离的关键。

server.xml 的配置关键内容如下，我们配置了两个用户，所以在这个配置文件里就先按照如下的配置，这里我们配置 schema 是 pxc_schema，先卖个关子。

```
        <user name="mycat_user">
             <property name="password">mycat</property>
             <property name="schemas">pxc_schema</property>
        </user>
        <user name="mycat_read">
             <property name="password">mycat</property>
             <property name="schemas">pxc_schema</property>
             <property name="readOnly">true</property>
        </user>
</mycat:server>
```

schema.xml 的内容如下，也做了相应的注释。

```
<?xml version="1.0"?>
    <!DOCTYPE mycat:schema SYSTEM "schema.dtd">
    <mycat:schema xmlns:mycat="http://io.mycat/">
        <!-- 定义 MyCat 的逻辑库 -->
        <schema name="pxc_schema" checkSQLschema="false" sqlMaxLimit=
                                    "100" dataNode="pcxNode"></schema>
        <!-- 定义 MyCat 的数据节点 -->
        <dataNode name="pcxNode" dataHost="dtHost" database="db1" />
```

```
<!-- 定义数据主机 dtHost，连接到 MySQL 读写分离集群，schema 中的每一个
                           dataHost 中的 host 属性值必须唯一--->
<!-- dataHost 实际上配置就是后台的数据库集群，一个 datahost 代表一个数据库
                                                      集群 -->
<!-- balance="1"，全部的 readHost 与 stand by writeHost 参与 select 语
                                          句的负载均衡-->
<!-- writeType="0"，所有写操作发送到配的第一个 writeHost，这里就是我们的
                hostmaster，第一个挂了切到还生存的第二个 writeHost-->
<dataHost name="dtHost" maxCon="500" minCon="20" balance="1"
   writeType="0" dbType="mysql" dbDriver="native" switchType="1"
                                      slaveThreshold="100">
   <!--心跳检测 -->
   <heartbeat>show slave status</heartbeat>
   <!--配置后台数据库的 IP 地址和端口号，还有账号密码，这里我们可以根据需要
                           来配置，比如一主三从的环境 -->
   <writeHost     host="hostMaster"    url="192.168.163.128:33091"
user="mycat_user" password="mycat" />
   <writeHost     host="hostSlave1"    url="192.168.163.128:33092"
user="mycat_read" password="mycat" />
   <writeHost     host="hostSlave2"    url="192.168.163.128:33093"
user="mycat_read" password="mycat" />
   <writeHost     host="hostSlave3"    url="192.168.163.128:33094"
user="mycat_read" password="mycat" />
</dataHost>
</mycat:schema>
```

5. 检测 Mycat 的连接情况

Mycat 的配置做好了以后，整个工作 80% 的任务就完成了，其实关键还是在于 Mycat
文件的配置，配置不当是需要反复调试的。

如何验证 Mycat 的生效呢，我们可以使用 8066 这个默认端口来连接，如果里面出现
mycat 的字样，就证明是 Mycat 设置生效了。

```
[root@oel64 logs]# mysql -umycat_read -pmycat -P8066  -h192.168.163.128
···
Server version: 5.6.29-mycat-1.6-RELEASE-20161028204710 MyCat Server
                                                      (OpenClouDB)
···
Type 'help;' or '\h' for help. Type '\c' to clear the current input statement.
```

我们看看这个用户 mycat_read 能够访问的数据库，在数据库里应该就是 db1，db2，
db3，但是为什么这里出现了 pxc_shema 呢，其实也可以理解为 Mycat 在中间过滤的效果，
其实这是 db1，而 db2，db3 还没有在 Mycat 配置文件中体现，所以还没有生效。

```
mysql> show databases;
+------------+
| DATABASE   |
+------------+
| pxc_schema |
+------------+
1 row in set (0.00 sec)
```

我们就连接到这个 pxc_schema 数据库。

```
mysql> use pxc_schema
Database changed
```

可以看到这个数据库下的表。

```
mysql> show tables;
+---------------+
| Tables_in_db1 |
+---------------+
| travelrecord  |
+---------------+
1 row in set (0.01 sec)
```

如何验证我们连接到的数据库是否启用了 Mycat 的读写分离呢。我们可以看端口。

```
mysql> select @@port;
+--------+
| @@port |
+--------+
|  33092 |
+--------+
1 row in set (0.05 sec)
```

由此我们可以看到，连接到的是 33092 的端口，即 slave1；可以反复切换，看看这个 load balance 的方式是否满意。

6. 继续扩展 Mycat 读写分离的配置

上面的步骤只是简单实现了读写分离的配置，但是如果我要访问多个数据库，而不仅仅是 pxc_schema，该如何配置呢。

我们在 server.xml 中就需要对 schema 扩展一下，schema 的值是以逗号分隔，配置的细节是在 schema.xml 里面映射的。

```
<user name="mycat_user">
        <property name="password">mycat</property>
        <property name="schemas">pxc_schema,db2,db3</property>
    </user>
```

如果在 schema.xml 里面配置多个逻辑库，那么相应的配置多个 schema 键值即可。

```
    <schema  name="pxc_schema"  checkSQLschema="false"  sqlMaxLimit="100"
dataNode="pcxNode"></schema>
    <schema    name="db2"    checkSQLschema="false"    sqlMaxLimit="100"
dataNode="pcxNode2"></schema>
    <schema    name="db3"    checkSQLschema="false"    sqlMaxLimit="100"
dataNode="pcxNode3"></schema>              相应的 dataNode 也需要扩展映射。
    <dataNode name="pcxNode" dataHost="dtHost" database="db1" />
    <dataNode name="pcxNode2" dataHost="dtHost" database="db2" />
    <dataNode name="pcxNode3" dataHost="dtHost" database="db3" />
```

整个过程完成后，重新加载一些配置文件即可生效。

10.1.4　sysbench 压测 Mycat

中间件 Mycat 自己之前也简单测试和总结过。最近做分布式测试，我大体分了三个阶段：

（1）环境部署，MHA 和 Mycat 的融合，读写分离。

（2）sharding 策略和分库分表的压力测试。

（3）结合业务做分库分表的模拟测试。

尤其是分库分表的测试方面，目前还是存在一些需要确认的点。

我在测试之前所想：做这个分布式测试的意义是什么，是想通过测试来论证什么，希望达到什么目标，是否稳定，功能是否满足需求，这些都是需要反复明确的地方。

当然，这些我没有留太多的时间细细琢磨，我希望是速战速决，但是测试质量还是需要基本保证，那就是测试的场景要全面一些。

测试工具的选择上，我目前先选择了 sysbench，原生支持，操作起来相对容易控制，尤其是支持的场景很丰富，在一些流水型数据的业务中，我如果侧重测试密集型插入的场景，就可以很轻松地使用 insert 的模板来测试。

Mycat 的部署上本身是很简单的，无非是一些基本的环境配置。如果是一个新手，从安装 Java 到部署 Mycat，如果全程跟进，基本两个小时都能够拿下来。

而 sharding 策略的配置还是需要花一些时间的，首先是你得理解它的 sharding 逻辑。明白之后，事情就很简单了。

测试的场景，我是这样来规划的，首先在 3 个物理机上面部署了 MySQL 服务，每个服务器是一个 sharding 节点，然后有另外一台服务器部署了 Mycat，这样就是一个简单的分布式 sharding 环境。

要压测基本的性能情况，有几种测试的方法，假设测试的表为：sharding_table，存在的数据库为 db1，db2，db3，db4，测试的场景就会很丰富。

场景 1：3 个 sharding 节点的压力测试

如下图 10-5 所示。

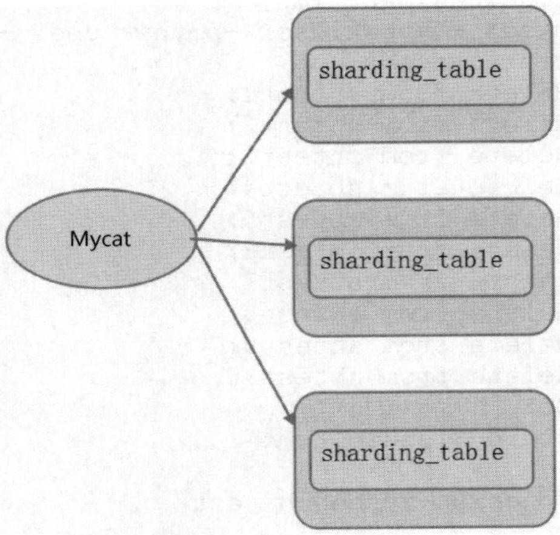

场景 2：6 个 sharding 节点的压力测试

图 10-5

在之前的基础上进行扩展，按照这个进度，基本就是 3N 的方式，所以就会有 3，6，9，12 这样的一些分布方式，这样的好处就是前期规划了，后期如果出现瓶颈，可以很方便的拆分，如图 10-6 所示。

要完成这些工作，每个场景测试偷工减料的测试几分钟是不行的，最起码得 1 个小时，按照这个要求，至少得 20 个小时，长夜漫漫我不能一直守在那里。所以就在下班前写了个脚本，让它慢慢跑吧，明天上班收数。

我前期做了快速迭代，把每个场景都大体跑了下，得到了一个基本的数据分布，然后细化到每个场景测试一个小时来收到相对完整的数据情况。

脚本如下，我配置了 10 个 sbtest[N] 的表，如果是做分片，3 个服务器节点切分成 12 个 sharding 分片，那就是 120 个表。测试的场景我是分为不同的 sharding 分片，不同的线程数。需要提前配置下 rules.xml 和 schema.xml，我是准备了好几份这个配置文件，到时候直接替换就行。

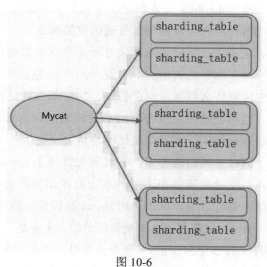

图 10-6

```bash
#!/bin/bash
time= 3600
sleep_time= 60
function clean_data
{
echo $time
echo ${sleep_time}
mysql -umycat_user -pmycat_user -P8066 -h127 .0.0.1 <<EOF
use sbtestdb1
delete from sbtest1;
delete from sbtest2;
delete from sbtest3;
delete from sbtest4;
delete from sbtest5;
delete from sbtest6;
delete from sbtest7;
delete from sbtest8;
delete from sbtest9;
delete from sbtest10;
EOF
sleep ${sleep_time}
}
function sysbench_test
{
clean_data
shard_no=$ 1
thread_no=$ 2
/usr/bin/sysbench /usr/share/sysbench/oltp_insert.lua --db-driver=mysql
--mysql_storage_engine=innodb --mysql-user=mycat_user
--mysql-password=xxxx --mysql-port= 8066 --mysql-host= 127.0.0.1
--mysql-db=sbtestdb1 --auto_inc= 1 --tables= 10 --table-size= 50000000
--threads=${thread_no} --time=$time --report-interval= 5
run |tee sysbench_${thread_no}_sharding_${shard_no}.log
sleep ${sleep_time}
}
function change_sharding
{
```

```
shard_no=$ 1
date
echo 'SHARDING_NO:'${shard_no}
mv /usr/local/mycat/conf/schema.xml /usr/local/mycat/conf/schema.xml.tmp
                                                        >/dev/null
cp /usr/local/mycat/conf/schema.xml.sharding_${shard_no} /usr/local/mycat/
                                        conf/schema.xml >/dev/null
/usr/local/mycat/bin/mycat restart >/dev/null
sleep ${sleep_time}
}
change_sharding 12
sysbench_test 12 16
sysbench_test 12 32
sysbench_test 12 64
sysbench_test 12 98
sysbench_test 12 128
change_sharding 9
sysbench_test 9 16
sysbench_test 9 32
sysbench_test 9 64
sysbench_test 9 98
sysbench_test 9 128
change_sharding 6
sysbench_test 6 16
sysbench_test 6 32
sysbench_test 6 64
sysbench_test 6 98
sysbench_test 6 128
change_sharding 3
sysbench_test 3 16
sysbench_test 3 32
sysbench_test 3 64
sysbench_test 3 98
sysbench_test 3 128
```

从我目前测试的数据来说，效果还是很明显的，通过细致地对比测试，发现在不同的线程数下的 TPS 指标会逐步收敛，相比于单机会有 2~3 倍的显著提升，如下表 10-1 所示。

表 10-1

线程数	中间件 CPU 使用率	分片规则	分布式压测结果 (TPS)	单实例压测结果 (TPS)
32	30%	取模	14480	5593
64	20%	取模	17956	6288
128	80%	取模	20763	6448

而根据不同的分片节点，不同线程数对于 InnoDB 存储引擎的 TPS 测试，得到了如下 10-2 所示的一个表格。

表 10-2

线程数	分片节点数	InnoDB
16	3	10479.45
16	6	10319.81

续表

线程数	分片节点数	InnoDB
16	9	10670.2
16	12	11122.29
32	3	15197.31
32	6	13768.96
32	9	14077.49
32	12	16316.64
64	3	16861.06
64	6	17713.65
64	9	18253.82
64	12	17689.42
98	3	18407.79
98	6	18231.94
98	9	19795.11
98	12	18232.87
128	3	23015.55
128	6	20289.89
128	9	19892.61
128	12	19980.49

以 6 个分片为例，对于不同的线程数，TPS 的指标如下图 10-7 所示。

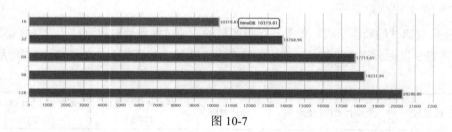

图 10-7

而以线程数为基准，不同分片情况下的 TPS 指标也不是严格意义上的线性增长，可以根据资源配置和实际的压力进行取舍，如图 10-8 所示。

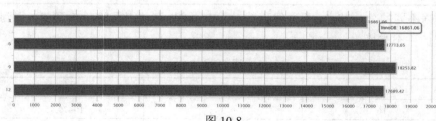

图 10-8

10.1.5　Mycat 中的 DDL

有一天开发同学提了一个需求，是希望对某一个时间范围的表做 DDL 操作，看起来好像复杂度也不高。

但是我看到开发同学提供的信息时就有点犹豫了，因为端口是 8066，也就意味着使用了中间件。这是一套 Mycat 的环境，一共有 4 个节点，每个节点拆分成了 4 个逻辑节点，所以共有 16 个 sharding 分片，正是应了那句话：百库十表。虽然目前看起来节点数也不多，但是看看这个表 hisrecord 的分片逻辑就会发现，远远比我们想的要更丰富。

这个表是按照日期来存储数据的，即数据的存储单位是日。表名类似于 rec20180301、rec20180302 这种。所以按照这种增长的趋势，可以根据时间维度不断扩展，同时又对每天的表做了细粒度的拆分，每个日表会有 16 个分片做 hashl 路由。

开发同学的需求是对某一天之后的日表添加字段，变更第一天的数据需要对该字段添加默认值，之后的就不需要了；这个从业务的角度来说，是因为应用层升级而需要这个属性，如果有些业务暂时还没有迁移过来，有一整天的时间来缓冲调整修复。所以目前的需求"福利"就是我们要修改的表目前没有写入，做变更不用考虑在线业务的写入影响。

我简单算了下，按照目前的修改幅度，影响的日表有 177 个。

```
mysql> select datediff('2018-11-01','2018-05-08');
+-------------------------------------+
| datediff('2018-11-01','2018-05-08') |
+-------------------------------------+
|                                 177 |
+-------------------------------------+
1 row in set (0.00 sec)
```

按照 16 个分片来算，这个数量就相当大了，有 2832 张表。

```
mysql> select 177*16;
+--------+
| 177*16 |
+--------+
|   2832 |
+--------+
1 row in set (0.00 sec)
```

涉及的 DDL 表有 2 个，即 2 个 DDL 语句，所以算下来就是 5664 张表了。所以你看一张表就能拆分成 2000 多张表，一年有差不多 5800 张相关的表。

如果在这个基础上考虑当天的表结构变更，那就更复杂了。

我们先来简单看下 Mycat 里面的 schema.xml 配置。里面配置了 16 个分片，即 dn50-dn65，database 是 histrecord01-histrecord16。

```
<dataNode name="dn50" dataHost="localhost1" database="hisrecord01" />
<dataNode name="dn51" dataHost="localhost1" database="hisrecord02" />
...
<dataNode name="dn65" dataHost="localhost4" database="hisrecord16" />
```

对表的分片规则是按照 hash 取模来计算的。

```
<table name="rec20180301" dataNode="dn$50-65" rule="mod-long-16-pid" />
<table name="rec20180302" dataNode="dn$50-65" rule="mod-long-16-pid" />...
<table name="rec20180307" dataNode="dn$50-65" rule="mod-long-16-pid" />
```

要做这个工作，手工完成的可能性太低，所以准备了下面的脚本，借鉴了之前同事的一些思路。

我们输入两个时间，即起始时间和终止时间。**app_sql/create_sql.sql** 是表结构的定义文件。这个脚本的意义在于不断的处理表结构信息，打上时间戳，写入另外一个脚本文件，按照日期循环 100 天，就写入 100 次。

```
startdate=`date -d "20180508" +%Y%m%d`
enddate=`date -d "20181101" +%Y%m%d`
```

（1）定义循环主函数

```
function main(){
    while [[ ${startdate} < ${enddate} ]]
        do
            echo ${startdate}
            cat /home/mysql/app_sql/create_sql.sql >> /home/mysql/app_sql/
                                           alter_his_record.sql
            sed -i "s/20180508/${startdate}/g" /home/mysql/app_sql/alter_
                                           his_record.sql
            echo "" >> /home/mysql/app_sql/alter_his_record.sql

            echo
            startdate=`date -d "+1 day ${startdate}" +%Y%m%d`
    done
}
```

（2）执行主函数 main

很快就完成了上述的基本操作。当然 Mycat 端是不支持 DDL 语句的，所以我们需要在每个节点上单独去执行相应的变更 DDL。

根据得到的脚本略作改动，就可以分发到不同的 sharding 节点侧了。整个过程持续了不到半个小时，很多时间都是在不断的确认中，因为这个变更的影响范围确实有点大。

当然这个问题的前提是我们已经创建好了日表，如果没有日表的话，我们还是需要重新配置一下，然后在 Mycat 端 reload 一些配置。

把这个任务扩展一下，就会发现，中间件层面的数据处理更侧重于 TP 业务，而且是密集插入型的业务，如果是节点间的交互分布式，那这个方案就不大适合了。同时从业务的角度来说，由于不断地拆分，历史数据的归档保留和数据的聚合需求还是有的，可能在这个时候中间件层面的支持就很有限了，我们在一定程度上可能需要其他的解决方案。

10.1.6 分布式架构扩缩容

MySQL 分布式架构的扩缩容是一个很有意思的话题。严格的说，我们所说的这种架构方案是一种伪分布式架构，这里要表达的重点是扩缩容的思路上。

如果一套环境的主从完整且分为多个逻辑分片，大体是下图 10-9 这样的架构。

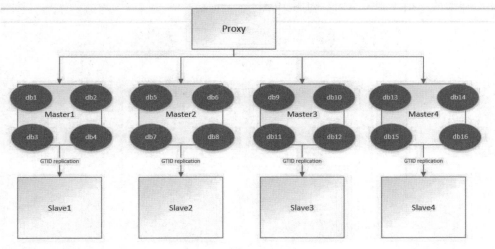

图 10-9

这个架构采用了 4 个物理分片，每个物理分片上有 4 个逻辑分片，总共有 16 个逻辑分片，也就意味着一张表被分为了 16 份。

对于扩容来说，优先考虑主库写入为主，所以我们的扩容以 2N 的规模来扩容，比如 4 个物理分片，可以扩容为 8 个物理分片，大体的架构和分布如下图 10-10 所示，可以看到这个时候从库顶上来做了主库。

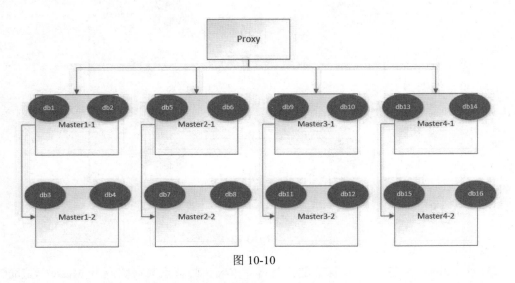

图 10-10

从扩容的角度来说，这也就是我们预期要做的事情，4 个变 8 个，8 个变 16 个。一套环境按照设定的分片规模可以扩容两次。

　　而缩容怎么来做呢，我们需要考虑得更细致一些，所以我就截取了物理分片 1 的一个相对详细的数据复制关系图，如图 10-11。

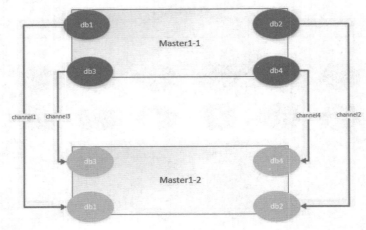

图 10-11

　　扩容前，分片节点上的 4 个逻辑分片都是 active 状态，都可以写入数据，从库是 inactive，只负责数据同步。

　　扩容后，原本的 db1、db2 为 active 状态，而 db3、db4 在原来的 Slave 节点上是 active 状态，如图 10-12。

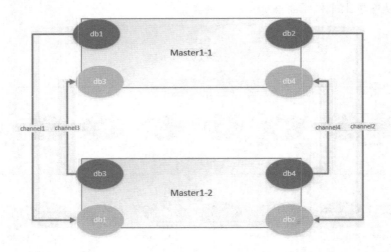

图 10-12

　　在这个基础上，我们需要保证的就是将原本隔离的节点数据统一为 Master 端 active 状态，如图 10-13。这个过程除了配置的变更，还需要保证切换过程的数据一致性。

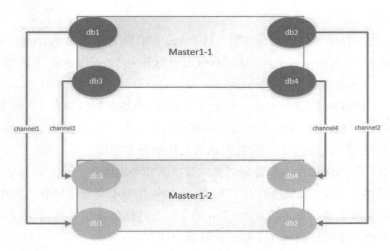

图 10-13

在整个扩缩容的过程中，对于中间件来说，可以通过配置的方式平滑的进行切换，对于数据分片节点来说，接入上是透明的，而在架构复杂度上，扩容是 2*N 的规模扩容；从技术可控角度，我们需要的是一整套可逆的自动化操作来保证整个流程的完整性和可操作性。

在正常情况下，切换的过程在业务低峰期，一级扩容基本可以保证在秒级完成。

10.2 基于业务场景的新架构方案

现在的业务发展非常快，很多公司都在跨界，尤其在互联网环境中，因为需求的快速变化，为了快速响应，我们会随时考虑新的解决方案，充分利用开源红利进行创新试错；简单来说，单纯基于 MySQL 的方案是明显有限的，我们可以基于业务场景考虑更好的解决方案。

而开源的发展也不是一帆风顺，虽然可以试错，但是我们很多时候更需要知道一个解决方案的功能边界，最好的方式就是看看行业里大家都在怎么用，有没有一些共鸣的火花，在充分验证成熟度的基础上，引入开源方案是一种更为理性而且可落地的思路。

我们接下来就来对行业里的数据库选型方案进行分析，试图给大家一些借鉴的思路。

10.2.1 密集型写入的场景选型：TokuDB

MySQL 中的存储引擎是插件式的，当然主流默认的是 InnoDB，而且 InnoDB 存储引擎会随着 MySQL 官方的大力投入越来越火。

同时留给其他存储引擎的挑战和压力也很大，比如 MyISAM 会在 MySQL 8.0 版本退出历史舞台，memory 存储引擎也在规划中会逐步被替代，还有些存储引擎，自身发展的过程中也被淘汰掉了，比如 falcon，还有些存储引擎的使用场景实在是有限，不温不火，比如 blackhole、csv、archive 等等。

TokuDB 这个存储引擎还蛮有意思，被 Percona 收购之后，在 Percona Server 的安装目录中就默认存在了，所以有的同学问 MySQL 社区版和 Percona 有什么差别，喏，TukuDB 就是一个！

选择测试 TokuDB 是因为本身已有业务在使用，自然是想看看在 5.7 版本中的表现如何。TokuDB 尤其适合密集型插入场景，压缩比很高，在一些应用中，比如监控数据存储中还是很受欢迎的，或者是日志型/纯流水历史的数据也不错。

我们来看一下 TokuDB 的部署和配置，有以下几个步骤：

（1）配置 TokuDB，如果已经有了 Percona 的软件则不需要做额外的工作了，否则从插件式的安装角度来说，你也可以拷贝 so 的文件在其他版本中安装。

（2）我们给 TokuDB 创建几个指定的目录，比如：

创建目录 toku_data、toku_log 和 tmp 分别存储数据、日志和临时文件。

（3）赋予指定的权限，比如 mysql 组。

```
mkdir -p toku_data toku_log tmp
chown -R mysql.mysql toku_data toku_log tmp
```

（4）修改参数文件 my.cnf。

需添加额外的几个参数：

```
tokudb_cache_size = 700M
tokudb_commit_sync = 1
tokudb_support_xa = 1
tokudb_data_dir = /data/mycat_test/s1/toku_data
tokudb_directio = 0
tokudb_log_dir = /data/mycat_test/s1/toku_log
tokudb_pk_insert_mode = 2
tokudb_row_format = tokudb_zlib
tokudb_tmp_dir = /data/mycat_test/s1/tmp
tokudb_hide_default_row_format = 0
tokudb_lock_timeout_debug = 3
[mysqld_safe]
thp-setting=never
```

（5）配置数据库的密码，在 TokuDB 的配置中，还是需要设置下指定用户的密码，要不后期很容易失败。

```
update mysql.user set authentication_string=password('xxxx') where user='root';
flush privileges;
```

（6）使用命令 ps_tokudb_admin 来激活 TokuDB，指定 socket 路径，端口等等。

```
./ps_tokudb_admin --enable --user=root --password -S /data/mycat_test/
s1/s1.sock --port=33001 --defaults-file=/data/mycat_test/s1/s1.cnf
```

这个步骤会完成所有的检查，如果正常的话，基本日志就是下面的样子，注意 5.7 版里面不需要单独指定 jemalloc 了，Transparent huge page 关闭，thp_setting 的配置这些都是重点内容，在这个步骤该脚本也会自动修复。

```
Checking SELinux status...
INFO: SELinux is disabled.
Checking if Percona Server is running with jemalloc enabled...
INFO: Percona Server is running with jemalloc enabled.
Checking transparent huge pages status on the system...
INFO: Transparent huge pages are currently disabled on the system.
Checking if thp-setting=never option is already set in config file...
INFO: Option thp-setting=never is set in the config file.
Checking TokuDB engine plugin status...
INFO: TokuDB engine plugin is not installed.
Installing TokuDB engine...
INFO: Successfully installed TokuDB engine plugin.
```

如果不顺利，很可能报出下面的错误：

```
ERROR: Failed to install TokuDB engine plugin. Please check error log.
```

这时候就需要仔细看一下 error log 文件，看看到底是哪个环节出了问题。

安装完成后，查看 show engines 就可以看到存储引擎是没有问题了。

或者是使用如下的 SQL 来看看 TokuDB 的版本信息。

```
SELECT @@tokudb_version;
```

整个过程其实会安装很多 TokuDB 的插件，可以使用 show plugins 查看。

接下来就是使用了，使用 TokuDB 作为中间件节点做压力测试，在不同的分片节点数、线程数情况下，TokuDB 的 TPS 指标相对 InnoDB 要高 15%~30%，如下表 10-3 所示。

表 10-3

线程数	分片节点数	InnoDB	TokuDB
16	6	10319.81	12359.15
16	9	10670.2	12275.74
32	6	13768.96	17848.35
32	9	14077.49	18018.56
64	9	18253.82	24510.4
98	6	18231.94	27905.3
98	9	19795.11	28238.48
128	9	19892.61	30453.59

而从存储压缩比来看，TokuDB 的优势更为明显，当然不同的压缩算法的压缩比差异较大，snappy 压缩比较小；压缩比最大的是 lzma。

10.2.2　基于 OLAP 的场景选型：Infobright

MySQL 方向支撑 OLTP 的业务是不成问题的，但随着数据量的增大，使用 MySQL 做统计分析就容易出现瓶颈了，一来是优化器在 OLAP 的场景支持力度有限；二来从功能上 MySQL 也不支持一些高级的统计特性。

MySQL 原生虽不支持数据库仓库，但是有第三方的解决方案：一类是 ColumStore，是在 InfiniDB 的基础上改造的；一类是 Infobright，可以理解为 MySQL 的一个独立存储引擎；还有 clickhouse，这些年来相对比较热门；除此之外还有其他大型的解决方案，比如 Greenplum 的 MPP 方案。

ColumnStore 的方案有点类似于 MPP 方案，需要的是分布式节点，在资源和架构上 Infobright 更加轻量一些。

Infobright 是面向数据仓库方向的解决方案，它最大的特点是引入了列式存储方案，具有较高的数据压缩比，对于统计计算的性能表现很不错。

我们接下来引入一个案例，通过迭代的优化来分析适合业务场景的数据库方案。

案例 10-1：业务库百倍负载的优化方案

最近有一个业务库的负载比往常高了很多，最直观的印象就是原来的负载最高是 100%，现在不是翻了几倍或者指数级增长，而是突然翻了 100 倍，导致业务后端的数据写入量剧增，产生了严重的性能阻塞。

1. 引入读写分离，优化初见成效

这个问题引起了我的兴趣和好奇心，经过和业务方沟通了解，这个业务是记录回执数据的，简单来说就好比你发送了一条微博，想看看有多少人已读，有多少人留言等。所以这类场景不存在事务，会有数据的密集型写入，会有明确地统计需求。

目前的统计频率是每 7 分钟做一次统计，会有几类统计场景，基本都是全表扫描级别的查询语句。当前数据库的架构很简单（如图 10-14），是一个主从，外加 MHA 高可用。

问题的改进方向是减少主库的压力，也就是读和写的压力。写入的压力来自于业务的并发写入，而读的压力来自于全表扫描，对于 CPU 和 IO 压力都很大。

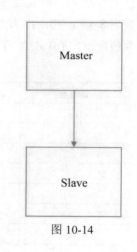

图 10-14

这两个问题的解决还是存在优先级的，首先统计的 SQL 导致了系统资源成为瓶颈，结果原本简单的 Insert 也成为了慢日志 SQL；相比而言，写入需求是硬需求，而统计需求是辅助需求，所以在这种场景下和业务方沟通，快速的响应方式就是把主库的统计需求转移到从库端。

转移了读请求的负载，写入压力得到了极大缓解，后来也经过业务方应用层面的优化，整体的负载情况就相对乐观了。

主库的监控负载如下图 10-15 所示，可以看到有一个明显降低的趋势，CPU 负载从原来的 90% 以上降到了不到 10%。IO 的压力也从原来的近 100% 降到了 25% 左右。

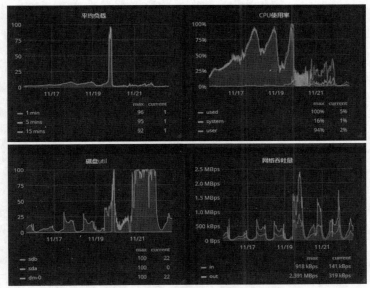

图 10-15

从库的监控负载如下图 10-16 所示，可以看到压力有了明显地提升。CPU 层面的体现不够明显，主要的压力在于 IO 层面，即全表数据的扫描代价极高。

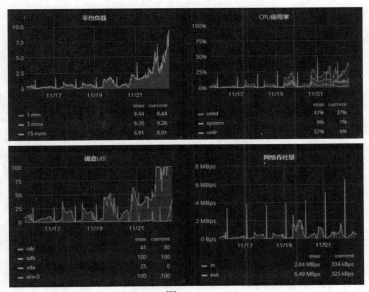

图 10-16

这个算是优化的第一步改进，在这个基础上，也做了索引优化，但是通过对比发现效果很有限。因为从库端的是统计需求，添加的索引只能从全表扫描降级为全索引扫描，对于系统整体的负载改进却很有限，所以我们需要对已有的架构做一些改进和优化。

方案 1

考虑到资源的成本和使用场景，所以我们暂时把架构调整为下图 10-17 的方式：即添加两个数据节点，然后打算启用中间件的方式来做分布式的架构设计。对于从库，暂时为了节省成本，就对原来的服务器做了资源扩容，即单机多实例的模式，这样一来写入的压力就可以完全支撑住了。

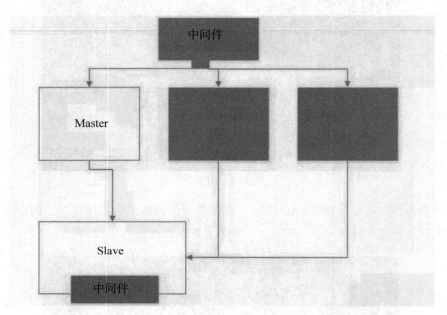

图 10-17

但是这种方式有一个潜在的隐患，那就是从库的中间件层面充当了数据统计的角色，一旦出现性能问题，对于中间件的压力极大，很可能导致原本的统计任务阻塞。同时从库端的资源瓶颈除了磁盘空间外就是 IO 压力，目前通过空间扩容解决不了这个硬伤。

在和业务同学进一步沟通后，发现他们对于这一类表的创建是动态配置的方式，在目前的中间件方案中很难以落实。而且对于业务来说，统计需求变得更加不透明了。

方案 2

一种行之有效的改进方式就是从应用层面来做数据路由，比如有 10 个业务：业务 1、业务 2 在第一个节点，业务 3、业务 5 在第二个节点等等；按照这种路由的配置方式来映射数据源，相对可控，更容易扩展，所以架构方式改为了下图 10-18 这种方式。

而整个的改进中，最关键的一环是对于统计 SQL 性能的改进，如果 SQL 统计性能的改进能够初见成效，后续的架构改进就会更加轻松。

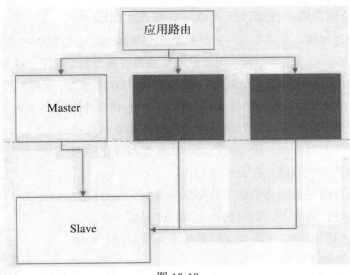

图 10-18

2．引入列式存储，优化统计性能

由于后续又开始有了业务的爆发式增长，使得统计需求的优化成为本次优化的关键所在。

原来的主库读写压力都很大，通过读写分离，使得读节点的压力开始激增，而且随着业务的扩展，统计查询的需求越来越多。比如原来是有 10 个查询，现在可能变成了 30 个，这样一来统计压力变大，导致系统响应降低，从而导致从库的延迟也开始增加。最大的时候延迟有 3 个小时，按照这种情况，统计的意义其实已经不大了。

对此我做了几个方面的改进：

（1）首先是和业务方进行了细致地沟通，对于业务的场景有了一个比较清晰地认识，其实这个业务场景是蛮适合 Redis 之类的方案来解决的，但是介于成本和性价比选择了关系型的 MySQL。

结论：暂时保持现状。

（2）对于读压力，目前不仅支撑不了指数级压力，连现状都让人担忧。业务的每个统计需求涉及 5 个 SQL，要对每个场景做优化都需要取舍，最后达到的一个初步效果是字段有 5 个，索引就有 3 个，而且不太可控的是一旦某个表的数据量太大导致延迟，整个系统的延迟就会变大，从而造成统计需求整体垮掉，所以添加索引来解决硬统计需求算是心有余而力不足。

结论：索引优化效果有限，需要寻求其他可行解决方案。

（3）对于写压力，后续可以通过分片的策略来解决，这里的分片策略和我们传统认为的逻辑不同，这是基于应用层面的分片，由应用端来做这个数据路由。这样分片对于业务的爆发式增长就很容易扩展了。有了这一层保障之后，业务的统计需求迁移到从库，写压力就能够平滑地对接了，目前来看写压力不大，完全可以支撑指数级的压力。

结论：业务数据路由在统计压力减缓后再开始改进。

为了快速改进现状，我写了一个脚本自动采集和管理，会定时杀掉超时查询的会话。但是延迟还是存在，查询依旧是慢，很难想象在指数级压力的情况下，这个延迟会有多大。

在做了大量的对比测试之后，按照单表 3500 万条的数据量，8 张同样数据量的表，5 条统计 SQL，做完统计大约需要 17~18 分钟左右，平均每个表需要大约 2 分钟。

因为没有事务关联，所以这个场景的延迟根据业务场景和技术实现来说是肯定存在的，我们的改进方法是提高统计的查询效率，同时保证系统的压力在可控范围内。

一种行之有效的方式就是借助于数据仓库方案，在支撑的粒度和团队经验综合考虑下，我们选择了 Infobright。

我们的表结构很简单，字段类型也是基本类型，而且在团队内部也有大量的实践经验。

改进之后的整体架构如图 10-19，原生的主从架构不受影响。

需要在此基础上扩展一个数据仓库节点，数据量可以根据需要继续扩容。

表结构如下：

图 10-19

```
CREATE TABLE `receipt 12149 428` (
`id` int(11) NOT COMMENT '自增主键',
`userid` int(11) NOT DEFAULT '0' COMMENT '用户 ID',
`action` int(11) NOT DEFAULT '0' COMMENT '动作',
`readtimes` int(11) NOT DEFAULT '0' COMMENT '阅读次数',
`create_time` datetime NOT COMMENT '创建时间'
) ;
```

导出的语句类似于：

```
select *from ${tab_name} where create_time between xxx and xxxx into outfile
'/data/dump_data/${tab_name}.csv' FIELDS TERMINATED BY ' ' ENCLOSED BY '"';
```

Infobright 社区版是不支持 DDL 和 DML 的，后期 Infobright 官方宣布：不再发布 ICE 社区版，将专注于 IEE 的开发，所以后续的支持力度其实就很有限了。但对于我们目前的需求来说还是游刃有余的。

来简单感受下 Infobright 的实力。

```
>select count( id) from testxxx where id>2000;
+-----------+
| count( id) |
+-----------+
| 727686205 |
+-----------+
1 row in set (6.20 sec)
>select count( id) from testxxxx where id<2000;
| 13826684 |
```

```
+-------------+
1 row in set (8.21 sec)
>select count( distinct id) from testxxxx where id<2000;
+--------------------+
| count( distinct id) |
+--------------------+
| 1999 |
+--------------------+
1 row in set (10.20 sec)
```

所以对于几千万的表来说，这都不是事儿。

我把 3500 万的数据导入到 Infobright 里面，5 条查询语句总共的执行时间维持在 14 秒，相比原来的 2 分钟多已经改进很大了。我跑了下批量的查询，原本要 18 分钟，现在只需要不到 3 分钟。

3．引入动态调度，解决统计延迟问题

通过引入 Infobright 方案对已有的统计需求可以做到近乎完美的支持，但是随之而来的一个难点就是对于数据的流转如何平滑支持。我们可以设定流转频率，比如 10 分钟或者半个小时，但是目前来看，这个是需要额外的脚本或工具来做的。

在具体落地的过程中，发现还有两个重要的事情需要提前搞定。

其一：

比如第一个头疼的问题就是全量的同步，第一次同步肯定是全量的，这么多的数据怎么同步到 Infobright 里面。

第二个问题，也是更为关键的，那就是同步策略是怎么设定的，是否可以支持得更加灵活。

第三个问题是基于现有的增量同步方案，需要在时间字段上添加索引。对于线上的操作而言又是一个巨大的挑战。

其二：

从目前的业务需求来说，最多能够容忍一个小时的统计延迟，如果后期要做大量的运营活动，需要更精确的数据支持，要得到半个小时的统计数据，按照现有的方案是否能够支持。

这两个重要的事情，任何一个解决不了，数据流转是否能够落地都是难题，这个问题留给我的时间只有一天。所以我准备把前期的准备和测试做得扎实一些，后期接入的时候就会顺畅得多。

部分实现流程如下图 10-20。

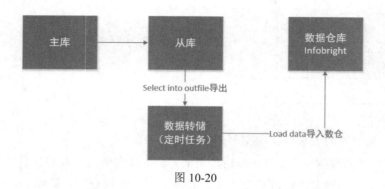

图 10-20

脚本的输入参数有两个，一个是起始时间，一个是截止时间。第一次全量同步的时候，可以把起始时间给的早一些，这样截止时间是固定的，逻辑上就是全量的。另外全量同步的时候一定要确保主从延迟已经最低或者暂时停掉查询业务，使得数据全量抽取更加顺利。

所以需要对上图 10-20 的脚本再做一层保证，通过计算当前时间和上一次执行的时间来得到任务可执行的时间，这样脚本就不需要参数了，这是一个动态调度的迭代过程。

考虑到每天落盘的数据量在 10G 左右，日志量在 30G 左右，所以考虑先使用客户端导入 Infobright 的方式来操作。

从实践来看，涉及的表有 600 多个，我先导出了一个列表，按照数据量来排序，这样小表就可以快速导入，大表放在最后，整个数据量有 150G 左右，通过网络传输导入 Infobright，从导出到导入完成，这个过程大概需要 1 个小时。

而导入数据到 Infobright 之后的性能提升也是极为明显的。原来的一组查询持续时间在半个小时，现在在 70 秒钟即可完成。对于业务的体验来说大大提高。完成了第一次同步之后，后续的同步都可以根据实际的情况来灵活控制。所以数据增量同步暂时是"手动挡"控制。

从整个数据架构分离之后的效果来看（图 10-21），从库的压力大大降低，而效率也大大提高。

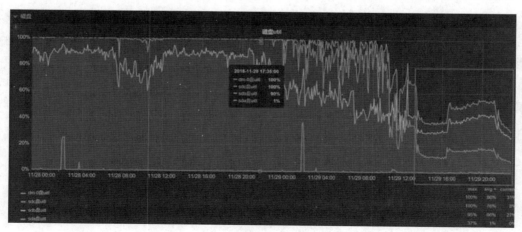

图 10-21

4．引入业务路由，平滑支持业务扩容

前面算是对现状做到了最大程度的优化，但是还有一个问题，目前的架构暂时能够支撑密集型数据写入，但是不能够支持指数级别的压力请求，而且存储容量很难以扩展。

在我的理解中，业务层面来做数据路由是最好的一种方式，而且从扩展上来说，也更加友好。所以再进一层的改进方案如下图 10-22 所示。

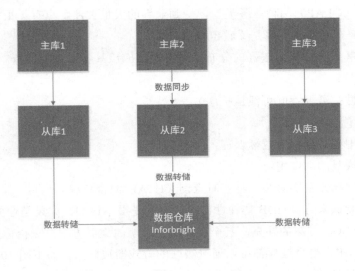

图 10-22

通过数据路由来达到负载均衡，从目前来看效果是很明显的，而在后续要持续的扩容时，对于业务来说也是一种可控的方式。下图 10-23 是近期的一些优化时间段里从库的 IO 的压力情况。

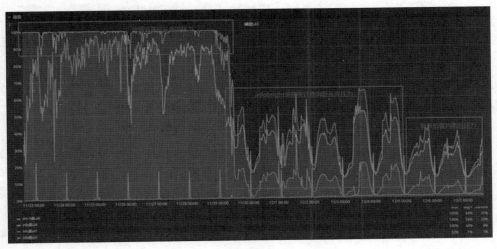

图 10-23

经过陆续几次地解决问题、补充并跟进方案，我们完成了从最初的故障到落地成功，MySQL 性能扩展的架构优化分享也已经基本了结。

10.2.3　兼容 MySQL 的 HTAP 选型：TiDB

近些年来，HTAP 混合数据库发展非常快，能够同时支持联机事务处理（OLTP）和联机分析处理（OLAP）两种业务类型，受到业界的大量关注，也有了很多落地的方案。其中 TiDB 方案在开源领域算是比较出众的。

从我的理解来看，一个较好的分布式解决方案应该具备以下的特点：

- SQL 支持；
- 水平弹性扩展（吞吐可线性扩展）；
- 分布式事务；
- 跨数据中心数据强一致性保证；
- 故障自恢复的高可用；
- 海量数据高并发实时写入与实时查询（HTAP 混合负载）。

从目前的测试来看，TiDB 在弹性支撑能力上是很不错的，如果是业务切入点可以作为对已有的 MySQL 方案的补充，甚至可以做到透明的集群方案，无论你是采用了 PXC，MHA，还是 MGR，整个过程都可以通过级联的方式衔接起来，如下图 10-24 是一个基于 MySQL 高可用架构的演进方案，其中对于 TiDB 的架构演进可以理解为一种并行和辅助方案。

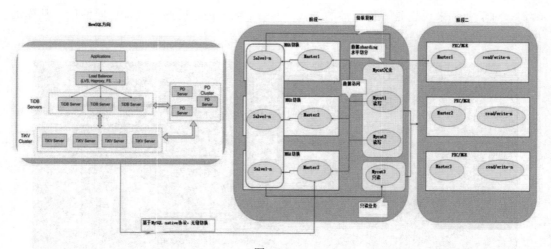

图 10-24

另外一个切入点应该是大数据方向，解决方案不应该局限于数据库方向，而应该具有更长远的规划。目前从我的测试来看，TiDB 是乐观锁（在新版本中也实现了悲观锁），对于 AP 业务的支持需求更大一些，能够对接到大数据平台，实现一些基本的数据流转甚至数据下沉至大数据，都是一些不错的点，如图 10-25 所示。

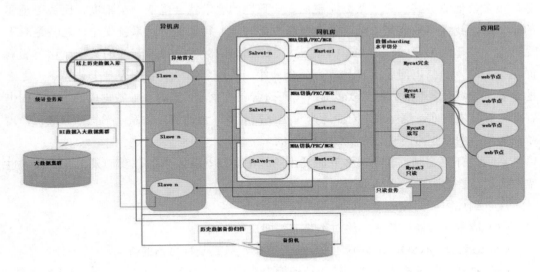

图 10-25

当然基于 HTAP 的数据库架构方案还有很多，我们可以在行业里做一些调研和测试，在充分验证测试的基础上，可以先从一些周边业务开始引入，踩过一些坑，落地也就更具有可行性了。

10.3　迁移到 MySQL 需要考虑的事情

从商业数据库（Oracle，SQL Server 等）迁移到 MySQL 需要考虑的事情其实远比我们要理清数据类型转换这些技术细节要复杂得多，也更重要。

有两个问题需要前置考虑：

- 为什么要从商业数据库迁移出去？
- 为什么要迁移到 MySQL？

如果解答了上述的两个问题，也就基本理顺了整个事情的脉络，我会本着基本客观的态度来说明。

接下来我们会先回答上面两个疑问，然后以迁移到 MySQL 为例进行一些注意事项的思考。

10.3.1　我对迁移缘由的理解

迁移缘由从行业的实践来看（主要是说互联网行业），绝对不是先从技术可行性出发，而是从业务可行性来入手，归根结底，主要的出发点就两个字：成本。

MySQL 开源免费，更重要的是行业实践验证充分，所以它具有得天独厚的优势。

从业务的另一个维度来看，试想我们所接触的互联网行业，除了充值和钱相关的业务，很多其他业务其实对于数据完整性、一致性的要求就会降低一个维度，比钱更重要的是什么，我觉得应该是安全，安全包括生命安全，行业安全，系统安全，这些绝对不允许出一些重大问题的，这些影响面太大，比如医院医生给患者开药的数据，这些影响面是很大的，一旦出问题很容易成为公众事件。而以金融级业务作为一个分界点，之上的是安全领域，之下的领域其实就是一些可选择的空间了。选择商业数据库的一个原因也在此，有技术兜底，这些成本对企业来说也是需要和厂商的绑定关系。稀里糊涂硬上，出了问题找不到专业的快速支持，那就悲剧了。

然后是开源定制，其实很多开源技术的开源协议是有差别的，我们采用开源技术也需要考虑这些协议的边界和适用范围。

所以到此需要明确的是：

（1）成本因素需要权衡，绝对不是非黑即白的事情。

（2）迁移到 MySQL 其实不是终极解决方案，只是一种可选的方案。

（3）对开源技术积累足够，技术把控能力要强。

（4）迁移的本质是找到最适合的业务场景，而不是为了技术实现而实现。

对于第 4 点，举个例子，Oracle 从性能上是毋庸置疑的，但是如果有海量的读请求，其实就不适合 Oracle 来扛了，当然也不适合用 MySQL，可能 Redis 的组合方案会更好一些。

10.3.2 为什么要迁移到 MySQL

要回答这个问题，其实我们的主线就是 MySQL 可以做什么，优势在哪里。

第一还是成本，开源免费，方便定制，MySQL 的可选方案可绝对不只有社区版，还有一系列的分支，比如 Percona 分支，MariaDB 分支，存储引擎 InnoDB，MyRocks 等统统都是免费可选。

第二是 MySQL 效率高，足够轻量级。MySQL 的效率从使用上来说，学习周期会很短，容易上手，而且对于系统的资源要求不高。

第三是水平扩展能力，把 Oracle 比作地铁，MySQL 比作公交车会更容易理解，我们可以很轻松的加开公交专线，但是加开地铁线路那就完全不同了。我觉得这是迁移到 MySQL 的一个核心点，这也就是为什么很多互联网的 MySQL 规模动辄几百几千，爆发式增长的业务，MySQL 扩展能力不是体现在 MySQL 数据库本身，而是对于架构的扩展性上，而这也就是为什么很多 MySQL DBA 比较 "贵" 的一个原因。

第四是复制，这是 MySQL 相较于 Oracle 的一个亮点，如果需要做跨数据中心的复制，允许存在一定的延迟，使用 MySQL 原生的复制方案是一件很容易的事情，MySQL 支持很多不同维度的复制方案。

第五是业务轻依赖，这个可以分为两个维度来说。一个是功能限制，一个是性能限制。这本身是 MySQL 功能和性能上的缺失，但是反而成为一个优点，因为要支撑分布式需求，需要业务对数据库的依赖要更轻巧一些，原本支持不好的存储过程就可以很自然的弱化了。

第六是开源带来的生态体系，开源红利带给企业的是很多的技术方案选择，让原本需要花钱买的事情变成了自己干，自己用。

10.3.3　从 Oracle 迁移到 MySQL 需要考虑的事情

首先是架构的差异，如图 10-26 所示，Oracle 和 MySQL 的差异还是比较大的，当然 Oracle 里面也是可以使用同义词的架构来实现类似 MySQL 的访问模型的。

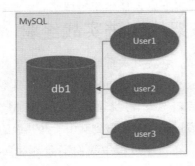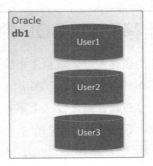

图 10-26

数据类型的差异其实是比较具体的技术细节，我举一些补充的。

- Oracle 里面的 Null 和空串都可以按照 null 来处理，但是在 MySQL 里两者是不同的。
- Oracle 表名，用户名都是有长度限制，在 30 个字符以内，在 MySQL 里长度要大得多，尤其是表名就需要注意了。
- Oracle 里会默认统一按照大写来处理，MySQL 里面默认是大小写敏感的。
- 对于 MySQL 类型在 MySQL 里需要考虑的细节较多，比如数值型，Oracle 里面 number 搞定，MySQL 有一系列的数值类型可以选择，不建议大一统的 big int 适配所有需求。

要更清晰的回答注意事项，可以归类为一个问题：MySQL 相比 Oracle 少了些什么？

性能上肯定有差异，我们主要理一理功能上的。比较的原则不是说 Oracle 有一定要 MySQL 有，而是从一些使用场景上来说更好的使用特性。

以下是 MySQL 相比 Oracle 不足的一些地方，既然要迁移到 MySQL，那就需要考虑功能和性能的差异，并在这个基础上演化出更加优良的方案，而这也是我们迁移的初衷，不是为了迁移而迁移。

- 存储过程支持有限，这是很多企业的技术债，处理好了是坦途，处理不好是大坑。比如存储过程，硬要用存储过程调用来对接，后期后患无穷；
- 没有同义词；

- 没有 db link，这个特性在 MySQL 里不支持其实是件好事，杜绝了那种跨库关联的需求；
- 没有 sequence，这个 MySQL 的自增列完全可以弥补；
- 没有物化视图，难以实现增量刷新的需求；
- 分区表有，但是很少用；
- 优化器薄弱，多表关联，Hash Join 在 MySQL 里还是一个弱项；
- 索引的差异，覆盖索引的实现两者差异也很大。
- 绑定变量的性能差异不大，Oracle 里面敏感的绑定变量问题在 MySQL 里不是问题；
- 性能工具，MySQL 里面的性能工具还是比较少的，而且粒度和效果有限。

小结一下：

迁移的本质是找到最适合的业务场景，而不是为了技术实现而实现

10.4　迁移到 MySQL 的业务架构演进实战经验

随着业务的快速发展，做到未雨绸缪很重要，在提升关系型数据库的扩展性和高可用性方面需要提前布局，MySQL 方案虽然不是万金油，却是架构演进中的一种典型方案，也是建设 MySQL 分布式存储平台一个很好的切入点。本小节会着重讨论迁移到 MySQL 架构体系的演进过程，相信大大小小的公司在不同的发展阶段都会碰到其中一些共性的问题。

我们先来简单介绍一下系统迁移的背景，在这个过程中我们不会刻意强调源数据库的一些功能性差异，相对来说是一种更通用的架构改进方式。

10.4.1　架构改造背景和演进策略

迁移前，我们做了业务梳理，整体的系统现状梳理如下表 10-4，可以发现这个业务其实可以划分为两个大类，一个是数据业务，一个是账单业务。数据业务负责事务性数据，而账单业务是状态数据的操作历史。

表 10-4

	数据业务	账单业务
数据量	400G+	1024G+
数据特点	数据读写（插入，修改，查询）	数据写入为主(插入，查询)
数据属性	事务性数据	流水型数据
数据保留周期	物理备份保留周期 1 个月 账单数据保留在 2 周以上	
数据同步策略	数据业务通过调用存储过程生成账单数据	

改造前架构如下图 10-27 所示，对数据做了过滤，整体上库里面的表有上万张，虽然是多个独立的业务单元，但是状态数据和流水数据是彼此通过存储过程级联调用。

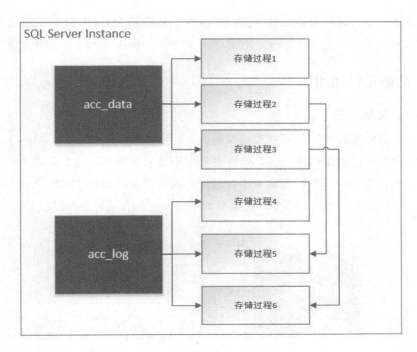

图 10-27

对这样一个系统做整体的改造，存在大量存储过程，在业务耦合度较高的情况下，要拆分为分布式架构是很困难的，主要体现在 3 个地方：

（1）研发和运维对于分布式架构的理解有限，认为改造虽然可行，但是改动量极大，基本会在做和不做之间摇摆。

（2）对于大家的常规理解来说，希望达到的效果是一种透明平移的状态，即原来的存储过程我们都无缝的平移过来，在 MySQL 分布式的架构下，这种方案显然是不可行的，而且如果硬着头皮做完，效果也肯定不好。

（3）对于分布式的理解，不是仅仅把业务拆开那么简单，我们心中始终要有一个平衡点，并不是所有业务都需要拆分做成分布式。分布式虽能带来好处，但是同时分布式也会带来维护的复杂成本。

所以对于架构的改进，我们为了能够落地，要在这个过程中尽可能和研发团队保持架构的同步迭代，整体上走过了如下图 10-28 所示的 4 个阶段。

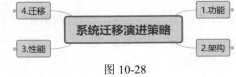

图 10-28

（1）功能阶段：梳理需求，对存储过程进行转移，适配 MySQL 方向。

（2）架构阶段：对系统架构和业务架构进行改进设计，支持分布式扩展。

（3）性能阶段：对系统压力进行增量测试和全量测试，全面优化性能问题。

（4）迁移阶段：设计数据迁移方案，完成线上环境到 MySQL 分布式环境的迁移。

我们主要讨论上面前 3 个阶段，我总结为 8 个架构演进策略，我们逐个来说一下。

10.4.2 功能设计阶段

策略 1：功能平移

对于一个已经运行稳定的商业数据库系统，如果要把它改造为基于 MySQL 分布式架构，很自然会存在一种距离感，这是一种重要但不紧急的事情，而且从改进的步调来说，是很难一步到位的。所以我们在这里实行的是迭代的方案，如图 10-29 所示。

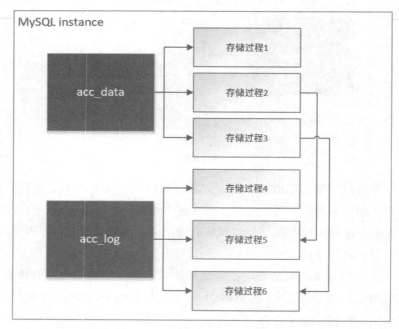

图 10-29

如同大家预期的那样，既然里面有大量的存储过程逻辑，我们是不是把存储过程转移到 MySQL 里面就可以了呢。在没有做完这件事情之前，大家谁都不敢这么说，况且 MySQL 单机的性能和商业数据库相比本身存在差距，在摇摆不定中，我们还是选择既有的思维来进行存储过程转移。

在初始阶段，这部分的时间投入会略大一些，在功能和调用方式上，我们需要做到尽可能让应用层少改动或者不改动逻辑代码。

存储过程转移之后，我们的架构演进才算是走入了轨道，接下来我们要做的是系统拆分。

10.4.3　系统架构演进阶段

策略 2：系统架构拆分

我们之前做业务梳理时清楚的知道：系统分为数据业务和账单业务，那么我们下一步的改造目标也很明确了，首先的切入点是数据库的存储容量，如果一个 TB 级别的 MySQL 库，存在着上万张表，而且业务的请求极高，很明显单机存在着较大的风险，系统拆分是把原来的一个实例拆成两个，通过这种拆分就能够强行把存储过程的依赖解耦。而拆分的核心思路是对于账单数据的写入从实时转为异步，这样对于前端的响应就会更加高效。

拆分后的架构如下图 10-30 所示。

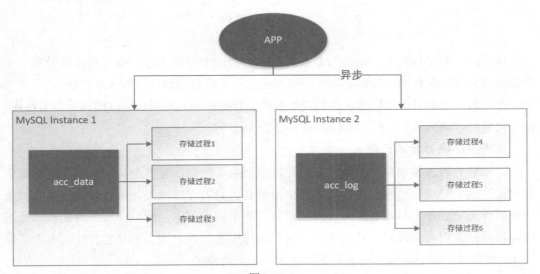

图 10-30

当然拆分后，新的问题出现了，账单业务的写入量按照规划是很高的，无论单机的写入性能和存储容量都难以扩展，所以我们需要想出新的解决方案。

策略 3：写入水平扩展

账单数据在业务模型上属于流水型数据，不存在事务，所以我们的改进就是把账单业务的存储过程转变为 insert 语句，在转换之后，我们把账单数据库改造为基于中间件的分布式架构，这个过程对于应用同学来说是透明的，因为它的调用方式依然是 SQL。

同时因为之前的账单数据有大量的表，数据分布参差不齐，表结构都相同，所以我们也借此机会把数据入口做了统一，根据业务模型梳理了几个固定的数据入口。这样一来，对于应用来说，数据写入方式就更简单，更清晰了，改造后的架构如下图 10-31 所示。

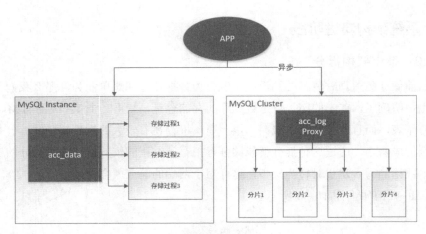

图 10-31

这个改造对于应用同学的收益是很大的，因为这个架构改造让他们直接感受到：不用修改任何逻辑和代码，数据库层就能够快速实现存储容量和性能的水平扩展。

账单的改进暂时告一段落，我们开始聚焦于数据业务，发现这部分的读请求非常高，读写比例可以达到 8:1 左右，我们继续架构的改进。

策略 4：读写分离扩展

这部分的改进方案相对清晰，我们可以根据业务特点创建多个从库来对读请求做负载均衡。这个时候数据库业务的数据库中依然有大量的存储过程。所以做读写分离，使用中间件来完成还是存在瓶颈，业务层有自己的中间件方案，所以读写分离的模式是通过存储过程调用查询数据。这虽然不是我们理想中的解决方案，但是它会比较有效，如图 10-32 所示。通过这种方式分流了大概 50% 的查询流量。

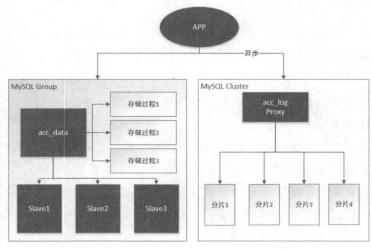

图 10-32

现在整体来看，业务的压力都在数据业务方向，有的同学看到这种情况可能会有疑问：为什么不直接把存储过程重构为应用层的 SQL 呢，在目前的情况下，具有说服力的方案是满足已有的需求，而且目前要业务配合改进还存在一定的困难和风险。我们接下来继续开始演进。

10.4.4　业务架构演进阶段

策略 5：业务拆分

因为数据业务的压力现在是整个系统的瓶颈，所以一种思路就是先仔细梳理数据业务的情况，我们发现其实可以把数据业务拆分为平台业务和应用业务，平台业务更加统一，是全局的，应用业务相对来说种类会多一些。做这个拆分对于应用层来说工作量也会少一些，而且也能够快速验证改进效果。改进后的架构如下图 10-33 所示。

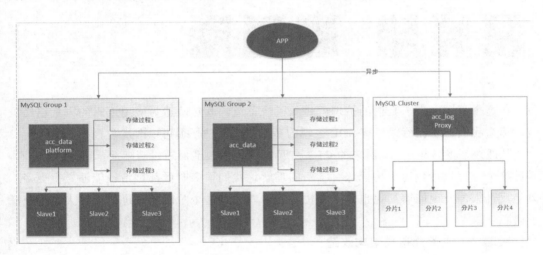

图 10-33

这个阶段的改进可以说是架构演进的一个里程碑，根据模拟测试的结果来看，数据库的 QPS 指标总体在 9 万左右，而整体的压力经过估算会是目前的 20 倍以上，所以毫无疑问，目前的改造是存在瓶颈的，简单来说，就是不具备真实业务的上线条件。

这个时候大家的压力都很大，要打破目前的僵局，目前可见的方案就是对于存储过程逻辑进行改造，这是不得已而为之的事情，也是整个架构改进的关键，这个阶段的改进，我们称之为事务降维。

策略 6：事务降维

事务降维的过程是在经过这些阶段的演进之后，整体的业务逻辑脉络已经清晰，改动的过程竟然比想象的还要快很多，经过改进后的方案对原来的大量复杂逻辑校验做了取舍，也经过了反复迭代，最终是基于 SQL 的调用方案，大家在此的最大顾虑是原来使用存储过程应用层只需要一次请求，而现在的逻辑改造后需要 3 次请求，可能从数据流量上会带给集群很大的压力，后来经过数据验证这种顾虑消除了。改进后的架构如下图 10-34 所示，目前已经是完全基于应用层的架构方式了。

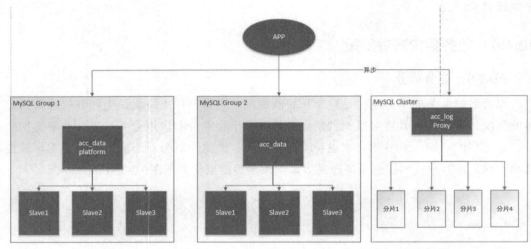

图 10-34

在这个基础之上，我们的梳理就进入了快车道，既然改造为应用逻辑的方式已经见效，那么我们可以在梳理现有 SQL 逻辑的基础上来评估是否可以改造为分布式架构。

从改进后的效果来看，原来的 QPS 在近 40 万，而改造后逻辑清晰简单，在 2 万左右，通过这个过程也让我对架构优化有了新的理解，我们很多时候都是希望能够做得更多，但是反过来却发现能够简化也是一种优化艺术，通过这个阶段的改进之后，大家都充满了信心。

策略 7：业务分布式架构改造

这个阶段的演进是我们架构改造的第二个里程碑，这个阶段的改造我们碰到了如下的问题：

（1）高并发下的数据主键冲突。

（2）业务表数量巨大。

我们逐个说明一下。

问题 1：高并发下的数据主键冲突和解决方案

业务逻辑中对于数据处理是如下图 10-35 所示的流程，比如 id 是主键，我们要修改 id=100 的用户属性，增加 10。

（1）检查记录是否存在

```
select value from user where id=100;
```

（2）如果记录存在，则执行 update 操作。

```
update user set id=value+10;
```

（3）如果记录不存在，则执行 insert 操作。

```
insert into user(id,value) values(100,10)
```

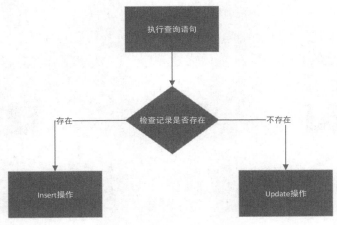

图 10-35

在并发量很大的情况下，很可能线程 1 检测数据不存在要执行 insert 操作的瞬间，线程 2 已经完成了 insert 操作，这样一来就很容易抛出主键数据冲突。

对于这个问题的解决方案，我们可以充分使用 MySQL 的冲突检测功能，即用 insert on duplicate update key 语法来解决，这个方案从索引维护的角度来看，在基于主键的条件下，其实是不需要索引维护的，而类似的语法 replace 操作在 delete+insert 的过程中是执行了两条 DML，从索引的维护代价来看要高一些。

类似下面的形式：

```
Insert into acc_data(id,value,mod_date) values(100,10,now()) on duplicate key
update value=value+10,mod_date=now();
```

这种情况不是最完美的，在少数情况下会产生数据的脏读，但是从数据生效的策略来看，我们后续可以在缓存层进行改进，所以这个问题算是基本解决了。

问题 2：业务表数量巨大

对于业务表数量巨大的问题，在之前账单业务的架构重构中，我们已经有了借鉴的思路。所以我们可以通过配置化的方式提供几个统一的数据入口，比如原来的业务的数据表为：

```
app1_data,app2_data,app3_data... app500_data,
```

我们可以简化为一个或者少数访问入口，比如：

```
app_group1_data(包含 app1_data,app2_data... app100_data)
app_group2_data(包含 app101_data,app102_data...app200_data),
```

以此类推。

通过配置化的方式对于应用来说不用关心数据存储的细节，而数据的访问入口可以根据配置灵活定制。

经过类似的方式改进，我们把系统架构统一改造成了三套分布式架构，如下图 10-36 所示。

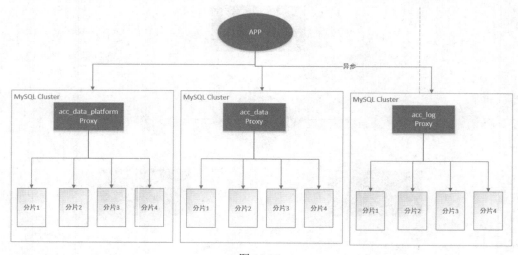

图 10-36

在整体改进之后，我们查看现在的 QPS，每个分片节点均在 5000 左右，基本实现了水平扩展，而且从存储容量上来看也是达到了预期的目标，到了这个阶段，整体的架构已经逐步趋于稳定，但是我们是面向业务的架构，还需要做后续的迭代。

10.4.5 性能优化阶段

策略 8：业务分片逻辑改造

我们通过业务层的检测发现，部分业务处理的延时在 10 毫秒左右，对于一个高并发的业务来说，这种结果是不能接受的，但是我们已经是分布式架构，要进行优化可以充分利用动态配置来实现。比如某个数据入口包含 10 个表数据，其中有个表的数据量过大，导致这个分片的容量过大，这种情况下我们就可以做一下中和，根据业务情况来重构数据，把容量大的表尽可能打散到不同的组中。

通过对数据量较大的表重构，修改分片的数据分布之后，每个分片节点上的文件大小从 200M 左右降为 70M 左右，数据容量也控制在 100 万条以内，下图 10-37 是其中一个分片节点的系统负载情况，总体按照线上环境的部署情况，单台服务器的性能会控制在一个有效范围之内，整体的性能提升了 15% 左右，而从业务的反馈来看，延迟优化到了 4 毫秒。

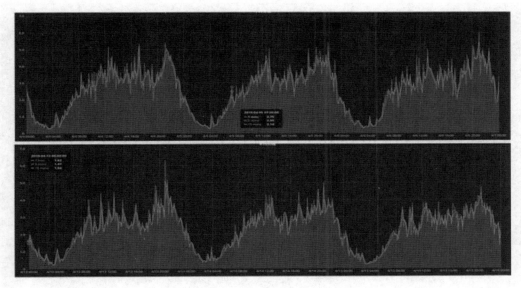

图 10-37

后续业务关闭了数据缓存，这样一来所有的查询和写入压力都加在了现有的集群中，从实际的效果来看 QPS 仅仅增加了不到 15%（如图 10-38），而在后续做读写分离时这部分的压力会完全释放。

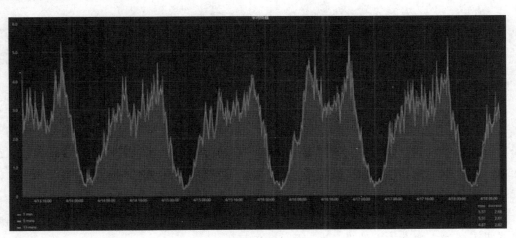

图 10-38

10.4.6　架构里程碑和补充：基于分布式架构的水平扩展方案

至此，我们的分布式集群架构初步实现了业务需求，后续就是数据迁移的方案设计了，3 套集群的实例部署架构如下图 10-39 所示。

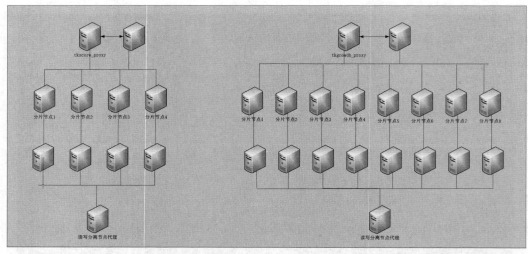

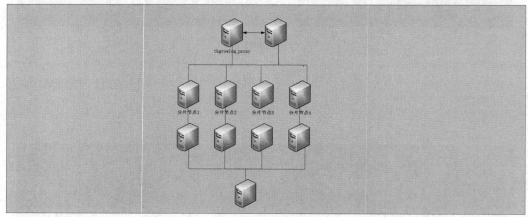

图 10-39

在这个基础上需要考虑中间件的高可用，比如现在使用中间件服务，如果其中的一个中间件服务发生异常宕机，那么业务如何保证持续访问，如果我们考虑负载均衡，加入一个代理层，比如使用 HAProxy，这就势必带来另外一个问题，代理层的高可用如何保证，所以在这个架构设计中，我们需要考虑得更多是全局的设计。

我们可以考虑使用 LVS+keepalived 的组合方案，经过测试故障转移对于应用层面来说几乎无感知，整个方案的设计如下图 10-40 所示。

当然基于 LVS 的模式不是最优的方式，在跨机房场景就比较局限了，更合适的方案是基于 Consul 服务的方案，在我们的测试对比中，可以动态扩展中间件节点，延迟方面会有 15%左右的提升。

整体的改造效果，读延迟在 0.8 毫秒左右，写延迟在 3.5 毫秒左右，具备线上业务的使用条件。

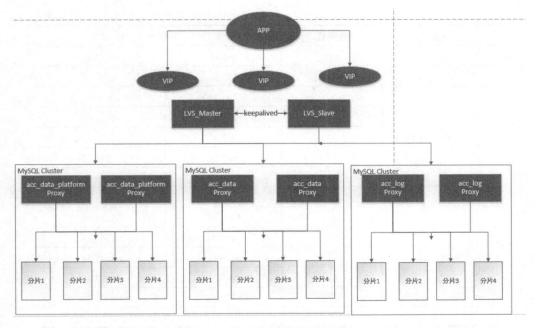

图 10-40

补充要点 1：充分利用硬件性能和容量评估

根据上面的分布式存储架构演进和后端的数据监控，我们可以看到整体的集群对于 CPU 的使用率并不高，而对于 IO 的需求更大，在这种情况下，我们需要基于硬件来完善我们的 IO 吞吐量。

在基于 SATA-SSD，PCIE-SSD 等磁盘资源的测试，我们设定了基于 sysbench 的 IO 压测基准：

- 调度策略：cfq
- 测试用例：oltp_read_write.lua
- 压测表数量：10
- 单表条目数：50000000
- 压测时长：3600s

经过对比测试，整体得到了如下表 10-5 所示的表格数据。

表 10-5

磁盘类型	线程数	TPS	QPS
SATA-SSD 小 OP	8	391.38	7827.59
	16	420.12	8402.38
	32	480.21	9604.29
	64	480.67	9613.49

续表

磁盘类型	线程数	TPS	QPS
	128	500.82	10016.48
SATA-SSD 大 OP	8	704.96	14099.11
	16	845.58	16911.69
	32	926.92	18538.42
	64	963.56	19271.18
	128	1128.48	22569.67
PCIE-SSD	8	1855.22	37104.36
	16	3082.94	61658.88
	32	4326.13	86522.54
	64	4849.37	96987.35
	128	5572.14	111442.85

从以上的数据我们可以分析得到如下图 10-41 所示的图形。

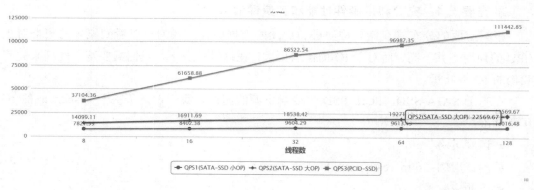

图 10-41

其中，TPS：QPS 大概是 1：20，我们对于性能测试情况有了一个整体地认识，从成本和业务需求来看，目前 SATA-SSD 的资源配置能够完全满足我们的压力场景。

补充要点 2：需要考虑的服务器部署架构

对于整体架构设计方案已经具备交付条件，那么线上环境的部署我们还需要设计合理的架构，这个合理主要就是两个边界：

（1）满足现有的性能，能够支撑指数级的压力支撑。

（2）成本合理。

在这个基础上进行了多次讨论和迭代，我们梳理了如下图 10-42 所示的服务器部署架构，对于 30 多个实例，我们最终采用了 10 台物理服务器来支撑。从机器的使用成本来说，MySQL 的使用场景更偏向于 PC 服务，但是对于单机来说，CPU、内存、磁盘资源都会存在较大的冗余，所以我们考虑了单机多实例，交叉互备，从而提高资源使用效率，同时节省了大量的服务器资源成本。其中 LVS 服务可以作为通用的配置资源，故如下资源中无需重复申请。

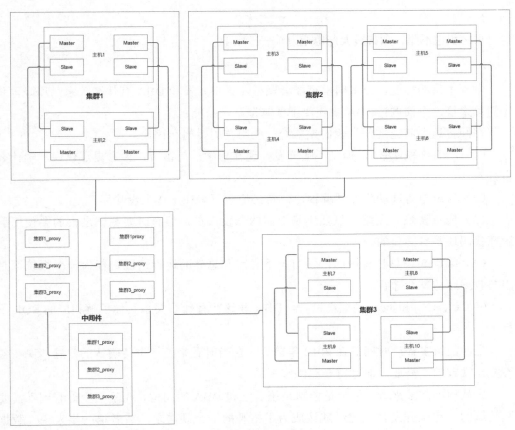

图 10-42

第 11 章　运维开发基础

水之积也不厚，则其负大舟也无力。——庄子

看到本章的标题，很多同学可能会疑惑，运维开发和 DBA 有什么关系，那好，我们先简单来谈一个问题：DBA 到底要不要掌握开发技能。

在回答这个问题之前，我们先来看一些网友的疑问和评论：

（1）一直在做 DBA，但是不懂开发，现在想学一门语言，大家提点建议，学什么语言好？

（2）最近总有冲动想去学编程，但是又怕学下来在工作上没啥用。

（3）应该要懂开发吧，虽然不是专职的开发人员，但有时要测试之类的要使用啊，读懂代码还是有必要的。

（4）编程知识总是有用的，学习一下思路和总体的运行情况，任何一个系统都是应用与数据库的整合才行。

（5）C、C++和 Java 是编程语言，DBA 和这些有什么关系？你了解相应的 SQL 不就行了。

上面的很多评论时间是在 2012 年前后，在当时看来是一个待确认的问题，现在看来答案是铁定的：需要，而且需要熟练掌握。

先从招聘需求来看，但凡是招聘系统运维和 DBA 的岗位，几乎很少能看到不需要开发技能的，运维开发技能已经默认成为了招聘的一个硬需求。或者退一步来说，数据库技能水平可以再培养，但是不懂开发技术，没有开发基础，要通关拿到 Offer 还是很难的。

我们会分几个层面来对运维开发基础做出补充，一个是运维开发的发展情况，另一个就是开发基础，我选择了两门语言，一个是 Shell，一个是 Python，选择的目的不是说一定要学习这两门，而是根据团队情况和行业现状，语言本身不会成为运维开发的瓶颈。

11.1　运维开发是 DBA 新的挑战

可能有的同学还存在疑问，我们就通过以下的两个环节来解读下，一个是通过分析 DBA 技术栈的演进，另外一个是对于运维开发的常见问题，如果你们团队已经在转型的路上，那么有些问题可能会产生共鸣。

11.1.1　运维开发和 DBA 技术栈的演进

通过 DBA 技术栈的发展，可以让我们更加清晰地了解 DBA 的方向和未来。

在我的理解里，早期 DBA 的工作内容基本是分为三个方向。

（1）运维管理，比如基础的安装部署、搭建从库、数据库权限开通、系统权限开通、备份恢复、监控等，都是基础运维的范畴。

同时，对于一些表结构的变更、SQL 审核和数据迁移类的操作大都属于运维管理类的操作。

（2）数据库架构和优化，这是一个比较大的方向，早期的优化策略其实更多是添加索引，查看慢日志等，很多问题都是后知后觉，属于被动的处理方式，而随着业务的快速扩展，对于数据库性能和存储的水平扩展是摆在 DBA 面前紧迫的任务，在技术选型、架构设计、高可用设计、集群方案等方面对于 DBA 都是很大的挑战，而这也印证了 MySQL DBA 比较"贵"的一个原因。

（3）运维开发，我把它分为两个大类，第一个大类是一些应用的开发，比如运维自动化系统的开发，而在早期更多是脚本的开发。第二大类分为两个子类，一个是系统/应用组件的开发，比如数据库中间件的开发或者定制就是一种，智能运维模块的开发也是一类，而另外一个则是内核级别的开发。而内核级别的开发则不具有普遍性，因为一方面你即使开发修改了代码，但是后续的维护怎么去做，如果更加平滑这是一个问题；另外，对于内核的定制和改动，需要对数据库方向有着很深入的理解或者有绝对的技术权威性，而且更重要的是有一个明确的场景去支持，否则写出来了推广也会很难。

上面三个部分所占的比例在早期是一种很不平衡的状态，大体是 6：3：1，如下图 11-1 所示。

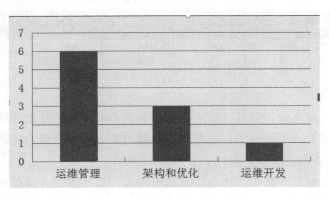

图 11-1

而在我的理解中，前期事务性工作的意义在于我们可以做的更快，做得更高效。但是后期运维开发和架构优化的工作会越来越多，这个比例会有很大的变动，基本的比例会是 2：4：4，如图 11-2 所示。

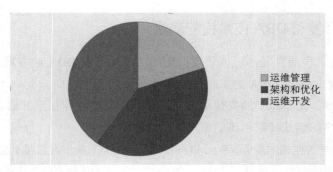

图 11-2

我们来看一些行业里的数据情况，图 11-3 是某互联网公司在使用自动化之前和之后团队工作方向的一些比例变化。

	部署初始化	支持与变更	备份	监控	优化	架构	新技术研究	自动化	其他
自动化前	20%	20%	8%	7%	20%	5%	4%	3%	13%
自动化后	5%	8%	3%	3%	20%	20%	9%	20%	12%

图 11-3

其实可以看到在运维价值提升以后，可以有更多的时间去做更有价值的事情了。虽然不至于到喝咖啡看报纸的地步，但是我们所做的工作技术含量会提高，也所谓行业里的水涨船高，不进则退。

许多企业现在都是两极化，要么需要高潜新人，要么需要有经验的专家，反而介于两者之家的人会比较尴尬了，从趋势来看，对人的要求会越来越高。

11.1.2 运维开发常见的六个问题

对于运维开发，有一天我抛出了几个问题，引发了大家的热烈讨论，可以看出，很多人都有相似的痛点，很多路可能我们都在走过，在此没有绝对正确的答案，希望这些评论对大家都有一些启示和帮助。

问题 1：你觉得运维自动化平台从公司层面来推和从部门自发做起，各有什么利弊？

同学 1：从部门发起 先做出一个 demo，然后后续争取公司的支持，可以自己慢慢做。

同学 2：首先运维团队并非所有人都重视自动化；思维无法转变。其次如果非运维出身，或者不了解运维，leader 并不一定都会重视。

同学 3：个人觉得自动化要搞好，首先运维团队自身得有思维转变，有意识将传统的运维操作逐渐转移到运维系统；其次是逐渐从小范围扩展到开发团队，比如 sql 审核，实实在在带来便利和提高效率，也是一个灰度过程。

同学 4：可以抓痛点，单点突破，小范围试点。

问题 2：运维自动化使用 Python 还是 Java 要好一些？

同学 1：Python 好用，但是要懂 Java，因为开发 Java 多，尤其是问题调查方面。

同学 2：选择语言的关键在开发运维系统的团队整体技术栈，很多互联网公司是选择 Java。

同学 3：现在感觉好多公司都开始搞 Go 了，实在跟不上。

同学 4：如果运维人员来开发，Python 或者 Go 更合适，简单易上手。如果是开发人员，则要看开发人员熟悉的技能。

同学 5：Python 成本低，入门易，贴合度高。

同学 6：Python，Java 各有秋千，角度和立场观点不一样，语言之争不讨论，应用开发选择就 Java 吧，招聘容易点。

问题 3：微服务架构对于目前的运维来说落地情况如何？

同学 1：感觉做微服务对运维很大的一个好处是不用过于担心业务陡增，系统宕机，也不用担心某部分故障导致系统整体故障，还有，部署、发布多了，倒轻松了

同学 2：我在福州和深圳见过专门搞微服务的公司，还可以，只是投入有点小大。

同学 3：微服务架构在业务层面应用较多，运维有待改进。

同学 4：关于微服务，个人觉得只要参考思想，形成一个个独立模块就好了，没必要搞什么服务发展、服务注册之类的东西。

同学 5：传统 IT 架构、现有业务系统改造，自有庞大开发团队的公司可以考虑，尤其是 IT 企业；其他行业如果之前便采购了一堆应用软件的公司就不适用微服务，但对未来想规划开发团队、自研发很多应用项目则适用。

同学 6：运维的顶层设计到目前主止，一般的大中型企业都旨在解决现实运维问题，架构基本稳定，花那么大代价微服务化，阶段和时间节点大部分企业都还没有到，但是像阿里云那样的绝对例外。业务系统完全不一样，变化快，发布周期短，业务细部功能高度自治，外部调用勾连紧密。

同学 7：应用的微服务部署对运维提出了更高的要求。

同学 8：微服务的很多程序，我们上线部署，也麻烦，如果调用链长，又没跟踪监控，

就尴尬了。

问题 4：大家了解的行业里的运维平台从上向下推进的成功率如何？

同学 1：由上推下，领导 CTO 认可，就会较容易，但是不能影响开发的项目进度和产品正常上线，否则肯定他们先行。

同学 2：赞同楼上，如果这个需求上升了到领导或公司层面，那至少你做的平台确实是解决了实际问题，带来了可观的价值，不管是从人力还是物力上。

同学 3：说白了，运维平台，除了大公司，小公司只能一个部门自己先搞，就像有一条小河沟，以前都是绕一绕就过去了，你觉得造个桥方便，你只能自己造，同路的搭个便，若找领导要钱去造会很难。除非，绕行十分困难。

同学 4：运维平台从上向下推进的成功率不算高，有见过，公司用 Tivoli，下面都在用 Zabbix。当然这里的成功率要分阶段、分组织文化来看，通常一开始还不错，随着解决现实问题的能力下降，其生命力就在走下坡路。

同学 5：自上而下的推进即使强推下去，实用性也欠佳，需要特殊模块带动，提供很好的工作方便性进行引导。

问题 5：一个大而全的系统（投入人员多一些）和一个快速迭代的系统，大家觉得哪个更容易成功？

同学 1：个人推崇快速迭代。大而全，时间久，变数大。

同学 2：有领导支持当然好了，前提还要看执行者质量；开发的系统如果大范围使用，最重要的就是稳定，不能出"幺蛾子"。

同学 3：千万别大而全，这东西没有一个整体的思路或是规划，后面自己都会放弃了。

同学 4：每个人关注点都不一样，你可能关注功能的实现，领导可能关注带来的便利，总监可能关注成本的节省，要让这么多人认同其实还是不容易的，小范围试运行逐步迭代合并需求还是不错的！

同学 5：快速迭代，快速迭代的需求源泉都是来自需求，来自生产一线；大而全的系统，对不起，第一个通常是 Demo。

问题 6：前后端技术是否需要分离，比如运维不需要关注前端，不需要写前端页面？

同学 1：如果是运维自动化平台前端的话，一般还是运维自己写吧，前端工程师最多也是建议，因为产品开发迭代的前端工作也不少！

同学 2：我觉得沟通成本太大了。

同学 3：这个平台开发肯定不能依赖开发人员，开发人员自己事情多的要死，根本顾不上。

同学 4：需要，运维人员最好忽略前端，通常运维想出来的前端都不靠谱，前端是个专业活。

同学 5：前后端需分工也需沟通，计划应用的时候，有基础架构、服务器的人参与建议。

上面的回答仅供参考，我也没有刻意去放大某些答案的结果。对于不同的企业、不同的阶段，自有不同的实践路线，仅仅参考。

11.2 运维开发基本功：Shell 基础

Shell 虽不是我们常见的运维开发语言，却是系统运维的基本功，我们本小节不会展开篇幅来讨论 Shell 的基础细节，而是假设你已经有一定的 Shell 基础，拔高一个层次来聊一些 Shell 的心得。

11.2.1 Shell 脚本心得

从我的实践来看，对于一个新人，如果系统学习 Shell 的基础知识，基本一天就可以写一些简单的 Shell 脚本，在这个过程中，我们很可能碰到一些坑或者问题，可以先吸取一些经验。

1. 选择合适的 Shell

Shell 本身有很多种，大体如下：

- /bin/sh：已经被/bin/bash 所取代。
- /bin/bash：就是 Linux 预设的 Shell。
- /bin/ksh：Kornshell 由 AT&T Bell lab 发展出来的，相融于 bash。
- /bin/tcsh：整合 C 和 Shell，提供更多的功能。
- /bin/csh：已经被/bin/tcsh 所取代。
- /bin/zsh：基于 ksh 发展出来的，功能更强大的 Shell。

可以根据工作的需要和实际情况来选择，目前我使用比较多的就是 bash 和 ksh。

2. 脚本路径规划

这个问题比较纠结，在自己写的一些脚本中，没有注意到一些路径的设置，可能在当前目录下执行脚本和在其他路径下执行就有很大的差别，甚至是严重的错误。

比如我现在有一个脚本 test.sh 在目录 /u01/ora11g 下面。

那么我在/u01/ora11g 下面执行自然没有问题，但是如果我现在在/u02/db2 的目录下面，我想运行这个 test.sh，可能就需要输入 ksh /u01/ora11g/test.sh xxxxx。

如果路径的一些通用性没有考虑到的话，这个脚本很可能出错，或者出现不期望的结果。

3. 临时文件的处理和命名

对于临时文件的处理，个人建议统一命名，比如可以用以下特定的操作、功能命名。xxxx_rename_file.tmp 等等。

4．命令的简化和功能的简化

对于这个部分，需要大家自己把握一个度，可能有些人喜欢用一个很"精简"的命令来完成一个很复杂的工作。有些人喜欢通过一些很简单的操作来组合起来，完成一个复杂的功能。

但是如果脚本的维护和后期的改进不是你一个人来完成的话，最好还是有一些规范为好，适当加入一些相关的注释和说明。有些精简的命令可以加一些特定的描述，这样在后期需要改进时，就很容易把握。

5．适用的平台

如果大家在 UNIX、Linux 下写过一些脚本，可能会发现有一些命令的选项在 Linux 可用，但是到了 UNIX 下却并不买账。比如 awk，grep 在 SunOS，AIX，Linux 下对应的路径有很大的差别，如果想让命令更通用，可以考虑下面的形式。

```
if [ $MachineType = SunOS ]
then
 export AWK=/usr/xpg4/bin/awk
 export GREP=/usr/xpg4/bin/grep
 export SED=/usr/xpg4/bin/sed
 export TR=/usr/xpg4/bin/tr
…
elif [ $MachineType = AIX ]
then
 export AWK=/usr/bin/awk
 export GREP=/usr/local/bin/grep
 export SED=/usr/bin/sed
 export TR=/usr/bin/tr
…
elif [ $MachineType = Linux ]
then
 export AWK=/bin/awk
 export GREP=/bin/grep
 export SED=/bin/sed
 export TR=/usr/bin/tr
…
```

6．日志

对于脚本中的数据和文件处理，最好还是有一些详尽的日志；没有日志，谁也不知道到底发生了什么，而且对于问题排查时是极为重要的。

7．函数库

如果你已经沉淀了不少的功能集，可以考虑把它们整合到函数库中，在以后的处理中直接调用即可。

8．动态脚本

完成一些复杂的功能时，可以考虑使用动态脚本来实现。

可以考虑通过 Shell 脚本来生成一些特定功能的 Shell 脚本。比如：使用动态变量进行动态数据比较。

http://blog.itpub.net/23718752/viewspace-1210639/

9．完整的数据校验和容错处理

脚本的编写过程中，可能大家经常忽略的就是一些数据的校验功能，可能有很多细节都没有做校验，在复杂的场景中就很容易出错，如果要写一个比较完善的脚本，那么数据的校验和错误的处理都是需要格外关注的，毕竟软件的很多细节都是成败的关键。

10．强大的工具集 sed+awk

sed+awk 在 Shell 脚本的编写中有很重要的作用，使用的过程中正则表达式的一些知识也需要补补。有很多的功能可能通过一些文件处理能够实现，但是有时候就很容易使用 sed/awk 来完成。

抛砖引玉一下，比如我想对当前目录下的文件，输出文件名都添加一个后缀.abc。

可以这样来写：

```
ls -l|awk '{print $9 ".abc"}'
```

11．交互性

在写脚本的时候，有一些参数需要输入，我们可以提供一些可读性的提示信息。这样在操作的时候更容易理解。

可以使用 read 来引入一些输入参数的值，加入一些提示信息。

```
cat test.sh
echo 'please input your message:'; read name
echo 'your message is :'$name
[ora11g@rac1 ~]$ ksh testa.sh
please input your message:
this is a test
your message is :this is a test
```

12．充分利用其他工具的功能集

使用 Shell 做数据运算，和其他编程语言相比，感觉还是比较吃力的，比如我想做一个舍入的运算，在 MySQL 中就是 ceil()函数实现的功能。

使用一个简单的 SQL 就马上得到期望的结果。

```
SQL> select ceil(100/3) from dual;
CEIL(100/3)
-----------
    34
```

使用 Shell 则需要类似下面的一些转换和处理，当然了，在文件的处理方面，Shell 的功能很强大。

```
pages_float=`echo "scale=2 ; 100 / 3 "|bc`
pages_num=`echo '' | awk -v a=$pages_float '{print int(a+0.999)}'`
echo $pages_num
34
```

11.2.2 如何快速建立服务器之间的 ssh 互信

在服务器之间建立 ssh 互信的操作很普遍，但是如果服务器的规模和数量巨大，这个操作复杂度就高了，我们可以对这个场景做一些优化改进。比如我们使用的都是中控机器去免密码登录，我需要给他开通这些服务器的访问权限，常规思路如下：

首先复制.ssh/id_rsa.pub 到目标服务器，比如目标服务器是 10.12.1.1，则命令为：

```
scp .ssh/id_rsa.pub root@10.12.1.1:~
```

然后 ssh 登录到目标端，执行：

```
cat ~/id_rsa.pub >> ~/.ssh/authorized_keys
```

最后简单查看 authorized_keys 文件，验证一下是否连接正常。

如果是多台服务器，这个操作就显得很繁琐。所以我就停下来想，还有没有其他更好的方式，如果使用一个命令就能够搞定最好。

果然磨刀不误砍柴工，经过一番摸索和梳理，找到了以下的几种方式。

第一种方式：使用 ssh-copy-id 来完成，这个是 Linux 字典的命令行工具，本身的实现也是一个 Shell 脚本，可以通过阅读脚本逻辑来强化 Shell 能力。

第二种方式：免脚本传输，直接在远程调用，使用管道的方式。

比如：

```
cat ~/.ssh/id_rsa.pub |ssh 10.12.1.1  "cat - >> ~/.ssh/authorized_keys"
```

第三种方式：也是免脚本传输，和上面的命令略有一些差别。

```
ssh 10.12.1.1  "cat - >> ~/.ssh/authorized_keys" <  ~/.ssh/id_rsa.pub
```

上面三种方式都是经过检验还不错的方法，能简化繁琐重复的工作，对运维能力的提升还是很有帮助的。

11.2.3 通过 Shell 脚本抽取 MySQL 实例信息

对于 MySQL 元数据建设，可以从主机、实例、业务、集群几个维度来完善，把流程贯穿起来，其中有一个点很重要，也是我们容易忽略的：有些元数据我们也无法确认是不是完整，准确。大体有以下三个维度：

（1）目前系统中遗漏的实例信息

（2）目前系统中错误的实例信息

（3）目前系统中已经过期的信息（比如系统下线，但是元数据没有及时变更）

因为数据是收上来了，但是到底差了多少，目前来说还无法判断。

所以意识到这个问题之后，我们需要采取行动来完善。一种方式是全量的扫描，然后全量刷新，这样我们就知道哪些信息做了刷新，优点是思路很清晰，做没做一目了然，但是缺点也很明显，有些控制过度了；另外一种方式是全量扫描，增量刷新，即刷新那些确实变化的，那么一个问题就出来了，我们怎么知道扫描抓取的信息和原来的不一样。

所以主动抓取的方式不是很"优雅"，而且对业务的依赖和侵入性较高，打个比方你去租房子，中介反复来问你，要不要租房子，你肯定也会烦；但是如果你明确了需要租房子的需求，再去找中介，这个事情的效率和价值就会是指数级的提升。元数据的信息维护也是类似的道理，比较优雅的方式是通过客户端主动推送，或者通过流程的方式来做数据流转。不应该是系统来反向主动抓取，一来有延迟，二来效率也不高。

由此我们可以明确几个信息，数据抽取是必要的，数据抽取应该是周期性或者主动触发的。

一般来说，我们印象中的实例信息，基本都是 CPU，内存等的系统属性，加上归属的业务等信息，其实这些信息是一些概要的信息，如果我们想得到一些更细粒度的信息，从哪个维度得到呢，推荐是从实例维度。

实例维度我拆分了如下图 11-4 所示的属性，能够得到一个实例相对全面的信息。如果实例是比较规范的，可能得到的结果是一个比较规整的格式，看起来会有些单调的样子。

IP地址	端口	binlog	buffer_pool	内存	版本	GTID	数据目录	Socket目录	字符集	server_id	Master信息	binlog天数	事务	redo大小	数据量
	4306	开启	4096	7913	5.7.16-10-log	ON	/data/mysql_4306/data	/data/mysql_4306/tmp/mysql.sock	utf8	246	None	3	READ-COMMITTED	1024	7.5G
	4306	开启	10240	15936	5.7.16-10-log	OFF	/data/mysql_4306/data	/data/mysql_4306/tmp/mysql.sock	utf8	268	None	7	READ-COMMITTED	1024	86G
	4306	开启	4096	7913	5.7.16-10-log	ON	/data/mysql_4306/data	/data/mysql_4306/tmp/mysql.sock	utf8	306	None	3	READ-COMMITTED	1024	7.6G
	4306	开启	1024	3817	5.7.16-10-log	ON	/data/mysql_4306/data	/data/mysql_4306/tmp/mysql.sock	utf8	161	None	7	READ-COMMITTED	1024	1.1G
	4306	开启	8192	15936	5.7.16-10-log	ON	/data/mysql_4306/data	/data/mysql_4306/tmp/mysql.sock	utf8	162	None	7	READ-COMMITTED	1024	14G
	4306	开启	4096	7857	5.7.16-10-log	ON	/data/mysql_4306/data	/data/mysql_4306/tmp/mysql.sock	utf8	163	None	7	READ-COMMITTED	1024	1.1G
	4306	开启	10240	16049	5.7.16-10-log	OFF	/data/mysql_4306/data	/data/mysql_4306/tmp/mysql.sock	utf8	12424	None	1	READ-COMMITTED	1024	87G
	4306	开启	4096	7913	5.7.16-10-log	ON	/data/mysql_4306/data	/data/mysql_4306/tmp/mysql.sock	utf8	366	None	3	READ-COMMITTED	1024	7.6G
1	4306	开启	4096	7857	5.7.16-10-log	ON	/data/mysql_4306/data	/data/mysql_4306/tmp/mysql.sock	utf8	149	None	7	READ-COMMITTED	1024	20G
	4306	开启	1024	3817	5.7.16-10-log	OFF	/data/mysql_4306/data	/data/mysql_4306/tmp/mysql.sock	utf8	12431	None	7	READ-COMMITTED	1024	1.1G

图 11-4

当然如果不规整，配置存在较大差异的，可能会是如下图 11-5 这种情况。

IP地址	端口	binlog	buffer_pool	内存	版本	GTID	数据目录	Socket目录	字符集	server_id	Master信息	binlog天数	事务	redo大小	数据量
1	4311	未开启	256	24153	5.7.16-10-log	OFF	/data/mysql_4311 /data/	/data/mysql_4311 /tmp/mysql.sock	utf8mb4	1944311	None	0	READ-COMMITTED	1024	1.1G
	3306	开启	2200	3832	5.5.19-log	OFF	/data/mysql/data/	/data/mysql.sock	utf8mb4	134240	None	3	REPEATABLE-READ	128	18G
	4306	开启	2048	5852	5.5.19-log	OFF	/data/mysql_4306 /data/	/data/mysql_4306 /tmp/mysql.sock	utf8mb4	2130	None	3	REPEATABLE-READ	128	377M
	4306	开启	8192	15935	5.7.16-10-log	ON	/data/mysql_4306 /data/	/data/mysql_4306 /tmp/mysql.sock	utf8mb4	390	None	7	READ-COMMITTED	1024	1.1G
	4306	未开启	512	7857	5.7.16-10-log	ON	/data/mysql_4306 /data/	/data/mysql_4306 /tmp/mysql.sock	utf8	17157	None	7	READ-COMMITTED	512	542M
	4306	未开启	16	7872	5.5.19-log	OFF	/data/mysql_4306 /data/	/data/mysql_4306 /tmp/mysql.sock	utf8	1089	None	3	REPEATABLE-READ	128	308G
	4312	未开启	256	24153	5.7.16-10-log	OFF	/data/mysql_4312 /data/	/data/mysql_4312 /tmp/mysql.sock	utf8	1944312	None	0	READ-COMMITTED	1024	1.1G

图 11-5

从这些信息里面，我们可以挖掘出很多待改进的信息，比如内存配置不够合理，server_id 的配置不规范，binlog 的保留周期太短，redo 太小，事务隔离级别不统一，数据量小于 buffer_pool_size 等等。

这种感觉就跟你登山一般，如果你用全新的视角来看待已有的事物，绝对会有新的理解，相比原地踏步来说，改进的效果要好很多。

脚本内容可以参考开源项目 github:https://github.com/jeanron100/mysql_devops。

输出结果类似于：

```
5720 /data/mysql_5720/tmp/mysql.sock 1 268435456 OFF /data/mysql_5720/data/
utf8 2025720 5.7.16-10-log 7 READ-COMMITTED 16080 1024 5.1
    5721 /data/mysql_5721/tmp/mysql.sock 1 268435456 OFF /data/mysql_5721/data/
utf8 2025721 5.7.16-10-log 7 READ-COMMITTED 16080 1024 3.7
    5722 /data/mysql_5722/tmp/mysql.sock 1 268435456 OFF /data/mysql_5722/data/
utf8 2025722 5.7.16-10-log 7 READ-COMMITTED 16080 1024 2.6
    5723 /data/mysql_5723/tmp/mysql.sock 1 268435456 OFF /data/mysql_5723/data/
utf8 2025723 5.7.16-10-log 7 READ-COMMITTED 16080 1024 3.9
    5724 /data/mysql_5724/tmp/mysql.sock 1 268435456 OFF /data/mysql_5724/data/
utf8 2025724 5.7.16-10-log 7 READ-COMMITTED 16080 1024 8.7
```

列的含义分别是：端口、socket 文件路径、是否开启 binlog、buffer_pool 大小、GTID 是否开启、数据目录、字符集、server_id,数据库版本、binlog 日志保留天数、事务隔离级别、内存大小、redo 大小、数据量大小。对于单机多实例的情况，查看信息就非常方便直观了。

11.2.4　使用 Shell 脚本抽取 MySQL 表属性信息

抽取了数据库层级的信息之后，我们可以基于已有的数据做一些深入分析，比如哪些业务属于僵尸业务，可以通过分析 binlog 的偏移量来得到一个初步判断，如果在一个周期之后偏移量未发生任何变化，则可以断定没有任何数据的写入，很可能是一个空跑的业务。如果某些业务平常的日增长数据在 1000M,结果有一天突然爆发增长到了 4000M,

则这种情况我们可以基于建立的模型来做出响应，但这些信息在系统层面是无法感知的。这是对于业务探索的第一步。

　　除此之外，还会有某些表数据量太大，某些表数据增长过于频繁，某些表中的碎片率很高，表中的索引过度设计等，这些对于业务来说是很欢迎的，因为如果能够及时发现，从设计上就可以改进和完善，为后期的问题排查也提供一种参考思路。

　　所以简而言之，表属性的收集是一个很细粒度的工作，虽然琐碎，但是非常重要，而这个很可能是我们 DBA 同学目前比较容易忽视的。

　　我写了一个初版的采集脚本，会基于数据字典 information_schema.tables 采集一些基础信息，对于表中的碎片分析，则是通过和系统层结合来得到的。

　　为了避免采集到的表数量过多，目前是优先采集数据量在 100M 以上的表，然后分析碎片率等。

　　脚本内容可以参考 github:https://github.com/jeanron100/mysql_devops。

11.3　运维开发必修技：Python 开发

　　我们一说到运维开发语言，基本上就是在说 Python 了，语言之争我们不在此讨论，而是以 Python 语言作为开启运维开发的一个入口。

　　同时限于篇幅，我们不会逐一的介绍 Python 开发的完整技术体系，主要原因如下：

　　对于 Python 的学习是一个持续的过程，你完全不用先完整的学完 Python 再开始你的运维开发计划，很多技术知识点都是在碰到了问题之后查看文档或者博客得到解决方法的。

　　本小节中我们会通过几个实例来串联一些知识点，当然我也会推荐一些实用的 Python 资源。

11.3.1　Python 基础和数据结构

　　对于 Python 的基础，发现还是有很多基础需要巩固，我们计划分为文件管理和数据结构操作两个部分来进行总结。对于文件管理主要是基于文件的路径，文件属性进行提取和管理；而对数据结构操作则是通过常见的数据结构（如列表，字典和集合等）进行一些操作演示。

1. 文件管理

　　我们先来看一下文件管理的部分。

```
>>> import os
```

　　得到当前的所在的路径：

```
>>> os.getcwd()
'/root/test'
```

列出当前路径所在的文件夹下的文件：

```
>>> os.listdir(os.getcwd())
['a.py', 'redis_test.sql', 'cmdb_server.txt', 'a.sql', 'test.py',
'redis_test.txt', 'paramiko.pyc', 'cmdb_server.txt.bak', 'paramiko.py',
'requirements_add.txt', 'test.txt', 'opsmanage.tar.gz', 'test.sql']
```

返回当前的绝对路径：

```
>>> os.path.abspath('.')
'/root/test'
```

得到当前路径上一次的绝对路径：

```
>>> os.path.abspath('..')
'/root'
```

把路径分解为路径和文件名：

```
>>> os.path.split('/root/test/test.py')
('/root/test', 'test.py')

>>> os.path.split('.')
('', '.')
```

将路径进行合并：

```
>>> os.path.join('/root/test','test.py')
'/root/test/test.py'
```

返回指定 path 的文件夹部分：

```
>>> os.path.dirname('/root')
'/'
```

返回当前 path 的文件夹：

```
>>> os.path.dirname(os.getcwd())
'/root'
```

得到当前的路径，和上面的可以互为印证：

```
>>> os.getcwd()
'/root/test'
```

返回 path 中的文件名：

```
>>> os.path.basename('/root/test/test.py')
'test.py'
```

返回 path 中的子文件夹：

```
>>> os.path.basename('/root/test')
'test'
>>> os.path.basename('/root/test/')
''
```

得到文件或文件夹的最后修改时间：

```
>>> os.path.getmtime('/root/test/test.py')
1521193690.4832795
```

得到文件或文件夹的大小，注意文件夹的部分得到的可能不是真实的大小，不是 du -sh 类似的结果。

```
>>> os.path.getsize('/root/test/test.py')
29
```

查看文件或者文件夹是否存在：

```
>>> os.path.exists('/root/test/test.py')
True
>>> os.path.exists('/root/test/test.py22')
False
```

一些路径在不同操作平台的表示：

```
>>> os.sep
'/'
>>> os.extsep
'.'
>>> os.linesep
'\n'
>>> os.pathsep
':'
```

如果要对文件列表进行管理，可以参考如下的操作：

得到目录下的文件。

```
>>> os.listdir(os.getcwd())
['dict.py', 'sqlplan.py', 'deploy.pyc', 'task_manage.py', 'cron.py',
'mysql_manage.py', 'system_manage.pyc', 'cmdb.pyc', 'deploy.py',
'ansible.pyc', 'index.py', 'tuning.ini', 'cron.pyc', 'backup.pyc',
'mysql_manage.pyc', 'users.py', 'celeryHandle.py', 'assets.pyc',
'__init__.pyc', 'ansible.py', '__init__.py', 'task_manage.pyc', 'cmdb.py',
'users.pyc', 'assets.py', 'system_manage.py', 'index.pyc', 'dict.pyc',
'backup.py']
```

将当前目录下的文件存入列表：

```
>>> lists=os.listdir(os.getcwd())
```

对列表进行排序：

```
>>> lists.sort()
```

得到列表：

```
>>> print(lists)
['__init__.py', '__init__.pyc', 'ansible.py', 'ansible.pyc',
'assets.py', 'assets.pyc', 'backup.py', 'backup.pyc', 'celeryHandle.py',
'cmdb.py', 'cmdb.pyc', 'cron.py', 'cron.pyc', 'deploy.py', 'deploy.pyc',
'dict.py', 'dict.pyc', 'index.py', 'index.pyc', 'mysql_manage.py',
'mysql_manage.pyc', 'sqlplan.py', 'system_manage.py', 'system_manage.pyc',
'task_manage.py', 'task_manage.pyc', 'tuning.ini', 'users.py',
'users.pyc']
```

sort 按 key 的关键字进行升序排序，lambda 的入参 fn 为 lists 列表的元素，获取文件的最后修改时间，最后对 lists 元素，按文件修改时间大小从小到大排序。

```
>>> lists.sort(key=lambda fn:os.path.getmtime(os.getcwd()+'/'+fn) )
```

```
>>> print(lists)
['__init__.py', 'deploy.py', 'cron.py', 'ansible.py', '__init__.pyc',
'cron.pyc', 'deploy.pyc', 'ansible.pyc', 'assets.py', 'assets.pyc',
'celeryHandle.py', 'sqlplan.py', 'tuning.ini', 'dict.py', 'dict.pyc',
'index.py', 'index.pyc', 'task_manage.py', 'task_manage.pyc', 'users.py',
'users.pyc', 'system_manage.py', 'system_manage.pyc', 'cmdb.py',
'cmdb.pyc', 'backup.py', 'backup.pyc', 'mysql_manage.py',
'mysql_manage.pyc']
```

得到文件的扩展名，如果输入是文件夹，则返回为空。

```
>>> os.path.splitext(os.getcwd())
('/root/OpsManage-master/OpsManage/views', '')
>>> os.path.splitext('/root/OpsManage-master/OpsManage/views/task_manage.pyc')
('/root/OpsManage-master/OpsManage/views/task_manage', '.pyc')
```

列出当前目录下所有的.py 文件：

```
>>> [x for x in os.listdir('.') if os.path.isfile(x) and os.path.splitext(x)[1]=='.py']
['dict.py', 'sqlplan.py', 'task_manage.py', 'cron.py',
'mysql_manage.py', 'deploy.py', 'index.py', 'users.py', 'celeryHandle.py',
'ansible.py', '__init__.py', 'cmdb.py', 'assets.py', 'system_manage.py',
'backup.py']
```

2. 数据结构操作

数据结构操作主要会从列表操作、字典操作和集合操作三个部分来进行演示。

（1）列表操作

```
>>> header=[1,2,3]
>>> dat=[3,2,1]
```

列表转换为字典：

```
>>> dict(zip(header,dat))
{1: 3, 2: 2, 3: 1}
```

运行操作系统命令，使用 popen：

```
>>> cmd='hostname'>>> os.popen(cmd)
<open file 'hostname', mode 'r' at 0x7f416e1d45d0>
>>> os.popen(cmd).read()
'dev01\n'
```

运行操作系统命令，使用 commands，这个返回更丰富一些：

```
>>> import commands
>>> commands.getstatusoutput('hostname')
(0, 'dev01')
```

列表的追加：

```
>>> ll=['a','b','c','d']
>>> ll.append('jeanron100')
>>> print(ll)
['a', 'b', 'c', 'd', 'jeanron100']
```

判断列表元素是否存在：

```
>>> print ll.count('jeanron100')
1
```

```
>>> print ll.count('jeanron1000')
```

0 列表的组合，如果是两个列表，效果就更清晰了：

```
>>> ll.extend(['jeanron','jianrong'])
>>> print(ll)
['a', 'b', 'c', 'd', 'jeanron100', 'jeanron', 'jianrong']
```

删除指定元素：

```
>>> ll.remove('jeanron')
>>> print(ll)
['a', 'b', 'c', 'd', 'jeanron100', 'jianrong']
```

反向输出列表元素：

```
>>> ll.reverse()
>>> print(ll)
['jianrong', 'jeanron100', 'd', 'c', 'b', 'a']
```

列表排序：

```
>>> ll.sort()
>>> print(ll)
['a', 'b', 'c', 'd', 'jeanron100', 'jianrong']
```

（2）字典操作

```
>>> info={'name':'jeanron','age':33,'gender':'male'}
>>> print info.get('name')
jeanron
```

输出字典的键值：

```
>>> print info.keys()
['gender', 'age', 'name']
>>> print info.items()
[('gender', 'male'), ('age', 33), ('name', 'jeanron')]
```

以列表返回字典中的所有值：

```
>>> print info.values()
['male', 33, 'jeanron']
```

（3）集合操作

```
>>> info={'my','name','is','jeanron'}
>>> print info
set(['jeanron', 'is', 'my', 'name'])
>>> test_info={'this','is','a','test'}
```

集合交集：

```
>>> print info&test_info
set(['is'])
```

集合合集：

```
>>> print info.union(test_info)
set(['a', 'name', 'this', 'is', 'jeanron', 'test', 'my'])
```

集合并集：

```
>>> print info|test_info
set(['a', 'name', 'this', 'is', 'jeanron', 'test', 'my'])
```

相信通过如上的演示，对于一些 Python 的基础操作能够快速上手，当然对于 Python 开发来说，只能是抛砖引玉。

我们这本书是基于数据库运维方向的，所以我们对于 Python 的学习还是以和 MySQL 的结合作为演示的切入点，我们来看看当 Python 字符串处理和 MySQL 碰撞会有什么样的火花。

11.3.2　Python 字符串遇上 MySQL

通过对比的方式学习是一种推荐的学习方式，因为通过对比能够更加清晰快速地理解差异，找到共同之处，Python 和 MySQL 的学习也不是孤立的，尽管一个是开发语言，另一个是数据库，但是字符串的处理都是一个相对重要的部分，也是通用的逻辑处理，所以我决定对比一下两者的差别。

下面的演示会是 Python 和 MySQL 成对出现，所以按照这个思路来看就不会感觉突兀了。

（1）转义字符

```
>>> print '\\'
 \

mysql> select '\\';
+---+
| \ |
+---+
| \ |
+---+

>>> print '\"'
"
mysql> select '\"';
+---+
| " |
+---+
| " |
+---+

>>> print '\''
'
mysql> select '\'';
+---+
| ' |
+---+
| ' |
+---+
```

小结：通过对比测试，Python 和 MySQL 中对于特殊字符的处理方式和输出结果是等价的。

（2）字符串拼接

```
>>> x = 'hello'
>>> y = 'tester'
>>> z = x + y
>>> print z
hellotester

set @x='hello';
set @y='tester';
mysql> select @x;
+-------+
| @x    |
+-------+
| hello |
mysql> select @y;
+--------+
| @y     |
+--------+
| tester |
+--------+
mysql> select concat(@x,@y);
+---------------+
| concat(@x,@y) |
+---------------+
| hellotester   |
+---------------+
```

小结：通过对比测试，Python 和 MySQL 中对于字符串处理的逻辑上，Python 更加简洁。

（3）字符串复制

```
>>> print '#'*20
####################
mysql> select repeat('#',20);
+--------------------+
| repeat('#',20)     |
+--------------------+
| #################### |
+--------------------+

>>> print ' '*20 + 'end'
                    end
mysql> select space(20);
+--------------------+
| space(20)          |
+--------------------+
|                    |
+--------------------+
```

小结：通过对比测试，Python 和 MySQL 中对于字符串复制都提供了丰富的功能，MySQL 的字符串定制方案更为丰富。

（4）字符串截取

```
>>> name = 'yangjianrong'
>>> name[0]
'y'
```

```
>>> name[-1]
'g'
>>> name[1]
'a'
>>> name[1:4]
'ang'

>>> name[:]
'yangjianrong'
>>>
>>> name[1:4:2]
'ag'
```

```
mysql> set @name:='yangjianrong';
mysql> select left(@name,1);
+---------------+
| left(@name,1) |
+---------------+
| y             |
+---------------+
mysql> select right(@name,1);
+----------------+
| right(@name,1) |
+----------------+
| g              |
+----------------+
mysql> select substring(@name,2,3);
+----------------------+
| substring(@name,2,3) |
+----------------------+
| ang                  |
+----------------------+
mysql> select substring(@name,1);
+--------------------+
| substring(@name,1) |
+--------------------+
| yangjianrong       |
+--------------------+
```

或者使用 mid，如下：

```
mysql> select mid(@name,2,3);
+----------------+
| mid(@name,2,3) |
+----------------+
| ang            |
+----------------+
mysql>  select mid(@name,1);
+--------------+
| mid(@name,1) |
+--------------+
| yangjianrong |
+--------------+
```

```
>>> name
'yangjianrong'

>>> print '%s' %name
yangjianrong
```

小结：通过对比测试，Python 和 MySQL 中对于字符串匹配，Python 的方案更为简洁，MySQL 的方案则更为丰富。

（5）字符串格式化，匹配

```
>>> '{name},{alias}'.format(name='yangjianrong',alias='jeanron100')
'yangjianrong,jeanron100'
```

```
mysql> select concat(insert(@name,1,4,'yangjianrong'),insert(@alias,1,5,
                                                   'jeanron100')) comm;
+------------------------+
| comm                   |
+------------------------+
| yangjianrongjeanron100  |
+------------------------+
```

当然在字符串拼接方面，Python 还有 join 的用户，可以和 MySQL 用法继续比对：

```
>>> l = ['a','b','c']
>>> ''.join(l)
'abc'
>>> '*'.join(l)
'a*b*c'
```

```
mysql> select concat_ws(',','a','b','c','d','e') comm;
+-----------+
| comm      |
+-----------+
| a,b,c,d,e |
+-----------+
```

小结：通过对比测试，Python 和 MySQL 中对于字符串匹配，Python 的方案更为简洁，可扩展性更好。

（6）字符串长度

```
>>> ba
'this is a test bar'
>>> len(ba)
18
mysql> select length(@ba);
18
```

小结：字符串长度的功能比较固定，两者没有优劣差别。

（7）字符串空格处理

```
>>> s = ' abc '
>>> s.lstrip()
'abc '
>>> s.rstrip()
' abc'
>>> s.strip()
'abc'


mysql> set @s=' abc ';
Query OK, 0 rows affected (0.00 sec)
mysql> select ltrim(@s);
```

```
+-----------+
| ltrim(@s) |
+-----------+
| abc       |
+-----------+
1 row in set (0.00 sec)

mysql> select rtrim(@s);
+-----------+
| rtrim(@s) |
+-----------+
|  abc      |
+-----------+
1 row in set (0.00 sec)

mysql> select trim(@s);
+----------+
| trim(@s) |
+----------+
| abc      |
+----------+
1 row in set (0.00 sec)
```

小结：对于空格的处理，两者都提供了定制的函数方法。

（8）字符串拆分

```
>>> s = 'a b c d e '
>>> s.split(' ')
['a', 'b', 'c', 'd', 'e', '']

mysql> set @s='a b c d e ';

mysql> select replace(@s,' ',',');
+--------------------+
| replace(@s,' ',',') |
+--------------------+
| a,b,c,d,e,         |
+--------------------+
```

小结：对于字符串拆分，Python 的输出是基于数据结构的方式，而 MySQL 的输出方式是字符串。

（9）字符串复制

```
>>> s = 'aabbcc'
>>> s.replace('aa','tt')
'ttbbcc'

mysql> set @s='aabbcc';
Query OK, 0 rows affected (0.00 sec)

mysql> select replace(@s,'aa','tt');
+----------------------+
| replace(@s,'aa','tt') |
+----------------------+
| ttbbcc               |
+----------------------+
```

小结：对于字符串复制，两者没有优劣差别。

（10）字符串编码

```
>>> s.encode('utf8')
'aabbcc'

mysql> select  convert(@s using utf8);
+------------------------+
| convert(@s using utf8) |
+------------------------+
| aabbcc                 |
+------------------------+
```

小结：对于字符串编码，两者没有优劣差别。

（11）判断字符串开始匹配的字符

```
>>> s.startswith('aa')
True

mysql> SELECT LOCATE('aa',@s,1);
+-------------------+
| LOCATE('aa',@s,1) |
+-------------------+
|                 1 |
+-------------------+
```

小结：对于字符串开始字符的匹配，两者没有优劣差别。

至此，我们完成了一些较为详细地对比测试，后续在工作中也可以根据每个工具/软件的特点来选用。

11.3.3 Python 实现快速排序

算法是程序员的一大利器，做一件事情实现的方式有很多，但是如何平衡找到最合适的方法却很难，我们来看一个经典的算法：快速排序。

有句话说的好：递归将人分为三个截然不同的阵营：恨它的、爱它的和恨了几年又爱上它的，我确切的说是属于第三种。

使用循环，程序的性能可能而更好，但是使用递归，程序会更容易理解。

对于快速排序，算法的思考方式就是由简到难。

案例 11-1：使用递归实现快速排序的小例子

如果是一个数，则返回，如果是两个数，直接比较很快就能出结果，我们用一个通用思维来考虑，设定一个参考值，如果大于参考值，则在右侧由数组存放，如果小于参考值，则在左侧存放。这样一来，三个数，四个数都是如此的思路。我们就可以使用递归来处理了。

能执行的程序很短，内容如下：

```
def quicksort(array):
```

```
    if len(array) < 2:
        return array
    else:
        pivot = array[0]
        less = [i for i in array[1:] if i<= pivot]
        greater = [i for i in array[1:] if i > pivot]
        return quicksort(less) + [pivot] + quicksort(greater)
print quicksort([5,11,3,5,8,2,6,7])
```

如果给程序打上日志，简单补充几个 print 来看看每个节点的执行情况。

```
def quicksort(array):
    if len(array) < 2:
        return array
    else:
        pivot = array[0]
        print("pivot:",pivot)
        less = [i for i in array[1:] if i<= pivot]
        print("less:",less)
        greater = [i for i in array[1:] if i > pivot]
        print("greater",greater)
        print("sum:",(less) + [pivot] + (greater))
        return quicksort(less) + [pivot] + quicksort(greater)
print quicksort([5,11,3,5,8,2,6,7])
```

生成的日志如下：

```
D:\programs\python2.7\python.exe C:/python/kmp/db_ops/quicksort.py
('pivot:', 5)
('less:', [3, 5, 2])
('greater', [11, 8, 6, 7])
('sum:', [3, 5, 2, 5, 11, 8, 6, 7])
('pivot:', 3)
('less:', [2])
('greater', [5])
('sum:', [2, 3, 5])
('pivot:', 11)
('less:', [8, 6, 7])
('greater', [])
('sum:', [8, 6, 7, 11])
('pivot:', 8)
('less:', [6, 7])
('greater', [])
('sum:', [6, 7, 8])
('pivot:', 6)
('less:', [])
('greater', [7])
('sum:', [6, 7])
[2, 3, 5, 5, 6, 7, 8, 11]
Process finished with exit code 0
```

这种方式对于分析问题还是大有帮助。程序本身不长，算是最精炼的快排程序了。

11.4　运维开发短板：Web 开发技术

对于很多 DBA 来说，只掌握后端技术，而对于前端技术的匮乏着实让人担忧，这里存在一个明显的误解，认为理解了后端开发语言就掌握了 Web 开发技术，显然不是的。我们的应用是构建在 Web 的基础架构之上，对于 Web 技术的设计需要有一个整体的认识，在工作中要适当的提高 Web 开发技能，会让我们的技术体系和设计思路更加全面。

11.4.1　如何理解 Python Web 开发技术

首先来问一个问题，你如何来看待 Python Web 开发技术？如果不知道如何回答，我们换个问题：你是否清楚 Python Web 的本质？关于这个问题这个我先用了三个程序来说明。

首先第一个是 Python 基于 socket 的编程，开放了 8000 端口，然后在指定端口处监听，接收到消息返回。

```
import socket
def handle_request(client):
    buf = client.recv(1024)
    client.send("HTTP/1.1 200 OK\r\n\r\n")
    client.send("Hello, Jeanron ")

def main():
    sock = socket.socket(socket.AF_INET, socket.SOCK_STREAM)
    sock.bind(('localhost', 8000))
    sock.listen(5)

    while True:
        connection, address = sock.accept()
        handle_request(connection)
        connection.close()
if __name__ == '__main__':
    main()
```

这可以算是一个最基础的通信程序，而这里还没有牵扯到 Web 方向的内容，有一个最基本的点就是这种方式没有任何的规范和要求，行则必达。而且说到 Web 端，必然是和 HTML 挂钩的。对于处理 Web 应用和 Web 服务器的请求，必然要提到 WSGI（Web Server Gateway Interface），它是一种规范，定义了使用 Python 语言编写的 Web App 与 Web Server 之间接口格式，实现 Web App 与 Web Server 间的解耦。

Python 内置了一个 WSGI 服务器，这个模块叫 wsgiref，它是用纯 Python 语言编写的 WSGI 服务器的参考实现，所以我们可以很容易的开启一个 simple_server 来。

这样一来代码就有了基本的规范和标准，算得上是一个标准的 Web 开端的姿势。还可以在这个基础上嵌入 HTML 标签，这样前端显示就会很丰富了，于是出现了下面的第二个程序。

```
#!/usr/bin/env python
#coding:utf-8
```

```
from wsgiref.simple_server import
make_server
def RunServer(environ, start response):
    start response('200 OK', [('Content-Type', 'text/html')])
    return '<h1>Hello, wsgi!</h1>'
if   name   == ' main ':
    httpd = make server('', 8000, RunServer)
    print "Serving HTTP on port 8000..."
httpd.serve_forever()
```

但是这种方式的问题也很明显，比如有 50 类请求，我们在程序端该如何处理，一种自然的思想就是我们需要解耦。比如是类别 1，就切换到类别 1 的逻辑处理，依此类推。但是这样一来，程序里就会嵌入大量的 if-else 块，而说实话这种方式还是比较粗放的，一点也不优雅。可以想象如果有 200 个不同的请求，程序会有多臃肿。所以这种方式有待改进，我们可以自己手工来分离一些逻辑，形成不同的模块，不同的请求会有不同的逻辑处理和返回。在这个基础上，我们需要第三个程序，如下。

```
#!/usr/bin/env python
# coding:utf-8
from wsgiref.simple_server import make_server

def index():
    return 'index'def login():
    return 'login'def routers():
    urlpatterns = (
        ('/index/', index),        ('/login/', login),    )
    return urlpatterns

def RunServer(environ, start response):
    start response('200 OK', [('Content-Type', 'text/html')])
    url = environ['PATH_INFO']
    print(url)
    urlpatterns = routers()
    func = None    for item in urlpatterns:
        if item[0] == url:
            func = item[1]
            break    if func:
        return func()
    else:
        return '404 not found'
if   name   == ' main ':
    httpd = make server('', 8000, RunServer)
    print "Serving HTTP on port 8000..."    httpd.serve_forever()
```

第三个程序中定义了一个路由转发的角色，负责处理请求的跳转和返回。如果自己再进一层抽象一下，其实也是可以的。

所以到目前为止，我们有了一个基本的认识，那就是还没有使用任何的 Web 框架，但是已经能够处理基本的需求了。

使用 Web 框架只是一些具体功能的抽象，能够提高我们开发的效率，就跟我们使用记事本还是 IDE 开发是类似的。

当然这个时候，Web 的返回还是一些比较基础的内容，仅仅作为一种参考。

Python Web 的一个基本的图形表示如下图 11-6 所示。

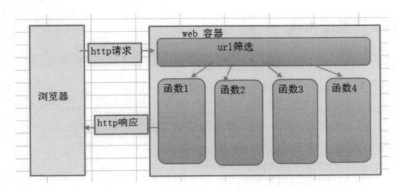

图 11-6

客户端请求都会通过 url 的筛选，走入不同的逻辑处理，即不同的函数。

这一点和 Java 栈的 Web 处理略有不同，如下图 11-7 所示。

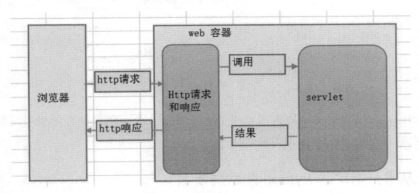

图 11-7

　　按照 JavaEE 的规范，任何 Servlet 都需要直接或间接的实现 Servlet 接口，即 javax.servlet.Servlet，这个接口里面只定义了 5 个方法，但是因为 Servlet 是协议无关接口，要直接实现还是很困难的，所以，曾经的 sun 给出了实现 Servlet 接口的类，也就是 javax.servlet.GenericServlet 类。很显然这个通用的类只能是一个抽象类，里面的核心方法是 service()，所以由此可以看出，它还是协议无关的，所以就有了新的实现类 HttpServlet，我们写 Web 应用的时候只需要重点关注如何重写 get 和 post 方法即可。原来是从安全和扩展性上更倾向于 post 方法，但是目前 get 方法更流行一些。

　　综上所述，在 Python 的 Web 体系中，我们通常叫做 MTV 模式，而在 Java Web 体系中我们常见的是 MVC 模式，从上面的一些基本原理描述可以看出，MVC 和 MTV 是类似的，它们归属于不同的开发目录，都是在已有的实现上解耦合，通过配置和扩展来实现复杂的需求。

11.4.2　Web 开发技术栈

我简单列了一下 Web 开发技术栈的框架和方向，如下图 11-8 所示。

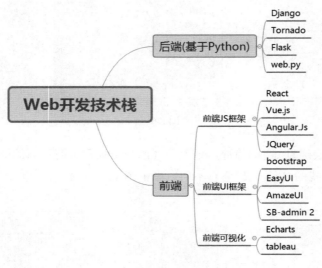

图 11-8

整体来说，前端方向是很庞大的，本书无法奢望几个示例就能够融会贯通前端技术，所以本书内容还是侧重后端技术方向。

11.4.3　从零开始串联 Python 前后端技术

Web 开发技术深似海，从我的学习过程来看，学习盲点太多，以至于很容易从入门到放弃，所以为了简化这个过程，我来准备一个实例从零开始入门基于 Python 的 Web 开发技术。

我们的整个测试模拟过程基于开源框架 Django，这是一个开放源代码的 Web 应用框架，由 Python 开发，遵守 BSD 版权，初次发布于 2005 年 7 月，至今已在社区活跃多年，Django 对于初学者的好处就是框架的集成度高，插件丰富，学习的周期会大大缩短，对于中小型项目比较适合。

接下来我们通过表单数据查询来熟悉前后端技术。

1. 业务需求

- 显示人员信息和部门；
- 使用 Django 框架来流转数据；
- 数据存储在 MySQL 中；
- 在前端页面可以查看数据；

● 快速迭代开发。

2．环境构建

（1）创建项目

```
django-admin startproject emp_test
```

（2）启动 Python 内置 Web 服务

其中 192.168.56.102 为主机 IP，根据需要修改即可。

```
python manage.py runserver 192.168.56.102:9001
```

错误 1：A server error occurred. Please contact the administrator。

解决方法：修改 settings.py 文件。

```
ALLOWED_HOSTS = ['*']
```

（3）创建应用

假设应用名为 emp_test，应用是项目的一部分，或者是一个模块。

```
django-admin startapp emp_test
```

需要将应用配置到项目中生效，配置 settings.py 文件。添加如下的应用：

```
INSTALLED_APPS = (
    'django.contrib.admin',
    'django.contrib.auth',
    'django.contrib.contenttypes',
    'django.contrib.sessions',
    'django.contrib.messages',
    'django.contrib.staticfiles',
'emp_test',
)
```

3．构建 Django Admin Site

为了快速构建出一个应用界面，我们可以尝试使用 Django Admin Site。

首先需要做 ORM 映射，因为 Admin 模块会在数据库中以表的形式持久化一些数据，这个是 Django 内置的功能，需要做对象关系映射，假设我们使用默认的 sqlite，则需要创建数据库表到数据库中。

可以通过 makemigrations 选项来查看是否有模型变更，因为这里是内置的功能，所以不需要我们创建任何的模型。

```
[root@dev01 demo_test]# python manage.py makemigrations
No changes detected
```

生成数据库的表到数据库（sqlite），从日志可以看到创建了多个表。

```
[root@dev01 demo_test]# python manage.py migrate
Operations to perform:
  Synchronize unmigrated apps: staticfiles, messages
  Apply all migrations: admin, contenttypes, auth, sessions
Synchronizing apps without migrations:
  Creating tables...
```

```
    Running deferred SQL...
  Installing custom SQL...
Running migrations:
  Rendering model states... DONE
  Applying contenttypes.0001_initial... OK
  Applying auth.0001_initial... OK
  Applying admin.0001_initial... OK
  Applying contenttypes.0002_remove_content_type_name... OK
  Applying auth.0002_alter_permission_name_max_length... OK
  Applying auth.0003_alter_user_email_max_length... OK
  Applying auth.0004_alter_user_username_opts... OK
  Applying auth.0005_alter_user_last_login_null... OK
  Applying auth.0006_require_contenttypes_0002... OK
  Applying sessions.0001_initial... OK
```

Sqlite 文件在项目的根目录下：

```
[root@dev01 demo_test]# ll
total 48
-rw-r--r-- 1 root root 36864 Apr  8 15:44 db.sqlite3
drwxr-xr-x 2 root root  4096 Apr  8 15:42 demo_test
drwxr-xr-x 3 root root  4096 Apr  8 15:42 emp_test
-rwxr-xr-x 1 root root   252 Apr  8 15:37 manage.py
```

构建 Admin 模块，需要输入用户名，密码和邮箱。
```
[root@dev01 demo_test]# python manage.py createsuperuser
Username (leave blank to use 'root'): admin
Email address: admin@mail.jj.cn
Password:
Password (again):
Superuser created successfully.
```

浏览器中输入 URL：http://192.168.56.102:9001/admin，即可访问 Admin Site。

当然，要实现自定义的前端页面，满足复杂的需求，我们就需要自定义的方式来做。

4．自定义前后端技术实现

整个流程会按照构建模型、配置 URL、配置 VIEW 层逻辑、配置前端页面、配置数据访问和优化前端页面等 6 个步骤来说。

（1）构建模型

一个模型类在数据库中对应一张表，在模型类中定义的属性，对应模型对照表中的一个字段，在开发中引入 ORM 技术，使用对象关系映射，对不同的数据库都提供了同一调用的 API，这样一来，我们对于模型的管理可以更加通用高效，而对于属性的变更，也可以更加关注模型层的变更，数据库层的表属性变更也可以同步更新。

模型如下图 11-9 所示，通过 ORM 建立了数据库表和模型的关联。

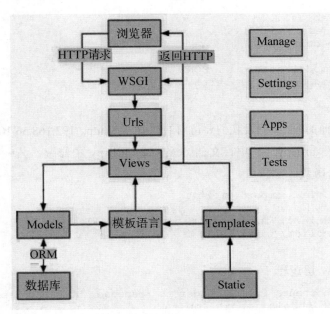

图 11-9

我们的需求就是查看员工的基本信息，我们就计划创建一个表 emp，含有两个字段，在 emp_test 目录下的 models.py 里面新增如下的内容：

```
class emp(models.Model):
    empno = models.AutoField(primary_key=True,verbose_name='emp ID')
    ename = models.CharField(max_length=50,verbose_name='emp name')
```

从代码可以看出来，字段 empno 是自增序列，ename 是员工名字，属于字符型，长度是 50。

生成模型变更的配置文件，如下：

```
[root@dev01 demo_test]# python manage.py  makemigrations
Migrations for 'emp_test':
  0001_initial.py:
- Create model emp
```

可以使用 sqlmigrate 选项来查看模型的变更细节。

```
[root@dev01 demo_test]# python manage.py  sqlmigrate emp_test 0001
BEGIN;
CREATE TABLE "emp_test_emp" ("empno" integer NOT NULL PRIMARY KEY
                       AUTOINCREMENT, "ename" varchar(50) NOT NULL);
COMMIT;
```

使用 migrate 选项来触发变更。

```
[root@dev01 demo_test]# python manage.py  migrate
Operations to perform:
  Synchronize unmigrated apps: staticfiles, messages
  Apply all migrations: admin, emp_test, contenttypes, auth, sessions
Synchronizing apps without migrations:
```

```
   Creating tables...
     Running deferred SQL...
   Installing custom SQL...
 Running migrations:
   Rendering model states... DONE
   Applying emp_test.0001_initial... OK
```

（2）配置 URL

URL 是访问页面的入口，假设我们要访问的 URL 为：http://192.168.56.102:9001/ emplist。

配置 URL 文件 urls.py，在项目文件 demo_test/urls.py 中修改，其中 emplist 来自于 VIEW 层的 emplist 函数。

```
from emp_test.views import emplist
urlpatterns = [
    url(r'^admin/', include(admin.site.urls)),
    url(r'^emplist/',emplist),
]
```

（3）配置 VIEW 层逻辑

```
from django.shortcuts import render_to_response, HttpResponseRedirect
from emp_test.models import emp
from django.template import RequestContext
def emplist(request):
  return
render_to_response('emplist.html',context_instance=RequestContext(request))
```

（4）配置前端页面

根据 VIEW 层的流转，需要配置前端页面 emplist.html 来展现数据。

在应用 emp_test 目录下创建文件夹 templates。

```
mkdir -p templates
cd templates
```

写入文件内容为：

```
hello team
```

如果页面（图 11-10）中能够正常显示，证明整个路程是畅通的，然后我们在这个基础上持续改进。

图 11-10

（5）配置数据访问

在此基础上，我们的数据要从数据库中查取，这里会用到 ORM 的内容。

我们如果没有任何 ORM 的基础，可以先熟悉一下，我们通过 Django API 的方式来创建一些数据。命令行的方式连接到 sqlite，如下：

```
[root@dev01 demo_test]# python manage.py shell
Python 2.7.14 (default, Dec 12 2017, 14:17:04)
[GCC 4.4.7 20120313 (Red Hat 4.4.7-18)] on linux2
Type "help", "copyright", "credits" or "license" for more information.
(InteractiveConsole)
```

引入需要操作的 model，这里就是 emp，我们在 models.py 里面创建过的。

```
>>> from emp_test.models import emp
```

查看 emp 的所有数据库，数据的操作都是类似的 API 形式，目前数据结果集为空。
```
>>> emp.objects.all()
[]
```

我们来创建几条记录，可以使用 create 方式。

```
>>> emp.objects.create(ename='jeanron');
<emp: emp object>
```

再次查看就有数据了。

```
>>> emp.objects.all()
[<emp: emp object>]
```

如果想看到细节一些的信息，可以指定输出列，比如这里是 ename，如下：
```
>>> emp.objects.all().values('ename')
[{'ename': u'jeanron'}]
>>> emp.objects.create(ename='wusb');
<emp: emp object>
```

再插入几条数据。

```
>>> emp.objects.create(ename='macc');
<emp: emp object>
>>> emp.objects.all().values('ename')
[{'ename': u'jeanron'}, {'ename': u'wusb'}, {'ename': u'macc'}]
>>> emp.objects.filter(ename='wusb');
[<emp: emp object>]
```

如果要做过滤查询，可以使用 filter，比如指定 ename='wusb' 的记录，输出列为 empno。

```
>>> emp.objects.filter(ename='wusb').values('empno')
[{'empno': 2}]
```

退出操作。

```
>>> exit()
```

所以要加入 ORM 层的数据查取逻辑，我们需要在 VIEW 层中来做。

views.py 的内容我们稍作修改，指定结果集为 emp_data，可以把结果集传入 response 对象返回。

```
from django.shortcuts import render_to_response, HttpResponseRedirect
from emp_test.models import emp
from django.template import RequestContext
```

```
    def emplist(request):
        emp_data = emp.objects.all()
        return
render_to_response('emplist.html',{"emp_data":emp_data},context_instan
ce=RequestContext(request))
```

（6）优化前端页面

我们修改一下前端页面，把返回的数据展现出来。

emplist.html 的内容如下：

```
hello team
{{emp_data}}

<table border="1">
{% for tmp_data in emp_data %}
<tr>
<td>{{ tmp_data.empno }} </td>
<td>{{ tmp_data.ename }} </td>
{% endfor %}
</tr>
</table>
```

浏览器访问 URL，得到的结果如下图 11-11 所示。

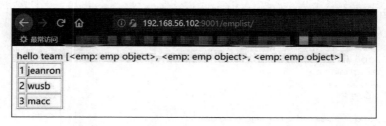

图 11-11

前端页面中，对于后端返回的数据，可以使用标签来实现，比如 emp_data 的数据是一个结果集，我们迭代一下，可以使用 for tmp_data in emp_data 的方式来做，和 Python 的语法是一样的。里面的每个元素的输出是使用{{ tmp_data.empno }}这种方式。

5. 接入 MySQL

数据库默认是 sqlite，无须修改任何配置，建议修改为 MySQL 的数据源配置。

（1）修改数据源为 MySQL

配置 settings.py 文件，修改以下的配置。

```
DATABASES = {
    'default': {
        'ENGINE':'django.db.backends.mysql',
        'NAME':'kmp',
        'USER':'test_django',
        'PASSWORD':'xxxx',
        'PORT':3306,
        'HOST':'127.0.0.1'
    }
```

}

（2）配置 model 到 Admin Site

配置 emp_test 下的文件 admin.py，如下：

```
from emp_test.models import emp
class category_emp(admin.ModelAdmin):
    fields = ['empno', 'ename']
    list_display = ('empno',
                    'ename')
    list_filter = ['empno']
admin.site.register(emp, category_emp)
```

可以参考官方文档做更多的定制。

至此，一个基于 Django 的基础 Web 开发就完成了。

第 12 章　自动化运维架构设计和规划

先静之，再思之，五六分把握即做之。——曾国藩

无论从哪个方面讲，运维系统的设计是重点也是难点，其中架构设计更是首要的任务，由于运维系统是一个相对庞大的体系，在技术价值和业务价值上，它一定有难以替代的价值属性，同时我们也要拥抱改变，鼓励创新，在系统建设中不是一成不变，而是需要以目的和结果为导向来重新审视我们的设计，继而完善规划设计，最终不断演进和迭代设计。

12.1　自动化运维意义和价值

DBA 工作的一个大的方面就是解决问题，解决的问题越多，成长就会越快，而这个过程中会沉淀下来经验，对我们的工作效率算是反哺，DBA 应该建设一个面向业务服务的数据库运维系统。

12.1.1　运维问题梳理

数据库基础运维工作繁琐而复杂，会因为重复性手工操作和繁琐的操作环节花费掉不少时间和精力，随着数据规模和业务范围的扩大，各个部门对数据库资源申请、权限申请和性能优化等方面会有越来越多的需求，但随着新业务的接入，将面临以下问题：

- 元信息零散：元数据的变更缺少流程支持，数据的持续更新会因为数据源不够统一出现元数据不一致的问题。
- 运维流程繁琐：目前的业务支持主要是手工操作为主，流程相对较多，手工检查和处理效率难以保证，同时有误操作的潜在风险。
- 技术方向分散：部分核心项目需要持续锁定 DBA 资源，团队内对于业务的支持力度和效率难以平衡。
- 人员稳定性和持续发展：DBA 不可避免地在做一些重复劳动，工作激情削弱，部分工单响应时间和处理质量开始下降，同时个人运维经验无法有效地沉淀转化。

12.1.2　运维系统的目标怎么定

建设一个面向业务服务的数据库运维系统，通过构建元数据模块实现元数据的标准化，需要对接多个业务系统，逐步完善流程，实现业务操作的流程闭环，梳理数据库运维流程，通过标准化、规范化的操作减少误操作和人为故障，通过任务调度实现任务的批量执行，基本解放基础运维的繁琐工作，同时实现系统的架构完善，为后期的私有云平台建设提供技术基础和积累。构建数据库运维系统应实现以下目标：

1．元数据标准化

将零散的数据库元信息进行归纳和整理，对内从系统、实例、应用、集群等 4 个维度来建设和接入数据库，对外提供 API 接口支持数据的查询提取。

2．业务系统对接流程化

对接业务系统，对接接口，完善运维系统的流程化建设，比如公司的平台系统，如 MIS，OA 等，可以对接工单接口，工作流接口，系统服务器接口，即时通信接口等。

3．数据库操作规范化

完善数据库运维流程，使得数据库操作符合运维规范，需要接入和完善的基础运维场景有：数据库实例一键部署、权限开通、数据库备份恢复、数据库服务启停、SQL 审核、DBA 工单规范化接入等。

需要接入的运维优化场景有：SQL 审核、SQL 自动化上线、业务巡检、慢日志平台管理、数据生命周期管理、分布式管理等。

4．前后端架构分离和解耦

通过改进前后端分离的设计方式，对已有的系统进行重构，引入本地前端和平台前端的概念，本地前端的目标用户是后端管理同学，可以使用基础的前端功能即可，满足日常的基础平台化管理工作，而平台前端的目标用户是业务同学，可以通过丰富、定制化的前端需求实现和后端逻辑的对接集成，后端逻辑是实现脚本化、API 化，为后续的平台接入提供支撑。在保证高效的迭代前提下，为和前端团队对接提供基础。

5．任务批量异步处理

构建任务系统和调度系统，实现任务的批量和异步处理，提高系统处理效率，实现多业务场景的接入和任务跟踪。

综上，运维系统需要结合业务，能够细化，能够走出去，实现运维体系的流程化才能够发挥最大价值，下图 12-1 是一个运维系统和其他业务结合的结构设计图。

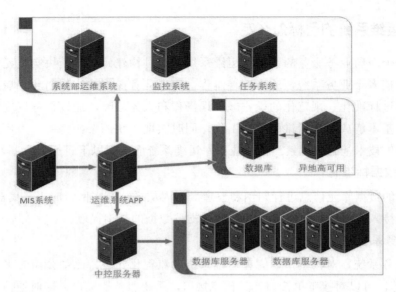

图 12-1

12.2 以一持万：运维系统架构设计

运维系统的架构设计就好比一座房子的骨架，骨架够稳固，系统才能稳定，更加具有扩展性。对于数据库运维平台的整体规划如下图 12-2 所示，主要有物理层、系统层、数据处理层和数据服务层，侧重于运维保障和运维优化，并提供全面的运维自助服务。

图 12-2

　　其中数据处理层是重点建设的目标，分为两个大的模块：运维保障和运维优化部分，运维保障主要负责基础运维和运维管理的工作，也就是我们通常理解中的数据库运维工作，而运维优化则基于业务场景和性能负载进行，这些内容需要沉淀一些技术经验，能够把这些经验提炼，转化为产品思维。

　　在建设的过程中，还有一些通用模块属于共享型服务，可以在建设的过程中不断的迭代。

　　而在这些打好基础之后，数据库其实可以提供很多的数据服务，注意是数据服务而不单单是数据库服务，这样一来，你的工作成果就算是业务也能够感受到的，而且有了一种衡量的标准。

　　针对目前的系统建设情况，对数据库管理系统包含如下图 12-3 所示的一些功能模块，浅色的部分是目前数据库方向欠缺的地方，也是重点要改进和建设的部分。

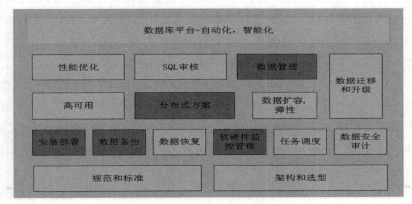

图 12-3

12.3　纲举目张：运维系统的关键技术

　　对于运维系统的建设，我们需要自我审视一下，我们有哪些关键技术，关键技术也就意味着稳定和难以替代，在系统建设中可以更加聚焦，这样才有系统独有的特点和优势，这类技术需要更多的经验和技术沉淀，对于架构和产品设计能力都是很大的挑战。

12.3.1　执行路径统一规划

　　通常对于服务执行，很多情况下是通过 ssh 等连接方式在服务端执行，在此我们需要有一个中控的概念，也就是如下图 12-4 所示的 CM Server，也可以理解是代理服务器。

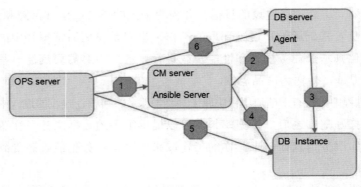

图 12-4

假设通过左侧的运维机器要访问数据库，有很多种路径可以实现。中间的是中控机器，右上角的是 DB 服务器，右下角的是 DB 服务器中的数据库。

比如通过运维机器来访问数据库，我们有很多的路径可选。

如果面对的场景不确定如何能够做到一种灵活的插件方式呢。

我计划把相关的服务对象分成几种类型：运维机器-Ops、中控-CM、DB 服务器-host 和 DB 实例-DB。

那样下来就可以拆分为多种访问路径，比如 ops_to_cm（运维机器到中控）、cm_to_host（中控到 DB 服务器）、host_to_db（DB 服务器到 DB 实例）、ops_to_db（运维机器到 DB 实例）、ops_to_host（运维机器到 DB 服务器）等等。

对于每一个路径或者分支我们可以使用多种方式来实现，总体思路是把路径串联起来，比如 Ops_to_db（运维机器到 DB 实例）如果使用程序脚本逻辑的方式，那么 SQL 的方式就满足不了了，我们可以使用 ops_to_host（运维机器到 DB 服务器），host_to_db（DB 服务器到 DB 实例），或者加一层中控，ops_to_cm（运维机器到中控），cm_db（中控到 DB 实例）来实现，

运维服务器连接到目标数据库实例，有路径 1+2+3 或者 1+4 甚至 5 都可以满足需求，最后我还是选择了最难的一条路，就是 1+2+3，因为这个过程中对于整个环境的没有依赖和侵入性，而且接入方式更加统一，这个过程中的调用关系和逻辑如何保证呢，其实是在 2+3 的过程中写了一个简单的 agent 的角色。从这一步开始我就会明确我们需要实现脚本化到工具化的转变。

当然，如上的方式也可以基于 SaltStack 的方式改进，在中小型服务器规模下，基于 Ansible 的方式相对清晰简单，可以满足基础运维需求，但是在服务器数量较大的情况下，就会存在明显的性能瓶颈，可以根据自己的业务现状进行改进，本身从设计上就不局限于任何单一的技术的。

12.3.2　运维流程深度梳理

对基础的运维流程进行梳理，评估接入自动化流程的可行性。比如 MySQL 运维方向

的备份恢复流程如下图 12-5 所示。

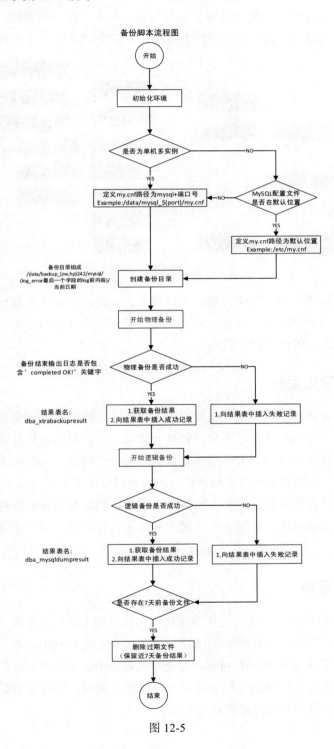

图 12-5

通过流程的细化和梳理，能够明确运维改进的地方，也可以发现固有流程的瓶颈。
比如在梳理的过程中，我发现备份恢复不是一个单一独立的流程，而是和高可用、
系统初始化密切关联，所以我在此基础上整理了如下图 12-6 的一个流程草图。

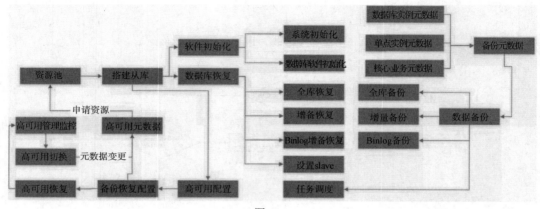

图 12-6

可以想象，如果实现了这个功能，幸福感会大大提高。如果半夜出现了宕机事件，
简单审核后可以自动开始恢复业务，搭建从库，我就可以安心的睡觉了；但要实现这样
一个事情是需要大量的调试和失败的。

12.3.3　开源深度定制

开源方案在互联网行业中是一种流行的工作方式，也是我们避免重复造轮子、快速
提高工作效率的一个制胜法宝，当然开源是一把双刃剑，我们对待开源也需要保持一种
理性的态度，那就是开源虽然能够解决我们固有的一些问题，同时引入开源也势必会带
来一系列的问题，比如有些开源项目维护一段时间就停更了，对公司来说就有潜在风险，
或者说某些开源项目的环境依赖和公司的不能兼容，到底是解决的问题更多还是带来的
问题更多，我们需要权衡，也需要在开源的基础上进行深度定制，让方案更适合我们的
业务场景。

12.3.4　SQL 审核

SQL 审核项目集成了行业内的优秀思想，在此基础上结合公司的业务特性进行了深
度定制，截止目前已深度定制规则达 15 条以上，基本完成了 SQL 审核业务的需求。对于
SQL 质量使用了打分系统来进行对标，在建设的过程中，也因为对于产品的定位不够清
晰，使得项目在落地在推动的过程中会有一些难度和瓶颈，同时对于存在问题的优先级
评估不够准确，使得产品的问题修复周期加长。

目前采用了如下图 12-7 所示的处理逻辑，前端推送的 SQL 语句会经过多个环节，最后经过流程化处理推送合理的建议。

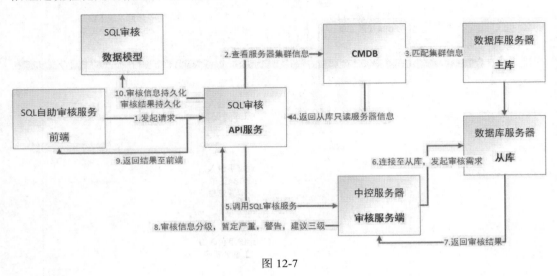

图 12-7

对于 SQL 审核项目的建设，需要持续的同业务部门进行反馈和改进，不断的完善后续问题，使得规则的落地不浮于表面。

12.3.5　工单处理引擎

工单初期的接入是一种模糊状态，对接参数和对接标准不够统一，为了尽可能降低这种对接的成本，我们可以使用迭代的方式来完成，这种迭代是一种缓存策略，就是下图（图 12-7）中的第 1 步，使用 RESTful API 对接；对于接口的初步对接，不需要对参数信息进行校验，而是先做持久化，从接收端来说，能够很清晰地得到数据参数结构和明细信息，有了这一层保证，如果存在接收端逻辑或者解析异常，就可以尝试重试的方式，不至于形成对于源端的过度依赖，流程图如下图 12-8 所示。

工单的概要信息是记录从源端推送的最粗粒度的工单信息，粒度为工单类型和单号，比如这是一个权限申请工单，这是一个对象变更工单，这是第 2 步的工作。

在第 3 步会完成流转的工作，比如是权限工单，就流转到权限的页面；如果是对象变更工单就流转到对象变更的页面，在这里是根据单号做一个分发器和总体状态的标识。

第 4 步是工单分解器，通过分解器可以根据工单类型和工单场景把工单拆分为多种/多个工单，其中一个通用的子工单就是分解工单状态表，这个状态表只标识子工单的状态，如果子工单完成则记录相应的状态，即第 5 步所做的工作，如果相关的子工单全部完成，则标识整个工单完成，会触发标识概要工单完成，即第 6 步所做的工作。

最后可以约定好工单回调接口，确认整个工单流程结束。

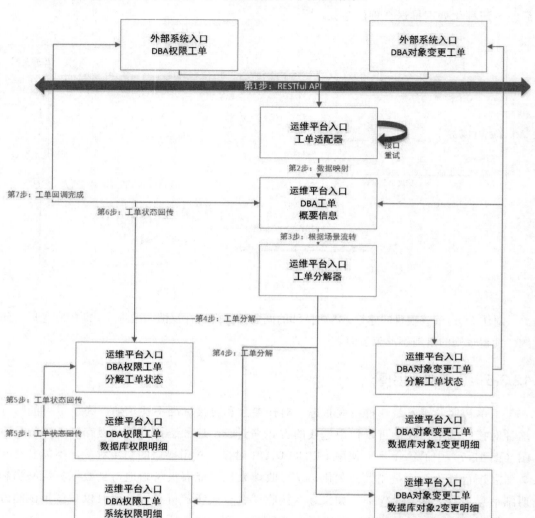

图 12-8

而在第一个工单的接入中，工单分解器一直处于模糊地带，所以随着多种数据库业务的接入，原来的逻辑会变得很臃肿，很多逻辑是写成了硬编码的方式，可以在这个地方补充这个角色，实现配置化的工单拆解。

整体的思路来说，如果要接入另外一个工单，则整个工单流程的设计也会变得更加平滑。工单的业务流程如下图 12-9 所示。

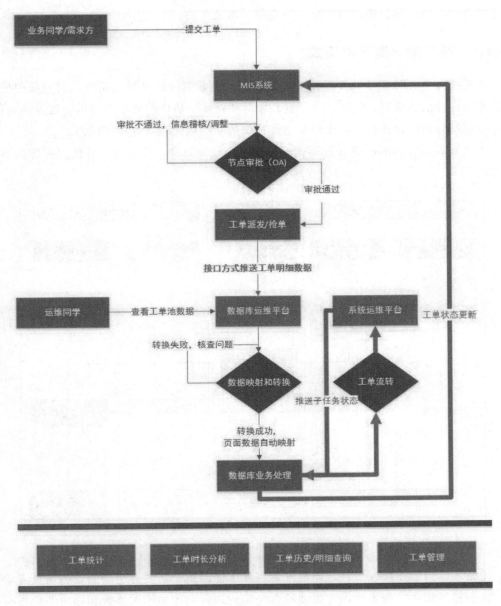

图 12-9

通过业务流程对接，可以平滑对接工单系统的工单到运维系统，并实现信息联动。

12.4　画龙点睛：创新设计

在运维系统建设过程中，需要融入更多的创新元素，创新的概念其实是相对模糊的，但是对于系统的建设来说，却起到了重要作用，比如今天属于创新的技术，一年后可能就是主流了，所以我们所谈的创新，不在新，而是在创。

12.4.1 前后端分离开发模式

从系统分工、体系结构及数据流转等方面讨论数据库运维管理系统，对系统中使用的技术进行评估、选型、论证，为了提高团队和跨团队协作的效率，可以通过分期迭代，通过前后端分离的设计模式，来提高运维系统的功能迭代和业务对接能力。

实现前后端分离的敏捷开发模式，可以提高开发效率。前后端设计的流程图如下图12-10 所示。

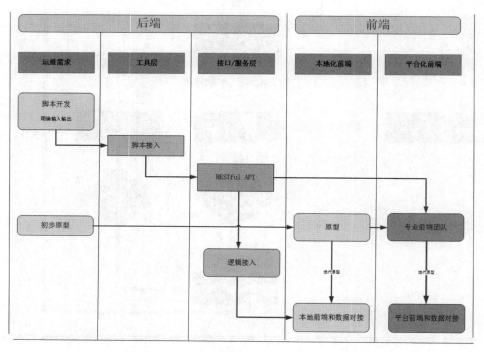

图 12-10

比如运维同学要接入平台，需要准备三件事情，第一需要有明确的业务场景需求；第二需要提供脚本，脚本的内容需要符合一定的规范，比如输入参数和输出结果要有明确的定义；第三需要提供一个初步的原型，后续接入逻辑层的只需要对接接口即可，脚本接入只需要对接脚本内容，规划脚本路径即可，这样就是一个相对完善的流水线，有了持续的需求，也可以逐步的迭代。

其中 RESTful API 层的设计不是简单的脚本对接，而是在接口的基础上集线业务逻辑，并对脚本的参数和格式做统一管理，这些可以不在脚本中刻意维护，在 API 层维护即可。

至于和前端的边界问题，比如要输出 10 条数据，是否要根据某个列来排序，这些需求初期是模糊的，而如果直接和专业前端对接，是需要提前明确的，在这个磨合的过程中，本地前端的磨合成本相对更低一些。

而经过迭代的原型再接入到平台前端，就会更加平滑，提前把边界问题划分清楚，跨团队的沟通效率就会大为提高。

12.4.2　任务调度系统

任务执行中通常会有如下的问题：

- 任务的时间精度不够；
- 任务管理太臃肿；
- 没法设置任务的截止时间；
- 没有调度功能；
- 没法监控任务的执行情况；
- 如果系统出问题，任务可能没法执行；
- 任务间的依赖没法直接控制。

对此可以通过任务调度系统来承接，目前主要存在异步任务和定时任务两类，任务调度系统的架构设计如下图 12-11 所示。

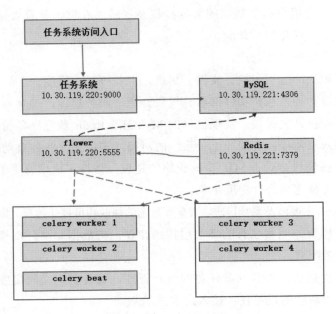

图 12-11

对于任务的调度方式，采用了如下的两类策略，可以处理大部分的业务需求。

第一类是任务调度，任务调度是对任务的并发调度，比如有 100 个任务，我们可以把任务做切分，根据备份时间或者数据量来切分为多组，这种切分维度是和业务场景紧密结合起来的，所以切分的粒度会更加细致。

第二类是时间调度，时间调度就是提出一个时间范围，比如 1:00~3:00，据此来计算，得到一个资源相对使用充分的时间调度策略。比如任务 1 用了 20 分钟，任务 2 用了 5 分钟，那么我们可以使用 20+5 的时间点来完成上面的两个备份任务，基本保证是串行的状态。

12.5　落地生花：自动化运维该如何落地

自动化运维的设计我们可以做得很高大上，期望通过这样一个平台实现很多我们渴望实现的功能，但是时间是有限的，投入的精力也是有限的，而且具体实现时还要面对很多未知的问题，因此很难保证进度和结果。所以很多时候我们判断的一个目标基本就是：**是否想明白了。**

"想明白"这个单纯说很难界定，空中花园，最终不落地，脱离了实际，也就脱离了价值，所以我们要形成详尽可行的计划，步步为营。

12.5.1　设身处地的功能设计

数据库管理系统通过对现有组件的合理配置及新服务的引入，实现用户管理、权限管理及资源管理，为用户提供精细的数据授权及灵活的存储、计算资源管控机制，帮助平台降低运维成本，优化用户体验。

数据库管理系统的主要功能：

（1）元数据模块：包括主机、实例、集群、业务等 4 个维度。

（2）基础运维功能：包括实例部署、权限开通、服务启停。

（3）数据库备份恢复模块：实现批量的 MySQL、Redis 数据库备份操作。

（4）工单接入及流程：实现和工单系统的对接，实现部分业务自动化处理流程。

（5）SQL 审核模块：对于 SQL 审核模块的建设，使得审核信息更加符合公司的开发规范，并对部分审核逻辑进行深度定制。

（6）日志模块：主要涉及系统日志、数据库日志的抽取和可视化建设，集成对接至 MIS 中。

（7）高可用模块：完善已有的高可用体系建设，将数据库高可用模块接入平台，支撑业务切换和服务配置。

（8）任务调度模块：实现批量任务的统一管理，通过自定义的调度算法优化已有的备份恢复流程，为后续的批量任务接入提供技术基础。

12.5.2　切实可行的实施规划

对于运维系统的建设，有了一个整体的共识之后，要落地需要的是一个可行的规划，这是建立在充分的调研或者技术沉淀之上的，不能一蹴而就。

下表 13-1 是我对于运维系统方向从无到有的一个规划，在打好一些基础之后，就可以逐步向自动化的方向来建设了。

整个系统的建设分为了 5 个阶段，其中第 3、4 阶段的工作比例最大，在数据库建设方面是从基础运维到运维管理然后到自动化，而系统建设方面是从元数据管理，脚本管理，工具管理，自助化服务到自动化服务建设，两者是相辅相成的。

表 12-1

序号	项目群名称	项目名称	项目周期	备注
1	需求调研	运维平台需求调研	两周	收集、整理目前的数据库业务需求和痛点
		完成平台需求调研，生成需求调研报告		
2	系统设计及技术预研	运维平台架构设计	一周	确定运维平台的体系结构，技术选型和技术方案
		运维平台功能设计和规划	一周	运维平台功能模块划分和接口设计
		系统基础功能建设	两周	实现基础的系统管理，用户管理和权限控制
		完成运维平台的架构选型和功能设计，并生成设计文档		
3	基础运维和备份恢复建设	元数据管理（CMDB）	三周	实现元数据的标准化管理，实现元数据看板，主机管理，实例管理，集群管理等基础功能，并实现基本的元数据分析功能
		数据库一键部署	两周	系统检查，数据库实例部署，实现 MySQL 多版本部署
		服务启停及权限管理	两周	开通数据库权限，系统防火墙，完成批量开通的任务，完成 MySQL 数据库权限开通功能
		MySQL 数据库备份恢复	三周	MySQL 全量备份、增量备份和日志备份三个层级，恢复主要实现异机恢复（全库恢复，增量恢复）和 SQL 闪回
		DBA 权限处理协作单	一周	搭建数据库从库，自动完成主从关系的配置
		DBA 权限工单流程闭环对接	一周	实现工单数据自动流转到运维平台，工单处理后，可以在运维平台完成工单回调
		运维系统重构	两周	系统前后端分离，后端逻辑采用 API 来对接，实现本地前端和平台前端

		完成元数据管理、基础运维模块和备份恢复模块的开发		
4	自助化服务建设	SQL 审核模块	三周	实现 SQL 审核规范的定制和自助化 SQL 审核服务
		日志模块	两周	主要涉及系统日志、数据库日志的抽取和可视化建设，以及 MySQL 慢查询的抽取和分析，集成对接至 MIS 中
		任务调度模块	三周	任务调度模块建设通过引入开源项目 Celery 实现批量任务的统一管理，通过自定义的调度算法优化已有的备份恢复流程，为后续的批量任务接入提供技术基础
		数据库巡检模块	两周	实现数据库自动化巡检，发现潜在问题，生成巡检报告
		DBA 工单管理模块	一周	对多业务工单的拆分和状态管理，进行工单数据分析
		监控系统对接和报警管理	两周	运维平台和监控系统对接，实现信息统一化标准化，对报警信息优化和改进
		SQL 自动化上线模块	两周	对 SQL 审核机制进行完善，对于部分变更 SQL 进行自动化上线
		通用查询模块	两周	对于应用查询需求进行自助化处理，通过 MIS 平台支持，对于查询结果在 MIS 中可以鉴权查看或分发
		数据库高可用和故障自愈模块	两周	对数据库高可用部署、数据库高可用切换和统一配置，实现初步的故障自愈
		完成系统对接和数据流转，实现数据库流程化管理，自助化服务		
5	应用及推广		两周	在 MIS 端接入部分通用功能，在公司内开展技术分享活动，推动技术产品的实践落地
		完成相关系统推广		

第 13 章　MySQL 运维基础架构设计

有了门，我们可以出去；有了窗，我们可以不必出去。——钱钟书 《围城》

运维基础架构中，元数据建设是重中之重，如果没有统一的标准，整个运维系统管理就会陷入一片混乱。所以万地高楼平地起，元数据的建设是运维系统建设的基石，在这个基础上需要通用模块的设计来使得整个系统能够快速标准化的运转起来，而运转的轮子则是任务调度，通过对接异步任务、定时任务来实现任务的批量下发和文件处理等基础需求。

13.1　元数据建设

很多同学可能在工作中已经在初步实践"元数据管理"了，我们大多数使用的方式就是 Excel，或者在系统中存放一个文本文件。这在管理中勉强够用，但会存在一些缺点：

（1）Excel 是个人维护的版本，设计思路就是大一统，为了自己以后能看明白，通常会有大量的备注，但是这种备注别人很难看得懂，如果 Excel 丢失基本就歇菜了。

（2）系统中存放一个文本文件统一管理，如果涉及多人同时操作，经常会出现"谁修改了我的配置"的情况。

（3）数据的更新不及时，无论 Excel 还是统一的文本文件，我们对这些文件的更新都是延迟的，所以经常会发现某个配置的信息会不准确，所以我们从来不敢拍胸脯保证数据是 100%正确。

（4）如果配置变更频率较高，则人工维护的方式就很让人抓狂了。

（5）无论是通过 Excel 还是文本文件，都存在一个使用的瓶颈，那就是对于几十上百条信息我们还可以通过手工方式管理，但是如果数据量在上千条以后，会发现管理起来力不从心。

所以对于元数据的管理是一个体系化的工作，这会改变我们已有的一些不好的工作方式，对于元数据的标准化和规范化在达成共识的前提下，我们的工作会方便很多。

在数据库运维方向也是如此，我们明确了"蛮荒"阶段可能存在的管理混乱之后，需要做的是一个体系化的管理工作。

13.1.1 元数据维度设计

对元数据的设计维度，我们可以参考右图
13-1 所示的几个维度，当然也可以根据自己的
业务现状进行调整。

其中各个维度的一些解释和小结如下表
13-1 所示。

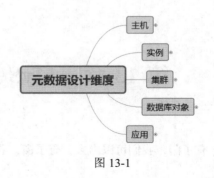

图 13-1

表 13-1

维度设计	维度解释
主机	包含一些服务器配置和信息信息，涉及虚拟环境和其他的主机类型
实例	包含实例的基本信息和中间件节点信息，还有单点实例（无备份，无从库）
集群	包含主从信息、高可用集群信息、分布式集群信息
数据库对象	用户信息、权限信息、数据库信息、数据库明细信息、表明细信息
应用	应用配置信息，应用编码管理

以上这些维度中需要优先完善的是实例维度，实例可理解为 IP（域名）+端口的组合
方式，这是一种具有行业共识的约定。通过实例维度的建设，会不断地完善其他几个维
度的信息。

把这些内容做更进一步地提炼，可以总结为下图 13-2 的所示的思维导图。

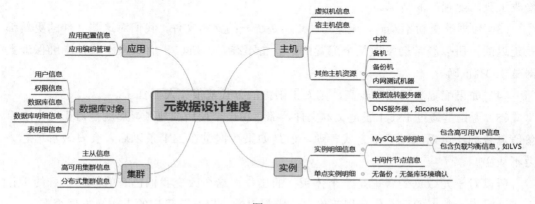

图 13-2

相信到了这里，大家对于数据库元数据的维度设计应该有了一个初步的了解。

对于这些元数据，如何完成体系化的管理，这是摆在我们面前的另外一个难题，我

们不妨换一个思路，假设数据都存储好了，但这些数据如何组织起来呢，我们先来梳理一下元数据的关系。

13.1.2　元数据关系梳理

刚刚我们明确了元数据建设的重要性，元数据设计是分为了多个维度，有主机、实例、集群、数据库等。

如何有效地把几个维度组合起来呢。我们先来看一个元数据的关系，假设有一个集群 A，它所对应的元数据信息应该是下图 13-3 的关联关系。

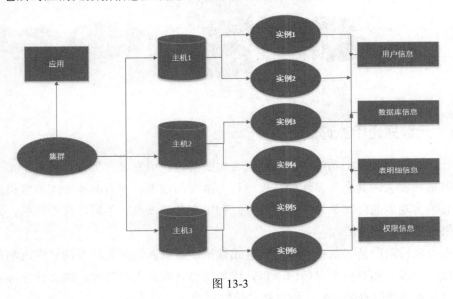

图 13-3

其实在这个关系图中，我们的目标是根据任意一个维度都可以进行信息的前后关联，这样元数据就不是孤立的，也不是单纯的上下游关系，而是一个完整的流程化管理，即其中的一个环节出现了变化，就会映射到整个元数据体系中。

我们可以做一个略微复杂的关系图（如图 13-4 所示），比如集群信息部分，我们是包含分布式集群和高可用集群的，它们的元数据信息是独立的，又彼此关联，我们把分布式集群和高可用集群的信息组合起来。假设分布式集群的每一组节点都具有独立的高可用集群，如果实例 3 发生了宕机，那么需要联动的是高可用集群 2 的信息，而对于分布式集群来说却不需要关联改动。

同理我们可以从关系图中找到更多的因果关系，通过这种方式把元数据组织起来，发挥更大的价值。

梳理完了元数据的关系，我们再回到最初的问题，如何有效地把这些元数据信息组织起来呢。这里需要引入一个功能：元数据通用查询。

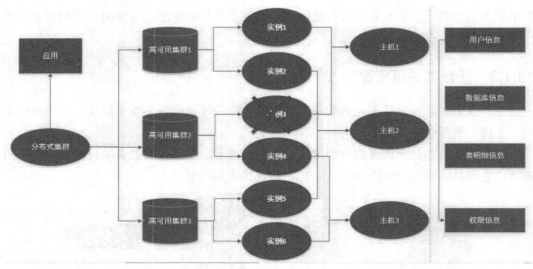

图 13-4

13.1.3　元数据通用查询设计

为什么需要引入这个功能呢，主要是在实践的过程中发现，大家如果对于某一个维度的数据依赖较大，就会习惯性的只聚焦这个维度的数据，而对其他维度的数据视而不见。同时因为功能的隔离导致大家在使用过程中会觉得需要在不同维度中切换，这种思维的转换也是不够便捷的。

首先带来的问题是元数据的不一致。元数据能够录入，但是修改的时候流程化是不足的，每一个维度都有一个专门的入口，比如实例管理、主机管理、集群管理等。每个入口都有具备增删改查的权限，信息管理是割裂的。

其次是数据冗余带来的数据问题，不同的维度中，为了避免数据反复引用，所以会刻意做一些冗余设计，这种冗余设计就会带来数据不一致的潜在隐患。

所以在这里，我的一种建议是化繁为简，只开放元数据通用查询功能，能够有效地把这几类信息都组合起来。通用查询的一个初版页面如下图 13-5 所示。

考虑了诸多因素，最后决定使用主机 IP 作为查询的一个入口，这样可以通过元数据关系映射到多个维度，如果使用实例维度，需要输入 IP 和端口，在查询使用中会显得比较局限，因为我们很难去记住每个服务器的实例相关的端口。

至于元数据通用查询的逻辑，我们可以做一下的梳理工作，先给一个全景图，让大家有一个整体的认识。

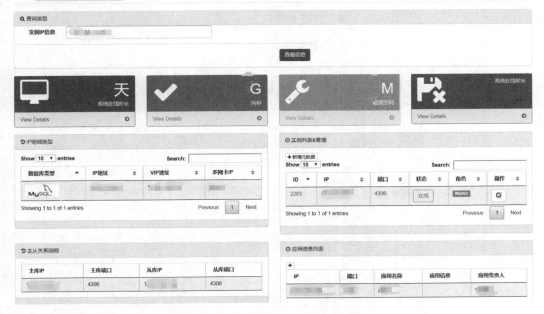

图 13-5

通过这个功能我们期望得到如下几个维度的信息：

（1）IP 明细信息：服务器的默认 IP，多网卡 IP，VIP 信息等。

（2）实例列表：根据 IP 信息得到所在服务器的实例列表，对于单机多实例来说，可以得到一个较为清晰的列表，实例基础信息和状态一目了然。

（3）主从关系明细：实例间的主从复制关系，可以通过主库或者从库得到完整的复制关系。

（4）应用列表：根据实例信息得到对应业务的描述信息和业务相关负责人，这样在问题发生时也方便联系。

（5）高可用列表：根据实例信息得到高可用相关的信息，比如高可用使用了 MHA 方案，则会显示出 MHA 的一些相关配置信息。

（6）集群列表：得到实例相关的集群列表，这样可以通过一个节点来得到一个全貌的集群信息，集群主要包括基于中间件的分布式集群。

（7）备份恢复列表：实例的备份状态信息，显示近期的备份情况。

（8）工单列表：显示近期实例相关的工单信息，在业务层面把数据打通。

如上的信息是期望通过一个页面实现一站式查询提取，当然要实现这些逻辑还是有些复杂度的，我设计了如下的流程图，如图 13-6 所示，供参考。

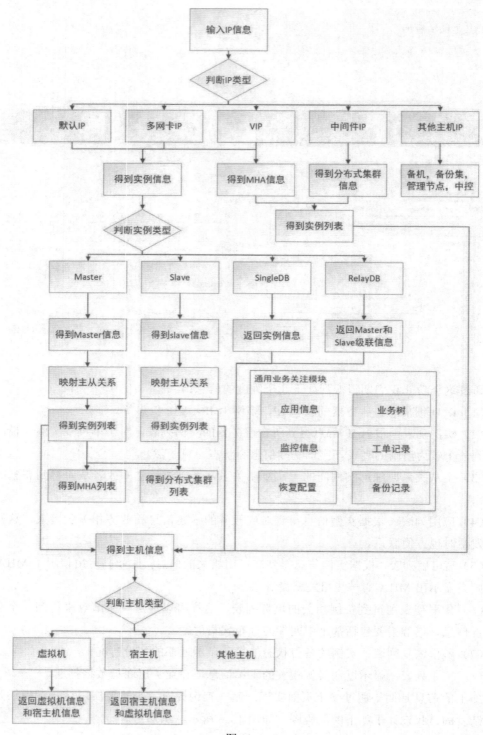

图 13-6

根据 IP 信息查询是其中一个核心功能，功能设计上可以参考如下的规则：

（1）如果 IP 为主库信息，能够定位到从库及集群信息。

（2）如果 IP 为从库信息，能够定位到主库及集群相关信息。

（3）如果 IP 为中间件 IP，能够定位到集群信息。

（4）如果 IP 为 VIP，能够定位到实例信息。

（5）如果 IP 为多网卡附加 IP，能够定位到实例信息。

（6）如果 IP 对应的业务已下线，要明确提示出来。

（7）如果 IP 对应的业务有主机故障和实例故障，要明确给出提示信息。

（8）根据用户组来鉴别权限，如果不属于这个组，可以提示数据库类型，但是不显示明细信息。

通过 IP 信息进行信息下钻，映射到集群和应用，使得元数据的维护更加清晰明确。

在这个过程中需要补充的是一些其他维度的信息，我们理解为元数据的配置维度，如图 13-7 所示。

这些配置维度是元数据的消费方，可以通过有效的方式把这些配置维度也组织起来，比如备份、恢复、工单、监控等，同时也可以把已有维度的信息补充起来，如应用维度；以上信息的小结如下：

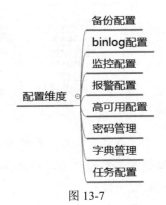

图 13-7

（1）应用维度：补充应用维度的属性信息，比如业务简称、业务描述、归属部门、业务负责人等。

（2）备份维度：相关的实例备份记录信息，比如显示近 3 天的备份情况。

（3）工单维度：相关的工单信息，比如在某个实例的数据库对象做了变更。

（4）报警维度：抽取接口得到报警的相关信息。

（5）监控维度：得到概览的监控信息。

这样一来，如果只是查看实例的信息，却发现同时会有备份、工单、监控等维度的信息，对于业务使用来说是一种很好的补充。

13.1.4　元数据流程管理

明确了元数据的通用查询之后，我们可以对元数据进行有效查询，但是元数据发生了变化，我们怎么去有效管理呢，需要明确的一点是，对于元数据的管理，不应该是通过手工修改来完成，而应该是通过流程来触发，因为元数据的维度是相对固定的；但是如何触发关联，它们之间并没有因果关系，是无法给出明确的标准和建议的，所以在这个方面我们需要在元数据的流程化管理上下一些功夫，这也是元数据梳理中最有难度的一部分内容。

我整理了如下图 13-8 所示的元数据管理流程图，把常见的一些业务常见都组合了起来，当然根据不同的业务场景会有一定的偏差。

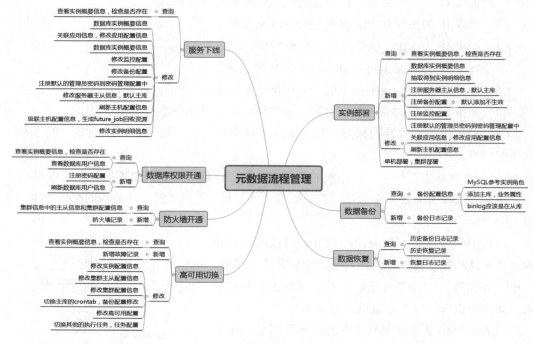

图 13-8

可以看到，我对一些常见的业务流程进行了梳理，对关联关系的联动进行了总结，比如实例部署的时候，如果新增了实例，就需要映射其他几个维度的元数据信息，包含一些配置元数据。

如果服务下线，流程是相对复杂的，会涉及多个维度的信息关联更新。

13.1.5　如何玩转 MySQL 实例信息管理

通常我们理解的实例管理，基本信息应该包括 IP、端口、机房、数据库角色（Master，Slave 等）、数据版本和应用信息等。其实我们对这些信息的理解存在很大的偏差，甚至是误解，如不校正，就会为工作埋下隐患。我们分两个方面来说。

1. 数据库实例角色的认知偏差

比如一个数据库实例角色是 Master，但是实际上它没有从库或者一个级联节点，它既是主库也是从库，那么到底应该标识 Master 还是 Slave，况且 MySQL 数据字典里面是没有一个明确的数据字典来标识这个角色的，所以我们需要对已有的这些认知做一些梳理。我们把数据库实例的角色分为了 4 类，如下图 13-9 所示。

图 13-9

在已有的 Master 和 Slave 的基础上，我们补充了 RelayDB 和 SingleDB。

我们来总结一下这些角色的逻辑，主要是通过 show slave hosts、show processlist 和 show slave status 这三条命令来判断，流程图如下图 13-10 所示。

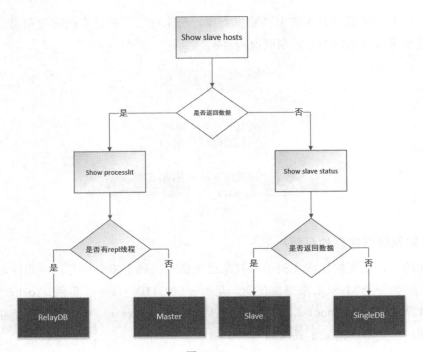

图 13-10

可以通过这种方式来标识已有的实例角色，使得实例的角色管理能够有章可循，并可以在这个基础上进行扩展。

比如下面的 IP 信息，数据库角色是中继节点 RelayDB，我们得到下图 13-11 所示的一个基本信息列表。

面对这样一个关系，如果自己来刻意维护，其实很容易迷茫，或者意识不到这种级联关系的存在，但是如果我们对这些数据进行抽象，就很快能够得到下图 13-12 这样的一个关系图。

ID	机房	IP地址	端口	虚拟机	类型	角色	Master信息	版本
198		28.246	3306	1	MySQL	RelayDB	.124.16: 3306	MySQL5.5.19
1360		.124.16	3306	1	MySQL	RelayDB	.124.76: 3306	MySQL5.5.19
2131		124.196	3306	1	MySQL	RelayDB	.124.16: 3306	MySQL5.5.19

图 13-11

这样一来，关系图有了前面的数据支撑，一来可以明确已有的实例信息，二来如果需要，完全可以借助图的方式来展现。

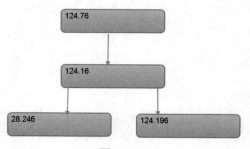

图 13-12

2．实例明细信息的更新

确切的说，上面的这些实例信息只是通用信息，属于概要信息，很难满足业务的实际需求，比如一个 MySQL 服务端配置，是否开启 GTID、版本、角色、socket 文件路径、数据文件路径、buffer_pool 大小、是否开启 binlog、server_id、VIP 等这些信息才是我们更需要的，一个基本的展示界面如下图 13-13 所示。

4306	开启	5120	5.5.19-log	OFF	/data/mysql_4306/data/	/data/mysql_4306/tmp/mysql.sock	utf8	12414		2: 4306
4306	开启	5120	5.7.16-10-log	OFF	/data/mysql_4306/data/	/data/mysql_4306/tmp/mysql.sock	utf8	150157		
3306	开启	7200	5.5.19-log	OFF	/data/mysql/db/	/tmp/mysql.sock	utf8	21168		9: 3306
3306	开启	7200	5.5.19-log	OFF	/data/mysql/db/	/tmp/mysql.sock	utf8	21169		
3306	开启	3600	5.5.19-log	OFF	/data/mysql/data/	/data/mysql/tmp/mysql.sock	gbk	21210		N
3306	开启	3600	5.5.19-log	OFF	/data/mysql/data/	/data/mysql/tmp/mysql.sock	gbk	21211		10.10
4306	开启	2048	5.5.19-log	OFF	/data/mysql_4306/data/	/data/mysql_4306/tmp/mysql.sock	utf8	21212		None

图 13-13

有了这些信息，才能够让我们对于实例有一个更加清晰地理解，当然对于实例信息的管理我们需要也做一些改变。整个信息的收集看起来是重复性的工作，实际上我们可以让它变得高大上一些，比如我们把信息收集后使用前端页面做汇总和信息稽核，比如让数据的收集实现自动化，批量完成，而不需要手工来触发完成。

总体来说，元数据的联动过程涉及以下两种实现方式：

（1）通过业务流程触发，流程化的元数据联动是非常必要的，这种方式就会让数据管理的过程真正"动"起来，尤其是在变更频繁的场景中。

（2）通过周期性任务来抽取和稽核，元数据的一些固有属性应该通过周期性的任务来进行稽核，因为流程会有欠缺，人也可能会遗漏变更，周期性的任务会在这些基础之上做到更好的保障。

对于数据稽核的内容，我们需要展开来说明一下。

13.1.6　数据库元数据稽核实践

由于数据的沉淀和数据的录入过程中的不规范，发现元数据会存在越来越多的问题，如果元数据都不能保证准确的话，那后期的工作就步履维艰了。

数据稽核和修正的过程，消耗的时间和精力成本较大，而且是一个持续的过程，随着元数据的接入，会发现已有的模型在灵活度和扩展性方面就会存在一些欠缺，这也是导致元数据不够准确的原因。

元数据稽核中发现的一些问题大体有：

（1）对于 IP 地址的理解不同，比如实例的粒度为 IP 和端口的组合，但是有的元数据是使用 VIP 来注册，有些服务器有多个网卡，有的用第一个网卡地址注册，则有的用第二个网卡注册，导致实例管理时会有很多冗余的实例。

（2）有的实例主从配置不规范，比如 repl 用户的命名不统一，导致信息采集的时候容易误判。

（3）有的服务器已经标识下线，但是通过远程工具还可以正常连接。

（4）有的服务器仍在线，但是服务却无法连接。

（5）有的服务器可以连接，但是数据库的用户配置有问题，导致实例无法登录。

（6）有的节点是单点实例，没有备份也没有从库。

诸如此类的问题，看起来很细碎，在碰到问题去检查的时候才可能意识到是原来的模型不够严谨，所以模型也要升级，数据还需要持续稽核，梳理的时候痛苦，但是整理清楚之后，就会有一种豁然开朗的感觉。

海因里希法则说：当一个企业有 300 起隐患或违章，非常可能要发生 29 起轻伤或故障，另外还有一起重伤、死亡事故。在问题没有成为故障之前，我们有无数种可以弥补的措施，一旦问题上升为故障，这个影响力和前期的技术债就会是雪崩式涌来。

所以用了多个维度去梳理元数据之后，我觉得需要通过循序渐进的方式来梳理，而不是通过一种一刀切的方式来妄图达到所有的目标。

我初步设计了如下图 13-14 所示的数据稽核拓扑图。

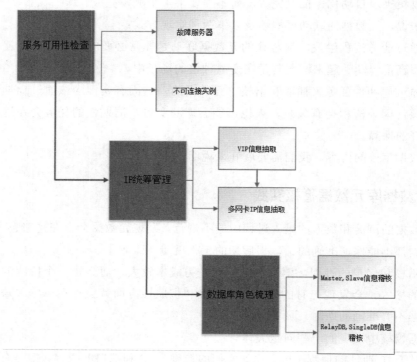

图 13-14

第一个阶段里，如果服务器不可访问，后续的流程都不用走了。如果实例可用，后续可以继续检查实例层面的 IP 配置等。通过这些筛选，能把很多潜在的问题都消灭在萌芽阶段。有以下的一些建议供参考：

（1）检测服务可用性，比如发送一个简单的命令，如 hostname 等，只要正常返回即可。

（2）检测实例是否可连接，可以使用类似 mysql -uxxx -pxxxx -hxxx -Pxxx 的方式来批量连接。

（3）VIP 映射的逻辑，可以打个比方，如下是一个服务器的 IP 信息明细。

```
1: lo: <LOOPBACK,UP,LOWER_UP> mtu 65536 qdisc noqueue state UNKNOWN
    link/loopback 00:00:00:00:00:00 brd 00:00:00:00:00:00   inet 127.0.0.1/8
                                                        scope host lo
2: eth0: <BROADCAST,MULTICAST,UP,LOWER_UP> mtu 1500 qdisc mq state UP
qlen 1000    link/ether 00:50:56:ab:be:c7 brd ff:ff:ff:ff:ff:ff
    inet 102.130.121.249/23 brd 102.130.121.255 scope global eth0
3: eth1: <BROADCAST,MULTICAST,UP,LOWER_UP> mtu 1500 qdisc mq state UP
qlen 1000    link/ether 00:50:56:b2:a4:ea brd ff:ff:ff:ff:ff:ff
    inet 102.130.124.74/24 brd 102.130.124.255 scope global eth1
    inet 102.130.124.194/24 scope global secondary eth1
```

可以使用下面的命令来输出 VIP 信息。

```
/sbin/ip addr|grep "global secondary"|awk '{print $2}'|sed 's/\/24//g'
```

对于多网卡 IP 的提取，则需求根据网络配置的规则来过滤。

在这些稽核工作之外，最复杂的莫过于对于遗漏元数据的处理了，换句话说就是我们也不知道哪些实例被遗漏了，如下图 13-15 所示，一个服务器上有 9 个实例，但是实例 6 因为各种原因被遗漏了，导致后续的稽核流程都会忽略这个存在的实例，这种情况下，我们需要借助的是系统层面的方法来进行逻辑加固，可以根据启动的 MySQL 进程和端口的绑定来进一步定位，这对于元数据的完整性检测和质量还是很不错的。

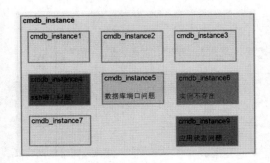
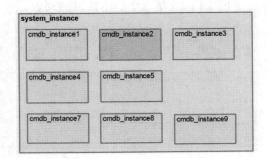

图 13-15

而另外一层的稽核，可能需要根据网段进行全面地筛查和梳理，这些检查工作随着服务器数量的增加，人工、脚本检查的代价会越来越高，而且是一个持续地改进过程，只有流程完善和统一才能够基本解决这类问题。

13.2　通用模块设计

通用模块设计是运维系统建设中的基础工作，这个部分的功能和性能决定了后期运维系统的可扩展性和稳定性。本小节中我们会通过脚本管理、工具管理、API 管理来进行通用模块设计的一些实践总结，最后通过标签管理来引申出业务改进的新方向和建议。

13.2.1　运维系统中的脚本管理

脚本管理是运维系统的基础功能，可以把原本散乱的脚本做到标准化，以便于统一的管理。

先说一下边界吧，脚本管理中的脚本是不能直接执行的，运维系统中所有的任务执行粒度应该是脚本。

从功能划分上，脚本管理大体有以下几个方面：

（1）脚本内容管理：支持 Python，Shell，Java，SQL 等。

（2）执行方式：本地和远程（服务器端执行脚本、客户端、中控端）。

（3）参数管理：脚本配置支持多个参数，对参数个数和格式要全面支持。

（4）脚本需要一个基本的介绍和用法说明。

（5）需要制定脚本的规范和标准，对命名规范和内容做一个基本的审核。

（6）设定脚本域的概念，即脚本是全局可用，还是只限于特定的需求。

（7）脚本编辑器：ACE Editor 和 Monca 都是不错的选择，可以根据喜好进行选择。

在初步实现脚本的提交和查看功能之后，我觉得脚本审核应该是脚本管理中的一个必经流程。如果没有审核的机制，那么脚本的规范性和质量就难以保证和衡量。

下图 13-16 是一个脚本信息的列表。

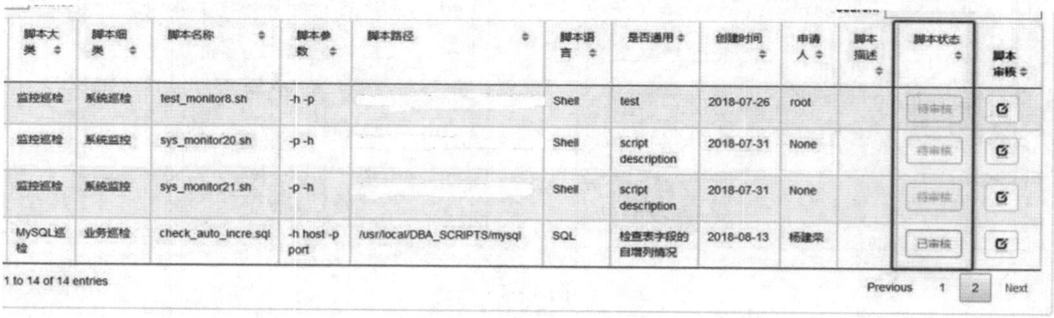

脚本大类 ↕	脚本细类 ↕	脚本名称 ↕	脚本参数 ↕	脚本路径 ↕	脚本语言	是否通用	创建时间	申请人 ↕	脚本描述 ↕	脚本状态 ↕	脚本审核 ↕
监控巡检	系统巡检	test_monitor8.sh	-h -p		Shell	test	2018-07-26	root		待审核	☑
监控巡检	系统监控	sys_monitor20.sh	-p -h		Shell	script description	2018-07-31	None		待审核	☑
监控巡检	系统监控	sys_monitor21.sh	-p -h		Shell	script description	2018-07-31	None		待审核	☑
MySQL巡检	业务巡检	check_auto_incre.sql	-h host -p port	/usr/local/DBA_SCRIPTS/mysql	SQL	检查表字段的自增列情况	2018-08-13	杨建荣		已审核	☑

1 to 14 of 14 entries   Previous 1 2 Next

图 13-16

数据库层面的就是脚本的提交，通过前端的输入，提供脚本内容，这时脚本的状态就是"待审核"。在此审核的意义除了做权限和质量的把控外，另一个重要的作用就是做脚本路径的规划。

脚本可以指定一个中控服务器作为脚本的集中管理中心，比如规划路径是/usr/local/DBA_SCRIPTS，这样就可以把已经通过审核的脚本统一存放在这个路径下。

对于脚本路径的规划参考如下图 13-17 所示。

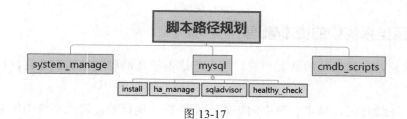

图 13-17

也就是说在提交脚本的时候不需要声明脚本的路径，这个工作是审核时做的，我们可以指定团队的一个同学来作为脚本管理员，完成这个艰巨的任务。

脚本的审核流程和调用流程如下图 13-18 所示。

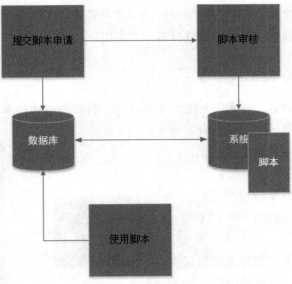

图 13-18

这里需要明确的是，我们在数据库中会维护这个数据结构，而且也会存储对应的脚本内容，同时在文件系统中也会存在对应的文件，也就是说我们所做的变更是数据库层面和文件层面的映射。

在脚本审核阶段，主要完成两件事情，一个是脚本的路径规划；另外一个是脚本在中控服务器上生成，整个过程是自动完成的。

我做了一个初版的脚本提示（如图 13-19），如果创建了一个脚本会发送相应的邮件，这样一来这就是一个闭环，目标是把整个管理融入为一个流程化的方式。

图 13-19

而在调用脚本的时候，可以把它当做一个对象来管理，在数据库中对每个脚本都会定义一个编码 code，我们根据编码来进行脚本的调用。

13.2.2 运维系统中的工具管理

脚本管理其实就类似于积木的装配和组合，而工具管理是在脚本管理的基础上的扩展，更像是一个工具箱，可以做各种接入和适配，然后根据我们的需求在指定的场景中完成指定的任务。

整个工具层的设计是按照接入层、系统层、数据库层来规划的，如图 13-20 所示。

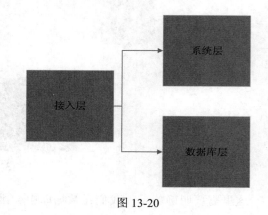

图 13-20

通过多种适配的方式把每个层的服务都做到轻量化，实现目标的统一；就好比你去一个地方，可以做地铁，也可以打车或者是乘公交车，可以提供多种适配的方式来完成接入，而每个业务层可以自行定义核心的逻辑。

1．接入层

需要首先考虑接入层的配置和实现，比如连接到系统和连接到数据库就是两个不同的接入类型，对于每个类型都需要有不同的实现。

（1）连接系统，对于不同的实现方式，都期望做成一个接入层，类似于工厂模式。

```
    Paramiko
     Ansible
  Saltstack
```

（2）连接到数据库，不同的数据库，只要我输入指定的信息，就返回给我一个数据库连接。

```
    Pymysql
  MySQLdb
```

2．系统层

系统服务的管理，比如查看资源状态，可以使用命令的方式或者第三方库的方式，比如 psutil 的使用，或者用脚本来实现一些复杂的定制工作等。

3．数据库层

数据库层级的调用，通常以 SQL 的方式来进行交互，比如查看数据库的基本信息，那么无论是 Shell，Python 都是接入层的实现，而真正的逻辑部分是在 SQL 中实现。

数据库层主要是一些基本的操作，比如查看数据库的基本信息、得到 DDL 信息、得到从库的信息等，都是通过脚本（主要核心就是 SQL 逻辑）的方式来实现。

13.2.3　运维系统中的 API 管理

对运维系统的工具进行提炼和改进之后，我们需要的其实是一种更为通用的执行方式管理，也就是我们接下来要聊的 API 管理。

API 管理本身在行业里有很多的解决方案，比如 Swagger，还有行业内非常流行的 API 网关技术。

先抛开这些技术方案，我们来梳理一下，脚本管理提供了运维任务执行的方式，通过工具管理来对零散的脚本功能进一步完善，更规范，更具有体系性。而 API 管理则是在这些基础之上提供的任务执行的基本单元。

我们所说的 API 主要是基于 RESTful 的设计规范，同时在技术体系上，API 管理不必为追求技术而一刀切；从运维系统的建设来说，使用 API 网关和微服务只是一种可选的方式，绝不是必须的路径。

比如我们可以基于 Ansible 或者 Saltstack 建设自有的一套服务体系，在这个基础之上实现一些 API 的基础管理。API 管理的可选方案如下图 13-21 所示。

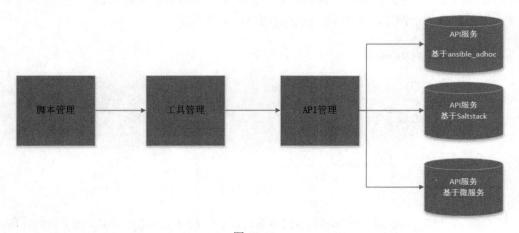

图 13-21

在这些基础之上，我们可以迭代演进，同时我们为了满足功能需求，也可以通过自建模型来实现基本的 API 管理，对 API 的权限管理和划分，甚至负载均衡都可以做一些补充的工作。

下图 13-22 是一个基础的 API 管理的配置页面，通过这样的方式，可以很方便地实现权限的管理和逻辑映射。

id ▲	API名称	API编码	API链接	GET	POST	PUT	DELETE	后端URL	业务名称	备注	操作
1	添加防火墙	iptables_add	api/iptables_add		已激活			/iptables_add	基础运维	iptables_manage.iptables_add	☑ 🗑
2	查看防火墙	iptables_show	api/iptables_show	已激活				/iptables_show	基础运维	iptables_manage.iptables_show	☑ 🗑
3	查看实例信息	cmdb_server_list	api/cmdb_server_list	已激活	已激活			/cmdb_server_list	资产管理	cmdb.server_list	☑ 🗑

图 13-22

案例 13-1：运维平台 API 优化实践

大家对运维系统的要求是能用，好用；而对高可用和性能的关注比较少，一般来说，我们都会感觉差不多就行了，直到有一天因为运维系统重新发布，导致一些运维处理受到影响，所以系统的稳定性和性能问题成为了我们要格外关注的一个方面，简单来说，现状需要改变。

如果把近期的几个问题汇总起来，会发现有些问题开始变得严重起来。

问题 1：有一天晚上 9:00 左右的时候，运维系统的服务突然无响应，页面打开卡顿，查看系统进程都是正常的，日志中也没有额外的信息显示，最后重启服务了事。

问题 2：最近完成了初版的任务系统部署，要逐步把一部分的数据库批量任务迁移到任务系统中，结果在任务系统接入任务的时候，任务系统的默认并发是 20，而平常数据库运维系统是 5，导致数据库运维系统直接无响应，说起来真是尴尬。

报错信息如下图 13-23 所示，感觉是超时自动终止了。

图 13-23

问题 3：使用 postman 调用单独的 API 任务时，超时 60 秒会直接无响应，如图 13-24 所示。

图 13-24

问题 4：同样的任务使用测试环境竟然会比线上环境要快，性能差异有 20 倍，就好比测试环境 10 秒左右，线上环境需要近 200 秒。

问题 5：使用 Uwsgi 的超时参数进行对比测试，暂时没有达到预期效果。

这些问题综合起来，会让我们本来对使用还算顺利的系统充满了疑问。

首先是功能上的，按照目前的支持情况，是存在一些潜在问题的，会对正常的业务支持有影响吗？

其次就是性能，测试环境性能比线上环境还要好，这个很难解释的清楚，而且实际说起来也很尴尬。

面对这样的一些问题，初步的感觉是这个问题本身是比较明显的，解决的方向就是处理超时问题，只是暂时没有找到一个合适的配置，或者说是开关。

首先这是一个独立的 API，能够独立运行，说明业务逻辑是基本正确的。

我们最开始的着手点是分析 Web 服务器层面的配置，目前直接的差别就是测试环境是以 mange.py 方式的部署启动，线上环境是 Uwsgi 的部署方式。

通过反复的对比测试，可以明确以下几点：

（1）测试环境的应用配置和线上配置是基本一致的，除了服务器和数据库 IP 不同之外，其他的配置都是统一的。

（2）线上环境临时切换成 manage.py 方式，重新调用 API，唯一的差别是产生 60 秒超时的时候，mange.py 的方式会一直等待任务正确执行完毕，而 Uwsgi 的方式则会报无响应的错误。

按照目前的分析进度，这个问题陷入了僵局，该怎么办呢，先查看 API 的逻辑吧，看看逻辑层面是怎么回事。

这个 API 任务是一个看起来很普通的任务，主要的流程是通过 SQL 调用得到数据库中表的元数据信息，然后把这些元数据持久化起来，通过时间维度来采集表级元数据，为后续可以分析表的碎片率、表的数据量增长情况打好基础。

从任务的流程来说，我通过子任务描述来细化一下：

（1）通过 ansible 的方式调用 SQL 得到表的元数据信息。

（2）解析得到元数据信息。

（3）在持久化之前，会从已有的数据表中把最新的一条记录更新，这样持久化之后的记录中的表只有一个是最新的。

（4）完成持久化操作，即 insert 的操作。

整个 4 步流程中，直接看是没问题的。那么我们来细化一下，我们可以在每个步骤都打上时间戳，这样就可以明确定位出每一步的执行时间。

在做这个补充操作的时候，我开始重新理解这个流程，突然发现了一个潜在的问题。代码里有这样的一段：

```
if      MySQL_table_status.objects.filter(ip_addr=vm_ip_addr,    db_port=int(vm_db_port),
db_name=database_name, table_name=table_name,latest_flag=1).count() == 1:
    MySQL_table_status.objects.filter(ip_addr=vm_ip_addr, db_port=int(vm_db_port),
db_name=database_name, table_name=table_name,latest_flag=1).update(latest_flag=0,)
```

仔细看来突然发现不大对劲。这个表的数据量在线上已经接近百万了。而这个表的索引只有一个 id 主键，可以肯定这个查询是走了全表扫描，试想如果这个数据库有 1000 张表，按照这种逻辑，结果会是什么样，所以到了这里问题的瓶颈已经比较明确了。

在线上环境添加了相关的索引之后，重新调用 API，在 10 秒内就给出了结果，和测试环境的时长是相近的。

接下来我们再来看看之前的几个比较诡异的问题。

问题 1：有一天晚上 9:00 左右的时候，运维系统的服务突然无响应，页面打开很卡顿，查看系统进程都是正常的，日志中也没有额外的信息显示，最后重启服务了事。

分析：其实明白了原因，再加上一个背景，问题就很明显了，晚上 9:00 的时候会跑一批任务，会把几百个 MySQL 实例的元数据都采集一遍，结果触发的时候，并发导致系统无响应。

问题 2：最近完成了初版的任务系统部署，要逐步把一部分的数据库批量任务迁移到任务系统中，结果在任务系统接入任务的时候，任务系统的默认并发是 20，而平常数据库运维系统是 5，导致数据库运维系统直接无响应，说起来真是尴尬。

分析：解决了 API 的效率问题，超时的概率就很低了。所以也就不存在并发20导致系统崩溃了。

问题 3：使用 postman 调用单独的 API 任务时，超时 60 秒会直接无响应。

分析：这个和后端的超时配置是有关联的，适当地调大 API 的超时时间，建议在 5 分钟以内即可。

问题 4：同样的任务使用测试环境竟然会比线上环境要快，性能差异有 20 倍，就好比测试环境 10 秒左右，线上环境需要近 200 秒。

分析：这个如果知道了原委就很明确了，因为测试环境的数据量不够，所以这个性能问题没有放大，而线上环境的数据已经积累较多，达到了触发性能点的条件，就好比对一张 10 条记录的表做全表扫描和对一张 1000 万条记录的表做全表扫描差别是巨大的。

顺着这条路来对比下有索引和不存在索引时，异步任务的性能差异。原本需要近 3000 多秒，如下图 13-25 所示。

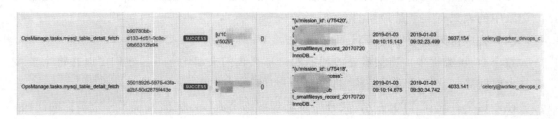

图 13-25

而改进之后，只需要 50 多秒，如图 13-26 所示。

Name	UUID	State	args	kwargs	Result	Received	Started	Runtime ▲	Worker
OpsManage.tasks.API_task	84e560fd-f50d-4ef9-9d8d-21d4a2acae36	SUCCESS	[u'http://192.168.9.207:8000 /api/mysql_table_detail_fetch/', u'POST', {u'Content-Type': u'application/json', u'Authorization': u'Token 4cawa3c2c5ce9'}, u'{"smalltestsys": 1_smalltestsys_user_oru_20170720 InnoDB}', u'{vm_ip_addr}' 4306] None]	0	u'{"mission ....ed"}, {}, success {'smalltess t_smalltestsys	2019-01-03 21:10:06.141	2019-01-03 21:10:36.095	95.970	celery@worker_devops_redis

图 13-26

通过这样一个问题也可以折射出我们对于性能优化问题的分析思路，触类旁通，对于我们解决大多数问题也是相通的。

13.2.4　运维系统中的标签管理

运维标签管理其实是运维体系中比较容易忽视的角色。因为很多时候它和元数据的属性掺和在一起了。我们应当建立独立开放的标签管理模块，让它成为运维体系中的催化剂。

比如我们打开朋友圈或者点开一篇文章可能会收到不同的推送广告，有些软件 APP 会根据你的阅读情况给你针对性的推送一些内容。这种现象背后就是有相应的标签，也就是大数据中经常听到的用户画像，按照这种概念的逻辑，到了数据库方向我就叫它数据库画像吧。

我们管理的数据库肯定会各有自己的特点，如果我们给这些数据库打上标签，在已有的体系之中去管理，根据一些特点建立模型，打上标签，那么我们的管理工作就会很容易扩展开来。

比如一个服务器运行时间超过 3 年未重启，那么可以算是一个高危服务状态了，在服务器的维保周期外是很容易出现异常情况的，对于这类业务我们就要重点关注灾备和高可用，我们可以为这台服务器打上一个"高危服务"的标签。

根据自己对于业务的理解，我对目前的标签管理进行了一些梳理，如下图 13-27 所示。

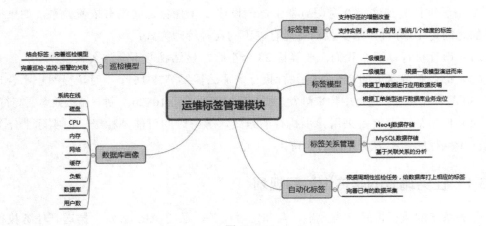

图 13-27

其中"标签管理"是基本的标签增删改查，能够支持多个维度的标签管理。

标签模型是管理的核心部门，我们需要通过模型的设计来创建多个标签，有些标签之间是有依赖的，比如标签 A 和标签 B 组合起来，根据条件可以衍生出标签 C，逐步延伸出来就需要标签的关联关系，在建立一系列标签之后，我们可以根据这些标签信息进行上行下钻，来分析一些潜在的关系和问题。

自动化标签是根据已有的模型，通过周期性批量任务来触发检查，对已有的服务打上相关的标签，算是一种自动化运维的标签管理。

而数据库画像是在这些数据沉淀的基础之上，我们根据维度、业务特点和系统资源来建立相应的数据库画像，让我们的数据库服务具化为一种更加生动，容易理解的形式。

当然最后也是我们做这件事情的一个价值输出，那就是我们的标签管理其实是和巡检紧密结合起来的，通过标签的模型可以对巡检模型产生一些直接的参考价值。

而巡检任务其实是和报警、监控形成三位一体的关系，我们的标签管理是穿插其中，通过建立丰富的模型来提供更多的数据价值。

13.3　任务调度

对于任务调度，很多朋友可能会有种熟悉的陌生感，其实我们可以这样理解，运维系统中存在的绝大多数运维任务，其实都可以通过任务调度的方式触发。

要建设运维系统，任务调度会是其中的关键一环。任务调度是不需要理解任务的业务含义的，执行时是通过任务标识和任务信息拆分任务并路由到调度系统执行，所以说任务系统所做的事情是很简单的。

同时业务系统的任务要对接到任务系统，这和业务系统的开发语言无关，和系统架构没有直接的耦合和依赖。

如果你还不是很明白，那我们假设一个场景，我们有 100 台数据库服务器，现在要推送 2 个运维任务到这 100 台服务器上，假设这 2 个任务之间没有依赖关系，如果每台触发的时间是 10 分钟，那么我们可能有以下的几种管理方式：

（1）串行执行，那么我们需要等待 33 个小时，显然我们不会这么做。

（2）每台服务器上的 2 个任务并行执行，那么需要等待 16 个小时，显然也不合理。

（3）写一个程序，通过中控来触发，那么我们需要等待 10~20 分钟，显然效率要高得多。

（4）使用任务调度，采用异步执行的方式，等待时间可能是秒级，而实际上任务在后端同步执行的，不需要无谓的等待。

13.3.1　任务调度的整体设计和规划

任务系统的执行模式分为异步任务和定时任务，通过 API 触发，推送到任务执行队列。执行的流程图如下图 13-28 所示。

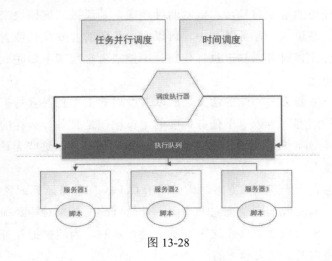

图 13-28

如果对任务调度做一个整体的规划，其实可以把它拆分为任务系统和调度系统，它们是通过接口的方式进行对接，彼此都是独立的，而且没有强关联，如下图 13-29 所示。

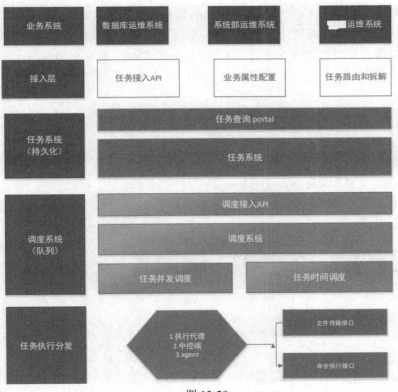

图 13-29

运维系统可以通过 API 的方式接入任务调度模块，即任务注册，这个过程中任务还是没有触发的，任务的触发有异步和定时两种模式，是通过调度模块来触发，推送到调度层之后，其实就是进入了任务队列中，可以实现任务的并发执行或者基于时间的调度执行，具体的任务执行时可以基于执行代理、中控或者客户端下发完成，这个是属于脚本执行层的基础功能。

因为调度层不需要去关心业务意义，所以调度层的工作是很容易扩展的，即完全可以实现调度层的扩缩容。所以对于任务调度的定位应该是具备什么样的支撑能力，比如支撑并发 1 万个任务，根据业务负载进行调度资源的扩缩容，这些无论对内还是对外都是清晰可理解的能力。

目前行业里也有一些开源的方案，比如基于 Celery 的任务队列或者是 Quartz 等，从整体的规划来看，其实我们完全把它们当做一个简单的工具来对待，即让它们只负责完成最基本的功能，然后根据需要在这个基础上进行定制，当然要把任务调度作为一种更加通用的服务，是需要下很大功夫的。

13.3.2　Celery 技术快速入门

Celery 是基于 Python 语言编写的分布式的任务调度模块，它有着简明的 API，并且容易扩展，非常适合用于构建分布式的 Web 服务，在 github 上有超过 1 万颗星，对于我们理解任务调度和使用是非常方便的。下图 13-30 是 Celery 的一个架构图。

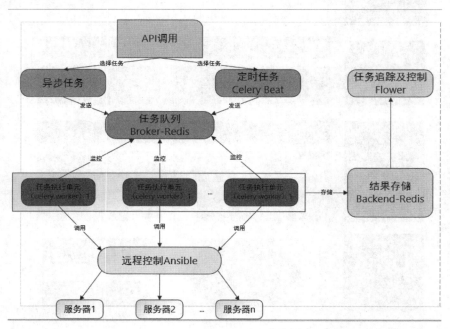

图 13-30

Celery 的架构由三部分组成：消息中间件（Message broker）、任务执行单元（Worker）和任务执行结果存储（Task result store）。

其中，Worker 是 Celery 提供的任务执行的单元，Worker 并发的运行在分布式的系统节点中。消息队列可以基于 Redis 或者 RabbitMQ 等，消息队列的输入是任务，Worker 进程会持续监视队列中是否有需要处理的新任务。Task result store 用来存储 Worker 执行的任务结果，在任务执行结束后，对于任务的跟踪和控制可以通过第三方开源项目 Flower 进行补充。

接下来我们通过一个简单的测试来体验下 Celery 的功能。

案例 13-2：配置一个简单的 Celery 任务

首先我们需要确认 Celery 已正常安装。

```
>pip list|grep celery
```

在 Django 中 Celery 是自带的，我们的测试是基于 Django Celery，消息队列是基于 RabbitMQ。

（1）创建一个项目

```
django-admin startproject django_celery
```

（2）初始化一个应用

```
cd django_celery
django-admin startapp celery_app
```

（3）配置消息队列

在这里需要说明的是，如果我们不用第三方消息队列，如 Redis，RabbitMQ 的话，使用自带的 Broker 服务也是可以的。

● 使用自带的消息队列（Broker 服务）

如果启用自带的配置，settings.py 的配置如下：

```
INSTALLED_APPS = (
    'django.contrib.admin',
    'django.contrib.auth',
    'django.contrib.contenttypes',
    'django.contrib.sessions',
    'django.contrib.messages',
    'django.contrib.staticfiles',
    'celery_app',
    'djcelery',
    'kombu.transport.django',
)
BROKER_URL = 'django://localhost:8000//'
```

● 使用第三方消息队列

如果使用 RabbitMQ，我们需要单独部署安装这个消息队列，使用 yum install rabbitmq-server 即可。settings.py 的配置如下：

```
 import djcelery
djcelery.setup_loader()
BROKER_URL= 'amqp://guest@localhost//'
CELERY_RESULT_BACKEND = 'amqp://guest@localhost//'
# Application definition
INSTALLED_APPS = (
    'django.contrib.admin',
    'django.contrib.auth',
    'django.contrib.contenttypes',
    'django.contrib.sessions',
    'django.contrib.messages',
    'django.contrib.staticfiles',
    'celery_app',
    'djcelery',
    'kombu.transport.django',
)
```

（4）配置 celery.py

在 django-celery 项目目录下，创建文件 celery.py，属于常规配置。

```
from __future__ import absolute_import
import os
from celery import Celery
from django.conf import settings
# set the default Django settings module for the 'celery' program.
os.environ.setdefault('DJANGO_SETTINGS_MODULE', 'django_celery.settings')
app = Celery('django_celery')
# Using a string here means the worker will not have to
# pickle the object when using Windows.
app.config_from_object('django.conf:settings')
app.autodiscover_tasks(lambda: settings.INSTALLED_APPS)
@app.task(bind=True)
def debug_task(self):
  print('Request: {0!r}'.format(self.request))
```

（5）配置 tasks.py，配置一些任务，属于自定义配置。

在应用 celery_app 的目录下，创建任务 tasks.py，我们定义了几个方法供调用。

```
from __future__ import absolute_import
from celery import shared_task
import time
@shared_task
def add(x, y):
        return x + y
@shared_task
def mul(x, y):
    time.sleep(10)
    return x * y
@shared_task
def xsum(numbers):
    time.sleep(10)
  return sum(numbers)
```

（6）配置 DB 的信息

使用命令 python manage.py syncdb，这个过程会提示你创建一个超级用户，照做就可以了。

（7）启动服务

```
python manage.py runserver
```

（8）启动 Celery 服务

打开另外一个窗口，启动 Celery 的服务，记得要先设置变量 C_FORCE_ROOT，然后才能启动 Celery 服务。

```
export C_FORCE_ROOT=test
>python manage.py celery worker -l info
```

（9）我们开启 shell 交互窗口，做一些任务的测试。

```
>>> from celery_app.tasks import *
>>> dir()
['__builtins__', 'absolute_import', 'add', 'mul', 'shared_task', 'xsum']
>>> mul(5,2)
10
```

这个时候如果使用 delay、add 的方式，就会进入消息队列。

```
>>> mul.delay(5,2)
<AsyncResult: 7d647a77-8344-4813-bc15-791ed1a8c3d3>
>>> add.delay(2,3)
<AsyncResult: 0408ed38-7537-458f-87de-8cae058123e2>
>>>
```

查看 Worker 的日志信息如下：

```
[2018-01-08    14:34:47,505:    INFO/MainProcess]    Received    task:
celery_app.tasks.add[bac53d49-24cf-4d07-8515-8eff8083cab9]
[2018-01-08         14:34:47,507:        INFO/MainProcess]         Task
celery_app.tasks.add[bac53d49-24cf-4d07-8515-8eff8083cab9]        succeeded    in
0.0008037839998s: 6
```

（10）启用 flower 服务

首先需要安装 flower，如下：

```
pip install flower
```

启动服务。

```
python manage.py celery flower
```

访问端口。

```
http://127.0.0.1:5555/
```

通过上面的测试，我们可以基本了解 Celery 的一些使用方式，对于任务调度来说，我们可以很轻松地应用到我们的应用场景中。

13.3.3　平滑对接 Crontab 和 Celery 的方案

对于定时任务，系统层面使用 Crontab 是比较普遍的，但是从使用角度来说，系统的 Crontab 解决不了以下的几类问题：

（1）任务的时间精度不够，默认的粒度是分钟。

（2）没有任务管理功能，如果多个 Crontab 任务间存在依赖，比如任务 B 必须等任务 A 成功后才可执行，对此只能手工管理维护。

（3）没法设置任务的截止时间。

（4）不具备调度功能。

（5）没法监控任务的执行情况。

（6）因为系统原因，很可能无法触发定时任务。

而如果接入任务调度平台，会解决掉以上绝大多数的问题，不过很多人也会有以下的几个顾虑：

（1）如果调度平台出问题，所有的任务都会失败，影响巨大。

（2）一旦迁入平台，就不能再回头了，除非手工干预调整。

（3）任务的调度不够优雅，如果任务多，比如有 500 个任务，需要在 1:00~3:00 之间执行，如何合理的规划任务的执行情况，目前的很多解决方案还做不到灵活的控制和调度。

（4）如果出现临时的维护窗口，系统的 Crontab 和平台的调度任务都是整段垮掉。

所以任务调度模块的建设是一把双刃剑，需要我们合理的把握度，在技术方向上其实有很多的亮点可以做，我们换个角度来看，如果你有很多的任务，现在饱受困扰，想迁入平台，但是感觉不一定可控（尤其网络不稳定的时候，平时不是问题的事情都会成为瓶颈），比较苦恼。

现在我们来聊一下这个事情，看看怎么能把那些顾虑和问题都解决掉。

如果系统已有 Crontab，依然可以继续使用，接入平台只是针对已有的 crontab，把元数据信息保存下来，然后对任务的执行情况做管理，比如查看执行的任务日志，任务的执行状态（加入标识位），我想这对很多人来说，应该是可以接受的，缺点是这么做，意义不是很大。

那么我们再加一层砝码，如果平台支持任务调度，比如使用了 Celery，我们如果可以无缝的把 Crontab 切换到 Celery 中，那么这个事情的意义就很明显了，我们可以选几个系统 Crontab 做试点，然后逐步开放。

如果网络不稳定，而你仍需要在系统层继续使用 Crontab，如果可以由 Celery 的任务直接切换到 Crontab，那么这个事情就可以说可控了。

如果我们在平台中修改系统调度任务的时间，系统中的 Crontab 会联动变化，那么 Crontab 的维护就会方便许多。

如果有 500 个任务要执行，比如说备份任务，有的数据库有 50G，有的只有 500M，那么如何合理的规划备份任务呢，目前很容易看到的一种瓶颈就是瞬间有 500 个备份任务同时开始，不够优雅，如果我们可以限定并行度，比如同时执行备份的任务有 5 个，就会对 500 台服务器做一个统一的调度，分成 5 组，每组的任务会根据数据量和时间来评估，如果后续需要调整备份任务的并行度，可以扩展也可以收缩，那么这个事情幸福度就大大提高了。

在这个基础之上，我们还能做更多的小细节，比如自动接入 Crontab，你只需要确认和微调即可。比如我们把任务调度的时间和周期做成可视化的方式。

上面的很多思想是和同事聊需求的过程中突然想到的，解决问题你有顾虑，解决了顾虑，那么问题的价值就很明显了。

13.3.4 通用 Crontab 接入任务调度的思考

在使用 Celery 接入了 Crontab 实现了初步的自动化任务编排之后，发现可做的事情一下子多了起来。

对于备份任务的 Crontab 设置而言，其实数量不是很大，在数量上验证调度还是有差距的，而要实现更通用的任务接入，就需要考虑更丰富的场景。

比如一台服务器我需要定制一系列的检查任务，任务简单但是繁琐，但是反过来说，机器不会偷懒，有问题就会毫不犹豫的抛出来。从数量接入上来说，比如有 100 台服务器，我们可以对每一台服务器定制一些任务，比如每隔 10 分钟检测一些服务心跳，那么一天下来就是 6*24*100=14400 次，如果接入其他任务，那么这个数量就要翻好几倍，这么多的任务和反反复复的检查就是为了保证在问题出现的第一时刻，我们能相对主动的探测到问题症结，能够及时进行修复。所以在数量上有一个基本保证，无论是对于业务更细粒度的检测，还是对于调度系统的性能和功能的补充完善，都是一种互补的方式。

对于通用任务的接入尤为重要，我的初步设想是做到任务的平滑接入，统一对接 Crontab 的配置信息，这个维度的粒度可以很细，但是不需要有时间属性，因为对于 Crontab 的定时任务，我们完全可以通过任务的调度算法来对接。

打个比方，我要接入的 Crontab 是这样的。

```
00 20 * * * /root/scripts/test.sh -h -p >> /root/scripts/test.log 2>&1 &
```

按照这个维度，我可以抽象成一系列的属性组合，其实对于额外的参数对接，可以使用 JSON 的格式来统一解析。

```
[task_code] [script_path] [script_name] [script_param] [logpath] [logfile]
[profile_name]
```

这样一来，我们定义了业务密码，比如备份任务是 mysqlfullbackup，那么对任务的管理会更加方便。

第二个维度是 profile，也就是模板维度，比如我们有 100 台服务器，其中 70 台是一种策略，另外 20 台是第二种策略，最后 10 台是第三种策略，我们可以通过 profile 的方式来管理，统一的对接编码就是[task_code]。

这样一来，不同的任务就可以对接不同的需求来使用调度器进行调度编排了。

编排之后会把编排的时间配置生成到这个 profile 表中。

```
[task_code] [profile_name] [ip_addr] [db_port] [cron_time]
```

按照这种思路，整个脚本的接入相对会平滑很多，也会避免很多前期不明确的问题和解决办法。

第 14 章　MySQL 运维管理模块设计

闲中不放过，忙处有受用；静中不落空，动处有受用；暗中不欺隐，明处有受用。

——《菜根谭》

MySQL 运维工作繁琐而复杂，如果能够提高运维效率和质量，把更多的时间投入到更有价值的地方，那么我们的运维工作就不会成为一种负担。在这里我们需要梳理下当前的运维工作，包括两个部分，一个是基础运维工作，一个是运维管理工作。基础运维模块主要包含数据库实例一键部署、备份恢复、服务启停、权限开通等，期望通过标准化、规范化的改造之后实现数据库一键部署，提高工作效率和准确度；通过平台能够实现 Redis 服务启停操作，从而快速响应业务维护的需求；通过标准化 iptables 格式，实现接口化 iptables 管理和查询；通过封装 MySQL 权限管理模块，能快速方便地对接日常工作中 MySQL 权限的管理。而运维管理工作会在高可用管理、分布式管理等几个方向进行展开，期望通过这些运维模块的改进，带给大家一些改进的思路和参考。

14.1　自动化部署

有的同学会觉得安装部署应该是很容易的一件事情，理论上应该是这样的，但是在实际工作中会发现有很多的因素导致安装部署成为了一种耗时的工作。主要的原因在于数据库本身的安装部署是技术可控的，但除此之外，还有很多流程的贯通，这些是需要花费不少的时间的。从性价比来说，一次构建+持续改进的方式，效果还是很不错的。

14.1.1　安装部署的步骤梳理

针对 MySQL 部署的改进，首先需要明确一些潜在的问题和不规范的因素。

从流程上来说，部署 MySQL 服务相关的流程大体如下表 14-1 所示。

表 14-1

步骤	任务	任务介绍
1	内核参数配置	根据预置配置统一规范系统配置
2	数据目录配置	对于多版本、多实例部署，需要规范数据目录
3	MySQL 软件部署	选择哪个版本，哪个分支
4	MySQL 初始化	数据字典的初始化，最耗时的过程

续表

步骤	任务	任务介绍
5	安装 MySQL 插件	比如半同步插件，审计插件等，可选项
6	监控配置	使用第三方监控工具提取
7	报警配置	使用第三方报警工具配置
8	备份配置	配置不同 IDC 的网络配置，可选项
9	初始化账号配置	预置一批初始应用账号
10	系统权限配置	开通部分系统或者服务的访问权限
11	主从配置	配置一主一从或者一主多从的环境
12	高可用配置	配置高可用策略，高可用环境构建

所以林林总总下来，其实要做的事情还是蛮多的，也蛮复杂的。

从目前行业里的落地情况来看，大部分都实现了脚本化的部署，但是对于流程化的部署和管理还是存在较大的改进空间。

14.1.2　安装步骤中常见的问题

部署中常见的问题和不规范的现象如下图 14-1 所示。

图 14-1

总体来说，部署的工作因为不够标准化和统一，导致运维效率和交付质量难以保证，粗略统计，在早期要完成整个流程化操作，从问题排查到解决，基本在半个小时到一个小时之间，对于快速发展的业务来说，这显然不能满足需求。

14.1.3　运维侧的安装部署设计

在运维管理端，需要做的改进就是把图 14-1 中的潜在问题进行梳理和归类，把运维最关注、最需要的信息罗列出来，在这个基础上进行流程的改进和对接，对于一些可选插件和流程，需要做到灵活的配置管理。

在运维侧，MySQL 部署的基本页面设计如下图 14-2 所示。

图 14-2

通过不断的调试改进，目前的环境部署时间可以缩短到 5 分钟之内。

在这个基础上我们可以进一步提炼，那就是前面的一些步骤中除了一些动态的参数之外，我们是否可以进一步把整个 MySQL 的部署改造为一种更加通用的配置化部署；也就是说，我们可以预先做好一个模板配置和文件部署，对于最耗时的数据字典初始化来说就不用重新再做一次了，有点类似于 yum 的安装方式，而对于端口等其他的配置，完全可以通过参数配置解决，这是一种改进的思路，这样我们的部署服务其实就可以作为一种基础的系统服务交付；而对于 DBA 来说，就可以通过配置和优化的方式进行更加灵活地管理。

而对于实例部署，其实本质的需求就是基于成本的资源服务，而对于大多数业务同学来说，在早期的业务场景中是没有成本的意识的，现在云服务是一种很好的解决方案，能够把这个边界打破，通过成本的方式衔接起来，所以对于业务使用来说，我们的资源申请还是建议参考 PaaS 平台的设计思路。

下图 14-3 是一个数据库资源申请的入口页面。

这样一来，可以很清晰传达出一种资源服务的意识，比如对于业务同学来说，其实他们是不关注灾备和高可用的，而运维同学默默地做好了这些，有时候甚至还会有互相不理解的情况，针对资源需求我们可以做一些定制化的改进，但是交付的标准就很清晰了，是需要申请多少个数据库实例。

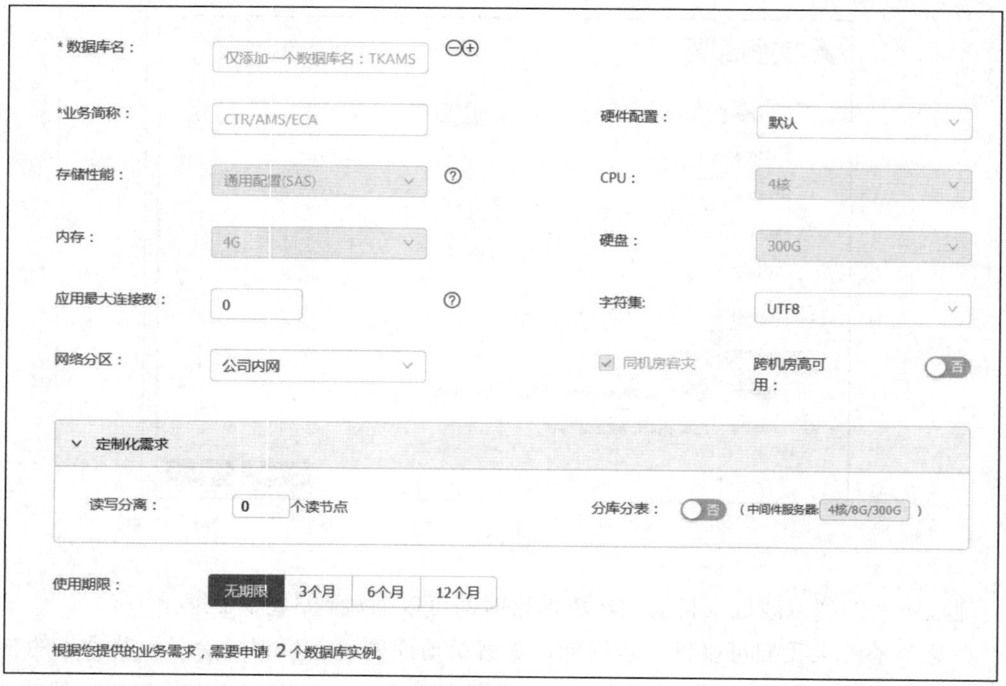

图 14-3

14.2 数据库权限管理

数据库的权限管理是 DBA 工作中很常见的一部分内容，总体来说难度不在于权限的分配和开通，而是在于权限的合理性和规范性方面。

比如以下几种很特别的权限场景：

（1）几个人共用同一个账号，看起来用户名相同，密码相同，但是权限却可以不同。

（2）几个人共用同一个账号，用户名相同，但是密码可以不同，权限可以相同。

（3）几个人共用同一个账号，用户名相同，但是密码可以不同，权限可以不同。

从规范和合理性来说，（2）和（3）虽然从技术上可以实现，但是不符合流程化管理规范，应该要避免。

14.2.1 数据库权限管理的流程

如果需要梳理和改进数据库权限问题，我们不妨先来梳理下数据库权限管理的主要的步骤：

（1）通过中控服务器登陆到指定的数据库服务器。

（2）查找 DBA 管理员账号登录，可能需要使用密码管理工具（比如 keepass）来得到密码信息。

（3）查找数据库当前的权限信息。

（4）结合业务来整理开通权限的 SQL 语句/命令。

（5）甄别业务需求，审核 SQL 语句/命令。

（6）确认后执行 SQL 语句/命令。

（7）如需开通防火墙信息，则需要手工完成系统权限的开通。

以上的操作步骤，流程较长，人工介入环节较多，导致效率不高，权限信息容易遗漏。

14.2.2　数据权限管理的设计方案

针对上面所讲的步骤，我们可以自行梳理出一些潜在问题和痛点，整个过程的瓶颈在于 DBA 需要根据输入的信息去拼接权限相关的 SQL 语句，这个过程中容易存在遗漏，所以对于数据库权限管理是希望通过某种半自动化的方式，解决以下几类痛点问题：

（1）能够根据输入的信息自动生成匹配的 SQL 语句。

（2）人工初步审核自动化生成的 SQL/命令。

（3）确认 SQL/命令无误后执行。

整个过程就不需要人工的重度参与了，可以花费更多精力在权限的审核方面，从功能上来说，可以考虑以下的一些设计方式：

- 根据客户端 IP 信息，截取 IP 的前三段动态生成用户，比如 192.168.2.205，我们截取 192.168.2；
- 根据输入对象动态生成 SQL；
- 根据输入权限动态生成 SQL；
- 根据环境类型，检查用户名是否符合规范，根据业务匹配用户名，比如测试环境的用户为前缀 test_，线上环境的用户名前缀是 srv_；
- 根据权限类型，检查用户名是否符合规范，判断业务同学提交的权限是否合适；
- 帮助生成随机密码，转储密码信息到数据库中；
- 输入参数保证健壮性，自动过滤空格。

整个过程可以参照下图 14-4，根据输入的信息来做筛选和过滤，组合成两类语句，分别是 create user 和 grant 语句，在实际处理的时候基于版本的差异会有一些区别，比如 5.6 以下的版本，只支持 grant 的方式，而 5.6 以上版本是使用 create user，grant 语句组合来实现的。

在对象层面也有一些细节需要处理，比如 select，insert，update 等权限是局限于表级别的，而存储过程，函数是 execute 权限，如果以偏概全，在生成语句的时候会抛出错误。

同理，在用户创建语句生成时，如果已经存在同名用户但是网段不同，比如：username@192.168.2.%和 username@192.168.3.%，如果用户名相同，但是密码不同，这种情况也是需要进行特殊处理的。

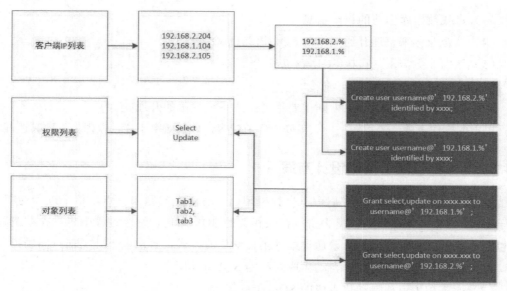

图 14-4

一个初步的数据库权限管理页面如下图 14-5 所示，我们可以根据输入的信息进行转换。

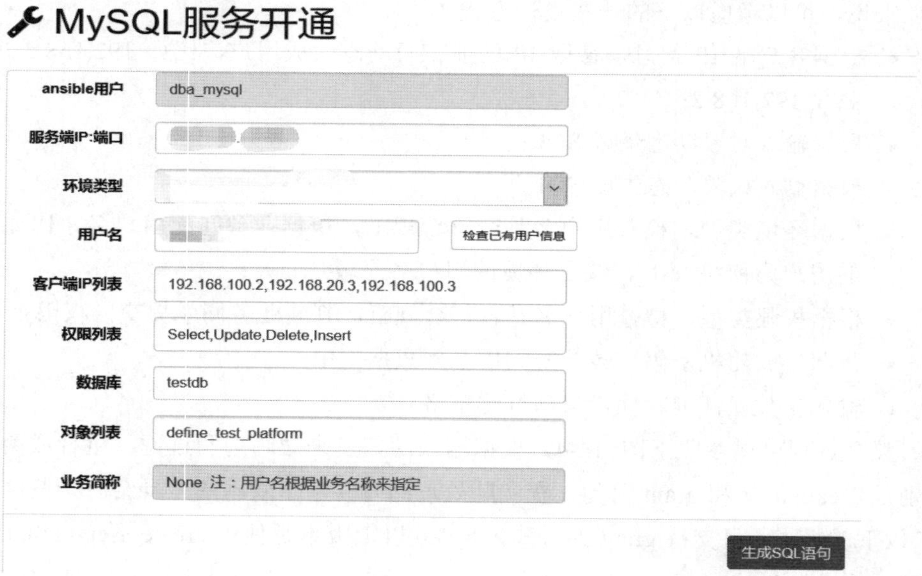

🔧 MySQL服务开通

ansible用户	dba_mysql
服务端IP:端口	
环境类型	
用户名	检查已有用户信息
客户端IP列表	192.168.100.2,192.168.20.3,192.168.100.3
权限列表	Select,Update,Delete,Insert
数据库	testdb
对象列表	define_test_platform
业务简称	None 注：用户名根据业务名称来指定

生成SQL语句

图 14-5

根据如上的输入，自动生成的 SQL 语句如下图 14-6 所示，这是一个 5.5 版本的数据库环境，如果是 5.7 语句就会是 create user。

```
grant usage on *.* to  dev_test_rw1@'192.168.100.%' identified by 'HgxPh9UQ2AiD0t3';
grant usage on *.* to  dev_test_rw1@'192.168.20.%' identified by 'HgxPh9UQ2AiD0t3';
grant Select,Update,Delete,Insert on testdb.define_test_platform to dev_test_rw1@'192.168.100.%';
grant Select,Update,Delete,Insert on testdb.define_test_platform to dev_test_rw1@'192.168.20.%';
```

图 14-6

从上面的处理逻辑可以看出，输入了 3 个 IP 地址，我们根据网段信息得到，应该创建 2 个相关的数据库用户，根据权限信息我们拼接出 2 条权限语句。同时对于不同网段的密码也可以做到统一管理，对于业务使用来说是透明的。

14.3　系统权限管理

在目前的运维工作中，系统权限管理主要是指防火墙的权限管理，这类操作属于高频操作，所以我们将其改造为自动化的需求会很强烈。

14.3.1　系统权限管理的痛点

系统权限管理的操作过程步骤如下：

（1）通过修改服务端的 iptables 文件，然后添加权限信息。

（2）reload iptables 文件生效。

有的同学可能对生效模式存在疑问，即 iptables 文件是通过 save 模式（service iptables save）还是 reload（service iptables reload）模式，其实实现方式是存在一些差异的，简单来说，save 模式是不大推荐的，因为它会重构 iptables 文件，对于权限管理来说，配置信息是不完整的。

所以对于目前的操作，主要存在以下几个问题：

（1）对于防火墙备注信息依赖较重，而备注信息可能不准确。

（2）因为过度依赖防火墙备注信息，所以自动化程度不高。

（3）防火墙的设定规则不统一，有的使用 IP-Range 的方式，有的使用单 IP 的方式。

（4）防火墙信息开通的衡量标准是通过内存级别来鉴别，但是内存层面没有备注信息。

（5）如果想统一管理防火墙备注信息，做权限开通历史的查询，目前实现难度极大。

所以这里的难点就是把修改配置文件的过程转化成标准化的流程操作。

需要补充的是，我们基于平台化操作的目标应该是批量任务，需要统一的规则，下图 14-7 是 Greenplum 的平台化工具，可以基于图形工具联动修改防火墙的配置文件，虽然也能够实现开通权限的功能，但是只能算作是平台化操作，不是自动化操作，这种实现方式是不适合批量任务处理的，这是我们很多 DBA 做自动化运维常犯的一个错误。

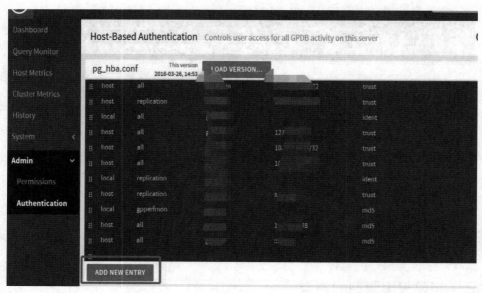

图 14-7

所以我们需要梳理一套可行的规范和机制来实现自动化的管理，沿着这个思路，我们继续。

14.3.2 系统权限管理的设计方案

从功能实现上我做了如下的一些设计：

（1）防火墙生成策略在 iptables 文件生效，然后使用 reload 的方式来加载，避免使用 iptables save 的方式。

（2）标签的使用方式，经过评估目前较好的一种方案是在 iptabls 中添加 comment 属性。

（3）可以支持单个服务器权限开通和批量的防火墙添加。

（4）如果已经有防火墙权限信息，则不会重复添加。

（5）防火墙的规范设置，需要设定一个统一的标签标识，开通防火墙需要根据这个标识来动态添加。比如我们可以在系统中统一添加如下的标签：

```
# devopsdb firewall tag
```

（6）防火墙权限需要添加备注，标识业务描述、操作人和日期（注释的规范可以在程序端来统一标识，比如【业务描述】【操作人】【操作日期】），例如一个标识的模板为：

```
 -A INPUT -p tcp -s 172.15.1.80 --sport 1024:65535 -m multiport --dports
80  -m  state  --state  NEW  -j  ACCEPT  -m  comment  --comment
"create_day:20181001,controler:杨建荣,applicant:杨建荣,description:开通 vpn 访
问权限"
```

以上的信息是对服务器 172.15.1.80 开通了 80 端口，通过注释信息可以看到一些辅助信息。

（7）支持防火墙信息的查询和确认，使用 iptables -nvL 进行过滤。

（8）做业务、实例隔离，或者说提供良好的查询接口，便于运维人员在做迁移时能够快速找到该业务、实例所涉及的权限。

（9）先封装一个接口，然后可以和公司的 IT 部门一起来完善，这样就知道谁有权限访问，做到精细化地权限管理。

iptables 管理的规则是模块化，比如添加指定 IP，配置端口，添加 IP 段等，保证实现单一的功能，暂时不考虑在接口层实现批量化，批量化任务是通过调用统一的接口来实现。

比如 IP 区间开通权限的逻辑建议在平台后端来做，否则后期防火墙层面的信息提取会不够清晰，如图 14-8 所示。

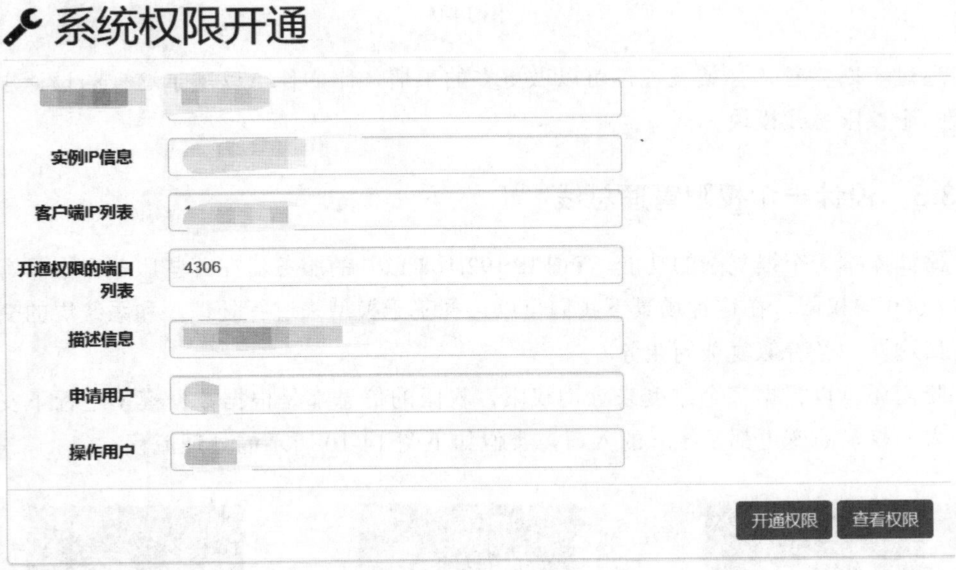

图 14-8

开通部分的基本逻辑就是把防火墙开通的明细推送到 iptables 文件，添加的基准是基于一个达成共识的统一标签，通过 iptables reload 生效。

如果要查询权限信息，也可以反向根据逻辑来得到一个相对完整的权限列表，如图 14-9 所示。

🔧 系统权限查询

实例IP信息	1▨▨▨▨					
端口列表	▨▨▨					

查看权限　开通权限

客户端IP	端口	申请人	申请时间	操作人	描述
10.30.▨▨18	8000	▨	20190117	▨▨	开通▨▨访问运维▨统的权限
192.168▨▨209	8000	▨	20190117	▨▨	开通c▨向运维▨的权限
192.168.10▨9	8000	▨	20190117	▨▨	开通▨访问运维系▨的权限
192.168.▨18	8000	▨	20190117	▨▨	开通c▨访问运维系▨的权限
192.168▨217	8000	▨	20190117	▨荣	开通▨问运维系▨权限

图 14-9

通过不断完善，你就发现你可以做更多的事情，比如你可以基于这样的设计思路来完成一个权限总线模块。

14.3.3　设计一个权限管理总线

比如原本一个很复杂的功能，查询 IP 192.168.1.20 的服务器在哪些服务器上具有访问端口 8000 的权限，在这种场景下我们可以选择基于模型来进行处理，和系统层的交付足以支撑这样一类看似复杂的业务。

我们还可以根据多个维度来查询权限，权限的信息都是根据数据模型进行下发，这样一来，权限的变更都是统一的入口，类似如下图 14-10 所示的处理流程。

图 14-10

我们可以基于此，设计一些补充的场景，大体有以下几个：

（1）我们输入客户端的 IP，来查看在目前指定服务器列表或者全量服务器列表中，哪些服务器给它赋予了权限。因为这个信息是在表数据模型中来查询，所以速度会很快，不需要登录到每台服务器上去验证。

（2）权限的开通，我们可以引入审核机制，这样权限的管理就是一个完整的闭环。

（3）权限的变更，都是通过统一的接口去下发，这样一来我们对于权限的管理就是透明的，对于一些不规范，不明确的需求就可以做到收敛。

（4）可以建立模型对已有的权限体系进行梳理，从而发掘出一些不合理的权限配置。

14.4　密码管理的三种套路

运维管理中，我们总是会碰到各种各样的密码，其实对于密码的管理就是一个痛点。

从密码的安全性上来说，我们希望它的长度和加密算法足够复杂。

从使用效率上来说，我们希望密码的管理能够更加的透明，至少能够省事一些，如果使用密码本身带来了一系列的问题，那么密码反而成为了直接使用者的一个累赘。

如果存储明文密码，显然不是个好主意。而且从安全的角度来说，是会被喷的。这一点 GitHub 已经踩过坑了，国内的一些论坛也中过招，也就是通常听说的撞库。

我来举一个流程，比如业务同学需要申请一个数据库账号，那么这个操作的技术范畴很简单的，但是密码如何管理。我们直接发给他，通过即时通信工具还是通过邮件，如果里面都是明文密码，是很不规范的。

我们是这么做的。

套路 1：通过第三方加密解耦合

DBA 会生成一个随机密码，对于这个密码，DBA 压根不会去关心它的值，而是直接把密码交给加密专员，由专员加密，然后返回给 DBA 的就是一个加密串，这个加密串就可以发送给业务同学了，业务同学也压根不需要去了解真正的密码，直接使用即可，在配置文件里就是加密串，程序会有对应的解密方法去解密它。

这种方法好处很明显，加解密是完全解耦的，而且可以恢复流程得到明文密码，同时加密可以使用多种加密算法，就算得到解密串，也不一定能够轻松得到真实密码。

但是这样有一个成本就是这个事情是不是需要专门的一个人来做，很多公司可能没有这样的专员，那么做这个事情就难有章法了。

套路 2：通过密码拆分解耦合

至少从迭代的角度来说，我们可以做到的就是把密码分部分发送，发送流程类似下图 14-11 的形式。

我们把密码分成了两个部分，比如密码是 20 位，那么前 16 位是一部分，后 4 位是一部分，后 4 位通过即时通信工具发送给业务同学，而前 16 位则通过邮件告知，这样邮件内容我还是可以正常抄送，避免密码在文件中直接出现，也同时保证了密码是专人专用。

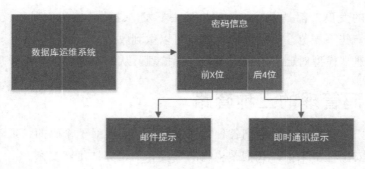

图 14-11

邮件提示类似下图 14-12 所示的形式。

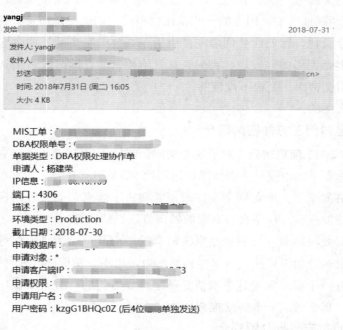

图 14-12

这样一来这个密码就是相对安全的。

套路 3：通过密码加解密保安全

对于很多的账号信息，都有对应的密码，我们可能是用 KeyPass 或者 KeePass 来存储密码。这种客户端密码管理软件有个好处是管理起来足够方便，不好的地方就是密码管理不够规范，因为你记录的密码信息只有你熟悉，别人没法直接参与进来，而且一旦因为不可抗因素导致信息丢失，是很可能恢复不了这些数据的。

所以对于这个部分我做了初步的设计，就是把密码管理范围进行了限定。

对于密码存储逻辑的一些基本需求如下：

（1）密码在数据库中要加密存储。

（2）读取时根据权限进行过滤，只对指定用户开放密码查询权限。

（3）加密算法是可逆的，但是算法细节不公开。

（4）可以通过接口的方式来提供权限访问，而不是直接返回密码。

下图 14-13 是一个基本的密码信息管理界面。

id ▲	业务名称 ⇕	IP地址 ⇕	端口号 ⇕	连接字符串 ⇕	随机密码 ⇕	操作 ⇕
2	MySQL业务	2	NULL	NULL	oBn63uFP14RrKsD	⟲ 🗑 ❶
3	MySQL业务		NULL	NULL	WphwEDGfkA1q3Mj	⟲ 🗑 ❶
4	MySQL业务		NULL	NULL	BKsTvHAEba5f8F	⟲ 🗑 ❶
5	MySQL业务		NULL	NULL	NwFSzV2H8Xdvyse	⟲ 🗑 ❶
6	MySQL业务		4306	mysql -uroot -p --socket=/data/mysql_4306/tmp/mysql.sock	EmVt5bKR0G9uXpL	⟲ 🗑 ❶
7	MySQL业务		4306	mysql -uroot -p --socket=/data/mysql_4306/tmp/mysql.sock	V0PTSJvEomCt18H	⟲ 🗑 ❶
8	MySQL业务		4306	mysql -uroot -p --socket=/data/mysql_4306/tmp/mysql.sock	iGSZHtBxX45Vlq8	⟲ 🗑 ❶
9	MySQL业务		NULL	NULL	i9zoy7mPUfF0t45	⟲ 🗑 ❶
10	MySQL业务		3306	NULL	x8CmfkX2sNoYeL9	⟲ 🗑 ❶
11	MySQL业务		3307	NULL	uqDtCvUcmd6zyxF	⟲ 🗑 ❶

图 14-13

可能有的同学会有一个疑问，MD5 加密算法是可逆的，那么我们的密码其实还是不安全的。这种情况我们可以用另外一种方式做下补充，也就是上图 14-13 中的随机密码，我们通过一个随机密码作为 AES 加密的秘钥来对明文密码进行加密，数据库里面只存储 AES 加密串，因为随机密码是不规律的，所以哪怕解析了加密密码也是无法直接反向得到明文密码，如图 14-14 所示。

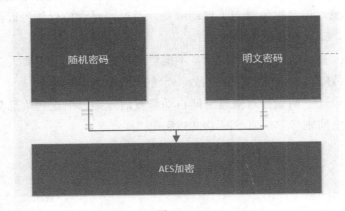

图 14-14

解密的流程是反向的，我们使用 AES 加密串根据随机密码（秘钥）来得到明文密码，每次密码的提取和操作时，我们都可以对随机密码进行调整，这样一来整个流程都是相对安全而且可控的。

同样我们还可以对这种方案做一个大的改进，比如有 1000 套环境，我们按照这种方式来映射，就可以通过后台跑批量任务来校验密码信息是否正确，然后我们可以基于这个做密码的维护和更新，统一管理起来。这样原来至少得花费你一天的工作，现在分分钟就可以搞定。

对于日常运维来说，磁盘空间报警是一种常见的问题，但是大多数情况下，我们不能预见发生的时间，出问题的时候再处理会很被动，如果能够优先恢复业务，实现故障自愈，然后预留一些时间稍后完成分析，对我们的工作幸福度会大大提升，接下来我们就阐述一下基于磁盘空间的故障自愈方案。

14.5 基于磁盘空间故障自愈的设计方案

在以前的工作中，就经常碰到磁盘空间不足的警告，当然从不同的维度能得到不同的结论和解决方法，但是相对来说，这个问题的解决思路其实很清晰。但是磁盘空间的问题会直接关系到业务的可持续访问，需要慎重对待：一般会把如果这个工作前置一些，那就是阈值的处理，但是如果阈值设为 80%，那么有时候报警信息是 80.5%，80.1%这种情况，在大周末的时间专门去处理这类的问题，其实是很没有成就感的。因此在节假日之前，我们会把阈值调低一些，把问题提前修复，这是一种临时解决方案，还有一类方案，那就是故障自愈。

对于我们工作来说，我把问题的修复分为主动和被动，从主动的角度来说，我们可以通过指定的入口来查看系统自动优化了多少次，提前避免了多少故障修复，这对于我们的工作而言，是很有成就感的，从被动的角度来说，我们可以通过短信、微信之类的渠道获得报警信息，但是很快得到了自动解决，通过即时通信软件告诉你搞定了，对于我们的工作来说，是极有成就感的。

在这些问题之外，有些特别的问题是不能自动解决了，这个需要人工介入，在人工介入之前，借助故障自愈也能够让这个故障处理的紧急度缓和许多。

前前后后我设计了两版针对磁盘空间自动修复的方案，把这些信息都汇总起来，也就是一个故障自愈的雏形了，如下图 14-15 所示。

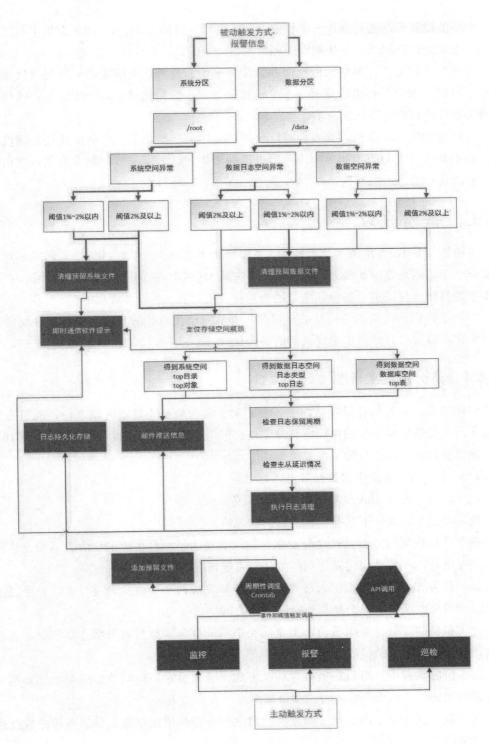

图 14-15

初步的设计思路就是创建一个预留文件，占用空间的 1%~2%，如果发生了故障，可以把这个空间释放出来，尽快响应业务需求。

在这个基础之上，再继续做空间和资源的平衡和分析，能解决的可以提前处理，解决不了的则先做一个初步的分析，在分析基础之上，如果能够再进一步沉淀，就可以逐步的实现故障自愈的方法解决了。

从可持续的角度来说，其实希望这个预留文件的初始化是一个周期性任务调度的结果，而不是通过人为的控制和操作。所以借助于周期性调度和事件触发方式，相信能够基本解决这一类通用的问题。

14.6　备份恢复

备份恢复是 DBA 的基本生存技能，重要性就不强调了，作为 DBA，我们应该对备份恢复有一个清晰地定位和规划，目标是能够实现 MySQL 备份恢复的平台化操作，在细节上不断的打磨，保障整个备份和恢复的流程化。

本小节我们会讨论备份恢复的全景图，并从自动化设计的角度对备份和恢复的方案进行细化，最后会介绍基于调度机制的备份优化。

14.6.1　备份恢复全景图

整体来说，备份的目标就是为了恢复，对于备份恢复不建议区别看待，而是希望融合起来，为此备份和恢复的设计应该是一体化的，我们需要做一个全景图（图 14-16）。

我把备份恢复体系分为了两个层面：

- 一个是基于备份集的数据备份恢复服务；
- 一个是基于 binlog 的数据备份恢复服务。

我先来逐个解读一下这些设计的目的和思路。

整个备份恢复的方案设计是分层来做的，首先为了减轻主库的压力，备份工作建议是在从库进行，在主从间需要控制好主从延迟等情况。

备份任务方面需要考虑深入接入调度，能够完成两个维度的调度任务，一个是基于业务维度的并发调度，一个是基于时间维度的调度。

对于备份的部分，根据备份结果集的类型不同分为了数据备份服务器和日志备份服务器，也是考虑了备份机的可用性。

在备份的设置中，可以根据数量和业务优先级来设定不同的备份策略，比如测试环境可以设定备份策略为全库备份，备份频率为一天到三天。

对于线上优先级较高的业务则需要考虑全库备份和增量备份，日志备份的粒度也要更细一些。

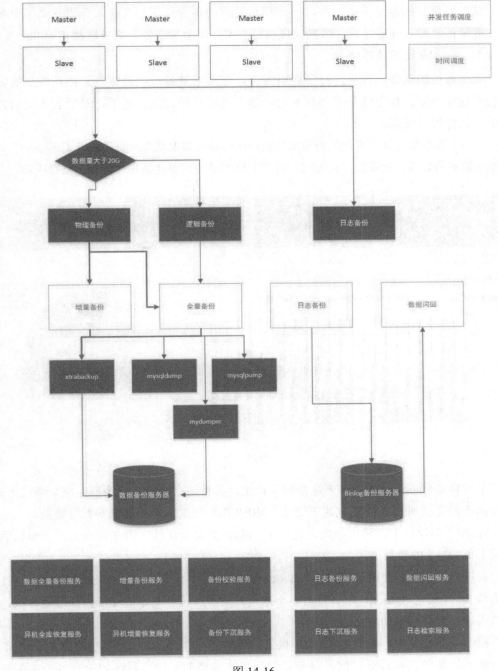

图 14-16

14.6.2 备份恢复的自动化设计

MySQL 的备份恢复要做成平台化的工作，可以基于备份全景和体系做一些细致的规划。

首先备份和恢复是两个工作，一个相对完整的备份从规划来说，分为三类：全量备份、增量备份和 binlog 备份，恢复同理也是三类，即全量恢复、增量恢复和 binlog 恢复。

1. 备份恢复的技术体系

关于备份的选型，如果选择了逻辑备份，那么增量备份就是难点，但是恢复的灵活性会很便捷高效；如果选择了物理备份，那么增量备份就很自然了，对于表级别的恢复来说，代价相对较高。

备份工作可以通过可视化的看板来体现，这样备份情况就会一目了然，下图 14-17 是一个备份数据的看板，从我的建议来说，每天上班的第一件事就是先看看备份是否成功。

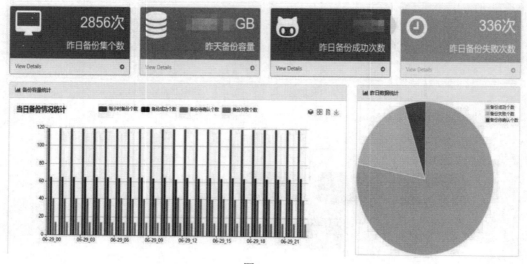

图 14-17

平台自动化的设计中，首先从架构设计上，我把这个阶段拆分为前后端分离的方式，后端的逻辑完全通过 API 的方式来交互，VIEWS 层只做简单的逻辑和数据映射。

在 API 的设计上，通用模块是使用了 Token 的安全认证，而在效率上，本地调用改造成了免 token 的反复调用。

在接口调用中，使用了 ansible_adhoc 来实现，脚本化的工作则相对来说会更加灵活，无论是 Shell 还是 Python，怎么合适怎么来，只要脚本符合基本的标准，标准是什么，参数的描述，要有明确的输出。

在产品的设计中，我通过 CMDB 提供的元数据来作为备份或者恢复的入口。为了保证功能的快速迭代和最低粒度，目前只保证单个实例的备份可行，如果有多个备份并行的情况，是优先考虑异步的，这里的首选方式是 Celery。

当然任务调度从一个更高的角度来说，可以拆分为任务和调度两个模块，设置为两个独立的系统：任务系统和调度系统。比如备份就是一个任务。

2．备份体系设计方案

先来说备份，备份的入口页面如图 14-18 所示。可以选择自己的需求来过滤。

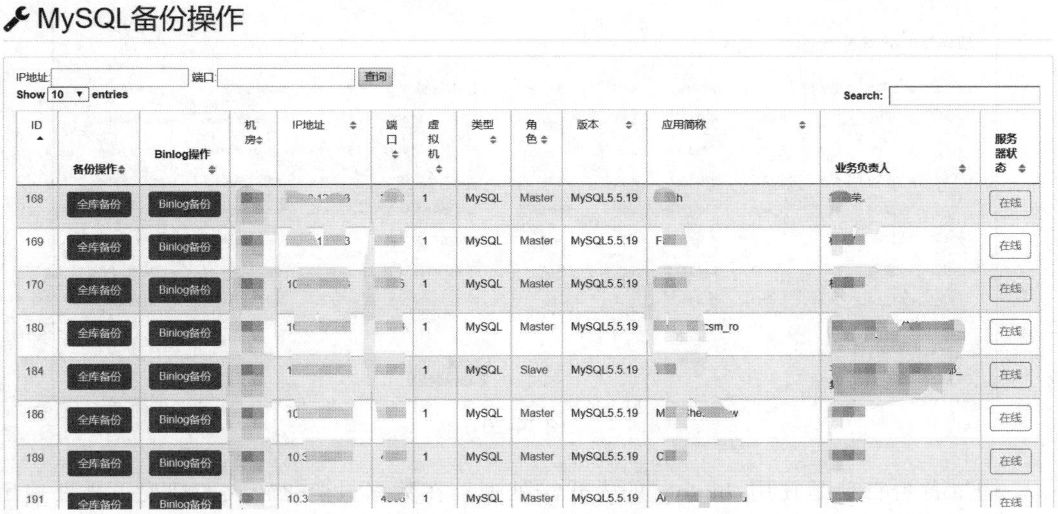

图 14-18

如果是全库备份，则会收集概要信息和 MySQL 实例的明细信息，当然还有一个更直接的按钮，一键全库备份，如图 14-19 所示。

图 14-19

上面的是一个 tab 页面，如果按照目前的方式，可以查看到近 7 天的备份历史情况，无论我们要做全备、全量恢复、增量恢复，这些信息都可以作为我们运维操作的参考，如图 14-20 所示。

图 14-20

增量备份目前是使用 binlog 的方式来处理，在数据量变化较大的情况下需要使用 xtracbackup 的增备功能，来大幅度降低手工运维带来的痛苦。

3．恢复体系设计方案

全量恢复的入口页面如下图 14-21 所示。

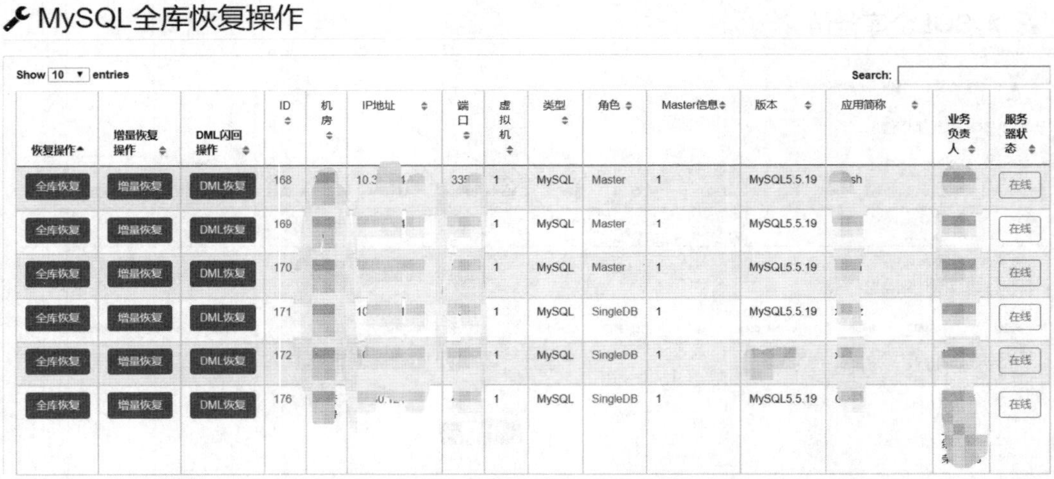

🔧 MySQL全库恢复操作

恢复操作 ▲	增量恢复操作 ⇕	DML闪回操作 ⇕	ID ⇕	机房 ⇕	IP地址 ⇕	端口 ⇕	虚拟机 ⇕	类型 ⇕	角色 ⇕	Master信息 ⇕	版本 ⇕	应用简称 ⇕	业务负责人	服务器状态 ⇕
全库恢复	增量恢复	DML恢复	168		10.3 1	335	1	MySQL	Master	1	MySQL5.5.19	sh		在线
全库恢复	增量恢复	DML恢复	169				1	MySQL	Master	1	MySQL5.5.19			在线
全库恢复	增量恢复	DML恢复	170				1	MySQL	Master	1	MySQL5.5.19			在线
全库恢复	增量恢复	DML恢复	171		10		1	MySQL	SingleDB	1	MySQL5.5.19			在线
全库恢复	增量恢复	DML恢复	172				1	MySQL	SingleDB	1				在线
全库恢复	增量恢复	DML恢复	176		0.1		1	MySQL	SingleDB	1	MySQL5.5.19			在线

图 14-21

如果选择了全库恢复，即异机恢复的场景，我们只需要输入两个参数，一个是备机的 IP 信息，另外一个是选择备份的日期，如图 14-22 所示。

🔧 MySQL全库恢复

图 14-22

如果是增量备份，则稍微复杂些。但是里面有一个亮点，如果要恢复某一个库，指定了备机的 IP，然后会得到 binlog 层面的反馈，能够把数据恢复到秒级。当然也有需改进之处，一个是基于偏移量的恢复，一个是基于时间范围，如图 14-23 所示。

🔧 MySQL增量恢复

图 14-23

如上的页面是一些平台化操作的设计，可以在这个基础上把备份恢复的流程合理组织起来，通过不断地完善来实现备份恢复流程的融合。

14.6.3 DML 闪回

对于业务来说，全库备份和增量恢复是无感的，但是如果业务出现了误操作，比如 delete 了一张表的部分数据，稍后发现了问题，需要快速恢复，DBA 是应该具备这种需求的支撑能力的，对于 delete 操作，逆操作是 insert，而对于 update 操作，逆操作是另外的 update，所以通过逆向操作我们可以对某一张表基于时间维度实现数据恢复，而无需通过备份。

下图 14-24 是一个 DML 闪回的页面设计，我们可以根据时间点来得到相关的二进制日志，同时能够解析出逆操作来作为 DML 语句闪回的参考。

图 14-24

对于 DML 闪回，我们可以借鉴行业的优秀解决方案，比如 binlog2sql 或者 MyFlash 等.

14.6.4 备份恢复深度优化计划

备份恢复的前期工作是平台化对接的一个开始，在满足功能的前提下，能够基本实现数据全备、增备和 DML 闪回；但是在性能和可控性方面还是存在不少需改进之处，我们可以制定出一些改进计划如下。

1.备份恢复技术选型

● 备份分为物理备份和逻辑备份，目前逻辑备份的使用存在问题，不够灵活；

- 定制灵活的备份策略，数据量小（暂定小于 10G），使用逻辑备份+压缩，其他使用物理备份；
- 用逻辑备份来备份表结构，需要完善表结构恢复步骤，后续可以补充数据生命周期管理，通过对比获得数据属性变化明细；
- 逻辑备份工具不局限于 mysqldump，可以调研 mydumper，充分测试，以提高性能为目标。

2．备份恢复元数据

- 备份元信息和实例元信息需要统一存放；
- 梳理目前遗漏的主从集群备份，为了减少主库压力，物理备份在从库端完成；
- 补充目前缺少的单点实例备份，目前暂定 Infobright，TokuDB 的从库暂不使用物理备份，其他业务包括测试环境、大容量环境都需要做好数据备份；
- 补充完善数据恢复的元数据设计；
- 接入备份配置时，可以根据历史备份情况（比如时长，备份日志量）进行计算。

3．MySQL 备份流程

（1）备份时间可以做到时间窗口统一调度。

（2）Binlog2sql 提取 Binlog 日志还需到线上分析，无法从 Binlog server 中取出。

（3）梳理已有的 Binlog 备份现状，查漏补缺，思路和备份数据稽核一致，Binlog 备份在从库端，需要充分利用 Binlog 备份配置数据。

（4）支持单库单表备份。

（5）备份看板数据需要丰富。

（6）Binlog 和备份下沉至 HDFS，和大数据对接两个接口，一个是数据推送接口，一个是数据提取接口。

（7）Binlog 备份需要定制和改进 Binlog2sql，目前的瓶颈在于 Python 解析 Binlog 效率较低，需要提高恢复效率。

（8）Binlog2sql 目前仅在 MySQL 5.7 版本使用，需要补充适用在 MySQL 通用环境中。

（9）需要补充备份结果集的周期清理，通过灵活的配置来触发。

4．MySQL 恢复流程

（1）恢复时间可用，根据数据量和日志量，保证恢复控制在 1 个小时以内。

（2）恢复的关键节点日志无法展示。

（3）异机恢复脚本无法做到完全可控，补齐 Binlog 时时间过长，中间可能出现问题，还需要更加灵活。

（4）恢复后数据库需要手动修改配置才可上线，如 GTID，bp size，serverid，主从同步自动搭建。

（5）数据恢复后加入 MHA 的考虑。

（6）对 7 天前数据恢复。

（7）恢复时长预测。

（8）异机恢复的文件只能选择最近一个。

14.6.5　通过调度优化备份效率

对于 MySQL 方向的调度需求我考虑了好久，总是感觉不够优雅，不够灵活。如果设置成为 Crontab，管理起来是比较臃肿的。

当然这些可以通过批量管理来实现，或者说是改进，接下来的问题便是管理层面的一个问题了，如果管理这些任务，如果 2 点触发不够合适，那么几点触发合适，如果有 100 个任务需要分配和管理，调度就需要出手了，在调度层面的实现，如果暴露给系统层面来处理，其实它是很无助的，因为它也不知道该怎么合理的划分，按照个数显然是不合理的，有的数据库大，有的小，按照个数来划分的意义不大，从本质上没有解决切分的核心。

调度逻辑从某种程度来说，需要自己来定制，Celery 可以实现调度的任务处理，但是它不知道任务间的处理逻辑。所以这个思路来落实，那么我们就需要写一个简单的调度算法。

单纯说调度算法是枯燥的，我们先看一个初步的效果，以历史备份时间来作为参考，进行并行度的分配。

要触发调度需要输入两个参数，一个是起始时间，另外一个是并行度，类似下图 14-25 的方式，我们可以不断地调整时间，得到不同的调度计划，再确认后再推送到系统端生效。

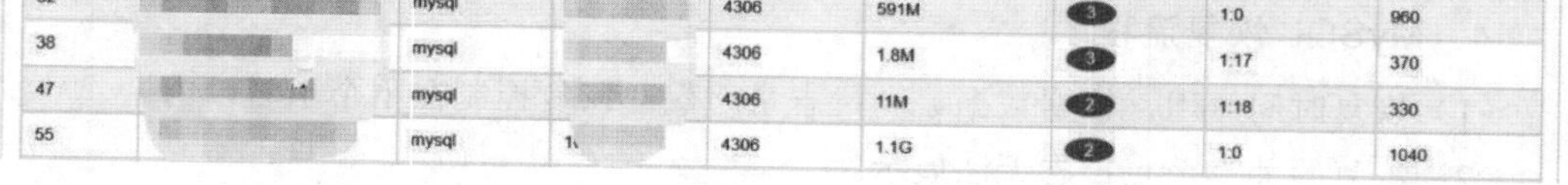

🔧 MySQL备份任务调度

| 调度窗口开始时间 | | 调度组个数 | | 开始任务编排 | | | | |

Show 10 entries　　　　　　　　　　　　　　　　　　　　　　　　　Search:

备份ID ▲	任务名称 ⇕	数据库类型 ⇕	备份IP地址 ⇕	备份端口号 ⇕	备份结果集大小 ⇕	调度任务组 ⇕	任务开始时间 ⇕	任务时长(秒) ⇕
3		mysql		4306	2.4G	①	1:0	1110
11		mysql		4306	2.5M	④	1:22	300
32		mysql		4306	591M	③	1:0	960
38		mysql		4306	1.8M	③	1:17	370
47		mysql		4306	11M	②	1:18	330
55		mysql	1.	4306	1.1G	②	1:0	1040

图 14-25

调度后的基本效果如下图 14-26 所示。

备份ID ▲	任务名称 ⇕	数据库类型 ⇕	备份IP地址 ⇕	备份端口号 ⇕	备份结果集大小 ⇕	调度任务组 ⇕	任务开始时间 ⇕	任务时长(秒) ⇕
3	写×	mysql	10.	4306	2.4G	1	1:0	1110
11		mysql	10	4306	2.5M	4	1:22	300
32		mysql	10	4306	591M	3	1:0	960
38		mysql	10	4306	1.8M	3	1:17	370
47		mysql	10	4306	11M	2	1:18	330
55		mysql	10	4306	1.1G	2	1:0	1040
65		mysql	10	4306	138M	4	1:0	660
71		mysql	1	4306	36M	4	1:12	590
73		mysql		4306	1.6M	1	1:19	330
202		mysql		4306	20M	3	1:24	10

图 14-26

　　这个过程涉及到两个算法，一个任务并行的调度算法，即每个任务如何分组；另外一个就是时间调度的算法，即每个任务什么时候开始工作。

　　图 14-27 是一个调度后的效果图，比如第 1 组的任务计划是 1:00 开始，执行时间是 1110 秒，则后续的任务时间范围会额外加 1 分钟，会从 1:19 开始；第 2 组的任务也是从 1:00 开始，执行了 1040 秒，额外加 1 分钟，则从 1:18 开始；第 3 组的任务也是从 1:00 开始，根据执行时间，有 1:17、1:24 和 1:25 三个后续的子任务。

Search:

⇕	调度任务组 ▲	任务开始时间 ⇕	任务时长(秒) ⇕
	1	1:0	1110
	1	1:19	330
	2	1:18	330
	2	1:0	1040
	3	1:0	960
	3	1:17	370
	3	1:24	10
	3	1:25	10
	4	1:22	300
	4	1:0	660

Previous　1　2　Next

图 14-27

　　整体这样计算下来，Crontab 的任务执行时间就完全可以根据策略来定制了，定制之后，我们通过批量处理的方式推送到系统 Contab 中，也可以直接使用调度器 Clery 来执行，整个过程就会完成任务的分发和修改，真正实现一键配置。

14.7　高可用管理

高可用模块的建设属于运维系统建设中期的模块，属于系统稳定性的核心模块。需要投入大量的精力，做大量的测试和补充工作，要把这部分工作做好做扎实是很不容易的。

14.7.1　MySQL 高可用模块设计

对于高可用管理，我做了一个全景图，如下图 14-28 所示。

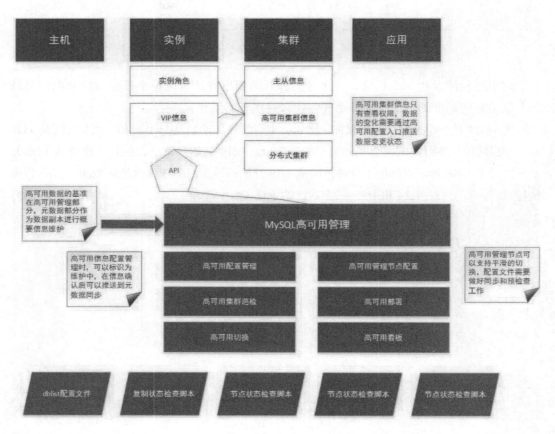

图 14-28

我简单介绍下里面的一些细节信息。

首先把元数据部分拆分为了主机、实例、集群和应用这 4 个维度。

根据这 4 个维度的信息进行业务场景的对接，高可用部分毫无疑问就是集群维度了，目前暂且把主从信息也纳入了最基本的集群信息，除此之外还有 MHA、中间件等集群方案。

高可用管理是期望作为一个数据变更的统一入口，通过配置管理来完成高可用信息的维护，这个维护的过程中产生的数据变化都需要推送到指定的元数据属性中去，所以一个元数据信息的变化会产生级联的数据变化，但是基准数据是来自于高可用集群配置信息的。

对于元数据中的集群配置信息而言，高可用信息仅作为查询所用，是不支持直接修改的。

这些数据都能够通过关联关系联动起来，那么数据的生命周期管理就有了一个好的开始了，这个数据变更的部分可以统一封装为一个 API，逻辑的变化相对来说也是一个统一的逻辑和接口，使用起来会更清晰。

此外，高可用中对于高可用管理节点的维护是很容易被忽略的，就好比一个在关键位置工作的员工，没有人能够替代他的工作，那么他有一天生病了，那么整个项目都就歇菜了，所以既然管理节点非常重要，我们就需要维护好它，让它的价值充分发挥出来，而不是简单是一个摆设，等到问题发生之后再去弥补。

而在高可用管理中最酷的一件事情就是高可用切换管理了，这个过程需要在前期把很多前置工作做好，高可用在计划内是支持 switchover 模式的，如果这种模式可行，在这个基础上借助于 consul 的域名高可用，那么 DBA 的高可用工作就完成了一大半。

下图 14-29 是一个基本的高可用管理页面。

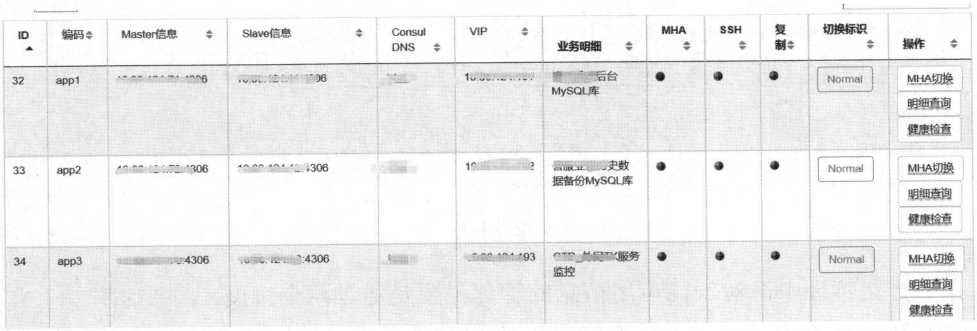

图 14-29

可以通过平台化的方式对高可用集群的启停、健康检查和切换做一站式的管理。

下图 14-30 是通过邮件的方式每天对高可用集群的状态做巡检，生成一个报告。

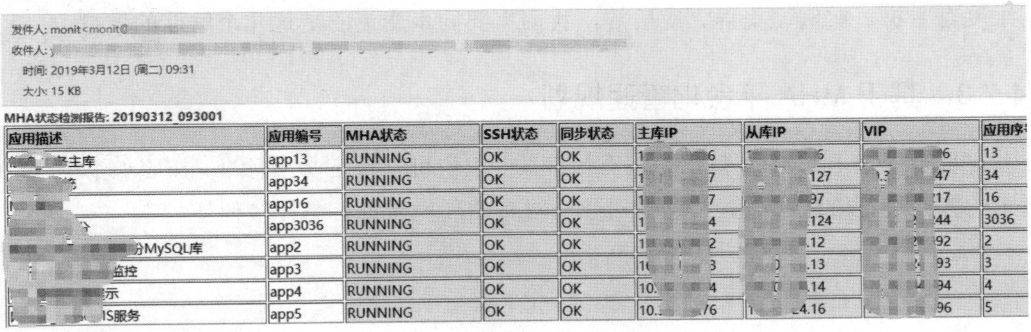

图 14-30

14.7.2　高可用切换流程设计

对于高可用来说，最核心的功能就是高可用切换了，从 MHA 的方案来说，切换工作整体会有如下图 14-31 所示的流程，相较于脚本化管理的最大不同就是对于 CMDB 信息的同步。

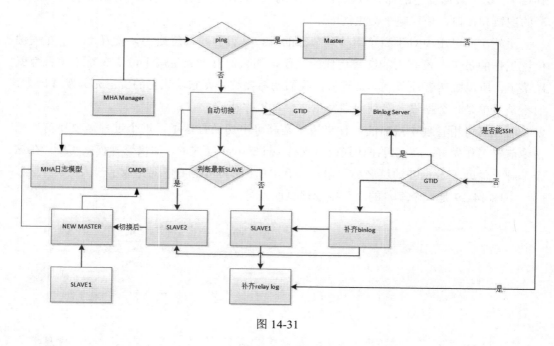

图 14-31

在平台化管理中，对于高可用信息的管理主要是通过两个维度：

（1）通过高可用日志模块，在高可用巡检或者高可用切换的过程中，都会产生相应的数据日志，这些日志是应该通过 CMDB 能够查询到的，无论是主动还是被动的触发，都应该"记录在案"。

（2）高可用切换后的信息同步，应该是一个流程化的同步过程，比如数据库的元数据维度有主机、实例、集群、应用等，我们需要同步变更的是这几个维度的信息。

14.7.3　基于 MHA 平台化管理规划

在目录规划上，MHA 默认是没有限制的，我们可以设定一个标准，按照如下图 14-32 所示的方式进行管理和配置，这样对于一对多的环境来说，是比较便捷的。

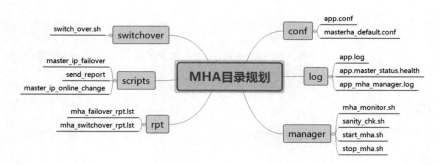

图 14-32

因为有些场景是组合出现的，比如网络波动、ssh 不可达等，但是已有的应用连接正常，那么这种情况就需要一些更全面的校验机制。所以 MHA 的测试如果较浅那还是比较简单清晰的，如果想深入就需要考虑很多细节，保证技术完全可控，如图 14-33 所示。

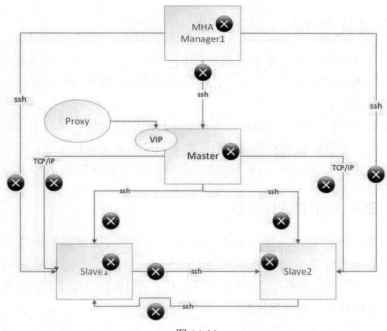

图 14-33

对于 MHA 的部分，因为要接入的是大量的环境，如何在大批量的环境中能够管理自如，就需要对已有的 MHA 做一些功能定制，自成一个体系。因为下面这种情况很可能出现，本来运行一套环境是 OK 的，但是再加入几套环境，原来的逻辑和方式就得全部改造，改造的同时还需要保证已有的逻辑不会出现意外，如下图 14-34 所示。

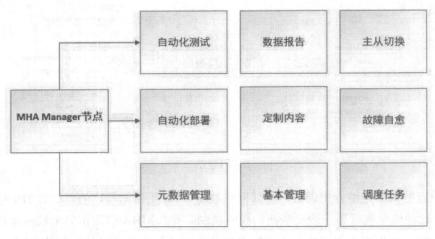

图 14-34

14.8　分布式管理

MySQL 里面提到分布式，主要是指基于中间件的方案，中间件方案对于业务的使用相对是透明的，而且扩展性较好，这里说较好，是基于良好的架构设计，但对于弹性伸缩的支持还是有限的。

至于分布式管理的部分，主要思想是基于分片的逻辑设计，是基于中间件来管理整个分布式集群，对一个结构相对稳定的系统而言，分布式是很轻松的，但是如果存在一些数据变更的时候，这个变更的代价就会很高，所以分布式管理是一个辅助的功能模块。

14.8.1　MySQL 分布式管理设计

对一个已有的配置表增加一个字段，那么我们可能要考虑多个分片，比如一个表 test_log，我们把数据分成 16 份，那么就是 16 个分片，对于业务来说都是 test_log，因为基于资源和扩容的考虑，我们的 16 个分片不是分布在 16 台服务器上，而是在 4 台服务器上，也可以理解是 4 个物理分片节点，16 个逻辑分片节点。

对整个集群做数据变更管理的时候，其实就涉及很多细节工作了，当然对于分布式而言，是尽可能避免做频繁的表变更的，在此共识之下我设计了一个初版的 demo（如图 14-35），也是作为分布式管理的一个基本入口，接入的第一个功能就是实现变更的平台化，比如对于表 test_log 做表级别变更，那么维护该变更的代价和维护一个单表看起来是类似的。整个环节的工作不是在中间件基础上完成，而是在各个分片节点上完成。

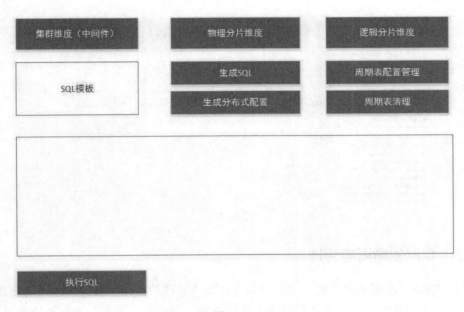

图 14-35

在目前的设计方案中，主要是通过配置管理的方式生成动态的 SQL，这样对于前端操作来说，就是发布 1 条 SQL 语句，但是通过分片管理的方式，可以在各个分片上并发启动多个变更的线程，这个过程持续的时间很短，因为分片足够多，所以操作代价也相对很低，如此一来，对于变更的管理和维护，就可以统筹管理了。

在这个基础上，还有一些辅助工作要完成，这就是周期表的维护了，在 Oracle 中可能是分区表，在 MySQL 中更多是日期表，其实无论哪种形式，它们的属性是相通的：属于周期表。这里就会涉及两类维护，一类是表的创建，一类是数据清理。对于变更来说，其实和其他的表类型是相通的，在此不再赘述。

周期表的创建本身没有难度，难的是需要指定创建时间，为了保证资源的有效使用，我们不建议一次性创建 1~2 年的周期表，而是每隔几个月预创建一批，那么问题来了，如果我们忘记了，业务方也忘记了，那么麻烦就来了，会导致数据无法写入的业务故障。

同理数据清理也是类似，假设和业务约定数据保留周期为一个月，如果我们忘记清理了，会导致新的磁盘空间报警，这个工作可以通过统一的配置来对接。

基于以上的一些分析，可以明确对于周期表的管理，需要借助一些配置化的工作来实现元数据管理的统一，而在这个基础上加入了应用监控，就会让整个分布式集群的管理工作能够更加清晰。

下图 14-36 是周期表管理的实现页面，我们可以通过配置化管理周期表，选定周期表的起始和截止时间，就会生成相关的 SQL 语句并发布到线上环境。

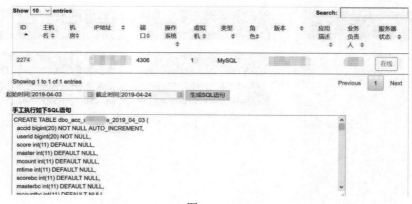

图 14-36

14.8.2 数据生命周期管理

作为 DBA，需要从更高的一个角度来看待你所管理的数据，数据生命周期管理就是一个大家经常忽视的方向，那么问题来了，它能做些什么呢，我们分为三个场景来说明：

第一，从 DBA 的角度来说，我们迫切需要这个功能，比如我们现在不清楚每天有多少表是通过后端任务自动重建，有多少表是自动删除，这些是无法追踪的，有了生命管理周期数据之后，我们就可以很清楚的知道我们在权限管理方面还存在哪些大的风险，通过这些来反向推动安全建设。

第二，对于数据流转和数据同步场景，上游通常是不关心下游的变化的，而下游对于上游变化不可见，所以经常会有数据同步出错的时候才发现原来表结构已经发生了变化。

第三，我们可以引入数据的变更频率，把 DML 的频率量化出来，如果变化频率高，则为热点表，经过一段时间的采集，我们就会得到一个数据库中的热点表情况，一旦发生业务中断，我们可以很快地做出补救措施，也可以进一步落实数据的热冷分离。

而要实现这个功能设计，我们就需要深入分析 MySQL 数据字典层面的支持，下图 14-37 是 MySQL 表相关的字典梳理情况。

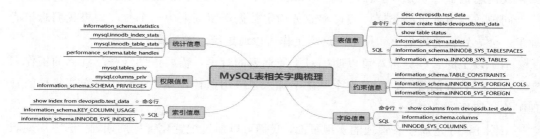

图 14-37

经过大量的测试和比对，我们选择了一部分的字典作为参考，以 information_schema.tables 为例，有两个重要的时间属性。

（1）字段 CREATE_TIME 代表的是最近一次 DDL 的时间，可以让我们捕捉到 DDL 变化，当然表的创建时间已经被刷新了，所以需要我们把这些记录都持久化下来。

（2）字段 UPDATE_TIME 代表的是最近一次 DML 的时间，比如写入一条数据，这个时间就会变化，我们可以根据这个字段来分析表的冷热情况，假设一天采集了 10 次，每次都有这个表的变更，那么这个表显然是一个热点表。

假设我们得到了表的 DDL 变化，要进行 DDL 明细的比对，一种方式是通过抽取的建表语句来进行比对。

比如我们根据 DDL 变化做了两次抽取，可以理解是两个快照，那么通过对比两个快照就可以轻松的得到我们需要的信息，如图 14-38 所示。

```
DROP TABLE IF EXISTS `MIS_order_post_data`;
/*!40101 SET @saved_cs_client     = @@character_set_client */
/*!40101 SET character_set_client = utf8 */;
CREATE TABLE `MIS_order_post_data` (
  `id` int(11) NOT NULL AUTO_INCREMENT,
  `flag` varchar(150) DEFAULT NULL,
  `message` varchar(150) DEFAULT NULL,
  `data` varchar(3000) DEFAULT NULL,

  `start_time` datetime(6) NOT NULL,
  `memo` varchar(150) DEFAULT NULL,
  `order_no` varchar(150),
  PRIMARY KEY (`id`)
) ENGINE=InnoDB AUTO_INCREMENT=571 DEFAULT CHARSET=utf8;
```

```
DROP TABLE IF EXISTS `MIS_order_post_data`;
/*!40101 SET @saved_cs_client     = @@character_set_
/*!40101 SET character_set_client = utf8 */;
CREATE TABLE `MIS_order_post_data` (
  `id` int(11) NOT NULL AUTO_INCREMENT,
  `flag` varchar(150) DEFAULT NULL,
  `message` varchar(150) DEFAULT NULL,
  `data` varchar(4000) DEFAULT NULL,
  `test_data` varchar(3000) DEFAULT NULL,
  `start_time` datetime(6) NOT NULL,
  `memo` varchar(150) DEFAULT NULL,
  `order_no` varchar(150),
  PRIMARY KEY (`id`)
) ENGINE=InnoDB AUTO_INCREMENT=571 DEFAULT CHARSET=u
```

图 14-38

通过这样的比对，我们可以得到一些变化的明细，比如新增了哪些字段，删除了哪些字段等等。

如果要把变更信息做到表格化的输出，可以参考下图 14-39 所示的表格，里面会显示出两个时间点的表结构变化明细。

变更类型	索引类型	索引名称	原索引列	现索引列	变更时间	索引统计信息
新增	主键	pk_test_id	id	id	2019-05-02	1000
新增	索引	idx_test_id2	id2	id2	2019-05-03	2000
修改	索引	idx_test_id3	id3,id4	id3	2019-05-09	1500

变更类型	字段名称	原字段类型	原字段长度	现字段类型	现字段长度	变更时间
新增	id2			bigint	20	2019-05-11
删除	name2	varchar	30			2019-05-11
修改	name3	varchar	30	varchar	50	2019-05-12

图 14-39

到目前为止我们已经有了相对概要的认识，我们看看怎么去实现。

（1）元数据抽取逻辑

数据的抽取是周期性的，数据管理的粒度则是分为表、字段、和索引，然后根据这些粒度延伸出相关的变更历史信息。

在这个基础上可以扩展出一些功能，比如某个业务就对某个表的数据变化格外关注，那么它可以订阅这个数据变化，或者是和工单的数据打通，让数据的变化和流程关联起来。

（2）对外提供的数据服务形式

对外使用 API 的方式，提供变更列表的查询、对象变更的查询和相关的轨迹树。

下图 14-40 是元数据的抽取逻辑，我们可以根据定时任务抽取不同粒度的元数据，然后建立相关的模型来对数据持久化管理。

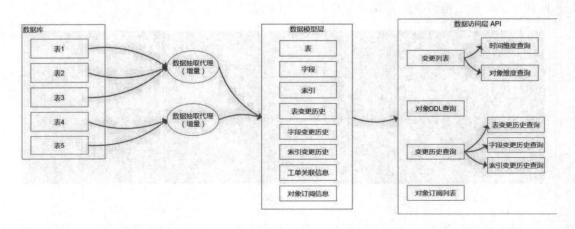

图 14-40

（3）覆盖范围

整个生命周期管理中，会覆盖以下的一些场景：

● 新增表

● 删除表

表变更，包含字段变更和索引变更

（4）应用场景

对后端管理来说，可以提供一个完整的列表信息。

① 模糊查看：根据时间维度来查看最近哪些表结构发生了变更，该接口暂不对外。

② 精确查看：这个部分的逻辑会相对复杂一些，我们可以展开说一下。

对于业务来说，可以提供基础的 IP、端口信息，显示的是完整的变更列表，比如数据库 test 在 2 月 10 日包含 10 张表，2 月 12 日新增了 2 张表，2 月 17 日删除了 1 张表，变更表之间彼此没有关联。

- 查询范围是 2 月 10 日之前，则显示 10 张表，状态为有效；
- 查询范围是 2 月 10 日~2 月 12 日，显示 12 张表信息，状态为有效；
- 查询范围是 2 月 12 日~2 月 17 日，显示 12 张表信息，其中 11 个为有效，1 个为失效；
- 查询范围是 2 月 17 日以后，显示 12 张表信息，其中 11 个为有效，1 个为失效。

如果查询范围默认为近 3 天，支持如下两种维度的查询：

- 根据对象维度来查看一个时间范围内的"数据库-表"列表；
- 根据时间维度来查看一个时间范围内的"数据库-表"列表。

（5）数据抽取流程图

我们要实现数据生命周期管理，势必需要梳理数据管理的流程，下图 14-41 是一个数据抽取流程的整理。深色的部分是这几种变更的类型，所以总体来看，会涉及到 11 种变更类型。

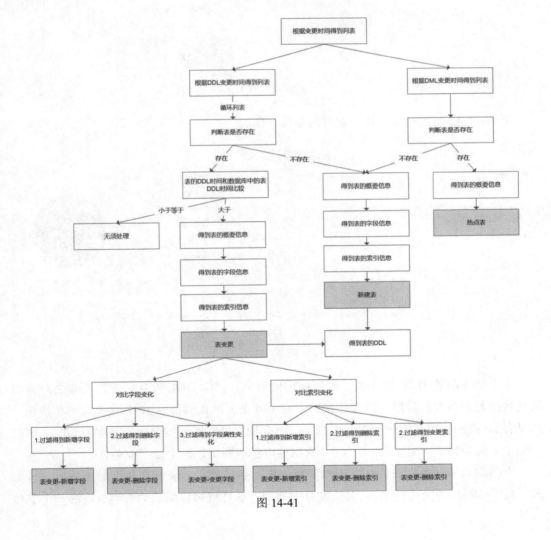

图 14-41

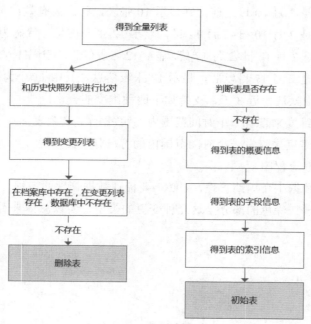

图 14-41（续）

下图 14-42 是数据生命周期管理的实现页面。

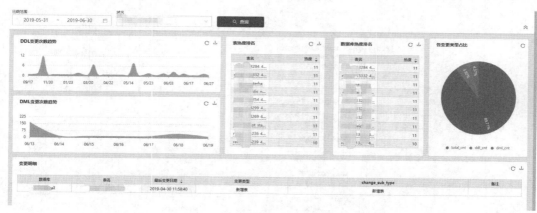

图 14-42

左上角的图是 DDL 的次数，可以标识出整个实例的 DDL 变化情况，而与之对应的图是数据表的热度趋势图，比如数据库中有 100 张表，我们每隔 30 分钟抓取一个快照，如果有 20 张在快照抓取过程中始终出现，那么我们可以标记数据库的热度为 20%。如果一个业务长期处于 1% 以下或者为 0，我们可以基本断定是一个僵尸业务。

中间的表格是数据表的热度榜单和数据库的热度榜单，我们把热度最高的表整理出来（基于 DML 的变化频率），对热度打上标识，这样就可以明确的看到热度的一个整体分布了。右边的饼图对于变更次数（DDL，DML 变更）和对象个数的比例图，如果一个数据库的热度表不到 10%，显然我们是需要进一步分析的。

对于每一条数据变化，我们都可以下钻，得到更加详细有效的信息。比如表结构信息和轨迹变化等，详情页信息如下图 14-43 所示。

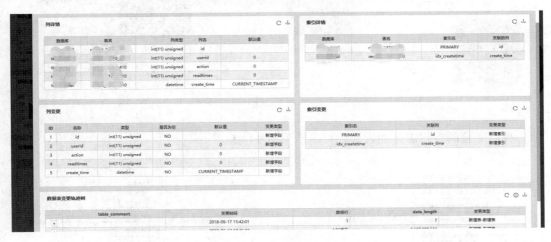

图 14-43

数据生命周期的管理不是一劳永逸，是一个持续改进的过程，在我们建设的过程中不能掉以轻心。

14.9　MySQL 慢日志模块设计

其实行业里有一个常见的"伪需求"，就是开发同学经常需要关注慢日志，从工作的角色和分工来看，他们得到慢日志之后的分析和处理常常和问题的本质相左，换句话说，他们得到慢日志，是希望通过分析日志来发现一些明显的性能问题，通过这种信息检索的方式，来快速定位问题，但是实际上得到日志之后的分析结果是不可控的，可能 10 分钟就能定位，也可能很久都分析不出来。

而这个工作其实是应该作为运维的前置工作来完成的，既然开发对于慢日志的处理不专业，势必需要 DBA 来提供专业的建议，而如果我们能够通过一种透明自助的方式来提供分析和有效建议，对于开发同学来说，其实他们需要的不是慢日志，而是你的数据服务能力。

对慢日志模块的分析管理流程相对简单，可以配置一个慢日志分析服务，将数据库端收集到的慢日志转储到中继服务器上，通过 pt-query-digest 来作为核心服务来完成慢日志的分析工作，然后通过数据库运维系统的 API 讲数据开放出来作为查询和统计，如图 14-44 所示。

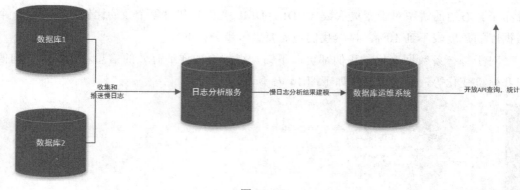

图 14-44

相对完整的慢日志周期管理，可参照下图 14-45。

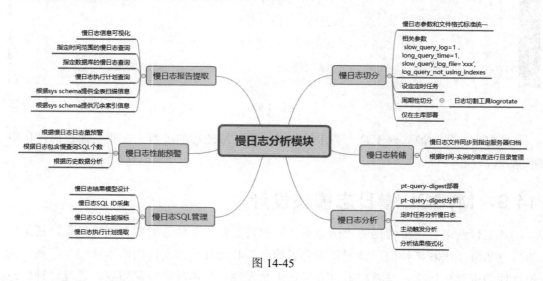

图 14-45

整体上分了六个大的步骤，我简单解释一下：

1. 慢日志切分

对于目前的数据库环境来说，慢日志的管理是松散的，没有做到细粒度的管理模式。从规范标准的角度来说，希望慢日志是周期性的转储，需要我们对慢日志做周期性切分。

在此我们需要明确一个共识，那就是什么样的 SQL 属于慢日志，这里有几个参数需要内部明确下，比如 SQL 执行时间超过 1 秒我们指定为慢日志，如果没有使用索引，也归类到慢日志。

同时慢日志的导出和管理都是在主库端。

2. 慢日志转储

对收集的慢日志内容，我们需要统筹管理，比如有 100 套环境，那么我们可以指定一台慢日志服务器，通过通信管道比如 rsync 或者 sftp 等方式把慢日志内容同步到日志服务器。总体来说，慢日志的内容量和 Binlog 完全不在一个量级，占用的空间要小很多。所以保留周期可以设定为 2 周，更早的日志信息可以下沉到 HDFS 里面。

3．慢日志分析

以上两个步骤只是采集慢日志，不做慢日志的分析，到了日志服务器之后，应该是由日志服务器来统一解析，将解析的结果格式化，比如可以是 JSON 格式。提取出我们需要的一些关键内容。

4．慢日志 SQL 管理

其实对于慢查询 SQL 是应该做细粒度的管理的，比如我们采集的慢日志文件里面有一个查询语句，这个 SQL 之前是否出现过，之前的性能如何，这个信息通过现有的文件是无法获得的，需要我们来对慢查询 SQL 实现细粒度管理，实现一个初步的生命周期管理。

这样一旦发现问题，我们也好确定在之前是否存在问题。

5．慢日志性能报警

这属于一个锦上添花的功能，比如慢日志在半个小时内增长超过 10M，那么我们可以认为是存在性能问题的，另外就是对慢日志的个数进行统计，如果 X 分钟超过了 X 个就触发报警。

6．慢日志报告提取

对于慢日志的报告提取，可以分为两个维度。

对于运维来说，我们可以设立一个慢日志排行榜。通过一个全局的排行榜来不断优化 SQL，提高系统的整体性能和 SQL 水平。

对于业务同学来说，我们可以提供基于时间和对象的 SQL 慢日志信息提取，通过慢日志信息来同步获得一些性能信息，得到 SQL 的执行计划。

下图 14-46 是一个初步实现的慢日志分析平台的页面，可以作为参考。

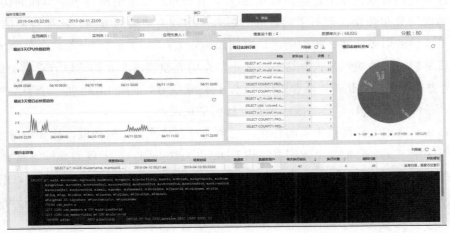

图 14-46

对于整个产品的设计我使用如图 14-47 所示框图的方式来体现。

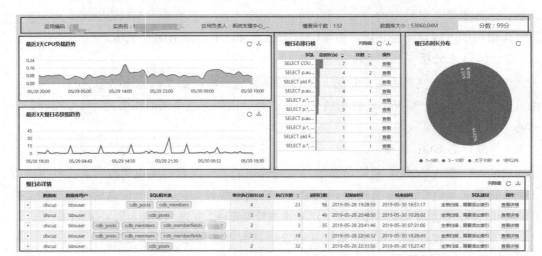

图 14-47

最上面的部分是整个慢日志报告的头部，包含了基础的运维信息，比如服务信息、数据库大小等，通过这些指标能够对数据库有一个整体的认识。

右边的小框是一个打分模块，会通过分数的方式来体现整个慢日志分析结果的情况，如果慢日志多，重复率高，那么分数就会低。

左侧上面的第一张趋势图是 CPU 的，下面的是慢日志条数的趋势图。目前慢日志使用半个小时的维度来采集信息，使用了快照的思想，通过快照维度能够分析出一些潜在的数据变化。

然后是慢日志排行榜和慢日志的比例分布，排行榜是慢日志信息的一个关键看板，通过排行榜我们可以快速地定位出瓶颈 SQL，并且对于性能情况有一个整体的认识，而慢日志的比例分布会让我们对于问题的分析有一个较为明确的方向，比如目前的慢日志分布是 1~5 秒的居多，那么我们的改进空间还比较大。

最后是慢日志的明细报告，这些对如上信息的完整展现，我们可以查看完整的 SQL 语句，历史执行的性能情况，查看执行计划，优化建议等，下图 14-48 是一个明细的图片，对于每一条慢查询 SQL 都会生成一个独立的明细页面。

而在这个基础上有两点重要的补充，一个是对表结构信息的抽取，比如一条 SQL 设计的表有 3 个，那么会把 3 个表的表结构 DDL 也关联得到，对于我们分析问题来说会更加具有参考价值。另外一个是关联 SQL，即一条 SQL 的变更是否会有其他相关联的 SQL，如果对一张表添加索引，那么和这张表相关联的 SQL 也是我们在优化时需要格外注意的，慢日志不光要实现数据的提取，也需要提供更全面的信息支撑。

图 14-48

　　DBA 也体现出了业务看得到的高价值输出，同时也可以在优化方向进行深钻，提高技术水平。

第 15 章　运维自助化服务

我只能送你到这里了，剩下的路你要自己走，不要回头。——《千与千寻》

相信根据前面的内容，你对运维体系的建设已经有了一个整体的印象，但是显然还不够，我们虽然提高了部分工作效率，但是效果依然有限，从我的理解中，效率主要关乎两个部分：第一是提高单位时间的执行效率；第二是保证服务的高可用，试想你个人能力很强，可以很高效地支持业务需求，但是你终归要下班，终归要休息，一旦需求来了你处理不了，对于业务来说就不是高效了。所以我们需要使用个性化服务来保证服务的可持续性：自助服务。

自助服务可以理解为把一些简单重复的工作内容通过经验融合到流程之中，既解放了你自己，也对用户提供了便利。比如你任意时间去 ATM 取款，转账都可以，可以完全不依赖于营业员。

本章我们会探讨几种自助服务：SQL 自助审核，SQL 自动化上线，业务自助巡检和工单自助服务，希望通过自助服务解放彼此。

15.1　SQL 自助审核

SQL 语句的审核，在业界已经被认同了，实际上也是对 SQL 负责的统一化和标准化，而之前的人工审核，针对标准这个问题其实是很吃力的，标准越多，DBA 越累，开发也越累。

SQL 审核对于提高 DBA 工作的幸福度有重大的意义，同样也对开发同学有很大的帮助。SQL 在满足当前业务需求的目标前提下，可以对行业内的 SQL 审核工具进行梳理和定制，使得审核信息更加符合公司的开发规范，并对部分审核逻辑进行深度定制，针对公司的业务特点进行规则的定制开发；为了提高业务效率，计划将审核工具集成至公司系统中，能够更加高效地支持业务需求。

15.1.1　SQL 审核的意义

我们先来说下 SQL 审核的意义。要回答这个问题，就需要先解答下为什么要引入 SQL 审核：

- 大多数情况下，人工审核 SQL 的代价太高；
- 人工审核在规范落地和监督约束方面难以把控，很多时候会走人情；

- 大多数情况下，性能隐患会给线上环境带来极大的影响，可能是影响业务使用，也可能直接影响数据，比如对线上的一张表执行了 truncate 但是却没有备份；
- 规范落地没有一种数字化可视化的支持方式，靠文档和拍脑袋想很难把这些规范固化下来的。

SQL 审核设计背景如下图 15-1 所示，总体来说，SQL 审核是一种服务。

图 15-1

行业里也存在一些审核工具，比如 Inception、SQL Advisor、SOAR 等。我们在此不着重介绍这些审核工具的细节，而是基于业务的场景来考虑。

15.1.2 SQL 审核的核心

对于 SQL 审核来说，我认为它的核心是：

- 对业务同学来说，SQL 审核是对标一种自助服务；
- 审核工具不刻意做语法审核，而是专注于 SQL 规范的审核。

在此基础上，审核的难点更多是需要基于公司规范定制审核规则。有很多不同的工具、方案可供选择，如何把基于自己特定业务的规范揉进来？这是一个值得深思的问题。

整体来说，要做好 SQL 审核不是把软件安装完，可以用就可以了，还需要做一些对比测试和分析，如果可以根据业务场景做一些补充和改进，那是极好的。

理解了我所强调的核心，边界问题就相对清晰了，所以 SQL 审核这件事情，其实说简单也可以很简单，要说复杂，体系也可以很庞大。

15.1.3 SQL 审核的维度设计

一般来说，审核会覆盖 3 个维度：DDL、DML 和 DQL；它们之间的关系如下图 15-2 所示。

- 对于 DDL 的需求，是业务最基础的需求，这类需求属于硬需求，一定是有业务上的变化才会产生对象变更需求，这类需求要重点关注，需要 DBA 做到可控。
- DML 的审核，在大多数情况下，应用服务本身有权限，在这个层面支持审核的意义我觉得更多是基于 SQL 的性能或者影响范围，还包括 DML 的闪回（即先得有备份）。
- 至于查询 DQL（查询语句），更多会是在性能和安全方面做考量，基于查询，可以后续去补充通用查询模块。

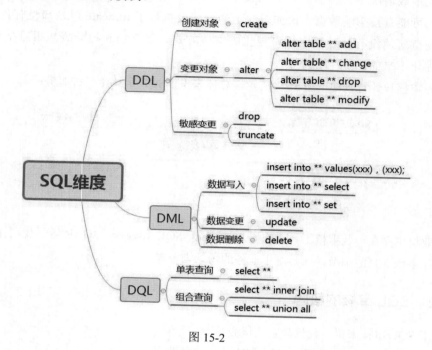

图 15-2

所以我认为在初期要落地 SQL 规范，建议是先从 DDL 方向入手，也就是通泛的 create 语句和 alter 语句，而相对来说 create 需求更为基础。

15.1.4 SQL 审核的亮点

整个 SQL 审核的设计，本质上是基于规范来完成，而作为一个工具或者产品，它一定有一些深耕的特性或者可以拿得出手的地方。大体来说，会有如右图 15-3 的 4 个亮点，也是在迭代开放的过程中初步沉淀下来的。

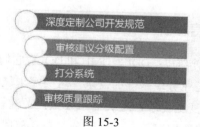

图 15-3

1. SQL 规范定制

规范公司有，行业里也有，把两者有效地结合起来才能够落地。我们做了一些定制和改进工作，主要分为 3 个部分：

（1）删除已有的不需要的审核逻辑

提示更改字符集为"utf8mb4"的逻辑。

（2）修改已有的审核逻辑

truncate 和 drop 操作，禁止此类操作，给出个性化提示。

（3）添加部分审核逻辑

- Drop table 操作个性化提示；
- Drop index 操作个性化提示；
- Drop column 操作个性化提示；
- 表存在时 Truncate 操作个性化提示；
- 表不存在时 Truncate 操作个性化提示；
- float 类型不建议使用；
- double 类型不建议使用；
- text、blob 类型不建议使用；
- enum 类型建议使用 tinyint 代替；
- 数据库名称、表名称、字段名称不能大写；
- 索引个数不能超过 5 个；
- 单个索引的字段数不能超过 5 个；
- 临时数据库，临时表名必须以"tmp_"为前缀；
- 禁止表中使用外键；
- 索引名必须使用"idx_"为前缀；
- 唯一索引名必须使用"uni_"为前缀；
- int 数据类型，不建议使用自定义的数字，直接建议修改为 int(11)。

2．审核建议分级配置

对于审核信息的分级，简单来解释下：

一条 SQL 语句，通过审核工具可以给出多条建议，比如有 20 条建议，这些建议如果直接抛给业务同学，很可能会被忽略或导致业务同学叫苦，说历史遗留问题、项目周期、变更影响范围等等，所以我们可以根据优先级来给出建议，弄清哪些是必须遵守的，哪些是有潜在问题，哪些是建议改进的，而其中必须遵守的建议应该是最基础的规范，也是需要督促业务同学修正的。

3．SQL 质量可视化（打分系统）

这也是对于审核的一种辅助方式，我们给出了 5 条，10 条，20 条建议，但这些建议意味着什么呢，其实可以使用可视化的方式来对接。

在此，可以通过打分系统来把 SQL 质量数字化，通过看板的方式把审核质量可视化：比如一条 SQL 的质量打分是 70 分，对于业务同学来说，这个和给出的建议个数相比是更加直观的，当然为了稳定业务同学的情绪，我们设置了最低分数为 50 分，这样就不会出现太尴尬的情况。

4．SQL 质量跟踪

这方面是我们的审核工具后续迭代完善的，在使用的过程中，我们应该尽可能保留审核的明细信息，后续再对这些建议进行跟进和完善，这是一种反馈式的互动。

需要再次强调下数字可视化的效果，把数字可视化，其实可以看到很多有趣的信息，比如可以看到在一段时间里 SQL 审核的次数、每天审核的 SQL 质量，通过平均分来做统计分析；甚至能够看到大家更习惯在哪个时间段做 SQL 审核。这样为我们后续做更新升级提供了很好的数据参考，也对工具的落地方向有一个整体的把控。

说完审核的一些亮点，我们来看实践过程中的一些数据，下图 15-4 是采集了线上需求的一个数据情况，可以看到，多的时候每天有近百次的审核请求，而这些请求如果通过人工来做，是很占用碎片时间的，而这也正是 SQL 审核解放 DBA 的一种方式。

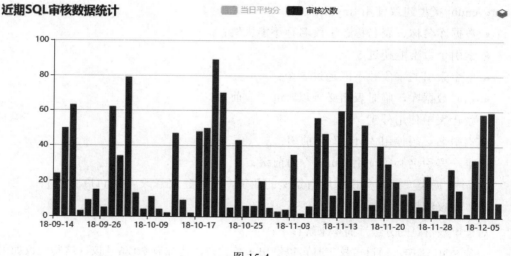

图 15-4

另外有些审核是在工作时间之外完成的，这在另一方面也是对于开发工作的有效支持，不用完全依赖于 DBA，能够轻轻松松完成审核，而且服务质量不打折，这是一种双赢。

15.1.5　怎么设计 SQL 审核的流程

在下图 15-5 中，我特意标记了序号，可以看到一个 SQL 审核的需求从发起到最后返回，整个过程可能比我描述的还要多，我列出几个重要步骤来：

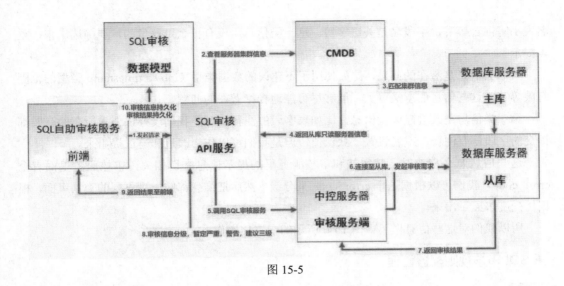

图 15-5

　　首先是前端，审核的需求从哪里发起？首先要具备基本的 SQL 审核调用服务。而对于前端的建议就是我们需要找一个通用入口，保证要方便调用和测试使用，最终的业务目标就是把它打造成一个小巧的、提供给开发的自助服务小工具。

　　如果要涉及到外部系统，显然我们要封装 API 了。这个 API 有两个难点：一个是我们要解析传送的 SQL 和其他属性信息，另外一个就是 API 层来对接后端的服务和结果回调。

　　这里需要提一下，就是图中的步骤 3，我们要充分利用已有的元数据，如果需要做业务数据验证，比如输入了主库的 IP，我们就需要根据元数据映射关系来匹配到从库，完成审核任务，语法语义审核在从库端，至于后续要做的自动化上线，则逻辑需要定制改动。

　　整个 SQL 审核服务怎么部署，我们可以在一台中控服务器端部署一次，然后在各个数据库服务器上创建相应的账户即可。至于权限，在审核层面，我们只需要开放 select 权限即可。

　　在经过审核服务的审核之后，会推送审核结果到 API 服务端，这个过程是审核服务的核心，这个核心的意思是我们要从逻辑上完全可控，这可以分为两个层面的工作：一个是充分吸收已有的审核工具的优势；另一个就是对审核逻辑进行针对性的定制，定制分为两部分，分别是审核信息的定制和审核逻辑的定制。

　　至此，这个过程看起来已经比较完整了，但其实我们只走完了审核工作 70% 的路。

　　为什么这么说，因为有一个现象如果我们不够重视，会很吃亏，一个开发人员经验不够丰富，那么它提交的 SQL 肯定会有很大数量的建议，有的高达 40 条之多，如果他对于审核服务还比较陌生的话，从他第一次接触就基本会放弃，工具不好用，建议和规范就难以落实。

　　那么怎样才能够尽可能落实呢？

　　其实换位思考一下，一下子给出几十条建议，任何人开始都吃不消的。建议这么多，有没有优先级呢？我大致分了三类：

　　第一类信息是明显错误或者本身违背基本规范的建议，比如表的字符集不符合标准、表名大小写混合等等，字段名是关键字等。这一类信息就没有什么可商量的，要筛选出来，重点提示。

第二类信息是潜在的问题，比如使用了不建议的数据类型（lob）、timestamp 类型的范围有限等等，这些信息的意义更大，能够尽可能地杜绝潜在的问题。

第三类信息是改进建议型信息，比如表字段的注释，可能我们没办法要求所有的开发都提交的字段都有注释，或者设置了默认值，但是我们可以作为改进和建议提出来。

这些信息怎么来映射，其实就和审核服务里的提示信息密切相关，审核服务里面有个 error_code，我们可以根据这个 error_code 来分级，然后把信息都归类到不同的类别里面，根据优先度来显示出来。

所以我们对这些信息做了下图 15-6 所示的配置化操作。

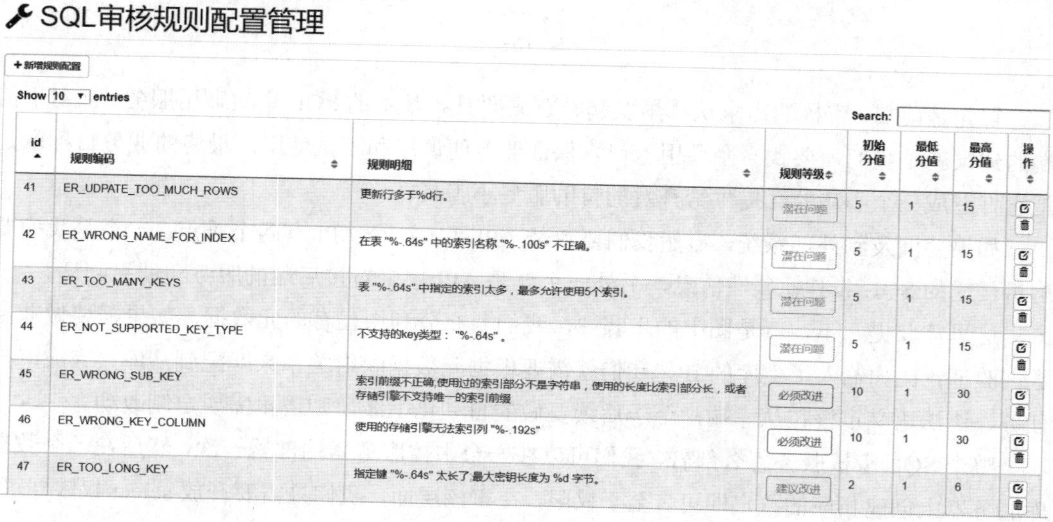

🔧 SQL审核规则配置管理

id	规则编码	规则明细	规则等级	初始分值	最低分值	最高分值	操作
41	ER_UDPATE_TOO_MUCH_ROWS	更新行多于%d行。	潜在问题	5	1	15	✏️🗑️
42	ER_WRONG_NAME_FOR_INDEX	在表 "%-.64s" 中的索引名称 "%-.100s" 不正确。	潜在问题	5	1	15	✏️🗑️
43	ER_TOO_MANY_KEYS	表 "%-.64s" 中指定的索引太多，最多允许使用5个索引。	潜在问题	5	1	15	✏️🗑️
44	ER_NOT_SUPPORTED_KEY_TYPE	不支持的key类型："%-.64s"。	潜在问题	5	1	15	✏️🗑️
45	ER_WRONG_SUB_KEY	索引前缀不正确,使用过的索引部分不是字符串,使用的长度比索引部分长,或者存储引擎不支持唯一的索引前缀	必须改进	10	1	30	✏️🗑️
46	ER_WRONG_KEY_COLUMN	使用的存储引擎无法索引列 "%-.192s"	必须改进	10	1	30	✏️🗑️
47	ER_TOO_LONG_KEY	指定键 "%-.64s" 太长了,最大密钥长度为 %d 字节。	建议改进	2	1	6	✏️🗑️

图 15-6

后期要做的就是我们可以根据审核的建议信息，把这个调用信息做到持久化，包括 SQL，包括审核建议，然后在一定的时间范围内做下对比和跟进，看看哪些建议还不够好，哪些可以继续改进。

在这个基础上，就可以考虑邮件甚至其他更好地推送方式了。我们可以做一些数据分析或者反馈，通过比较友好的方式推送出去，或者做成打分系统，让这个过程更透明。

打分系统的使用对于业务来说更加友好，目前对于打分部分的设计有以下几个要点，供参考：

- 建议分为"必须改进"、"潜在问题"和"建议改进"3类，权重值分别为10、5、2；
- 三种类型的权重值分数比例为40、30、30；
- "必须改进"类型个数如果超过3个，则直接扣除40分；

- "潜在问题"类型个数如果超过 5 个，则直接扣除 30 分；
- "建议改进"类型个数如果超过 8 个，则直接扣除 30 分；
- 如果为满分 100，则扣除 1 分，提示"满分会怕你骄傲，继续保持"；
- 如果分数低于 50，最低置为 50。

我们看一个小例子，在下图 15-7 中可以看到给了 4 个建议，其中一个建议是比较重要的，另外的改进建议则可以根据实际情况来考虑。

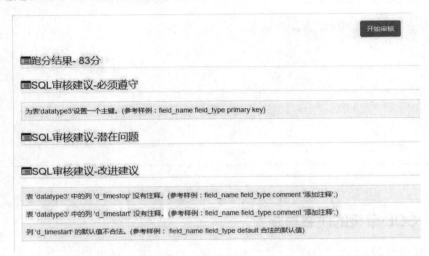

图 15-7

15.1.6　落地 SQL 审核的正确姿势

要落地 SQL 审核，只靠我们的热情是不够的，还需要流程的接入。我们开放了自助审核的入口，但是实用效果还是有限，怎么把价值发挥出来呢？

我们需要把审核工具转正，把它纳入到正式的业务流程中。所以我们后续接入了工单系统，如果业务提交的变更打分不到 60 分，就无法正常提交单据，如果不规范还要强制提交，这些信息会在审批时明确标识出来，如图 15-8 所示。

从目前来看，我们就可以不用关注审核工具的使用情况了，我们需要更关注的是审核工具本身的健壮性，比如业务同学提交了错误，不符合规范的语句，后端程序处理不能直接崩溃，可以给出通用的语法错误提示。

我们实践中也碰到了一些意识和习惯使用的差异，很多业务同学希望实现一键审核，即提交一个文本，我们自动实现审核，或者粘贴一大段 SQL 语句包含注释，希望审核程序来自动处理，严格来说这是一种伪需求，因为这对提升规范来说没有直接效果，反而会把一些额外的工作量落到 DBA 这边，初期我们也经历了一些使用的落差，但是这段时间不会太长，主要是意识的培养和习惯的养成。

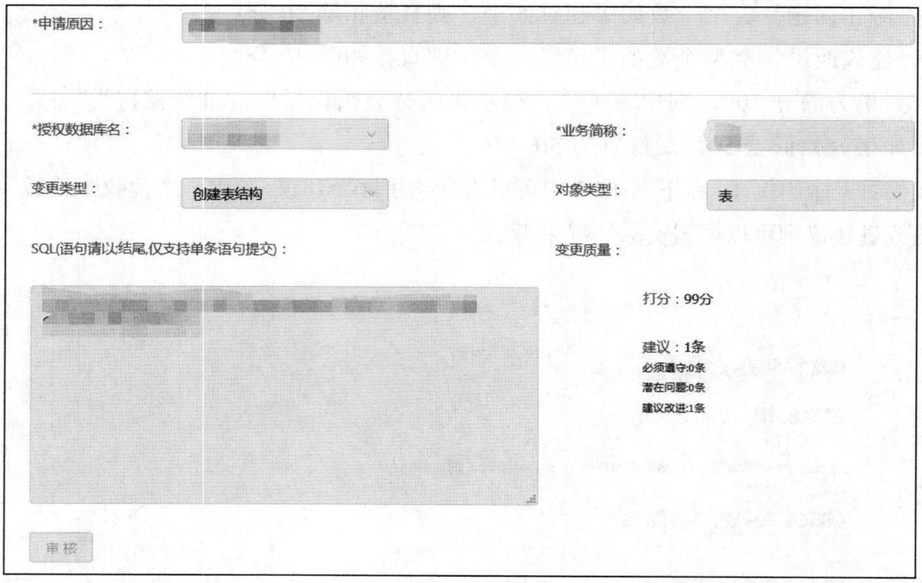

图 15-8

15.1.7　SQL 审核的质量跟踪

SQL 质量的后续跟踪是我们一直在做的事情，在逐步推行的过程中也看到了一些明显的效果，对于业务同学来说，通过审核熟悉了规范，同时也积累了 SQL 开发经验，达到了双赢。

我们后端会记录下审核的建议信息，下图 15-9 所示的结果是我们希望看到的，可以看到随着时间的变化，SQL 质量有了很大的提升。

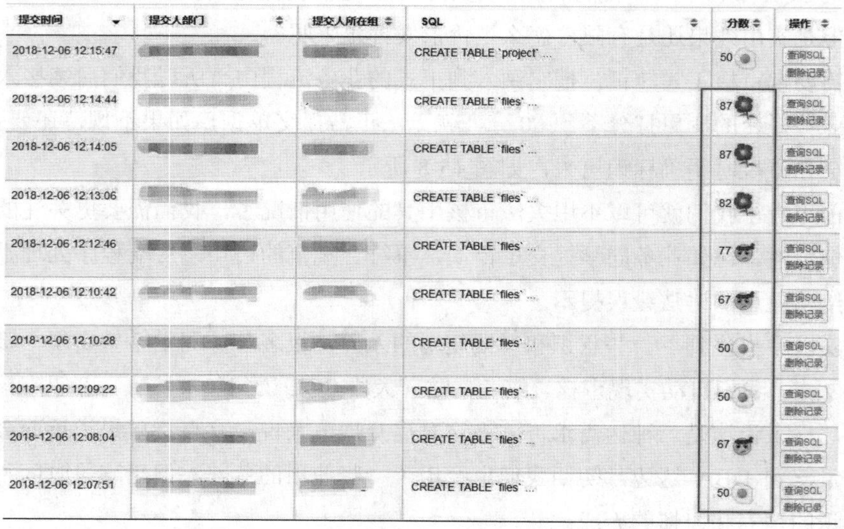

提交时间	提交人部门	提交人所在组	SQL	分数	操作
2018-12-06 12:15:47			CREATE TABLE `project` ...	50	查询SQL 删除记录
2018-12-06 12:14:44			CREATE TABLE `files` ...	87	查询SQL 删除记录
2018-12-06 12:14:05			CREATE TABLE `files` ...	87	查询SQL 删除记录
2018-12-06 12:13:06			CREATE TABLE `files` ...	82	查询SQL 删除记录
2018-12-06 12:12:46			CREATE TABLE `files` ...	77	查询SQL 删除记录
2018-12-06 12:10:42			CREATE TABLE `files` ...	67	查询SQL 删除记录
2018-12-06 12:10:28			CREATE TABLE `files` ...	50	查询SQL 删除记录
2018-12-06 12:09:22			CREATE TABLE `files` ...	50	查询SQL 删除记录
2018-12-06 12:08:04			CREATE TABLE `files` ...	67	查询SQL 删除记录
2018-12-06 12:07:51			CREATE TABLE `files` ...	50	查询SQL 删除记录

图 15-9

对于 DBA 来说，如果看到业务对于审核逐步重视，并且作为一种自助服务，彼此提高，又是双赢的局面。

15.1.8　SQL 审核的后续规划

后续如果继续落地 SQL 规范，基本有下面的一些思路：

- 完善已有的资源：补充 SQL 开发规范和持续分享；
- 对接工单流程，通过工单中嵌入自动化审核，如果分数在 60 分以下警告，分数低需要标注原因，这样一来，工单的审批才会有理有据；
- 提供 SQL 审核质量分析和数据报告，提供定向建议；
- 自动化上线；
- 通用查询；
- SQL 优化工具。

换句话来说，SQL 审核的终极目标就是没有审核，一个对标方向就是 SQL 自动化上线，初期来看实现会有难度，但是从源头上把问题解决掉，整个局面就打开了。

所以要达成一个目标，很多事情的实现不能一蹴而就，要通过不断的迭代。简而言之，迭代有两个主要结果，一个是从 0 到 1，另外一个是从 1 到 99。对于很多系统建设来说，大家不要总是聊"后期如何如何"，而是要先说有没有。

15.2　SQL 自动化上线

毫无疑问，SQL 自动化上线是开发同学很感兴趣的话题，记得在一次技术交流中，开发同学提了 9 个问题，其中有 4 个问题都是和 SQL 自动化上线相关的。

当然从我的理解来说，是不希望在业务初期就推行自动化上线的，在特定阶段来落地自动化上线是一个持续规划和考量的过程，不能一蹴而就。

自动化设计该怎么推行，基石就是 SQL 审核，如果一条 SQL 语句的打分在 90 分，基本能够判断这条 SQL 质量是不错的。如果这是一条 create table 语句，那么这条语句的影响范围是最小的。如果业务同学提交的服务器信息无误，配置无误，那么我们处理的时候无非就是点开页面，然后不断的点击处理。如此一来，整个事情的就没有什么技术含量了。而我们如果做得更深入一些，直接做到自动化执行，那么这个复杂度和技术含量就高了一个等级。

对于自动化上线来说，我们初期更关注 DDL 方向的 create 和 alter 语句，后续的讲解也会主要根据这两种类型展开。

15.2.1　自动化上线流程设计

对于自动化流程的梳理主要是从开发同学和运维两个视角来展开的，我们把各个层面可以做的事情做了下细化，希望能够把一些前置的工作做好边界处理。

SQL 自动化上线的流程设计如下图 15-10 所示。对于图中的对象变更工单，我们可以对开发侧提供一些前置检查服务，比如元数据的有效性、SQL 质量、权限检查等。

而在运维侧我们需要完善后端的逻辑完整性和处理效率，我们可以使用异步任务来完成自动化上线处理，在处理完成后自动回单，对执行过程的日志进行记录和跟踪。

所以简化来看，我们的处理流程大体是下图 15-11 这样的步骤。整体变更主要涉及三个层面：

第一层是提交工单，能够填写好单据是自动化上线的基础，如果单据信息比较清晰，填写的时候严格规范，我们需要做的就只有条件筛选了，我们可以对指定的 SQL 类型（create）试点，如果 SQL 打分超过 80 分，是符合自动化上线要求的，可以通过这种方式督促 SQL 质量的落实。

通过后续的实践来看，80 分这条线算是保住了 SQL 质量的基线，如果业务同学有紧急需求，是完全可以自行选择上线的。

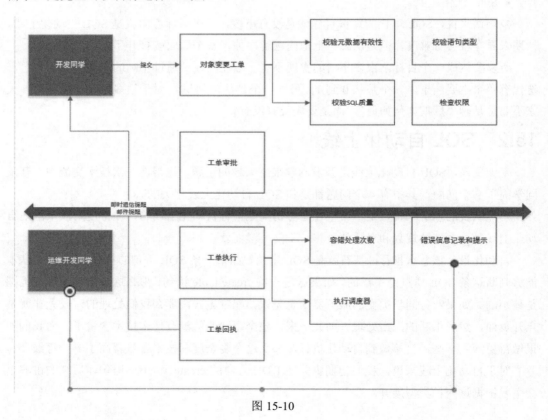

图 15-10

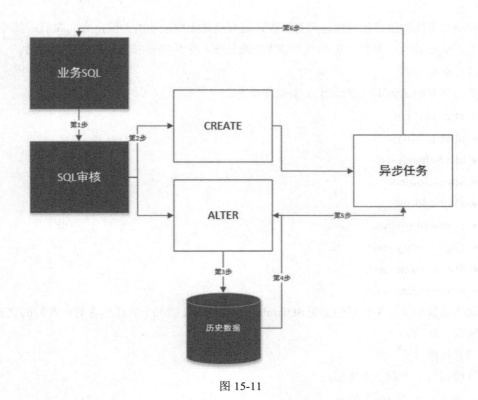

图 15-11

第二层是工单审批阶段，需要改进的就是审批的环节，传统的审批是无法量化和难以提高效率的，所以我们需要另辟蹊径。可以通过配置的方式来灵活控制权限，或者采用流程节点的自动化审批，引入工单知晓的功能，把一些审批环节做得薄一些，就跟高速公路的 ETC 是一样的道理。

第三层是工单执行阶段，这里有几个点需要注意，一个是工单执行过程中如果执行失败，则需要重试执行工单；对于工单自动执行后出现错误，可以通过日志的方式记录下来。另外就是工单的自动化处理，则是通过任务调度的方式来触发。

这样一来，整个过程都可以做到一个相对轻量级的调用方式，效率也自然就提上来了。

15.2.2　自动化上线策略设计

对于 DDL 的自动化上线，其实是可行的，尤其是对于 create 语句来说。

在完成了第一波自动化上线工作之后，我们采用了异步任务的方式来对接多条 SQL 的执行，把执行结果持久化在表里，可以后续进行结果稽核和分析。整体来说，效率提升会比较明显，例如，最近的一个需求处理，从任务发起到结束，整个过程持续时间 13 秒，后续这个效率逐步提升，基本都是秒级的响应，从业务的反馈中，他们可以更关注于自己的业务进度，这样可以把质量问题和效率挂钩起来了。

自动化上线的策略如何保证可行可控，是自动化上线成败的关键，为此我们需要考虑几个维度：SQL 维度、数据维度和变更维度，通过这几个维度能够梳理出变更的策略。

（1）SQL 维度

我们常见的 alter 操作的一个基本梳理如下：

- alter-add-col
- alter-modify-col
- alter-change-col
- alter-drop-col
- alter-add-index
- alter-drop-index
- alter-modify-index
- alter-rename-table
- alter-rename-col

这些是我们工作中常见的变更 SQL，alter 的复杂之处就在于它还包含有一些列的变更（增加、修改、删除）

（2）数据维度

目前暂定了下面三个方面：

- 小表：小于 10 万数据；
- 中型表：数据量在 10-100 万；
- 大型表：数据量在 100 万以上。

（3）变更维度

目前暂定了以下的几类操作方式：

- 备份表结构：可以考虑做成在线或者离线文件的形式；
- 备份表数据：对于数据的备份是应该考虑的，尤其是 drop 类的操作；
- 人工介入变更：有些操作我们还是需要人工来介入的，需要协调时间和影响范围；
- 自动变更：自动变更是通用的需求，可以满足大部分的业务场景；
- 工具介入变更：有些变更涉及的表比较大的时候，可以考虑使用 pt 工具来完成自动变更。

用结构化思维来梳理，会梳理出一些针对性的变更方案。把整个流程能够串接起来，确实是一件难事，但是从体系设计来看，整体是可控可量化的，如图 15-12 所示。

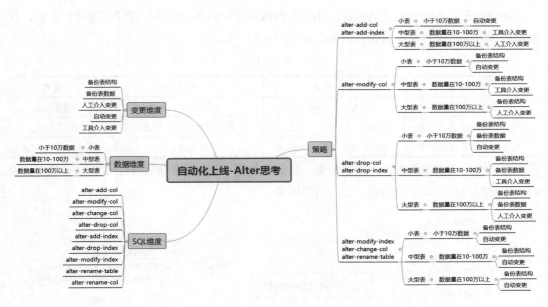

图 15-12

15.3　业务自助巡检

通常节假日之前，DBA 都会对 MySQL 做一些巡检工作，那么巡检工作该怎么做，当然我们可以想到内核参数、系统配置、数据库参数配置等。这些巡检工作其实对于业务同学来说，难以体现最大价值，或者说得直白一些，业务同学会认为这是 DBA 应该做的事情。

那么业务同学关心哪些指标，我们的巡检是不是也可以换个方式来做，既能服务于业务，也能体现我们工作的深度和广度；这样一来，我们提供的就不是一个黑盒服务，而是可以转变为更加主动的自助服务了。简而言之，目标就是让业务同学看得懂的巡检。

自助巡检设计的初衷就是基于这样的情况，如果换一个角度，在做好本职工作的前提下，让别人也提高效率，我们的服务才更有价值。

15.3.1　业务巡检应该关注什么

一般来说，运维巡检会提出来一些很抽象的报告和一大堆的数据。对于业务同学来说，这种互动很不友好，而系统巡检方向的内容是更加底层的，有些信息对于业务同学来说压根不重要，但是我们的报告反而把这些放在了最前面、最醒目的地方，最终导致的结果就是形式多于实质。

从另外一个维度上来说，运维中的很多操作对于开发同学来说是一种黑盒的操作，会使得业务同学不能理解我们在做的事情，包括巡检也是如此。其实恰恰不是，我们巡检后的很多问题，如果开发同学能够提早了解和介入，在问题的处理流程和改进上效果会好很多。

我们在和业务同学沟通的时候，期望得到体系化的信息，所以在进行沟通调研之前，我们需要了解下应用关注的问题，大体分为以下几类，如表 15-1 所示。

表 15-1

问题需求	时间周期	结果预测	权重
最迫切的需求	周期可控，相对较短	容易衡量，见效快	重要紧急
期望支持更高效的需求	周期较长，需要迭代优化	重新适配操作方式，周期相对较长	重要不紧急
期望支持更灵活的需求	周期较长，改动难度较大	结果难以量化	不重要不紧急

为了避免范围铺的太大，难以聚焦，我们需要做一些引导。下图 15-13 所示是我们预设的一些问题和业务提出的问题，整理后的结果。

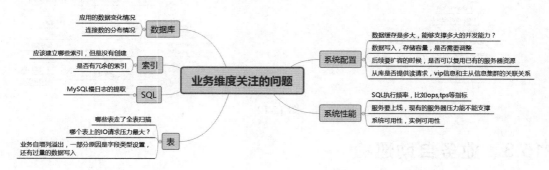

图 15-13

从沟通的情况来看，业务同学的很多需求还是很迫切的，但是如果你不去问，可能他们也不知道该找谁，所以在信息的透明性和对等性方面还是存在较大的改进空间。比如对于系统配置和系统性能，我们可以提供相关的 API 或者数据查询服务来开放这些数据。

有两个指标是业务格外关注的，一个是数据延迟，一个是连接数情况，这个是和我们的预想有较大偏差，我们需要引起注意。

在技术细节上，他们也存在一些疑惑，那就是对于一些指标的量化，比如 CPU 监控指标，我们设定阈值是 30%，如果现在的状态是 20%，业务同学在查看的时候如果没有量化的指标其实也不知道 20%是高还是低，所以我们可以对指标数据通过可视化来衔接，比如我们显示的 CPU 监控曲线图，有一条阈值线（在这里就是 30%），通过阈值来作为参考，高还是低，就一目了然了。

15.3.2　MySQL 业务巡检的维度设计

我把整体的巡检信息分为了三个维度：系统、数据库和业务，整理成了如下 15-14 的脑图。

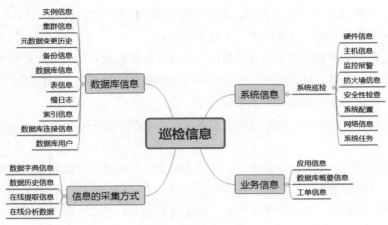

图 15-14

关于信息的采集方式，大部分数据是通过数据字典的配置信息得到，而对于业务巡检来说，更有意义的便是后面三类信息的聚合。通过后面三类信息的提取和聚合，能够根据设定的数据模型来发现一些潜在的问题。

对于系统巡检问题，主要是面向运维同学，需要作出响应和明确的处理方法，而对于业务同学而言，就是一种透明地处理方式，比如业务同学发现某个服务产生了问题，可以通过系统的配置信息和监控报警来确认是不是服务出现了问题。在这个时候他们可以主动提取这些信息，这就是一个自助服务的初衷。

关于数据库巡检，对于业务同学来说就是一种全新的补充，比如对业务同学开放了 VIP，但是实际业务中可能是一主多从的架构，那么业务同学就需要了解目前的架构方式，那么就可以使用多个从库提供读写分离的服务，而不是仅仅告诉一个 VIP 就完事了。通过数据库信息的补充，能够减少业务处理中的更多确认环节，最起码业务同学提出一个需求就可以明确知道你们理解问题的维度是不是基本平衡。

对于业务巡检，这是整个巡检的核心任务，对于业务同学，他能够接触到的就是数据库、表和索引了，但是绝大多数情况下，业务同学压根不知道自己所处的环境是否存在问题，是否配置得当等。在权限允许的情况下，我们可以提供这样的自助服务来明确告诉业务同学这样做是有问题的，这样做是有风险的。这样做有几种好处，一种是由被动变为主动，主动发现问题主动提示，一般来说对于业务同学是一种相对友好的方式，远比出现问题被动处理要好得多。另外一种就是如果这个问题很严重，但是不好协调，我们可以通过专业报告的方式来提前告知，在多次提醒无效的情况下，如果出了问题，对 DBA 同学本身也是一种无形的保护。

当然，上面的巡检设计是一种被动的方式，如果希望巡检能够发挥出强有力的支撑，那么我们需要转化被动为主动，即思考巡检数据对我们有什么用处？

有的同学可能还不大理解，我们来举个例子，比如我们会每天收集数据库中的表信息（数据库、表名、表数据大小、索引大小、表结构变更时间、碎片情况等），这样一份看起来简单的数据如何发挥余热的，我来给出一个我的建议：

（1）冷数据：一些长时间未操作的数据，可以通过数据量和时间维度进行权衡。

（2）库中的表过多：可以通过统计的方式得知哪些环境是属于不规范环境，这类问题通常感受不到，但是一出问题就哪里都是问题了。

（3）一些没有用到的表，例如临时表和备份表，这些表像牛皮癣一样，我们要对数据库做下清理。

（4）周期表探测：如果一些业务存在周期表需求，那么通过反向的方式可以很轻松找出那些日表，月表等周期表。

（5）数据库的特性和业务类型不匹配：如果表数据写入过多，很可能是日志型业务，可以根据一个或多个维度来评估是否和现有的业务类型匹配。

（6）预测数据量变化：可以通过历史数据的变化建立模型预测近一段时间的数据量变化。

（7）数据生命周期管理：有了时间维度的信息，我们可以建立数据生命周期管理模型，来通过多个维度来进行表结构变更的追溯。

（8）权限和安全隐患管理：我们可以通过全局的方式来评估现有环境存在的隐患，比如那些流程外创建出的表，流程外删除的表，可以做到统筹的管理。

以上只是抛砖引玉，主要想表达的就是巡检在一定阶段之后会产生数据分析的更大价值，让我们对更多的问题具有主动的管理方式，而从一开始就希望想全，想好也是不切实际的。

15.3.3 系统巡检该怎么做

系统巡检是服务巡检的第一站，我们要站好第一班岗，如果系统巡检稀里糊涂，那么后续的数据库服务巡检效果也会大打折扣。

对于系统巡检整体上有如下图 15-15 所示的一些部分需要注意。

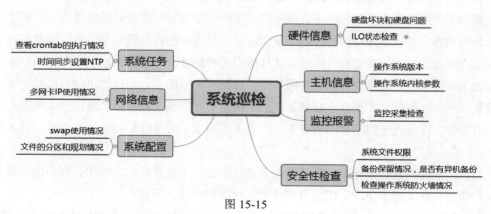

图 15-15

可能整体看起来没有太深入的东西，但是和实践结合起来就有很多的注意事项，我们就以硬件信息-ILO 状态检查为例来提供一种巡检思路，ILO（Integrated Lights-Out）服务是基于惠普的远程控制卡服务，在 Dell 服务中叫做 IDRAC（Integrated Dell Remote Access Controller），为了方便理解，在此我们暂且统称为 ILO 服务。

对于 ILO 服务，我们需要做如下的巡检：

（1）检查 iLO 可用性和使用情况

是否拥有对服务器资源的管理权限，可以通过 Web 访问方式进行验证。

（2）ILO 模块是否开启

这个可以联系系统组的同学帮你开启，也可以参考下面的步骤。

```
#modprobe ipmi_watchdog
#modprobe ipmi_poweroff
# modprobe ipmi_devintf
#chkconfig  ipmi  on
```

（3）ILO 密码检查

可以使用下面的命令来重置密码。

```
/usr/bin/ipmitool user set password 2 'xunjian'
```

（4）ILO 超过最大用户连接数限制检查

如果用户名，密码正确，但上一次登录没有正常退出，可能会有下面的报错。

```
RAC0218:已达到用户会话的最大数
```

这个时候可以重启 ILO 来达到目标。

```
ipmitool mc reset cold
```

这个过程会持续几分钟。

（5）ILO 在不同的硬件产品版本和浏览器的兼容性

ILO 在不同的硬件产品版本中浏览器也有一些使用差异，有些版本使用 IE 低版本可以，有些可以使用 chrome，firefox，有些则不适用。

（6）ILO 页面和 Java 的版本关系

这两点比较微妙，但是在实际中碰到问题的时候更多，特别是对于 Java，过高的版本是不推荐的，因为安全策略太高，导致初始化失败。

在其他层面，我也做一些阐述。

在**主机层面**需要注意如下的两点：

（1）操作系统版本

操作系统的版本也需要提前规划，如果有些服务的版本过旧，需要考虑升级到一个较新的稳定版本，比如 RedHat 5 是个相对较旧的版本，需要尽可能升级到 RedHat 6.8 或以上版本。

（2）操作系统内核参数

操作系统内核参数可以作为一个重要的检查项，当然对于主库而言可能重启不现实，但是提前准备好，在下次重启的时候能够省事省力；对于备库而言，也可以提早准备。

在**安全检查**方面，有如下的几点补充：

（1）系统文件权限

对于部分文件，需要考虑文件的权限，保证不会被恶意篡改。可以设定这些关键文件和配置文件的只读权限，比如/etc/passwd，/etc/shadow，/etc/group 等。

（2）备份保留情况，是否有异机备份

这个需要结合目前的系统使用情况，如果数据库是非归档和测试环境，可以考虑异机备份。对于一些关键业务，在有灾备的情况下，也可以额外增加部分的逻辑备份。

（3）检查操作系统防火墙情况

对于操作系统中的防火墙设定最好能够提供完整的备份，到时候可以在灾备切换的时候用到。

如果存在特殊的网络设置情况，需要提前标注，要不帮你处理问题的同事会踩到一个大坑。

在**系统配置**方面，有以下的补充：

（1）swap 使用情况

swap 的监控还是比较重要，如果 swap 争用较高，而剩余内存不足，很容易触发 oom-killer。

（2）文件的分区和规划情况

对于文件的分区和使用情况也需要格外关注，对于一些过旧的历史文件可以压缩或者删除。另外，还要看看是否还在使用很陈旧的文件系统。

在**系统任务**方面，有如下的几点补充：

（1）查看 Crontab 的执行情况

查看例行的执行任务是否正常，比较尴尬的是 Crontab 运行了，但是什么都没有干，比如删除归档，发现一直在扫描一个空目录，而真正的归档目录已经快撑爆了。

（2）时间同步设置 NTP

要使用根据公司统一配置的时间同步服务器进行时间的修正。

15.3.4 业务巡检整体设计

如果对巡检工作做一个整体的规划，我把巡检方向的事情整理成如下图 15-16 所示的数据图。

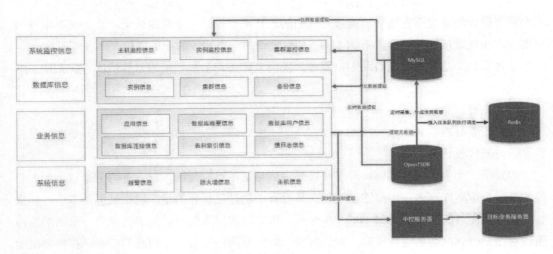

图 15-16

巡检模块的整体设计是分了三类：系统层、数据库层和业务层，其中系统层的数据根据优先级拆分为了系统监控层和系统信息层。

整体来说，巡检的底层是大量依赖于任务调度来实现。任务调度采用 Celery 来对接完成，期望实现定时任务和异步任务两种触发模式，队列使用了 Redis。

而里面相对重要的部分是 OpenTSDB，这是基于 HBase 的计算层，能够通过 OpenTSDB 实现两类重要需求：数据聚合和统计，这也是时序数据库擅长的方向。

历史数据可再生提取，因为在时序中存储了大量的历史数据，如果要提取历史范围内的数据，通过 OpenTSDB 是一种比较快捷的方式。

在这个基础上，借助于任务调度，我们来定时触发，比如每个小时生成一个快照数据，基于这个快照数据是状态值，代表里一个时间周期内的变化情况，数据可以通过提取持久化到 MySQL 中。

所以对于业务巡检来说，首先提取的数据是从 MySQL 中得到的，如果要自定义提取时间范围和维度，可以再从 OpenTSDB 获得渲染到可视化方案中。

此外还可以支持在线巡检的方式，通过服务接口实时获取巡检数据，当然有一些数据是通过运维系统的模型层获得。

以上的任务提取的内容都可以设定相应的维度和阈值，来通过这些信息来触发生成相应的任务。

15.3.5　我眼中的业务巡检设计

在明确了巡检的需求和主要任务之后，我们可以设计一个初版的原型来进行基本功能的验证。

原型设计的意义不言而喻，能够对我们的设计工作进行一个快速验证，便于及时根据用户需求和实现难度进行调整，下图 15-17 是我设计的一个初版的业务巡检。

总体来说，是希望做成自助巡检服务，我们来评估一个数据库的整体情况，我把信息分为三类：

（1）概要信息

（2）图表分析

（3）架构设计

如果是一个全新的数据库，其实硬件配置信息是相对次要的，对业务同学来说，最关心的就是这个数据库有多少用户连接，现在是否有主从延迟，有的话，现在延迟是多少。如果有一些可以衡量的指标，比如 TPS、QPS 等，可以对数据库的整体性能情况有一个了解，而通过对增删改查的数量进行摸底，则会对整个数据库的特征有一个明确的把握，在概要里明确提到业务的维度，是希望明确这是一个业务巡检，我们是基于业务的信息支持。

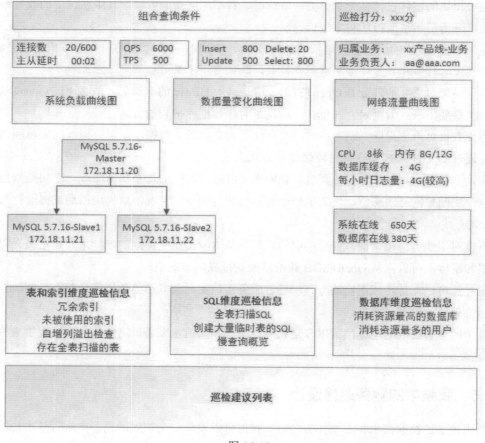

图 15-17

图表分析的部分我计划提取三类动态图：

（1）第一类是整体的系统负载，通过这个负载可以对系统的整体情况有一个清晰把握。

（2）第二类是数据量变化，如果一个数据库有大量的日志和数据写入，那么数据量的变化能够反映出很多的潜在问题。

（3）第三类是对于网络流量的分析，一般来说，系统层更加关注 CPU 和 IO，往往对网络的部分是忽略的，有了前面的一些基础数据，其实对于网络的部分也可以做到心中有数。

架构部分是为了让业务同学对于目前的业务架构有一个概要的理解，因为是做业务支持，而且不是公有云服务，所以还是希望业务同学了解这个数据库的基本架构，这样一来，对于业务来说，就不是一个黑盒状态了，如果他看到有多个从库，而确实需要读写分离，那么就可以很顺畅地接入了。

同时在这个维度上，做了一些信息的补充，比如系统在线时长、数据库在线时长、系统配置等，这些信息对于整体的把握上是需要的。但是对于业务来说，不是最需要关注的。

接下来的部分就是巡检信息提取了，这个维度算是更加深入了，需要对使用的数据库、表、索引做一些相对深入地分析和建议。这里我分了三个维度，去掉了系统维度、等待模型等，对于业务接入和了解来说还是相对平滑的。

最后是一个巡检建议列表，这里会基于多个维度把巡检建议给出来，同时对这些巡检信息进行打分模块的设计，最后给出一个分数来，这样整体来看就知道到底有没有问题，有没有明显的问题。

15.3.6 MySQL 业务巡检方案

经过上面的反复梳理，我们明确了系统层的巡检工作有很多是份内的事情，这些事情不但要做，而且要做到位，同时根据上述的总结和梳理，会发现整个业务巡检的脉络会逐步清晰起来。

我们可以对已有的系统巡检信息做一些取舍，然后对数据库巡检方向做一些更深入和实用的巡检建议，比较理想的设计方式应该是类似于我们日常使用的杀毒软件那样，可以跑一些基本的检查，生成一些通用的修复建议，当然也可以做一些深度巡检，提供一些更为专业的修复建议；在这些方式之外，可以在报告的生成方式上做到定制化的实现，比如可以导出一个全面和详尽的巡检报告，这种方式类似于我们体检，不管这些身体指标有没有问题，我们都可以给出一些详细的报告和数据支撑，下图 15-18 是一个整理过巡检问题列表。

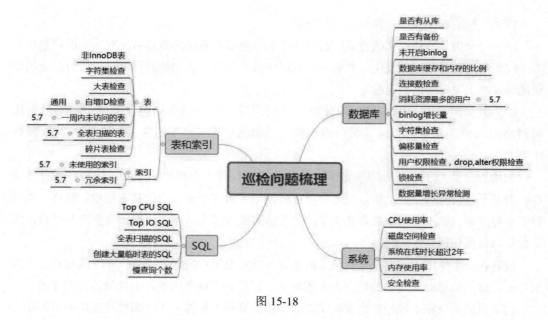

图 15-18

MySQL 层面的巡检，按照我们之前的思路，主要是偏系统层面的，比如监控、报警检查、主从复制检查、备份检查等。这些对于业务来说，他们都不太关心，他们关心的是数据库、表和索引，当然还有最重要的一个对象：SQL，所以我们的巡检会基于这些来进行展开。

要采集这些信息本身是有些难度的，MySQL 5.7 版本里面的 sys schema 是一个很不错的选择，所以有些亮点的巡检项是打算使用 sys schema 来完成的，而通过这种方式也可以反向思考，让我们把数据库版本过低作为一个巡检检查项，推动业务巡检的模型设计。

而另外一部分的信息，我们可以通过 MySQL 数据字典进行补充，比如通过数据字典信息来得到一个数据库的对象分布情况。

有至少 30% 的数据是来自于监控，业务同学不够关心是因为他们不够理解这些指标的含义，所以我们对部分系统指标进行筛选和提取，把这些信息通过可视化的方式（比如图表，趋势图等）展示出来。

对于巡检信息的抽取，初步计划是做到离线采集，在线提取，这样一来对于数据的巡检结果响应效率是最佳的。

所以从巡检结果的设计层面考虑，我是打算按照周期表的方式来执行巡检任务，把生成的巡检数据以接口化的方式存储起来，在需要提取的时候可以直接查取。

而对于后续大量数据的使用，我们可以考虑机器学习的方式建立回归模型，来做一些预测和分析，让这些数据能够真正的"动"起来。

下图 15-19 是根据信息整理和汇总之后设计的一版巡检页面。

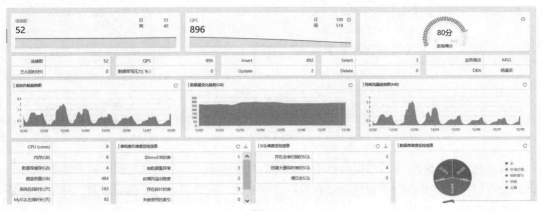

图 15-19

方案 1：通过数据建模梳理数据库业务

一直以来对于 MySQL 的 Binlog 日志的统计和分析是工作中的重点内容，因为通过日志量这样一个维度能够反映出数据库的变化情况，但是 MySQL 官方显然没有好的工具来做这个分析。

也许有的同学会说有 show binary logs 这个命令啊，仔细想想，这个命令的输入只有 Binlog 的下标和偏移量大小，而没有时间标识，如果我要查看一段时间内的日志变化情况，还需要借助其他的技术手段才能够补充实现。

以这个为出发点，我觉得很多 DBA 对于自己负责的数据库业务其实是不了解的，比如这个数据库数据量情况、数据变化情况、对象（表、索引）的分布情况、整体的 SQL 质量情况等，或者提一个更高的要求，我们负责了 100 套数据库业务，那这些数据库半天内产生了多少数据量，什么时候会是业务的高峰，什么时候相对会比较平稳，这些是我们应该了解的，但是显然我们忽视了。

如何让有些工作更加具有落地性，一种方式就是把你推到一个高度之后，你再来看看原来的目标，会有一些豁然开朗的思路，至于以后怎么样，怎么分析和利用，其实是另外一个层面的事情。

比如我们设计了一个初步的数据模型，会分时间周期来对所负责的数据库做一层数据抽取，抽取的信息其实也是在不断的完善中逐步敲定的。

我取出一部分数据来做一个简单分析，就会发现其实很多业务我们换一个角度去分析，会有很多额外的收获。

下图 15-20 这个数据库的情况，可以看到 Binlog 的保留天数是 1，日志在 2 天内切换了 30 多次，按照 Binlog 的配置为 1G，Binlog 是增长了 30G 左右，而整体的 data 目录下的数据增长了 600M 左右。所以通过这些数据可以得出一个初步的结论：这个数据库是一个典型的 TP 业务，数据变更很频繁，算是一个偏 TP 层面的业务。

ID	IP地址	端口	数据目录	binlog状态	binlog编号	偏移量	binlog天数	字符集	db	数据库数据量	data目录数据量	mysql目录数据量	mysql创建时间
940		4350	5.7.16-10-log	开启	mysqlbin.000236	794425101	1	utf8		8442.93M	9599.79M	36697.38M	Nov. 21, 2018, 9:15 p.m.
206		4350	5.7.16-10-log	开启	mysqlbin.000205	255574610	1	utf8		7866.68M	9023.54M	34585.04M	Nov. 19, 2018, 9 p.m.

图 15-20

再来看下图 15-21 中的数据，这个数据库的数据量不大，从两次时间采集的数据来看，日志没有切换，更关键的是偏移量没有发生任何变化，所以通过这个层面来看，这很可能是一个僵尸业务，可以持续关注。

ID	IP地址	端口	数据目录	binlog状态	binlog编号	偏移量	binlog天数	字符集	db	数据库数据量	data目录数据量	mysql目录数据量	mysql创建时间
577		3308	5.6.24-72.2-log	开启	mysqlbin.000056	6469	7	utf8		1.48M	26033.17M	240724.47M	Nov. 19, 2018, 9 p.m.
1383		3308	5.6.24-72.2-log	开启	mysqlbin.000056	6469	7	utf8		1.48M	26033.17M	240724.47M	Nov. 21, 2018, 9:16 p.m.

图 15-21

再来看一个业务（如图 15-22 所示），这个数据库的数据量比较大，有 60 多 G，日志切换切换很频繁，数据量的增长相对较快，所以这很可能是一个密集型写入的日志业务。

ID	IP地址	端口	数据目录	binlog状态	binlog编号	偏移量	binlog天数	字符集	db	数据库数据量	data目录数据量	mysql目录数据量	mysql创建时间
173		4306	5.7.16-10-log	开启	mysqlbin.002061	450235387	3	utf8		62976.43M	253575.16M	338057.55M	Nov. 19, 2018, 9 p.m.
1044		4306	5.7.16-10-log	开启	mysqlbin.002113	982339426	3	utf8		66788.14M	268850.03M	354866.32M	Nov. 21, 2018, 9:16 p.m.

图 15-22

方案 2：通过可视化解读数据库对象分布

说实话我们对于自己所负责数据库的某些信息是不够清晰的，比如我们了解自己所负责的数据库中表和索引的分布情况吗？不需要给出具体数字，只回答一个大概的比例就可以。我想大多数人回答不好，因为他会忽略，一方面他只关注于他需要了解的业务，不会关注额外的信息；另一方面因为权限等原因，他无法获得这些信息。

这些信息到底有没有用呢，其实是有的，如果一个数据库里存在上万张表，毫无疑问这是很糟糕的。如果业务能够获得这些信息，他就不会一直不断的往里面填数据。另外我们制定了开发规范难以落地的一个原因就是信息不对称，你说这些信息是不是机密，显然不是，所以这些信息我们是可以共享给业务同学的。

这些信息对于 DBA 来说，有没有用呢，其实也是有的。我们处理问题，也是由被动模式变为主动模式，能够提前发现问题比遇到问题再解决的意义大得多，当然这种方式难以体现业务价值。我们可以换一种方式来理解，那就是我们主动反馈给业务同学，他们现在的数据库存在哪些隐患，我们也给出具体可行的建议，让他们也参与进来，我想这就是一种共赢。最终的结果是一样的，问题得到了解决，而且是商量着来的。

那么对于这件事情如何落地呢，一种是数字化，一种是可视化。其中可视化的方式体现的效果更好一些。

比如你看到图 15-23 这个数据库对象的分布情况，会有什么样的印象。

可以看到这个库中有 700 多张表，主键比例和表数据量持平，说明整体的设计还不错（当然从比例来看，少部分表还是没有主键的），但是值得一提的是，整个数据库中的辅助索引比例过高，为什么加索引呢，本质上是为了查询快捷，辅助索引比重高，说明整个数据库还是考虑了较多的查询需求。

我们再来看下图 15-24 这个库里的对象分布。

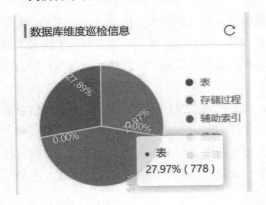

图 15-23

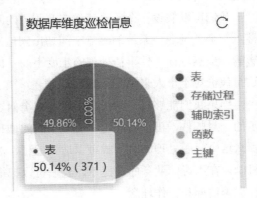

图 15-24

这个库的场景比较单一，只有表和主键，整体来说，和偏日志型写入的业务相关。

那下面这个库呢，其对象分布如下图 15-25 所示。

可以看到，表和主键的比例基本持平，含有少量的辅助索引，还有一部分的存储过程，在 MySQL 里面含有存储过程不是一种很良好的设计，一种可能是遗留问题，另一种就是涉及了一些复杂的业务逻辑，但是可以确定的是，这个库是很难做分布式扩展的。

最后再看下图 15-26 这个库的对象分布。

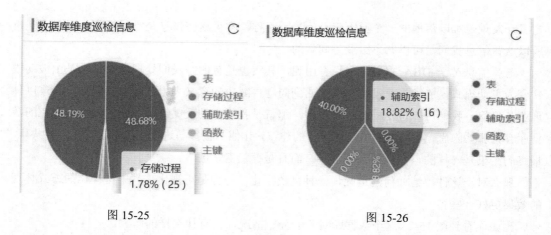

| 图 15-25 | 图 15-26 |

这是一种相对理想的对象分布方式，表、主键、辅助索引的比例为 4:4:2，没有存储过程和函数；从业务的角度来说，后期要做扩展和改进都是比较容易的。

方案 3：巡检，监控，报警三位一体的集成建设

在我们的运维体系中，一直有一块短板，那就是单纯依靠监控和报警模块，工作效率和质量是一种被动的方式。

我们可以假设一个场景，你在节假日的时候出外游玩，面对大好风景时，收到了一条报警，一个关键业务系统的磁盘空间超出阈值（假设是 80%），这对你的旅游兴致来说是大受影响，虽然这样一件事情处理的难度不高，但是我们总是需要花费一些额外的时间和精力，这个代价对于个人来说是很高的。

如果我们能够有一种机制去缓解这个问题，比如收到报警后，我们马上收到巡检信息提示的一封邮件，可以看到这个磁盘空间的增长是平缓的，而不是那种业务增长导致的尖峰，那么这个问题处理的时间就可以适当后延，对于正常的生活和工作收益是很大的，按照这种机制，在不影响业务的前提下，我们可以把很多干扰我们正常生活的报警延迟处理，这是一种运维信仰和工作理念。

下图 15-27 是一个集监控、报警和巡检的三位一体集成方案。

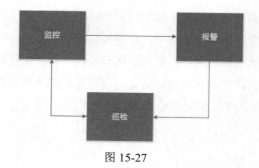

图 15-27

我来对这个图做下解释：

（1）监控和报警，这是常规的运维体系，监控达到阈值触发报警。

（2）报警和巡检，通过报警能够异步调用巡检接口，对已有的数据库业务进行巡检，比如发送巡检可视化报告或者巡检提示信息，让巡检工作不再被动，而是因需而动。

（3）巡检和监控，通过巡检机制的完善，能够发现更多的问题，然后建立新的监控指标。

（4）监控和巡检，如果监控指标未达到报警阈值，并不一定意味着没问题，但是通过一些监控指标来触发巡检就可以把这块空白补上，比如一个系统的磁盘空间 80%为阈值，在 1:00~2:00，磁盘空间使用率从 20%增长到 70%，虽然不会触发报警，但是短时间的增量较多，我们可以设定 70%的阈值为巡检模型所用，就可以通过巡检模型来识别出这类问题

15.4　工单管理

工单是运维工作里面的硬通货，在多年之前我们口口相传：no 工单，no work。但是似乎在很多公司里面对于工单的管理都不够给力或者给予的重视程度有一些落差。

运维工作其实也是一种服务，所以对于运维提供的服务来说，无论你是使用了高大上的方式或者规范的流程，甚至是手工处理，如果能高效完成，那对于应用来说就是大大的赞。

实际上，很多公司里面的工单基本会和两类属性挂钩：

（1）部门预算，或者说是工时，比如处理一个问题，需要花费 2 个小时，那么这个服务就可以通过工时的方式来评估服务的结算费用。

（2）服务质量，比如工单的处理结果是否满意，是否有一些规范的操作流程等，这些是需要作工单反馈的。

对于工单处理来讲，有以下 5 个痛点：

（1）纸质工单：如果工单使用纸质方式，质量还能基本保证，效率那就不可控了。

（2）伪电子工单：即工单是通过前端页面输入的，但是工单的信息都需要大量的附件，附件里面才是真正的需求。

（3）模糊需求工单：即工单是电子的方式提交的，但是工单的需求是一个模糊需求，为什么模糊呢，因为工单里面是大量的文字，需求和目标都不是很明确，你需要像做阅读理解一样去解析工单。

（4）繁琐的审批程序：如果一个工单的处理流程需要多个人经手，那么工单就会成为强审批的单据，即工单有了过度的安全属性，而对于运维属性重视度不够。这种情况下你去统计工单的处理效率，肯定会有很大的落差。

（5）工单的边界比较模糊：比如申请账号权限，如果申请来自于业务同学，那么肯定需要开通系统层面的防火墙权限，这是一个流程化的工作，我们如果要求业务同学开通一个数据库权限的工单，然后再开一个开通系统权限的工单，双方就会比较疑惑。从解决问题的角度来说，这种体验是很差的。

所以工单模块的建设是运维工作质量提高的试金石，如果做得好，运维侧的精力就可以更多地释放出来，做更有意义的事情，否则就是一个鸡肋，流于形式。

我们接下里会从工单流程梳理开始，逐步完善已有的工单流程，让工单处理飞起来。

15.4.1 数据库工单类型划分

其实每个公司对于工单的理解都会有所不同，工单的处理效率其实能够反映出业务支持的专业能力和服务质量。在这个基础上，我们需要对已有的工作做下分类，我大体分为了下面的五类工单，基本能够涵盖大多数的业务场景，如下图 15-28 所示。

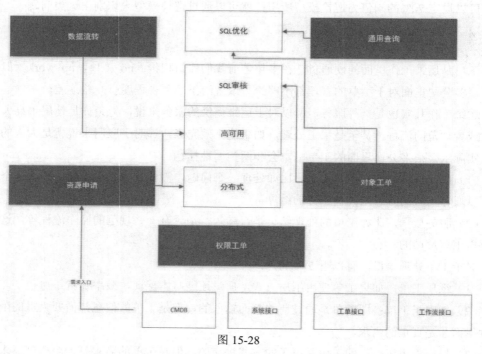

图 15-28

首先能够对接到的基础单位就是数据库实例，这是我们面向业务的一个数据维度，所以再深入一层，我们提供的是数据库服务，或者说得再明确一些，我们提供的是数据服务。

第一道坎就是数据库资源的交付，这个看似简单的需求是我们在完善工单系统的过程中偏后期去做的，因为这个涉及的流程和环节会多一些，数据库的实例又在操作系统之上，那么我们就需要对接服务器资源。

这个过程可以把数据库方向的一些工作打包起来，作为一种专业能力输出展示出来，比如对于业务能够感觉到的数据库高可用、分布式方案，可以根据业务特点来融入到资源申请的部分，这个底层还是需要依赖元数据的支持。

在这个之上就是权限的管理，这是实例管理的一个入门点，也是落实规范的一个切入点。

为了业务效率的提升，我们可以把多类工作整合起来，在这个里面实现工单的拆解。

对象变更涉及数据变更类的操作，比如 DDL 变更，DML 变更等。在这个过程中可以融入 SQL 审核，比如 SQL 质量不足 60 分，工单没法提交等。

通用查询和数据流转可以转化为一类自助服务，业务可以提出需求，通过自助接口来满足需求。

15.4.2　工单管理模块建设思路

对于工单系统来说，不同公司的定位不同，有的公司放在 OA 里面，有的是独立的 OMS 模块，有的叫做 MIS，有的和工作流是独立的模块，本质上还是和各个公司所处的行业属性有一定的关系。

至于工单模块和运维模块的建设，哪个在先？其实这是一个互相促进的过程。早期的工单肯定没有自动化运维的辅助，所以肯定只有工单模块，但是早期的工单模块建设不够完善，基本操作和审批是脱节的，那就需要完成工单的自动化处理。互相促进之后，这就是一个完善的链条了。

所以简单来说，工单系统和运维系统需要对接起来，对接之后就能够互相关注自己特定的业务范围，把每一个环节都做到了可控和可量化考核。

工单系统的对接就好比是水渠引水一样，第一步不能迈得太大，比如双方的平台技术体系不同，接口规范不同，认证机制不同等，刚开始就做深度对接，在前期会有很多额外的工作和调试成本。如果步子太大，不但可能达不到预期，还会为后期的接入带来一些隐患。

所以我们会分为三个阶段来建设，前期就是试水，建立系统互信、人员互信的过程，这个阶段的时间周期会长一些，在接入前期会制定一些规则规范。这个阶段简单理解就是运维系统接入工单接口；第二阶段是在流程闭环上下功夫，即把工单的处理实现流程化管理，或者简单来说，让工单系统接入运维系统接口；第三阶段接入更多的工单类型，实现一些更细粒度的管控和工单数据分析，这个阶段的时间周期会长一些。

所以从建设的思路来说，第一步是申请工单系统的接口权限，即工单的审批还是在已有的工单系统中完成，而工单的信息一定有一个流水编号，是唯一的 ID 值，我需要的就是根据这个唯一的编号能够从工单系统中得到一个 JSON 数据串，得到这个数据串之后，我来解析它，把它拆分为符合业务属性的工单。

阶段一的流程如下图 15-29 所示。

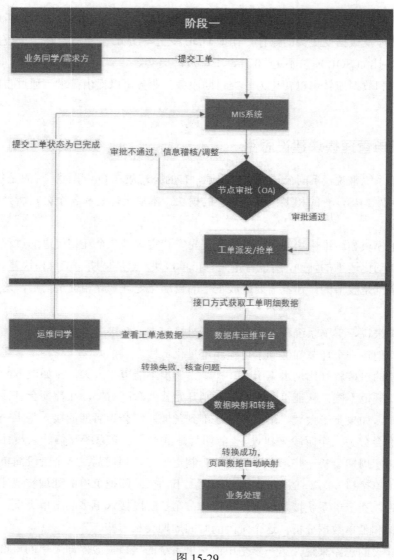

图 15-29

这个阶段所做的工作会分为以下几个步骤：

（1）工单系统（MIS 系统的子模块）完成工单审批。

（2）解析工单信息，根据流水号信息解析工单的格式。

（3）工单拆分，把原来的一个工单拆分为多个业务工单，这个过程对应用同学来说是透明的。比如数据库权限开通的工单，会自动拆分为数据库权限工单和系统权限工单。

这个阶段的意义在于两个系统开始对接起来了，虽然不是一种很自然的对接方式，但是彼此打开了一扇窗。

第二个阶段就可以更进一步，这个时候我们可以对工单系统开放接口，让他们把数据推送过来，就不用我们去拉取了。这将是一个自动的推送过程，可以省去很多的检查和反复确认环节。

　　这个阶段工作的一大亮点就在于我们可以把工单拆分为业务工单，处理完成之后，确认工单完成，让工单系统开放一个写入接口，我们把工单的状态回传过去。这样业务操作就形成了一个闭环。形成闭环是这个阶段最重要的一件事情，这样审批的关注审批环节，业务操作的关注业务操作环节，各司其职，如下图 15-30 所示。

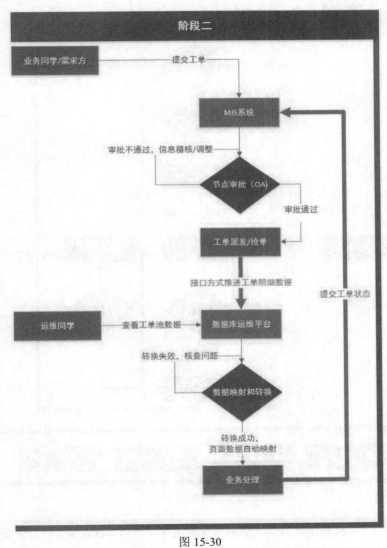

图 15-30

　　这个阶段和第一阶段的最大区别是工单流程实现了完全的闭环和流程化，运维可以更加关注于运维系统，而不用刻意关注审批环节。

第三阶段是更大的一个阶段，比如我们的工单可以和外部的系统通过接口交互，那么我们就可以和其他系统打通这个链路。这是一个更大更全面的过程，会有更多的事情和接口需要对接，比如和其他业务系统对接较为复杂的工单流程，开发自定义的工单数据分析模块，如下图 15-31 所示。

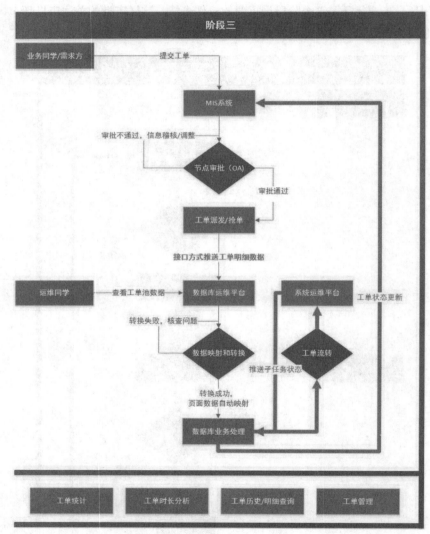

图 15-31

这个阶段的意义就在于，这是一个全链条的过程，我们可以在这个阶段更多地挖掘运维数据的价值，比如工单的处理效率、工单的数据统计分析、工单的指派、业务工单拆分逻辑等。这些都可以逐步地细化和改进。

15.4.3　数据库工单接入流程设计

在落地工单接入的过程中，我也沉淀了一些实践经验，在总结的基础上，也希望自己能够在后续的对接中把一些不足的地方改善，能够尽可能的抽象出通用的模块复用。

整体来说，工单初期的目标就是和业务系统打通流程，能够把工单数据流转到运维系统中。而在初期我们就需要锁定一个业务场景，对这个场景不断迭代，使得其他场景能够复用。以数据库权限工单为例，我们会采用如下图 15-32 的流程接入。

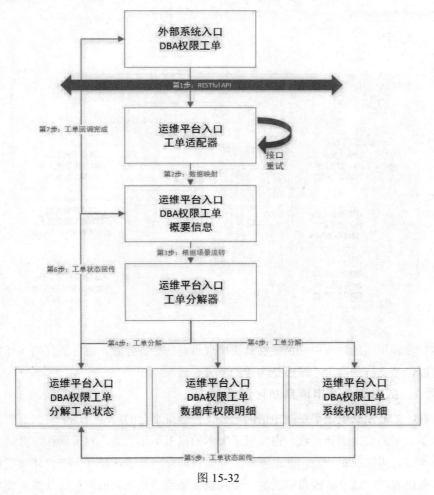

图 15-32

如果有了之前的铺垫，我们就可以复用工单服务的一些组件，比如工单适配器，可以对所有的工单采用统一的适配管理。如下图 15-33 是再接入一个工单（对象变更工单）时整个工单流程示意图。

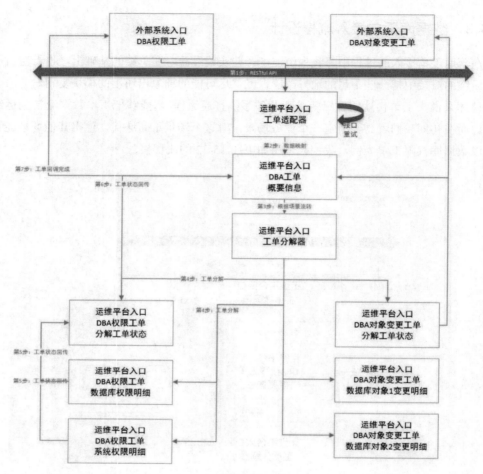

图 15-33

在这个流程贯通的过程中，也能够重新梳理目前的业务问题，通过流程的闭环发现我们自身的问题，是支持的能力不足还是沟通的差异导致。

方案 1：数据库资源申请自助化设计

半年前，带着团队巩固了资源申请的部分，在运维平台的后端实现了实例部署的功能对接，经历了大量的实例部署实践，也发现了脚本的很多不足之处，到了现在，算是一个相对稳定的版本了。再往前走一步，就是业务服务的自助化，其实这是一个平台化功能系统对接的一段心路历程吧，这个阶段带给我的一个收益就是我清楚地知道现在的功能需要什么，缺少什么，这些信息是相对明确而且可以预见结果的。

所以这个事情摆上日程之后，我在团队设计的 demo 和行业里的一些经验的基础上，总结了一个新版本的实例申请 demo，如图 15-34 所示。

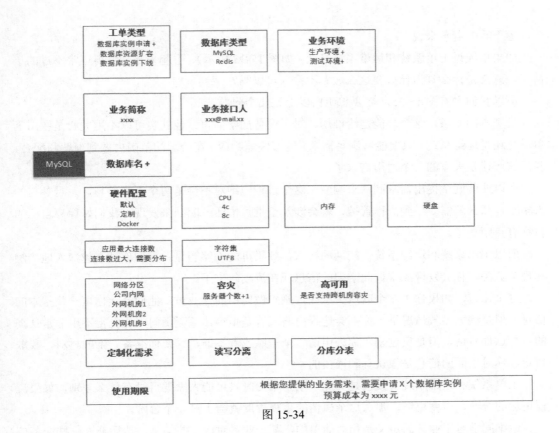

图 15-34

这个事情其实想表达的就是技术价值的变现，其中一个体现方式就是成本，所以我们原先的资源申请是基于审批机制，但是审批机制存在太多主观的因素，比如这个服务是不是可以申请，上下游都不关心，配置高还是低，其实业务肯定愿意选择高配，下游环境希望尽需所用，两者的一个平衡就是可见的成本。

所以资源申请是涉及成本预算的，而数据库服务的价值也可以通过这种方式来体现，比如我们设计了容灾方案，设计了高可用方案，还做了定制化需求，这些都是业务之前不了解的事情，但是和成本打包起来，就可以供业务自助选择。

所以按照这个思路，我们可以在系统资源的基础上打包数据库服务，让业务得到一个看得见的服务和成本。

方案 2：用工单数据反哺运维平台建设

关于工单的改进和接入，我觉得这次是一个很好的契机，最开始是完善已有的工单处理方式，等到了工单接入流程化之后，整个局面就打开了，在工单的业务处理层我们可以做很多的事情，同时对数据的理解有了更加统一的认识，关于数据理念的统

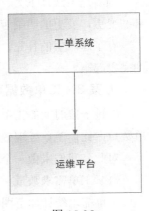

图 15-35

一，等下我会着重来说。

如果单纯说工单系统和运维系统打通（如图 15-35 所示），看起来是一件再正常不过的事情了。意义是什么？为什么要这么做？不接入可以吗？

所以我们看着图 15-35，需要想明白以上这几个问题。

最基本的一条，这个功能是给谁用，对于业务同学而言，他其实可以不用关心是在用工单系统还是运维系统。只要能够满足需求，能够快速响应，在合理的范围内做到理解和配合，我想这应该是大家的一个通用需求了。

所以业务同学提出需求到需求响应，这个过程中绝对不会是两个人都参与，一旦参与的人多了，那么就需要做到流程管控，就会涉及审批，忙活一圈回来发现，我们好像离自己的目标有点距离了。

所以工单系统和运维系统在初期的接入，效果可能不够明显。直到你越来越深入地接触和理解业务，你会发现原来彼此割裂的信息现在流动起来了。

打个比方，如果你去一个商城买东西，碰到做促销的营业员，他们会让你填一些基本的信息，但是绝大多数情况下，你都会选择简略或者是拒绝，毫无疑问，你觉得不用非常认真的对待这件事情，但是反过来，你去申请一个护照或者签证，需要你准备一堆的材料，我敢肯定，你对里面的信息是很认真和谨慎的。

工单系统和运维系统对接也是如此，刚开始的时候可能大家觉得没有什么差别，如果流程更加的统一，粒度更细，那么这个事情的重视程度就会上升一个台阶。

运维同学对于业务的定义是相对简单的，某个业务对应一些简称，然后补充一些业务信息，在梳理这些信息的时候，发现我们存在很多潜在的问题，比如对于业务的描述都不大清楚，这个业务的联系人到底是谁？

而这些信息其实都在工单里面的，以前我们不知道这些工单信息对我们有什么用处，但是反过来想，通过工单数据反哺，能让运维系统的元数据建设更加高效。

顺着这条线理下去，你会发现完全打开了局面，某个数据库近期开通了哪些权限，做了哪些变更，变更的明细等，这些信息都会组成一个互相关联和补充的数据网络。

有了这一层的补充，运维系统的工作落地会越来越清晰，而流程也在这个过程中会逐步的完善起来。

方案 3：工单数据可视化分析

经过一段时间的工单数据接入，我们可以对已有的工作做出数字化衡量，比如接入的工单数量占比，工单处理效率等，通过这些数据我们可以对已有的状态做到更清晰的定位。

对此，我们来做一个简短的可视化分析。

（1）工单需求数量

工单需求统计如下图 15-36 所示。

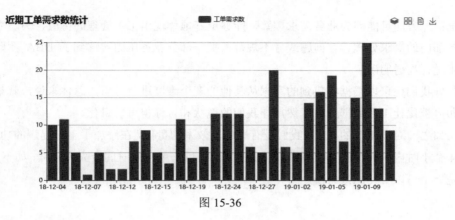

图 15-36

工单需求的数量随着工单类型的逐步完善会逐步增多，通过这种接入方式主要是想让那些模糊的需求问题能够有更合适地接入方式，提高 DBA 沟通效率和工作质量。

（2）工单类型

下面是不同工单类型的需求数量，占比如下图 15-37 所示。

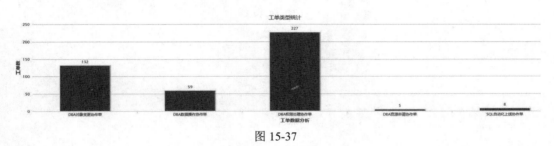

图 15-37

数据解读：对于工单需求，目前权限处理类的需求最多，其次是对象变更操作（新增表，变更表等），而自动化工单的比例相对较低，原因在于工单的接入时间相对较晚，同时对于规范的落地也是一个迭代的过程。

（3）工单数据下钻

下面 15-38 是一个工单需求总体统计情况。

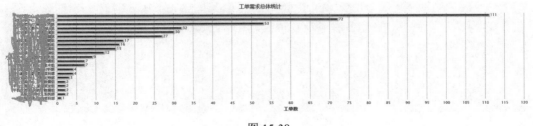

图 15-38

通过对工单数据下钻，可以发现某个业务部门的工单比例过高，这种情况可以折射出两种情况：一方面可能因为业务需求频繁，能够更好地体现出工单处理的价值，另一方面可能是业务部门的需求处理存在问题或者不规范，把一部分业务压力转移到了 DBA 团队，需要进一步进行沟通明确。

此外我们还可以根据收集到的数据从其他的多个维度进行分析，总体来说，就是通过数字化和可视化让工单数据一目了然，让我们的现状和目标也可以量化。

比如之前对于工单的处理，我们没有做处理效率的量化，在添加了工单提醒的功能之后，设定 4 个小时内未处理就会收到即时通讯提醒，之后工单交付时间会大大降低，如下图 15-39 所示是一个可以对比的效果图。

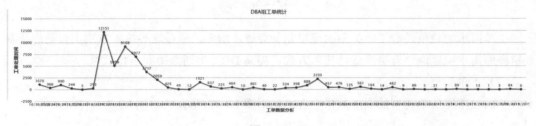

图 15-39

读 者 意 见 反 馈 表

亲爱的读者：

感谢您对中国铁道出版社有限公司的支持，您的建议是我们不断改进工作的信息来源，您的需求是我们不断开拓创新的基础。为了更好地服务读者，出版更多的精品图书，希望您能在百忙之中抽出时间填写这份意见反馈表发给我们。随书纸制表格请在填好后剪下寄到：北京市西城区右安门西街8号中国铁道出版社有限公司大众出版中心 荆波收（邮编：100054）。或者采用传真（010-63549458）方式发送。此外，读者也可以直接通过电子邮件把意见反馈给我们，E-mail地址是：176303036@qq.com。我们将选出意见中肯的热心读者，赠送本社的其他图书作为奖励。同时，我们将充分考虑您的意见和建议，并尽可能地给您满意的答复。谢谢！

- -

所购书名：_____

个人资料：

姓名：_____ 性别：_____ 年龄：_____ 文化程度：_____

职业：_____ 电话：_____ E-mail：_____

通信地址：_____ 邮编：_____

- -

您是如何得知本书的：

□书店宣传 □网络宣传 □展会促销 □出版社图书目录 □老师指定 □杂志、报纸等的介绍 □别人推荐
□其他（请指明）_____

您从何处得到本书的：

□书店 □邮购 □商场、超市等卖场 □图书销售的网站 □培训学校 □其他

影响您购买本书的因素（可多选）：

□内容实用 □价格合理 □装帧设计精美 □带多媒体教学光盘 □优惠促销 □书评广告 □出版社知名度
□作者名气 □工作、生活和学习的需要 □其他

您对本书封面设计的满意程度：

□很满意 □比较满意 □一般 □不满意 □改进建议

您对本书的总体满意程度：

从文字的角度 □很满意 □比较满意 □一般 □不满意
从技术的角度 □很满意 □比较满意 □一般 □不满意

您希望书中图的比例是多少：

□少量的图片辅以大量的文字 □图文比例相当 □大量的图片辅以少量的文字

您希望本书的定价是多少：

本书最令您满意的是：

1.
2.

您在使用本书时遇到哪些困难：

1.
2.

您希望本书在哪些方面进行改进：

1.
2.

您需要购买哪些方面的图书？对我社现有图书有什么好的建议？

您更喜欢阅读哪些类型和层次的书籍（可多选）？

□入门类 □精通类 □综合类 □问答类 □图解类 □查询手册类 □实例教程类

您在学习计算机的过程中有什么困难？

您的其他要求：